소곤소곤 들려주면,
새록새록 꿈꾸는 아이

이야기
365

소곤소곤 들려주면, 새록새록 꿈꾸는 아이

이야기 365

장지혜, 최이정 글
제딧 그림

서사원

프롤로그

이야기의 숲으로 여러분을 초대합니다

우리는 어릴 때부터 많이 들어본 세계 명작이나 유명한 인물, 또는 옛이야기를 전부 읽고 자랐다고 착각을 합니다. 너무 많이 듣고, 여기저기 인용한 경우를 수차례 봐와서 그럴 것입니다. 그런데 한 번 물어볼까요? '어린 왕자'를 처음부터 끝까지 정말로 다 읽었나요? '예'라고 답하는 사람이 얼마나 될까요? '어린 왕자'에서 가장 유명한 이야기, 모자 안에 들어간 코끼리와 보아뱀 이야기를 알고 있어서 읽었다고 생각할 겁니다. 저 역시 마찬가지였습니다.

이 책은 저에게 어릴 때 싱긋 웃게 해주었던 상상력의 소유자 '빨강머리 앤'을 다시 만나게 해주어 수다쟁이 어린 시절로 데려다주었고, 내 안의 두 얼굴은 사람들에게 어떻게 보여질지 생각하게 한 '지킬 앤 하이드'의 마음을 들여다보게 해주었으며, '짧아진 바지'를 통해 부모님에 대한 사랑은 어떤 것인가 다시금 생각하는 시간을 주었습니다. 이렇게 하루에 한 편의 이야기를 만나면 분명 여러분은 수많은 주인공과 어느 순간 교감을 하는 자신을 발견할 거라 믿습니다.

그러나 한 꼭지에 들어간 내용은 분명히 짧습니다. 그래서 이야기의 숲으로 들어가 가슴이 두근거렸다면 그 숲에 심어진 나무를 더 자세히 들여다보기 위해 도서관이나 서점에 달려가서 좋은 책을 골라 읽어보길 권합니다. 그렇게 된다면 이 책의 기획은 성공한 것이며 작가로서 보람된 일을 했다고 스스로 토닥일 수 있을 것입니다.

책을 기획하고 오랫동안 정신적으로 의지하며 글을 쓸 수 있게 해준 서사원 대표에게 이 자리를 빌려 감사의 말을 전하며, 공저자인 장지혜 작가에게도 고맙다고 빙긋 웃어주고 싶습니다. 그 미소 안에서 내 마음을 다 읽었을 거라 생각합니다. 그리고 수많은 이야기에 멋진 그림으로 더 빛나게 해준 제딧 작가에게도 감사한 마음을 전합니다.

마지막으로 이렇게 멋진 이야기를 만나게 해준 하늘의 별이 된 작가들, 구전으로 전해준 우리들의 조상들, 좋은 이야기를 읽어주는 독자들에게 고맙습니다. 또한 나를 일으켜 세우시고 선한 작가가 되도록 인도해주시는 하느님께 두 손 모아 감사의 기도를 드립니다.

최이정 드림

읽고 듣는 이들의 마음속에 이야기들이 무지개처럼, 꿈처럼 스며들기를

미국의 제 16대 대통령인 에이브러햄 링컨은 다음과 같은 명언을 남겼다고 합니다.

"If I had six hours to chop down a tree; I'd spend the first four hours sharpening the axe.
(만약 나무를 자르는 데 6시간이 주어진다면, 나는 도끼를 가는 데 4시간을 소비할 것이다.)"

링컨의 이 말은 철저한 준비의 중요성을 뜻합니다. 아이들도 처음 책을 접하고 제대로 된 독서를 하기 위해서는 마찬가지로 준비 과정이 필요합니다. 그러나 24시간 미디어 시대를 살면서 이야기를 영상으로만 접한 아이들은 스스로 상상할 기회조차 잃게 됩니다. 사실 화면 속에서 흘러나오는 소리보다 옆에서 직접 들려주는 이야기가 훨씬 뇌에 좋은

자극이 된다는 것을 알면서도 이를 실천하기란 결코 쉬운 일이 아니지요. 글쓰기를 업으로 삼고 있는 저 역시 예외는 아니었습니다. 육아와 살림, 거기에다 원고 마감까지 겹치면 그림책을 베개 삼아 잠이 들기 일쑤였지요. 그래서인지 세월이 흐른 지금도 빛바랜 책 표지를 볼 때면 읽어달라고 조르던 아이들 모습이 떠오른답니다.

그 시절, 아이들에게 미안했던 마음으로 시작한 작업이 꼬박 365여 일 만에 완성되어 세상 밖으로 나갑니다. 이야기의 힘을 믿어주신 서사원 대표님, 사랑하는 글동무 최이정 작가님, 멋진 크리에이터 제딧 작가님, 언제나 응원하고 기도해주는 가족들과 교회 분들에게도 감사함을 전합니다.

부디 날마다 접하게 될 이 이야기들이 여러분 마음마다 무지개처럼, 꿈처럼 스며들기를, 그래서 하루 3분이라는 시간이 링컨의 명언처럼 도끼날을 날카롭게 하기 위한 4시간이 되어준다면 참 좋겠습니다.

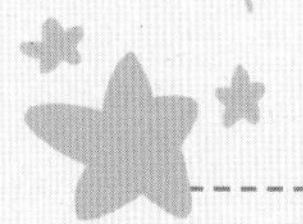

장지혜 드림

동화와 이야기로 소중한 추억과 기억을 남기시길 바랍니다

어렸을 적 엄마 손을 잡고 커다란 책 창고에 들어갔던 기억이 있습니다. 넓고 커다란 컨테이너 창고는 어두웠고, 까마득히 높은 철제 선반들에는 얇고 두꺼운 동화책들이 열에 맞춰 얌전히 꽂혀 있었습니다. 어려운 말로 대화를 나누는 창고 아저씨와 엄마를 두고 철제 선반들 사이를 걸어 다니다 한 권의 동화책을 뽑아 읽었습니다. 조심스럽게 책장을 넘기는 순간, 발을 딛고 서 있던 공간이 어두운 창고에서 벗어나 동화책 속 한 장면으로 빠져들면서 바뀌었던 경험을 아직도 잊을 수 없습니다.

동화는, 이야기는, 그 자체로도 신비한 힘을 갖고 있습니다. 상상력이라고 표현하면 무척 어렵고 대단한 것처럼 느껴지지만, 이야기 하나로 머릿속에서 펼쳐지는 무궁무진한 세상을 떠올리면 생각보다 그렇게 어렵지만은 않게 느껴집니다. 그리고 그 출발점은 어렸을 적 만나는 한 편의 동화로부터 시작됩니다.

가장 큰 매력을 꼽으라면 역시 두루뭉술한 구조 아닐까요? 이야기는 많은 것들을 설명하지 않고 암묵적인 약속으로 넘어가며, 듬성듬성 여백을 많이 남겨 줍니다. 토끼가 과학적으로 물속에서 숨을 쉴 수 있는지, 여우가 사람 말을 할 수 있는지는 중요치 않으니까요. 여백을 상상력으로 메꾸고 두루뭉술한 구조를 다듬는 것은 다름 아닌 이야기를 읽는 독자의 몫입니다.

그림을 작업하며 동화책 페이지를 숨죽여 넘기던 어린아이로 돌아간 기분이 들었습니다. 동화를 읽어주시는 분도, 또 그것을 듣고 함께 읽는 아이도 마음껏 상상의 나래를 펼치며 잊을 수 없는 기억을 간직하길 진심으로 바랍니다. 언젠가 나이가 들어 우연히 옛 동화를 마주했을 때 꺼내볼 소중한 추억이 될 것입니다.

제딧 드림

이 책을
읽기 전에

이 책의 기획 의도

- 아이가 잠들기 전에 침대에서 엄마가 하루에 3분씩 365일 읽어줄 수 있는 우리나라와 세계의 옛날이야기부터 세계 명작 동화, 전래 동요, 자장가를 담은 책을 만들고 싶었습니다.
- 엄마, 아빠가 소곤소곤 읽어주는 이야기 속으로 빠져들면서 아이는 새록새록 포근하게 잠들고, 창의력 있고 꿈 많은 아이로 자라나기를 바랍니다.
- 하나의 이야기를 읽는 데 걸리는 시간은 대략 3분입니다. 열심히 읽지 않아도 매일 지속할 수 있는 시간입니다. 불과 3분 만에 전 세계, 과거와 미래, 꿈의 세계까지 다녀올 수 있습니다.
- 우리나라와 세계 여러 나라의 명작을 읽고 들으면서 선인들의 생각과 메시지를 통해 아이들이 풍요로운 마음의 밭을 일궈나갈 수 있게 해줍니다.
- 하루 3분으로 아이에게 매우 소중하고 풍성한 즐거움을 전해줄 수 있습니다. 아이 스스로 상상하게 함으로써 자신의 미래에 대한 삶을 꿈꿀 수 있게 도와줄 것입니다.
- 아이가 성장하면서 오랫동안 두고두고 읽을 수 있는 보물 같은 이야기로 남기를 바랍니다.

세계 모든 나라에 있는 베드 타임 스토리

- 세계 어느 나라에 가든 부모가 읽어주는 베드 타임 스토리가 있습니다. 어떤 책은 10년, 20년, 30년간 스테디셀러가 될 만큼 독자들에게 읽히고 또 읽힙니다.
- 아이는 어렸을 때 엄마가 읽어주던 이야기를 초등학생, 중학생이 되어서도 추억처럼 되새기며 행복해 합니다.
- 우리나라 어린이 동화 시리즈에도 베드 타임 스토리는 있습니다. 다만, 1년 365일 읽어줄 수 있도록 한 권에 담긴 책이 없습니다.
- 우리나라의 옛날이야기를 포함해서 국내 명작 동화, 세계 옛날이야기, 세계 동화, 세계 명작, 전기, 우리나라 전래 동요 및 자장가 등을 하루에 한 편씩 365일에 담았습니다.

이 책을 읽어주고, 귀 기울여 듣는 순간의 소중함

- 세상의 모든 부모 마음은 비슷합니다. 스스로 생각하고 자립할 수 있는 아이로 키우고 싶어서 책이나 여행 등을 통해 아이에게 좀 더 다양하고 넓은 경험을 시켜주려고 노력합니다.
- 《이야기 365》는 엄마, 아빠를 첫 번째 독자로 생각했습니다. 그림 및 디자인이 엄마, 아빠에게 먼저 공감을 얻기를 바랐습니다. 엄마, 아빠, 아이가 함께 보면서 모두 행복해지길 바랍니다.
- 이야기 한 편의 내용은 짧습니다. 하루 3분 정도 간편하게 읽을 수 있도록 구성했습니다. 아이가 좀 더 자세한 이야기와 배경을 궁금해 할 수 있습니다. 그렇다면 다음 날 도서관이나 서점에서 단편으로 자세히 구성된 책을 골라서 읽어보시길 권합니다. 이야기의 숲으로 들어가 가슴이 두근거렸다면 숲 전체를, 또한 나무 하나하나를 더 자세히 들여다볼 때 생각의 폭과 깊이가 더 커질 테니까요.
- 태어나기 전 엄마 배 속에 있을 때, 유년 시절, 초등학생 때 듣거나 읽었던 이야기이지만, 아이가 청소년, 성인이 되어서도 스스로 책을 펼쳐보며 소중한 추억을 되새겼으면 좋겠습니다. 읽을 때마다 이야기가 다르게 느껴지고, 추억이 방울방울 샘솟는 두고두고 꺼내보고 싶은 소중한 기억이 되기를 바랍니다.
- 아이를 키우면서 엄마, 아빠도 함께 성장합니다. 어릴 적 듣고 자랐던 이야기를 엄마가 되어 아이와 함께 다시 읽으면서 느끼는 감동은 기대 이상입니다. 오히려 아이보다 엄마가 느끼는 감동이 더 클지도 모릅니다.
- 아이는 엄마, 아빠의 목소리로 듣는 이야기에 감동을 느끼고, 엄마는 아이를 위해 읽기 시작했지만, 이야기를 통해서 어린 시절 추억과 동심을 다시금 떠올리며 아름답게 빛나는 시간을 만들게 될 것입니다.

이 책의 구성

❶ 날짜

하루에 한 편씩 읽어주세요. 물론 날짜에 상관 없이 읽고 싶은 이야기를 골라 읽어주셔도 좋습니다.

❷ 작가 이름

세계 명작, 세계 동화, 국내의 명저자 작품 등에는 작가 이름을 적어두었습니다.

❸ 이야기 제목

익숙한 옛날이야기부터 세계 명작 및 동화까지 다양한 이야기를 담았습니다.

❹ 작가 소개

작가의 출생년도, 특징, 대표 작품 등을 소개했습니다.

❺ 일러스트

상상력을 길러주는 올컬러 그림. 그라폴리오 및 그림 작가로 활동하는 제딧 작가의 그림은 아이들에게 상상력의 날개를 펼치게 해줍니다.

❶

8.29.

❷ 작가 미상

달걀 열두 개로 한 축하

장르 교과서에 실린 전래 동화

❻ 옛날 옛날 어느 마을에 가난한 선비가 살았습니다. 어느 날 선비는 어릴 적 서당 친구에게 편지를 한 통 받았습니다.

편지를 받은 선비는 한숨을 푹 내쉬었습니다. 옆에서 바느질 하던 아내가 선비에게 물었습니다.

"무슨 사연이기에 한숨까지 내쉬세요?"

"강원에 사는 친구 아들이 결혼을 한다는군."

선비는 자기 일처럼 기뻤지만 한편으로는 고민이 되었습니다. 새겨입을 옷 한 벌이 변변치 않았을 뿐만 아니라 축하 선물도 마땅치가 않았습니다.

고민하던 선비가 아내에게 말했습니다.

"우리가 키운 닭의 알을 모아 선물로 보내야겠소."

암탉도 아니고 알을 선물한다는 것이 초라하기 짝이 없었지만 선비에게는 그것도 컸습니다. 달걀을 하루하루 챙겨서 열두 개를 모았습니다.

선비는 달걀을 짚으로 잘 엮어서 축하 편지와 함께 강원도에 사는 친구에게 보냈습니다.

한편 달걀과 축하 편지를 받은 친구는 의아한 마음이 들었습니다.

'큰 행사에 오지는 않고 달걀과 편지라니.'

친구는 선비의 정성어린 편지를 읽고 나자 무척 감동을 받았습니다.

"자네 맏아들이 혼인한다니 정말 기쁘네. 직접 축하해줘야 하나 내 형편이 여의치 않아 마음을 담아 보내네."

선비는 축시까지 덧붙여 보냈습니다.

달걀처럼 둥글게 살아가소서.
달걀 속처럼 알차게 생활하소서.
달걀 열두 개처럼 열두 달 행복하소서.
달걀을 품어 병아리가 나오듯 예쁜 자식
낳아 번창하소서.
달걀 같은 희고 속은 노랗듯이 백옥과 황금처럼 귀한 부부 되소서.

선비의 편지와 축시를 다 읽은 친구는 선비가 가난 때문에 걸음을 하지 못했다는 것을 짐작했습니다. 친구는 아들 내외를 불러 달걀과 편지를 건네주었습니다.

"내 친구가 보낸 혼인 축하 선물이다. 그 어떤 선물보다 값진 것이니 잘 읽어 보도록 해라."

친구는 곧장 선비에게 답장을 보냈습니다.

"내 평생 이렇게 훌륭한 선물은 처음 받아 보네. 정말 고맙네."

선비는 친구의 편지를 받고 달걀 열두 개로 마음이 통했다고 기뻐했습니다. 그 이후에도 선비와 친구의 우정은 계속 이어졌습니다.

❺

❼ POINT 가난한 선비가 친구에게 보낸 달걀과 편지처럼 진심이 담긴 선물은 어떤 것일까요?

❻ 이야기 글

아이가 성장하면서 오랫동안 두고두고 읽을 수 있는 보물 같은 이야기들. 하루 3분 천천히 아이에게 읽어주세요. 아이가 재밌어 하면 여러 차례 반복해서 읽어주셔도 좋습니다.

❼ POINT

이야기를 읽고 아이와 함께 나눌 수 있는 메시지 또는 교훈. 이야기를 읽고 아이의 상상력에 날개를 달아주세요. 다른 메시지를 주셔도 좋습니다.

❽ 장르

9가지 장르로 구성. 장르별 찾아보기를 참고해서 읽고 싶은 장르만 선택해서 읽어주셔도 좋습니다.

8.30.

❸ 작가 **라퐁텐**

세 가지 소원

❽ 장르 **세계 동화**

옛날에는 요정들과 사람들이 함께 살았습니다. 사람들은 집안일을 할 때 그릇도 깨뜨리고, 물건을 망가뜨리지만 요정은 실수하지 않았습니다. 인도의 갠지스강 근처에서 제법 부자로 사는 부부 이야기입니다. 물론 부부의 집에도 요정이 살았습니다. 요정 중에서도 척척 일을 해내는 착한 하인 요정이 있었습니다.

요정의 특기는 꽃이 피거나 나무가 자라면 아름답게 정원을 가꾸는 일입니다. 주인 부부는 이 요정을 무척 좋아했습니다. 그런데 친구 요정들이 이 요정을 질투했습니다. "너만 주인한테 잘하면 되니?"

"네가 이 집에 남아 있는 한 우리는 언젠가 망신을 당할지도 몰라."

친구 요정들은 계속해서 이 요정의 일을 방해했습니다. 청소할 때 빗자루를 감추는 등 못된 짓을 많이 했습니다. 요정이 깊은 고민에 빠졌습니다.

'내가 있으면 주인 부부가 힘들어지겠는걸. 얼른 이곳을 떠나야겠다.'

이 요정은 주인 부부를 찾아갔습니다.

"이곳을 떠날까 해요."

"왜? 무슨 일인데?"

요정은 말하기 곤란하다며 무조건 떠나야 한다고 대답했습니다. 주인 부부는 무척 아쉬워했습니다.

"일주일 안에 떠날 거예요. 떠나기 전에 세 가지 소원을 말씀하시면 들어드리고 떠날게요."

요정의 말에 주인 부부가 깊이 생각한 뒤 말했습니다.

"부자가 되면 좋겠어. 지금도 괜찮지만 더 부자가 되면 행복하지 싶어." 요정이 고개를 끄덕이자 주인 부부 집이 바뀌었습니다. 금고에는 금화로 철철 넘치고, 창고에는 음식으로 가득했습니다. 그런데 주인 부부는 불안해지기 시작했습니다. 재산을 지키는 것도 문제였고, 재산이 얼마나 되는지 세기도 힘들었습니다. 그리고 날마다 도둑 걱정으로 잠을 이룰 수 없었습니다.

남편이 슬픈 얼굴로 아내에게 말했습니다. "이렇게 가다간 병들어 죽겠소. 차라리 옛날이 낫지 싶소."

"맞아요. 저도 그래요."

"요정이 세 가지 소원을 들어준다니 두 번째 소원을 들어 달라고 합시다."

"원래대로 재산을 돌려달라고 해요. 그게 행복하겠어요."

부부 말대로 요정이 두 번째 소원을 들어 주었습니다.

"휴우, 이렇게 좋은 것을. 욕심을 부리면 안 돼요."

"맞아요. 가난한 사람이 훨씬 행복하네요. 이렇게 마음이 편하다니. 우리 앞으로 이렇게 살아요."

부부가 밝은 얼굴로 이야기를 나눌 때 요정이 다가왔습니다.

"저는 떠나야겠어요. 마지막 소원을 말해 주세요."

주인 부부는 한 목소리로 말했습니다.

"지금보다 현명했으면 해. 현명한 사람이야말로 어리석은 행동을 하지 않을 거야."

❹

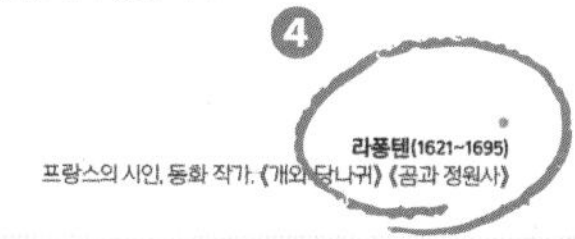

라퐁텐(1621~1695)
프랑스의 시인, 동화 작가. 《개와 당나귀》《공과 정원사》

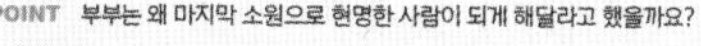

POINT 부부는 왜 마지막 소원으로 현명한 사람이 되게 해달라고 했을까요?

- **교과서에 실린 전래 동화**
<혹부리 영감과 도깨비>, <해와 달이 된 오누이>, <까치의 재판> 등 총 71편

- **국내외 명저자 작품**
현덕 <너하고 안 놀아>, 방정환 <만년 셔츠>, 이태준 <엄마 마중> 등 총 22편

- **세계 동화**
<눈의 여왕>, <벌거숭이 임금님>, <장화 신은 고양이>, <백조의 왕자> 등 총 60편

- **그리스 신화**
<스핑크스의 수수께끼>, <거미가 된 아라크네>, <트로이의 목마> 등 총 11편

- **세계 명작**
<별>, <행복한 왕자>, <피노키오>, <사랑의 학교>, <빨강머리 앤> 등 총 89편

- **세계 옛날이야기**
<북풍을 찾아간 소년>, <신밧드의 모험>, <뱀이 기어다니는 이유> 등 총 38편. 영국, 이탈리아, 인도네시아, 페르시아, 노르웨이 등 총 26개국의 이야기가 담겨 있습니다.

- **전래 동화**
<우렁각시>, <꿀 똥 싸는 강아지>, <의 좋은 형제>, <호랑이와 곶감> 등 총 42편

- **전기**
<헬렌켈러>, <갈릴레이>, <에디슨>, <베토벤>, <세종대왕> 등 총 7편

- **전래 동요와 자장가**
<자장 노래>, <우리 집에 왜 왔니?>, <가을밤>, <강강술래> 등 총 26편

이야기
365 달력

1월

1	2	3	4	5	6	7
8	9	10	11	12	13	14
15	16	17	18	19	20	21
22	23	24	25	26	27	28
29	30	31				

2월

1	2	3	4	5	6	7
8	9	10	11	12	13	14
15	16	17	18	19	20	21
22	23	24	25	26	27	28
29						

3월

1	2	3	4	5	6	7
8	9	10	11	12	13	14
15	16	17	18	19	20	21
22	23	24	25	26	27	28
29	30	31				

4월

1	2	3	4	5	6	7
8	9	10	11	12	13	14
15	16	17	18	19	20	21
22	23	24	25	26	27	28
29	30					

5월

1	2	3	4	5	6	7
8	9	10	11	12	13	14
15	16	17	18	19	20	21
22	23	24	25	26	27	28
29	30	31				

6월

1	2	3	4	5	6	7
8	9	10	11	12	13	14
15	16	17	18	19	20	21
22	23	24	25	26	27	28
29	30					

이야기를 읽고 난 후에는 달력에 체크를 하거나 스티커를 붙여주세요.
아이 스스로 체크하게 해주셔도 좋습니다.
이야기 한 편을 읽을 때마다 달력에 표시를 해두면 아이가 느끼는 성취감도 함께 쌓일 것입니다.

7월

1	2	3	4	5	6	7
8	9	10	11	12	13	14
15	16	17	18	19	20	21
22	23	24	25	26	27	28
29	30	31				

8월

1	2	3	4	5	6	7
8	9	10	11	12	13	14
15	16	17	18	19	20	21
22	23	24	25	26	27	28
29	30	31				

9월

1	2	3	4	5	6	7
8	9	10	11	12	13	14
15	16	17	18	19	20	21
22	23	24	25	26	27	28
29	30					

10월

1	2	3	4	5	6	7
8	9	10	11	12	13	14
15	16	17	18	19	20	21
22	23	24	25	26	27	28
29	30	31				

11월

1	2	3	4	5	6	7
8	9	10	11	12	13	14
15	16	17	18	19	20	21
22	23	24	25	26	27	28
29	30					

12월

1	2	3	4	5	6	7
8	9	10	11	12	13	14
15	16	17	18	19	20	21
22	23	24	25	26	27	28
29	30	31				

차례

1월

2월

3월

4월

5월

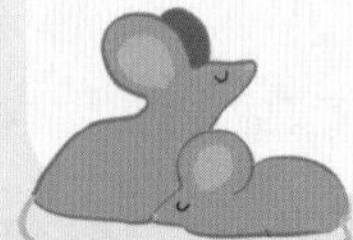

6월

7월

8월

9월

10월

11월

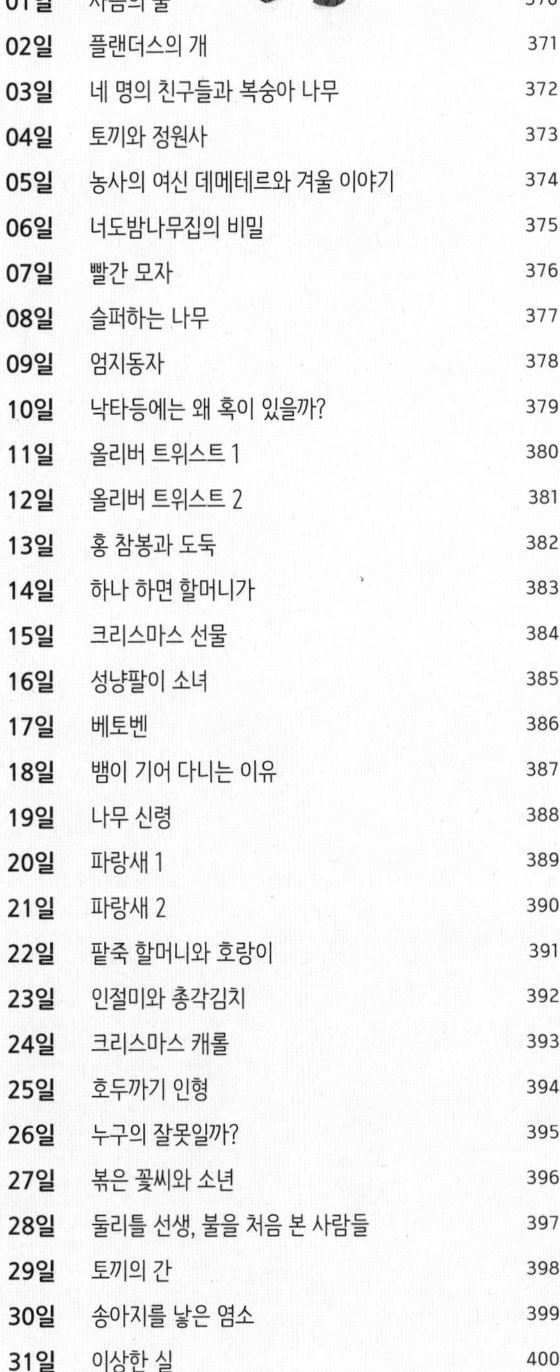

12월

January
1

작가
알퐁스 도데

별

장르
세계 명작

내 나이 스무 살, 루브롱 산에서 양을 치고 있을 때의 일입니다. 그 무렵 나는 양치는 개와 단 둘이서 산에 살고 있었어요. 심심한 산골 생활에서의 소소한 기쁨이라고 한다면 가끔씩 음식을 들고 오는 노라드 아주머니와 귀여운 꼬마 마리오에게 마을 소식을 듣는 것이었어요.

그중에서도 제일 듣고 싶은 소식은 주인 아가씨인 스테파네트에 대한 이야기였습니다. 스테파네트는 스무 해를 살아오면서 지금까지 내가 본 사람 중에 가장 아름다운 여인이었기 때문입니다.

"딸랑딸랑!"

드디어 당나귀 방울 소리가 들렸습니다. 반가운 마음에 오두막집에서 뛰쳐나왔습니다. 그런데 산등성이에 나타난 사람은 마리오도 노라드 아주머니도 아니었어요. 바로 주인 아가씨 스테파네트였습니다.

"마리오는 병이 났고, 노라드 아주머니는 휴가라 집에 갔어. 그래서 내가 대신 온 거야. 여기서 혼자 지내는 거야? 참 외롭겠구나!"

아가씨는 지저귀는 새처럼 쉴 새 없이 떠들더니 다시 당나귀에 올라타고는 산비탈 길을 내려갔습니다. 나는 아가씨가 사라질 때까지 한참 동안 서 있기만 했습니다. 마치 꿈을 꾼 것만 같았거든요.

저녁이 되자 양떼들이 울음소리를 내며 우리 안으로 들어왔습니다. 그런데 바로 그때, 누군가 부르는 소리가 들렸습니다.

스테파네트 아가씨가 흠뻑 젖은 채로 떨고 있는 게 아니겠어요?

"강을 건너다 빠졌어."

나는 얼른 모닥불을 피워 레이스가 달린 드레스를 말릴 수 있도록 아가씨를 도와주었습니다. 빵과 치즈도 챙겨주었지만 아가씨는 입에도 대지 않았습니다.

"집에서 기다리고 있을 텐데. 어쩌면 좋아!"

여름에는 밤이 짧아 금방 아침이 올 거라고 말해주었지만, 아가씨는 밤새 잠을 이루지 못했습니다. 그래서 우리는 모닥불 앞에서 별을 보며 별 이름과 별에 얽힌 재미난 이야기를 나누었습니다. 양치기 생활을 하면서 오랫동안 밤하늘의 별을 봐 왔지만, 그날 밤 아가씨와 함께 바라본 별은 최고로 멋졌습니다. 깊고 푸르게, 그리고 반짝반짝 빛나던 별들은 지금도 잊을 수가 없답니다.

새벽녘이 되자 아가씨가 내 어깨에 기대 살며시 잠이 들었습니다. 그 순간 나는 이렇게 생각했던 것 같습니다. 수많은 저 별들 중에 가장 아름다운 별 하나가 길을 잃었다고, 그리고 그 별이 지금 내게로 살포시 내려와 쉬고 있노라고.

알퐁스 도데(1840~1897)
프랑스 소설가. 대표 소설 《마지막 수업》《방앗간 소식》

POINT 지금 내 곁에 있는 소중한 사람은 누구일까요?

작가
미상

재채기 소동

장르
세계 옛날 이야기
(브라질)

찬바람이 쌩쌩 부는 겨울이었어요. 한 나그네가 크고 화려한 집 앞에서 문을 두드렸습니다. 그러자 부잣집 안주인으로 보이는 여자가 나왔습니다.
"누구세요?" "길을 가는 나그네인데, 하룻밤만 묵고 가게 해주세요." 나그네의 말에 부잣집 여자는 얼굴을 잔뜩 찌푸리며 말했습니다.
"어서 썩 꺼져요. 우리 집에는 당신 같은 사람을 재울 만한 곳이 없다고요!" 나그네는 하는 수 없이 추운 바람 속을 다시 걷기 시작했습니다. 한참을 가다 보니 작고 초라한 집이 나왔어요. 가난한 집 여자는 하룻밤만 묵고 가게 해달라는 말에 문을 활짝 열어주었어요.
"어서 들어오세요. 집이 좁아 불편하겠지만 편안히 쉬다 가세요."
좁은 집안에는 올망졸망한 아이들이 모여 있었어요. 아이들은 하나같이 귀엽고 사랑스러웠지만, 하나같이 무척 낡고 더러운 옷을 입고 있었습니다. 나그네는 그 모습을 유심히 보고는 잠자리에 들었어요. 다음날 아침, 나그네는 다시 길을 나서며 여자에게 말했습니다.
"당신은 이 순간부터 지금 시작한 일을 저녁때까지 하게 될 것입니다."
가난한 집 여자는 나그네의 말에 고개를 갸웃거렸어요. 그러고는 옷감을 꺼내 일을 하기 시작했습니다. 그런데 참 이상한 일이지요? 옷감을 자로 잴 때마다 길이가 한 뼘씩 늘어나는 게 아니겠어요? 처음에는 아이들 옷을 다 해줘도 될 만큼 늘어나더니 저녁이 되자 평생 입어도 될 만큼 끝도 없이 늘어나 있었어요. 그제야 가난한 집 여자는 나그네가 했던 말을 떠올리고는 무릎을 탁 쳤습니다.
부잣집 여자도 이 신기하고도 엄청난 일에 대한 소문을 들었어요. 여자는 샘이 나서 견딜 수가 없었습니다. 그래서 하인을 불러 당장 그 나그네를 데려오도록 했어요. 나그네가 다시 오자 이번에는 극진하게 그를 대접했어요. 나그네는 맛있는 음식도 실컷 먹고 편안하게 쉬면서 그 집에 머물렀습니다. 그런데 나흘째 되던 날에도 아무런 말이 없자, 부잣집 여자는 참다못해 물었습니다.
"말해주세요. 오늘 제가 무엇을 하게 될까요?"
"아침에 당신이 하는 일을 저녁때까지 하게 될 거요."
나그네가 떠나자, 부잣집 여자는 옷감 밑에 숨겨 두었던 돈 항아리를 꺼내려고 후닥닥 뛰어갔어요. 정신없이 옷장 문을 열고는 한 무더기의 옷감을 꺼내는데 먼지가 뽀얗게 피어올랐어요. "에취! 에취! 에취!"
여자가 재채기를 하자, 마당에 있던 닭들이 푸드덕거리며 흩어졌어요. 그 바람에 여자는 또 재채기를 해댔고, 소와 말들이 깜짝 놀라 마구간을 부수고 달아나버렸습니다. 그러자 더 많은 먼지들이 피어오르더니 이번에는 재채기 소리에 놀란 하인들이 손바닥으로 귀를 막고 뛰쳐나갔습니다. "에취! 에취! 에취!"
여자가 더 요란하게 재채기를 하자, 이번에는 창문이 쨍그랑 깨졌고, 벽에는 금이 가기 시작했어요. 그렇게 날이 저물어 저녁이 될 때까지 계속 재채기를 해대자, 결국엔 집이 흔들리면서 와르르 무너져버렸답니다.

POINT 도움을 필요로 하는 사람을 모른 척한 적은 없는지 생각해볼까요?

작가
미상

토끼 아줌마의 오두막

장르
세계 옛날이야기
(러시아)

어느 겨울날 토끼가 참나무로 오두막을 지었습니다. 그런데 여우가 바로 그 옆에다 얼음으로 된 집을 짓고는 흥얼흥얼 노래까지 불렀습니다.
"토끼네 오두막은 어두컴컴해! 하지만 우리 얼음집은 환하고 밝아서 좋다네!"
하지만 봄이 되자, 여우네 얼음집이 흐물흐물 녹더니 흔적도 없이 사라져버렸어요. 추운 밤이 되자, 여우는 더 이상 참지 못하고 토끼네 오두막을 찾아갔습니다.
"이봐요. 토끼 아줌마, 좀 들어갑시다!"
"안돼요. 여우 아저씨."
"그럼, 마당이라도 좀 빌려주시오!"
"당신은 겨울 내내 우리 집을 보고 놀렸잖아요? 절대로 그럴 수는 없어요!"
그런데도 여우는 포기하지 않고 자꾸 찾아와서 졸라댔어요. 토끼는 하는 수 없이 여우에게 마당을 빌려주었습니다. 여우는 그것도 성에 차지 않은지 다시 문을 두드렸습니다.
"토끼 아줌마. 제발 부탁이니 안으로 들어가게 해주세요. 여기 마당은 너무 추워요."
여우가 하도 성가시게 하는 통에 토끼는 그만 허락을 하고 말았습니다. 그런데 추위가 가시자마자 여우가 이렇게 말하는 게 아니겠어요?
"토끼 아줌마! 이제부터 여긴 내 집이에요."
토끼는 기가 탁 막혔답니다. 하지만 여우가 힘으로 떠미는 바람에 꼼짝없이 쫓겨나고 말았습니다. 토끼가 훌쩍훌쩍 울고 있는데 개가 지나가다가 물었어요. 토끼는 훌쩍이며 여우 이야기를 했습니다.
"이런 나쁜 놈이 있나! 걱정 마세요. 제가 여우를 쫓아드릴게요."
개가 문을 탕탕 두드리며 소리쳤습니다.
"이 나쁜 여우야! 당장 토끼 아줌마에게 집을 돌려줘!"
그러자 약삭빠른 여우가 늑대 흉내를 내며 "우워워!" 울부짖었습니다. 개는 깜짝 놀라 꼬리를 감추며 나무 뒤에 숨었습니다. 뒤이어 늑대도 토끼에게 사연을 듣고는 여우에게 따지러 갔습니다. 하지만 이번에는 호랑이 흉내를 내며 늑대까지 쫓아내고 말았습니다.
다음으로 수탉이 나섰습니다.
"개도 늑대도 하지 못한 일을 당신이 하겠다고요?"
토끼가 눈을 동그랗게 뜨고 물었습니다.
수탉은 오두막 옆에 있는 나무 위로 날아오르더니 날개를 퍼덕이며 소리쳤습니다.
"꼬꼬댁 꼬꼬! 사냥꾼님. 이 참나무 오두막집에 여우가 있어요. 어서 와서 여우를 잡아가세요!"
수탉이 계속해서 시끄럽게 떠들어대자, 여우는 더럭 겁이 났습니다. 결국 여우가 참다못해 문을 박차고 후닥닥 뛰쳐나와 달아나버리자 동물들은 만세를 불렀습니다.
"만세! 수탉이 여우를 쫓아냈어!"
토끼도 너무나 기쁜 나머지 깡충깡충 뛰면서 춤까지 추었답니다.

POINT 만일 내가 수탉이었다면 어떤 방법으로 여우를 쫓아냈을까요?

작가
미야자와 겐지

비에도 지지 않고

장르
국내외 명저자 작품

비에도 지지 않고 바람에도 지지 않고
눈보라와 여름 더위에도 지지 않는

튼튼한 몸으로 욕심 없이
결코 화내지 않고 언제나 미소 지으며

하루에 현미 네 홉과 된장과 나물을 조금 먹으며
모든 일에 자기 이익을 생각지 말고

잘 보고 듣고 깨달아 그래서 잊지 않고
들판 소나무 숲속 그늘 아래 조그만 초가지붕 오두막에 살며

동쪽에 아픈 아이가 있으면
가서 돌봐주고

서쪽에 지친 어머니가 있으면
가서 그의 볏단을 대신 져주고

남쪽에 죽어가는 사람 있으면
가서 두려워하지 말라 위로하고

북쪽에 싸움이나 소송이 있으면
별거 아니므로 그만두라 하고

가뭄이 들면 눈물을 흘리고
추운 여름에는 허둥대며 걷고

모두에게 바보라고 불리는
칭찬도 듣지 않고 미움도 받지 않는
나는 그러한 사람이 되고 싶다.

미야자와 겐지(1896~1933)
일본 동화작가이자 시인. 100여 편의 동화를 썼다.
대표작 《바람의 마타사부로》 《은하철도의 밤》

POINT 나는 어떤 사람이 되고 싶은지 생각해볼까요?

작가
미상

혹부리 영감과 도깨비

장르
교과서에 실린 전래 동화

옛날 어느 마을에 혹부리 영감 두 사람이 살았습니다. 한 사람은 마음씨가 착했지만 다른 사람은 못됐습니다. 두 영감은 턱에 달린 혹이 덜렁거려서 불편한 점이 많았습니다.

그러던 어느 날 착한 혹부리 영감이 나무를 하러 산에 갔다가 날이 저물어 길을 헤맸습니다. 그때 빈집을 발견하고 하루만 머물기로 했습니다. 그런데 빈집에 혼자 자려니 겁이 났습니다.

"조금 무서운데 노래 부르면 나아지겠지."

착한 혹부리 영감이 씩씩하게 노래를 부르자, 온 산이 쩌렁쩌렁하게 울렸습니다. 산 속에 있던 동물들도 혹부리 영감의 노래를 들었지만 도깨비들도 함께 귀를 기울였습니다.

"이런 소리는 처음인데. 굉장히 흥겨운데!"

도깨비들은 빈집에 몰려갔습니다. 도깨비가 나타나자 착한 혹부리 영감이 벌떡 일어나 앉았습니다.

"아이고, 도깨비님들, 제발 살려 주세요!"

도깨비 대장이 어깨를 으쓱하며 말했습니다.

"노래를 계속 불러 봐. 우리는 노래하고 춤추는 걸 좋아하니까 말이야."

혹부리 영감은 도깨비 대장의 눈치를 보며 노래와 춤을 추었습니다. 도깨비들도 덩실덩실 어깨를 들썩였습니다.

"영감, 그 노래는 어디서 나는 거지?"

"그게 무슨. 노래야 목에서 나는 거지요."

도깨비 대장이 버럭 화를 내며 나무랐습니다.

"순 거짓말쟁이군. 우리도 목이 있지만 그런 소리를 못 낸다고!"

혹부리 영감은 어찌해야 할지 망설였습니다. 그때 도깨비 대장이 영감의 볼에 달린 혹을 보더니 노랫소리가 혹에서 나온다고 믿었습니다.

"그거 나 줘. 그 혹이 노래 주머니라는 거 다 아니까, 내가 가져야겠어."

도깨비 대장이 단숨에 영감의 혹을 떼버렸습니다.

"영감, 이걸 내가 가졌으니 이 도깨비 방망이를 줄게. 이 방망이는 두드리기만 하면 무엇이든지 나온다고."

도깨비들은 영감의 혹을 들고 사라져버렸습니다.

집으로 돌아온 영감은 도깨비 방망이로 원하는 걸 얻어서 금세 부자가 되었습니다. 착한 마음씨만큼 많은 보물과 음식을 가난한 사람들에게 나누어주는 일도 잊지 않았습니다.

한편, 못된 혹부리 영감의 귀에 이 소문이 들어갔습니다. 못된 혹부리 영감도 한밤중에 산속 빈집에 들어가 노래를 불렀습니다. 잠시 뒤 도깨비들이 몰려오자 못된 혹부리 영감이 냉큼 말했습니다.

"도깨비님들, 제게 훌륭한 노래 주머니가 있는데 이것만 있으면 흥겨운 노래를 날마다 들을 수 있습니다."

못된 혹부리 영감의 말에 도깨비 대장이 얼굴을 찡그렸습니다.

"나를 속이려고? 내가 이 혹을 달았는데 노래는커녕 불편해서 못살겠다. 이 혹도 당신이 가져가지!"

도깨비 대장은 혹을 떼어 못된 혹부리 영감의 반대쪽 볼에 붙였습니다. 혹부리 영감의 양 볼에 혹이 하나씩 달렸습니다.

"이를 어째, 혹 떼려다가 혹만 더 얻어갖고 가네."

POINT 혹 떼려다 혹만 더 붙이게 되었던 경험은 없는지 생각해볼까요?

작가
이솝

금도끼 은도끼

장르
세계 동화

옛날에 가난하지만 정직한 나무꾼이 살았습니다. 가진 것이라고는 나무를 벨 수 있는 낡은 도끼 한 자루였습니다.
나무를 하던 어느 날이었습니다. 나무꾼이 강가에서 나무를 하다가 실수로 도끼를 놓치고 만 것입니다. 도끼가 풍덩하며 강물 속으로 빠져버렸습니다.
"이를 어째! 내가 가진 전부인데!"
나무꾼은 주저앉아 펑펑 울었습니다. 그때 헤르메스 신이 다가왔습니다.
"왜 그리 서럽게 우는 것이냐?"
"하나밖에 없는 도끼를 강물에 빠뜨렸으니 저는 앞으로 굶어 죽을 게 뻔합니다."
헤르메스 신은 나무꾼의 이야기를 듣고는 강물로 들어갔습니다. 얼마 지나지 않아 한 손에 금도끼를 들고 나오며 미소를 지었습니다.
"이 도끼가 맞느냐?"
"이런, 금도끼네요. 제 도끼가 아닙니다."
헤르메스 신이 금도끼를 가지고 도로 강물로 들어갔습니다. 이번에는 은도끼를 들고 나타났습니다.
"이 도끼가 맞겠지?"
"이런, 은도끼네요. 제 도끼가 아닙니다."
헤르메스 신은 고개를 갸우뚱하더니 이번에는 평범한 도끼를 들고 나왔습니다.
"그럼 이 도끼가 맞겠지?"
"예, 맞습니다. 제 도끼입니다." 나무꾼은 헤르메스 신에게 몇 번이나 절을 하며 고마워했습니다. 그 모습에 헤르메스 신이 환하게 웃었습니다.
"세상에 이런 정직한 사람이 있구나! 내 오랜만에 감동을 했으니 이 금도끼와 은도끼를 그대에게 주겠네."
나무꾼이 괜찮다고 거절했지만 헤르메스 신은 금도끼와 은도끼를 주고 유유히 사라졌습니다.
이 일은 마을 사람들에게 금세 퍼졌습니다. 모두들 나무꾼의 됨됨이에 고개를 끄덕이며 부러워했습니다. 그런데 딱 한 사람만이 욕심을 품었습니다.
욕심꾸러기는 강가에서 나무를 하는 척하다 일부러 도끼를 강가에 빠뜨렸습니다. 욕심꾸러기는 온 산이 들리도록 목 놓아 울었습니다. 헤르메스 신이 다가와 물었습니다. "왜 그리 서럽게 우느냐?"
"저의 전 재산인 도끼를 강물에 빠뜨렸습니다."
헤르메스 신은 고개를 끄덕이더니 강물로 들어가 한 손에 금도끼를 들고 나왔습니다.
"이 도끼가 맞느냐?"
"네 바로 그 도끼입니다."
욕심꾸러기는 서슴없이 대답했습니다. 그러나 헤르메스 신은 점점 얼굴이 붉어졌습니다.
"정말로 네 도끼가 맞느냐?"
"그럼요. 그 금도끼가 제가 가진 전부입니다."
"이런 거짓말쟁이를 보았나? 정직한 나무꾼과는 영 다르구나! 너에게는 아무 것도 줄 수 없느니라."
헤르메스 신은 금도끼는커녕 욕심꾸러기의 도끼마저 돌려주지 않고 강물로 사라졌습니다. 욕심꾸러기는 강물을 바라보며 아직까지 씩씩대고 있답니다.

이솝
본명은 아이소포스. 기원전 6세기 고대 그리스의 우화 작가

POINT 너무 욕심을 내다 오히려 더 큰 것을 잃은 적은 없나요?

작가
미상

해와 달이 된 오누이

장르
교과서에 실린 전래 동화

옛날 어느 깊은 산속에 어머니와 오누이가 살았습니다. 집안 형편이 어려운 어머니는 떡을 만들어서 마을에 나가 팔았습니다. 어머니가 떡을 팔고 서둘러 집으로 가는 길이었습니다.

"아이들이 얼마나 배가 고플까? 얼른 가서 남은 떡을 줘야겠구나." 어머니가 말을 하자마자 커다란 호랑이가 나타나 길을 막았습니다.

"떡이라고? 떡 하나 주면 안 잡아먹지! 어흥."

깜짝 놀란 어머니는 떡 하나를 던져주고 도망쳤습니다. 그런데 잠시 뒤 호랑이가 쫓아와 어머니 앞에 나타났습니다. "떡 하나 주면 안 잡아먹지! 어흥."

"여, 여기 있어요!" 어머니는 떡 하나를 꺼내주고 부리나케 달렸습니다. 그런데 호랑이는 얼른 먹고 다시 어머니 앞에 나타났습니다.

"떡 하나 주면 안 잡아먹지! 어흥."

"이제 떡이 없어요. 우리 아이들이 기다리고 있으니 제발 살려주세요." 어머니가 눈물을 흘리며 사정했지만 호랑이는 덥석 어머니를 잡아먹었습니다. 그러고는 어머니 옷을 입고 아이들 집을 찾아갔습니다. 오누이는 방에서 어머니를 기다리고 있었습니다.

"얘들아, 엄마 왔어. 문 열어 보렴." 여동생이 냉큼 문을 열려고 하자 오빠가 동생을 말렸습니다.

"이상해. 엄마 목소리가 아닌 것 같아."

호랑이는 날이 추워서 감기에 걸렸다고 말했습니다.

"그럼 손 좀 보여주세요."

호랑이가 창호지를 뚫고 손을 보여주었습니다. 오누이는 털 복숭이 손에 깜짝 놀라 밖을 내다보았습니다. 호랑이가 어머니 옷을 입고 서 있었습니다.

"엄마가 아니야. 얼른 도망가자." 오빠는 여동생의 손을 잡고 뒷문으로 나가 나무 위로 올라갔습니다.

"거기 서라!" 오누이를 발견한 호랑이가 나무를 타려고 발버둥쳤습니다.

"얘들아, 그렇게 높은 나무는 어떻게 올라갔어?"

"참기름을 나무에 바르면 쉽게 올라오는데."

오빠의 말에 호랑이는 부엌에서 참기름을 가져다 나무에 발랐습니다. 그러나 호랑이는 자꾸 미끄러졌습니다. 그 모습에 여동생이 깔깔 웃었습니다.

"오빠, 호랑이는 바보야. 도끼로 찍어서 올라오면 쉬운데. 그걸 모르네."

동생의 말에 호랑이는 잽싸게 도끼를 가져다 나무에 올라타기 시작했습니다. 그 모습에 오누이는 하늘을 향해 간절하게 빌었습니다. 바로 그때 오누이 앞에 하늘에서 금빛 동아줄이 내려왔습니다. 하늘로 올라가는 오누이를 보고 호랑이도 기도했습니다.

"저에게 동아줄 하나만 내려주세요."

호랑이에게도 동아줄이 내려와 잡았습니다. 호랑이가 오누이를 따라잡으려고 할 때 동아줄이 툭 끊어졌습니다. 썩은 동아줄이었던 것입니다.

"호랑이 살려!" 호랑이는 땅으로 떨어져 죽었습니다. 하늘로 올라간 여동생과 오빠는 어머니를 만난 뒤 해님과 달님이 되어 오래도록 행복하게 살았습니다.

POINT 호랑이는 정말 무섭고 욕심 많은 동물일까요?

작가
라퐁텐

현명한 제비와 어리석은 새들

장르
세계 동화

이곳저곳 돌아다니며 많은 것을 배운 제비가 있었습니다. 제비가 바다 위를 날고 있을 때 세찬 바람이 불었습니다. 제비는 바람의 방향으로 날아갔습니다. 제비가 아래를 내려다보자 배 한 척이 떠 있었습니다. 얼른 내려가 폭풍우가 몰려오니 피하라고 알려주었습니다. 제비 때문에 선원들은 안전한 곳으로 피했습니다.

"고맙다. 제비야!" 제비는 좋은 일을 베풀어 기분이 좋았습니다. 그러던 어느 날이었습니다. 농부들이 넓은 밭에다 아마 씨를 심고 있었습니다.

"아마 씨네. 기름을 짤 수도 있지만 옷이랑 그물, 밧줄도 만들 텐데."

제비는 농부들이 새들에게 좋지 않은 물건을 만들 거라고 생각했습니다. 그래서 새들이 모인 곳으로 날아갔습니다.

"얘들아, 농부들이 아마 씨를 뿌렸어. 앞으로 저 씨앗이 자라면 농부들이 너희들을 잡으려고 그물을 만들 거야. 그러니까 밭으로 가서 싹이 트지 않게 씨앗들을 모조리 먹어버리렴."

제비의 말에 새들은 꿈쩍도 하지 않았습니다. 되레 제비를 비웃었습니다.

"우리가 왜 네 말을 들어야 하니? 저 씨는 맛이 없어서 잘 먹지도 않는단 말이야. 다른 데나 가봐."

제비는 걱정되어 해준 말이었는데, 새들은 들으려고도 하지 않았습니다.

시간이 흘러 농부가 뿌린 씨가 싹을 틔웠습니다. 무럭무럭 자라나는 아마를 보며 제비는 불안했습니다. 그래서 새들에게 다시 날아갔습니다.

"얘들아, 아마가 이미 파랗게 자랐어. 지금이라도 잎을 뜯어서 버리렴. 너희들에게 큰 위험이 닥칠 거야."

"싫다니까! 너야말로 쓸데없이 남의 일에 간섭하지 마. 저 많은 아마 잎을 누가 다 뜯니? 그러니까 우린 안 할 거야!"

제비는 안타까웠지만, 돌아올 수밖에 없었습니다.

시간이 다시 흘러 이제 아마가 다 자랐습니다. 제비는 아무래도 새들이 걱정이 되었습니다.

"얘들아, 아마가 다 자랐어. 이번이 마지막 부탁이니 꼭 들어주길 바라."

새들은 듣는 둥 마는 둥 콧방귀를 꼈습니다.

"앞으로 농부들은 농사지은 보리나 밀을 지키기 위해 너희들과 줄곧 싸울 거야. 아마로 그물을 만들고, 밧줄도 만들 거라고. 그러니까 여기저기 함부로 날아다니지 말고 집에 숨든가, 아니면 최대한 먼 곳으로 옮겨 봐. 숲보다는 물가가 훨씬 안전할 거야."

"정말 귀찮은 수다쟁이구나! 이제 우리한테 오지 마!"

"제발 내 말 꼭 기억해. 너희들을 위해 하는 말이니까."

제비는 마지막 말을 남기고 먼 여행을 떠났습니다. 새들은 제비의 말을 잊어버리고 마음껏 하늘을 날아다녔습니다.

그러나 얼마가지 않아 새들은 사람들이 쳐놓은 그물에 잡히고 말았습니다. 새들은 그제야 제비의 말을 떠올렸지만, 이미 많은 새들이 죽고 난 뒤였습니다.

라퐁텐(1621~1695)
프랑스의 시인, 동화 작가. 《개와 당나귀》《곰과 정원사》

POINT 현명한 제비처럼 당장은 귀찮지만 옳은 말을 해주며 걱정해주는 사람은 누구일까요?

작가
오스카 와일드

행복한 왕자

장르
세계 명작

온 도시가 내려다보이는 곳에 행복한 왕자의 조각상이 서 있었습니다. 온몸은 얇은 순금으로 되어 있고, 두 눈은 빛나는 사파이어, 칼자루에서는 붉은 루비가 반짝였습니다. 이곳을 지나가는 사람들은 조각상을 바라보면서 감탄했습니다.

어느 날 제비 한 마리가 행복한 왕자의 두 발 사이에 내려앉았습니다. 날개 밑에 고개를 파묻고 쉬려는데 맑은 하늘에서 굵은 물방울이 떨어졌습니다. 이상해서 올려다보니 조각상의 두 눈에서 눈물이 흘러내리고 있는 게 아니겠어요? "당신은 왜 울고 계세요?"

"나도 살아 있을 때는 눈물이라는 게 뭔지 몰랐어. 하지만 죽어서 여기 이렇게 높은 기둥 위에 서 있게 되자, 도시의 슬픔과 비참함이 보이더구나. 그러니까 심장이 납으로 되어 있는데도 울지 않을 수 없단다." 그러면서 행복한 왕자는 제비에게 심부름을 해줄 수 없냐며 부탁했습니다. 왕자의 얼굴이 너무 슬퍼 보여서 제비는 하룻밤만 심부름꾼이 되어주겠다고 말했습니다.

제비는 왕자의 칼에서 커다란 루비를 쪼아 내어 부리에 물고서 왕자가 말한 집에 도착했습니다. 가난한 집에 루비를 내려놓고 아픈 아이의 머리맡을 조용히 날면서 날갯짓을 해주었습니다. "아이, 시원해!" 아이는 오랜만에 깊은 단잠에 빠져들었습니다.

"왕자님, 이상해요. 날씨는 추운데 따뜻한 느낌이 들어요. 왜일까요?"

"제비야. 그건 네가 착한 일을 했기 때문이야."

다음날도, 그 다음날도 제비는 계속해서 심부름을 했습니다. 왕자의 눈에 박힌 사파이어는 가난한 작가 청년에게, 다른 한쪽 눈의 사파이어는 성냥팔이 소녀에게 갖다 주었습니다. "행복한 왕자님, 이제 앞을 보지 못하시니 제가 당신 곁에 있어 드릴게요."

제비는 도시를 돌아다니며 본 것을 왕자님에게 들려주었습니다. "제비야. 내 몸은 순금으로 되어 있잖니. 그걸 한 조각씩 떼어다 가난한 사람들에게 나눠주렴. 저 사람들에게 금이 있으면 행복해질 거야."

제비가 한 조각 한 조각 순금을 떼어내자 왕자는 점점 더 초라하게 변해갔습니다. 그리고 겨울이 왔습니다. 가엾고 작은 제비는 추위를 견디지 못한 채 죽고 말았습니다. 그리고 왕자의 납으로 된 심장도 강추위를 견디지 못한 채 둘로 쪼개져버렸습니다.

"아니! 저 조각상을 좀 보시오. 칼에 박힌 루비도 떨어져 나갔고 눈도 없어지고 금도 다 벗겨졌어. 행복한 왕자가 저렇게 흉한 꼴로 변하다니!"

시장의 말에 사람들은 행복한 왕자의 조각상을 끌어내렸습니다. 그리고 조각상을 용광로로 가져갔는데 부서진 심장만큼은 녹지 않았습니다. 사람들은 하는 수 없이 그것을 죽은 제비와 함께 쓰레기 더미에 던져버렸습니다. 천사가 하느님께 납으로 된 심장과 죽은 새를 올려다 드리자, 하느님이 말씀하셨습니다.

"작은 새는 나의 낙원에서 영원히 노래하게 하고, 행복한 왕자는 내 황금 도시에서 찬미하며 살게 하리라."

오스카 와일드(1854~1900)
아일랜드 극작가. 대표작 장편소설 〈도리언 그레이의 초상〉, 단편소설 〈석류나무집〉

POINT 어려운 사람들을 위해 나의 소중한 것을 모두 나눠줄 수 있을까요?

작가
미상

반쪽이

장르
전래 동화

옛날 깊은 산골에 살고 있던 나이 든 아주머니는 아들 셋을 낳았습니다. 첫째와 둘째는 멀쩡했지만 셋째 아들은 반쪽이로 태어났습니다. 눈도 하나, 귀도 하나, 팔도 다리도 하나씩, 입도 반쪽, 코도 반쪽. 모습은 비록 흉했지만 힘은 아주 장사였습니다. 아무리 큰 바위라도 밀면 움직이지 않는 것이 없고 아무리 큰 나무라도 한 손으로 뽑히지 않는 나무가 없었습니다.
하루는 두 형이 과거를 보러 가게 되었습니다.
"저 놈을 그대로 두었다가는 또 무슨 일을 저지를지 모르니 혼을 내줘야지."
형들은 반쪽이를 꽁꽁 묶어 호랑이 굴에 던져버렸습니다. 호랑이들이 사람 냄새를 맡고 몰려오자 반쪽이는 호랑이들은 다 잡아서 가죽을 다 벗긴 다음, 어깨에 짊어지고 길을 떠났습니다.
날이 저물자, 반쪽이는 마을에서 가장 큰 부잣집으로 가 하룻밤만 재워 달라고 청했습니다. 호랑이 가죽이 탐이 난 부자 영감은 반쪽이에게 내기 장기를 두자고 했습니다. "장기 세 판을 두아서 내가 이기면 그 가죽을 모두 내게 주게나. 자네가 이기면 내 딸을 주지."
그런데 반쪽이가 세 번 다 이기자 부자 영감은 마음이 변했습니다. 호랑이 가죽도 못 얻은 판에 딸까지 내주기가 싫어진 것입니다.
"장기는 졌지만, 내 딸은 못 주겠다."
"그럼 내가 오늘 밤 업어 갈 테요."
그날 밤, 영감은 딸을 내주지 않으려고 야단법석을 떨었습니다. 집 안의 종들을 모두 풀어 단단히 지키게 했지만 밤이 꼬박 새도록 반쪽이는 나타나지 않았습니다. 사흘째 밤이 되자, 영감네 식구들은 모두가 지칠 대로 지쳐서 잠이 들어버렸습니다. 그 틈을 타 몰래 들어간 반쪽이는 우선 하인들의 상투를 풀어 모조리 말뚝에 붙들어 매어놓았습니다. 그리고 영감의 수염에는 유황을 묻혀 놓고 그의 아들한테는 방망이를, 며느리에겐 북을 쥐어 주고, 부인은 꽁꽁 붙들어 매어 놓았습니다.
마지막으로 딸을 넙죽 등에 업고 달아나며 "반쪽이가 신부를 업고 간다!" 하고 큰 소리로 외쳤습니다. 그 소리에 깜짝 놀란 영감이 등에 불을 켜려고 하다가 그만 유황을 바른 수염에 불이 붙어 버렸습니다.
"어이쿠, 내 수염이 탄다!"
그 소리에 옆에서 자고 있던 아들이 일어나서는 얼떨결에 방망이로 아버지를 마구 쳤습니다. 부자 영감이 마구 비명을 지르자, 이번에는 부인이 일어나 고래고래 소리를 질렀습니다.
"아이고! 반쪽이가 날 죽인다! 어서 내 허리를 놓지 못하겠느냐!"
놀란 며느리가 북을 치니 말뚝에 상투가 묶인 종들도 모두 눈을 떴습니다.
"반쪽이가 내 머리를 잡아끄네!"
영감네 집에서 소동이 벌어지고 있을 때, 반쪽이는 딸을 가뿐히 업고 집으로 돌아왔습니다. 그러고는 부잣집 딸을 색시로 삼아 오래오래 잘 먹고 잘 살았답니다.

POINT 나와 다르다고 놀리거나 멀리한 친구는 없나요?

작가
미상

만파식적의 유래

장르
교과서에 실린 전래 동화

신라 시대에 삼국 통일을 이룬 문무왕이 있었습니다. 문무왕은 유언으로 동해 한가운데에 있는 대왕암에서 장사를 치러달라고 말했습니다. 아들 신문왕은 아버지의 말씀대로 따르고, 대왕암과 마주하는 곳에 감은사라는 절을 세웠습니다.

이듬해에 신하가 신문왕에게 고개를 갸우뚱하며 고했습니다.

"동해에 작은 산이 나타나 감은사 주변을 이리저리 돌아다닌다 합니다."

신문왕이 점을 치게 하자 일관이 말했습니다.

"선왕께서 용이 되어 신라에 왜적이 침범하지 못하도록 지키고 계십니다. 게다가 김유신 장군도 하늘나라에서 신라를 위해 힘쓰고 계십니다. 두 분의 영혼이 나라의 평화를 위해 큰 보물을 내릴 거라 하옵니다."

신문왕은 서둘러 동해로 가서 산을 둘러보게 했습니다. 신하가 돌아와 말했습니다.

"거북의 머리 모양과 같은 산 위에 대나무 한 그루가 있습니다. 낮에는 둘로 갈라졌다가 밤이 되면 하나가 됩니다."

신문왕은 신기하기도 하고 이상하여 감은사에 머물며 지켜보기로 했습니다.

다음 날 점심때쯤, 대나무가 하나로 합쳐지자 천지가 진동하고 비바람이 몰아쳤습니다. 그런 날씨는 이레 동안 지속되었습니다. 물결이 잔잔해지자, 신문왕은 바다 위의 산에 갔습니다. 그때 용 한 마리가 나타나 신문왕에게 검은 옥대를 바쳤습니다. 신문왕이 용에게 물었습니다.

"이 산에 있는 대나무가 어째서 둘로 갈라졌다 다시 합쳐지는 것이냐?"

"이 대나무는 하나로 합쳐졌을 때 소리가 나지요. 소리로 천하를 다스릴 수 있다는 좋은 징조입니다. 그러니 이 대나무로 피리를 만들어 온 세상을 태평하게 하십시오."

신문왕은 곧장 대나무를 베어 뭍으로 나왔습니다. 그러는 사이 산과 용이 감쪽같이 사라졌습니다.

신문왕은 대나무로 피리를 만들었습니다. 시간이 지나고 온 나라에 가뭄이 들자 신문왕이 피리를 꺼내 불었습니다. 그러자 하늘에서 비가 쏟아지며 갈라진 땅이 다시 촉촉해졌습니다. 또 어느 해, 비가 너무 내려 물난리가 났을 때 신문왕이 피리를 불자 비가 금세 멈췄습니다.

세월이 흐른 뒤 나라에 적이 침입하자 신문왕이 피리를 꺼내 불었습니다. 그러자 적들이 오던 길을 되돌아갔습니다. 전염병이 돌 때도, 파도가 높게 칠 때도 피리를 불면 금방 좋아졌습니다.

바로 이 피리의 이름이 '만파식적'입니다. 세상의 근심과 걱정거리를 없애고 평안하게 한다는 뜻으로, 신라 왕실의 평화를 상징합니다.

POINT 감은사라는 절은 어디에 있을까요? 감은사의 역사적 배경을 찾아볼까요?

작가
샤를 페로

장화신은 고양이

장르
세계 동화

병으로 앓아누운 아버지가 세 아들에게 말했습니다.
"첫째는 방앗간을 맡고, 둘째는 당나귀를 가져라. 막내는 고양이 한 마리밖에 없구나."
아버지가 세상을 떠나고 욕심쟁이 형들이 막내를 내쫓았습니다. 앞이 캄캄한 막내에게 고양이의 말이 들렸습니다. "주인님, 제가 주인님을 잘 모실게요. 저에게 장화 한 켤레와 자루 하나를 사주세요."
막내가 고양이에게 장화와 자루를 사주었습니다. 장화를 신은 고양이는 자루에 토끼풀을 넣고 숲으로 달려갔습니다. 그러고는 자루를 벌려 토끼가 들어갈 수 있게 몰래 숨었습니다. 토끼가 자루 속으로 들어가자 얼른 입구를 묶었습니다. 고양이는 자루를 메고 왕이 사는 성으로 갔습니다.
"이 토끼는 제 주인인 카라바 공작께서 바치는 선물입니다." 선물을 받은 왕은 무척 좋아했습니다. 카라바는 고양이가 막내를 부르기로 한 이름이었습니다.
며칠 뒤, 고양이는 왕과 공주가 소풍을 간다는 말을 들었습니다. 고양이는 잽싸게 막내와 같이 숲으로 갔습니다. "주인님, 잠시만 옷을 벗고 시냇물에서 헤엄을 치며 놀고 계세요."
막내는 고양이가 시키는 대로 냇물로 들어가 놀았습니다. 그때 왕이 탄 마차가 지나는 중이었습니다.
"도와주세요! 카라바 공작이 물에 빠졌어요!"
왕이 신하들에게 명령하며 막내를 구했습니다.
"도둑들이 우리 공작님의 옷을 빼앗고 물에 빠뜨렸습니다." 고양이의 말에 왕은 가지고 있던 옷을 주었습니다. 막내의 멋진 모습에 공주도 첫눈에 반했습니다. 왕이 막내에게 소풍을 가자고 하자 고양이가 재빨리 앞질러 달렸습니다. 그러고는 마왕의 밭에서 농사를 짓는 농부들에게 말했습니다.
"이웃 나라 왕이 곧 지나갈 거예요. 이 밭이 누구 것이냐고 물으면 카라바 공작님의 밭이라고 해 주세요. 그러면 이 밭을 여러분에게 드릴게요."
얼마 뒤, 왕이 농부들에게 밀밭이 누구의 것이냐고 물었습니다. 농부들이 카라바 공작의 것이라고 대답했습니다. 한편, 고양이는 마왕이 살고 있는 성으로 달려갔습니다. "마왕님, 저는 마왕님의 마술을 구경하는 게 소원입니다."
"그래? 그거야 어렵지 않지. 자, 내가 사자로 변할 테니 잘 보거라."
마왕이 마술을 부리더니 금세 무시무시한 사자로 변신했습니다. "대단하시네요. 그럼 작은 생쥐로는 변신하지 못하시겠죠?"
고양이는 마왕을 보며 살짝 약을 올렸습니다.
"그건 더 식은 죽 먹기지. 자, 보아라!"
마왕이 순식간에 생쥐로 변하자 고양이가 마왕을 꿀꺽 삼켜버렸습니다. 잠시 뒤, 도착한 왕이 성을 보고 입을 쩍 벌렸습니다. "이 성은 누구의 것이냐?"
"카라바 공작님의 성입니다."
왕은 결심을 한 듯 공주와 카라바 공작의 결혼식을 제안했습니다. 장화 신은 고양이는 무척 뿌듯했습니다.

샤를 페로(1628~1703)
동화라는 새로운 문학 장르의 기초를 다진 프랑스 작가

POINT 아버지는 왜 막내에게 고양이를 주었을까요?

작가
이솝

여우와 황새

장르
세계 동화

숲에 사는 여우가 강가에 사는 황새를 우연히 만났습니다. 황새가 너무 반가워서 여우에게 먼저 인사를 건넸습니다.

"여우야, 그동안 잘 지냈니?"

"그래, 황새야, 너도 잘 지냈지? 마침 잘 만났다. 너를 만나면 우리 집에 초대하려고 했어. 혹시 내일 우리 집에 올 수 있니?"

황새는 초대를 한다는 말에 무척 기뻤습니다. 다음 날 황새는 이른 아침부터 말끔하게 단장을 하고 여우네 집에 갔습니다. 집 밖에서부터 맛있는 음식 냄새가 진동을 했습니다.

"황새야, 우리 집에 와 줘서 고마워. 앉아서 조금만 기다려."

황새는 군침이 돌아 식탁에 앉아서 좋아하는 노래를 흥얼거렸습니다. 이윽고 모락모락 김이 나는 수프 두 접시가 식탁에 차려졌습니다.

"특별 손님에게만 내는 특별 음식이란다. 많이 먹어."

여우는 황새의 얼굴을 살피지도 않고 혼자서 혀를 날름거리며 맛있게 먹었습니다. 그러나 주둥이가 긴 황새는 납작한 접시에 담긴 음식을 먹지 못하고 겨우 쪼아대기만 했습니다.

"황새야, 입맛에 맞지 않니? 그럼 내가 다 먹을게. 음식을 남기는 건 나쁘니깐."

"그, 그래."

여우는 황새의 접시를 바닥까지 싹싹 핥으면서 얄밉게 먹었습니다. 그 모습에 황새는 얼굴을 붉히며 속으로 씩씩댔습니다. '여우, 네가 이렇게 나왔다 이거지. 어디 너도 당해 봐라.'

황새가 함박웃음을 지으며 여우에게 말했습니다.

"여우야, 이렇게 너희 집도 와봤는데 우리 집에도 너를 초대하고 싶어. 내일 우리 집에 와주겠니?"

"정말? 그래, 좋아."

다음 날, 여우는 휘파람을 불며 숲에 있는 황새네 집으로 갔습니다. 황새도 맛있는 음식을 잔뜩 준비했습니다.

여우는 침을 삼키며 음식을 기다렸습니다. 마침내 황새가 환하게 웃으며 목이 아주 좁고 길쭉한 병을 식탁에 내놓았습니다.

"여우야, 이렇게 와줘서 고마워. 많이 먹어."

황새는 부리를 병 속에 집어넣고 맛있게 음식을 먹었습니다. 그러나 여우는 황새처럼 병에 입을 넣을 수가 없었습니다. 넣었다 하면 자꾸 주둥이가 끼어서 빼기도 힘들었습니다.

"여우야, 내 음식이 입에 맞지 않는구나! 하는 수 없지. 음식을 남기면 안 되니까 내가 다 먹을게."

황새는 여우의 병을 가져다가 맛있게 먹었습니다. 황새는 군침만 흘리는 여우의 얼굴이 고소해서 피식 피식 웃음이 새 나왔습니다.

이솝
본명은 아이소포스. 기원전 6세기 고대 그리스의 우화 작가

POINT 친구의 입장을 생각하지 않고 내 생각만 한 적은 없나요?

작가
미상

충신동이 효자동이

장르
전래 자장가

해금연주곡 듣기

자장 자장 우리 아기 자장 자장 우리 아기
꼬꼬닭아 우지 마라 우리 아기 잠을 깰라
금을 주면 너를 사며 은을 주면 너를 사랴
자장 자장 우리 아기 자장 자장 잘도 잔다

금자동아 은자동아 우리 아기 잘도 잔다
멍멍 개야 짖지 마라 우리 아기 잠을 깰라
나라에는 충신동아 부모에는 효자동아
자장 자장 우리 아기 자장 자장 잘도 잔다

작가
발데마르 본젤스

꿀벌 마야의 모험

장르
세계 명작

꿀벌 나라에서 태어난 마야는 바깥세상이 몹시 궁금했습니다. 유모 카산드라가 바깥세상에 대해 종종 이야기를 들려주었지만, 그것만으로는 궁금증을 해소할 수가 없었어요. 그래서 혼자서 여행을 떠나기로 마음을 먹었습니다.

밖으로 나온 마야는 한참을 날아가다 잠시 쉬어 가려고 연잎 위에 내려앉았어요. 그런데 그곳에서 쇠파리 한스를 처음으로 만났어요. 한스는 마야에게 개구리를 조심하라고 알려주었습니다. 그때 크고 투명한 날개를 가진 잠자리 슈누크가 다가왔어요. 그러고는 순식간에 한스를 삼켜버렸습니다. 마야는 너무 무서워서 엉엉 울음을 터뜨렸지만, 슈누크는 아무렇지도 않다는 듯이 이렇게 말했습니다.

"모두가 먹고 먹히면서 살아가는 것이 자연스러운 세상이야."

슈누크는 사람이 잠자리를 어떻게 괴롭히는지 말해주었습니다. 그러나 마야는 유모 카산드라가 말했던 것처럼 마음씨 좋은 사람도 분명히 있을 거라 믿었습니다.

잠시 후에 작은 빗방울이 내리기 시작했어요. 마야는 분홍 꽃 속에 쏙 들어가서 비를 피했어요. 그때 쇠똥구리 쿠르트와 귀뚜라미 아가씨 이피가 하는 말이 들렸습니다.

"이피, 왜 나를 피하는 거죠?"

"숲속 친구들이 그러던걸요. 당신은 딱정벌레가 아니라 쇠똥구리라고요. 난 똥만 굴리며 다니는 당신과 함께 있을 수는 없어요."

이피가 떠나버리자 쿠르트는 몹시 슬펐습니다. 그런데 갑자기 앞에 나타난 마야를 보고 쿠르트는 뒤로 넘어져버렸어요. "굶어 죽기 전에 개미 놈들에게 끌려가고 말겠지." 하며 체념하는 쿠르트의 모습을 본 마야는, 풀줄기를 쿠르트 쪽으로 늘여뜨려줬습니다. 덕분에 쿠르트는 풀잎을 타고 위험한 곳에서 무사히 빠져나올 수 있었어요.

"그대로 죽는 줄 알았어. 고마워." 쿠르트는 창피했는지 후다닥 사라져버렸습니다.

재스민 꽃향기에 취한 마야는 공중에 쳐 있는 거미줄에 걸려들고 말았어요. 거미 테클라가 다가와서 마야의 몸을 거미줄로 칭칭 감았습니다. 그때 마야의 귀에 쿠르트의 노랫소리가 들렸어요. "쿠르트, 살려주세요!" 마야는 쿠르트를 향해 크게 소리쳤어요. 쿠르트는 그 소리를 듣고는 당장 달려와서, 마야의 몸에 감긴 거미줄을 모두 툭툭 끊어주었습니다. 거미줄에서 빠져나온 마야는 안도의 한숨을 쉴 수 있었어요.

마야가 꿀벌 나라를 떠나 온 지 오랜 시간이 지났습니다. 마야는 우연히 꽃의 요정을 만났어요. 꽃의 요정은 마야에게 소년, 소녀의 사랑을 보여주었어요. '세상은 슬프기도 하고, 아름답기도 하구나!' 마야는 꽃의 요정과 세상의 이곳저곳을 보면서 많은 것을 깨닫게 되었어요.

발데마르 본젤스(1880~1952)
독일 작가. 꿀벌 마야를 통해 어린이들에게 꿈과 희망을 전해주었다.

POINT 세상의 편견에 빠지지 않고 마야처럼 새로운 시각으로 세상을 바라볼 수 있을까요?

작가
미상

박석고개

장르
교과서에 실린 전래 동화

옛날 어느 마을에 박씨 성을 가진 총각이 눈먼 어머니와 단둘이 살고 있었습니다. 젊은이는 가난하지만 효심이 지극하여 정성껏 어머니를 모셨습니다. 마을 사람들은 그런 박씨 총각을 늘 칭찬했습니다.

그러던 어느 겨울 날, 임금님이 도포를 입고 갓을 쓴 뒤 궁궐을 빠져나왔습니다. 추운 날씨에 백성들이 어찌 사는지 둘러볼 참이었습니다. 임금님이 한 마을의 빨래터를 지날 때였습니다. 아낙네들이 한창 이야기꽃을 피웠습니다.

"박씨 총각은 참말로 착한 효자야."

"맞아. 눈먼 어머니를 모시느라 장가도 못가서 안타깝지."

"그러게. 어떻게든 어머니에게는 쌀밥을 지어 드린다고 하더군."

임금님은 박씨 총각이 궁금하여 마을로 더 들어갔습니다. 그때 꽁꽁 언 강에서 얼음을 뚫어 낚시하는 젊은이를 보았습니다.

"이렇게 추운데 낚시를 하는가?"

"예. 어머니께서 생선을 드시고 싶어 하셔서요. 그런데 달랑 한 마리밖에 못 잡았습니다."

임금님은 단박에 박씨 총각이라는 것을 알아보았습니다. 그래서 총각에게 생선을 사고 싶다고 말했습니다.

"이걸 어쩌지요. 이 생선은 제 어머니께 구워드릴 겁니다. 정말 죄송합니다."

임금님은 하는 수 없다며 집에서 하루 묵게 해달라고 사정했습니다. 박씨 총각은 흔쾌히 허락했습니다.

집에 도착하자마자 박씨 총각은 눈먼 어머니에게 저녁상을 차려드렸습니다.

"어머니, 생선을 많이 잡았으니 꼭꼭 씹어 드세요."

박씨 총각은 생선 살점을 떼서 어머니 입에 넣어 드렸습니다.

"너도 어서 먹으렴."

"그럼요. 저도 먹어야죠."

박씨 총각은 빈 그릇을 앞에 두고 후루룩, 쩝쩝 맛있게 먹는 소리를 냈습니다. 이 모습을 지켜본 임금님은 박씨 총각에게 과거를 봐서 벼슬을 하면 어떠냐고 말했습니다.

"저는 어머니를 모시는 일이 더 중요합니다. 농사지을 밭이 있다면 더 바랄 게 없겠습니다."

"그렇군."

임금님은 고개를 끄덕이며 다음 날 궁궐로 돌아갔습니다. 그러고는 곧바로 박씨 총각 집에 신하를 보내 땅문서와 편지를 전달했습니다.

"젊은이의 효심이 나를 감복시켰느니라. 어머니를 잘 모셔라."

박씨 총각은 임금님이 사는 궁궐을 향해 큰절을 올렸습니다. 박씨 총각은 농사를 열심히 지어 어머니와 행복하게 살았습니다. 그런데 박씨 총각의 밭에 돌이 많았다고 해서 사람들은 '박석고개'라고 불렀답니다.

POINT 부모님 말씀을 잘 듣는 것도 큰 효도입니다. 오늘부터라도 실천해볼까요?

작가
메리 셸리

프랑켄슈타인

장르
세계 명작

빅토르 프랑켄슈타인은 2년 동안 고생한 끝에 인조인간을 만들었습니다. 시체와 부품으로 만들어져 보통 사람의 두 배 크기였습니다. 프랑켄슈타인은 괴물처럼 느껴져서 오싹하고 끔찍했습니다.

프랑켄슈타인은 고향 제네바에서 온 친구 앙리를 만나 이야기하다 벌떡 일어나 소리를 질렀습니다.

"저 놈이 오고 있다. 여기에 오지 마!"

프랑켄슈타인은 쓰러져 병원 신세를 졌습니다. 3개월 뒤 막내 동생 윌리엄이 죽었다는 아버지의 편지를 받았습니다. 급하게 제네바로 돌아간 프랑켄슈타인은 범인이 하녀 제스틴이 아니라 자신이 만든 인조인간이라는 것을 눈치 챘습니다. 그러나 재판에 나서지 못했습니다. 프랑켄슈타인 가족들은 당분간 거처를 옮겼습니다. 숲속을 걷던 프랑켄슈타인의 뒤를 누군가 따라붙었습니다. "그 놈이야!" 프랑켄슈타인은 등줄기가 오싹했습니다. 그때 서서히 괴물이 모습을 드러냈습니다. "인간은 아름답지 않으면 싫어하지요. 당신은 나를 만든 사람이라 다를 거라 생각했는데……."

"이 괴물아! 네놈 때문에 난 너무 괴롭다고! 그러나 내가 만든 괴물을 내 손으로 죽여야 해!"

프랑켄슈타인은 괴물의 초인적인 힘을 감당하지 못했습니다. 괴물이 천천히 이야기를 시작했습니다. 자신을 본 사람들은 돌을 던지거나 놀라서 도망치기 바빴다고 했습니다. 미워하는 이유를 몰랐던 괴물은 호수에 비친 얼굴을 보고 깨달았고, 그때부터 증오가 생겼다는 것입니다. 그래서 프랑켄슈타인의 막내 동생 윌리엄을 죽였던 것입니다.

괴물의 이야기에 프랑켄슈타인은 점점 더 분노했습니다. 괴물은 프랑켄슈타인에게 친구를 만들어달라고 했습니다. 프랑켄슈타인은 인조인간을 하나 더 만들기 위해 작은 섬의 초라한 집을 구했습니다. 거의 마지막 단계에 왔지만 프랑켄슈타인은 칼로 괴물의 얼굴과 몸통을 찌르고는 몰래 바다에 던졌습니다.

그 시각 앙리가 프랑켄슈타인을 찾아왔지만 괴물은 다시 살아나서 친구 앙리까지 죽였습니다. 모든 사람들이 프랑켄슈타인이 범인이라고 생각했지만, 정확한 증거가 없어 풀려났습니다.

복수심에 가득 찬 프랑켄슈타인은 엘리자베스와 결혼해서 괴물을 유인했습니다. 그러나 잠깐 사이 괴물은 엘리자베스를 죽이고 달아났습니다. 소식을 들은 아버지마저 쓰러져 세상을 떠났습니다.

미친 사람처럼 괴물을 잡으러 전 세계를 다니던 프랑켄슈타인이 북극 탐험선 선장을 만나 자신의 이야기를 털어놓았습니다. 선장이 잠시 자리를 비운 사이 괴물은 프랑켄슈타인을 죽이고 시체 앞에 서 있었습니다. 선장이 소리쳤습니다.

"네 복수는 끝났어. 만족하는가?"

"만족? 난 더 많이 힘들고 괴로웠소! 이 사람은 나를 죽여 없애는 게 목적이었다면 나는 이 사람을 괴롭히는 게 목적이었소. 이제 살 이유가 없소."

괴물은 처절하게 울부짖으며 북극으로 달아났습니다.

메리 셸리(1797~1851)
영국의 소설가. 소설 작품 《마지막 인간》《6주간의 여행 이야기》

POINT 인공지능(AI)이 발달하면 좋은 점과 나쁜 점을 생각해볼까요?

작가
이솝

욕심 많은 개

장르
세계 동화

옛날 어느 작은 마을에 욕심이 많은 개가 살고 있었습니다. 하루는 길을 가다가 커다란 고깃덩어리 하나를 발견했습니다.

"역시 나는 운이 좋아. 먹을 복도 타고 났지. 음하하."

개는 고깃덩어리를 냉큼 입에 물고 주변을 두리번거렸습니다.

'아무도 못 봤겠지. 다른 개들이 보기 전에 얼른 이 곳을 떠나야겠어. 혼자 먹어야 하니까 집으로 가는 게 낫겠지.'

욕심 많은 개는 집을 향해서 힘차게 내달리기 시작했습니다. 너무 열심히 달려서 숨을 할딱거렸습니다. 부지런히 달리던 개가 개울가 다리를 건너기 시작했습니다. 행여 고기를 떨어뜨릴까 봐 무척 조심했습니다.

'이제 이 다리만 건너면 우리 집이야. 맛있게 고기를 먹을 수 있겠어.'

욕심 많은 개는 고기 먹을 생각에 웃음이 절로 나왔습니다. 그런데 욕심 많은 개가 다리 중간에 왔을 때였습니다. 무심코 아래를 내려다보다 깜짝 놀랐습니다.

'뭐야, 저 개도 고깃덩어리를 물고 있잖아. 내 것보다 훨씬 큰 고기 같은데.'

개는 물속의 개를 노려보았습니다. 그런데 물속의 개도 자기를 노려보아 심술이 머리끝까지 났습니다.

욕심 많은 개는 머릿속에 생각 하나를 떠올렸습니다.

'저 개의 고기까지 뺏으면 두 덩어리의 고기를 먹을 수 있겠지.'

욕심 많은 개는 아주 무섭게 물속을 향해 으르렁거렸습니다. 그러자 물속의 개도 똑같이 으르렁대었습니다. 욕심 많은 개는 물속의 개가 자신을 무시하는 것 같아서 은근히 화가 났습니다.

'좋아, 따끔한 모습을 보여주지.'

욕심 많은 개는 사나운 표정으로 큰 소리로 짖었습니다. "컹컹컹, 컹컹컹! 고기 내 놔!"

그 순간 생각지도 못한 일이 벌어졌습니다. 개가 물고 있던 고기가 물속으로 풍덩 빠지고 말았습니다. 물론 물속의 개가 물고 있던 고기도 어디론가 사라져버렸습니다.

"내 고기, 아까운 내 고기……."

개는 물속의 개를 뚫어지게 보았습니다. 그러다가 자신의 모습을 비추고 있다는 사실을 뒤늦게 깨달았습니다. 그러나 고기는 물에 빠졌으니 후회해도 소용이 없었습니다.

"욕심 부리지 말 걸. 아니 그냥 친구들하고 나눠만 먹었어도 한 입은 먹을 수 있었을 텐데."

욕심 많은 개는 그렇게 한참 동안 개울만 들여다보았습니다. 깊은 한숨을 내쉰 개는 터벅터벅 먹을 것을 찾아 다시 길을 떠났습니다.

이솝
본명은 아이소포스. 기원전 6세기 고대 그리스의 우화 작가

POINT 내 것보다 친구의 것이 더 좋아 보일 때가 많죠? 그런 경험을 얘기해볼까요.

작가
톨스토이

바보 이반

장르
세계 명작

옛날 어느 나라에 부자 농부가 살고 있었습니다. 그 농부에게는 아들이 셋, 딸이 하나 있었는데 큰아들은 군인이었고, 둘째는 배불뚝이, 셋째는 바보, 그리고 막내딸은 벙어리였습니다. 특히 바보 이반은 마음씨가 착해 집안에서 궂은일을 도맡아 하면서도 불평 한 마디 하지 않았습니다. 전쟁터에 나가 있는 큰아들 세몬과 장사하는 둘째 타라스가 아버지 땅을 모두 가져가도 불평 한 마디 하지 않고 웃기만 했습니다.

그런데 이런 상황을 보고 지켜보고 있던, 제일 늙은 악마가 다른 두 악마에게 말했습니다.

"얘들아! 도저히 화가 나서 견딜 수가 없구나. 형들이 저러면 서로 다투고 싸워야 하는데, 바보 이반은 전혀 그럴 생각을 안 한단 말이야. 너희들 어떻게 해서든지 저 녀석들을 싸우게 만들어라, 할 수 있겠지?"

그래서 악마들은 큰아들 세몬과 둘째 타라스에게 잔꾀를 부려 둘을 쫄딱 망하게 만들었습니다. 그 다음, 이반에게 찾아가서 농사를 방해하려고 했지만 뜻대로 되기는커녕 오히려 많은 수의 군인들과 금화를 만드는 방법까지 알려주고 말았습니다. 이반에게 진 악마 둘은 차례로 땅 속으로 쏙 꺼졌고, 그 자리에는 두 개의 구멍이 생겨났습니다. 악마들이 사라지자 욕심쟁이 형들은 이반을 이용해 군인들과 금화를 챙겨 다시 큰 부자가 되었습니다.

<공주의 병을 낫게 하는 자에게 상을 주고 총각이면 공주와 결혼시키겠노라>

어느 날 전국 방방곡곡에 위 내용의 안내문이 붙었습니다. 이 안내문을 보고, 이반은 전에 악마가 주었던 치료제, 나무뿌리를 가지고 길을 떠났습니다. 하지만 길에서 만난 거지 여인이 아픈 손을 낫게 해달라며 사정을 하는 바람에 나무뿌리를 다 주고 말았습니다. 그런데 신기하게도 이반이 궁궐에 들어서자 빈손임에도 불구하고 공주의 병이 씻은 듯이 나았습니다. 왕은 크게 기뻐하며 이반을 공주와 결혼시켰고 얼마 뒤, 왕이 죽자 이반이 나라를 물려받게 되었습니다.

늙은 악마는 삼형제의 소식을 수소문한 끝에, 각자 나라를 다스리고 있다는 것을 알아냈습니다. 세몬과 타라스도 두 악마가 알려준 방법으로 성공해서 한 나라의 왕이 된 것이었습니다. 늙은 악마는 꾀를 써서 세몬과 타라스를 차례로 파멸시킨 다음, 이반의 나라로 갔습니다.

그런데 이반은 다시 농부가 되어 검소하게 살고 있었습니다. 늙은 악마는 갖가지 방법으로 백성들을 유혹했지만, 그 나라의 바보 백성들도 이반처럼 어떤 유혹에도 굴하지 않았습니다.

결국 늙은 악마는 머리가 처박힌 채 땅 속으로 들어가버리고 말았습니다. 이후에도 이반은 몸을 부지런히 움직이며 살았습니다. 그 후 첫째 형과 둘째 형인 세몬과 타라스도 이반에게 와서 손에 굳은살이 생길 때까지 열심히 일을 배웠다고 합니다.

레프 톨스토이(1828~1910)
러시아의 대 작가. 대표작 《전쟁과 평화》 《안나 카레니나》

POINT 한 나라의 왕이 된 이반은, 왜 다시 농부가 되어 검소하게 살았을까요?

작가
빅토르 위고

장발장

장르
세계 명작

매서운 바람이 부는 겨울 저녁이었어요. 장발장은 거리를 헤매다가 노부인의 소개로 어느 집의 문을 두드렸습니다.

"난 감옥에서 19년을 살고 나온 사람이오. 나흘 전에 석방되어 여기까지 왔습니다. 돈은 드릴 테니 먹을 것과 잠자리를 주시겠습니까?"

"돈은 필요 없으니 어서 들어와 몸을 좀 녹이시지요."

미리엘 신부는 장발장에게 따뜻한 음식을 주고 잠자리도 마련해주었어요.

"신부님. 신부님은 정말 좋은 분이시군요. 제가 나쁜 놈이라고 밝혔는데도 이렇게 받아 주시니까요."

신부님은 하녀에게 깨끗한 침구를 준비하라 이르고, 은촛대에 불을 밝히고 은그릇에 음식을 내오게 했습니다. 그러고는 함께 식탁에 앉아 장발장을 위해 기도를 올렸습니다. 몹시 배가 고팠던 장발장은 오랜만에 배불리 먹고 잠자리에 들었습니다.

장발장은 두 시를 알리는 시계 소리에 잠에서 깼습니다. 다시 눈을 붙이려고 했지만 한 번 깬 잠은 좀처럼 다시 오지 않았습니다. 그의 머릿속에 지난 일들이 스치고 지나갔습니다. 일자리를 잃고 돈이 없어서, 굶고 있는 조카들에게 먹이려고 빵을 훔쳤다가 잡힌 일, 집에 있는 조카들이 걱정되어 네 번이나 탈출했다가 다시 붙잡혀서 19년이나 감옥살이를 했던 일 등이 말이에요. 그리고 마지막에는 아까 보았던 은그릇이 떠오르면서 이런 생각이 들었습니다.

'그 반짝이는 은그릇들을 내다 팔면 적어도 200프랑은 받을 수 있을 거야.'

200프랑이면 장발장이 감옥에서 19년 동안 일해서 받은 돈보다 훨씬 더 많았습니다. 마침내 세 시를 알리는 시계 소리가 들렸을 때, 장발장은 벌떡 일어나 은그릇들을 배낭에 담아 도망을 쳤습니다.

그러나 얼마 가지 못해 장발장은 헌병에 붙잡혀 다시 끌려오게 되었어요. 신부님은 장발장을 보자마자, 은촛대를 들고 나와 말했습니다.

"왜 은촛대를 남겨 두고 갔소? 은그릇과 함께 드린 것 아니오?"

장발장은 손발을 부들부들 떨며 은촛대를 받아 들었어요.

"당신은 이 은그릇들을, 올바른 사람이 되는 데 사용하겠다고 지금 내게 약속한 것이오."

"아! 신부님! 저를 용서해 주시는 겁니까? 저같이 은혜도 모르는 놈을요? 저는 빵 한 조각 때문에 19년 동안 감옥살이를 했습니다. 그런데 이렇게 가혹한 세상에 신부님처럼 자비로운 분이 계셨다니요."

장발장의 눈에서 뜨거운 눈물이 쏟아져 내렸습니다. 그것은 장발장이 19년 만에 처음으로 흘리는 눈물이었습니다.

빅토르 위고(1802-1885)
프랑스 작가. 소설 《파리의 노트르담》 《레미제라블》

POINT 신부님의 자비로운 마음이 아니었다면 장발장은 평생 잘못을 뉘우치지 않았을까요?

작가
미상

엄지동이

장르
세계 옛날이야기 (일본)

옛날 옛적, 일본의 어느 마을에 사이좋기로 소문난 부부가 살았습니다. 서로를 너무나도 사랑해서 콩알 하나, 쌀알 하나도 꼭 나눠서 먹었고 어딜 가든 항상 붙어 다녔습니다. 그런데 결혼을 한 지 10년이 지나고, 20년이 지나도록 아이가 생기지 않았습니다.

"하느님, 손가락만 한 아이라도 좋으니 아이 하나만 갖게 해주십시오."

세월이 흘러 나이가 들어서도 기도를 멈추지 않았습니다. 그러던 어느 날 기적 같은 일이 일어났습니다. 갑자기 부인의 배가 불러오더니 꿈에도 그리던 아이를 낳게 된 거예요.

"세상에! 신께서 우리의 소원을 들어주신 거요!"

남편은 아이를 안고 덩실덩실 춤을 추었습니다. 그런데 정신없이 춤을 추던 남편이 고개를 갸웃거리며 말했습니다.

"여보! 그런데 우리 아기가 너무 작은 것 같지 않소?"

그러고 보니 갓난아기가 정말 엄지손가락만 했습니다. 하지만 부부는 아이를 정성껏 키웠습니다. 어느덧 아이는 열다섯 살이 되었습니다. 하지만 아이의 키는 그대로였습니다. 엄지동이가 친구들에게 놀림을 받을 때마다 부부의 마음은 찢어질 듯 아팠습니다. 그래서 부부는 엄지동이를 큰 도시로 보내기로 했습니다.

먼저 보리 짚으로 만든 칼집에 바늘 하나를 꽂아 허리에 채워주었습니다. 그리고 작은 밥그릇 배를 태운 다음, 나뭇가지를 꺾어 노를 만들어주고는 눈물을 참으며 떠나보냈습니다. 집을 떠난 지 석 달 만에 엄지동이는 커다란 항구에 닿았습니다.

엄지동이는 그 도시에서도 가장 큰 집에 사는 재상을 찾아갔습니다.

그러고는 작지만 큰소리로 당차게 외쳤습니다.

"안녕하세요? 저는 엄지동이라고 합니다. 저도 재상님처럼 훌륭한 사람이 되고 싶습니다."

귀엽고 당돌한 그 모습은 재상뿐만 아니라 재상 딸의 마음까지 단번에 사로잡았습니다. 재상은 철없는 딸을 멀리 떨어진 섬에 보내면서 엄지동이를 같이 보낼 정도로 그를 아끼고 믿게 되었습니다. 그래서 엄지동이는 재상의 딸과 함께 모험을 떠나게 되었습니다. 섬에 가는 동안 폭풍도 만났지만 잘 헤쳐 나갔습니다. 또한 섬에서는 도깨비들과 싸워 이기기도 했습니다. 엄지동이는 도깨비들이 두고 간 방망이를 들고 소리쳤습니다.

"커져라! 엄지동이야! 커져라, 얍!"

그러자 엄지동이의 키가 쑥쑥 자라더니 순식간에 멋진 청년으로 변하는 게 아니겠어요? 엄지동이는 이번엔 다른 방망이를 들고 이렇게 외쳤습니다.

"금 나와라, 뚝딱! 은 나와라, 뚝딱!"

말이 끝나기가 무섭게 금은보화가 우르르 쏟아졌어요. 덕분에 엄지동이와 재상의 딸은 금은보화를 챙겨 집으로 돌아올 수 있었습니다. 그 뒤, 둘은 결혼해서 시골에 계신 엄지동이의 부모님까지 모셔와 행복하게 살았답니다.

POINT 나의 장점과 단점을 생각해볼까요? 단점을 극복하려면 어떻게 해야 할까요?

작가
미상

도깨비를 무서워하지 마세요

장르
교과서에 실린 전래 동화

옛날 어느 마을에 사는 돌쇠 아버지가 술에 취해 고갯마루를 넘고 있었습니다. 바람 소리가 나면서 무언가 지나가는 것처럼 느껴져 돌쇠 아버지는 소름이 돋았습니다. 그때 돌쇠 아버지의 눈에 나무 아래에 누가 앉아 있는 것처럼 보였습니다. '내가 헛것을 본 건가? 이 밤에 누가 나무 아래에 앉아있겠어?'

돌쇠 아버지는 정신을 차리고 눈을 크게 떴습니다. 그러고는 나무 아래쪽으로 다가갔습니다.

"거, 거기 누구요? 사람이요? 혹시 도깨비요?"

돌쇠 아버지의 말이 끝나자 누군가 천천히 돌아보는 것 같았습니다. 그때 돌쇠 아버지는 어둠 속에서 반짝거리는 빛을 보았습니다.

"도, 도깨비다! 걸음아 나 살려라!"

돌쇠 아버지는 정신없이 줄행랑을 놓았습니다.

다음 날 돌쇠 아버지는 마을 사람들에게 지난밤에 겪었던 이야기를 늘어놓았습니다. 사람들은 돌쇠 아버지가 헛것을 봤다며 핀잔을 했습니다. 그런데 그날부터 도깨비를 보았다는 사람이 계속해서 나타났습니다.

"내가 딸네 집에 갔다가 고갯마루를 넘는데 누군가가 따라 붙는 것 같더라고."

시간이 갈수록 마을 사람들 모두가 도깨비와 마주쳤다고 이야기했습니다. 그러나 도깨비한테 해코지를 당한 사람은 없었습니다. 마을 사람들은 두려움에 해가 지면 바깥출입을 하지 않았습니다.

그러던 어느 날 한 나그네가 마을을 지날 때였습니다. 나그네는 초저녁인데도 나다니는 사람이 없어서 이상했습니다. 주막에 들어가 자초지종을 들었습니다.

"이 마을에 도깨비들이 득시글하다오. 사람들이 그래서 어두워지기도 전에 집 밖으로 나오지 않소."

주막 주인은 서둘러 집 안으로 들어갔습니다. 나그네는 마을 사람들의 생각을 바꿔보고 싶었습니다. 한참을 고민하던 나그네가 얼른 종이를 꺼내 글을 써내려갔습니다. 그러고는 정자나무에 붙여놓았습니다. 다음 날 정자나무에 붙어 있는 종이를 보며 사람들이 천천히 읽어 내려갔습니다.

"도, 도깨비가 써 놓은 편지인가 보네."

돌쇠 아버지는 흠칫 놀라며 소리쳤습니다. 누군가가 한번 읽어보라고 하자 돌쇠 아버지가 또박또박 편지를 읽기 시작했습니다.

우리는 도깨비들입니다. 부탁할 것이 있어요. 요즘 들어 해가 지면 사람들이 나다니지 않으니까 우리가 너무 무서워서 살 수가 없어요. 우리는 사람들을 좋아하니 제발 밤에도 거리에 나와 무서운 밤을 물리쳐 주세요. -도깨비 올림

돌쇠 아버지가 편지를 읽자 사람들은 키득키득 웃었습니다. "도깨비가 우리를 좋아한다네요. 하하하."

"도깨비도 어둠을 무서워하는군."

그제야 사람들은 괜히 겁을 먹었다며 안도의 한숨을 내쉬었습니다. 그 뒤 마을은 어둠이 무섭다는 도깨비를 위해 횃불을 켜놓고 일을 했습니다. 그렇게 일을 한 덕분에 마을은 금세 부자가 되었습니다.

POINT 모든 일은 마음에 달려 있답니다. 평소에 두려워한 것이 있다면 이유가 무엇인지 곰곰이 생각해볼까요?

1.23.

작가
미상

하늘과 땅이 열린 이야기

장르
세계 동화
(그리스 신화)

아주 먼 옛날에는 하늘과 땅이 없었습니다. 커다란 덩어리 하나만 존재했습니다. 덩어리에는 뒤죽박죽으로 하늘과 땅, 나무와 강이 있었습니다. 그 덩어리 이름을 카오스라고 불렀습니다. 카오스에서 땅의 여신인 가이아가 태어났습니다. 세월이 많이 흘러 가이아는 커다란 아들을 낳았습니다. 바로 하늘의 신인 우라노스입니다. 이제 땅과 하늘이 생겨났습니다. 땅의 여신 가이아는 하늘의 신 우라노스와 결혼을 했습니다. 그 뒤, 산이 태어나고 바다가 태어났습니다. 세상이 하나 둘씩 제대로 모습을 갖추게 되었습니다.

하늘의 신이자, 우주의 임금님인 우라노스는 막내 크로노스에게 세상을 다스리는 일을 물려줬습니다. 그런데 크로노스가 아버지 우라노스를 물리쳤습니다. 그 뒤, 만물의 임금님이 된 크로노스에게도 자식이 많이 생겼습니다. 크로노스는 자식들이 자신이 그랬던 것처럼 왕좌를 빼앗을까 봐 늘 불안해했습니다. 그래서 자식을 낳기만 하면 꿀꺽 삼켜버렸습니다.

시간이 지나고 막내 제우스가 태어났을 때입니다. 제우스의 어머니인 레아 여신은 자식을 살리고 싶었습니다. 그래서 갓 태어난 제우스 대신 담요에 돌을 넣어 둘둘 말았습니다. 크로노스는 담요 안을 들여다보지도 않고 또 꿀꺽 삼켜버렸습니다.

무사히 살아난 제우스는 아버지를 피해 깊은 산속의 동굴에서 살았습니다. 어머니 레아 여신은 제우스의 울음소리가 행여 크로노스에게 들킬세라 병사들에게 끊임없이 청동 방패를 두드리며 춤을 추게 했습니다.

비록 숨어 살았지만 건강하게 어른이 된 제우스는 아버지를 찾아갔습니다. 그러고는 아버지 크로노스에게 약을 먹여서, 그동안 삼켰던 제우스의 형과 누나들을 토하게 만들었습니다. 제우스의 아내가 된 헤라, 바다의 신인 포세이돈, 지하의 임금이 된 하데스, 데메테르, 헤스티아까지.

형과 누나들이 제우스와 한편이 되고, 삼촌들은 아버지 크로노스와 한편이 되어 전쟁을 했습니다. 빽빽한 나무로 들어찬 산과 바위를 번쩍 들어 던지기도 하고, 벼락과 천둥도 콰광 내리치면서 격하게 싸웠습니다.

싸움은 결국 제우스와 형제들의 승리로 끝났고, 다시 평화가 찾아왔습니다. 그렇게 해서 제우스는 하늘을 다스리는 신들의 임금님이 되었습니다.

제우스는 하늘과 땅의 경계가 분명치 않은 것이 고민이었습니다. 그때 좋은 생각이 났습니다. 바로 크로노스의 편에서 싸웠던 신 중에서 거인 아틀라스에게 하늘을 떠받치며 살라고 명령하는 것이었습니다. 아틀라스는 제우스의 명령대로 세상의 동쪽 끝에 있는 아틀라스 산꼭대기에 가서 팔을 번쩍 들어 올렸습니다. 그러자 하늘과 땅이 떨어지면서 세상이 완성되었습니다. 커다란 덩어리였던 카오스가 지금처럼 하늘과 땅이 분리된 모습으로 말이죠. 지금도 아틀라스는 하늘을 떠받치느라 땀을 뻘뻘 흘리고 있다고 합니다.

POINT 그리스 신화에 나오는 다른 신들의 이야기도 찾아볼까요.

작가
안데르센

눈의 여왕

장르
세계 동화

아주 오랜 옛날, 한 악마가 요상한 거울을 하나 만들었습니다. 고운 얼굴을 비추면 흉하게 보이고 웃는 얼굴을 비추면 심술쟁이로 보이는 거울이었습니다. 그런데 하루는 악마가 하느님한테 시험해 보려다 그만 거울을 깨뜨리고 말았습니다. 부서진 거울 조각들은 눈송이처럼 사람들이 사는 세상으로 떨어졌습니다.

인간 세상에는 카이라는 남자 아이와 게르다라는 여자 아이가 살고 있었습니다. 둘은 오누이처럼 다정한 사이였습니다. 그러던 어느 날 악마의 거울조각이 그만 카이의 눈을 찌르는 사건이 일어났습니다. 그날 이후부터 카이는 전혀 딴 사람으로 변해서 못된 짓만 골라서 했습니다. 하얀 드레스에 얼음 왕관을 쓴 눈의 여왕은 이런 카이를 눈의 궁전으로 데리고 갔습니다.

게르다는 카이를 찾아 나섰다가 한 할머니를 만났습니다.

"할머니, 혹시 카이라는 애를 못 보셨나요?"

"가르쳐줄 테니 집 안으로 들어가자."

사실, 할머니는 지팡이를 타고 다니는 마법사였습니다. 예쁜 게르다와 함께 살고 싶어 요술을 부려 모든 기억을 잊어버리게 만들었습니다. 게르다는 요술 할머니와 살면서 가끔씩 마음 한 구석이 허전해지고는 했습니다.

'이상하다? 뭔가 빼먹은 일이 있는 것 같아!'

그러던 어느 날 게르다는 장미 가시에 찔려 정신이 번쩍 났습니다. 할머니가 집을 비운 사이, 몰래 그곳을 빠져나와 다시금 카이를 찾아 헤맸습니다. 그러다 까마귀의 안내로 어떤 왕자를 만나 멋진 마차를 선물로 받았습니다. 그런데 그만 숲 속에서 도둑을 만나 마차를 빼앗기고 말았습니다. 다행히 도둑의 딸이 게르다를 친구로 삼아 주었습니다. 게르다는 도둑의 딸이 내어준 순록을 타고 북극을 향해 달려갔습니다. 그렇게 얼마를 갔을까요? 갑자기 무시무시한 얼음 괴물이 나타났습니다. "하느님, 제발 도와주세요."

게르다가 무릎을 꿇고 기도하기 시작하자 하늘에서 천사들이 나타났습니다. 천사들은 단숨에 얼음 괴물을 가루로 만들어버렸습니다. 그래서 게르다는 무사히 궁전 안으로 들어갈 수 있었습니다.

"카이, 내가 왔어!"

게르다는 카이를 보자마자 꼭 끌어안았습니다. 다행히 눈의 여왕은 여행을 떠나고 없었습니다.

"너는 누구니?"

하지만 카이는 게르다를 알아보지 못했습니다. 게르다는 그런 카이를 보며 울기 시작했습니다. 게르다의 눈물이 카이의 얼굴에 뚝뚝 떨어지자 카이의 얼굴에 핏기가 돌기 시작했습니다.

"아, 게르다!" 게르다를 알아본 카이가 눈물을 흘리니 이번에는 카이의 눈에 박혀 있던 거울 조각이 뽑혔습니다. 그렇게 마법에서 풀려난 카이와 게르다는 함께 순록을 타고 따뜻한 집으로 돌아올 수 있었답니다.

안데르센(1805~1875)
덴마크의 동화작가. 《미운 오리 새끼》 《인어 공주》

POINT 게르다처럼 변하지 않는 우정과 사랑을 이어나갈 친구를 만들려면 어떻게 해야 할까요?

작가

슈베르트, 모차르트, 브람스

슈베르트, 모차르트, 브람스 자장가

장르

자장가

해금연주곡 듣기

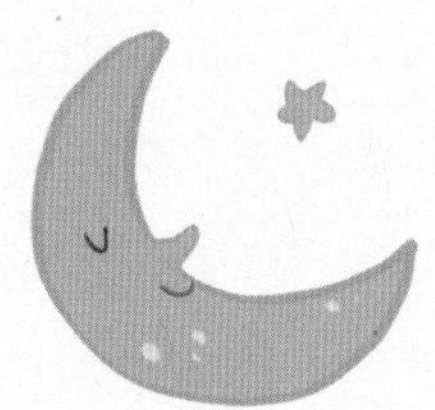

슈베르트 자장가

잘 자라 잘 자라 노래를 들으며 / 옥같이 예쁜 우리 아가야 /
귀여운 너 잠잘 적에 / 하느작 하느작 나비 춤춘다
잘 자라 잘 자라 노래를 들으며 /
꽃같이 예쁜 우리 아가야 / 귀여운 너 잠잘 적에 / 하나씩 둘씩 꽃 떨어진다.

모차르트 자장가

잘 자라 우리 아가 앞뜰과 뒷동산에 / 새들도 아가양도 다들 자는데 /
달님은 영창으로 은구슬 금구슬을 / 보내는 이 한밤 잘 자라 우리 아가 / 잘 자거라

온 누리는 고요히 잠들고 / 선반의 생쥐도 다들 자고 있는데 /
뒷방서 들려오는 재미난 이야기만 / 적막을 깨뜨리네 잘 자라 우리 아가 / 잘 자거라

브람스 자장가

잘 자라 내 아기 / 내 귀여운 아기 / 아름다운 장미꽃 / 너를 둘러 피었네 /
잘 자라 내 아기 / 밤새 편히 쉬고 / 아침이 창 앞에 찾아올 때까지

작가
미상

신밧드의 모험

장르
세계 옛날이야기
(아라비안나이트)

뱃사람 신밧드는 부유한 집에서 태어났습니다. 부모님이 물려준 재산으로 놀기만 하다가 돈이 줄어들어 장사를 하기로 결심했습니다. 항구를 다니며 장사를 하던 신밧드가 작은 섬에 도착했습니다. 즐거운 시간을 보내고 있던 중에 선장이 소리쳤습니다.

"다들 배로 돌아오시오! 그곳은 섬이 아니라 고래 등이오!" 고래가 바다로 헤엄쳐 들어가자 선원들과 신밧드가 모두 물속에 빠졌습니다. 배는 물에 빠진 사람들이 모두 죽었다고 생각하고 이내 사라져버렸습니다. 신밧드는 다행히 널빤지에 매달린 채 해안가에 닿았습니다. 얼마 뒤, 그 섬에 신밧드의 물건을 실었던 배가 도착했습니다. 선장을 만난 신밧드는 물건을 팔아 큰 이익을 얻어 집으로 돌아갔습니다.

그렇게 시간이 흘러 집에서 행복한 날을 보내던 신밧드는 다시 바다를 그리워했습니다. 결국 여행을 떠나기 위해 배를 탄 신밧드가 섬을 발견했습니다.

섬을 구경하던 신밧드의 눈에 아주 커다랗고 하얀 덩어리가 눈에 들어왔습니다. 그때 하늘을 올려다보던 신밧드가 깜짝 놀랐습니다. 코끼리를 어린 새에게 준다는 전설의 루프가 하늘을 날고 있었던 것입니다. 하얀 덩어리는 루프의 알이었습니다. 신밧드는 루프가 쉬고 있을 때 머리에 두른 터번으로 자신의 몸을 새의 발에 묶었습니다. 이윽고 새가 날아올라 어느 골짜기에 내려앉았습니다.

"뭐야, 구렁이와 독사가 잔뜩 있잖아. 모험심 때문에 목숨을 잃겠어."

신밧드의 발밑에는 돌들이 반짝이며 굴러다녔습니다. 자세히 들여다보니 다이아몬드였습니다.

"다이아몬드잖아! 그럼 뭐해? 여기가 어딘지 어찌 나가야 하는지도 모르는데 말이야."

신밧드는 우선 다이아몬드를 주머니에 잔뜩 넣었습니다. 그때 구렁이와 독사를 피해 다이아몬드를 채집하러 온 사람들이 신밧드를 구해줬습니다. 신밧드는 보답으로 주머니에 든 다이아몬드 절반을 주고 나머지는 팔아서 큰 이익을 얻었습니다.

집으로 돌아온 신밧드는 여전히 넓은 세상을 그리워했습니다. 이번에는 풍랑을 만나 배가 산산조각이 나버렸습니다. 신밧드는 나무판자에 매달려 겨우 어느 섬에 닿았습니다. 정신을 차린 신밧드가 섬을 둘러보다가 수염이 긴 노인을 발견했습니다.

"할아버지, 왜 그러세요? 이 냇물을 건너고 싶으세요?"

"이보게, 날 업어줘." 신밧드는 할아버지를 업고 냇물을 건넜습니다. 그런데 할아버지는 점점 더 신밧드의 목을 조르고 등에서 내려오지 않았습니다.

"난 바다 노인이지. 사람을 잡아먹는단 말이야."

신밧드는 생각 끝에 포도주를 만들어 노인에게 주었습니다. 바다 노인은 홀짝 홀짝 마시다가 취해서 잠이 들었습니다. 신밧드는 그 틈을 타서 도망을 쳤습니다.

집으로 돌아온 신밧드는 죽을 고비를 여러 번 넘겨 부자가 됐지만, 세상은 노력한 만큼 보상을 해준다고 사람들에게 말했습니다. 이 말을 들은 사람들은 신세만 한탄한 자신들을 부끄러워 하며 열심히 일했습니다.

POINT 모험을 좋아하는 신밧드처럼 새로운 세계를 여행한다면 제일 먼저 어디에 가고 싶을까요?

작가
미상

캥거루의 앞발이 짧아진 이유는?

장르
세계 옛날이야기
(오스트레일리아)

캥거루가 처음 생겨났을 때는 지금과는 전혀 다른 모습을 하고 있었습니다. 온몸이 잿빛이고 북슬북슬한 털, 그리고 네 개의 짧은 다리를 지니고 있었답니다. 하루는 이 캥거루가 오스트레일리아의 황무지를 달려서 '작은 신'들을 찾아갔습니다.

"나를 아주 특별한 동물로 만들어주세요."

그러자 신들 중의 하나가 '딩고'라는 들개에게 캥거루의 뒤를 쫓으라고 시켰습니다. 언제나 굶주려 있는 노란 개 딩고는 먼지투성이 꼴로 앉아 있다가 벌떡 일어나 소리쳤습니다.

"와, 저 토끼처럼 생긴 건 뭐죠?"

딩고는 이빨이 드러나도록 씨익 웃으며 캥거루를 쫓아 달려갔습니다. 캥거루는 토끼처럼 짤따란 네 다리를 잽싸게 놀려 걸음아 나 살려라 하고 달아났습니다. 마침내 둘은 강에 다다랐습니다. 그런데 이걸 어떡하나요? 캥거루는 도저히 강을 건널 방법을 찾을 수가 없었습니다. 그래서 뒷발 두 개를 디디고 곧추 선 다음 힘차게 껑충 뛰었습니다. 자갈밭을 껑충껑충 뛰어서 가로지르고 화산재도 콩콩 달려서 넘고 사막도 겅중겅중 뛰어 지나갔습니다. 딩고가 미친 듯이 쫓아오니 처음에는 일 미터를, 다음에는 삼 미터를 겅중 뛰었습니다.

그런 다음에는 오 미터를 껑충 뛰었습니다. 그러는 사이에 캥거루의 다리는 더 길어지고 점점 더 튼튼해졌습니다.

딩고는 대체 저 캥거루 녀석이 어떻게 하다가 저렇게 높이 뛸 수 있는지 의아했어요. 자세히 보니 앞다리를 치켜 올리고 뒷다리로 뛰면서 넘어지지 않으려고 꼬리를 지팡이처럼 세워서 균형을 잡고 있었어요.

지칠 대로 지친 딩고도 여전히 달리고 또 달렸습니다. 배가 고파 죽을 지경인데 캥거루는 멈출 생각도 하지 않고 평원을 가로질렀습니다.

그때 작은 신이 나타나 캥거루를 보며 말했습니다.

"너는 왜 노란 개 딩고에게 고맙다고 하지 않느냐? 딩고가 너에게 해준 일에 대해서 감사하는 게 당연하지 않느냐?"

그 말을 듣자 지칠 대로 지친 캥거루는 이렇게 투덜댔습니다.

"저 녀석 때문에 난 고향을 떠나야 했다고요. 또 밥 먹을 시간도 놓쳤어요. 게다가 나 좀 보세요. 완전히 딴판이 되었다고요. 이젠 예전의 모습으로 돌아갈 수도 없을 거예요."

"한데 네가 그 어떤 동물과도 다른 독특한 모습으로 만들어달라고 했지 않느냐?"

그 말에 딩고도 말했어요.

"저는 이 녀석을 그 어떤 동물과도 닮지 않은 독특한 모습으로 만들어주었어요. 그런데 이제 저는 뭘로 요기를 하죠? 배가 고파서 쓰러질 지경이라고요."

하지만 작은 신은 화만 내고 사라져버렸습니다. 그렇게 해서 캥거루와 딩고는 지금까지도 오스트레일리아 한복판에서 "이게 다 네 탓이야!" 하며 입씨름을 벌이고 있답니다.

POINT 자신의 현재 모습에 만족하지 못하는 사람이 많죠. 나는 어떤 모습이 불만이고, 어떻게 바뀌고 싶나요?

작가
미상

산과 강과 평야는 어떻게 생겨났을까?

장르
교과서에 실린 전래 동화

옛날 옛날 아주 먼 옛날에 하늘나라 어린 공주가 폴짝 폴짝 뛰며 신나게 놀고 있었습니다.

"노는 게 제일 좋아."

너무 뛰어놀던 공주가 돌부리에 걸려 그만 넘어지고 말았습니다. 그 바람에 손에 낀 반지가 데구루루 굴러서 구름 틈에 난 구멍에 들어가 땅으로 떨어져버렸습니다. 공주가 울먹이자 하녀가 달려와 얼른 공주를 일으키며 옷을 털어주었습니다.

"공주님, 괜찮으세요?"

공주가 더 크게 울음을 터뜨렸습니다.

"왜 그러세요, 공주님. 어디 아프세요?"

"아니. 아픈 게 아니고 내 반지가 없어졌어. 넘어질 때 빠졌는지 보이지 않아."

공주와 하녀는 주변을 샅샅이 뒤졌지만 반지는 없었습니다.

"내 반지 찾아 줘. 으앙."

공주가 또 울기 시작했습니다.

"이를 어째요, 공주님. 그 반지 옥황상제님이 주신 거잖아요."

하녀도 안타까워서 발을 동동 굴렀습니다. 공주의 울음소리에 옥황상제도 공주가 반지를 잃어버렸다는 걸 알았습니다.

"공주야, 그러니까 항상 조심하라고 했잖느냐. 땅에 떨어졌을 텐데 찾기는 힘들 거다."

바로 그때 거인 장군이 옥황상제 앞에 나서서 쩌렁쩌렁하게 말했습니다.

"공주님의 반지를 제가 찾아 드리겠습니다."

거인 장군의 말에 옥황상제와 공주의 얼굴이 환해졌습니다.

"그래준다면 너무 고맙겠네."

거인 장군은 바로 긴 사다리를 만들어 하늘에서 땅까지 내렸습니다. 그러고는 성큼성큼 땅으로 내려갔습니다.

거인 장군이 닿은 땅은 온통 진흙탕이었습니다. 사람도, 동물도, 풀도, 나무도 하나도 없었습니다. 거인 장군이 진흙탕에 들어가 이리저리 반지를 찾았습니다. 그때 장군이 쌓은 진흙이 산이 되었고 진흙을 헤쳐낸 곳이 골짜기가 되고 강이 되었습니다.

"그래. 이름을 붙이면 좋겠다. 이건 백두산, 이건 개마고원, 여기는 한강이라고 불러야겠다. 여기는 제주도, 이건 한라산. 평평한 데는 호남평야로 부르자."

장군이 흥얼거리며 진흙을 뒤질 때 손끝에 작은 게 닿았습니다.

"이게 뭐지? 아, 반지다. 공주님의 반지를 찾았어."

거인 장군은 다시 사다리를 타고 하늘로 올라갔습니다. 옥황상제와 공주는 반지를 찾아 돌아온 거인 장군에게 고맙다고 말하며 무척 기뻐했습니다.

POINT 백두산, 한라산, 개마고원이 어디에 있는지 지도에서 찾아볼까요?

작가
생텍쥐베리

어린 왕자 1

장르
세계 명작

나는 여섯 살 때 코끼리를 삼킨 보아구렁이를 그렸습니다. "웬 모자를 그렸구나!"
나는 다시 배 속이 보이는 보아구렁이를 그렸습니다. 어른들은 내 그림에 관심이 없었습니다. 결국 나는 화가의 꿈을 포기하고 비행기 조종사가 됐습니다.
조종사가 된 어느 날 내가 몰던 비행기가 고장이 나서 사하라 사막에 떨어졌습니다. 열심히 비행기를 고치다가 잠든 나를 금빛 머리카락을 가진 남자아이가 깨웠습니다. "아저씨, 양 한 마리만 그려줘!"
나는 양 대신 보아구렁이를 그려주었습니다. "코끼리를 삼킨 보아구렁이 말고 귀여운 양을 그려줘."
내 그림을 처음으로 알아본 아이였습니다. 나는 양을 그려줬지만 아이는 아픈 양이라고 싫어했고 뿔이 달린 염소 같다고 말했습니다. 결국 나는 상자 하나를 대충 그려서 주었습니다. "내가 갖고 싶었던 양인 걸. 이 속에서 잠들어 있잖아."
나는 그렇게 어린 왕자를 처음 만났습니다. 나는 어린 왕자가 궁금했습니다. "너는 어느 별에서 왔어?"
어린 왕자는 대답하지 않고 그림만 바라보았습니다.
"이 상자 안에서 양이 잠들 수 있어서 다행이야."
"내가 양을 맬 고삐도 그려줄게."
어린 왕자는 기분 나쁜 표정을 지었습니다.
"매어 두지 않아도 괜찮아. 내가 사는 곳은 아주 작거든." 나는 어린 왕자가 사는 별이 우주에서 가장 작은 별이라는 것을 알 수 있었습니다. 그 별을 '소혹성 B-612호'라고 생각했습니다.
어린 왕자는 아주 조금씩 자기 이야기를 꺼냈습니다.
만난 지 사흘째 되는 날이었습니다.
"양이 바오밥나무를 먹겠지?"
"바오밥나무는 엄청 커서 코끼리떼가 와도 다 먹지 못할 걸?" 어린 왕자는 자기 별은 너무 작아서 코끼리를 포개야 한다며 깔깔 웃었습니다. 어린 왕자의 별에서는 바오밥나무가 나쁜 씨앗이었습니다.
다섯 번째 날에 어린왕자가 물었습니다.
"양이 작은 나무를 먹는다는데 그럼 가시가 있는 장미도 먹을까?"
"물론 먹겠지. 그런데 가시는 아무짝에도 쓸모없어. 꽃들이 심술부릴 뿐이지."
"꽃들이 가시로 자신을 보호하려는 거지."
"그래? 그런데 난 지금 중요한 일을 한다고."
어린 왕자는 화가 나서 나에게 말했습니다.
"나의 별에 소중한 꽃 하나가 있어. 그 꽃을 양이 먹어버려도 중요하지 않은 거야?"
어린 왕자가 갑자기 엉엉 울자, 나는 꽃이 위험하지 않게 울타리를 그려준다고 말했습니다.
어린 왕자의 별에는 우쭐거리는 꽃 한 송이가 있었습니다. 그 꽃이 어린 왕자가 떠나는 날 말했습니다.
"내가 미안해요. 행복하세요. 나는 괜찮으니 어서 가세요." 나는 눈물이 고인 어린 왕자를 더욱 꼭 안아주었습니다.

생텍쥐베리(1900~1944)
프랑스의 소설가
진정한 의미의 삶을 사람과 사람의 정신적 유대에서 찾으려 했다.

POINT 창의적인 그림을 잘 알아보는 어린 왕자를 생각하면서 그림을 그려볼까요?

작가
생텍쥐베리

어린 왕자 2

장르
세계 명작

살던 별을 떠난 어린 왕자는 여러 별을 여행했습니다. 첫 번째 별에서는 명령하기를 좋아하는 왕을 만났습니다.

"임금님, 지금 해가 지는 것을 보고 싶은데 해님에게 빨리 지라고 명령해주세요."

"내 명령하마. 그러니까, 오늘 저녁 7시 40분에 해가 질 것이니 그때까지 기다려라."

어린 왕자는 지루해서 하품만 계속 했습니다. 그러고는 임금에게 떠나라고 명령해달라고 말했습니다. 임금은 큰 소리로 외쳤습니다.

"떠나도록 해라!"

어린 왕자는 계속 별들을 여행했습니다. 거기에서 존경받기를 좋아하는 아저씨도 만났고 부끄러워 술을 마신다는 술꾼도 보았습니다. 일을 하느라 늘 바쁜 사업가도 만났고, 부자가 되기 위해 별을 센다는 사람도 만났습니다.

어린 왕자는 가로등을 켜는 사람, 지리학자를 만난 뒤 마침내 일곱 번째 별인 지구에 왔습니다. 지구에 도착한 어린 왕자가 처음 만난 것은 달빛 색깔을 한 뱀이었습니다.

"안녕? 이곳은 무슨 별이니?"

"지구지. 여기는 '사하라' 사막이고."

어린 왕자는 떠나온 별에 대해 말했습니다. 뱀은 언제든지 떠나고 싶으면 말하라는 말을 건넸습니다. 뱀과 헤어진 어린 왕자가 높은 산에 올라가 소리쳤습니다.

"안녕!"

그러자 똑같이 안녕이라는 소리가 들렸습니다.

"누구세요?"

어리둥절한 어린 왕자의 말에 누구세요라는 소리가 들렸습니다.

"친구가 되어줘. 난 혼자야!"

"난 혼자야, 난 혼자야, 난 혼자야."

어린 왕자는 이상한 별이라는 생각을 하며 또다시 사막을 걸었습니다.

한참을 걷던 어린 왕자가 장미꽃이 5천 송이나 피어 있는 정원을 발견했습니다.

"내 꽃이 세상에 단 하나뿐인 줄 알았는데……."

어린 왕자는 별에 두고 온 꽃이 생각나 엉엉 울었습니다. 다시 길을 걷던 어린 왕자 앞에 여우가 나타났습니다.

"안녕! 난 지금 너무 슬픈데 나랑 놀래?"

"너와 놀 수 없어. 나는 길들여지지 않으니까."

"길들여진다는 게 무슨 말이야?"

"음, 그건 친해진다는 뜻이지."

어린 왕자가 알 수 없는 표정을 지었습니다.

"나에게 네가 세상에 단 하나뿐인 사람이 되고, 너에게 내가 단 하나뿐인 여우가 되는 거야."

어린 왕자와 여우는 이야기를 나누면서 친구가 되었습니다. 이윽고 어린 왕자가 떠나려고 하자 여우가 슬픈 얼굴로 말했습니다.

"눈물이 날 것 같아."

어느새 어린 왕자에게 길들여진 여우는 어린 왕자가 떠나는 게 몹시 슬펐습니다.

POINT 어린 왕자처럼 친구와 친해진다는 뜻이 뭔지 말해볼까요?

작가
생텍쥐베리

어린 왕자 3

장르
세계 명작

나는 어린 왕자에게 상인을 만난 이야기를 들으며 마지막 물을 마셨습니다. 비행기가 고장난 지도 벌써 8일째가 되었습니다.

"네 이야기 정말 잘 들었어. 그런데 목이 말라 죽을지도 몰라."

"나도 목이 말라. 우물을 찾아볼까?"

나는 어린 왕자와 같이 우물을 찾아 나섰습니다. 어느새 머리 위로 어둠이 내려앉았습니다.

"있지. 별이 아름다운 건 우리 눈에 보이지 않는 꽃 한 송이가 피어서야. 사막이 아름다운 건 우물이 숨어 있기 때문일 거고."

"그래, 아름답게 하는 건 눈에 보이지 않으니까."

나는 잠이든 어린 왕자를 안고 길을 걸었습니다. 깨지기 쉬운 보물을 안은 것처럼 가슴이 설레었습니다. 새벽녘에 드디어 우물을 발견했습니다. 나와 어린 왕자는 도르래를 움직여 두레박으로 물을 길어 마셨습니다. 내 옆에 앉은 어린 왕자가 속삭였습니다.

"아저씨, 약속을 지켜야 해!"

나는 고개를 갸우뚱했습니다.

"내 양한테 입마개 씌워준다고 했잖아. 내 꽃을 지켜야 하니까."

나는 종이를 꺼내 양에게 씌울 입마개를 그려주었습니다. 어린 왕자가 우물 옆 돌담에서 뱀과 이야기를 나누었습니다.

"좋은 독을 가지고 있지? 그렇지만 날 너무 오래 아프게 하지는 마."

"오늘밤에 다시 올게. 기다려."

뱀은 어린 왕자에게 다짐을 하고 사라졌습니다.

어린 왕자가 나에게 말했습니다.

"아저씨, 비행기 고쳐서 참 좋아. 이제 집으로 갈 수 있잖아."

"그걸 어떻게 알았어?"

어린 왕자는 내 물음에 대답하지 않고 다시 말을 이었습니다.

"나도 오늘 내가 살던 별로 갈 거야. 내 별은 아저씨 집보다 훨씬 멀잖아."

어린 왕자는 잔뜩 겁을 먹은 얼굴로 말했습니다.

"아저씨, 밤마다 별들을 봐. 내가 그 별들 중 하나에서 웃고 있을게. 그리고 오늘밤에는 오지 마. 뱀이 아저씨를 물을까 봐 걱정되니까."

그날 밤, 어린 왕자를 쫓아갔지만 어린 왕자는 조용히 모래밭에 쓰러졌습니다. 발목에 노란빛이 반짝하고 빛났습니다.

내 친구 어린 왕자가 자기 별로 떠난 지 6년이 흘렀습니다. 나는 가끔 밤하늘을 올려다보며 귀를 기울입니다. 그러면 별들에게서 방울 소리가 들립니다. 그때 어린 왕자가 떠올라 미소를 짓습니다.

'양이 꽃을 먹어버리진 않았겠지. 어린 왕자가 유리덮개로 씌워주며 양을 잘 감시할 거야.'

나는 생각합니다. 어린 왕자가 꼭 다시 지구별에 올 거라고 말입니다.

POINT 밤하늘의 수많은 별들 중에서 어느 별에 어린 왕자가 살고 있을까요?

February
2

작가
노양근

날아다니는 사람

장르
국내외 명저자 작품

어느 때가 되었는지 밤은 꽤 깊어서 사방은 고요하고 여기저기 가을 벌레 우는 소리만 '찍찍찍' 나는데 명구는 갑자기 어머니 팔을 힘껏 치며, "어머니, 이것 좀 보세요!" 하고 소리를 쳤습니다. 어머니는 잠이 어렴풋이 드셨다가 명구가 소리치는 바람에 또 무슨 일이나 생겼나 하고 깜짝 놀라 일어나 보니까 참말 놀라운 일이었습니다.
전부터 명구가 가지고 놀던 인형이 둘이서 서로 내기나 하는 것처럼 방 안으로 빙빙 떠다니고 있지 않겠습니까? 그 어머니는 도깨비(만일 있다면)에게 홀린 것만 같았습니다. 어쩐지 무서운 생각이 났습니다. 그래서
"아니, 네가 이게 미쳤니! 밤중에 이게 무슨 짓이란 말이냐?" 하시고 집어치우라고 불쾌스럽게 말씀하셨습니다. 그제야 명구는 날아다니는 사람을 한 손에 하나씩 움켜잡아서,
"어머니, 이게 무엔데 그리 놀래시우? 이겐데……."
하고는 고무풍선에 바람을 하나 잔뜩 집어넣어서 인형의 어깨 밑에 붙잡아 맨 것을 그 어머니에게 자세히 보였습니다. 그 어머니도 그제야 조금 안심되어서,
"아니, 그래. 그게 그렇게 날아다닌단 말이냐!"

노양근(1900~?)
동화 작가. 《눈오는 날》 《날아다니는 사람》

하시고 말씀하시니까 명구는 다시 손을 펴서 두 개의 인형을 놓아 버린즉 인형은 여전히 마치 사람들이 날아다니는 것처럼 방 안을 빙빙 날아 돌아다녔습니다.
"참, 거 신통은 하구나."
그 어머니도 마침내 탄복했습니다. 그 말씀을 들은 명구는 더 한층 신이 나서,
"시, 이까짓 걸 가지고 그래요. 인제 정말 산 사람들이 날아다니도록 돼야 우리들두 그 방앗간 외나무다리를 안 건너구두 학교에두 맘대루 다니구 장마가 져두 일 없구 그러지요."
하고 막 어머니 앞에서 뽐냈습니다.
"산 사람이 무슨 재주루 날아다닌단 말이냐?"
"그것도 생각하면 되지유, 머. 저번에두 내가 그놈의 비행기 보다가 이렇게 앓지 않았수? 그 비행기두 사람이 날아다니는 셈은 되지만 그까짓 것은 값두 많구, 나는 법을 배워야 되지 않우."
"딴은 비행기두 사람이 날아다니는 셈이구나."
"그래두 그까짓 비행기 다 일없어요. 인제 이것 가지구 잘 생각하면 그냥 사람들이 제 맘대루 어디든지 훨훨 새처럼 날아다니도록 내가 할 걸. 그럼 그까짓 말자동차두 아무것두 아니지유."
하고 전에 자기가 말자동차 만들려고 했던 생각까지 아무 것도 아닌 것처럼 말했습니다.
"말자동찬 또 무어냐?" 그 어머니는 처음 듣는 소리라 또 이렇게 말씀하셨습니다.
"응, 그것은 그건, 말처럼 다니는 자동차 말이죠. 아무튼지 새가 날개를 달고 다니는 것처럼 사람도 무엇이든지 끼고 다니다가 훌쩍훌쩍 날아야 할 텐데……."
하고 아직껏 빙빙 떠다니는 인형을 붙잡아 그만 고무풍선을 빼니까 인형은 날지를 못하였습니다. 그 밤을 명구는 잠 한 잠 못 자고 혼자 싱글벙글 미친 사람처럼 웃다가 밤을 새웠습니다.

POINT 고무풍선, 말자동차처럼 평소에 이런 게 있었으면 좋겠다고 생각한 것이 있나요?

작가
그림형제

백장미와 홍장미

장르
세계 동화

어느 마을 오두막에 어머니와 두 딸이 살고 있었습니다. 어머니는 정원에서 자라는 흰 장미나무와 붉은 장미나무의 이름을 따서 두 딸을 백장미와 홍장미라고 불렀습니다.

눈이 내리는 저녁에 누군가 문을 쾅쾅 두드렸습니다.

"지나는 사람이 하룻밤 재워 달라는 가보다. 바깥이 추우니 어서 문을 열어 주거라."

홍장미가 문을 열자 비명을 질렀습니다. 커다란 곰이 서 있었기 때문입니다.

"미안해요. 해치지 않으니 겁내지 마세요. 몸이 꽁꽁 얼어서 녹이려는 것뿐이에요."

"그래요, 잘 왔어요. 어서 들어와 난롯불을 쬐시구려."

시간이 지나가면서 백장미와 홍장미는 곰에 대한 두려움을 풀고 신나게 놀았습니다. 곰은 매일 밤 자매들에게 찾아와 놀고 아침이면 숲속으로 돌아갔습니다.

"봄이 왔으니 난 이제 가야 해. 할 일이 많아. 숲에 있는 난쟁이들로부터 내 보물을 지켜야 하거든. 녀석들이 내 보물을 많이 훔쳐갔어."

백장미와 홍장미는 아쉬운 얼굴을 하며 곰을 떠나보냈습니다. 숲으로 들어가던 자매는 쓰러진 나무의 잔가지에 수염이 낀 난쟁이를 발견했습니다.

"뭘 보고 있는 거야? 당장 이리 와서 도와주지 않고!"

착한 자매가 커다란 나무를 들어 올렸지만 소용없었습니다. 고민을 하던 백장미가 가위를 꺼내서 난쟁이의 수염을 조금 잘라냈습니다. 난쟁이는 나무 틈에 떨어져 있던 황금 자루를 챙기며 말했습니다.

"고약한 계집애들 같으니! 감히 내 수염을 자르다니!"

난쟁이가 숲속으로 사라져버렸습니다. 그때부터 자매는 난쟁이가 어려움에 처할 때마다 도와주었습니다.

어느 날 바위 옆에 앉은 난쟁이가 자루에서 보석을 쏟았습니다. 자매가 보석을 보자 난쟁이가 무섭게 소리쳤습니다. "날 귀찮게 하지 마! 너희들 몫은 없으니까 당장 꺼지라고!"

그때 사나운 울음소리와 함께 커다란 곰이 달려왔습니다. 난쟁이는 곰이 다가서자 무릎을 꿇고 엎드렸습니다. "아이고, 곰님! 목숨만 살려주세요. 이 보물을 다 드릴게요."

곰이 대답하지 않자 난쟁이가 벌벌 떨었습니다.

"곰님! 이 보물은 이웃 나라에서 훔쳐낸 귀한 것들입니다. 저는 잡아먹어봐야 배도 부르지 않을 터이니 차라리 여기 두 여자를 드시지요."

난쟁이의 말에 곰이 다가가 난쟁이를 세게 때렸습니다. 난쟁이가 죽자 자매는 오들오들 떨었습니다.

"백장미, 홍장미. 나야, 나. 겨울 내내 친구였던 곰이야." 곰의 말에 자매는 눈을 떴습니다. 그 순간 자매 앞에는 커다란 곰이 아닌 황금 옷을 입은 청년이 서 있었습니다.

"난 사실 이웃 나라 왕자입니다. 저 난쟁이가 보물을 훔쳐가며 마술을 부려서 곰으로 되었지요. 난쟁이가 죽어서 이렇게 본래의 모습으로 돌아왔습니다."

그 후 백장미는 왕자와 결혼하고, 홍장미는 왕자의 동생과 결혼해서 행복하게 살았습니다.

그림형제(1785~1863)
독일의 언어학자, 동화 수집가. 동생 빌헬름 그림과 함께 그림 형제 동화집을 출판하였다.

POINT 평소 착한 일을 많이 해서, 더 좋은 행운을 얻은 경험이 있나요?

작가
미상

용감한 물고기 소년

장르
세계 옛날이야기
(이탈리아)

옛날 시칠리아의 작은 마을에 니콜라라는 조금 특별한 아이가 살고 있었습니다. 니콜라의 생김새는 여느 아이들과 다를 바 없었지만, 하는 행동은 마치 물고기 같았습니다. 눈만 뜨면 바다로 가서 하루 종일 물속에서 살았거든요.

어느덧 니콜라는 멋진 청년으로 자라났습니다. 바다를 지나는 사람이면 니콜라를 모르는 사람이 없었습니다. 파도를 말처럼 타고, 심지어 물고기의 등을 타고 온 바다를 누비고 다녔으니까요.

그러던 어느 날 시칠리아의 국왕이 니콜라가 있는 바다를 지나가게 되었습니다. 거나하게 취한 왕은 니콜라를 불러서는 신기한 재주를 보여달라고 했습니다.

"저 소용돌이 속에서 황금 술잔을 찾아오너라!"

국왕의 명령에 신하들은 얼굴이 굳어버렸습니다. 소용돌이가 치는 바다는 무척이나 위험해 보였거든요. 그런데 니콜라는 조금도 망설이지 않고 소용돌이 속으로 뛰어들었습니다. 그리고 잠시 뒤, 당당히 황금 술잔을 찾아왔습니다.

국왕 옆에는 아름다운 공주가 있었는데, 공주는 니콜라의 그런 모습에 마음을 빼앗기고 말았습니다. 니콜라도 공주를 보고 한눈에 반했지요.

"감히 가난한 어부의 아들이 공주를 사랑하다니!"

그래서 이번엔 상상도 할 수 없는 명령을 내리고 말았어요. "니콜라! 이번엔 왕국의 기둥 밑, 그러니까 시칠리아 섬 전체의 밑바닥을 샅샅이 둘러보고 오너라!"

이번에도 니콜라는 주저 없이 바닷속으로 뛰어들었습니다. 그런데 섬 밑에 다다랐을 때 니콜라는 화들짝 놀랐습니다. 왕국을 받치고 있는 기둥 세 개 중 하나가 곧 무너질 것 같았거든요. 게다가 기둥은 활활 타오르는 불과 펄펄 끓는 물에 휩싸여 가까이 다가갈 수조차 없었습니다.

니콜라가 뭍으로 올라와 본 대로 고하자 신하들은 두려움에 벌벌 떨었습니다. 하지만 국왕은 니콜라의 말을 믿을 수 없다며 코웃음을 쳤습니다.

"불을 가져오란 말이다. 불을!"

국왕이 큰 소리로 명령했습니다. 그 말은 곧 죽으라는 말과 같았기 때문에 공주의 마음은 찢어질 듯 아팠습니다. 니콜라는 공주에게 마지막 인사를 전한 다음, 바닷물 속으로 다시 몸을 던졌습니다.

물속으로 들어간 니콜라는 오랜 시간이 흘러도 돌아오지 않았습니다. 공주는 그만 마음의 병을 얻고 말았습니다. 하루 종일 말 한 마디 하지 않고 니콜라가 사라진 바다만 멍하니 바라보았습니다.

그러던 어느 날 어디선가 희미한 목소리가 들려오는 거예요. "아무 걱정 말아요. 이 니콜라가 기둥이 무너지지 않게 단단히 받히고 있거든요. 언젠가 세상의 모든 고통과 슬픔이 사라지는 날이 오면 나는 당신에게 돌아갈 것입니다."

바로 니콜라의 목소리였습니다. 공주는 그제야 마음을 다시 다잡았어요. 그러고는 니콜라를 기다리며 모두가 살기 좋은 세상을 만들기 위해 공주는 남은 일생을 바쳤답니다.

POINT 최근에 가장 슬펐던 적이 있었나요? 왜 슬펐는지 엄마랑 얘기해볼까요?

작가
러디어드 키플링

코끼리 코는 왜 길어졌을까

장르
세계 명작

아주 먼 옛날에 살았던 코끼리들은 지금처럼 코가 길지 않았다고 합니다. 그때 굉장히 호기심이 많은 아기 코끼리가 살았습니다. 아기 코끼리는 다른 동물들에게 질문을 퍼부었다가 매번 엉덩이를 두들겨 맞기 일쑤였어요. 그런데도 아기 코끼리의 호기심은 좀처럼 줄어들지 않았습니다. 어느 날 아기 코끼리는 한 번도 물어본 적 없는 새로운 질문을 생각해냈습니다.

"악어는 저녁밥으로 뭘 먹어요?"

그랬더니 동물들이 또 득달같이 달려들더니 엉덩이를 찰싹찰싹 때리는 게 아니겠어요? 그러자 콜로콜로 새가 측은한 표정으로 아기 코끼리에게 말했습니다.

"이 길을 계속해서 가면 림포포 강의 강둑이 나올 게다. 그리로 가면 알게 될 게야."

그 말에 아기 코끼리는 먹을 것을 잔뜩 챙겨서 동물들에게 작별 인사를 했습니다. 한참을 걸어 그곳에 도착해 가장 먼저 본 것은 칭칭 똬리를 틀고 있는 비단뱀이었습니다.

"혹시 이 근처에서 악어란 동물을 보신 적이 있나요?"

아기 코끼리가 묻자마자 비단뱀이 잽싸게 똬리를 풀더니 꼬리로 코끼리의 엉덩이를 찰싹 내리쳤습니다. 하는 수 없이 혼자서 악어를 찾다가 마침내 진짜 악어를 발견했습니다.

"와, 제가 그렇게 오랫동안 찾아다닌 분이 여기 계셨다니! 아저씨, 저녁밥으로 뭘 드시는지 말해주실 수 있나요?"

"이리로 오렴. 내가 귓속말로 얘기해 줄게."

아기 코끼리가 고개를 숙여 가까이 간 순간, 악어는 코끼리의 코를 덥석 물어버렸습니다. 아기 코끼리가 아프고 놀라서 비명을 지르자 어디선가 그 비단뱀이 나타났습니다.

"얘야, 너도 있는 힘을 다해 잡아당기렴. 아니면 저 악어가 널 잡아채서 물속으로 끌고 갈지도 몰라."

아기 코끼리는 엉덩이를 땅바닥에 딱 붙인 채 당기고, 또 당겼습니다. 그 바람에 코가 조금씩 늘어나기 시작했습니다. 악어도 이에 질세라 긴 꼬리로 텀벙텀벙 흙탕물을 일으키면서 당기고, 또 당겼습니다. 그렇게 줄다리기가 이어지는 동안 아기 코끼리의 코는 계속해서 늘어났습니다.

"안 되겠어! 너무 힘들어!"

아기 코끼리가 비명을 지르자 비단뱀이 아기 코끼리의 뒷다리에 자기 몸을 밧줄처럼 칭칭 감았습니다. 비단뱀과 아기 코끼리도 최선을 다해 당기자 마침내 악어가 코끼리의 코를 놓아 버렸습니다.

"고맙습니다."

아기 코끼리는 비단뱀에게 인사를 하고는 기다란 코를 흔들거리며 집으로 돌아갔습니다. 그런 다음, 아기 코끼리는 다른 동물들의 엉덩이를 흠씬 때려주었습니다. 아기 코끼리의 장난이 점점 고약해지자 동물들은 악어를 찾아가서는 자신들 코도 늘려달라고 애원을 했습니다. 바로 그때부터 세상 모든 코끼리들은 기다란 코를 갖게 되었다고 합니다.

러디어드 키플링(1865~1936)
영국의 소설가, 시인. 대표작 《정글북》

POINT 동물들은 제각각 다르게 생겼어요. 코끼리처럼 특징 있는 동물을 얘기해볼까요?

2.5.

작가
미상

우렁각시

장르
전래 동화

옛날 어느 마을에 마음씨 착한 총각이 살았습니다. 그 총각은 집안이 가난해서 장가도 못가고 혼자 살았습니다. 하루는 총각이 논에서 일하며 혼잣말을 중얼거렸습니다.

"이 농사를 지어서 누구랑 먹고 사나?"

그랬더니 어디선가 "나와 먹고 살지."하는 소리가 들렸습니다. 총각이 깜짝 놀라 사방을 둘러보았지만 주위에는 아무도 없었습니다.

"저를 집으로 데리고 가서 물독에 넣어두세요. 그럼 좋은 일이 생길 거예요."

총각이 소리 나는 쪽을 보니 논바닥에 주먹만 한 우렁이만 있었습니다. 사람 말을 하는 우렁이라니! 총각은 우렁이를 집으로 가지고 가서 물 항아리 안에 잘 넣어두었습니다.

다음 날 일을 마치고 집으로 돌아와 보니, 누군가 집안을 말끔히 치우고 김이 모락모락 나는 밥상까지 차려 놓은 게 아니겠어요?

"이상하다. 누가 왔다 갔나?"

마침 총각은 배가 무척 고팠던 터라 밥 한 공기를 뚝딱 비웠습니다.

다음 날도 마찬가지였습니다. 그렇게 하기를 여러 날, 총각은 논에 가는 척하고 밖으로 나갔다가 다시 돌아왔습니다. 그러고는 부엌 문 뒤에 숨어서 한참을 기다렸습니다. 잠시 뒤, 독 안에서 환한 빛이 솟아 나오더니 선녀처럼 고운 각시가 나왔습니다. 총각은 그 순간을 놓치지 않고 달려가 각시 손을 덥석 잡았습니다.

"가지 말아요. 나랑 같이 삽시다."

그렇게 해서 총각과 우렁이 각시는 혼인을 하게 되었습니다. 혼자 살던 총각은 각시와 둘이 살게 되어 너무나 기뻤습니다. 두 사람은 부지런히 일하며 행복하게 살았습니다.

그런데 그 나라에는 마음씨 나쁜 임금님이 살았습니다. 하루는 임금님이 사냥을 갔다 오는 길에 우렁각시를 보았습니다. 임금님은 어여쁜 각시에게 홀딱 반해 각시의 남편이 된 총각을 불렀습니다. 만일 내기를 해서 남편이 이기면 나라의 반을 주겠지만 자신이 이기면 우렁 각시를 가지겠다고 으름장을 놓았습니다.

남편이 집으로 돌아와 걱정스러운 얼굴로 얘기를 하자 우렁각시가 말했습니다.

"사실 저는 용궁에서 왔답니다. 내일 이 가락지를 가지고 바닷가에 가서 던지세요."

다음 날 남편은 아내가 시킨 대로 바다로 가서 가락지를 던졌습니다. 그러자 한바탕 큰 파도가 일더니 거북이 한 마리가 호리병을 들고 나왔습니다. 남편이 그 호리병 뚜껑을 열자 군사들이 끝도 없이 나오더니 임금님과 임금님의 군사들을 공격했습니다. 마음씨 나쁜 임금님이 도망을 치자 백성들은 새 임금으로 우렁각시의 남편을 모셨습니다. 그리하여 우렁각시는 그 나라의 왕비가 되었고 행복한 나라를 만들며 살았다고 합니다.

POINT 우리 집에 살고 있는 우렁각시는 누구일까요?

작가
미상

대단한 도자기

장르
교과서에 실린 전래 동화

옛날에 엄청 부자인 대감이 살았습니다. 대감은 값비싸고 귀한 물건들을 모았습니다. 그중에서 사랑방에 놓인 도자기 두 점을 무척 아꼈습니다. 부인도 도자기를 떨어뜨릴까봐 사랑방 도자기는 쳐다보지도 않았습니다. 여자 하인들도 사랑방에 들어가 청소하는 것을 꺼려했습니다.

하루는 대감이 외출을 하자 여자 하인들이 사랑방 청소를 서로에게 미뤘습니다.

"나는 사랑방에만 들어가면 부들부들 떨려서 도자기를 깰지도 몰라."

"저기, 마님 심부름을 가야 해서 이만."

하는 수 없이 가장 나이가 많은 할멈이 걸레를 들고 사랑방에 들어갔습니다.

"도자기가 도깨비보다 무섭다니. 하기야 도자기가 깨지면 죽은 목숨이니 도깨비보다 더 무섭긴 하지."

할멈은 조심조심 걸레질을 끝내고 자리에서 일어났습니다. 허리도 결리고 다리도 아파 잠시 양 팔을 옆으로 벌렸습니다. 그때 도자기를 툭 치고 말았습니다. 도자기는 바닥에 떨어지며 산산조각이 났습니다. 할멈은 얼굴이 하얘져서 울기 시작했습니다.

"오늘이 나 죽는 날이구나! 대감께서 아끼는 도자기를 깼으니 이를 어쩌나."

할멈의 울음소리에 안방에 있던 부인이 사랑방으로 달려왔습니다. 부인은 잠시 말을 잇지 못했습니다. 부인이 할멈을 달랬습니다.

"그만 울어요. 방법을 찾아보자고요."

"마님, 깨진 도자기를 붙일 수도 없고, 같은 걸 살 수도 없는데 방법이 어디 있겠어요?"

잠시 생각을 하던 부인이 할멈에게 말했습니다.

"할멈, 대감이 오면 나머지 도자기도 깨뜨리세요."

"그게 무슨 말씀이세요? 지금 한 점 깨뜨린 것도 죽을 일인데, 나머지를 깨뜨리다니?"

너무 놀란 할멈에게 부인이 귓속말로 속삭였습니다.

저녁때 대감이 돌아와 도자기 한 점이 사라진 걸 보고 버럭 화를 냈습니다.

"도자기가, 없어졌어!"

부인과 하인이 사랑방에 모여들었습니다. 그때 할멈이 나서서 청소를 하다 깨뜨렸다고 솔직하게 말했습니다. 대감이 기가 막힌 얼굴로 할멈을 바라보았습니다. 그런데 할멈이 느닷없이 일어나 나머지 도자기도 마당에 휙 던져 깨뜨렸습니다.

"뭐, 뭐하는 거냐?"

"대감마님, 저를 죽여주십시오. 저 도자기도 언젠가는 깨질 수 있는데 누군가 또 죽을 목숨이 될 것입니다. 그러니 그 누군가 받을 벌을 제가 다 받겠습니다."

할멈의 말에 대감은 그제야 하인들이 마음을 졸이며 살았다는 것을 깨달았습니다.

"그동안 도자기 때문에 마음고생이 심했구나. 이제 도자기도 없으니 모두 마음 편히 살아라."

대감이 할멈을 용서하자 할멈이 연신 고맙다고 인사를 했습니다. 옆에 있던 부인이 미소를 지으며 할멈을 바라봤습니다.

POINT 만약에 내가 대감의 부인이었다면, 어떻게 위기를 모면할 수 있었을까요?

작가
엑토르 말로

집 없는 아이

장르
세계 명작

프랑스 샤바농 마을에 레미라는 아이가 살고 있었습니다. 아버지의 소송비용으로 집안이 어려워지자 한 밤중에 아버지가 어머니에게 나지막하게 말했습니다. "내일 저 아이를 고아원에 보낼 것이오. 친부모가 오지 않으니 사례금은 틀렸소."

레미는 친부모가 아니란 사실에 눈물을 흘렸습니다. 다음 날, 레미와 외출을 한 아버지는 비탈리스 할아버지에게 돈을 받고 레미를 보냈습니다. 할아버지는 카피, 제르비노, 돌체라는 이름의 개 세 마리, 그리고 졸리쾨르라는 원숭이 한 마리와 곡예단을 하며 여러 도시를 돌아다녔습니다. "레미야, 너도 곡예단에 들어왔으니 연극 연습을 해야 한단다."

레미의 첫 공연은 성공적이었고 꽤 돈을 벌었습니다. 그런데 경찰이 공연을 막았고, 할아버지는 억울하게 누명을 쓰고 두 달 동안 감옥에서 지내야 했습니다. 하는 수 없이 레미는 동물들을 데리고 돈을 벌었습니다. 배고픔을 잊기 위해 레미는 강가에서 하프 연주를 했습니다. 배 위에서 이 모습을 지켜본 아서라는 아이와 멀리건 부인이 레미를 집으로 초대해 식사를 대접했습니다. 레미의 딱한 사정을 듣고, 멀리건 부인은 할아버지가 나올 때까지 함께 있자고 말했습니다.

엑토르 말로(1830~1907)
프랑스의 소설가, 비평가. 《집 없는 아이》 《사랑의 희생자》

두 달 후, 할아버지가 감옥에서 나오고 레미는 아서와 멀리건 부인과 헤어졌습니다. 배고픔과 추위로 지친 할아버지가 길을 걷다가 주저앉았습니다.

"조금 쉬었다 가자. 더는 걷지 못하겠구나!"

레미와 카피는 할아버지를 꼭 껴안고 잠이 들었습니다. 눈을 뜬 레미는 꽃을 재배하는 아캥 씨의 집에 누워 있었습니다. 할아버지는 추위로 돌아가셨다고 했습니다. 레미는 아캥 씨를 도우며 머물렀지만 얼마 지나지 않아 우박으로 꽃 재배가 망하고 말았습니다. 빚을 진 아캥 씨는 감옥에 가야 했고, 아이들은 친척집으로 뿔뿔이 헤어졌습니다.

아캥 씨의 집에서 나온 레미는 예전에 알고 지냈던 친구 마티아와 함께 공연을 하며 아캥 씨의 아이들을 돌봤습니다. 그 와중에 어머니께 드릴 소를 사서 샤바농으로 찾아 갔습니다. 어머니는 레미를 보자마자 울음을 터뜨렸습니다.

"레미야, 네 친부모님이 파리에 계시단다." 레미는 파리에서 친부모를 찾고자 여기저기 수소문을 했습니다. 그때 어느 신사가 건강하게 살아 있는 레미의 모습을 확인하고는 화를 내며 급히 돌아섰습니다.

그날 밤, 친구 마티아는 레미에게 놀라운 소식을 전했습니다.

"레미야, 지금 부모님은 가짜가 맞아. 오늘 만났던 신사가 바로 아서의 작은 아버지야. 형이 죽자 재산을 차지하려고 형의 아이를 유괴해서 버렸대. 그런데 그 아이가 바로 너래." 레미는 멀리건 부인과 아서를 찾아갔습니다. 레미를 보자 아서와 멀리건 부인이 무척 반가워하며 눈물을 흘렸습니다.

"레미야, 어쩐지 네가 남 같지가 않더구나! 우리 다시는 헤어지지 말자." 그 후 레미는 멀리건 가의 장남으로서 주변 사람들을 도우며 행복하게 살았습니다.

POINT 평소에 조금만 힘들어도 짜증내거나 투덜거린 적은 없나요?

2.8.

작가
미상

달맞이꽃 이야기

장르
전래 동화

아주 먼 옛날 고구려 보장왕 시대의 이야기입니다. 힘이 없고 약한 보장왕은 허수아비처럼 연개소문이 시키는 대로만 했습니다.

"내가 아는 것이 없으니 장군이 다 알아서 하시오."

모두들 연개소문이 무서워서 벌벌 떨고 있을 때였습니다. 권씨 성을 가진 장군 하나가 보장왕에게 힘을 실어주고자 애쓰다가 연개소문에게 발각되고 말았습니다. 한때는 전쟁터에서 함께 했던 사이였지만 연개소문은 권 장군을 용서하지 않았습니다. 권 장군은 집안에서 한 발짝도 나오지 못하고 갇힌 채 죽을 날만 기다리는 신세가 되었습니다. 그런데 누군가 한밤중에 몰래 울타리를 넘어 권 장군을 찾아왔습니다.

"장군! 아무것도 묻지 말고 지금 즉시 가족들을 데리고 어서 이곳을 빠져나가시오. 머뭇거릴 시간이 없소."

얼굴에 복면을 쓴 탓에 누군지 알 수조차 없었습니다. 권 장군은 그의 도움을 받아 급히 가족들을 데리고 신라로 도망을 쳤습니다. 권 장군은 신랑에 정착해 지금의 설악산인 권금성을 지키는 일을 하게 되었는데 성 주위를 맴도는 수상한 여인을 보게 되었습니다. 그 여인은 낮에는 보이지 않다가 밤만 되면 나타나서는 권 장군을 몰래 훔쳐보고는 했습니다. 그러자 그 사람은 연개소문이 권 장군을 죽이기 위해 고구려에서 보낸 첩자일 것이라는 소문이 퍼졌습니다.

"오늘 저녁에 수상한 자가 또 나타나거든 즉시 잡아오너라."

부하 장수들은 권 장군의 명을 받들어 밤이 되기를 기다렸다가 그를 좇았습니다. 그 여인은 죽을힘을 다해 도망치다가 눈앞에 보이는 호숫가로 뛰어들고 말았습니다. 군사들이 물에 빠진 여인은 황급히 건졌지만 이미 죽은 뒤였습니다. 그런데 권 장군은 그 여인을 보자마자 깜짝 놀라고 말았습니다.

"아아, 그대였구려, 어째서 말도 하지 않고 성 주위만 맴돈 것이오?"

그 여인은 고구려에 있을 때 자신을 사모했던 '정연'이라는 이름의 여인이었습니다. 권 장군도 그녀가 자신을 사랑한다는 것을 알았지만 이미 처자식이 있는지라 그 사랑을 받아 줄 수가 없었습니다. 그제야 비로소 권 장군은 자신의 탈출을 도왔던 이도 정연이었다는 사실을 알게 되었습니다.

권 장군은 슬피 울면서 정연을 따뜻한 양지에 묻어 주고 정성껏 장례를 치러 주었습니다. 다음 해에 정연이 죽은 호숫가에 아름다운 꽃이 피어났는데 다른 꽃들이 낮에 피는 것과 다르게 그 꽃은 밤이 되어야만 피어났습니다.

그때부터 사람들은 권 장군을 사모한 그 여인의 넋이 꽃으로 피어난 것이라고 믿게 되었고, 그 샛노란 꽃을 '달맞이 꽃'이라고 불렀답니다.

POINT 장미, 수선화, 백합 등 여러 가지 꽃의 꽃말을 찾아볼까요?

2.9.

작가
공자의 제자들

꾀꼬리의 울음소리

장르
세계 명작
(논어)

봄날 아침, 공자는 아들 이와 뜰을 걸었습니다. 그때 아기꾀꼬리 울음소리가 들려왔습니다. 공자는 빙그레 미소를 지으며 아들 이를 보며 물었습니다.
"올해 열두 살이 되었느냐?"
이는 대답을 하며 공자의 얼굴을 바라보았습니다. 그 때 또 꾀꼬리 소리가 났습니다.
"저 꾀꼬리의 울음소리가 어찌 들리느냐?"
이는 주저하다가 똑같은 꾀꼬리 소리라고 대답했습니다. 공자는 이에게 아기 꾀꼬리와 아빠 꾀꼬리의 울음소리는 다르다며 말했습니다.
"가슴 깊은 곳에서 나오는 소리가 아빠 꾀꼬리고, 방금처럼 아빠를 따라 연습하는 소리가 아기 꾀꼬리 소리란다."
이는 공자의 말이 무척 신기했습니다.
"그렇게 우는 연습을 하면서 어른이 되는 거지. 누구나 좋은 재능을 가지고 태어나지만 그걸 알지 못하는 사람이 있느니라."
공자의 말에 이는 어제의 일을 떠올렸습니다.
염구라는 사람은 공자에게 가르침이 높아 따라갈 수가 없으며 그만한 힘도 없다고 말했습니다. 이에 공자는 염구에게 물었습니다.
"힘이 없다는 말이 무슨 뜻인고?"
"저는 무슨 일을 해도 만족하지 못합니다."
공자는 자신도 마찬가지라며 부드럽게 말했습니다. 그러고는 중요한 일을 도중에 그만두는 사람이 힘이 없는 사람이라고 덧붙였습니다. 그러고는 조곤조곤 말을 이었습니다.
"일을 밀고 나가는 것이 중요하다. 자신의 좋은 재능을 알지 못하는 사람이 힘이 없다고 말하는 것이야. 희망을 잃지 않는다면 좋은 재능을 찾을 수 있어."
염구는 머리를 숙이며 기뻐했습니다. 잠시 생각에 잠겼던 이를 공자가 내려다보며 말했습니다.
"사람은 누구나 재능을 갖고 태어난단다. 그것을 소홀히 여기는 사람도 많지. 꾸준히 가꿔 나가면 열매를 맺는데 그걸 몰라. 이렇게 걷는 것도 여러 번 넘어진 뒤에야 걸을 수 있다는 걸 깨닫지 못하지."
공자의 말에 이는 아기 꾀꼬리를 떠올렸습니다. 공자는 이를 지그시 바라보았습니다.
"어려운 이야기일지 모르나 무엇을 기억하는 것은 자연의 법칙과 내가 하나가 되는 거란다. 저 아기 꾀꼬리가 온몸으로 우는 법을 익히는 것도 다 자연의 법칙에 따르는 것이고, 결국 시간이 지나야 기쁨도 얻는 거란다."
이는 이해하기가 어려웠습니다.
"배우고 익히는 것이 참으로 큰 기쁨이지. 사람에게, 때로는 책에서 배우고, 그것을 자주 연습하고 되풀이해서 익히게 되지."
공자는 이에게 조금 엄격하게 말을 이어나갔습니다.
"그러한 기쁨을 알면 사람들이 알아주지 않아도 불만을 갖지 않는단다. 그런 사람을 군자라고 말하지."
때마침 아기 꾀꼬리가 매화나무 가지 위에서 울었습니다.

POINT 내가 잘하는 것은 무엇일까요? 아직 모른다면 잘 찾아 볼까요?

작가
러디어드 키플링

표범의 얼룩무늬는 어떻게 생겨났을까?

장르
세계 명작

아주 오랜 옛날, 동물과 사람이 사이좋게 어울리고 함께 사냥을 하던 시절에 표범 한 마리가 '높은 초원'에 살고 있었습니다. 표범은 몸 색깔이 온통 모래처럼 누르스름했기 때문에 좀처럼 눈에 띄지 않았습니다. 그건 다른 동물에게는 무척이나 불행한 일이었습니다. 바위 뒤에 납작하게 엎드려 있다가 동물이 지나가면 냅다 달려드니 피할 방법이 없었던 것입니다.

그곳에는 또 활과 화살을 가진 에티오피아 사람이 살고 있었습니다. 에티오피아 사람과 표범은 늘 함께 다니며 사냥을 하곤 했습니다. 그 당시만 해도 세상 모든 것들은 아주 오래 살았는데 세월이 흐르면서 참다못한 동물들은 '높은 초원'을 떠나 버렸습니다.

동물들은 초록색 잎이 무성한 나무와 덤불이 빽빽하게 자라나고 나무 그림자가 드리워진 숲속에 숨었습니다. 얼룩얼룩 알롱알롱 알록달록 얼룽얼룽 드리워진 그림자 속에서 지내다 보니 기린의 몸에는 여기저기 점이 생겨났습니다. 얼룩말은 줄무늬가 생겼고, 큰영양과 얼룩 영양은 등에 나무줄기 껍질처럼 작은 물결무늬가 생겨서 거무스레하게 변했습니다.

러디어드 키플링(1865~1936)
영국의 소설가, 시인. 대표작 《정글북》

그러자 어떤 일이 일어났을까요? 좀처럼 어디 있는지 찾을 수 없게 되었습니다. 동물들이 얼룩덜룩 알록달록한 숲에서 환상적인 시간을 보내는 동안, 표범과 에티오피아 사람은 '높은 초원'을 샅샅이 뒤지고 다녔습니다. "도대체 사냥감들이 모두 어디로 사라진 걸까요?"

둘이는 주린 배를 움켜쥔 채 '바비안'이라는 개코원숭이에게 물었습니다. 현명한 개코원숭이가 가르쳐준 대로 동물들이 옮겨간 숲을 찾아갔습니다. 그리고 어렵사리 겨우 얼룩말 한 마리를 잡아 물었습니다.

"이봐, 얼룩말! 도대체 어떻게 된 일이니? 네가 '높은 초원'에 있을 때는 아무리 멀리 떨어져 있어도 네가 보였거든. 그런데 여기서는 아무것도 보이지가 않아."

"맞아요. 절 풀어주시면 어떻게 된 일인지 보여드릴게요." 얼룩말은 놓아주기가 무섭게 덤불숲으로 들어가더니 그림자가 점점이 드리워진 나무들 사이로 몸을 숨겼습니다.

"자, 봐요. 바로 줄무늬 때문에 이렇게 된 거랍니다."

표범과 에티오피아 사람이 아무리 눈을 크게 뜨고 보아도 얼룩말의 모습은 온데간데없었습니다. 그러는 사이 얼룩말은 잽싸게 숲속으로 달아나버렸습니다.

"이야! 정말로 배워둘 만한 기술인데!"

둘이는 서로의 모습을 바꿔보기로 했습니다. 먼저 에티오피아 사람은 당장 피부색을 흑갈색으로 바꿨고, 표범은 몸에 점을 찍어 보기로 했어요.

"그럼 내가 손가락으로 찍어 줄게. 내 손에는 여전히 검은 색이 많이 남아 있으니까."

그런 다음에 에티오피아 사람은 다섯 손가락으로 표범의 온몸을 누르기 시작했습니다. 손가락 끝으로 누른 자리마다 서로 달라붙은 다섯 개의 검은 점이 생겼습니다. 그 뒤부터 표범과 에티오피아 사람은 변한 모습을 무척이나 마음에 들어 하면서 살게 되었답니다.

POINT 자신을 지키기 위해 보호색을 갖고 있는 동물들을 말해볼까요?

작가
미상

에디슨

장르
전기

1847년 미국 오하이오 주에서 호기심 많은 토머스 앨바 에디슨이 태어났습니다. 미시간 주에 있는 포트휴런의 초등학교에 다닐 때 선생님은 에디슨을 산만하고 멍청하다고 말했습니다. 그 말을 전해들은 토머스의 어머니는 겨우 석 달 다닌 학교에 토머스를 보내지 않았습니다.

집에서 어머니에게 공부를 배우면서 다양하고 좋은 책들을 읽었습니다. 그러면서 친구와 지하실에서 실험을 하기도 했습니다.

열두 살이 된 토머스는 실험에 필요한 돈을 벌기 위해 기차에서 신문을 팔기 시작했습니다. 그 사이 기차의 차장을 찾아가 화물칸 한구석에서 실험을 해도 좋다는 허락을 받았습니다. 그러던 어느 날 실험에 쓰인 약병이 쏟아져 기차에 불이 났습니다. 다행히 불은 껐지만 승무원에게 토머스는 뺨을 얻어맞았습니다. 그래서인지 아니면 달리는 기차를 타다가 승무원이 귀를 잡아당겨 기차에 태워서인지 토머스는 귀가 잘 들리지 않았습니다.

장사에 흥미를 점점 잃은 토머스는 전신 기사들이 소식을 전하는 모스부호에 관심을 갖게 되었습니다. 그러던 어느 날 기차역에서 기차가 달려오는 것도 모르고 놀던 아이를 토머스가 구해냈습니다. 그 아이는 전신 기사의 아들이었습니다. 이후 토머스는 전신 일을 배우게 되었습니다.

토머스는 열여섯 살이 지나 살던 도시 포트휴런을 떠나 여러 도시를 전신 기사 일을 하며 돌아다녔습니다. 그러면서도 실험하고 발명하는 일도 게을리 하지 않았습니다.

한번은 주 정부에서 필요하겠다 싶은 전기 투표 기록기를 발명하여 특허를 얻었습니다. 그러나 그 기계는 누구도 사지를 않았습니다. 그 다음부터 토머스는 세상에 필요한 것을 발명하겠다고 마음먹었습니다.

계속된 실험으로 전신기, 주식 시세 표시기, 축전지, 축음기, 영화 촬영기들을 세상에 선보였습니다. 그중에서도 토머스 에디슨이 발명한 것 중에 사람들이 놀란 건 백열전구를 발명한 일이었습니다. 그 당시만 해도 촛불이나 기름을 이용한 등불, 가스등으로 어둠을 밝혔습니다.

호기심 많고 열정이 넘치는 토머스는 실패도 여러 번 경험했지만 그때마다 낙담하지 않았습니다. 토머스 에디슨은 미래를 바라보았고 그로 인해 천 건이 넘는 발명 특허를 갖게 되었습니다. 그는 나이가 많이 든 다음 이렇게 이야기를 했습니다.

"평생 일을 한 것이 아니라 모든 것을 재미있는 놀이라고 생각했습니다. 그리고 발명은 죽는 날까지 계속될 것입니다."

토머스 에디슨은 1931년 10월 18일 84년의 삶을 끝으로 숨을 거두었습니다. 후버 대통령은 눈물어린 조사에서 '인류는 위대한 발명가가 남긴 유산의 은혜를 누리며 살 것'이라고 말했습니다.

POINT 토머스 에디슨의 발명품을 더 찾아볼까요?

작가
미상

비겁한 따오기

장르
교과서 연계
전래 동화

옛날 어느 숲속에서 꾀꼬리와 뻐꾸기, 따오기가 모여 목소리 자랑을 늘어놓았습니다.

"나만큼 맑고 아름다운 소리를 가진 새가 있을까?"

노란 꾀꼬리가 노래를 부르자 뻐꾸기는 멋을 부리며 소리를 냈습니다. 이를 지켜보던 따오기가 코웃음을 쳤습니다.

"그 정도가지고 어떻게 아름다운 소리라고 하는 거니? 너희 둘은 나를 따르려면 멀었어."

따오기 소리를 듣고 뻐꾸기와 꾀꼬리가 고개를 흔들었습니다. 셋은 늦게까지 목소리 자랑을 늘어놓았습니다. 꾀꼬리는 목이 잠기면서도 목소리가 아름답다고 했고, 뻐꾸기는 하품하면서도 자랑했습니다. 따오기도 졸린 눈을 비벼가며 목소리 자랑을 했습니다.

"모두, 잠깐만!" 꾀꼬리가 말했습니다.

"서로 반복할 게 아니라 우리 황새에게 물어보자."

"좋은 생각이야. 황새는 공정하고 지혜롭잖아. 누구 목소리가 가장 아름다운지 판결해줄 거야."

뻐꾸기도 꾀꼬리의 말에 찬성했습니다. 따오기는 마지못해 그렇게 하자고 말했습니다. 셋은 사흘 뒤에 황새네 집에서 만나자며 헤어졌습니다.

밤새 잠을 이루지 못한 따오기는 날이 밝자마자 황새 집으로 갔습니다. 그러고는 황새 꽁무니를 쫓아다니며 황새가 좋아하는 먹이를 외웠습니다. 다음날 따오기는 황새가 좋아하는 먹이를 잔뜩 잡아서 어두운 밤에 황새를 찾아갔습니다.

"황새님이 좋아하는 먹이예요. 제 마음이니 받아 주세요." 따오기가 내민 바구니를 보고 황새가 침을 꼴깍 삼켰습니다.

"왜 이러는 거지? 부탁할 게 있는가?"

"저, 사실은 꾀꼬리와 뻐꾸기랑 제가 내일 황새님을 찾아올 거예요. 누구 목소리가 가장 좋은지 판결을 받기 위해서 말이죠."

"옳아. 거기서 자네를 일등으로 해달라 이거지?"

황새의 말에 따오기가 머리를 긁적이며 나지막이 말했습니다. "두 녀석한테 최고라고 큰소리를 쳤지만 자신이 없긴 하거든요."

황새는 껄껄 웃으며 따오기를 위로해주었습니다.

다음 날 꾀꼬리와 뻐꾸기, 따오기가 황새네 집에 모였습니다. 꾀꼬리가 가장 먼저 나와 소리를 내었습니다. 소리를 들은 황새가 얼굴을 찌푸렸습니다.

"네 목소리는 맑아. 그러나 너무 가벼워."

꾀꼬리는 부끄러워 얼굴이 빨개졌습니다. 다음으로 뻐꾸기가 목청을 가다듬으며 소리를 내뱉었습니다.

"네 목소리는 듣기 좋아, 그런데 단조로워서 금방 질리네."

뻐꾸기가 풀이 죽어 고개를 푹 숙였습니다. 드디어 따오기가 여유로운 표정으로 목소리를 냈습니다.

"어쩜 이리 구슬픈 목소리를 낸단 말인가? 마음을 울리는 목소리는 자네일세."

황새는 눈물을 닦는 시늉까지 냈습니다. 따오기는 신이 나서 노래를 계속해서 불렀습니다.

POINT 따오기의 어떤 행동이 잘못된 것인지 얘기해볼까요?

작가
이명식

자장 노래

장르
전래 자장가

해금연주곡 듣기

아기야 우리 아기
자장자장
금물결 찰싹이는
서늘한 달밤
수선화 피인 새로
헤엄을 치는
거북이 등에 업혀
용궁을 갈까

아기야 우리 아기
자장자장
별들이 반짝이며
나와서 노는
구름이 터진 새로
날아가는
기러기 잡아타고
달구경 갈까

작가
미상

북풍을 찾아간 소년

장르
세계 옛날이야기
(노르웨이)

옛날에 한 소년이 어머니와 단둘이 살고 있었어요. 하루는 소년이 창고에 가서 먹을 것을 꺼내오는데 난데없이 북풍이 불어 닥쳤습니다. 북쪽에서 불어오는 거센 바람에 음식이 다 날아가 버리자 하는 수 없이 다시 창고에 다녀와야 했어요. 하지만 이게 웬일이이에요? 북풍이 그 순간을 놓치지 않고 휘몰아치더니 음식을 모두 가져가버렸습니다.

몹시 화가 난 소년은 걷고 또 걸어 북풍의 집을 찾아갔습니다. "지금 저희 집엔 먹을 것이 하나도 없다고요. 그러니 제발 가져간 음식들을 돌려주세요."

"미안하지만 남아 있는 게 없구나. 대신 식탁보를 하나 주마. 이 식탁보에게 부탁만 하면 언제든지 맛있는 음식을 차려줄 거야."

소년은 날이 저물어 한 여관에 묵게 되었어요. 그런데 그날 밤, 여관 주인에게 그만 식탁보를 도둑맞고 말았어요. 여관 주인이 똑같은 식탁보를 구해다가 그 식탁보와 몰래 바꿔 놓았거든요.

다음 날, 소년은 이 사실을 까맣게 모른 채 집으로 돌아갔어요. 어머니 앞에서 식탁보를 꺼내 말해보았지만 식탁보는 빵 한 조각도 차려주지 않았답니다.

"아휴, 이를 어쩌지. 다시 북풍에게 갔다 와야겠어요."

소년은 또다시 걷고 또 걸어 북풍의 집에 도착했습니다. "안녕하세요? 북풍 아저씨, 식탁보는 아무짝에도 쓸모가 없었어요."

"그래? 그렇다면 '양아, 양아, 돈을 만들어라.' 하고 말만 하면 금화를 쏟아내는 양을 너에게 주마."

소년은 북풍의 말이 진짜인지 알아보기 위해 여관에 들러 양을 시험해 보았습니다. 하지만 이번에도 약삭빠른 주인이 양을 한 마리 데려와 소년의 양과 바꾸었답니다. 소년은 이 사실을 꿈에도 모른 채 양을 품에 안고 집으로 돌아왔어요. "양아, 돈을 만들어라!"

하지만 양은 금화를 쏟아내기는커녕 똥만 잔뜩 쌌답니다. 소년은 다시 북풍을 찾아가 따졌습니다.

"어쩌지? 이제는 이 지팡이밖에 줄 게 없구나. 이건 누군가를 때리라고 말만 하면 멈추라고 할 때까지 계속 때리는 지팡이란다."

소년은 지팡이를 들고 돌아오는 길에 다시 그 여관에서 하룻밤을 묵었어요. 그런데 전에부터 주인이 자꾸만 의심스러웠어요. 그래서 이번에는 코를 골며 자는 척을 했어요. 아니나 다를까, 한밤중이 되자 주인이 들어오더니 몰래 지팡이를 바꾸려고 했어요. 그 순간, 소년이 벌떡 일어나, "지팡이야, 지팡이야, 때려라!"라고 소리를 질렀어요. 그 말이 떨어지기가 무섭게 지팡이가 여관 주인을 사정없이 때리기 시작했어요. 여관 주인은 비명을 지르며 도망쳐 다니다가 소년에게 사정을 했습니다. "제발 그만 해! 지난번에 훔쳐갔던 식탁보와 양도 모두 돌려줄게."

그제야 소년은 "지팡이야, 지팡이야 멈춰라!"라고 말했습니다. 그래서 소년은 마침내 북풍이 준 세 개의 선물을 모두 가지고 집으로 갈 수 있었답니다.

POINT 만약에 식탁보와 양, 지팡이 중에서 하나만 선택한다면 어느 것을 고르고 싶을까요?

작가
미상

갈릴레오 갈릴레이

장르
전기

1564년, 이탈리아 피사에서 갈릴레오 갈릴레이가 태어났습니다. 갈릴레오는 호기심이 많은 아이로 특히 별을 좋아했습니다.
수도사가 되기 위해 수도원 생활을 했던 갈릴레오는 실험과 관찰로 모든 일을 증명하고 싶은 일을 하고 싶었습니다. 그러나 신학은 그렇지 않기에 마음의 갈등을 품고 살았습니다.
이후 수도원에서 나온 갈릴레오는 새벽까지 하늘을 관찰했습니다. 그러다가 피렌체의 재산가 메디치가의 육영자금을 받아 대학교에도 다니고 교수가 되어 수학을 가르쳤습니다. 물론 갈릴레오는 수학보다 천문학과 물리학에 더 관심이 많았습니다.
하루는 무거운 물체가 더 빨리 떨어진다고 한 아리스토텔레스의 낙하법칙을 부정하는 실험을 했습니다. 그러나 갈릴레오를 이상하게 생각한 교수나 학장은 실험장소에 나타나지 않았습니다. 몇 명의 대학생들만 참석했습니다. 갈릴레오가 말했습니다.
"지금부터 무거운 납덩이와 가벼운 나무토막의 낙하 속도를 측정할 것입니다. 아리스토텔레스의 말과 달리 두 물체의 낙하 속도는 똑같을 것입니다."
이윽고 피사의 사탑에 올라간 학생이 두 물건을 떨어뜨렸습니다. "쿵!"
소리는 하나였습니다. 군중들이 술렁거렸지만 실험 자체가 시시하다며 자리를 떠났습니다. 사람들은 실험 결과를 보고도 선입관을 깨지 못했던 것입니다.
그러던 어느 날 갈릴레오는 금성을 관찰했습니다. 금성이 태양 둘레는 돌고 있던 겁니다. 태양도 달도 별도 지구를 돌고 있는 게 아니었습니다. 결코 태양이 움직이지 않았던 거예요. 갈릴레오는 끊임없이 관찰하고 증명해서 책을 쓰기 시작했습니다. 지구가 날마다 돌고 도는 이야기, 태양과 별 이야기, 낮과 밤이 생기는 이야기, 우주 이야기를 썼습니다.
책이 만들어져서 교황님에게 보냈지만 교황님은 부르르 떨며 신하들에게 명령했습니다.
"지금 당장 갈릴레오를 불러라!"
재판장에 나온 갈릴레오에게 재판관이 물었습니다.
"네가 지구가 움직인다고 했는데 정말로 그렇게 생각하느냐?"
갈릴레오는 몹시 슬픈 얼굴로 조그맣게 중얼거렸습니다. "아닙니다."
갈릴레오는 죽지 않으려고 거짓말을 했습니다. 속으로는 절대 그렇게 생각하지 않으면서 말입니다.
"백성들의 마음을 어지럽힌 죄는 벌을 받아야 한다. 다시는 누구에게도 가르치지 마라!"
갈릴레오는 죽을 때까지 시골 외딴 집에 갇혀서 살았습니다. 달과 별을 너무 관찰한 나머지 갈릴레오는 눈이 잘 보이지 않고 흐릿했습니다. 일흔 다섯 살이 된 갈릴레오는 결국 눈이 멀었습니다.
갈릴레오는 1642년 1월 8일, 79세의 나이로 하늘의 별 하나가 되었습니다. 흥미 있는 일은 갈릴레오가 태어난 해는 미켈란젤로가 죽은 해였고, 갈릴레오가 죽은 해는 과학계의 엄청난 일을 한 아이작 뉴턴이 태어난 해라는 것입니다.

POINT 갈릴레이가 발견하고 증명해낸 이야기에는 무엇이 있을까요?

작가
어니스트
톰슨 시턴

달려라 솜꼬리 토끼

장르
세계 명작

아기 토끼는 엄마와 함께 올리펀트의 습지대에 살았습니다. 늪에는 풀이 우거져 있기 때문에, 엄마가 아기 토끼를 위해 만든 보금자리는 눈에 잘 띄지 않았어요.
"몸을 낮추고 조용히 있어야 한단다. 무슨 일이 있더라도 움직이면 안 돼."
어미 토끼 몰리는 갈래귀에게 이불을 반쯤 덮어주면서 이렇게 타일렀어요. 갈래귀는 어린 솜꼬리 토끼의 이름입니다. 갈래갈래 찢겨 있는 귀 때문에 붙여진 이름인데, 아기 토끼가 처음으로 겪는 모험에서 생긴 그 상처는 일생 동안 녀석을 따라다녔습니다.
호기심 많은 아기 토끼는 이불 속에 몸을 움츠리고는 눈을 크게 뜬 채, 머리 위로 펼쳐진 초록빛 작은 세계를 구경하고 있었습니다.
그런데 얼마 뒤, 근처 덤불에서 풀잎이 흔들리며 바스락거리는 소리가 들려왔습니다. 갈래귀가 짧고 복슬복슬한 발을 앞으로 내딛는 순간, 엄청나게 큰 뱀이 나타났습니다. 뱀은 순식간에 아기 토끼의 한쪽 귀를 물어 낚아채고, 몸을 똘똘 만 뒤, 흡족한 눈으로 아기 토끼를 노려보았습니다.
"엄마! 엄마!"
아기 토끼의 소리가 잦아들려는 바로 그 순간, 어미 토끼가 덤불을 헤치고 화살처럼 달려 나왔습니다. 어미 토끼 몰리는 그 무시무시한 동물에게로 힘껏 뛰어 들었습니다. 그리고 날카로운 뒷발톱으로 뱀을 냅다 내리쳤습니다. 뱀도 공격을 시도했지만 매번 토끼의 털밖에 물 수가 없었습니다.
반면 몰리의 공격은 점차 효과를 나타내기 시작했습니다. 이제 상황은 뱀에게 불리하게 돌아가고 있었습니다. 뱀은 다음 공격에 대비하기 위해, 아기 토끼를 감고 있던 힘을 느슨하게 했습니다. 그 틈을 타서 아기 토끼는 몸부림을 친 끝에 뱀에게서 빠져나와 겁에 질려 숨도 쉬지 못한 채 덤불 속으로 도망갔습니다.
그 일이 있고 나서 몰리는 갈래귀에게 숲에서 생활하는 기술을 가르쳤습니다. 갈래귀는 몰리에게 많은 것을 배워서 점점 더 현명하고 용감하게 변해갔습니다.
그러나 곳곳에는 솜꼬리 토끼 모자의 또 다른 적들이 있었습니다.
어느 날 늙은 여우 한 마리가 사냥을 나왔다가 잠자고 있는 솜꼬리 토끼들의 냄새를 우연히 맡게 되었습니다. 토끼 모자는 또다시 쫓기게 되었고, 엄마 몰리는 여우를 따돌리기 위해 얼지 않은 진흙탕을 뛰어넘어 못가에 이르렀습니다.
하지만 몰리는 깊은 물속에서 끝내 나오지 못했습니다. 갈래귀는 아무것도 모른 채 어미 토끼를 찾아다녔지만, 다시는 어미 토끼의 모습을 볼 수 없었습니다. 어디로 갔는지도 알 수 없었어요. 세월이 흘러 갈래귀는 이제 다 자란 건장한 수토끼가 되어서 어떤 적도 겁내지 않게 되었습니다. 뿐만 아니라 갈색의 예쁜 신부를 맞아 많은 식구를 거느리게 되었답니다.

어니스트 톰슨 시턴(1860~1946)
영국의 작가, 동물학자, 동물문학가, 박물학자, 화가.

POINT 엄마 토끼가 없었다면, 아기 토끼는 어떻게 되었을까요?

작가
미상

머리가 아홉 개나 달린 괴물

장르
교과서 연계 전래 동화

옛날 옛날에 머리가 아홉 개 달린 괴물이 깊은 산속에 살았습니다. 몸집도 크고 목소리도 큰 괴물은 마을에 나타나 가축과 곡식을 빼앗아갔습니다. 마을 사람들은 무서워서 다리 뻗고 잠을 잘 수 없었습니다.

그러던 어느 날 빨래터에 나타난 괴물이 한 젊은 여자를 잡아갔습니다. 다른 아낙네들이 그 여자의 집으로 달려가 남편에게 사실을 알렸습니다.

"괴물이 제 아내를 잡아 갔다고요?"

"가축과 곡식도 모자라 이제 사람까지 잡아가니 어찌 살아요?"

아낙네들은 남자를 위로한 뒤 집으로 돌아갔습니다. 혼자 남게 된 남자는 아내를 구하기 위해 곧장 산속으로 들어갔습니다. 괴물의 집이 보이지 않자, 남자는 너무 힘들어 나무에 기댄 채 깜빡 잠이 들었습니다. 그런데 꿈속에서 머리와 수염이 하얀 할아버지가 나타났습니다.

"동쪽으로 가거라. 그러면 아내를 찾을 수 있을 것이다. 계곡 뒤편으로 가면 커다란 바위 하나가 보일 것이다. 그 바위 아래에 괴물이 살고 있다. 바위를 들기 위해서는 계곡물을 마시면 된다."

잠에서 깬 남자는 동쪽으로 걸어갔습니다. 정말로 계곡이 나타났고 뒤편에 커다란 바위 하나가 서 있었습니다. 남자는 바위를 들지 못했습니다. 갑자기 할아버지의 말이 떠오른 남자는 계곡물을 연거푸 떠마셨습니다. 힘이 세지는 느낌이 들어 곧장 바위를 들어 올렸습니다. 남자가 서둘러 땅으로 내려가자 마을이 나타나고 엄청나게 큰 기와집이 보였습니다.

'저 집에 괴물이 살고 있는 게 분명해.'

높은 담장 때문에 안을 볼 수 없었던 남자는 나무 위로 올라갔습니다. 잠시 후, 남자의 아내가 나와 우물로 다가왔습니다. 남자는 괴물에게 들킬까 봐 소리를 내지 못하고 버드나무 잎을 하나씩 떨어뜨렸습니다. 이상하게 여긴 아내가 위를 올려다보았습니다.

"여보, 당신이 어떻게?"

아내는 괴물이 없다며 내려오라고 손짓했습니다.

"어서 이곳을 빠져나갑시다."

"얼마 못 가서 괴물에게 잡힐 거예요. 곧 괴물이 올 텐데 저 칼로 괴물을 물리치세요."

아내는 큰 칼을 가리켰습니다. 어른 키보다 더 긴 칼은 굉장히 무거워보였습니다.

"이 우물물을 마시세요. 힘이 장사가 될 거예요."

남편이 서둘러 우물물을 마시자 정말로 큰 칼을 휘두를 만큼 힘이 세졌습니다. 그때 마을에 갔던 괴물이 돌아오는 발자국 소리가 들렸습니다. 그 소리에 아내가 깜짝 놀라 외쳤습니다.

"곧 괴물이 집으로 들어올 거예요!"

괴물이 집 안으로 들어서며 코를 킁킁거렸습니다. 그때 남자는 괴물에게 달려가 칼로 목을 베었습니다.

"내 칼로 내 목을 쳐?"

화가 난 괴물은 남자를 잡으려고 했지만, 남자는 이리저리 피해 다니며 괴물의 몸을 여기저기 베었습니다. 그러자 괴물이 땅바닥에 꽈당 엎어졌습니다.

남자는 아내를 구해 땅 밖으로 나왔습니다. 나라에서는 남자에게 큰상을 내렸습니다. 덕분에 마을 사람들도 마음 편히 살 수 있게 되었습니다.

POINT 머리가 아홉 개 달린 괴물의 모습을 상상하며 그림을 그려볼까요?

작가
카를로 콜로디

피노키오

장르
세계 명작

제페토 할아버지는 하루 종일 목공소에서 나무 깎는 일을 했습니다. "혼자서 사는 건 너무 쓸쓸해. 인형을 하나 만들어 볼까?"

할아버지는 정성껏 나무를 깎아 인형을 만들어 '피노키오' 라는 이름을 지어 주었습니다. 그런데 인형이 완성되자 사람처럼 말도 하고 걸을 수도 있게 되었습니다. 제페토 할아버지는 장난꾸러기 피노키오를 학교에 보내기로 했습니다.

"아빠한테 은혜를 갚은 마음으로 학교에 다닐게요."

피노키오는 씩씩하게 말하고는 집을 나섰습니다. 길을 가는 동안 피노키오의 머릿속에는 온갖 상상들이 꼬리에 꼬리를 물고 떠올랐습니다.

"안녕! 너희들도 학교에 가니?" 피노키오가 길에서 만난 여우와 고양이에게 물었습니다.

"아니, 너 우리랑 같이 갈래?"

피노키오는 금화가 주렁주렁 열리는 나무들이 있다는 말에 속아 여우와 고양이를 따라 갔습니다. 그 바람에 강도도 만나고 감옥에도 갇히게 되었습니다. 요정이 나타나자 피노키오는 자신의 잘못을 감추기 위해 또 거짓말을 했습니다.

"피노키오, 네 코가 길어진 걸 보니 거짓말이로구나?"

피노키오가 여우와 고양이의 꾐에 빠졌다고 사실대로 말하자, 코가 다시 줄어들었습니다.

"풀어주면 곧장 집으로 돌아갈 거지?"

요정의 말에 피노키오는 고개를 끄덕였습니다. 하지만 또다시 요정과의 약속을 까맣게 잊어버린 채 딴짓을 하자 이번에는 당나귀처럼 변하고 말았습니다. 양쪽 귀가 당나귀처럼 길어지고 엉덩이에는 꼬리가 자라나기 시작했습니다. 당나귀로 변한 피노키오를 산 사람은 가죽을 얻기 위해 피노키오를 바다에 빠뜨려버렸습니다. 피노키오는 상어 입 속으로 들어갔다가 캄캄한 뱃속에서 제페토 할아버지와 다시 만났습니다. 할아버지는 피노키오를 찾아다니다 바다에 빠져서 상어 입 속에 먼저 들어와 있었습니다. 아빠와 다시 만난 피노키오는 너무나 기쁘고 놀라서 까무러칠 뻔 했습니다. "아빠, 제가 잘못했어요. 이제는 말썽부리지 않고 착한 아이가 될게요."

피노키오는 울음을 터뜨리자 할아버지는 피노키오를 가슴에 꼭 안아주었습니다. 두 사람은 그곳을 탈출하기 위해 그 거대한 상어의 목구멍을 타고 올라갔습니다. 마침내 바다로 뛰어들려고 하는 순간, 상어가 '에취!' 하고 재채기를 했습니다.

"제 어깨 위에 올라타고 저를 꽉 잡으세요."

피노키오는 제페토 할아버지와 함께 열심히 헤엄을 쳤습니다. 그리고 바다에서 만난 참다랑어와 다시 만난 귀뚜라미의 도움으로 무사히 집으로 돌아올 수 있었습니다.

"용감한 피노키오야, 네가 장한 일을 했구나!"

요정이 피노키오에게 지팡이를 대자 피노키오는 진짜 사람으로 변했습니다. 그 뒤로 피노키오는 할아버지를 모시고 착한 일을 하며 행복하게 살았답니다.

카를로 콜로디(1826~1890)
이탈리아의 동화작가. 《눈과 코》 《붉은 털 아기 원숭이 피피》

POINT 피노키오처럼 거짓말을 해서 부모님의 마음을 아프게 한 적은 없나요?

작가
미상

빨간 부채, 파란 부채

장르
교과서에 실린 전래 동화

옛날 어느 마을에 너무 게을러서 움직이는 걸 싫어하는 한심한 부부가 살았습니다. 어느 여름날 지나가는 스님이 물을 얻어 마시려고 들어왔습니다. 남편은 마루에 누워 꼼짝하지 않았습니다.
"너무 갈증이 나서 그러니 물 한 대접만 주십시오."
"난 지금 누워 있지 않소. 귀찮으니 가시오."
남편이 손을 휘휘 젓자 스님은 조용히 자리를 떴습니다. 얼마 뒤 아내가 남편에게 말을 건넸습니다.
"여보, 빨간 부채와 파란 부채가 있네요. 아까 스님이 놓고 갔나 봐요."
남편은 스님이 다시 올 거라며 그냥 두라고 했습니다.
점점 날씨가 더워져서 부부는 스님이 놓고 간 부채로 부채질을 했습니다. 남편이 빨간 부채를 펄럭거리자 남편의 코가 점점 커졌습니다.
"어? 내 코가 왜 이렇게 커지는 거지!"
아내는 파란 부채로 부채질을 했습니다. 아내의 코가 점점 사라졌습니다.
"여보, 코가 작아지다 못해 사라졌어요!"
깜짝 놀란 부부는 서로 바꾸어 부채질을 하자 원래대로 돌아왔습니다.

"이거, 굉장한 요술 부채인데."
남편은 부채를 이용해서 부자가 될 방법을 고민했습니다. 때마침 사또의 생일잔치가 열린다는 소리에 남편은 잔치에 가서 끝까지 기다렸습니다.
술에 취한 사또가 방에서 잠이 들었을 때 남편은 빨간 부채로 자고 있는 사또의 얼굴에 부채질을 했습니다. 사또의 코가 점점 커지자 남편은 몰래 방을 빠져나왔습니다.
다음 날, 사또의 병을 고쳐주는 사람에게 재물을 준다는 방이 붙었습니다. 남편은 이때다 싶어 파란 부채를 들고 사또를 찾아가 커져버린 코를 원래대로 만들어 주었습니다. 부부는 금은보화를 받고 금방 부자가 되었습니다.
그러던 어느 날 아내는 마루에 누워 있던 한심한 남편의 코가 얼마큼 길어지는지 궁금했습니다. 쉬지 않고 빨간 부채로 부채질을 하자 코가 하늘 높이 올라갔습니다. 이윽고 옥황상제가 있는 하늘나라까지 닿았습니다. 옥황상제가 깜짝 놀랐습니다.
"저 흉측한 물건을 기둥에 묶어라."
옥황상제의 명령에 따라 코를 기둥에 묶고 병사들이 창과 칼로 쿡쿡 찔렀습니다.
남편은 코끝이 아파서 소리를 질렀습니다. 아내는 놀라서 다시 파란 부채로 부채질을 했습니다.
그런데 기둥에 묶어둔 코가 작아지자 남편의 몸이 하늘로 올라갔습니다.
"아이고, 여보! 하늘로 왜 올라가시오!"
아내가 소리쳤지만 계속해서 남편은 둥둥 떠올랐습니다. 그때 옥황상제가 신하들에게 말했습니다.
"저 묶어둔 물건을 당장 풀어 주어라!"
기둥에 묶인 코가 풀리는 순간, 남편은 땅으로 곤두박질치며 떨어지고 말았습니다.

POINT 만약에 빨간 부채가 있다면, 누구에게 부채질을 해주고 싶나요?

작가
이솝

태양과 바람의 내기

장르
세계 동화

바람과 태양이 만났습니다. 둘은 만나기만 하면 말다툼을 했습니다. 바람이 태양에게 거들먹거리며 말했습니다.

"내가 말이야, 너보다 더 힘이 세다는 거 알지? 내가 바람을 일으키면 커다란 집도 한 번에 날려버리는 건 일도 아니잖아."

바람의 말에 태양도 으스대며 말했습니다.

"힘이 센 게 무슨 자랑거리람. 지혜가 있어야 힘을 제대로 쓰는 법이야. 그러니 내가 너보다는 훨씬 위대한 존재라고!"

"내가 더 위대하다니까!"

"아니야, 나야 나!"

바람과 태양은 서로 자기가 더 잘나고 위대하다며 실랑이를 벌였습니다. 그때 나그네 한 사람이 지나가는 모습이 보였습니다.

바람이 태양에게 말했습니다.

"우리 내기 한번 할까? 저기 저 나그네의 외투를 벗기는 쪽이 이기는 내기야. 어때?"

"좋아, 그쯤이야."

태양이 찬성하기가 무섭게 바람이 있는 힘껏 나그네를 향해 숨을 내쉬었습니다.

"휘익, 후우~"

바람의 기세에 주변의 온갖 나무들이 휘청하고 기우뚱했습니다. 먼지가 휘날려 눈까지 뜨지 못할 정도였습니다.

"아니, 갑자기 웬 바람이지? 너무 추운 걸."

나그네는 몸을 웅크리며 외투를 꼭 여미었습니다. 이 모습을 보고 바람이 더욱더 세게 입김을 불었습니다.

"외투까지 날아갈 바람인 걸."

나그네는 더욱 더 외투를 움켜잡았고 더욱 몸을 수그리며 걸었습니다.

"이럴 수가! 외투를 벗길 수가 없다니!"

힘이 빠진 바람이 주저앉자 태양이 앞으로 나섰습니다.

"내가 한번 보여주지. 잘 보라고."

태양은 씩 웃으며 따뜻한 햇살을 나그네에게 비추기 시작했습니다. 바람처럼 거친 힘을 주지 않았습니다.

"아, 더워. 날씨가 왜 이리 오락가락 하는 거야."

나그네는 꽉 잡고 있던 외투를 벗기 위해 단추를 하나씩 풀었습니다. 태양이 살짝 열을 내뿜었습니다.

"이런, 도저히 참을 수가 없군. 더워도 보통 더운 게 아니야."

마침내 나그네가 외투를 벗었습니다. 그러고는 개울가에 풍덩 뛰어들었습니다.

나그네가 물속에서 시원하게 헤엄치는 모습을 보고 바람은 슬슬 뒷걸음질했습니다. 그러고는 아무 말 없이 어디론가 사라져버렸습니다.

이솝
본명은 아이소포스. 기원전 6세기 고대 그리스의 우화 작가

POINT 무조건 힘으로만 해결하기보다는 지혜가 필요할 때가 많죠. 지혜롭게 행동해서 문제를 해결한 경험을 얘기해볼까요?

작가
미상

송아지와 바꾼 무

장르
전래 동화

옛날 어느 마을에 마음씨 착한 농부가 살았는데 늘 가난한 이웃들에게 베풀고 나눠주며 살았답니다.
어느 날 농부는 밭에서 아주 커다란 무를 뽑았습니다.
'우와, 엄청나게 큰 무네. 이걸 어떻게 먹는담? 그래, 우리 마을을 위해 애쓰시는 사또께 갖다 드려야지.'
농부는 커다란 무를 어깨에 메고 사또를 찾아갔습니다.
"사또, 저는 여러 해 농사를 지었지만 이렇게 큰 무는 처음 봅니다. 크고 좋은 거니까, 우리 마을을 위해 좋은 일을 많이 하시는 사또께 드리는 겁니다."
농부가 싱글벙글 웃으며 대답했습니다. 그러자 사또는 무척 고마워하며 농부에게 커다란 송아지를 선물로 주었습니다.
"당신은 가장 좋은 무를 나한테 선물로 주었으니 나도 창고에서 가장 좋은 것으로 드리고 싶소. 그러니 사양치 말고 이 송아지를 가져가시오."
농부와 사또의 이야기는 곧 온 마을에 쫙 퍼졌습니다.
소문을 들은 욕심쟁이 강 부자는 턱수염을 비비 꼬면서 생각했습니다.
'세상에, 무를 주고 송아지를 받아 오다니! 그렇다면 내가 사또께 송아지를 드리면 사또께선 내게 더 큰 걸 주시겠지? 뭘 주실까? 멋진 기와집을 주실지도 몰라.'
욕심쟁이 강 부자는 송아지를 끌고 사또를 찾아갔습니다.
"무슨 일로 날 찾아왔소? 그리고 그 송아지는 또 무엇이오?"
"사또께서 받은 송아지가 없어졌다는 소문을 듣고 왔습니다. 저희 집 송아지 중에 가장 좋은 녀석이니 대신 이 송아지를 기르시지요."
"참 고맙구려. 내 잘 기르겠소."
강 부자가 머뭇거리자 사또가 물었습니다.
"또 무슨 할 말이 있소?"
"호, 혹시 제가 송아지 대신 가져갈 게 없는지 해서요. 그, 그냥 혹시나 해서 말입니다. 그냥요……."
그제야 사또는 뭔지 알았다는 듯 무릎을 탁 쳤답니다.
"나도 선물을 주겠소. 가장 좋은 것으로 말이오."
강 부자는 감사하다며 연신 절을 하며 생각했습니다.
'혹시 멋진 기와집을 선물로 주시려나?'
사또는 이방을 부르더니 말했습니다.
"이방, 지난번에 받은 가장 좋은 선물이 아직도 있소?"
"그러면요. 아주 잘 보관하고 있습니다. 사또."
이방이 달려가 창고에서 꺼낸 온 것은 다름 아닌, 커다란 무였습니다.
"그 무는 내가 받은 선물 중에 가장 귀한 거요. 그걸 선물로 주겠소."
"네. 사또, 고, 고맙습니다."
커다란 무를 받아들고 집에 온 강 부자는 그만 땅바닥에 철퍼덕 주저앉았습니다. 그러고는 땅바닥을 탁탁 치며 "아이고, 내 송아지. 아이고, 내 송아지!" 하며 울었답니다.

POINT 내가 가진 것을 친구들에게 나눠주어서 기분 좋았던 경험을 얘기해볼까요?

작가
미상

주먹밥이 떼구르르

장르
세계 옛날이야기 (일본)

옛날에 어떤 할아버지가 산에서 나무를 하다가 배가 고파서 도시락을 꺼냈습니다. 그런데 그때 가까운 곳에서 바스락대는 소리가 들려왔습니다. 할아버지가 도시락을 먹으려다 말고 주위를 둘러보자 풀숲 사이로 하얀 토끼 한 마리가 보였습니다. 토끼는 얼굴을 내밀고 할아버지를 빤히 쳐다보고 있었어요.

"허허, 너도 배가 고픈 게로구나."

할아버지는 풀숲을 향해 주먹밥을 하나 던져주었어요. 그랬더니 주먹밥이 떼구루루 떼굴떼굴 굴러가서는 어느 구멍 속으로 쏙 들어가버렸습니다. 토끼도 주먹밥을 좇아 깡충깡충 구멍 속으로 들어가버렸고요.

잠시 뒤, 구멍 속에서 "주먹밥이 떼구루루, 떼굴떼굴 떽데굴" 하는 노랫소리가 들려왔습니다.

할아버지는 신기한 나머지, 주먹밥 하나를 또 던져 보았습니다. 그러자 구멍 속에서 똑같은 노랫소리가 또 다시 들려오는 게 아니겠어요?

"주먹밥이 떼구루루, 떼굴떼굴, 떽데굴."

할아버지는 신이 나서 "주먹밥이 떼구루루, 떼굴떼굴 떽데굴" 노래를 부르며, 자꾸 자꾸 주먹밥을 던졌답니다. 점점 더 흥이 오른 할아버지는 일어나 덩실덩실 춤을 추다가 나중에는 아예 도시락까지 던져버렸습니다. 도시락은 떼구루루 떼굴떼굴 굴러서는 그 구멍 속으로 들어갔고 어김없이 노랫소리가 들려왔습니다.

"도시락이 떼구루루, 떼굴떼굴 떽데굴."

할아버지는 더욱 더 신이 나서 "도시락이 떼구루루, 떼굴떼굴 떽데굴!" 노래를 부르며 춤을 추다가 그만 구멍 속으로 쏙 미끄러지고 말았어요.

"할아버지가 떼구루루, 떼굴떼굴 떽데굴."

정신을 차려보니 커다란 방에 토끼들이 옹기종기 모여앉아 "쿵더쿵, 쿵더쿵." 떡방아를 찧고 있더래요.

"안녕하세요, 할아버지?"

토끼들이 인사를 하자마자, 몸집이 가장 큰 토끼가 깡충깡충 뛰어나왔습니다.

"할아버지가 주먹밥을 많이 주셔서 배고픈 줄 모르고 방아를 찧었답니다. 그 보답으로 저희가 떡을 빚어 드릴 테니 가지고 가세요."

제일 큰 토끼가 다른 토끼들을 둘러보며 말했습니다.

"자, 할아버지께 드릴 떡을 찧어라!"

그 말과 동시에 토끼들이 신나게 떡방아를 찧기 시작했어요.

"주먹밥이 떼구루루, 쿵덕 쿵더쿵!"
"도시락이 떼구루루, 쿵덕 쿵더쿵!"
"할아버지가 떼구루루, 쿵덕 쿵더쿵!"

토끼들은 맨 처음 빚은 떡을 할아버지께 드렸습니다. 하나를 집어 먹어 보니, 입 안에서 사르르 녹는 게 그렇게 맛있을 수가 없었어요. 그래서 할아버지는 토끼들이 준 떡 보따리를 한 아름 안고는 기분 좋게 집으로 돌아갔습니다.

"주먹밥이 떼구루루, 떼굴떼굴 떽데굴.
도시락이 떼구루루, 떼굴떼굴 떽데굴.
할아버지가 떼구루루, 떼굴떼굴 떽데굴."

POINT 주먹밥으로 신나게 떡방아를 찧고 있는 토끼들을 그려볼까요?

작가
조나단 스위프트

걸리버 여행기

장르
세계 명작

1699년 5월 4일, 걸리버를 태운 배가 폭풍우를 만났습니다. 용감한 걸리버는 두려워하지 않았지만 작은 배는 성난 파도에 그만 부서지고 말았습니다. 걸리버는 멀리 보이는 섬을 향해 힘껏 헤엄쳤습니다. '여기가 어디일까? 혹시 식인종이 사는 섬이면 어쩌지?'

걸리버는 섬에 다다르자 그만 풀썩 쓰러지고 말았습니다. 다음날, 눈을 떴는데 어찌된 일인지 팔다리를 움직일 수가 없었습니다. 키가 15센티미터 정도밖에 안 되는 소인들이 손이며 발이며 머리카락까지 꽁꽁 묶어버렸던 거예요, 알고 보니 그곳은 작은 사람들이 사는 소인국이었습니다. 그들은 걸리버를 커다란 수레에 태워 소인국의 성으로 옮겼습니다. 소인국의 왕도 만났지만 말이 통하지 않아 무척 답답했습니다. 걸리버는 소인들의 말을 열심히 공부하여 마침내 그들과 이야기를 나눌 수 있었습니다. 소인국 사람들은 걸리버에게 날마다 엄청난 양의 음식을 날라다주었고 걸리버는 잠깐 사이에 뚝딱 먹어치웠습니다. 그 모습을 본 소인들은 입을 쩍 벌린 채 놀라워했습니다.

시간이 지나면서 소인국 사람들은 걸리버를 좋아했습니다. 묶고 있던 쇠사슬도 풀어주고 모든 사람들과 사이좋게 지냈습니다. 그러던 어느 날 이웃 나라의 배들이 쳐들어오자 임금님은 군대를 이끌고 바다로 갔습니다. 걸리버도 성큼성큼 뒤따라갔습니다. 바다 위에는 작은 배들이 새까맣게 떠 있었습니다.

'착한 소인국 사람들이 평화롭게 살 순 없을까?'

걸리버는 전쟁이 일어날까 봐 안타까웠습니다.

이런저런 궁리 끝에 튼튼한 밧줄과 굵은 쇠막대를 모아 달라고 부탁했습니다. 걸리버는 첨벙첨벙 바다를 헤치며 나아가 이웃나라의 배들에 낚시바늘 모양의 쇠막대를 꿰고는 밧줄로 꽁꽁 묶었습니다. 그러고는 섬으로 50여 척이나 되는 배들을 한꺼번에 끌고 갔습니다. 이웃나라 왕이 화들짝 놀라 걸리버 앞에 무릎을 꿇었습니다. "잘못했소. 당신 같은 거인이 있는 줄 몰랐소."

하지만 소인국 왕은 승리에 만족하지 않은 채 이웃나라에 쳐들어가서 그 나라까지 다스리고 싶다고 말했습니다. "제가 이웃나라의 배를 빼앗아 온 것은 두 나라가 평화롭게 살기를 바라는 마음 때문입니다."

걸리버의 말에 임금님은 몹시 화를 냈습니다. 그런 일이 있고 얼마 뒤, 궁전에서 불이 나는 바람에 걸리버는 자신의 오줌으로 급하게 불길을 껐습니다. 그 일로 인해 사형에 처해질 거라는 소식에 걸리버는 이웃 나라로 몸을 피했습니다. 이웃 나라 소인들도 걸리버를 따뜻하게 맞아주었지만 걸리버는 자꾸만 고향 생각이 났습니다. 그러던 어느 날 파도에 밀려온 배를 한 척 발견하고 소인들의 도움을 받아 커다란 배에 걸맞은 크기의 노를 만들었습니다.

걸리버가 떠나는 날, 소인국 사람들은 모두 나와 손을 흔들었습니다. 며칠 뒤, 걸리버는 지나가던 큰 배에 구조되어 무사히 고향으로 돌아갈 수 있었답니다.

조나단 스위프트(1667~1745)
영국의 성직자, 풍자작가, 정치평론가. 《통 이야기》 《책의 전쟁》

POINT 15cm 키의 소인들에게 걸리버는 얼마나 크게 느껴졌을까요?

2.24.

작가
미상

머리 끝에 오는 잠

장르
전래 자장가
(강원도 양양 지역)

해금연주곡 듣기

자장 자장 워리 자장 우리 애기 잘도 잔다
머레 잠도 내려오너라 눈썹 잠도 내려오너라
귀에 잠도 들어오너라 코에 잠도 올라오너라
입에 잠도 올라오너라 워리 자장 자장 자장
우리 애기 잘도 잔다 우리 애기 잘도 잔다

자장 자장 워리 자장 우리 애기 잘도 잔다
머레 잠도 내려오너라 눈썹 잠도 내려오너라
귀에 잠도 들어오너라 코에 잠도 올라오너라
입에 잠도 올라오너라 워리 자장 자장 자장
우리 애기 잘도 잔다 우리 애기 잘도 잔다

작가
미상

닭이 사람과 살게 된 까닭

장르
세계 옛날이야기
(아프리카)

이 이야기는 닭과 여우가 단짝 친구였던 시절로 거슬러 올라간답니다. 지금은 절대로 함께 살 수 없는 사이가 됐지만 말이에요.

하루는 여우가 다급하게 뛰어오며 외쳤어요.

"닭아, 닭아! 큰일 났어. 곧 큰 가뭄이 닥친대!"

"괜찮아. 아직 주위에 널린 게 먹이거리인데 뭐가 걱정이야?"

닭이 대수롭지 않다는 듯 말했습니다.

"좋아. 그럼 가뭄이 오기 전에 내가 열심히 먹이를 구해 올 테니까 넌 집에서 먹이를 지키고 있어. 먹고 남은 먹이는 잘 숨겨 두는 것도 잊지 말고. 알았지?"

다음 날부터 여우는 부지런히 먹이를 구해다 날랐고, 닭은 나무 밑에 흙을 판 다음 먹이를 잘 숨겨 두었습니다.

그리고 얼마 뒤, 여우의 말대로 지독한 가뭄이 찾아왔어요. 몇 달 동안 비가 한 방울도 내리지 않아서 땅에 있는 것들이 모조리 다 굶어죽게 생겼지요. 그런 날씨에도 여우는 혹시라도 먹이가 있을까 싶어서 부지런히 돌아다녔어요. 그런데도 닭이 태평하게 집에만 있자, 여우는 서서히 짜증이 나기 시작했어요.

'얌체 같은 닭! 난 이렇게 고생하는데 저 혼자 편안히 집에 있는 게 미안하지도 않나?'

이제는 닭만 보면 울화통이 치밀고 화가 폭발할 것 같았어요. 그래서 공연히 시비를 걸고 짜증을 부렸습니다.

"쳇! 먹을 것만 아니라면 당장 여우와 절교할 텐데……."

닭 역시 여우가 부리는 심통을 더 이상 참아줄 수 없었어요. 그래서 여우가 없을 때 혼자 맛있는 먹이를 왕창 먹어 치웠어요. 이 사실을 안 여우는 닭이 졸고 있는 틈을 타 먹이를 다른 곳으로 옮겨버렸습니다. 그러고는 빈손으로 집에 돌아가 이렇게 말했지요.

"오늘은 먹이를 구하지 못했어."

여우가 집을 나서자마자 닭은 혹시나 하고 먹이가 숨겨진 곳으로 갔습니다. 그러고는 허겁지겁 흙을 파헤쳤어요. 하지만 아무리 파고 또 파도 먹이가 보이지 않았어요.

"누가 훔쳐갔지? 아이고, 배고파라!"

여우는 웃음을 참으며 나무 뒤에 숨어서 이 모든 광경을 지켜보고는 어디론가 떠나버렸어요. 여우가 돌아오기를 기다리다 지친 닭은 할 수 없이 사람들이 사는 마을로 내려갔어요. 어떤 노인에게 가서 먹이를 달라고 사정을 해보았습니다.

"너의 딱한 사정은 알겠다만, 오랜 가뭄 때문에 너에게 줄 먹이가 없구나!"

노인이 말하자 닭은 큰 소리로 울면서 부탁했어요.

"저를 거둬 주신다면 제가 매일 달걀을 하나씩 낳아드릴게요."

그래서 노인은 속는 셈치고 닭을 키워보기로 했습니다. 이렇게 해서 그때부터 닭이 사람들과 함께 살게 된 거라고 해요. 물론 아직도 틈만 나면 여우가 훔쳐갔던 먹이를 찾기 위해 흙을 파면서 말입니다.

POINT 닭이 욕심을 부리지 않고 여우와 사이좋게 지냈다면, 어떻게 되었을까요?

작가
안데르센

미운 아기 오리

장르
세계 동화

어느 시골 마을의 아름다운 여름날이었습니다. 엄마 오리가 오랫동안 알을 품고 앉아 있었습니다. 이윽고 알에서 오리 새끼들이 하나둘 나오기 시작했습니다.
"꽥꽥, 모두 다 나왔니?"
"아니요. 아직 알 하나가 여기 있어요. 아주 커다란 알이에요!" 잠시 뒤 그 큰 알이 깨지더니 아주 크고 못생긴 새끼 한 마리가 나왔습니다.
"어머나, 세상에! 다른 아이들과 조금도 닮지 않았구나. 혹시 칠면조 새끼가 아닐까?"
엄마 오리는 새끼들을 데리고 물가로 갔습니다. 새끼들이 차례로 연못으로 뛰어들었습니다. 미운 오리 새끼도 물에 뛰어들어 헤엄을 아주 잘 쳤습니다.
"그럼 그렇지. 칠면조는 수영을 못 하잖아? 내 아이가 맞아. 자, 모두들 내 옆에 바싹 붙어서 따라오너라."
엄마 오리는 특히나 고양이를 조심하라고 말해주었습니다. 다른 오리들은 미운 오리 새끼를 계속 물어뜯고 밀어냈습니다. 모두에게서 따돌림을 당하자, 미운 오리 새끼는 견디다 못해 도망을 쳤습니다.
그러나 집을 떠나 이곳저곳을 돌아다니며 더 심한 고생을 했습니다. 야생 오리들이 총에 맞아 쓰러지는 것도 보았고, 사냥개들에게 쫓기기도 했습니다. 폭풍우를 피하다가 어느 시골집에 갔다가 그곳에 사는 고양이와 암탉에게 또다시 괴롭힘을 당해야 했습니다.
"난 알을 낳을 수 있어. 너도 그렇게 할 수 있니?"
암탉이 물었습니다.
"난 생쥐를 잡을 수 있어. 넌 뭘 할 수 있니?"
고양이도 물었지만, 미운 오리 새끼는 아무런 말도 할 수가 없었습니다. 다시 시골집을 떠나 정처 없이 헤매는데 날이 추워서 연못마저 꽁꽁 얼어버렸습니다. 한 농부가 아기 오리를 발견하지 않았더라면 얼어 죽었을지도 모릅니다. 농부는 아기 오리를 잘 돌봐주었습니다. 하지만 농부의 아이들이 어찌나 아기 오리를 귀찮게 하던지, 결국 또 그 집을 나와야 했습니다.
시간이 흘러서 아름다운 봄이 찾아왔습니다. 아기 오리는 그제야 날개를 펴서 조금씩 움직여 보았습니다. 그러자 날개가 매우 튼튼해진 것이 느껴졌습니다. 아기 오리는 양쪽 날개를 힘 있게 움직여서 마침내 하늘 높이 날아올랐습니다.
"와, 내가 이렇게 높이 날 수 있다니! 나에게 무슨 일이 일어난 거지?"
바로 그때, 세 마리의 백조들이 연못에서 헤엄치고 있는 모습이 보였습니다. 아기 오리는 용기를 내어 백조들에게 다가갔습니다. 그런데 그 순간 물에 비친 자신의 모습을 보고 깜짝 놀라고 말았습니다. 그곳에는 미운 오리가 아닌 아름다운 백조 한 마리가 있었습니다. 세 마리의 백조들은 그 어린 백조를 따뜻하게 맞아 주었습니다.
"이거 봐. 또 다른 백조가 있네! 새로 온 백조가 가장 아름다워!"
연못에 놀러온 아이들이 말했습니다. 이 말을 들은 미운 오리 새끼는 너무나도 행복했습니다.

안데르센(1805~1875)
덴마크의 동화작가. 《미운 오리 새끼》 《인어 공주》

POINT 미운 오리 새끼처럼 주위에서 따돌림을 당하는 친구가 없는지 생각해볼까요?

작가
아서 코난 도일

빨강머리 클럽

장르
세계 명작

토요일 오후, 왓슨이 홈스의 집에 들어섰을 때 빨강머리의 남자 윌슨이 앉아 있었습니다. "윌슨 씨, 여기를 찾아온 이유를 말씀해주시죠."

전당포를 운영하고 있는 윌슨은, 최근에 경기가 좋지 않아 직원 수를 줄였는데, 마침 월급을 반만 받고 일하겠다는 직원이 나타나서 채용을 했답니다. 그런데 최근 그 직원의 권유로 '빨강머리 클럽'이라는 곳에서 하루 4시간 백과사전을 베껴 쓰는 아르바이트를 했는데, 일주일에 4파운드나 주었다고 합니다.

"그 직원이 매우 마음에 드셨겠습니다. 월급도 적게 받으면서 일도 잘하고, 좋은 아르바이트까지 소개했으니 말이죠." 하고 홈스가 말했습니다.

"유능한 실력에 성격도 쾌활하고 나무랄 데가 없었죠. 사진 찍는 취미에 빠져서 곧잘 어두운 지하실에 처박혀 사진 현상을 하는 점만 빼고는 거의 완벽했어요. 그런데 이상한 일이 생겼어요. 딱 8주가 지난 오늘, 빨강머리 클럽에 가보니, 해체한다는 쪽지만 달랑 붙어 있고, 문이 잠겨 있는 겁니다. 주변을 수소문 해봐도 전후 사정을 알고 있는 사람을 전혀 찾을 수 없었어요. 특별히 손해를 본 건 없지만, 뭔가 이상하다는 생각에 기분이 묘하더군요."

아서 코난 도일(1859~1930)
영국의 추리 소설 작가. 《셜록 홈스》《바스커빌 가의 개》

홈스는 곧장 윌슨의 전당포로 달려가서 바닥을 두드려보고, 직원 빈센트의 얼굴도 살펴보았습니다. 홈스는 예리한 눈으로 빈센트가 온갖 범죄를 저지르는, 존 클레이임을 단박에 알아챘습니다.

그날 밤, 홈스의 집으로 존슨 경감과 전당포 옆에 바로 붙어 있는 은행의 지점장 메리웨더가 모였습니다. 그리고 그들은 메리웨더의 안내로 은행의 귀중품 보관실이 있는 지하실로 들어갔습니다. 거기에는 금화 2,000프랑이 보관되어 있었습니다.

메리웨더가 지하실은 매우 안전하다며 발을 구르는 제스처를 해보였습니다. 그런데 그 순간 바닥에서 '텅' 하는 소리가 났습니다. 홈스는 곧장 등불에 천을 씌워 빛을 가렸습니다. 얼마 지나지 않아 지하실 바닥에 깔린 돌 하나가 들썩이더니 존 클레이와 그의 친구 아치가 모습을 드러냈습니다. "좋았어. 완벽해! 아치, 끌하고 가방 갖고 왔지?" 그때 홈스가 번개처럼 튀어 나가 존 클레이를 잡아챘습니다. 친구 아치는 재빨리 도망쳤고요. 홈스는 존 클레이에게 말했습니다.

"빨강머리 클럽을 생각해낸 건 기막힌 아이디어였어." 그러자 존 클레이가 건방지게 대답했습니다. "나에겐 왕족의 피가 흐르니 '전하'라는 말을 붙여주게."

왓슨이 홈스에게 어떻게 추리했는지 물었습니다.

"고작 백과사전을 베끼는 일에 너무 과한 돈을 주더군. 그리고 빨강머리 클럽이 해체됐다는 건 바로 지하굴을 다 팠다는 의미일 테고 말이야. 또 존 클레이의 바지가 다 해져 있었지 않나. 그건 굴을 파느라 무릎을 많이 꿇어서일 거고. 오늘이 토요일이니 범행을 저지르기 딱 적당한 요일이었지. 범행을 저질러도 들통나는 건 월요일이나 돼야 할 테니 말이야."

POINT 셜록 홈스의 추리 능력이 탁월하네요. 다른 이야기도 찾아서 읽어볼까요?

작가
미야자와 겐지

은하철도의 밤

장르
국내외
명저자 작품

조반니는 바로 뒤에 있는 천기륜 기둥이 언제부턴가 희미한 삼각표 모양으로 변해 반딧불처럼 잠시 깜박대는 것을 보았습니다. 그것은 점점 더 또렷해지더니 마침내 꼼짝도 하지 않고 짙푸른 하늘의 들판에 우뚝 섰습니다. 금방 달구어낸 푸른 강철판 같은 하늘 들판 위로 똑바로 솟았습니다.

바로 그때 어디선가 "은하 정거장, 은하 정거장." 하는 신비로운 목소리가 들리더니 억만 마리 불똥꼴뚜기 빛을 단숨에 화석으로 만들어 하늘에 박아 넣은 듯, 또는 마치 다이아몬드 회사에서 값이 떨어지는 것을 막으려고 몰래 숨겨 놓았던 다이아몬드를 누군가 갑자기 흩뿌려 놓은 것처럼 갑자기 눈앞이 환해져서 조반니는 저도 모르게 연거푸 눈을 비벼야 했습니다.

정신을 차리자, 조반니가 탄 조그만 열차는 얼마 전부터 덜컹덜컹 소리를 내며 달려가고 있었습니다. 조반니는 작고 노란 전등이 나란히 늘어선 야간열차의 객실에서 창밖을 내다보며 앉아 있었습니다. 기차 안은 푸른 벨벳으로 된 의자가 텅 빈 채로 있었고 맞은편 회색 페인트 칠을 칠한 벽에는 커다란 청동 단추 두 개가 빛나고 있었습니다.

바로 앞자리에는 물에 젖은 것처럼 새까만 옷을 입은 키 큰 아이가 창밖으로 고개를 내밀고 있었습니다. 그리고 그 아이 어깨 언저리가 어쩐지 눈에 익은 기분이 들었는데 한번 그렇게 생각하자 더욱 그 아이가 궁금해 견딜 수가 없었습니다. 조반니가 창밖으로 머리를 내밀려고 했을 때, 갑자기 그 아이가 안으로 고개를 집어넣고 이쪽을 보았습니다. 캄파넬라였습니다.

조반니가 '캄파넬라, 언제부터 여기 있었어?' 하고 물어보려는데 캄파넬라가 먼저 입을 열었습니다.

"모두들 열심히 뛰었지만 타지 못했어. 자넬리도 있는 힘껏 달렸는데 따라오지 못했어."

조반니는 '그래, 우리는 지금 함께 놀러 나온 거야.' 하고 생각하면서 말했습니다.

"어딘가에서 기다리고 있겠지."

"자넬리는 벌써 집에 돌아갔어. 아버지께서 데리러 오셨거든."

그렇게 말하는 캄파넬라의 낯빛이 조금 창백해 보였고 어쩐지 괴로워하는 듯 보였습니다. 그러자 조반니도 어딘가에 뭔가를 두고 온 듯 기분이 묘해져 입을 다물었습니다.

하지만 캄파넬라는 창밖을 내다보며 금세 기운을 되찾고는 씩씩하게 말했습니다.

"아, 이런! 물통을 깜빡했어. 게다가 스케치북도 잊어버렸지 뭐야? 하지만 괜찮아. 이제 곧 백조 정거장이니까. 난 백조를 보는 게 정말 좋아. 강 저 멀리 날아가고 있다고 해도 꼭 볼 수 있을 거야."

미야자와 겐지(1896~1933)
일본의 동화작가이자 시인. 100여 편의 동화를 썼다.
대표작 《바람의 마타사부로》 《은하철도의 밤》

POINT 조반니와 캄파넬라처럼 기차 여행을 하기에 좋은 아름다운 장소를 생각해볼까요?

작가
미상

해치와 괴물 사 형제

장르
교과서에 실린 전래 동화

세상이 생기고 얼마 되지 않았을 때였습니다. 하늘에는 세상을 환히 비춰주고 정의를 지키는 해치라는 해의 신이 살았습니다. 해치는 아침부터 저녁까지 세상에 고루 햇빛을 나눠주었습니다. 그러다가 누군가 나쁜 짓을 하면 곧장 달려가 머리에 달린 날카로운 뿔로 사정없이 들이 받았습니다.

한편, 땅 속 나라에는 괴물 사 형제가 살았습니다. 첫째는 무엇이든지 뭉쳐버리는 뭉치기 대왕, 둘째는 주둥이로 불기둥을 내뿜는 뿜기 대왕, 셋째는 무엇이든 잘 던져버리는 던지기 대왕, 넷째는 박치기를 잘하는 박치기 대왕이었습니다. 괴물 사 형제는 틈만 나면 땅 위로 올라와 사람들을 괴롭혔습니다. 마을에다 돌을 던지고 불도 질렀습니다. 그럴 때마다 해치가 나타나 괴물 사 형제를 들이받아 쫓아냈습니다.

그래서 괴물 사형제는 해치에게 앙갚음을 하려고 했습니다. '해치만 없으면 온 세상이 우리들 건데.'

괴물 사 형제는 해치가 밤에는 해를 바다 밑 창고에 보관한다는 걸 알아냈습니다. 어느 날 밤, 괴물 사 형제가 몰래 땅 속에서 기어 나왔습니다. 그러고는 바다 밑 창고로 살금살금 다가갔습니다. 때마침 해치가 창고 앞에서 잠을 자고 있었습니다. 괴물 사 형제는 해를 훔쳐서 네 조각을 만들어 하나씩 가졌습니다.

첫째 뭉치기 대왕이 사악한 목소리로 말했습니다.

"내일 아침부터 동서남북에 해가 하나씩 뜰 거야. 그러면 사람들이 비명을 지르겠지. 생각할수록 신난다."

다른 형제들도 모두 깔깔 웃었습니다.

다음날 아침, 잠에서 깬 사람들이 깜짝 놀랐습니다. 동서남북에 해가 떠 있었기 때문입니다.

"세상에! 해가 네 개야."

세상은 금방 뜨거워져서 풀과 나무는 시들고, 사람들은 숨이 막혀 길에서 쓰러졌습니다. 해치는 괴물 사 형제를 찾아가 호통을 쳤습니다.

"땅 속 나라에서만 있으라고 했거늘 감히 해를 훔쳐! 어서 해를 내놓아라!"

그러나 괴물 사 형제는 실실 웃으며 여유를 부렸습니다. "말을 듣지 않겠다면 어서 덤벼라!"

가장 먼저 넷째인 박치기 대왕이 달려들었습니다. 해치는 날카로운 정의의 뿔로 박치기 대왕을 들이받았습니다. 넷째가 나가떨어지자 이번에는 셋째 던지기 대왕이 해치에게 큰 바위를 던졌습니다. 해치가 뿔로 바위를 들이받자 바위가 두 개로 갈라졌습니다. 갈라진 바위 하나가 셋째를 덮쳐 기절해버렸습니다. 옆에 있던 둘째 뿜기 대왕이 입으로 불기둥을 뿜어댔습니다. 그러자 해치가 차가운 서리 기둥을 내뿜어 불을 끄고 심지어 뿜기 대왕의 입을 얼려버렸습니다. 마지막에 남은 첫째 뭉치기 대왕은 동서남북의 해를 하나로 뭉쳐 해치에게 던졌습니다. 해치는 커다란 입에 해를 꿀꺽 삼켰습니다. 해를 다시 토해내자 해는 괴물 사 형제에게 날아갔습니다. 괴물 사 형제는 비명을 지르며 땅 속 나라로 도망쳤습니다.

POINT 해치는 우리 주위에서도 볼 수 있는데요. 어디로 가면 빨리 찾을 수 있을까요?

March
3

작가
미상

낫 놓고 기역 자도 모르는 양반

장르
전래 동화

옛날 어느 마을에 아무것도 모르는 무식한 양반이 있었습니다. 이 양반은 글을 읽고 쓰지는 못했지만 돈이 워낙 많은 탓에 양반 신분을 살 수 있었습니다. 그러니까 양반 행세를 하며 사는 가짜 양반인 것입니다.

어느 뜨거운 여름날, 한 농부가 관가에서 보낸 편지를 놓고 쩔쩔매고 있었습니다. 그 농부는 낫 놓고 기역 자도 모르는 까막눈인지라 한 자도 읽을 수가 없었답니다. '옳지! 이웃에 사는 양반한테 좀 읽어 달라고 해야겠다.'

농부는 그 무식한 양반을 찾아가 말했습니다.

"나리, 관가에서 편지가 왔는데 소인이 읽을 수가 있어야지요. 그러니 나리께서 편지 내용을 좀 가르쳐 주셨으면 해서 찾아왔습니다."

양반은 태연하게 편지를 받아 들었지만 속으로는 어쩔 줄 몰랐습니다. 몹시 난처해진 양반이 식은땀까지 흘리자 농부가 물었습니다. "나리, 혹시 어시 아프십니까? 웬 땀을 그렇게 흘리십니까요?"

그러자 양반은 꾀를 내어 말했습니다.

"어험, 내 지금 배가 아파서 뒷간 가는 게 급해서 말이야. 이따가 다시 오면 내 가르쳐줌세. 알겠는가?"

"정 그러시면 어서 볼일 보고 오세요. 전 여기서 기다리겠습니다요." 농부의 말에 양반은 하는 수 없이 뒷간에 들어가 쪼그리고 앉았습니다. 그런데 시간이 지나도 농부는 양반이 자기와 같은 무식쟁이라는 걸 꿈에도 생각하지 못한 채 기다리고만 있었습니다.

한편, 뒷간에 앉아 있던 양반은 다리가 저리더니 나중에는 아파오기 시작했습니다. 똥파리들은 윙윙 날아다니고 똥 냄새는 또 얼마나 지독한지 머리가 아플 지경이었습니다. 그래서 더는 참지 못하고 뒷간 문을 빠끔히 열어 바깥을 살폈습니다. 그러고는 편지를 들고 마당을 서성이는 농부에게 말했습니다.

"여보게. 더운데 거기 있지 말고 집에 갔다가 해 진 뒤에 다시 오게나." 양반이 농부한테 최대한 점잖게 말했습니다.

"나리, 괜찮습니다요. 소인은 바쁠 것이 없으니 그냥 여기서 기다리겠습니다요. 천천히 볼일 보시고 나오십시오." 농부의 말에 양반은 한숨을 푹 쉬었습니다.

'이크, 내 팔자야.'

그런데 사방에서 날아다니던 똥파리들이 엉덩이에 앉는 게 아니겠어요?

'양반 체면이 말이 아니로구나!;

양반은 더는 쪼그리고 앉아 있을 수가 없었습니다. 그래서 담뱃대로 뒷간 기둥을 탁탁 치면서 소리를 버럭 질렀습니다.

"내 여기서 곰곰이 생각해 보니 화가 나서 더 이상은 참을 수가 없구나! 상놈이 건방지게 양반이 뒷간에서 볼일 보는 걸 감시하다니!"

"네?"

"내 나가서 네 놈을 당장 두들겨 패 주겠다." 그 말에 농부는 하는 수 없이 집으로 돌아갔답니다. 하마터면 낫 놓고 기역 자도 모르는 양반이 낫 놓고 기역자도 모르는 농부한테 창피를 당할 뻔했지 뭐예요.

POINT 양반은 왜 그토록 무식한 걸 들키고 싶어 하지 않았을까요?

작가
그림형제

숲속의 집

장르
세계 동화

옛날에 나무꾼이 아내와 세 딸과 같이 살았습니다. 하루는 나무꾼이 숲으로 일을 나가며 아내에게 말했습니다. "큰애에게 저녁밥을 가져오도록 해요. 길을 잘 찾아올 수 있도록 조를 길에 뿌려 놓겠소."

큰 딸이 수프를 담아 아버지에게 향했습니다. 그러나 아버지가 뿌린 조는 이미 새들이 먹어버렸습니다. 길을 헤매던 큰 딸이 어두운 숲에서 집을 발견했습니다. 문을 두드리자 들어오라는 말이 들렸습니다.

집 안에는 백발에 흰 수염을 한 노인이 있었습니다. 난롯가에는 암탉 한 마리와 수탉 한 마리, 얼룩소 한 마리가 앉아 있었습니다. 큰 딸이 하룻밤만 재워 달래자 동물들이 '좋아요'라고 대답했습니다. 노인이 큰 딸에게 말했습니다. "쉬어가도 좋으니 대신 부엌에서 저녁밥을 지으려무나."

큰 딸은 저녁밥을 지었지만 동물들 밥은 미처 준비하지 못했습니다. 배불리 밥을 먹은 큰 딸이 졸려 하자, 동물들이 말했습니다. "너는 먹고 마시면서 우리들 생각은 안 하네. 그러니 네가 잘 곳은 알아서 찾아."

노인은 위층에 올라가면 침대가 있으니 침대보를 새로 깔고 기다리라고 말했습니다. 그러나 큰 딸은 침대보를 새로 깔자마자 잠이 들었습니다.

한편 집에 온 나무꾼은 배가 몹시 고팠다며 아내를 나무랐습니다. 아내는 큰 딸이 길을 잃은 게 분명하다며 내일이면 돌아올 거라고 말했습니다.

나무꾼이 아내에게 말했습니다.

"이번에는 조보다 알이 큰 불콩을 길에 뿌리겠소."

다음 날, 저녁때가 되어 둘째 딸이 저녁을 들고 길을 나섰습니다. 그러나 이번에도 새들이 불콩을 쪼아 먹어 둘째 딸이 길을 헤매다가 노인의 집에 들었습니다. 둘째도 노인이 시키는 대로 밥을 했지만 동물들 밥은 준비하지 않았습니다.

다음 날, 나무꾼은 완두콩을 뿌리겠다고 했습니다. 막내딸이 저녁을 들고 길을 나섰지만 완두콩도 역시 새들이 쪼아 먹은 뒤였습니다. 노인의 집에 들어간 막내딸이 수프를 끓인 뒤 노인에게 말했습니다.

"착한 동물들도 배가 고플 거예요. 동물들 먹을 걸 먼저 챙겨야겠어요." 막내는 암탉과 수탉에게 보리를 뿌려주었고 소에게는 마른 풀 더미를 주었습니다. 그러고는 물 한 통도 떠다 주었습니다. 막내는 너무 졸렸지만 침대보를 깔아놓고 노인이 온 뒤 잠이 들었습니다. 그런데 한밤중에 물건들이 와장창 깨지고 대들보가 뽑히는 소리가 났습니다.

아침에 잠에서 깬 막내가 화려한 궁전으로 변한 집을 보고 깜짝 놀랐습니다. 세 명의 하인이 들어와 시킬 일이 없냐고 물었습니다. "지금 할아버지께 수프를 끓여드려야 해요. 동물들에게도 먹이를 줘야 하고요."

막내가 고개를 돌리자 잘생긴 청년이 막 잠에서 깨어났습니다. "나는 왕자입니다. 못된 마녀의 저주로 노인이 되었던 것이오. 그런데 저주가 풀리려면 착한 마음씨를 가진 여인이 찾아와야 했는데 그게 바로 당신이었소. 이제 우리는 저주에서 풀려났소."

왕자는 막내와 결혼식을 올리기로 했습니다. 두 언니들은 동물을 생각하는 마음이 생길 때까지 숯쟁이 집에서 하녀로 일했습니다.

그림형제(1785~1863)
독일의 언어학자, 동화 수집가
동생 빌헬름 그림과 함께 그림 형제 동화집을 출판하였다.

POINT 요즘 강아지나 고양이와도 함께 살죠. 동물의 마음을 잘 헤아리려면 어떻게 해야 할까요?

작가
미상

똥구멍으로 나팔 부는 호랑이

장르
교과서에 실린 전래 동화

옛날에 나팔을 잘 부는 총각이 살았습니다. 총각은 잔치 집에 가서 나팔을 불어주고 술을 대접받고 집으로 돌아가는 중이었습니다.

"술을 많이 마셔서 그런가. 아이고, 어지럽다. 좀 쉬었다 가야겠어."

총각은 다리가 후들거려 제대로 걷지 못했습니다. 그래서 나무 밑에 앉아 잠시 눈을 감았습니다. 그러다 깜빡 잠이 들고 말았습니다.

"드르렁, 드르렁 컥!"

신나게 코를 골던 총각은 잠깐 동안 숨이 멈췄습니다. 그 순간 먹이를 찾던 호랑이가 총각을 보았습니다.

"오호, 이런 횡재가 있나!"

호랑이는 살금살금 총각에게 다가갔습니다. 여기저기 킁킁 냄새를 맡았습니다. 총각이 움직이지 않아 호랑이는 앞발로 툭 쳐보기도 하고 어깨를 건드려보기도 했습니다. 총각은 죽은 듯이 꼼짝하지 않았습니다.

"죽은 거야? 자는 거야?"

호랑이는 죽거나 정신을 잃은 사람은 잡아먹지 않았습니다. 배에서 꼬르륵 소리가 나는데 먹을 수가 없어서 답답했습니다. 잠시 골똘히 생각하던 호랑이는 벌떡 일어나 냇가로 달려갔습니다. 그러고는 꼬리에 물을 적신 뒤 총각 얼굴에 엉덩이를 대고 꼬리를 흔들어 물을 뿌렸습니다.

자다가 물벼락을 맞은 총각은 눈을 번쩍 떴습니다. 눈앞에 호랑이 엉덩이를 보고 숨이 탁 멈췄습니다. 호랑이는 총각이 깬 줄 모르고 계속해서 엉덩이를 실룩이며 물을 뿌렸습니다.

'어쩌지. 이대로 호랑이 밥이 되겠는걸. 어떡하지?'

총각의 머릿속에 좋은 생각이 떠오르지 않았습니다. 바로 그때 호랑이가 휙 돌자 총각은 눈을 꼭 감아버렸습니다.

"뭐야? 아직도 안 깼어? 배 채우기 힘들다."

호랑이는 다시 냇가로 달려갔습니다. 총각은 뛰는 가슴을 진정하고 생각을 했습니다. 잠시 뒤 꼬리에 물을 묻힌 호랑이가 나타나 총각의 얼굴에 엉덩이를 대고 물을 뿌렸습니다. 그때 총각의 머릿속에 기막힌 생각이 떠올랐습니다.

총각은 허리춤에 찼던 나팔을 꺼내 양 손으로 나팔을 꽉 움켜잡고 호랑이 똥구멍에 박아버렸습니다.

"어흥, 으윽, 어어흥!"

호랑이는 너무 아프고 놀라서 산속으로 달려갔습니다. 똥구멍에 박힌 나팔을 빼려고 이리저리 뛰어다녔지만 소용없었습니다. 그때부터 호랑이가 방귀를 뀔 때마다 꽁구멍에서 나팔 소리가 났습니다.

"빰빠빠 빰빠! 빰빠라라!"

그 소리는 마을까지 들렸습니다. 사람들은 호랑이 나팔 소리를 듣고 호랑이가 어디에 있는지 알았습니다. 그 뒤 마을에는 호랑이에게 잡혀가는 사람이 한 사람도 없었습니다.

POINT 호랑이를 만나도 정신만 바짝 차리면 살아난다고 해요? 나라면 어떻게 했을까요?

작가
프란츠 카프카

변신

장르
세계 명작

어느 날 아침, 그레고르는 잠자는 벌레로 변했습니다. 꿈일 거라고 생각했지만 시간이 지나도 본래의 모습으로 돌아오지 않았습니다. 외판원 그레고르는 새벽같이 일어나 기차를 타야 했습니다. 5년 동안 결근한 적 없이 성실하게 근무했습니다. 어머니가 방문을 두드리자 그레고르는 일어났다고 대답했습니다. 옆방에 있던 여동생 그레테도 오빠가 걱정되었습니다.

회사에서 지배인이 찾아왔습니다. 결국 가족들이 열쇠공을 불러 문을 열었습니다. 그 순간, 어머니는 주저앉았으며 아버지는 불끈 주먹을 쥐었고, 지배인은 뒷걸음질쳤습니다.

"지배인님, 제가 지금 난처한 상황에 처했으나 잘 해결할 테니 이해해주세요. 곧 회사로 출발하겠습니다."

지배인이 벌벌 떨며 줄행랑을 놓자, 아버지는 신문지를 돌돌 말아 그레고르를 차버렸습니다.

그레고르의 밥과 청소는 그나마 그레테가 맡았습니다. 감각이 둔해졌는지 그레테가 신문지에 펼쳐놓은 유통 기한 지난 치즈가 구미에 맞았습니다.

그레고르가 가족의 생계를 책임졌는데 회사에 나갈 수 없자 집안은 점점 더 어려워졌습니다. 하녀를 그만두게 했지만 다행히 아버지는 5년 전 파산했을 때 돈을 조금 남겨두었다고 말했습니다.

프란츠 카프카(1883~1924)
독일의 작가. 대표작《아버지에의 편지》《변신》

여동생이 그레고르 방의 가구를 치우기로 했습니다. 벌레가 다니기에 불편할 거라고 생각했습니다. 그러나 그레고르는 벽에 걸린 액자를 포기하지 못해 액자에 딱 달라붙었습니다. 그 모습에 놀란 어머니는 소파 위에 쓰러졌습니다.

밖에서 들어온 아버지는 제복에서 꺼낸 사과를 그레고르에게 하나씩 던졌습니다. 살짝살짝 비켜나갔지만 마지막 하나는 그레고르의 등에 딱 박혀버렸습니다. 그 이후 그레고르의 방문이 열려 가족들의 일상을 볼 수 있었습니다.

아버지는 제복을 입는 경비 일을 찾았고, 어머니는 고급 속옷을 바느질하는 일감을 얻어왔습니다. 여동생은 옷 가게 점원으로 취직했고 더 나은 일자리를 위해 프랑스어를 공부했습니다.

시간이 지나면서 그레고르의 존재는 가족들에게 짐으로 다가왔습니다. 생활이 어려워져 하숙을 시작했는데 그레고르의 모습을 들켜 하숙인들이 나가버렸습니다. 그레테가 울음을 터뜨리며 소리를 쳤습니다.

"더는 견딜 수가 없어요. 내쫓아야 해요! 정말 오빠라면 함께 살 수 없다는 걸 스스로 알고 나갔겠죠."

그레고르는 힘없이 방으로 들어갔습니다. 등에 박힌 사과가 점점 썩어가고 있었습니다.

'내가 없어져야겠구나!' 집안일을 하러 온 할멈에게 죽은 그레고르가 발견되었습니다. 그레테가 꼼짝하지 않는 그레고르를 보며 말했습니다.

"너무 말랐네요. 하긴 아무것도 먹지 않았으니까."

할멈은 죽은 그레고르를 치웠다며 웃어보였습니다. 그레고르가 없는 가족은 모처럼 교외로 나들이를 나갔습니다. 서로 봉급과 수당이 오를 것 같다며 밝은 표정으로 이야기를 나누었습니다.

POINT 자고 일어났는데, 동물이나 이상한 벌레로 변해 있다면, 느낌이 어떨까요?

작가
미상

세상에서 가장 무서운 것

장르
전래 동화

옛날 도깨비들로 득시글득시글하던 시절, 어떤 할아버지가 산속 외딴 집에서 쓸쓸히 살고 있었습니다. 하루는 휘영청 밝은 달빛을 바라보고 있는데 어디선가 저벅저벅 발소리가 들렸습니다.

'이상하다. 이 밤중에 찾아올 이가 없는데?'

발자국 소리는 점점 더 가까워지더니 바로 집 마당에서 멈췄습니다. 희미한 달빛 아래 사람의 모습이 아른거렸습니다. "거 누구인지는 몰라도 잠깐 들어와서 쉬었다가 가시오."

할아버지 말이 끝나기가 무섭게 그 사람이 방 안으로 불쑥 들어왔습니다. 순간, 키가 크고 머리에 뿔이 나 있는 사내의 모습에 할아버지는 깜짝 놀라고 말았습니다. "아니, 이 밤중에 웬 도깨비가!"

할아버지가 무서워서 벌벌 떠는 모습에 도깨비가 껄껄 웃으며 말했습니다.

"도깨비가 뭐 그리 무섭다고? 잠깐 놀다만 갈 테니 걱정하지 마시오. 사실 나도 산속에서 혼자 살다 보니 적적했다오."

그날부터 할아버지와 도깨비는 이런저런 이야기를 주고받으며 친해졌답니다. 그런데 날이 갈수록 이상한 일이 일어났습니다. 할아버지가 거울을 볼 때마다 모양새가 도깨비를 닮아가는 게 아니겠습니까? 붉은 얼굴에 치켜 올라간 눈썹, 큼지막한 코에 옆으로 찢어진 입 모양을 보면서 할아버지는 점점 무서워졌습니다.

'큰일 났네. 이러다가 머리에 뿔까지 생기면 어쩌지?'

할아버지는 며칠을 고민하다가 도깨비에게 넌지시 물어보았습니다.

"도깨비는 이 세상에서 무엇이 제일 무서운가?"

그 말에 도깨비는 몸서리를 치더니 붉은 피가 제일 싫다고 대답했습니다.

"영감은 무엇이 제일 무서운가요?"

할아버지는 곰곰이 생각하다가 조심스럽게 대답했습니다.

"세상에서 제일 무서운 건 역시 돈이지. 사실 나는 그 놈의 돈 때문에 이렇게 산 속에서 숨어 사는 거라오."

도깨비가 가고 난 뒤, 할아버지는 얼른 장에 나가 소의 피를 사 왔습니다. 집 주위에는 물론이고 구석구석에 뿌려두고는 나머지는 항아리에 넣어두었습니다.

밤이 되자, 도깨비가 집으로 들어오려다 사립문 앞에 뿌려 놓은 피를 보았습니다.

"이크! 이게 뭐야?" 도깨비가 소스라치게 놀라 허둥대다가 그만 항아리에 걸려 넘어지고 말았습니다. 도깨비는 붉은 피를 흠뻑 뒤집어쓴 채 산 속으로 도망쳤습니다.

'이젠 저놈이 찾아오지 못하겠지.'

할아버지가 집 안을 치우고 잠을 자려고 누웠는데 갑자기 낯익은 목소리가 들렸습니다.

"어디, 영감도 무서워하는 놈한테 실컷 당해보시오!"

할아버지가 나가보니 도깨비가 엽전을 와르르 쏟아놓고 가버린 게 아니겠습니까? 덕분에 할아버지는 부자가 됐지만 도깨비한테 못된 짓을 한 것 같아 두고두고 도깨비 친구를 아쉬워했답니다.

POINT 세상에서 가장 무서운 게 무엇인지 서로 얘기해볼까요?

작가
미상

인간의 탄생

장르
세계 동화
(그리스 신화)

제우스가 신들의 임금님이 되었지만 세상은 신들밖에 없었습니다. 제우스는 프로메테우스와 에피메테우스 형제를 불러 명령했습니다. "두 형제는 들어라. 세상에 동물과 사람을 만들어라." 형제 신은 산토끼, 사슴, 사자, 고래, 독수리 등 많은 동물을 만들었습니다. 세상은 이제 동물로 가득 찼습니다.

'미리 생각하는 이'라는 뜻을 가진 프로메테우스는 지혜롭고 조심스러운 착한 신이었습니다. 동생 에피메테우스는 '나중에 생각하는 이'라는 뜻처럼 생각도 하기 전에 행동하는 성질 급한 신이었습니다.

형 프로메테우스는 진흙을 빚어 사람도 만들었습니다. 동생 에피메테우스는 동물들에게 여러 능력을 나누어 주었습니다. 어떤 동물에게는 힘센 발톱을 주어 맹수가 되게 해주었고, 어떤 동물에게는 하늘을 날 수 있는 날개를 달아주었습니다.

동물들에게 선물을 준 에피메테우스는 몹시 자랑스러웠습니다. 프로메테우스는 동생 에피메테우스에게 달려가서 말했습니다. "드디어 인간을 만들었어. 무슨 선물을 주면 좋을까?" 동생 에피메테우스는 당황했습니다. 동물들에게 선물을 다 주어서 남아 있는 선물이 없었기 때문입니다. 그래서 프로메테우스는 인간에게 특별한 선물을 주기로 결심했습니다. '맞아. 불이 좋겠어. 신들도 아끼는 보물이잖아!'

프로메테우스는 불만 있으면 무엇이든 다 할 수 있을 거라 생각했습니다. 그러나 불은 신들이 무척 아끼는 것이라 절대로 밖으로 가지고 나갈 수 없었습니다. 게다가 제우스는 인간에게 불을 주지 말라고 말했습니다.

인간을 너무 사랑한 프로메테우스는 포기를 몰랐습니다. 프로메테우스는 신들의 나라에 들어가, 뜨거운 해님에게 다가가서 나뭇가지에 불을 붙여 나왔습니다. 신들의 보물을 훔친 것입니다. 그렇게 해서 프로메테우스는 인간에게 불을 선물했습니다. 그때부터 인간은 추운 겨울을 따뜻하게 보낼 수 있었고, 맛있는 음식도 만들어 먹을 수 있게 되었습니다. 물론 쇠를 녹여 여러 가지 기구를 만들기도 했습니다.

이런 인간들의 모습을 본 신들은 깜짝 놀라 아우성을 질렀습니다. 그중에서도 제우스는 화가 나서 얼굴이 붉으락푸르락했습니다.

"프로메테우스가 기어이 일을 저질렀군. 괘씸한 프로메테우스에게 벌을 내려라!"

화가 난 제우스는 프로메테우스를 멀리 귀양 보냈습니다. 프로메테우스는 카우카소스라는 산꼭대기에 쇠사슬로 꽁꽁 묶이게 되었습니다. 게다가 제우스는 날마다 독수리를 보내 제우스의 간을 쪼아 먹게 했습니다. 물론 신들은 독수리가 간을 쪼아 먹어도 죽지는 않습니다. 프로메테우스는 고생스럽고 아팠지만, 기분은 좋았습니다.

삼십 년이 지난 후 어느 날 프로메테우스는 제우스가 보낸 힘이 센 인간 헤라클레스가 독수리를 쏘아 죽인 덕분에 자유로운 몸이 되었습니다.

POINT 만약에 불이 없다면, 어떤 점이 제일 불편할지 말해볼까요?

작가
미상

까치의 재판

장르
교과서에 실린
전래 동화

옛날에 참새 한 마리가 먹이를 찾아 하늘을 날고 있었습니다. 몹시 배가 고팠던 참새는 먹이가 보이지 않아 투덜거렸습니다.

"먹잇감들이 어디에 다 숨어버린 거야!"

그런데 풀잎에 파리 한 마리가 앉아 한가롭게 쉬고 있었습니다.

"바로 저기에 내 먹이가 있군."

참새는 쏜살같이 파리를 향해 날아갔습니다. 파리는 참새를 보자 허둥지둥 도망을 쳤습니다. 날개를 파르르 떨며 서둘러 도망가는 파리를 참새가 끝까지 좇아갔습니다. 결국 참새는 파리를 잡았습니다.

"넌 나의 먹이가 되어야겠다."

참새가 뾰족한 부리를 대자 파리가 다급하게 외쳤습니다.

"왜 아무 잘못도 없는 나를 먹으려는 거야?"

파리는 있는 힘을 다해 억울하다고 따졌습니다. 그러자 참새가 콧방귀를 끼며 말했습니다.

"네가 아무 잘못이 없다니? 너는 여기저기 날아다니며 음식을 훔쳐 먹기도 하고, 더러운 병균도 옮기잖아. 그런데도 네가 잘못이 없니?"

파리는 참새의 말에 변명하지 못했습니다. 사람들이 먹는 달콤한 엿에 앉아 빨아먹은 것도 사실이었고 똥에 앉았다 밥에 앉았다 하며 병균을 옮긴 것도 사실이었기 때문입니다.

"그래도 너보다 내가 낫지? 너는 사람들이 힘들게 농사지은 곡식을 콕콕 쪼아 먹어서 농사를 망치잖아? 그리고 죄 없는 벌레도 수없이 잡아먹고 말이야."

참새도 파리의 말에 아무 말도 하지 못했습니다. 참새와 파리는 서로의 잘못이 더 크다며 계속 싸웠습니다.

둘은 누가 더 잘못이 큰지 현명한 까치에게 가서 묻기로 했습니다.

참새는 짹짹거리고, 파리는 웽웽 소리를 내며 까치에게 갔습니다.

"까치님, 까치님! 저희 둘 중 누구의 잘못이 더 큰지 가려 주세요."

까치가 참새와 파리의 이야기를 듣고는 잠시 생각에 잠겼습니다. 그러고는 마침내 입을 열었습니다.

"잘 듣거라. 먼저 파리는 음식을 훔쳐 먹어도 그 양이 많지 않다. 물론 더러운 병균을 옮긴다고 해도 일부러 그런 건 아니니 잘못이 크지 않다."

까치의 말에 파리는 머리를 조아리며 앞발로 싹싹 비벼 댔습니다.

"까치님, 정말 고맙습니다."

"참새는 사람들이 공들여 지은 농사를 망치기 일쑤다. 또한 죄 없는 벌레들을 마구 잡아먹으니 그 잘못이 파리보다는 크다고 하겠다. 그 벌로 종아리를 맞아야겠다."

까치는 긴 회초리로 참새의 종아리를 찰싹 때렸습니다. 그러자 참새는 아프다며 쫑쫑쫑 뛰었습니다.

"내 판결이 마음에 드느냐?"

까치의 물음에 파리는 고마워서 연신 앞발을 싹싹 비볐습니다. 그 뒤로 참새와 파리는 그 버릇을 고치지 못하고 참새는 쫑쫑쫑 걷고, 파리는 앞발을 싹싹 비벼 댔습니다.

POINT 참새와 파리는 사람들에게 도움을 줄까요? 아니면 피해를 줄까요?

작가
이솝

여우와 신 포도

장르
세계 동화

며칠째 제대로 먹지 못한 여우가 힘없이 길을 걷고 있었습니다.

"아이고, 배고파. 머리가 핑핑 도네. 이러다 굶어 죽는 거 아닌지 모르겠어. 먹을 것 좀 있었으면 좋으련만."

배에서 꼬르륵거리는 소리가 천둥처럼 났습니다. 숲속을 헤매던 여우는 향기로운 냄새를 맡았습니다. 눈이 커져서 주변을 살폈습니다.

"이 냄새는 도대체 뭐지? 이제야 먹을 것을 찾은 것 같은데."

여우는 냄새를 쫓아 발길을 옮겼습니다. 얼마 가지 않아 커다랗고 탐스러운 포도나무가 눈에 들어왔습니다. 포도가 어찌나 주렁주렁 열렸는지 여우는 단숨에 포도나무 덩굴로 달려갔습니다.

"한 송이만 먹어도 금방 배가 부르겠는걸. 누가 오기 전에 빨리 따야 할 텐데."

여우는 입 안 가득 침이 고였습니다. 그러고는 냉큼 포도를 따기 위해 있는 힘껏 손을 뻗었습니다. 그러나 포도에 닿을 것 같으면서도 닿지 못했습니다. 껑충껑충 뛰어보았지만 헛수고였습니다.

여우는 포도나무를 뱅글뱅글 돌다가 멀리 뛰기를 해야겠다고 생각했습니다. 뒤로 물러났다가 힘껏 뛰어올랐지만 여전히 한 뼘 정도가 모자랐습니다.

"왜 저렇게 높이 매달려 있는 거야? 내가 기어코 따먹을 테다!"

여우는 제자리에서 여러 번 폴짝폴짝 뛰어올랐습니다. 하지만 아슬아슬하게 손이 닿지 않았습니다. 여우는 슬슬 짜증이 밀려왔습니다.

"배고파서 이제 뛸 힘도 없는데. 누가 저렇게 포도를 높이 심은 거야?"

껑충껑충 폴짝폴짝 하기를 수십 번 시도했지만 포도를 딸 수 없었습니다. 여우는 숨을 헐떡이며 자리에 주저앉았습니다. 지쳐서 더 뛸 힘도 없었습니다.

여우는 포도나무 덩굴 아래에서 포도를 올려다보았습니다. 입맛을 쩝쩝 다셨습니다.

"팔을 조금만 더 뻗으면 될 것도 같은데……."

여우는 일어나서 까치발로 팔을 쭉 뻗었습니다. 하지만 소용없었습니다.

여우는 한숨을 푹 내쉬며 중얼거렸습니다.

"포도를 땄어도 먹지 못했을 거야. 저 포도는 아직 익지 않았으니까. 괜히 신 포도를 먹었다가는 배탈 날게 뻔해."

여우는 다시 먹을 것을 찾으러 길을 나섰습니다. 그러다 다시 포도나무를 돌아보았습니다.

"저 포도 먹는 이가 있다면 배탈이나 나라지."

여우는 아쉬운 마음이 들어 수없이 돌아보기를 반복했습니다.

이솝
본명은 아이소포스. 기원전 6세기 고대 그리스의 우화 작가

POINT 내가 여우였다면 어떻게 했을까요?

작가
미상

꿀 똥 싸는 강아지

장르
전래 동화

옛날 어느 마을에 욕심쟁이 황 부자가 살고 있었습니다. 마을 사람들에게 심통을 어찌나 부리는지 모두가 황 부자를 미워했습니다.
그 모습을 보다 못한 훈장님은 한 가지 꾀를 냈습니다. 집에서 키우는 강아지에게 밤낮없이 꾸역꾸역 꿀만 먹인 것입니다. 그렇게 열흘 동안 꿀만 먹였더니 정말로 강아지가 꿀 똥을 줄줄 싸는 게 아니겠어요?
다음 날, 훈장은 황 부자를 불러서 바둑을 두다가 말했습니다.
"사실은 우리 집에 강아지 한 마리가 있는데, 꿀 똥을 줄줄 싼답니다. 그 꿀이 너무 맛있어서 꼭 대접하고 싶습니다."
"이야, 그런 신기한 강아지가 있단 말이오?"
훈장님은 얼른 꿀 똥 싸는 강아지를 보여 주었습니다.
황 부자는 꿀을 찍어 맛을 보더니 감탄을 했습니다.
"와, 정말 맛있는 꿀 똥을 싸네. 큰돈을 줄 테니 그 강아지를 내게 파시오."
황 부자가 계속 조르자 훈장님은 못 이기는 척하고 강아지를 팔았습니다. 강아지를 집으로 데리고 온 황 부자는 강아지에게 배가 터지도록 먹이를 먹였습니다.
"꿀 강아지야, 많이 먹고 꿀 똥 많이 싸라. 알았지?"
그러고는 황 부자는 마을 사람들을 모두 불러 모았습니다. 꿀 똥 누는 강아지를 자랑하려고 말입니다.
"황 부자가 웬일이야?"
"그러게 말이야. 어쨌든 가 보세."
마을 사람들은 고개를 갸우뚱하며 황 부자 집으로 갔습니다.
"여보, 마누라. 꿀 강아지를 데려오시오. 손님한테 대접하게……."
황 부자는 어깨를 으쓱거리며 말했습니다.
"뭐, 꿀 강아지라고?"

마을 사람들은 어리둥절했지만 황 부자는 활짝 웃었습니다. 아내가 강아지와 대접, 숟가락을 가져오자, 황 부자는 대접을 강아지 똥구멍에 대고, 배를 꾹꾹 눌렀습니다. 그런데 이런 날벼락이 또 있을까요? 강아지가 구린 똥만 뿌지직 싸대는 게 아니겠습니까?
"아이, 구려!"
모여 있던 마을 사람들은 코를 막고 물러섰답니다. 그래도 황 부자는 물러서지 않고 우겨댔습니다.
"이 강아지는 밥을 먹고 꿀 똥을 싸는 강아지라오. 한 번 먹어보라니까?"
그러면서 한 숟갈을 억지로 마을 사람 입에 넣었습니다.
'퉤퉤. 이봐요. 이게 꿀이야? 똥이지.'
강아지 똥을 억지로 먹은 사람은 참다못해 황 부자 뺨을 철썩 때렸습니다. 마을 사람들은 황 부자가 돌았다고 하면서 집으로 돌아갔답니다.

POINT 욕심이 지나치면 현명한 판단을 못하게 됩니다. 최근에 욕심 부려서 야단맞은 적이 있나요?

작가
안데르센

완두콩 오형제

장르
세계 동화

완두콩 꼬투리 안에 콩 다섯 알이 사이좋게 살았습니다. 꼬투리가 점점 자라자 그 안에 살고 있던 완두콩들도 점점 커졌습니다. 완두콩들은 나란히 초록색이었다가 점점 노란색이 되었습니다.

"우와! 우리 이제 밖으로 나갈 수 있는 거야?"

완두콩 다섯 알은 신이 나서 외쳤습니다. 그때 장난꾸러기 남자 아이가 꼬투리를 잡아당기며 말했습니다.

"총알로 쓰면 딱 좋겠는데!"

남자 아이는 완두콩 다섯 알을 새총 속에 끼워 넣고는 순서대로 "탕" 하고 쏘았습니다. 그리고 다섯 번째 막내 완두콩 차례가 되었습니다. 막내 완두콩이 떨어진 곳은 다락방 창문 밑이었습니다. 마침 낡은 판자 틈새에는 이끼와 흙이 폭신폭신 깔려 있었습니다. 그 낡은 다락방에는 어머니와 병든 딸이 살고 있었습니다.

'이 아이도 하늘나라로 가려나 봐요. 제 동생 보낸 지도 얼마 되지 않았는데, 흑흑…….' 어머니는 딸 아이를 보며 하염없이 눈물을 쏟았습니다.

어느덧 추운 겨울이 지나고 봄이 왔습니다. 어머니가 막 일을 나가려는데, 딸이 말했습니다.

"엄마, 저 창문 너머에 살랑살랑 연초록빛이 보여요. 바람에 흔들리기도 하고요. 저게 무엇일까요?"

어머니는 창가로 가 조심스럽게 창문을 열어 보았습니다.

"세상에나, 완두콩 싹이로구나! 어떻게 이런 판자 틈까지 날아와 싹을 틔웠을까? 너를 위해 하느님이 작은 정원을 꾸며 주셨나 보다."

어머니는 딸의 침대를 창문 가까이로 옮겨 주었습니다. 그날 밤, 일을 마치고 온 어머니에게 딸이 말했습니다.

"오늘은 하나도 안 아팠어요. 해님이 완두콩처럼 나도 포근히 감싸주는 기분이 들어요. 나도 완두콩처럼 쑥쑥 자랄 수 있겠지요?"

어머니는 딸에게 희망을 준 완두콩이 참 고마웠습니다. 그래서 줄기가 꺾이지 않도록 작은 받침대를 세워 주었습니다. 또한 넝쿨이 맘껏 기어올 수 있도록 창틀에는 줄도 매어주었습니다. 덕분에 완두콩은 무럭무럭 튼튼하게 잘 자랐습니다. 딸도 완두콩을 따라 하루하루 훨씬 더 건강해졌어요. 그리고 마침내 보랏빛 완두꽃 한 송이가 피어나자 어머니가 말했습니다.

"하느님이 네게 주신 선물이란다. 너를 살리기 위해 이렇게 예쁜 꽃봉오리를 피게 하신 거야."

그 말에 딸은 행복한 표정으로 꽃잎에 살짝 입을 맞추었답니다.

참, 그런데 나머지 완두콩들은 어떻게 되었을까요? 첫 번째 완두콩은 어느 집 지붕으로 떨어져 비둘기에게 콕콕 쪼아 먹히고 말았습니다. 두 번째 완두콩은 어느 더러운 하수구에 빠져 몸이 퉁퉁 불어버렸고요, 세 번째와 네 번째 완두콩도 마찬가지로 비둘기 먹이가 되었는데, 오직 막내 완두콩만이 살아남은 거였어요. 그리고 소녀는 저녁이면 완두꽃을 바라보며 하느님께 감사의 기도를 올렸답니다.

안데르센(1805~1875)
덴마크 동화작가. 《미운 오리 새끼》 《인어 공주》

POINT 완두콩을 실제로 구해서 화분에 심어보고 자라는 과정을 기록해볼까요?

작가
미상

도깨비를 만나도 정신만 차리면

장르
교과서에 실린 전래 동화

옛날 어느 마을에 효심이 깊은 형제가 살았습니다. 아픈 아버지를 돌보느라 살림이 점점 어려워졌습니다. 하루는 형이 일하러 최 진사 댁에 다녀온다고 하자 동생이 지팡이 하나를 내밀었습니다.

"형, 느티나무로 만든 건데 고개 넘을 때 짚고 가면 편할 거야."

형은 동생에게 고맙다는 말을 한 뒤 지팡이를 들고 집을 나섰습니다.

산길에 들어선 형은 길을 잘 못 들어 헤맸습니다. 날이 어두워지자 잠자리를 찾던 형은 무덤 옆에서 짐을 풀고 잠을 청했습니다. 그때 두런거리는 소리가 들려 고개를 돌려보니 눈이 하나에 뿔이 달린 도깨비들이 있었습니다. 형은 몸이 굳어버렸지만 정신을 차리려고 애썼습니다. '그냥 죽은 척 누워 있자. 나를 못 보고 지나칠지도 모르니까.'

그런데 도깨비가 다가와 형을 툭툭 쳤습니다.

"이런 친구 봤나. 어서 일어나라고! 아랫마을에 가서 황소 혼을 빼앗기로 했잖은가?"

도깨비들은 너무 어두워서 형이 사람이란 걸 몰랐습니다. 형은 도깨비인 척 행세했습니다.

"미안하게 됐네. 나는 몸이 좋지 않으니 자네들끼리 다녀오게."

"에이 그러는 게 어디 있나? 내가 업고 갈 테니, 같이 가자고." 도깨비는 형을 등에 업고 고개를 넘기 시작했습니다. 형을 업고 가던 도깨비가 물었습니다.

"자네, 몸이 왜 이렇게 무거운가?"

형은 몸이 아파서 그렇다고 둘러댔습니다.

"아파도 이렇게 무거워질 리가 없을 텐데. 이상하네. 자네 팔 좀 내밀어 보게나."

형은 잠시 주춤하다가 동생이 준 지팡이의 가느다란 쪽을 내밀었습니다.

"다리도 내밀어 보겠나?" 형은 지팡이의 굵은 쪽을 쓱 내밀었습니다. 도깨비는 그제야 혀를 차며 말했습니다. "이런 뼈밖에 없는데 이렇게 무거운 걸 보니 뼈 속에 물이 찬 모양이야."

도깨비는 의심을 풀고 발걸음을 옮겼습니다.

마침내 도깨비들과 형은 아랫마을 초입에 다다랐습니다. 도깨비는 형을 내려놓고 쉬라고 말한 뒤 사라졌습니다. 형은 큰 바위 뒤에 숨어 도망을 칠지 말지를 고민했습니다. 그 사이 도깨비들이 돌아왔습니다.

"아까 김 대감 집에 갔었잖아. 병든 외동딸이 아프던데 쑥을 찧어 물을 먹이면 다 나을 텐데 그걸 모르고 이상한 약만 먹이더군."

"사람들은 하나같이 바보라니까. 우리 도깨비야 좋지만 말이야." 도깨비들이 형에게 다가오는 순간 새벽닭이 울었습니다. 도깨비들은 후다닥 사라졌습니다.

형은 김 대감 집에 가서 딸의 병을 낫게 해주겠다고 말했습니다. 김 대감은 병만 고쳐 준다면 사례를 하겠다며 형의 손을 잡았습니다. 딸의 병세를 살핀 형이 말했습니다.

"쑥을 캐서 빻은 뒤 쑥물을 마시게 하십시오."

형의 말대로 하자 딸은 점점 기운을 차렸습니다. 딸의 병이 다 낫자 김 대감은 형에게 많은 돈을 주었습니다. 형은 아버지 병도 낫게 해드릴 수 있다는 마음에 집까지 달려갔습니다.

POINT 굉장히 무서운 상황에서도 침착하게 행동하면 잘 이겨낼 수 있답니다. 무서웠던 경험을 이야기해볼까요?

작가
현덕

너하고 안 놀아

장르
국내외
명저자 작품

"난 너구 안 놀아."
하고 영이는 담 밑에 돌아앉았습니다. 그리고 혼자서 소꿉질판을 벌이고 놉니다. 조갑지로 솥 걸고 흙으로 밥 짓고 아주 재미있습니다. 조갑지(조개의 껍데기. '조가비'의 사투리) 로 솥 걸고 흙으로 밥 짓고 아주 재미있습니다. 옆에서 똘똘이는 아주 같이 놀고 싶어 하는 얼굴로 섰습니다. 고개를 빼뚜름, 입을 내밀고 보고만 섰습니다.
영이는 똘똘이가 더 그러라고 더욱 재미있게 놉니다. 둘레에 둥그렇게 금을 그어 놓고 그 안에는 발 하나 들여놓지 못하게 합니다. 마침내 똘똘이는 그런 얼굴로 보고만 섰다가 입을 열었습니다.
"접때 너 우리 집에 왔을 때 떡 줬지."
"그까짓 수수떡 조금."
"그럼 어저껜 기동이하구 싸울 때 내가 네 편들었지."
"누가 너더러 내 편 들랬어?"
"그럼 아까 기차 장난 할 때 너 막 태 줬지?"
"누가 태 줬어. 모래 돈 받고 태 줬지."
그리고 영이는 담 밑에 돌아앉아 혼자만 소꿉질판을 벌이고 놉니다. 조갑지로 솥 걸고 흙으로 밥 짓고 아주 재미있습니다. 담처럼 둥그렇게 금을 그어 놓고 그 안에는 발 하나 들여놓지 못하게 합니다. 조금도 못 보게 돌아앉아서 조곤조곤 혼자서만 놉니다. 그 옆에서 똘똘이는 아주 같이 놀고 싶어하는 얼굴로 섰습니다. 고개를 빼뚜름 입을 내밀고 보고만 섰습니다. 그러다가 똘똘이는 입을 열어 말을 꺼냈습니다.
"나구 놀면 이담 내 생일날 떡 하거든 아주 너 많이 줄게."
"제 생일날 떡 하길 어떻게 기다린담, 뭐."
"그럼 낼 우리 어머니하고 화신상 갈 때 너두 데리구 갈게."
"그까짓 화신상 나 혼잔 못 가나, 뭐."
"그럼 이따 우리 어머니가 돈 주면 과자 사서 너 조곰 줄게."
"고까짓 조곰."
"그럼 반만 줄게."
"고까짓 반."
"그럼 다 줄게."
"그까짓 사지두 않은 과자 누가 안담, 뭐."
그리고 영이는 담 밑에 돌아앉아서 혼자만 소꿉질판을 벌이고 놉니다. 조갑지로 솥 걸고 흙으로 밥 짓고 아주 재미있습니다. 담처럼 동그랗게 금을 긋고 그 안에는 발 하나 들여놓지 못하게 합니다. 할 수 없이 똘똘이는 조끼 주머니에서 유리구슬 하나를 꺼냈습니다. 그리고,
"그럼 나구 놀면 이거 줄게."
그제야 영이는 금 안으로 똘똘이를 손님처럼 모셔 들였습니다.

POINT 경상도 사투리, 전라도 사투리 등 각 지방의 사투리의 특징을 말해볼까요?

작가
러디어드 키플링

정글북

장르
세계 명작

깊은 정글 속에서 갓난아기의 울음소리가 들렸습니다. 표범 바그히라는 놀라서 울음소리가 나는 곳으로 달려갔습니다. 바구니 안에는 사람의 아기가 들어 있었습니다. 바그히라는 망설이다가 바구니를 물고 늑대를 찾아갔습니다. 엄마 늑대는 아기에게 '모글리'라는 이름을 지어 주었습니다. 모글리는 늑대 형제들과 함께 무럭무럭 자라났습니다. 그러던 어느 날 정글에 시아 칸이 돌아왔다는 소문이 나돌았습니다.
"시아 칸이 모글리를 보면 가만 두지 않을 거야."
늑대 가족들은 회의를 열어 모글리를 인간들이 사는 곳으로 돌려보내기로 했습니다. 모글리가 가지 않겠다며 떼를 쓰자 엄마 늑대는 눈물을 흘렸습니다.
"네가 여기 있다가는 늑대들이 모두 위험해질 거야."
바그히라의 말에 모글리는 하는 수 없이 늑대 가족들과 작별하고 인간들의 마을로 향했습니다. 밤이 되자 모글리는 사아 칸의 눈을 피해 높은 나무 위에서 잠을 청했습니다. 그런데 어디선가 커다란 뱀이 나타나더니 모글리의 몸을 칭칭 감아버렸습니다. 바그히라는 모글리에게 뱀의 눈을 똑바로 보면 정신을 잃게 된다며 다급하게 외쳤습니다.
"카아, 모글리는 내 친구야. 건드리지 마!"
바그히라의 말에 카아는 모글리를 풀어주고는 사라졌습니다. 날이 밝자 바그히라와 모글리는 다시 길을 떠났습니다. 하지만 모글리가 자꾸만 말썽을 부리자 바그히라는 화를 내며 가버렸습니다.
"발루, 난 정글에서 살고 싶어!" 모글리는 커다란 곰 발루에게 말했습니다. 그런데 발루와 낮잠을 자는 사이, 원숭이들이 나타나 모글리를 납치했습니다.
"우리에게 불을 사용하는 방법을 가르쳐 줘. 그럼 놓아 줄게."
원숭이 대장은 불을 이용해 정글의 왕이 되려는 생각을 하고 있었던 것입니다. 그때 모글리는 자신을 구하려고 성에 몰래 들어온 발루를 발견했습니다. 둘이서 도망을 치는데 원숭이들은 한꺼번에 모글리를 잡으려고 움직이면서 성이 무너지기 시작했습니다. 그 순간 바그히라가 나타나더니 모글리를 등에 태우고 안전한 곳으로 갔습니다.
"그것 봐. 모글리. 넌 정글에서 살기엔 너무 위험해. 그러니 인간들의 마을로 돌아가야 한다고!"
바그히라가 잔소리를 늘어놓았지만 모글리는 이번에도 고집을 피웠습니다. 그러다 마침내 시아 칸과 맞닥뜨리고 말았습니다. 그때 하늘에서 번개가 치면서 마른 나무에 불이 붙었습니다.
"이 못된 호랑이야, 맛 좀 봐라!"
모글리는 불 붙은 나뭇가지를 집어 들어 시아 칸의 꼬리에 댔습니다. "으앗, 뜨거워!"
마침내 시아 칸은 꼬리에 불이 붙은 채 도망치고 말았답니다. 정글에 다시 평화가 찾아오고 모글리는 인간들의 마을로 향했습니다. 발루와 바그히라는 모글리가 행복하기를 바라며 정글로 되돌아갔답니다.

러디어드 키플링(1865~1936)
영국의 소설가, 시인, 동화작가. 대표작 《정글북》

POINT 모글리는 인간 마을에서 잘 살고 있을까요?

작가
미상

아인슈타인

장르
전기

유태인의 피를 이어받은 알베르트 아인슈타인은 독일에서 1879년 3월 14일에 태어났습니다. 뒷머리도 크고 세 살까지 말을 하지 못해 부모님의 걱정이 무척 컸습니다. 다섯 살이 되던 때 아버지 헤르만은 아파서 누워 있는 아인슈타인에게 나침반을 선물했습니다.

"이게 뭐예요?"

"자석 나침반이야. 방향을 나타내지."

"어떻게 방향을 알 수 있어요?"

"이 바늘이 방향을 나타내고 빨간 색이 북쪽이야. 사막에서 길을 잃었을 때 유용하겠지."

"그런데 왜 나침반의 바늘은 한쪽만 가리키는 거예요?" 헤르만은 질문이 끊이지 않는 아인슈타인에게 빨리 자야 건강해진다며 방을 나왔습니다. 아인슈타인은 궁금한 게 있으면 계속 질문을 하는 아이였습니다.

아인슈타인은 여섯 살 때부터 바이올린을 배웠습니다. 기분이 좋아지고 집중력이 생긴다며 행복해 했습니다. 아인슈타인은 아홉 살에 중학교와 고등학교를 합친 학교 김나지움에 들어갔습니다. 군대처럼 엄격하고 선생님 말씀에 따라야 하는 학교는 아인슈타인의 흥미를 잃게 만들었습니다. 결국 아버지 사업으로 이탈리아로 떠난 뒤 얼마 되지 않아 아인슈타인은 학교를 그만두고 가족과 함께 살았습니다.

김나지움 졸업장이 없던 아인슈타인은 대학에 가지 못했습니다. 아버지는 아인슈타인에게 스위스 대학을 추천했습니다. "스위스 취리히 국립공과대학은 졸업장이 없어도 갈 수 있다. 대신 입학시험을 봐야 해."

아인슈타인은 시험을 봤지만 국어와 과학 성적 때문에 떨어졌습니다. 그런데 수학 성적에서 월등했던 아인슈타인을 공과대학 학장이 불렀습니다.

"자네, 우리나라 김나지움에 들어가 졸업장을 따고 다시 대학에 들어오게."

아인슈타인은 학장의 말대로 졸업하고 스위스 대학에 입학했습니다. 그러나 물리학에 빠져든 아인슈타인은 수학 공부를 하지 않았습니다. 상상하기를 좋아했던 아인슈타인은 빛에 대해 생각했습니다.

'빛이 빠르고 내가 빛을 따라간다. 그런데 빛은 따라잡을 수 없는 속도다. 내가 빛과 가까워지기 위해 속도를 높인다. 속도가 같아진다. 그때 주변은 어떨까?'

아인슈타인은 뉴턴의 법칙의 부족한 부분을 연구했습니다. 결국 '상대성 원리'라는 법칙을 알아냈습니다.

"누군가는 1시간이 1초처럼 지나가고, 또 누군가는 1초가 1시간처럼 느껴지지. 그래, 이게 상대성이야."

아인슈타인은 이 법칙을 증명해서 1921년 노벨 물리학상을 받았습니다. 그러나 과학자들이 연구하고 발견하고 발명한 것들을 이용해서 전쟁에 쓰는 화학무기를 만드는 것에 반대를 했습니다.

아인슈타인은 자신의 이론을 이용해 원자 폭탄을 개발하고, 끝내 일본에 원자 폭탄이 떨어진 데 대해 큰 충격을 받았습니다. 이후 아인슈타인은 용기를 내서 전 세계 사람들에게 평화를 호소하며 다녔습니다.

아인슈타인은 위대한 업적을 남겼지만 평화를 보지 못하고 일흔여섯 살의 나이에 세상을 떠났습니다. 그의 유언대로 장례식은 매우 간단하게 치러지고 묘비도 없이 화장터에서 불태워져 강에 뿌려졌습니다. 어쩌면 평화가 없는 땅에 더 머물고 싶지 않아서일지도 모르겠습니다.

POINT 아인슈타인이 발명한 이론과 법칙에 대해 알아볼까요?

작가
미상

웡이 자랑

장르
전래 자장가
(제주도 지역)

해금연주곡 듣기

웡이 자랑 웡이 자랑
자랑 자랑 자랑
웡이 웡이 웡이 웡이
자랑 자랑 웡이 자랑
우리 아기 잘도 잔다
남의 아기 잘도 논다
웡이 자랑 웡이 자랑

웡이 자랑 웡이 자랑
자랑 자랑 자랑
웡이 웡이 웡이 웡이
자랑 자랑 웡이 자랑
우리 아기 잘도 잔다
남의 아기 잘도 논다
웡이 자랑 웡이 자랑

작가
미상

저승에 다녀온 사람

장르
세계 옛날이야기
(파퓨아뉴기니)

아주 오랜 옛날, 어느 마을에 한 부부가 살았는데, 아내가 그만 병으로 세상을 떠나고 말았습니다. 한 달이 지나고, 일 년이 지나도 아내에 대한 그리움은 더욱 깊어만 갔습니다. 어느 날 남편은 사냥하러 나갔다가 커다란 바위 뒤에 숨겨진 동굴을 하나 발견했습니다. 그는 낑낑대며 바위를 옮기고 안으로 들어가 보았습니다. 그러자 뜻밖에도 야자나무들이 우거진 마을이 나왔습니다. 마을 입구에는 해골과 뼈들이 여기저기 쌓여 있었는데, 남편이 그 옆을 지나자 어디선가 두런두런 말소리가 들려왔습니다.

"응, 이건 내 팔뼈로구나."

"야, 여기 내 해골이 있다."

"그래, 이게 내 정강이 뼈야."

뼈들이 삐걱대며 움직이며 서로를 맞춰나가자 사람의 모습이 완성되었습니다. 죽은 사람들 중에는 그리운 아내의 모습도 있었습니다. 남편이 "여보!" 하며 달려가자, 아내가 깜짝 놀라 말했습니다.

"당신이 죽어서 여기 온 게 아니라면 어서 피해야 해요. 여기 있는 사람들에게 들키면 목숨을 잃을 수도 있다고요!"

아내는 남편을 자기가 머물고 있는 집으로 데려갔습니다. "조금 있으면 이곳 사람들이 모두 모여 춤을 출 거예요. 그때 여기를 빠져나가세요."

밤이 깊어지자 저승 사람들이 하나둘씩 모여 둥둥둥 북을 치며 춤을 추었습니다.

"자, 이제 여기를 빠져나가요. 제가 마을 입구까지 바래다 드릴게요."

그러자 남편이 안타까워하며 말했습니다.

"그동안 내가 얼마나 당신을 그리워했는데, 이렇게 헤어진단 말이오."

"안돼요. 어서 여기를 빠져나가야 해요, 정말 내가 보고 싶으면 삼일 후에 오세요. 마을 입구에서 기다리고 있을게요." 남편은 아내를 좇아 살금살금 마을 입구로 걸어가다가 생각했습니다.

"여기까지 왔는데 그냥 갈 수는 없어. 기념으로 열매라도 따 가야지." 남편은 마을 입구에 있는 야자 열매와 향기로운 풀을 따 모았습니다. 그때 누군가 남편을 보고 소리쳤습니다.

"저기 사람이 있다! 우리 열매를 따고 있어."

저승 사람들이 얼음처럼 차가운 손을 내밀어 남편이 딴 열매와 풀을 빼앗아 버렸습니다. 그러고는 남편을 잡아채려 할 때, 아내가 막으며 소리쳤습니다.

"어서 달아나요. 어서!"

남편은 젖 먹던 힘까지 다해 뛰기 시작했습니다. 드디어 동굴을 벗어나 바깥으로 나오자, 남편은 안도의 숨을 내쉬었습니다. 저승 사람들은 화가 나서 다시는 남편이 저승에 오지 못하도록 더 큰 바위로 입구를 막고 눈에 띄지 않게 숨겨버렸습니다.

아내와 약속했던 삼 일째 되던 날, 남편은 다시 동굴을 찾아갔지만 어디에서도 동굴을 찾을 수 없었습니다. 남편은 하는 수 없이 터덜터덜 집으로 돌아가야 했습니다. 그 뒤로는 아무도 저승으로 가는 길을 찾아내지 못했답니다.

POINT 만일 저승으로 가는 길을 발견했다면 꼭 한 번 만나보고 싶은 사람이 있나요?

작가
현덕

토끼와 자동차

장르
국내외
명저자 작품

"너희들 뭣 하구 섰니? 나 하는 것 못 봐?"
기동이는 두루마기 자락을 머리 위에 벌려 쓰고 노마, 영이, 똘똘이 옆을 자동차라고 뿡뿡 뿡뿡 소리치며 놀았습니다.
"너희들 자동차에 치면 난 몰라."
암만 눈이 내려도 맞지 않는 자동차 안에 탄 사람처럼 기동이는 두루마기 자락을 올려 머리 위에 벌려 쓰고 노마, 영이, 똘똘이 옆을 달음박질로 돕니다.
노마는 기동이 자동차 앞에 팔을 쳐들고 손바닥을 벌리고 섰기가 싫어졌습니다. 아마 눈처럼 하얗게 되는 것보다 눈 안 맞는 자동차가 되고 싶은가 봅니다. 그렇지만 노마는 두루마기가 없으니까 기동이처럼 자동차가 될 수는 없습니다. 아주 부러운 얼굴로 뿡뿡 뿡뿡 하고 돌아가는 자동차 기동이 등 뒤를 바라봅니다.
그러다가 노마는 두루마기 없어도 자동차보다 더 좋은 걸 생각했습니다. 저고리 소매를 올려 토끼 귀처럼 머리 위에 오그려 붙이고 깡충깡충 토끼처럼 뛰었습니다. 영이도 그렇게 저고리 소매를 올려 토끼 귀처럼 머리 위에 오그려 붙이고 깡충깡충 토끼처럼 뛰었습니다. 똘똘이도 그렇게 저고리 소매를 올려 토끼 귀처럼 하고 깡충깡충 토끼처럼 뛰었습니다.
펄펄 눈은 자꾸만 내립니다. 펄펄 눈을 맞으며 노마, 영이, 똘똘이는 옥토끼처럼 하얗게 되어서 깡충깡충 뛰었습니다. 자동차 기동이 앞에서 자동차보다 더 재미있게 하느라 노마, 영이, 똘똘이는 아주 재미있게 깡충깡충 뛰었습니다. 그리고 자동차 기동이는 노마, 영이, 똘똘이 앞에서 토끼보다 더 재미있게 하느라 연해 뿡뿡 뿡뿡 하고 부리나케 골목을 달립니다. 자동차 기동이는 자동차니까 그저 뿡뿡 뿡뿡 하고 달리기만 하지만 노마, 영이, 똘똘이는 토끼니까 그저 깡충깡충 뛰기만 하지 않습니다. 토끼가 눈 위에 넘어져 디굴디굴 구르는 시늉으로 노마는 눈 위를 디굴디굴 굴렀습니다. 영이도 노마처럼 눈 위를 디굴디굴 굴렀습니다. 그것이 퍽 재미있습니다. 모두 옥토끼처럼 하얗게 되었습니다.
그러나 자동차 기동이는 자동차니까 토끼처럼 눈 위를 재미있게 디굴디굴 구를 수는 없습니다. 그저 뿡뿡 뿡뿡 하고 달아나기만 할 수밖에 없습니다. 그러나 노마, 영이, 똘똘이는 토끼니까 눈 위를 재미있게 디굴디굴 구르기만 하지도 않습니다. 누가 걸음이 센가 경주도 합니다. 씨름도 합니다. 모두 옥토끼처럼 하얗게 되어서 아아 하고 소리치며 아주 재미있게 놉니다. 마침내 기동이는 자동차를 그만두고 머리 위에 벌려 썼던 두루마기를 내리고 노마, 영이, 똘똘이가 토끼가 되어 재미있게 노는 걸 아주 부러워하는 얼굴로 보고 섰습니다. 그러다가 기동이는 두루마기를 벗어 버리고 자기도 토끼 귀처럼 저고리 소매를 올려 머리 위에 오그려 붙이고 토끼처럼 깡충깡충 노마, 영이, 똘똘이가 노는 가운데 섞이었습니다.

현덕(1909~?)
북한의 소설가, 아동문학가. 소설 《남생이》 동화집 《토끼 삼형제》

POINT 토끼와 자동차 흉내를 내면서 친구들과 함께 놀아볼까요?

작가
미상

어떻게 하면 부자가 될까?

장르
전래 동화

옛날 어느 마을에 앞집 주인 박 서방과 뒷집 주인 김 서방이 형제처럼 살고 있었습니다. 그런데 부자인 앞집에 비해 뒷집은 아주 가난했습니다. 앞집은 매번 뒷집 식구들을 챙겨주면서도 얼굴 한번 찡그리지 않았답니다. 그러던 어느 날 뒷집 김 서방은 앞집 박 서방한테 물었습니다.

"번번이 신세를 지는 것도 미안하고, 나도 부자가 될 수 있을까?"

"자네, 정말 부자가 되고 싶은가? 그럼 내일 아침, 일찍 우리 집에 오게."

박 서방 말에 김 서방은 콧노래를 부르며 자기 집으로 돌아갔습니다. 부자가 된다고 생각하니 기분이 무척 좋았던 거예요.

다음날, 김 서방이 아침 일찍 앞집으로 가자 박 서방이 다짜고짜 큰아들을 부르더니

"외양간에 있는 황소를 지붕으로 옮겨라."

라고 말했습니다.

"이, 이 사람아, 자네 돌았나?"

김 서방은 기가 막혔습니다. 그런데 큰아들은 박 서방의 말이 떨어지기가 무섭게 부리나케 밖으로 나가는 게 아니겠어요?

"두고 보기나 하게."

박 서방은 큰 소리를 쳤습니다. 얼마쯤 시간이 지났을까요?

"아버님! 식구들이 모두 힘을 합쳐 황소를 지붕으로 옮겼습니다."

큰아들이 땀을 뻘뻘 흘리며 소리쳤습니다.

"다들 고생했다. 이제 다시 황소를 끌어내려라."

그러자 큰아들을 비롯한 온 식구는 군말 없이 다시 황소를 지붕으로 끌어내려 외양간으로 옮겨놓았습니다. "여보게, 이게 부자가 되는 방법일세. 내가 같이 가서 도와줄 테니 자네도 한번 해보게."

집으로 돌아간 김 서방은 박 서방과 똑같이 아들을 불렀습니다. 그러자 박 서방이 옆에서 소곤거렸습니다.

"자네는 소 대신 돼지를 지붕으로 옮기라고 해 보게."

김 서방네는 가난해서 황소 대신 돼지를 키웠기 때문입니다.

"큰애야! 우리에 있는 돼지를 지붕으로 옮겨라!"

그러자 김 서방의 아들은 코웃음을 쳤습니다.

"아버지, 지금 무슨 소리를 하시는 거예요? 혹시 머리가 어떻게 되신 겁니까?"

옆에 있던 김 서방 아내도 혀를 차며 말했습니다.

"그래, 맞다. 너희 아버지가 망령이 나셨나 보다. 쯧쯧쯧." 아무도 자기 말을 따르지 않자, 김 서방은 한숨을 푹푹 내쉬었습니다.

"아이고, 내 팔자야!"

그제야 옆에 있던 박 서방이 말했습니다.

"이제 알겠나? 부자는 가족이 서로 믿고 마음을 모아야 될 수 있는 거라네."

김 서방은 부자가 될 수 없는 처지를 깨달으며 가슴을 쳤답니다.

POINT 가족이 서로 믿고 마음을 모으면 왜 부자가 될까요?

작가
미상

이상한 바위

장르
세계 옛날이야기
(인도네시아)

인도네시아 수마트라 남부의 어느 작은 마을에 말린 쿤당이라는 소년이 있었습니다. 소년은 홀어머니와 단 둘이서 살았는데 너무 가난해서 학교조차 다닐 수가 없었어요. 말린 쿤당이 열두 살이 되던 해, 소년은 그날도 부두에 나가 오가는 배를 구경하고 있었어요. 그런데 어마어마하게 큰 배가 들어오는 게 아니겠어요? “아, 나도 저런 배를 타고 바다로 나갈 수만 있다면!” 말린 쿤당은 태어나서 처음 보는 풍경에 입을 쩍 벌렸습니다.

“얘야, 어머니께 허락을 받으면 배를 태워주마.”

“예, 정말이세요?”

말린 쿤당은 몇 날 며칠을 조른 끝에 어머니의 허락을 받아내고는 마침내 큰 배에 올라탔습니다. 나이는 어렸지만 워낙 부지런하고 영리했기 때문에 선장의 사랑을 독차지하게 되었습니다. 세월이 흘러 선장은 소년을 양아들로 맞아들였습니다. 그리고 배는 물론 엄청난 재산을 물려주고는 세상을 떠났습니다.

말린 쿤당은 큰 배의 새로운 선장이 되었고 어마어마한 부자가 되었습니다. 뿐만 아니라 아름다운 아가씨와 결혼까지 해서 행복한 나날을 보냈답니다.

한편, 고향에서 아들 소식을 눈 빠지게 기다리던 어머니는 점점 몸이 쇠약해져 갔습니다. 어머니는 병든 몸으로 하루도 빠짐없이 기도를 올리며 아들이 돌아오기만을 기다렸습니다.

“우리 쿤당의 앞날을 지켜주소서.”

그러던 어느 날 말린 쿤당의 배가 수마트라 근처를 지나게 되었어요. 하지만 말린 쿤당은 선원들과 부인에게 늙고 초라한 어머니를 보여주고 싶지 않아 그냥 지나치려고 했습니다.

“야자 열매의 물을 마시고 싶어요.”

부인이 계속 조르자, 말린 쿤당은 하는 수 없이 배를 부두에 댔습니다. 쿤당이 왔다는 소식에 어머니는 신발도 신지 않은 채 달려 나갔습니다.

“아이고, 내 아들아!”

그런데 아들은 차가운 얼굴로 어머니를 모른 척 하는 게 아니겠어요? 그것도 모자라 그는 선원들에게 어머니를 배에서 끌어내리라고 했습니다.

“신이시여! 말린 쿤당의 행동에 꼭 맞는 공정한 심판을 내려주소서!”

어머니는 하염없이 눈물을 흘리며 이렇게 기도를 하고는 그만 숨을 거두고 말았습니다.

한편 쿤당은 서둘러 고향을 떠나 바다로 나가자마자 폭풍우를 만나게 되었습니다. 거센 파도에 휩쓸려 배가 가라앉자 선원들과 부인은 바다로 뛰어들었지만, 쿤당은 자신의 재산이 아까워 배 안에 남고 말았습니다. 그런데 순간 회오리바람이 일더니 말린 쿤당의 배가 커다란 바위로 변해 버리는 게 아니겠어요? 아마도 신이 어머니의 기도를 들어준 것이겠지요. 그리고 지금도 남부 수마트라에 가면 배 모양의 커다란 바위가 있다고 합니다.

POINT 말린 쿤당은 왜 오랜만에 만난 어머니를 모른 척 했을까요?

작가
안데르센

빨간 구두

장르
세계 동화

어느 마을에 너무 가난해서 맨발로 다니는 소녀가 있었습니다. 구둣방 아주머니는 그런 소녀가 불쌍한 나머지 낡은 헝겊 조각으로 작고 빨간 구두를 만들어주었습니다. 소녀의 이름은 카렌이었는데 그만 어머니마저 돌아가셨습니다. 장례식에 빨간 구두는 어울리지 않았지만 다른 신발이 없었습니다. 카렌은 빨간 구두를 신고 초라하게 관 뒤를 따라갔습니다.

마침 그때 한 노부인이 마차를 타고 지나가다가 이 광경을 지켜보았습니다. 노부인은 여자 아이가 불쌍해서 목사님에게 부탁해 그 여자애를 데려다 키우기로 했습니다. 카렌은 자신에게 찾아온 행운이 모우 '빨간 구두' 덕분이라고 생각했습니다. 하지만 노부인은 보기 싫다며 그 신을 불태워버렸습니다. 카렌은 노부인의 집에서 언제나 깨끗한 옷을 입고 책읽기와 바느질을 배우며 자라났습니다.

어느새 카렌이 세례를 받을 나이가 되었습니다. 그래서 새 옷과 새 구두를 준비해야 했는데 카렌은 또 빨간색 구두를 골랐습니다. 언젠가 멀리서 본 공주님이 신었던 구두도 아름다운 빨간빛이었거든요. 하지만 눈이 나쁜 노부인은 신발 색이 검은색인 줄 알았습니다. 카렌이 세례식에서 새빨간 구두를 신은 사실을 뒤늦게 알게 된 노부인은 불같이 화를 냈습니다. 교회에서는 검정색 구두를 신어야 했기 때문이었습니다. 그러나 카렌은 빨간 구두에 대한 욕심을 버리지 못했습니다.

그리고 성찬식이 있던 날, 카렌은 망설이다가 또다시 빨간 구두를 신었습니다. 교회 입구에는 목발을 짚고 붉은 수염을 늘어뜨린 늙은 병사가 있었습니다. 그 병사는 카렌에게 신발의 먼지를 털어주겠다고 하면서 다가왔습니다.

"오! 참으로 아름다운 구두로군. 구두야! 춤을 출 때 절대로 발에서 떨어지면 안 된다!"

병사는 이렇게 말하며, 손으로 구두를 톡톡 쳤습니다.

그런데 성찬식을 마치고 나오는 길에 이상한 일이 벌어졌습니다. 마차에 오르기 전, 카렌은 자기도 모르게 춤을 추기 시작했습니다. 그런데 웬일인지 멈출 수가 없었습니다. 발이 저 혼자서 움직이는 기분이었어요. 사람들이 빨간 구두를 벗기고 나서야 겨우 잠잠해졌습니다. 집에 돌아오자 노부인은 그 구두를 벽장 속에 집어넣었습니다.

그러던 어느 날 노부인이 몹쓸 병에 걸렸습니다. 카렌은 열심히 부인을 간호했습니다. 그런데 마침 마을에서 성대한 무도회가 열리게 되었습니다. 빨간 구두를 그리워하던 카렌은 구두를 다시 꺼내 신고 무도회 장소로 달려갔습니다. 그런데 구두를 신은 발이 제멋대로 움직이더니 무도회장을 빠져나가 급기야 마을에서도 벗어나고 말았습니다. 그리고 캄캄한 숲속으로 점점 들어갔습니다. 깜짝 놀라서 벗으려고 했지만, 더 단단히 발에 구두가 달라붙어서 벗겨지지 않았습니다. 그래서 카렌은 밤낮으로 춤을 춰야만 했답니다.

안데르센(1805~1875)
덴마크 동화작가. 《미운 오리 새끼》 《인어 공주》

POINT 카렌이 잘못한 행동과 잘한 행동은 무엇일까요?

작가
미상

거위를 살린 윤회

장르
교과서에 실린 전래 동화

옛날 조선 시대에 윤회라는 학자가 살았습니다. 윤회는 머리가 총명하여 어린 나이에 과거시험을 통과해서 벼슬에 올랐습니다. 그러나 늘 검소하게 다녀 사람들은 윤회가 임금을 가까이 모시고 있다는 사실을 몰랐습니다.

그러던 어느 날 길을 나섰던 윤회가 잠자리를 찾다가 주막에 들어갔습니다. 주인은 초라한 윤회 모습에 얼굴을 찌푸렸습니다. 그러고는 비웃듯이 말했습니다.

"이미 방은 손님들로 찼으니 다른 주막에 가시오."

윤회는 주인에게 사정했습니다.

"비좁아도 좋으니 하룻밤만 재워주시오."

"아, 그럴 방도 없다지 않소!"

주인이 귀찮다는 듯이 쏘아붙이며 뒤돌아섰습니다.

"이 근처 주막이 이곳뿐인데 어딜 가겠소. 그러지 말고 헛간이라도 내 주시오."

주인은 못마땅한 얼굴로 헛간을 내주었습니다. 윤회는 헛간에 앉아 마당을 바라보았습니다.

그때 여섯 살쯤 되어 보이는 주인집 딸이 마당에 나왔다가 구슬을 떨어뜨렸습니다. 주인집 딸은 그것도 모르고 방으로 총총총 걸어 들어갔습니다.

'저런, 구슬을 떨어뜨린지도 모르네. 내일 찾을 터인데 내가 주워놔야겠다.'

윤회가 자리에서 일어나려고 할 때였습니다. 거위 한 마리가 뒤뚱뒤뚱 걸어오더니 구슬을 홀랑 삼켜버렸습니다.

다음 날 아침, 주인집 딸은 구슬이 없어졌다며 엉엉 울음을 터뜨렸습니다. 주인은 우는 아이를 달래면서 구슬을 찾느라 정신을 차리지 못했습니다. 그러더니 갑자기 헛간으로 달려와 윤회의 멱살을 잡았습니다.

"댁이 구슬을 가져갔지? 구슬을 가져갈 사람은 당신밖에 없어."

윤회는 거위가 가져갔다는 말을 하지 않았습니다. 혹시나 거위 배를 가를 수 있기 때문이었습니다. 주인은 어떤 변명도 하지 않는 윤회를 도둑으로 몰았습니다. 그래서 윤회를 밧줄로 꽁꽁 묶고 구슬을 내놓으라고 윽박질렀습니다.

"저, 하루만 기다리시오. 구슬을 찾고 싶다면 저기 거위도 내 옆에 묶어 주시오."

주인은 윤회의 말에 어리둥절했지만 거위를 윤회 옆에 묶어 두었습니다.

다음 날 아침, 주인은 일어나자마자 윤회에게 달려갔습니다. "이보시오, 주인양반. 거위의 똥을 살펴보시오. 구슬이 나올 것이오."

주인은 막대기로 거위의 똥을 뒤적였습니다. 그러자 정말로 구슬이 나왔습니다. 주인은 얼굴이 빨개져서 윤회를 얼른 풀어주었습니다.

"그제 밤에 아이가 마당에 구슬을 떨어뜨렸소. 내 주워 놓으려했더니 거위가 냉큼 와서 삼켜버렸소. 내가 미리 말하지 않은 이유는 그랬으면 거위 목숨이 달아날게 뻔해서였소."

주인은 몇 번을 머리 숙여 진심으로 사과했습니다.

POINT 선비 윤회는 왜 거위를 자신 옆에 묶어달라고 했을까요?

작가
미상
(공자의 제자들)

통돼지구이

장르
세계 명작
(논어)

노나라의 대부인 양화는 노나라를 손에 넣을 생각을 하고 있었습니다. 그러기 위해서는 학식이 뛰어나고 신뢰를 받는 공자가 필요했습니다. 그러나 공자는 양화의 됨됨이를 알기에 만나는 것을 꺼려했습니다.

그러던 어느 날 양화는 이마에 혹이 나서 '혹'이라고 불리는 사람에게 넌지시 속삭였습니다. 혹은 곧장 장터 푸줏간 앞에 앉았습니다. 잠시 후, 공자의 손님을 안내하는 '궐'이라는 소년의 모습이 보였습니다. 혹은 궐에게 다가가 말했습니다.

"값싸고 좋은 푸줏간은 알고 있으니 집에 가 있으라고. 내가 나중에 보내줄 테니 말이야. 돈은 고기 상태를 보고 줘도 늦지 않다고."

얼마 후, 혹이 살찐 통돼지를 배달했습니다. 궐이 심각한 얼굴로 말했습니다.

"이렇게 돼지구이가 필요하다고 한 적이 없어요. 양도 너무 많고요."

궐이 걱정스러워하자 혹은 돈은 받지 않겠다고 하며 돌아갔습니다. 그런데 혹이 두고 간 돼지 다리에 쪽지가 있었습니다. 양화가 공자 선생님께 드린다는 글귀였습니다. 공자는 몹시 불쾌했습니다. 옆에 서 있는 제자 자로가 궐을 나무랐습니다. 공자의 제자 중에 굉장한 호걸로 힘이 셌습니다.

"이런 녀석! 선생님이 양화 같은 사람을 만날 일이 없는데. 선물을 받으면 직접 인사를 하러 가야 하는데 이것을 어째."

자로가 궐을 다그치자 공자가 나섰습니다.

"이미 받은 선물을 되돌리기도 그렇고. 어쩌누……."

그때 자로가 공자에게 다급하게 말했습니다.

"궐을 하루 종일 양화의 집 앞을 지키게 하는 겁니다. 밖으로 나가는 틈에 답례하러 가는 겁니다."

"좋은 생각이군. 양화와 마주치지 않으면서 인사를 전할 수도 있고 말일세."

궐이 양화의 집을 지킨 지 사흘 만에 양화가 집을 나섰습니다. 궐이 급하게 공자에게 알려 양화의 집으로 왔습니다.

"주인께서 곧 오실 테니 기다려 주십시오."

"그럴 것까지는 없고 보내신 선물로 인사차 왔다고만 전해주시오."

공자가 양화의 집을 나서고 얼마 되지 않아 양화와 마주쳤습니다. 결국 공자는 양화의 집으로 들어섰습니다. "선생님처럼 재능이 있는 사람이 나랏일을 위해 힘써 주셔야지요. 어려운 세상을 지켜만 보셔서야 되겠습니까?"

"훌륭한 사람이 못되지요."

양화가 계속 공자에게 설교를 할 때였습니다. 갑자기 자로가 궐의 발을 밟아 소리를 질렀습니다.

"선생님, 이 녀석이 돼지고기를 많이 먹더니 배탈이 났나 봅니다. 빨리 가셔야 할 것 같은데요."

자로는 궐을 업고 집에 갈 준비를 했습니다. 공자는 배웅하는 양화와 집을 나설 때 혼잣말처럼 중얼거렸습니다. "훌륭한 군주를 만나면 하지 말라고 해도 충성을 할 겁니다."

공자와 자로, 그리고 궐은 어두워진 길을 걸어 집으로 돌아왔습니다.

POINT 공자는 왜 양화와의 만남을 피했을까요?

작가
이솝

아버지와 아들과 당나귀

장르
세계 동화

햇살이 좋은 날이었습니다. 아버지와 아들이 당나귀를 팔러 시장에 가고 있었습니다. 아버지는 당나귀 고삐를 쥐고 앞서 걸었고 아들은 씩씩하게 아버지 뒤를 따라 걸었습니다. 어느 마을을 지나갈 때였습니다. 당나귀를 끌고 가는 아버지와 아들의 모습을 보고는 사람들이 수군거렸습니다.

"어리석은 사람들 같으니. 당나귀를 타고 가면 될 것을 왜 걸어갈까?"

"생각이 짧으면 몸이 고생한다지 않소."

아버지는 사람들의 말에 얼굴이 빨개졌습니다. "내가 생각이 없었구나! 얘야, 어서 당나귀 등에 타렴."

아버지는 싫다고 하는 아들을 번쩍 들어 올려 당나귀 등에 태웠습니다. 아버지와 아들이 다시 시장으로 향했습니다. 또 다른 마을 어귀를 지날 때였습니다. 나무 그늘에서 쉬고 있던 노인들이 아버지와 아들에 모습에 고개를 절레절레 흔들었습니다.

"저리 못된 아들을 봤나. 아비는 걸어가고 어린 것이 당나귀를 타고 가네."

노인들은 혀를 끌끌 차며 아들을 나무랐습니다. 아버지는 아들을 향해 말했습니다.

"얘야, 안 되겠구나! 너를 욕 먹일 수는 없으니 내가 타고 가야겠다."

당나귀에서 아들이 내리고 아버지가 올라탔습니다.

우물가를 지날 때였습니다. 빨래를 하는 여자들이 아버지와 아들을 보며 구시렁거렸습니다.

"어린 것이 다리 아플 거라고는 생각 못하나봐. 차라리 같이 타든가."

아버지는 여자들의 말에 고개를 끄덕였습니다. "얘야, 이리 올라오너라. 왜 진즉 이 생각을 못했나 싶구나!"

아들이 당나귀에 오르자 당나귀가 휘청거렸습니다.

그렇게 또 다시 시장으로 향했습니다. 지나가는 사람들이 비틀거리는 당나귀를 보더니 아버지와 아들에게 손가락질을 했습니다.

"몹쓸 사람들이군. 저리 마른 당나귀가 무슨 힘이 있다고 둘이 탄단 말이야. 당나귀를 등에 태워도 모자랄 판에."

아버지는 그 말에 고개를 끄덕였습니다. "얘야, 사람들 말이 맞구나! 우리가 당나귀를 메고 가자."

당나귀에서 내린 아버지와 아들은 장대에 당나귀 다리를 묶었습니다. 그러고는 앞뒤에서 장대를 메고 걸었습니다.

당나귀는 낑낑거리며 울었고 발버둥을 쳤습니다. 당나귀를 멘 아버지와 아들의 얼굴에 땀이 흘러내렸습니다. 시냇물을 건널 때 한 남자가 아버지와 아들의 모습을 보고 깔깔깔 웃었습니다.

"저기 좀 보시오! 세상에 당나귀를 메고 가는 사람들이 있소!"

다른 사람들도 그 모습을 보고는 배를 잡고 웃었습니다. 그 소리에 놀란 당나귀가 몸을 더 세게 흔들었습니다. 그 바람에 아버지와 아들은 중심을 잡지 못하고 당나귀와 함께 시냇물에 빠지고 말았습니다.

이솝
본명은 아이소포스. 기원전 6세기 고대 그리스 우화 작가

POINT 아버지는 왜 사람들의 말을 들을 때마다 자꾸만 행동을 바꾸었을까요?

작가
미상

자장 자장 우리 애기

장르
전래 자장가
(전라도 지역)

해금연주곡 듣기

자장 자장 우리 애기 어서 자고 잠 잘자거라
우리 애기 삼동 꽃밭에다 재워주고
남우 애기 개똥새똥 밭에 재워주네
자장 자장 우리 애기

어서 자고 일어나서 엄마 젖을 먹고 나믄
우리 한번 노다 자자 자장 자장 우리 애기
우리 엄마 밭에 가서 기심 매고 올 동안에
한번 자고 일어나서 단젖 먹고 놀고 노세

자장 자장 우리 애기
어서 자고 곱게 자자 자장 자장 우리 애기

작가
미상

청개구리 이야기

장르
전래 동화

옛날 옛날에 엄마 청개구리와 아들 청개구리가 살았습니다. 그런데 아들 청개구리는 엄마 말을 듣지 않는 장난꾸러기였습니다.

청개구리는 엄마 말을 듣지 않고, 무슨 말이든 반대로만 했습니다. 나무를 해 오라고 하면 강에 나가서 고기를 잡아오고 고기를 잡아오라고 하면 산에 가서 나무를 해 왔습니다.

"청개구리야, 오늘은 비가 많이 와서 위험하니 밖에 나가지 마라!"

하면 온종일 밖에 나가 연못에서 놀았습니다.

"얘야, 저기 산에는 날짐승들이 많으니까 근처에서만 놀아라."

하면 산에 올라가 놀았습니다. 그러다가 무서운 뱀을 만나 기겁을 한 적도 있었습니다.

'어떻게 하면 저 버릇을 고칠 수 있을까?'

엄마는 한숨을 길게 쉬었습니다. 고민하던 엄마는 끝내 병을 얻어 자리에 눕고 말았습니다. '산에 묻어 달라고 하면 저 녀석은 나를 강가에 묻을 거야.'

엄마 청개구리는 아들을 불러 말했습니다.

"청개구리야, 내가 아무래도 오래 살지 못할 것 같구나. 엄마가 죽거든 산에다 묻지 말고 꼭 강가에 묻어 주렴. 잘 알겠지?"

엄마 청개구리는 마지막 말을 남기고 숨을 거두었습니다. 아들 청개구리는 엄마를 부둥켜안고 소리 높여 울었습니다. 하지만 아무리 울어도 엄마는 눈을 뜨지 않았습니다.

"내가 엄마 말을 잘 들었더라면 엄마가 돌아가시지 않았을 텐데, 엄마! 제가 잘못했어요. 마지막 당부만은 꼭 들어드릴게요. 개굴개굴!"

아들은 울면서 강기슭에 정성껏 엄마 무덤을 만들어 드렸답니다. 그런데 갑자기 서쪽 하늘에서 먹구름이 몰려오더니 하늘에서 장대 같은 비가 쏟아졌습니다. 비가 내리자 강물은 금세 불어났습니다.

'이를 어쩌지? 비가 오면 강물이 불어나고 엄마 무덤이 떠내려갈 텐데,'

아들 청개구리는 발을 동동 구르며 개굴개굴 슬프게 울었습니다.

"개굴개굴, 우리 엄마 무덤이 떠내려가요!"

그래서 지금도 청개구리는 비가 올 적마다 속상해서 울고 있답니다. 여러분도 비 오는 날, 청개구리 울음소리를 들었을 거예요. 이제 비만 오면 개구리들이 목청껏 우는 이유를 알게 되었지요? 바로 할머니의 할머니, 또 할머니의 할머니인 조상 무덤이 떠내갈까 봐 그리 슬피 우는 거랍니다.

POINT 평소에 청개구리처럼 엄마 말에 반대로 행동한 적이 있나요?

작가
알렉상드르 뒤마

몽테크리스토 백작

장르
세계 명작

프랑스 마르세유에 에드몽 당테스라는 젊은 선원이 있었습니다. 그는 아름다운 약혼녀와 결혼식을 앞두고 있었고 곧 파라옹호의 선장이 될 예정이었습니다. 하지만 그를 질투한 무리의 음모로 악명 높은 이프 성에 갇히고 말았습니다. 자신이 무슨 죄를 지었는지도 모른 채 감옥에 갇힌 당테스는 갑갑해서 미칠 노릇이었습니다. 늙은 아버지와 약혼녀 메르세데스가 걱정되어 도망치고 싶어도 섬은 온통 절벽과 바위로 둘러싸여 있었습니다.

당테스는 그 무시무시한 감옥에서 14년이나 갇혀 지냈습니다. 그동안 당테스의 아버지는 굶주림에 지쳐 돌아가셨고 메르세데스도 이미 다른 남자의 아내가 되어버렸습니다. 당테스는 결국 죽기로 결심하고 간수가 가져다주는 음식을 집어던지고 굶기 시작했습니다. 그러던 어느 날 뼈가 앙상해진 몸을 벽에 힘겹게 기대고 있는데 벽 쪽에서 이상한 소리가 들려오기 시작했습니다. 당테스가 짚고 있던 땅바닥이 무너지는가 싶더니 무너진 흙더미 사이로 작은 구멍이 생겼습니다. 그 구멍으로 사람 머리가 불쑥 올라왔습니다. 하얀 백발에다 체구가 작은 노인은 파리아 신부님이었습니다. 당테스는 신부님에게 여러 가지 학문을 배우고 진귀한 보물이 숨겨져 있다는 몽테크리스토 섬에 대한 이야기도 듣게 되었습니다.

그리고 14년째 되던 해, 파리아 신부가 죽자 간수들은 시체를 밖으로 옮기기 위해 자루 속에 집어넣었습니다. 당테스는 간수들이 자리를 비운 틈에 파리아 신부의 시체를 옮기고 자신이 자루 속에 들어갔습니다. 그 사실을 모르는 인부들이 자루를 옮겨 바다에 던졌고 그렇게 해서 당테스는 감옥을 탈출할 수 있었습니다.

파리아 신부가 알려 준 엄청난 보물을 얻게 된 뒤, 파리 사교계에 혜성같이 나타난 몽테크리스토 백작. 그는 다름 아닌 당체스였습니다. 몽테크리스토 백작은 자신에게 억울한 누명을 씌운 사람들을 찾아가 복수를 시작했습니다. 페르낭은 당테스를 거짓 고발한 것도 모자라 전쟁 중에 자신이 모시던 그리스 총독을 배신하고 크게 출세를 했고, 돈 욕심이 많은 당글라르는 페르낭과 함께 당테스를 거짓 고발한 뒤 은행가로 크게 성공했습니다. 빌포르 검사도 당테스를 감옥에 보낸 뒤 파리에서 더욱 이름난 검사가 되어 있었습니다. 결국 당글라르와 페르낭, 그리고 빌포르 검사는 과거에 자신들이 저지른 잘못들로 인해 모두 파멸에 이르게 됩니다. 복수를 마친 몽테크리스토 백작은 지난날을 돌이켜 생각해 보고 회환에 사로잡혔습니다. 그리고 막시밀리앙과 빌포르 검사의 딸, 발랑틴을 보고 복수심을 이기는 희망의 빛을 발견했습니다. 그래서 모렐 씨의 아들 막시밀리앙에게 모든 재산을 남기고 발랑틴과 맺어주고는 어디론가 떠났습니다.

"다시 만날 날이 올까요?"

막시밀리앙이 수평선 너머로 사라져가는 배를 보면서 묻자 발랑틴이 말했습니다. "백작님이 그러셨잖아요. 기다려라! 그리고 희망을 가져라!"

알렉상드르 뒤마(1802~1870)
프랑스 소설가. 《삼총사》 《20년 후》

POINT 몽테크리스토 백작처럼 아무런 잘못도 없는데 억울하게 누명을 쓰고 벌을 받게 되었다면, 어떤 마음일까요?

작가
마크 트웨인

왕자와 거지

장르
세계 명작

영국 런던에서 가난한 집의 톰과 왕자인 에드워드가 같은 날 태어났습니다. 하루는 궁전을 들여다보던 톰이 문지기에게 혼쭐이 났습니다. 때마침 그것을 본 에드워드 왕자가 가까이 다가왔습니다. "무슨 짓이냐? 모두 국왕의 백성들이거늘. 아이를 안으로 들여라!"
톰이 꿈에 그리던 궁전에 들어서자 왕자는 톰에게 음식을 대접했습니다. "너는 어디에 사는 누구냐?"
"저는 쓰레기 골목에 사는 톰 캔티라고 합니다." 톰의 생활에 흥미를 느낀 왕자는 옷을 바꿔 입었습니다. 생김새가 비슷하여 둘을 구별하기가 쉽지 않았습니다.
궁 밖으로 나온 왕자는 자신을 왕자라고 소개하자 동네 아이들에게 얻어맞고, 톰의 아버지인 존에게 붙잡혀 두들겨 맞기도 했습니다. 왕자는 존의 매질에 견디다 못해 집을 도망쳐 나와 구걸하는 사람들과 하룻밤을 보냈습니다. 그들이 터무니없는 법으로 인해 구걸을 한다는 걸 듣게 되었습니다.
어느 날 왕자가 위기에 처하자 마일스 핸드라는 무사가 왕자를 구해줬습니다. 왕자는 마일스를 꼭 기억해서 왕실 호위무사로 정하겠다고 했습니다. 마일스는 머리가 아픈 아이 같아 안쓰러운 마음이 들었습니다.
왕자와 함께 집에 도착한 마일스를 동생 휴가 집안의 모든 재산을 차지하기 위해 감옥에 가두었습니다. 마일스는 왕자의 처지를 이해했습니다. 그러고는 감옥에서 탈출하여 왕자와 함께 런던으로 향했습니다.
한편, 톰은 왕자가 돌아오지 않자 불안했습니다. 그러다가 제인 그레이 아가씨에게 털썩 무릎을 꿇었습니다. "저는 왕자가 아닙니다. 저를 살려 주세요."
이 일로 왕자가 미쳤다는 소문이 순식간에 돌았습니다. 그러나 왕의 엄포로 왕자를 더는 모함하지 못했습니다. 이후 왕이 죽자 톰은 국왕이 되어 온갖 일을 해야 했습니다. 나랏일은 너무 많고 처리할 문서들이 산더미 같았습니다. 시간이 흘러 왕위 대관식이 거행되었습니다. 톰은 왕자가 빨리 돌아오기만을 기다렸습니다. 대주교가 왕관을 들어 톰에게 씌우려고 했을 때였습니다. "멈추어라. 그 왕관의 주인은 바로 나다!"
왕자가 누더기 옷을 입고 나타나자 경비병들이 왕자를 잡으려 했습니다. 톰이 외쳤습니다.
"저분이 바로 이 나라의 국왕이시니라!" 그 순간 두 사람의 얼굴이 너무 똑같아서 모두 입만 쩍 벌렸습니다. 서머셋 공작이 떨리는 목소리로 물었습니다.
"그렇다면 질문을 하겠소. 옥새는 어디에 있지요?"
왕자는 톰의 도움으로 옥새가 있는 곳을 말했습니다.
"벽에 걸려 있는 밀라노 갑옷에 옥새를 넣었다."
한참 후 옥새를 든 시종이 나타났습니다. 그때 런던에서 헤어졌던 마일스가 들어와 왕자를 보고 깜짝 놀랐습니다. 에드워드 왕은 마일스에게 백작의 지위를 주고 휴 동생 사건의 억울함을 풀어주었습니다. 이후 에드워드 왕은 백성들을 위해 악법을 고치고 존경받는 왕이 되었습니다.

마크 트웨인(1835~1910)
미국의 소설가
《캘리베러스의 명물 도약 개구리》《철부지의 해외 여행기》

POINT 평소에 다른 사람이 되어 살아보고 싶다는 생각을 해본 적이 있나요?

작가
미상

괴물이 빌려준 손과 발

장르
세계 옛날이야기
(멜라네시아)

옛날, 어느 마을에 의좋은 삼형제가 살고 있었습니다. 첫째와 둘째는 몸이 튼튼했지만 막내 와이스스는 태어날 때부터 손과 발이 없었습니다. 두 형은 그런 와이스스가 불편하지 않게 잘 돌봐주었습니다.

어느 날 두 형은 밭에 나가고 와이스스 혼자 집에 있는데 갑자기 문짝이 흔들리면서 무시무시한 소리가 들렸습니다. 그와 동시에 문이 열리더니 온몸을 나뭇잎으로 덮고 수많은 창을 든 괴물이 집 안으로 들어왔습니다.

"난 지금 목이 몹시 마르구나! 그러니 네가 날 위해 야자나무에 올라가서 열매를 따 와야겠다."

"보시다시피 전 손과 발이 없어서…… 그건 좀 곤란해요."

"손과 발이 없다고? 그럼 내가 빌려주지."

괴물은 이렇게 말하고는 자신의 손과 발을 떼어 그에게 주었습니다. 와이스스는 괴물이 준 손과 발을 달고 밖으로 나가 야자나무에 기어올랐습니다. 몇 번의 실패 끝에 겨우 올라가 열매를 따서 괴물에게 바쳤습니다. 괴물은 와이스스에게 손과 발을 돌려받고는 열매즙을 달게 마신 뒤, 아무 소리 없이 사라졌습니다.

저녁 때가 되어 형들이 돌아오자, 와이스스는 오늘 있었던 일을 모두 이야기했습니다. 이야기를 다 듣고 나자 큰형이 말했습니다.

"다행이구나, 와이스스! 다음에 그놈이 또 오거든, 꼭 소라고둥을 들고 올라가거라. 나무 꼭대기까지 올라가면 온 힘을 다해 소라고둥을 불어. 그러면 우리들이 와서 괴물을 단숨에 없애줄게."

"그래, 괴물이 손과 발까지 빌려준 걸로 봐서 너를 해치지는 않을 거야."

둘째 형도 말했습니다.

그리고 며칠 뒤, 형들 말대로 다시 그 괴물이 나타났습니다.

"이봐. 어서 야자 열매를 따와! 목이 말라 죽겠어!"

괴물이 손과 발을 빌려주자, 와이스스는 재빨리 소라고둥을 챙겨 들고 나무 꼭대기로 올라갔습니다. 그런데 와이스스가 자꾸 딴청을 부리자 괴물이 아래쪽에서 소리쳤습니다.

"뭘 꾸물대고 있는 거야. 어서 열매를 던져!"

그 말에 와이스스는 열매를 따는 척하며 소라고둥을 힘껏 불었습니다. 커다란 고둥 소리에 형들이 달려오자 괴물은 화들짝 놀랐습니다.

"어서 내 손과 발을 돌려줘!"

싸움이 시작되자, 형들은 괴물을 단칼에 물리쳤습니다. 괴물에게는 맞설 싸울 손도 없고, 도망칠 발도 없었기 때문입니다. 괴물이 죽은 것을 보고는 와이스스가 나무를 타고 내려왔습니다.

"잘했다. 와이스스, 우리는 네가 정말 자랑스럽구나."

이렇게 해서 와이스스는 손과 발이 달린 사람으로 평범하게 살 수 있었답니다.

POINT 우리 몸의 어떤 한 부분이라도 없으면 얼마나 불편할까요?

작가
이태준

엄마 마중

장르
국내외 명저자 작품

추워서 코가 새빨간 아가가 아장아장 전차 정류장으로 걸어 나왔습니다.
그리고 '낑' 하고 안전 지대에 올라섰습니다.
이내 전차가 왔습니다. 아가는 갸웃하고 차장더러 물었습니다.
"우리 엄마 안 와요?"
"너희 엄마를 내가 아니?"
하고 차장은 '땡땡' 하면서 지나갔습니다.
또 전차가 왔습니다. 아가는 또 갸웃하고 차장더러 물었습니다.
"우리 엄마 안 와요?"
"너희 엄마를 내가 아니?"
하고 차장은 '땡땡' 하면서 지나갔습니다.
전차가 또 왔습니다. 아가는 또 갸웃하고 차장더러 물었습니다.
"우리 엄마 안 와요?"
"너희 엄마를 내가 아니?"
하고 이 차장도 '땡땡' 하면서 지나갔습니다.
그 다음 전차가 또 왔습니다. 아가는 또 갸웃하고 차장더러 물었습니다.
"우리 엄마 안 와요?"
"오! 엄마를 기다리는 아가구나."
하고 이번 차장은 내려와서,
"다칠라. 너희 엄마 오시도록 한군데만 가만히 섰어라, 응?"
하고 갔습니다.
아가는 바람이 불어도 꼼짝 안 하고, 전차가 와도 다시는 묻지도 않고,
코만 새빨개서 가만히 서 있습니다.

이태준(1904~?)
단편소설 작가. 《오몽녀》《해방 전후》

POINT 추운데도 아랑곳하지 않고 코가 빨개지도록 엄마를 기다리는 아가의 모습을 그려볼까요?

작가
라퐁텐

동물 친구들의 우정

장르
세계 동화

숲속 작은 집에서 까마귀와 거북, 영양과 쥐가 함께 살고 있었습니다. 서로서로 사이가 무척 좋았습니다. 동물의 집은 워낙 깊은 숲속이라 웬만한 사냥꾼은 발견하지 못했는데, 욕심꾸러기 사냥꾼 때문에 이들의 집이 들키고 말았습니다. 사냥꾼은 동물의 집에서 약간 떨어진 곳에 올가미를 놓았습니다. 아무것도 모르는 영양은 아침 일찍 골짜기로 놀러나갔습니다. 그런데 개 짖는 소리를 듣고 도망치다가 올가미에 걸렸습니다. 영양은 발버둥을 쳤지만 소용없었습니다.

한편 숲속 작은 집에서는 쥐와 까마귀, 거북이가 점심을 먹으려고 식탁에 둘러앉았습니다. 영양이 보이지 않자 까마귀가 쥐와 거북에게 물었습니다.

"영양이 어디 갔어? 왜 보이지 않아?"

"몰라. 놀러 갔나?" 쥐는 아무렇지 않은 듯 말했습니다. 하지만 거북이는 걱정이 되었습니다.

"까마귀야, 네가 날개가 있으니 영양이를 좀 찾아보면 어떨까?" 까마귀는 잽싸게 숲 위로 날아가 영양이를 찾았습니다. "어, 저기 영양이다! 이런 올가미에 걸렸네! 얼른 친구들에게 알려야겠어!"

영양이 올가미에 걸렸다고 하자 쥐와 거북이는 바로 집을 나섰습니다. 느린 걸음이지만 거북이도 부지런히 따라갔습니다. 가장 먼저 도착한 까마귀가 주변을 둘러보았습니다. 그 다음에 도착한 쥐는 영양을 옭아맨 올가미를 물어뜯었습니다.

"영양아, 겁내지 마. 내가 곧 구해줄 테니."

입에서 피가 났지만 쥐는 올가미를 갉았습니다. 영양이 빠져나올 때 사냥꾼의 발소리가 들렸습니다. 곧장 까마귀와 쥐, 영양은 몸을 숨겼습니다.

"이런, 영양의 털이 떨어져 있군. 그렇다면 영양이 올가미에 걸렸었다는 이야긴데." 화가 나서 씩씩대던 사냥꾼 앞에 거북이 나타났습니다. "영양을 놓치니 거북이가 왔군. 좋아, 오늘 저녁 반찬으로 먹어야겠다!"

사냥꾼은 거북을 잡아 망태에 넣었습니다. 이를 지켜본 까마귀가 쥐와 영양에게 갔습니다.

"얘들아, 이번엔 거북이가 잡혔어!"

친구들은 거북이를 구하기 위해 작전을 짰습니다. 영양은 사냥꾼이 보이는 곳에서 절룩거리며 도망치기 시작했습니다. 이를 본 사냥꾼이 망태를 내려놓고 잽싸게 영양을 쫓았습니다. 그때 쥐는 망태를 물어뜯어 거북이를 구했습니다. 망태는 커다랗게 구멍이 났습니다. 사냥꾼은 영양을 잡아 망태에 넣고 히죽 웃었습니다. 그러나 영양은 구멍 뚫린 망태에서 쉽게 빠져나왔습니다. 마침내 네 친구는 다시 만날 수 있었습니다.

"얘들아, 정말 고마워." 영양과 거북이, 까마귀와 쥐도 서로에게 무척 고마워했습니다. "우리는 친구잖아. 친구가 위험에 처하면 당연히 구해야 하는 거야."

그 뒤로도 네 친구는 우정을 나누며, 숲속 작은집에서 행복하게 살았습니다.

라퐁텐(1621~1695)
프랑스의 시인, 동화 작가. 대표작 《개와 당나귀》 《 과 정원사》

POINT 위험에 빠진 친구를 구해준 경험이 있나요? 아니면 친구의 도움을 받은 적이 있나요?

작가
미상

의 좋은 형제

장르
전래 동화

어느 마을에 사이가 좋은 형제가 살았습니다. 형과 아우는 열심히 농사를 지으며 살았는데 콩 한 쪽도 나눠 먹을 만큼 의가 좋았습니다. 봄이 되자 형과 아우는 힘을 모아 모내기를 했습니다.
"형님, 올해도 풍년이 들겠지요?"
"아무렴."
여름 내내 형제는 힘을 합쳐 부지런히 풀을 뽑았습니다. 땀을 뻘뻘 흘리며 일을 했더니 마침내 무르익은 벼가 황금빛으로 가득히 풍년을 이뤘습니다.
"하늘이 도우셨구나!"
"다 형님 덕분이에요."
"무슨 소리! 다 네가 열심히 해서 그렇지."
가을이 되자 형제는 낫으로 벼를 다 벤 뒤 한 단, 두 단 단단히 묶었습니다. 그러고는 벼를 한데 쌓아 놓아 낟가리를 만들었습니다.
"영차, 영차!"
형과 아우는 낟가리를 높다랗게 쌓았습니다. 형의 낟가리나 동생의 낟가리나 높이가 비슷했습니다. 그런데 동생의 마음이 편치 않았습니다.
'형님은 식구가 많으니 쌀이 더 많이 필요할 텐데. 하지만 내가 더 주려고 하면 형님은 안 받으시겠지?'
밤이 되자 아우는 자기 낟가리에서 볏단을 덜어 한 짐 지고 형님 낟가리에 몰래 옮겨 놓았습니다. 그런데 같은 시간, 형도 동생을 걱정하며 잠을 이루지 못하고 있었습니다.
'아우도 형편이 어려운데 볏단을 더 줄 좋은 방법이 없을까? 옳거니, 지금 가서 옮겨 놔야겠다.'
그날 밤 형도 자기 낟가리에서 볏단을 덜어 동생의 낟가리에 몰래 옮겨 놓았습니다. 달님이 형과 아우를 내려다보며 흐뭇하게 웃었습니다.

이튿날 형제는 서로의 낟가리를 보고는 고개를 갸웃거렸습니다.
'어? 이상하다. 어젯밤에 분명히 볏단을 옮겨 놨는데 왜 그대로일까? 오늘 밤에 다시 갖다 놓아야지.'
형제는 다음 날도 볏단을 옮겨 놓았습니다. 그런데 그다음 날 아침에도 여전히 그대로인 게 아니겠습니까? 또다시 밤이 되자 형제는 볏단을 옮기기 시작했습니다. 볏단을 지고 가던 형이 걸음을 멈췄습니다.
"이 밤중에 누구지?"
볏단을 지고 가던 아우도 걸음을 멈췄습니다.
"이게 누구냐? 너였구나!"
"아이고, 형님!"
형제는 그제야 왜 볏단이 그대로인지 알게 되었습니다.
"형님, 고맙습니다."
"아우야, 나도 고맙다."
둘은 서로의 손을 꼭 잡으며 부둥켜안았습니다. 그 뒤로도 형제는 작은 것 하나라도 서로 나누며 행복하게 살았답니다.

POINT 형제는 어떻게 항상 사이좋게 지내는 걸까요?

April
4

작가
이솝

양치기 소년

장르
세계 동화

넓은 풀밭에서 양떼들이 한가롭게 풀을 뜯고 있었습니다. 날마다 양만 돌보는 양치기 소년은 심심해서 좀이 쑤셨습니다. 친구라고는 하늘과 바람과 양들만이 전부였습니다.

"아, 너무 지루하다. 양만 돌보는 건 따분한 일이야. 재미있는 일이 어디 없을까?"

양치기 소년은 하늘에 떠가는 구름을 올려다보다가 좋은 생각이 났습니다.

"그래, 숲에서 산다는 늑대가 나타났다고 하면 마을 사람들이 깜짝 놀라겠지? 재미있겠는걸."

양치기 소년은 벌떡 일어나서 마을을 향해 외쳤습니다. "늑대다, 늑대가 나타났어요! 어서 도와주세요!"

마을 사람들은 양치기 소년의 목소리를 듣자마자 헐레벌떡 뛰어왔습니다. 손에는 낫이며 삽을 들고 나타났습니다.

"어디, 어디 있어? 늑대는 어디 있니?"

"늑대라니요. 너무 심심해서 장난을 쳤을 뿐이에요."

이솝
본명은 아이소포스. 기원전 6세기 고대 그리스 우화 작가

양치기 소년은 마을 사람들의 놀란 얼굴을 보며 깔깔대고 웃었습니다. 마을 사람들은 양치기 소년을 나무랐습니다.

"심심해도 그렇지! 그런 거짓말을 하면 못써!"

"바쁜데 이런 장난을 치면 안 되지!"

며칠이 지나고 양치기 소년은 또 따분해졌습니다. 그래서 마을을 향해 큰소리로 외쳤습니다.

"늑대다, 늑대가 나타났어요! 제발 살려 주세요!"

이번에도 마을 사람들은 양치기 소년의 목소리를 듣자마자 헐레벌떡 달려왔습니다.

"늑대라고? 늑대는 어디 있니?"

마을 사람들이 주변을 돌아봤지만 어디에도 늑대는 보이지 않았습니다. 양들은 평화롭게 풀을 뜯어 먹고 있었습니다. 양치기 소년은 배를 잡고 깔깔깔 웃었습니다.

"헤헤, 장난 좀 쳤어요. 늑대는 나타나지 않았어요."

"이 녀석이 장난을 할 게 있지. 또 거짓말을 했던 거야?"

마을 사람들이 버럭 화를 내며 집으로 돌아갔습니다.

며칠 뒤였습니다. 풀을 뜯고 있는 양들을 바라보던 양치기 소년이 깜짝 놀랐습니다. 눈앞에 늑대가 나타난 것이었습니다. 양치기 소년은 목이 터져라 마을을 향해 외쳤습니다.

"늑, 늑대가 나타났어요, 진짜, 진짜 늑대가 나타났어요! 도와주세요!"

발까지 동동 구르며 소리쳤지만 마을 사람들은 양치기 소년의 말에 끔쩍도 하지 않았습니다.

"저 녀석이 또 심심한 모양이야."

"우리가 또 속을 줄 아는가 봐."

마을 사람들은 양들을 구하러 오지 않았습니다. 결국 양들은 늑대에게 잡아먹히고 말았습니다. 양치기 소년은 주저앉아 엉엉 울었습니다.

POINT 소방서나 경찰서에 장난전화를 한 적은 없나요? 장난전화가 왜 나쁜 행동일까요?

작가
미상

은혜 갚은 사슴

장르
교과서에 실린
전래 동화

옛날 옛날에 마음씨 고운 나무꾼이 살았습니다. 나무꾼이 숲속에서 나무를 줍고 있는데 커다란 사슴 한 마리가 다급하게 달려왔습니다.

"나무꾼님, 저 좀 숨겨 주세요. 저기 사냥꾼이 저를 잡으러 쫓아오고 있어요."

"어쩌지, 어디에 숨어야 할까? 그래, 여기 나뭇더미 안에 숨는 게 좋겠다."

나무군은 나뭇더미를 들어주며 사슴을 숨겨 주었습니다. 그리고 하던 대로 계속 일을 했습니다. 잠시 뒤, 활을 든 사냥꾼이 뛰어왔습니다.

"이보시오. 이쪽으로 지나가는 사슴 한 마리 못 봤소?"

"아, 봤습니다. 방금 저쪽 숲으로 뛰어갔습니다."

나무꾼은 아무 쪽이나 가리키며 말했습니다.

"고맙소이다."

사냥꾼은 얼른 나무꾼이 말한 숲으로 달려갔습니다. 사냥꾼이 보이지 않자 나무꾼이 작은 목소리로 사슴에게 말했습니다.

"사슴아, 사냥꾼이 갔으니 이제 나와도 괜찮아."

사슴은 고개를 조아리며 인사를 했습니다.

"고맙습니다, 나무꾼님. 제 목숨을 살려 주셨으니 이 은혜를 갚고 싶습니다."

"아니다. 대가를 바라고 한 일이 아니니까."

나무꾼이 손사래를 쳤지만 사슴은 생명의 은인을 그냥 지나치지 말라고 부모님에게 배웠다고 말했습니다. 그러자 나무꾼도 고개를 끄덕였습니다.

"나무꾼님. 저 골짜기 너머에 샘물이 하나 있습니다. 그곳에 산삼이 많이 있어요. 거기는 사람들이 지나다니지 않는 곳이니 잘 찾아보십시오."

사슴은 말을 건네자마자 껑충거리며 사냥꾼이 달려간 반대편으로 사라졌습니다.

나무꾼은 사슴이 말한 곳을 찾아갔습니다. 신기하게도 사슴이 말한 장소에는 산삼이 이곳저곳에 많이 돋아나 있었습니다.

나무꾼은 오래된 귀한 산삼을 팔아 큰 부자가 되었습니다. 이후로도 나무꾼은 도움이 필요한 사람에게 도움을 주고, 형편이 어려운 사람에게 재물을 베풀며 살았습니다.

POINT 평소에 도움을 요청하는 사람을 도와준 적이 있나요?

작가
미상

검정소와 누렁소

장르
전래 동화

더운 여름날이었습니다. 어느 선비가 말을 타고 시골길을 가고 있었습니다. 드넓게 펼쳐진 밭에서는 밭갈이가 한창이었습니다. 그중에서도 소 두 마리를 함께 몰고 있는 농부가 눈에 들어왔습니다. 그 늙은 농부는 누렁소와 검정소 두 마리로 밭을 갈고 있었습니다. 선비는 나무 그늘 아래 잠시 쉬기로 하고 내려서 그 광경을 바라보았습니다.

"여보시오, 소 두 마리 모두 튼튼해 보이는데, 그 검정소와 누렁소 중에서 어떤 소가 일을 더 잘 하오?"

선비가 농부에게 큰 소리로 묻자 농부는 밭을 가는 것을 잠시 멈추었습니다. 그는 선비가 쉬고 있는 곳으로 오더니 목소리를 낮춰서 말했습니다.

"어느 쪽이 일을 잘하느냐고 물으셨지요? 힘은 저 검정소가 더 셉니다만, 꾀부리지 않고 일을 잘 하는 건 누렁소지요."

그 말을 들은 선비는 껄껄 웃으며 말했습니다.

"하하, 잘 알았소이다. 헌데 노인장께서는 하찮은 짐승의 이야기가 뭐 중요하다고 여기까지 나와 귓속말로 하십니까?"

그러자 노인은 조용히 고개를 저으며 말했습니다.

"아무리 말 못하는 짐승이라도 나쁜 말을 듣게 하면 안 되는 법이지요. 자기가 남보다 못하다는 말을 들으면 기분이 좋을 리가 있겠습니까? 앞에서 혼내는 것보다 뒤에서 흉본 것이 더 기분 나쁜 법이라오. 누렁소가 더 일을 잘한다는 말이 검정소의 귀에 들어가면 아무리 짐승이라도 기분이 좋을 리가 없지요."

늙은 농부가 부리는 소까지 배려하는 모습과 마음 씀씀이에 선비는 깊이 감동했습니다. 그때 받은 감동을 가슴을 새기고 교훈으로 삼은 선비는 평생 남을 헐뜯는 말을 하지 않았답니다.

이 이야기는 황희 정승이 젊었을 때의 일화입니다. 조선의 명재상이었던 황희 정승은 깨끗한 성품과 함께 너그럽고 인자한 분으로 알려져 있습니다. 그러한 소탈한 성품을 백성을 다스리는 기본으로 삼았던 그는 90세 가까이 장수하며 백성들의 존경을 받았습니다. 그리고 최고의 성군 세종대왕에게는 바로 그와 같은 신하들이 있었기에 최고의 태평성대를 누릴 수 있었던 것입니다.

POINT 친구의 잘못을 헐뜯거나 욕하는 행동이 왜 나쁜지 말해볼까요?

작가
미상

쇠붙이를 먹는 쥐

장르
세계 옛날이야기
(페르시아)

꾀쟁이로 소문난 장사꾼이 있었습니다. 어느 날 그는 돈을 몽땅 털어 쇠붙이 천 근을 사서 가장 믿을 만한 친구에게 맡겼습니다.

"이보게. 내가 돌아올 때까지 잘 부탁하네."
장사꾼은 이렇게 말하고는 가벼운 마음으로 길을 떠났어요. 그리고 일 년이 지난 뒤 고향으로 돌아왔는데 그새 쇠붙이 값이 엄청나게 올라 있는 게 아니겠어요? 그는 기쁜 마음으로 친구를 찾아갔습니다.
"그동안 내 쇠붙이를 잘 보관해 주어서 고맙네. 이제 내 쇠붙이들을 돌려주게."
그러자 친구가 울상을 지으며 말했습니다.
"이보게. 정말 미안하게 되었네. 글쎄, 창고에 들어가 보니 쥐가 다 먹어버렸더군. 아무리 먹을 게 없다고 해도 그렇지 쇠붙이를 다 갉아먹어버리다니! 정말 미안하네."
"뭐라고?"
장사꾼은 기가 막혀서 말이 나오지 않았습니다.
'세상에 쇠붙이를 먹는 쥐가 어디 있어?'
장사꾼은 친구의 속셈을 눈치 챘지만 화를 참고는 일단 집으로 돌아갔습니다.
다음 날 장사꾼은 몰래 친구 집으로 갔습니다. 그리고 집 앞에서 놀고 있는 친구의 아들을 데리고 왔습니다. 그러자 친구의 집은 발칵 뒤집어졌습니다. 온 동네방네 아이를 찾느라 야단이었습니다.
장사꾼은 시치미를 딱 떼고 친구네 집에 가서는 이렇게 물었습니다.
"혹시 자네 아들이 줄무늬 셔츠와 흰 바지를 입고 있지 않았나?"
장사꾼의 말에 친구는 흥분해서 물었습니다.
"맞네! 그런데 내 아들을 어디서 보았나?"
친구가 묻자 장사꾼이 빙그레 웃으며 대답했습니다.
"어제 자네 집 앞에서 놀고 있던 아이를 까마귀란 놈이 냉큼 낚아채 가던 걸!"
장사꾼의 말을 들은 친구는 버럭 고함을 질렀습니다.
"예끼, 이 사람아! 아무리 커봐야 한 근도 안 나가는 까마귀가 어떻게 여덟 살짜리 아이를 물고 간단 말인가?"
그러자 장사꾼이 비꼬듯이 말했습니다.
"뭐 그리 놀랄 일도 아니지. 쥐가 천근이나 되는 쇠붙이를 몽땅 먹어 치우는 세상에 까마귀가 아이 하나 물고 가는 것쯤이야 별일도 아니지 않은가?"
그제야 친구는 일이 어떻게 된 건지 눈치를 챘습니다. 친구는 장사꾼 앞에 털썩 무릎을 꿇었습니다.
"이보게 친구, 내가 잘못했네. 당장 자네 쇠붙이를 돌려주겠네. 나를 용서해 주게나."
이렇게 나오니 장사꾼도 더 이상 도리가 없었어요. 그 뒤로 두 사람은 서로 화해하고 오순도순 재미나게 살았답니다.

POINT 자신을 믿고 소중한 것을 맡긴 사람을 배신하거나 거짓말을 하면 어떻게 될까요?

작가
미상

호랑이와 밤송이 형님

장르
전래 동화

옛날하고도 아주 먼 옛날, 깊은 산속에 호랑이가 살고 있었습니다.
"슬슬 사냥을 나가 볼까?"
호랑이는 굴에서 나와 어슬렁어슬렁 숲속을 돌아다녔습니다. 그런데 바람이 불자 어디서가 맛있는 냄새가 솔솔 풍겨왔습니다. 호랑이는 입맛을 쩝쩝 다시며 주위를 두리번거렸습니다. 자세히 보니 풀숲에서 조그맣고 동그랗게 생긴 무언가가 슬금슬금 기어가고 있었습니다.
"고거 참, 뭔지 모르겠지만 먹음직스럽게 생겼네!"
배가 고픈 호랑이가 한 발로 탁 잡아 덥석 물었는데 입 안이 너무 아픈 거예요.
"앗, 따가워!"
깜짝 놀라서 다시 뱉었는데 놀랍게도 온몸에 가시가 돋친 고슴도치였습니다. 호랑이는 이리 펄쩍 저리 펄쩍 정신없이 뛰어다니다가 물가로 부리나케 달려갔습니다. 물에 비친 입 안은 온통 가시투성이였습니다. 호랑이는 시냇물을 거울삼아 가시를 하나하나 뽑았습니다. "휴우, 이제 됐다. 힘도 들고 배도 고파서 이젠 걷지도 못하겠네."
호랑이는 혼잣말을 하면서 커다란 밤나무 밑으로 가 풀썩 누웠습니다. 가시를 뽑느라 진땀을 빼서 그런지 스르르 눈이 감겼습니다. 그런데 바로 그 때, 나무에서 무언가 툭 떨어지면서 호랑이 콧등을 탁 때렸습니다.
"깜짝이야!"
호랑이는 화가 나서 벌떡 일어났습니다.
'조그맣게 생긴 것이 가시가 송송 돋아 있다면? 아까 그 고, 고슴도치?'
호랑이는 겁이 덜컥 나서 고 조그만 것을 향해 넙죽 절을 하고 말았습니다.
"아까는 제가 잘못했습니다. 한번만 너그럽게 용서해 주세요."
호랑이가 싹싹 빌면서 애원을 했지만 아무런 대답도 없었습니다.
'아까 내가 잡아먹으려고 해서 화가 많이 났나 봐. 이를 어쩌지? 안 되겠다. 호랑이 체면이 말이 아니지만 몸을 낮추는 수밖에…….'
"아이고, 형님. 제가 잘못했어요. 다시는 안 그럴 테니 제발 한 번만 용서해 주세요. 네?"
"……."
그래도 대답이 없었습니다. 사실 나무에서 떨어진 것은 고슴도치가 아니라 밤송이였거든요.
'무서운 호랑이가 왜 자꾸 나한테 싹싹 비는 거지? 어서 갈 것이지, 왜 넙죽 엎드려서 꼼짝도 하지 않는 거야?'
밤송이는 밤송이대로 벌벌 떨면서 아무런 말도 못 하고 있었던 것입니다. 하지만 그 사실을 알 리 없는 호랑이는 밤송이한테 계속 절을 하면서 밤새도록 빌고 또 빌었다고 합니다.

POINT 고슴도치와 밤송이처럼 겉모습이 비슷하게 생긴 것을 얘기해볼까요?

작가
미상

손톱을 먹은 들쥐

장르
교과서에 실린
전래 동화

옛날 어느 마을에 한 도령이 산 속에 들어가서 삼 년 동안 공부를 한 뒤 집으로 돌아왔습니다.

"어머니, 아버지! 공부를 마치고 돌아왔습니다."

그런데 공부방 문이 열리면서 웬 도령이 나왔습니다.

"당신은 누군데 남의 집에 함부로 들어오는 것이오?"

방에서 나온 도령은 공부를 하고 들어선 도령의 얼굴과 키, 옷, 목소리까지 모두 똑같았습니다.

"나는 이 집의 외동아들이오. 당신은 누구시오?"

"무슨 말도 안 되는 소리를 하시오? 내가 이 집에 하나밖에 없는 아들이오."

가짜 도령이 진짜 도령을 내몰며 화를 냈습니다.

그때 나들이에서 돌아오는 아버지와 어머니가 이 모습을 보고 깜짝 놀랐습니다. 가짜 도령이 진짜 도령을 가리키며 말했습니다.

"아버지, 어머니. 이놈이 가짜입니다. 어서 내 쫓으십시오."

진짜 도령도 지지 않고 부모님을 설득했습니다. 어머니는 덜덜 떨리는 입술로 물었습니다.

"잠깐만! 네 생일이 언제냐?"

"오월 초하루입니다."

진짜 도령과 가짜 도령이 똑같은 대답을 했습니다. 부모님은 계속해서 가족의 이름, 조상의 이름을 조목조목 물었지만 두 두령은 전부 다 맞췄습니다.

"그럼, 우리 집 숟가락이 몇 개인지 말해 보거라."

어머니의 물음에 진짜 도령은 말을 못했고, 가짜 도령은 냉큼 대답을 했습니다.

"우리 식구와 하인들을 합해서 모두 스무 개입니다."

어머니는 진짜 도령을 내 쫓았습니다. 쫓겨난 진짜 도령이 고갯마루에서 멍한 얼굴로 서 있었습니다. 그 모습을 지나가던 스님이 보고 물었습니다.

"도령, 어인일로 얼굴에 걱정이 가득하오?"

도령의 말을 다 듣자 스님이 물었습니다.

"혹시 산 속에서 공부할 때 손톱을 아무데나 버리지 않았소?"

도령은 잠시 생각하다가 여름에 냇물에서 목욕을 하고 바위에서 손톱 발톱을 깎아 숲속에 버렸다고 대답했습니다.

"그게 잘못되었구려. 지금 집에 있는 도령은 손톱을 먹고 둔갑한 들쥐가 분명하오."

도령의 두 눈이 휘둥그레졌습니다.

"손톱과 발톱에는 사람의 정기가 담겨 있소. 그래서 그걸 먹은 동물이 사람으로 둔갑할 수 있습니다. 고양이 한 마리를 데려가 가짜 도령 앞에 풀어놓으시오."

진짜 도령은 고양이 한 마리를 사서 집으로 갔습니다.

진짜 도령을 보고 가짜 도령은 버럭 화를 냈습니다.

그때 진짜 도령은 품속에서 고양이를 꺼냈습니다. 고양이는 날쌔게 달려가 가짜 도령의 다리를 덥석 물었습니다. 그러자 가짜 도령이 쓰러지면서 들쥐의 모습으로 서서히 바뀌었습니다.

"아버지, 어머니!"

부모님은 그제야 진짜 도령을 안고 눈물을 흘렸습니다. 부모님은 아들이 돌아온 기쁨으로 온 동네에 잔치를 베풀었습니다.

POINT 손톱 발톱을 아무 곳에나 함부로 버리면 왜 안 될까요?

4.7.

작가
이솝

시골 쥐와 서울 쥐

장르
세계 동화

서울에 사는 쥐와 시골에 사는 쥐가 친구가 되었습니다. 하루는 시골 쥐가 서울 쥐를 집으로 초대했습니다. "어서 와. 우리 집에 와줘서 고마워."

"이렇게 초대해줘서 내가 더 신난다."

서울 쥐는 맛있는 음식 냄새를 맡으며 군침을 흘렸습니다. 그런데 식탁에 차려진 음식을 보며 얼굴을 찌푸렸습니다. 감자, 고구마, 콩 같은 곡식만 가득해서 입에 맞지 않았습니다. "서울 쥐야, 어서 먹어."

시골 쥐가 음식을 권했지만 서울 쥐는 한숨만 내쉬었습니다.

"시골 쥐야, 너는 이런 음식을 어떻게 먹고 사니?"

"그럼, 넌 뭘 먹고 사는데?"

"난 말이지, 고기나 생선은 기본이고 입에서 살살 녹는 케이크나 아이스크림을 먹고 살아. 우리 집에 가면 먹을 수 있으니 같이 가자."

서울 쥐의 말에 시골 쥐는 고개를 끄덕이며 따라나섰습니다. 말로만 듣던 서울은 번쩍이고 화려한 곳이었습니다. 시골 쥐는 눈이 휘둥그레져서 정신을 차릴 수 없었습니다. 서울 쥐는 수많은 사람들 사이를 아슬아슬하게 빠져나갔습니다. 그 뒤를 시골 쥐가 바짝 쫓았습니다. 드디어 서울 쥐의 집에 들어갔습니다.

"배고프지? 조금만 기다려. 먹음직스러운 음식으로 금방 차려줄게."

서울 쥐는 바쁘게 움직이며 식탁에 음식을 차렸습니다. 시골 쥐는 감탄하며 말했습니다.

"우와, 너는 이런 음식을 날마다 먹니?"

"그럼. 나는 맨날 먹고 싶은 것만 먹어. 너도 어서 먹어 봐."

시골 쥐는 음식을 맛있게 먹었습니다. 그런데 서울 쥐는 음식을 먹으면서도 계속 문을 흘끔거렸습니다.

그때였습니다. 문이 벌컥 열리면서 사람들이 우르르 들어왔습니다.

"시골 쥐야, 어서 몸을 숨겨!"

시골 쥐는 서울 쥐를 따라서 얼른 식탁 밑으로 들어갔습니다. 사람들이 나갈 때까지 숨을 죽이며 기다렸습니다. 잠시 뒤 사람들이 나가자 서울 쥐와 시골 쥐가 얼굴을 내밀었습니다.

"오늘은 금방 나갔네. 어서 먹자."

서울 쥐가 다시 음식을 먹었습니다. 시골 쥐도 따라서 음식을 먹었지만 자꾸 문 쪽으로 눈길이 갔습니다. 그때 또 드르륵 문이 열리며 사람들이 들어왔습니다.

"어서 몸을 숨겨!"

이번에는 서울 쥐와 시골 쥐가 쥐구멍으로 도망쳤습니다. "서울 쥐야, 너는 날마다 이렇게 밥을 먹니?"

"이게 어때서? 왔다 갔다 몇 번만 하면 맛있는 음식을 잔뜩 먹을 수 있잖아."

시골 쥐는 집으로 가겠다고 말했습니다.

"맛있는 음식이 많으면 뭐 하니? 조마조마해서 체할 것 같은데 말이야. 난 맘 편하게 천천히 음식을 먹을 수 있는 시골이 좋아. 너도 잘 생각해 봐."

시골 쥐는 서둘러 집으로 돌아갔습니다.

이솝
본명은 아이소포스. 기원전 6세기 고대 그리스 우화 작가

POINT 시골 쥐는 왜 서둘러 집으로 돌아갔을까요?

작가
미상

연오랑과 세오녀

장르
교과서에 실린
전래 동화

옛날 신라의 여덟 번째 왕이 나라를 다스렸을 때였습니다. 동해 바닷가의 작은 마을에 연오랑과 세오녀 부부가 오순도순 살았습니다. 남편 연오랑은 어부 일을 하면서 하루 종일 고기를 잡거나 미역을 땄습니다.

그러던 어느 날 연오랑이 고기가 잡히지 않아 미역을 따기로 마음먹었습니다. 연오랑은 바위 위에 신발을 벗어 놓고 바다로 들어갔습니다. 그런데 발을 딛고 있던 바위가 움직이더니 이내 바다로 둥실 떠밀려갔습니다. 연오랑이 뛰어내리려고 했지만 바위가 빠른 속도로 물살을 가르며 나아갔습니다.

연오랑이 바위에서 정신을 차렸을 때는 낯선 땅에 닿은 뒤였습니다. 연오랑을 보고 사람들이 몰려왔습니다. 연오랑이 어디냐고 묻자 일본이라고 알려주었습니다. 그때 한 사람이 외쳤습니다. "바다를 건너오다니! 저 분은 하늘이 보내신 분입니다!"

사람들은 연오랑에게 왕이 되어 달라며 머리를 조아렸습니다. 연오랑은 하늘의 뜻일지 모른다는 생각에 왕이 되기로 결심했습니다.

한편, 남편을 기다리던 세오녀는 바닷가에서 연오랑을 찾았습니다. 바위 위에 연오랑의 신발만 덩그러니 놓여 있었습니다. 세오녀는 연오랑이 바다에 빠져 죽은 줄 알고 목 놓아 울었습니다. 그때 세오녀가 올라탔던 바위가 스르르 움직이더니 바다로 떠밀려갔습니다.

바위는 낯선 바닷가에 닿아 멈췄습니다. 사람들은 이 사실을 궁궐로 달려가 알렸습니다. 연오랑이 당장 모셔오라는 말에 신하들이 세오녀를 데려왔습니다.

연오랑과 세오녀는 서로를 부둥켜안고 눈물을 흘렸습니다. 그렇게 연오랑과 세오녀가 일본으로 가자 신라에 괴상한 일이 벌어졌습니다. 해와 달이 빛을 잃어 낮에도 밤에도 캄캄했습니다. "어쩌면 좋으냐? 이런 일이 왜 생기는 것인지 알아보아라."

왕이 신하들에게 명령하자 앞일을 점치는 신하 한 명이 나서서 아뢰었습니다.

"우리 나라 해와 달의 기운이 일본으로 옮겨 갔습니다. 동해 바닷가에 살던 한 부부가 일본으로 간 뒤부터 우리 나라 해와 달이 빛을 잃은 것입니다."

"그렇다면 당장 그들을 신라로 데려오너라!"

왕은 서둘러 일본으로 사신을 보냈습니다. 신라 사신이 연오랑을 만나 신라로 돌아와 달라고 청했습니다. 그러나 연오랑은 고개를 저었습니다.

"신라에 돌아갈 수는 없소. 여기에 온 것도 하늘의 뜻이라 우리 마음대로 할 수가 없구려."

신라 사신의 간곡한 청에 연오랑이 고민을 했습니다.

"우리 대신 세오녀가 짠 비단을 주겠소. 세오녀가 짠 비단이니 제단 위에 올려 정성껏 제사를 드리면 해와 달의 빛도 다시 살아날 것이오."

사신은 비단을 갖고 신라로 돌아갔습니다. 왕과 신하들은 세오녀의 비단을 제단 위에 올리고 제사를 드렸습니다. 그랬더니 정말로 해와 달의 빛이 다시 밝아졌습니다.

"이 비단은 더없이 귀중한 보물이로구나!"

왕은 세오녀의 비단을 궁궐 보물 창고에 고이 간직했습니다. 이 창고의 이름을 '귀비고'라고 불렀습니다.

POINT 세오녀의 비단을 보관한 보물창고의 이름은 왜 '귀비고'일까요?

작가
미상

도깨비 감투

장르
전래 동화

옛날 한 나무꾼이 나무를 하러 갔습니다. 그런데 갑자기 비가 후드득후드득 쏟아졌습니다. 나무꾼은 서둘러 산길을 내려오다가 낡은 기와집 하나를 발견했습니다. 나무꾼은 빈 집에 들어가 비가 그치기를 기다렸습니다. 그러다 깜박 잠이 들었는데 갑자기 밖에서 왁자지껄한 소리가 들렸습니다.

"아니, 이게 무슨 소리지?"

나무꾼은 허둥지둥 다락으로 숨었습니다. 나무꾼이 몰래 문틈으로 보니 도깨비들이 우르르 방안으로 들어오는 게 아니겠습니까?

"어디 한번 신나게 놀아 볼까? 얼씨구절씨구, 지화자 좋네!"

도깨비들은 밤새도록 놀다가 동틀 무렵, 닭 울음소리가 들리자 허둥지둥 사라졌습니다.

"휴우, 이제 살았다."

그제야 나무꾼은 다락에서 내려왔습니다. 그런데 방구석에 도깨비들이 놓고 간 감투 하나가 보였습니다. 나무꾼은 도깨비 감투를 써 보았습니다. 순간, 너무 놀라 뒤로 벌러덩 자빠질 뻔 했습니다.

'아니, 이럴 수가!"

나무꾼이 감투를 머리에 쓰면 자기 모습이 감쪽같이 사라졌다가 벗으면 다시 나타났습니다.

"오호라, 이 감투만 있으면 뭐든지 할 수 있겠군!"

나무꾼은 슬그머니 도깨비 감투를 챙겨 산을 내려왔습니다. 바로 동네에서 이름난 부잣집으로 가 돈 꾸러미를 들고 달아났습니다.

다음날 나무꾼은 시장으로 가서 쌀도 훔치고 떡과 고기도 훔쳤습니다. 옷감 가게에서는 부드러운 비단을 훔치고 신발 가게에서는 가죽신을 가지고 나왔습니다. "아니, 물건이 혼자서 둥둥 떠다니잖아?"

사람들은 도둑 잡을 생각도 못하고 그저 무서워서 벌벌 떨기만 했습니다. 그렇게 사람들이 넋 놓고 있는 사이, 나무꾼은 신이 나서 여기저기 돌아다니며 닥치는 대로 도둑질을 했습니다.

"난 이제 부자다! 부자!"

그러던 어느 날 대장간을 기웃대다가 그만 도깨비 감투에 불똥이 튀고 말았습니다.

"앗 뜨거워!"

재빨리 손으로 불똥을 비벼 껐지만 감투엔 벌써 '뻥' 하고 구멍이 뚫린 뒤였습니다. 집으로 돌아온 나무꾼은 감투에 난 구멍을 빨간 헝겊으로 메운 뒤, 다시 도둑질을 하러 나섰습니다.

"어? 웬 헝겊 조각이지? 수상한데?"

사람들은 빨간 헝겊이 이집 저집 동동 떠다니는 것을 보고 우르르 몰려들었습니다.

"저 도둑놈 잡아라!"

감투는 훌렁 벗겨져 어디론가 달아나고 나무꾼은 작대기로 흠씬 두들겨 맞았습니다.

"아이고, 사람 살려!"

그제야 나무꾼은 눈물을 흘리며 잘못했다고 싹싹 빌었답니다.

POINT 도깨비 감투가 있다면 가장 먼저 무엇을 해보고 싶나요?

작가
미상

세종대왕

장르
전기

세종대왕은 태종의 셋째 아들로 1397년 4월 10일에 태어났습니다. 세종대왕은 태종 18년에 왕세자로 책봉되고 같은 해 8월 8일에 태종의 뒤를 이어 왕위에 올랐습니다. 세종대왕은 어려서부터 매우 총명하고 학문을 즐겼으며 책 읽는 것을 무척 좋아했습니다.

세종의 어린 시절 이름은 충녕 대군이었는데 충녕은 무슨 책이든지 손에 한 번 잡으면 여러 번 되풀이해서 읽었고 마음에 드는 책은 백 번 이상 읽었습니다. 그래서 열 살도 되기 전에 어른들도 읽기 어려운 책들을 척척 읽을 수 있었답니다. 그런데 충녕은 책을 너무 많이 읽은 탓에 눈병이 나고 말았습니다.

"충녕의 방에 있는 책을 모조리 치우도록 해라!"

태종은 충녕이 걱정되어서 책을 읽지 못하도록 했습니다. 충녕은 읽을 책이 없어지자 귀중한 보물을 잃어버린 것처럼 마음이 허전했습니다.

'혹시 빠뜨리고 안 가져간 책이 있을지도 몰라.'

충녕은 방 안 여기저기를 두리번거리다 《구소구간》이라는 한 권을 발견했습니다. 《구소구간》은 중국 송나라 때의 학자인 구양수와 편지를 주고받은 내용의 책이었습니다. 충녕은 그 책을 읽고 또 읽어서 나중엔 거의 외우다시피 했습니다.

이처럼 책을 좋아했던 세종은 왕으로 즉위한 뒤 정음청을 두어 훈민정음을 만들고 집현전을 설치하여 국내의 우수한 학자들을 모아 학문을 연구하도록 했습니다. 집현전에 모인 신하들은 세종과 함께 친구처럼 책에 대해 이야기를 나눌 수 있고, 의견을 거리낌 없이 주고받을 수 있으니 큰 영광이었습니다. 세종은 종종 집현전을 찾아와서는 책 속의 내용에 대해서 열띤 토론을 벌이기도 했습니다.

세종이 토론을 마치고 방을 빠져나갈 때면 신하들은 크게 감격하여 임금의 뒷모습을 보며 몇 번이나 큰 절을 하곤 하였습니다. 세종의 격려를 받으며 불철주야 책을 읽은 집현전의 신하들은 활자를 개량하여 많은 책을 편찬하게 되었습니다.

즉위 초기 4년 동안 태종이 세종에게 자리를 물려주고 나랏일을 처리하게 했으므로 세종은 부왕이 이룩한 왕권을 계속 유지하면서 소신 있는 정치를 했습니다. 세종대왕은 위대한 인격자요, 지도자인 동시에 개인적인 면에서나 나라의 일을 처리하는 면에서나 그가 보여준 현명함과 부모에 대한 효심, 형제간 우애는 주위 사람들의 마음을 감동시키고도 남았습니다.

그리고 밖으로는 북방 국경 지대를 크게 개척하여 두만강 변에 6진을 설치하는 한편 압록강 상류에 4군을 설치하고 남방의 주민을 이주시켜 국방을 튼튼히 했습니다. 일본에 대해서는 삼포(부산의 부산포, 진해의 내이포, 울산의 염포)를 개항하는 등 회유 정책을 써서 오랫동안 수교를 계속했습니다. 이처럼 세종대왕은 외교, 문화 등 여러 방면에서 나랏일을 잘 다스리는 성군으로 인정받아 이씨 왕조의 기틀을 더욱 단단히 만들었답니다. 그리고 세종은 즉위 32년만인 1450년 2월 17일 54세로 세상을 떠났습니다.

POINT 세종대왕의 업적 중에서 가장 훌륭하다고 생각하는 것은 무엇인지 얘기해볼까요?

작가
미상

꿀참외와 학동

장르
전래 동화

옛날 어느 마을에 서당이 있었습니다. 햇볕이 쨍쨍 내리쬐는 어느 여름날, 서당에서 공부하는 학동들은 너무 더워서 꾸벅꾸벅 졸기만 했습니다. 훈장님은 졸고 있는 학동들을 보며 고민을 하다가 무릎을 탁 쳤습니다. "참외, 참외, 꿀참외!"

훈장님은 회초리로 방바닥을 탁탁 치며 큰소리로 외쳤습니다.

"꿀, 꿀참외라고요?" 학동들은 일제히 눈을 뜨고 훈장님을 바라보았습니다.

"그래, 지금부터 한 가지 문제를 낼 테니 답을 아는 학동한테 꿀참외를 주도록 하지."

"진짜요? 훈장님. 어서 문제를 내 주세요!"

학동들은 시원한 꿀참외를 먹을 생각에 들떠서 훈장을 졸랐습니다.

"너희 가운데 누가 이 방 안에 있는 나를 밖으로 나가게 해 봐라. 날 바깥으로 나가게 하기만 해도 달디단 참외를 맛볼 수 있을 게다."

훈장님 말에 침 넘어가는 소리가 여기서 꿀꺽 저기서 꿀꺽 들렸습니다.

"훈장님, 밖에 손님이 오셨습니다."

싱겁기로 이름난 만득이가 먼저 말했습니다. 하지만 고까짓 답을 가지고 훈장님이 속을 리가 없지요. 다음으로 칠성이가 손을 번쩍 들고 말했습니다.

"그래, 칠성아, 어서 방도를 말해 보거라."

"그, 그게 아니고요. 배, 배가 아파서요. 훈장님, 뒷간에 얼른 좀 가야겠어요."

"하하하!"

칠성이 말에 학동들은 배꼽이 빠져라 웃었습니다. 다른 학동들도 여러 가지 꾀를 내보았지만 매번 실패하고 말았습니다. 그때 나이가 가장 어린 덕수가 벌떡 일어났습니다.

"아무리 생각해도 안에 계신 훈장님을 밖으로 나가시게 할 방도는 없습니다. 하지만 바깥에 계신 훈장님을 안으로 들어오시게 할 수는 있답니다."

"나이 많은 형들도 못하는데, 가장 어린 네가 정말 할 수 있단 말이냐?"

덕수가 자신 있게 고개를 끄덕였습니다.

"좋다. 그럼 네 생각대로 해 보거라."

"먼저 훈장님께서 바깥에 나가 계셔야지요. 그래야 제가 방도를 알려드릴 수가 있습니다."

"아, 그렇구나."

훈장님은 허둥지둥 밖으로 나간 다음, 큰소리로 외쳤습니다.

"자아, 이제 나를 다시 안으로 들어가게 해 보거라."

그런데 훈장님의 말이 끝나기가 무섭게 아이들이 손뼉을 짝짝 치며 좋아하는 게 아니겠어요?

"와아, 훈장님께서 바깥으로 나가셨다!"

"아이고, 이런! 덕수야, 내가 당했구나!"

훈장님은 덕수를 칭찬하고 꿀참외를 주었습니다. 그렇게 해서 슬기로운 덕수는 다른 학동들과 시원한 꿀참외를 나눠 먹을 수 있었답니다.

POINT 어린 덕수처럼 훈장님을 밖으로 나가게 할 다른 방법을 생각해볼까요?

작가
미상

두꺼비 등은 왜 울퉁불퉁할까?

장르
교과서에 실린 전래 동화

옛날에 두꺼비와 토끼가 찹쌀떡을 해서 맛있게 먹으려고 할 때였습니다. 호랑이가 나타나 떡을 같이 먹자고 떼를 쓰자 두꺼비와 토끼는 나눠 먹기로 했습니다. 그러나 욕심 많은 호랑이는 혼자서 떡을 다 먹고 싶었습니다.

"떡을 셋이 나눠 먹으면 배도 안 부를 거야. 그러니까 우리 중 하나라도 배부르게 먹자. 어때?"

호랑이의 말에 토끼와 두꺼비가 솔깃했습니다.

"술을 가장 못 마시는 쪽이 떡을 다 먹자. 어떠니?"

토끼와 두꺼비는 호랑이의 제안에 찬성했습니다.

"나는 술 냄새만 맡아도 취해 버린다."

호랑이가 먼저 자랑하자 토끼가 자랑했습니다.

"나는 술집을 지나가기만 해도 취해."

토끼의 말에 두꺼비가 풀썩 쓰러졌습니다. "두꺼비야, 내가 떡을 다 먹는다고 기절까지 하는 거니?"

토끼가 두꺼비를 흔들자 두꺼비가 겨우 정신을 차리며 일어났습니다. "어머, 난 너희가 술 이야기 꺼내자마자 취기가 올라왔어. 그래서 넘어진 거란다."

결국 떡은 두꺼비가 차지했습니다. 호랑이는 다시 내기를 하자고 말했습니다. "이번에는 압록강을 먼저 건너는 쪽이 떡을 차지하자."

말이 끝나기가 무섭게 셋은 압록강을 건너기 시작했습니다. 두꺼비는 얼른 호랑이 꼬리에 달라붙었습니다. 그것도 모르고 호랑이는 압록강을 건너는데 온 힘을 쏟았습니다. 토끼도 뒤따라 올라섰습니다.

호랑이가 언덕에 닿자마자 두꺼비는 호랑이의 꼬리에서 뛰어내렸습니다. 그러고는 앞에 놓인 짚신에 뛰어올라섰습니다. 호랑이와 토끼는 그것도 모르고 강 건너만 바라보았습니다.

"두꺼비 녀석, 이번만은 별 수 없겠지."

"맞아. 이번에는 두꺼비가 졌어."

그때 시치미를 떼고 점잖은 목소리로 두꺼비가 말했습니다. "너희들 이제 와? 나는 벌써 와서 짚신도 한 짝 만들어 놨는데 말이야."

호랑이와 토끼는 서로 얼굴만 바라보았습니다.

"이번에 진짜 마지막이야. 한 번 더 내기를 하자고."

호랑이는 날카로운 이빨을 드러냈습니다. 이번에는 산꼭대기에 올라가 골짜기로 떡을 던진 다음에 먼저 찾아내는 쪽이 떡을 먹기로 했습니다.

모두 산꼭대기로 올라가자 호랑이가 산골짜기로 떡을 던졌습니다. 호랑이와 토끼는 잽싸게 산골짜기로 달렸지만 두꺼비는 느릿느릿 내려갔습니다.

그런데 떡이 중턱에 있는 나무에 걸렸습니다. 호랑이와 토끼는 그것도 모르고 앞만 보고 달렸습니다. 느릿하게 걸어서 떡을 발견한 두꺼비만 정신없이 떡을 먹었습니다. '배부르다. 남은 떡을 버리는 것보다 나눠주는 게 낫겠지.'

두꺼비가 남은 찹쌀떡을 등에 지고 산골짜기에 내려가 토끼와 호랑이에게 보여줬습니다. 그러나 떡이 더러워져서 먹을 수 없었습니다. 하는 수 없이 두꺼비 등에 떡을 그대로 두었습니다. 두꺼비 등이 울퉁불퉁한 건 그때 붙은 찹쌀떡 때문이었습니다.

POINT 호랑이와 토끼의 내기에서 어떻게 도깨비는 매번 이겼을까요?

작가
그림형제

헨젤과 그레텔

장르
세계 동화

헨젤과 그레텔의 새어머니는 흉년이 들자 아이들을 숲속에 버리기로 했습니다. 이를 들은 헨젤은 침착하게 밖으로 나가 조약돌을 주머니에 가득 넣어왔습니다. 다음 날 아침 새어머니가 아이들을 깨워 숲에 땔감을 하러 가자고 말했습니다.

"이 빵은 한꺼번에 먹지 말고. 점심까지 나눠서 먹어."

헨젤은 조약돌을 몰래 하나씩 떨어뜨렸습니다. 아버지와 새어머니는 나무를 하고 오겠다면서 늦게까지 돌아오지 않았습니다. 그레텔이 울먹이자 헨젤이 다정하게 말했습니다. "걱정 마. 내가 떨어뜨린 조약돌을 따라가면 집으로 갈 수 있어."

조약돌을 따라 집에 도착한 헨젤과 그레텔을 보고 새어머니가 얼굴을 찌푸렸습니다.

며칠이 지난밤에 또 다시 아이들을 버리기로 했습니다. 이번에는 문이 잠겨 헨젤이 나가지 못했습니다.

다음 날 아침, 가족 모두 숲속으로 나무를 하러 갔습니다. 헨젤은 새어머니가 준 빵을 조금씩 떼어서 바닥에 떨어뜨렸습니다. 아버지와 새어머니는 숲 안쪽으로 나무를 하러 들어갔지만 늦도록 돌아오지 않았습니다. 헨젤과 그레텔이 바닥에 떨어뜨린 빵조각을 찾았습니다. 그러나 빵조각은 이미 새들이 쪼아 먹어 어디에도 없었습니다.

그림형제(1785~1863)
독일의 언어학자, 동화 수집가
동생 빌헬름 그림과 함께 그림 형제 동화집을 출판하였다.

며칠이 지난 아침에 헨젤과 그레텔은 하얀 새를 따라 걸었습니다. 그런데 온통 음식으로 지어진 오두막이 눈앞에 나타났습니다. 배가 고팠던 그레텔이 오두막 벽을 조금 떼어 먹었습니다. 헨젤도 창문에 붙어 있는 사탕을 빨아먹었습니다. 그때 매섭게 생긴 할머니가 나타나 호통을 쳤습니다.

"감히 누가 내 집을 뜯어 먹는 거야?"

배가 고프다는 헨젤과 그레텔의 말에 할머니는 같이 살자고 해서 그러기로 했습니다. 할머니가 아이들을 잡아먹는 마녀라는 사실을 전혀 몰랐기 때문입니다.

다음 날 새벽, 마녀는 침대에서 자고 있는 헨젤을 끌고 나와 우리에 가두었습니다. "많이 먹고 어서 통통하게 살이 올라라. 내가 너를 잡아먹을 테니."

할머니는 그레텔에게 온갖 일을 시키며 음식을 만들게 했습니다. 헨젤은 마녀가 잘 보지 못하는 것을 알고는 먹고 남은 음식의 뼈를 팔 대신 내밀었습니다. 살이 오르지 않자 마녀는 헨젤을 그냥 잡아먹기로 하고는 오븐을 달구라고 그레텔에게 말했습니다. 사실 그레텔도 구워 먹을 생각이었습니다. 그때 그레텔이 꾀를 냈습니다. "오븐이 달궈졌는지 모르겠어요."

마녀가 그레텔을 나무라면서 오븐에 얼굴을 들이밀 때였습니다. 그레텔이 있는 힘껏 마녀를 오븐 안으로 밀어 넣고 문을 닫아 버렸습니다. 결국 마녀는 불에 타 죽었습니다.

남매는 마녀의 금돈을 가지고 집으로 돌아왔습니다. 새어머니는 보이지 않았고 아버지는 남매에게 용서를 구하며 눈물을 흘렸습니다. 그 후 헨젤과 그레텔은 아버지와 행복하게 살았습니다.

POINT 길을 잃거나 헤매게 된 경우에는 어떻게 해야 할까요?

작가

미상

우리 애기 잘도 잔다

장르

전래 자장가

(경기도 가평 지역)

해금연주곡 듣기

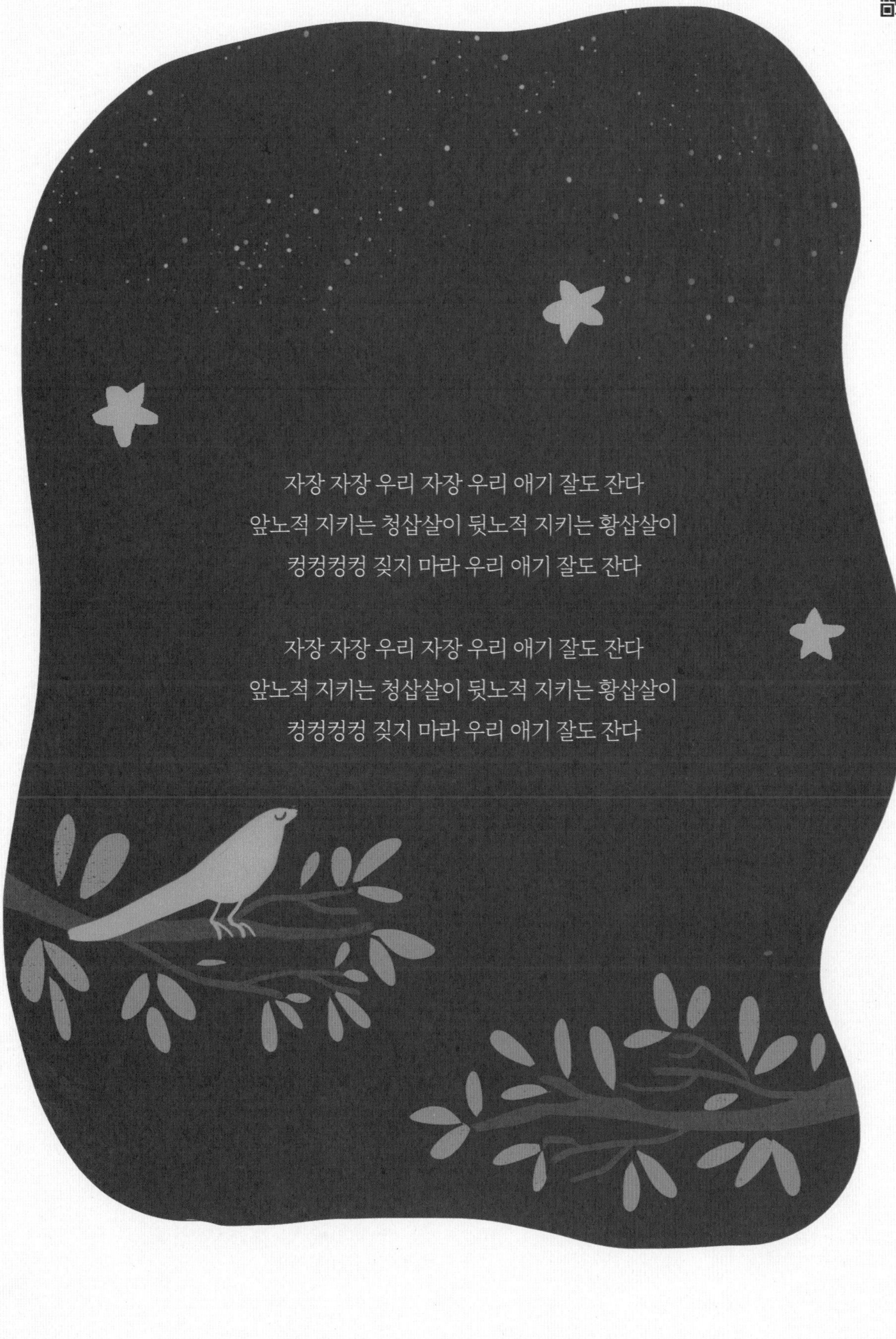

자장 자장 우리 자장 우리 애기 잘도 잔다
앞노적 지키는 청삽살이 뒷노적 지키는 황삽살이
컹컹컹컹 짖지 마라 우리 애기 잘도 잔다

자장 자장 우리 자장 우리 애기 잘도 잔다
앞노적 지키는 청삽살이 뒷노적 지키는 황삽살이
컹컹컹컹 짖지 마라 우리 애기 잘도 잔다

작가
에드먼드 데 아미치스

사랑의 학교

장르
세계 명작

4학년이 되면서 엔리코는 갈로네와 같은 반이 되었습니다. 키가 크고 마음씨도 착한 갈로네는 엔리코가 가장 좋아하는 친구였습니다. 하루는 서너 명의 아이들이 한쪽 팔을 못 쓰는 크로시를 괴롭혔습니다. 참다못한 크로시가 잉크병을 던졌는데 때마침 들어오던 선생님의 가슴에 부딪치고 말았습니다.
"누가 잉크병을 던졌지?" 선생님이 묻자 뜻밖에 갈로네가 나서서 자기가 한 짓이라고 말했습니다.
"갈로네, 넌 아니다. 누가 던졌는지 일어서라!"
그러자 크로시가 울먹이며 선생님께 사실대로 말했습니다. 선생님은 크로시를 놀린 친구들을 따끔하게 혼낸 뒤, 갈로네에게는 훌륭한 아이라고 칭찬했습니다.
또 하루는 아이들이 눈싸움을 하다가 실수로 어떤 할아버지의 한쪽 눈을 맞혔습니다. 경찰까지 오자 가로피는 혼날까봐 무서워 몸을 부들부들 떨었습니다. 갈로네는 용기가 나지 않으면 같이 가주겠다며 가로피에게 말했습니다. "가로피, 네가 했다고 말해. 이러다 다른 사람이 붙잡힐 수도 있어."

에드몬도 데 아미치스(1846~1908)
이탈리아의 소설가. 《쿠오레》 《고상한 말》

갈로네의 말에 가로피는 어른들에게 잘못을 솔직하게 털어놓고 할아버지께 용서를 구했습니다. 그뿐 아니라 병문안을 가서 할아버지의 손자에게 자신이 가장 아끼는 우표 책을 주기도 했습니다. 엔리코가 다니는 학교에는 곱사등이 넬리라는 친구도 있었습니다. '내가 놀림을 받았다고 하면 엄마가 무척 슬퍼하실 거야.' 넬리는 엄마한테 아무 말도 하지 않고 꾹 참았습니다.
아이들의 놀림이 점점 심해지자 이번에도 갈로네가 나섰습니다. 갈로네는 그중에서도 제일 심하게 놀려대는 프란티를 혼내주었습니다. 수업이 끝나자 넬리 어머니가 갈로네 목에 십자가 목걸이를 걸어주며 말했습니다. "갈로네! 정말 고맙구나! 넬리와 영원히 변치 않는 좋은 친구가 되어주렴!"
어느 날 아이들은 체육 시간에 높은 철봉 위에 있는 나무판 위에 서 있어야만 했습니다. 넬리의 어머니가 와서 넬리를 말렸지만 넬리는 친구들의 응원에 힘입어 넬리는 결국 정상에 오릅니다.
날씨가 더워지자 곱사등이 넬리는 더위에 지친 나머지 책상에 엎드렸습니다. 갈로네는 선생님이 잠을 자는 넬리를 발견하지 못하도록 책으로 슬며시 가려 주었습니다. 그렇게 좋은 친구들과의 시간은 꿈처럼 지나갔고 학년 말 시험이 시작되었습니다. 마침내 시험이 끝나고 4학년 생활도 무사히 끝이 났습니다. 그런데 엔리코는 아버지의 일 때문에 다른 학교로 전학을 가게 되었습니다.
"엔리코, 너와 이렇게 헤어지다니! 나는 오랫동안 너를 잊지 못할 거야!" 갈로네가 다정한 눈으로 보면서 말했습니다. 그날 오후, 교실로 들어오신 선생님이 아이들에게 말씀하셨습니다. "너희들 모두 잘 했단다. 낙제생이 몇 명 있기는 하지만 다 잘 했어!"
종업식이 끝난 뒤, 엔리코는 친구들과 마지막 작별 인사를 했습니다. "학교도 이제 안녕!"

POINT 학교에 갈로네처럼 마음씨 착하고 현명한 친구가 있나요?

작가
미상

황금 사과

장르
세계 옛날이야기
(포르투갈)

옛날에 한 소년이 나무를 하고 있었습니다. 그때 작은 사슴 한 마리가 다가왔어요. 사슴은 목에 황금빛으로 번쩍이는 사과를 매달고 있었어요. 그때 어디선가 살랑살랑 바람이 일더니, "목에 건 황금 사과를 달라고 해." 하고 속삭였습니다. 바람이 시키는 대로 소년이 말하자, 사슴은 소년에게 그 사과를 건네주고 어디론가 사라져버렸어요.

소년은 신기한 생각이 들어 황금 사과를 살펴보다가 그만 손에서 놓치고 말았어요. 그러자 "펑!" 하는 소리와 함께 사과가 반으로 쪼개지더니 그 속에서 네 명의 거인이 나타났습니다.

"주인님, 무엇을 원하십니까?"

알고 보니 그들은 사과를 반으로 쪼개면 나타나서는 어떤 소원이든지 다 들어주는 거인들이었어요.

"멋진 궁전에서 어여쁜 공주와 살고 싶습니다."

소년의 말이 떨어지기 무섭게 눈 깜짝할 사이에 뚝딱뚝딱 멋진 궁전이 세워졌습니다. 그리고 눈부시게 예쁜 공주도요! 이렇게 해서 소년은 공주와 함께 궁전에서 꿈처럼 행복한 나날을 보내게 되었어요.

그러던 어느 날 이웃 마을에 사는 욕심쟁이가 이 소문을 듣고 궁전에 몰래 들어왔습니다. 욕심쟁이가 사과를 훔쳐가자 화려한 궁전은 물론이고 공주까지 온데간데없이 사라져버렸어요. 다시 혼자가 된 소년이 터벅터벅 길을 걷는데 어디선가 꼬부랑 할머니가 나타나더니 고양이 얘기를 해주었어요. 소년은 할머니가 시키는 대로 고양이 떼를 만나서 그중에서 가장 비쩍 마른 고양이를 찾아 데리고 갔답니다.

한참을 가다 보니 커다란 성이 나왔습니다. 그곳에는 바로 황금 사과를 훔친 욕심쟁이가 살고 있었어요. 욕심쟁이는 소년을 보자마자, 고양이와 함께 탑에 가두었습니다. 그리고 식사 때가 되면 콩을 단 한 알씩만 주는 게 아니겠어요? 소년은 콩을 반으로 쪼개 반은 자기가 먹고, 반은 고양이에게 주었습니다. 안 그래도 비쩍 마른 고양이가 콩 반쪽으로 성이 찰 리가 없었습니다. 그래서 매일 탑에 있는 쥐들을 잡아먹자, 하루는 쥐의 왕이 소년에게 쪽지를 보내왔어요. 거기에는 당신의 고양이가 우리 쥐를 잡아먹지 않게 해달라는 부탁의 내용이 적혀 있었어요.

소년은 황금 사과를 찾아 준다면 그렇게 하겠다고 답장을 썼습니다. 곧 쥐의 왕은 탑 안의 쥐들을 모두 불러 황금 사과를 찾아오라고 명령했어요. 쥐들은 낮잠을 자고 있던 욕심쟁이에게 살금살금 다가가 욕심쟁이의 목에서 황금 사과를 빼냈답니다.

쥐의 왕이 황금 사과를 갖다 주자 소년은 사과를 반으로 쪼갰어요. 그러자 "펑!" 하는 소리와 함께 네 명의 거인이 나타났어요.

"멋진 궁전을 다시 짓고 공주를 데려다 줘요."

그 뒤 소년은 멋진 궁전에서 공주, 고양이와 행복하게 살았습니다. 그리고 욕심쟁이는 소년이 갇혔던 탑에 갇힌 채, 똑같이 콩 한 알씩만 먹으며 살았답니다.

POINT 황금 사과의 거인들을 만난다면 어떤 소원을 말하고 싶나요?

4.17.

작가
미상

하늘은 어떻게 높아졌을까?

장르
교과서에 실린 전래 동화

옛날 옛날 아주 먼 옛날에는 하늘이 높지 않았습니다. 새들도 방심하면 하늘에 머리를 부딪쳐서 아파했습니다. 그러던 어느 날 솔개 장군이 나무 꼭대기에 앉아 크게 소리쳤습니다.

"여러분! 독수리 임금님이 내일 회의를 여신답니다!"

비둘기가 어떤 일로 여는지 솔개 장군에게 물었습니다. "낮은 하늘 때문이랍니다."

다음 날 아침 일찍부터 숲속의 새들이 모여들었습니다. 나서기 대장 참새가 말했습니다.

"머리가 너무 아파요. 하늘에 너무 자주 부딪치잖아요. 짹짹."

제비 아저씨가 앞으로 나와서 차분하게 말했습니다.

"독수리 임금님, 저는 하늘 높이 날아보는 게 소원입니다. 공중제비 한번 못하고 사네요."

골똘히 생각하던 독수리 임금이 말했습니다.

"모두 불만이 많은 건 압니다. 그러나 말만 한다고 힘센 하늘이 자리를 내주지는 않을 거란 거예요. 그러니 좋은 방법을 생각해야 합니다."

그때 꾀돌이 종달새가 포르르 날아오르며 외쳤습니다. "독수리 임금님, 좋은 방법이 있어요."

모두들 귀를 기울여 종달새의 말을 들었습니다.

"우리 모두가 힘을 모아 하늘을 높이 밀어 올리는 거 어떨까요?"

"맞아요, 여러분. 힘을 모읍시다. 우리가 힘을 모아야 넓은 자리를 차지한 욕심쟁이 하늘이 더 높이 밀려 올라갈 겁니다. 모두 찬성하십니까?"

독수리 임금이 새들에게 묻자 박쥐가 뒤늦게 떨리는 목소리로 말했습니다.

"하늘을 밀어 올린다니 말도 안 돼요. 저는 귀찮으니까 빼 주세요."

"좋아요. 박쥐는 빠지시오. 대신 나중에 후회는 하지 마시오."

박쥐만 빠지고 숲속의 모든 새가 하늘한테 날아갔습니다. 하늘은 엄청난 새 떼가 몰려오자 겁이 났습니다. 그러나 아무렇지 않은 척했습니다.

"욕심쟁이 하늘아, 넌 혼자 많은 자리를 차지하고 있다. 그러니 넌 더 높이 올라가야 한다!"

독수리 임금의 호통에도 하늘은 끔쩍하지 않았습니다. "어디 마음대로 해보시지. 난 이렇게 있을 테니까."

솔개 장군이 힘을 모으자고 외쳤습니다.

"영차, 영차, 영차."

새들이 온 힘을 다해 하늘을 밀어 올리자 하늘도 오래 버틸 수는 없었습니다. 새들이 다시 힘을 모았습니다.

"이영차, 이영차!"

하늘이 서서히 위로 올라가기 시작했습니다. 새들이 부딪치지 않고 날 수 있고, 제비가 공중제비를 돌 수 있을 만큼 올라갔습니다.

"우리가 해냈다! 하늘을 높이 밀어 올렸다. 만세!"

새들은 하늘을 마음껏 날아다니며 콧노래를 불렀습니다. 그러나 아무 일도 하지 않은 박쥐는 부끄러워 날아다니지 못했습니다. 그래서 새들이 잠이 든 밤에만 날고 잠도 거꾸로 매달려 잔다고 합니다.

POINT 불편한 환경이 있을 때, 이 문제를 해결하기 위해서 어떤 노력을 해본 경험이 있나요?

작가
미상

스핑크스의 수수께끼

장르
세계 동화
(그리스 신화)

그리스에 테바이라는 나라가 있었습니다. 그 나라 성문을 스핑크스라는 무섭고 끔찍하게 생긴 괴물이 지키고 살았습니다. 이 괴물은 여자의 얼굴에 사자의 몸을 하고 있었습니다. 등에는 독수리의 날개가 달려 있었고요.

"이 세상에서 나만큼 똑똑하고 지혜로운 자는 없을 것이다!" 스핑크스는 늘 자신의 지혜로움을 자랑하고 싶었습니다. 그래서 성문의 길목을 막고 지나가는 사람들에게 수수께끼를 냈습니다.

"아침에는 네 발로, 점심에는 두 발로, 저녁에는 세 발로 걷는 동물이 무엇이냐?" 사람들 누구도 수수께끼를 알아맞히지 못했습니다. 스핑크스는 그때마다 한 사람씩 절벽 아래로 밀어뜨려 죽였습니다.

테바이의 사람들은 스핑크스가 무서워 성 밖으로 나가지도 못하고, 성 안에만 갇혀 살았습니다. 온 나라 사람들의 걱정이 하늘을 찔렀습니다.

"성 밖으로 나가 장사를 해야 먹을 것을 구해올 텐데. 어쩌면 좋아?" 먹을 것이 없어서 굶어 죽는 사람도 하나둘씩 생겨났습니다.

어느 날 용감한 청년 오이디푸스가 소문을 듣고 나타났습니다. "스핑크스가 사람들을 죽인다고요?" "그렇습니다. 테바이 성문으로는 아무도 지나가지 않습니다." "큰일이군요. 스핑크스의 지혜와 내 지혜를 시험해봐야겠군요!"

오이디푸스는 씩씩하게 스핑크스를 찾아갔습니다. 스핑크스는 오이디푸스를 보자 기분 나쁘게 웃었습니다. "성 안으로 들어가려면 내가 낸 수수께끼를 풀어야 한다." "좋소, 문제를 내시오!" 오이디푸스는 스핑크스의 말에 당당하게 대답했습니다.

"아침에는 네 발로, 점심에는 두 발로, 저녁에는 세 발로 걷는 동물이 무엇이냐?" 오이디푸스는 쉽게 답을 알아내지 못했습니다. 그러자 스핑크스가 말했습니다. "해가 지기 전에 풀지 못하면 넌 돌로 변할 것이다. 또한 절벽 아래로 떨어져 죽을 것이다." 그때 해를 등진 오이디푸스의 긴 그림자가 바닥에 늘어졌습니다. "알았다. 답은 사람이다! 아기일 때는 네 발로 기고, 자라서는 두 발로 걷고, 늙어서는 지팡이를 짚고 걸으니 말이야!"

오이디푸스가 답을 알아맞히자, 괴물 스핑크스는 자신이 몹시 부끄러워졌습니다. 그래서 스스로 절벽에서 뛰어내려 죽고 말았습니다. 테바이에는 다시 평화가 찾아왔고, 용감하고 지혜로운 청년 오이디푸스는 테바이의 왕이 되어 사람들을 도우며 살았습니다.

POINT 스핑크스처럼 수수께끼 놀이를 해볼까요?

작가
안데르센

벌거숭이 임금님

장르
세계 동화

옛날 어느 나라에 멋 부리기를 좋아하는 임금님이 살았습니다. 임금님은 나랏일에는 관심도 없고 하루에도 몇 번이나 새 옷을 갈아입는 재미로 지냈습니다.

어느 날 사기꾼 재봉사 둘이 임금님을 찾아왔습니다.

"임금님 저희는 이 세상에서 제일 멋진 옷감을 짤 수 있답니다."

"그럼 당장 옷감을 짜 보도록 하여라."

재봉사들은 돈을 두둑이 챙기고는 종일 옷감을 짜는 시늉만 했습니다. 임금님은 일이 어떻게 되어 가는지 궁금했습니다. 그래서 신하를 불러 알아보게 하였습니다. 옷감을 짜고 있는 곳으로 간 신하는 깜짝 놀랐습니다.

"아니, 여태 옷감을 하나도 짜지 않은 거요?"

재봉사들은 빙그레 웃으며 대답했습니다.

"네? 옷감이 보이지 않는단 말입니까? 사실 거짓말쟁이들에게는 보이지 않는 옷감이거든요."

그 말에 신하는 임금님께 달려가 거짓으로 아뢰었습니다. "임금님, 아주 멋진 옷감을 짜고 있습니다."

"오, 그래? 나도 얼른 보고 싶구나."

임금님은 옷이 완성될 날만 손꼽아 기다렸습니다. 여러 날이 지나고 드디어 옷감을 다 짰다는 전갈이 왔습니다. 임금님은 서둘러 옷감 짜는 방으로 갔습니다. 그런데 방 안에는 빈 베틀만 놓여 있을 뿐 실오라기 하나 보이지 않았습니다. 임금님이 고개를 갸웃거리자, 재봉사들이 말했습니다.

"임금님, 마음에 드십니까? 사실 이 옷감은 거짓말쟁이 눈에는 보이지 않는 신비한 옷이랍니다."

그 말에 임금님은 하는 수 없이 옷을 입어보기로 했습니다. 사기꾼들은 상자에서 옷을 꺼내 임금님에게 입혀 드리는 시늉까지 했습니다. 하지만 어느 누구도 옷이 보이지 않는다는 말을 하지 못했습니다. 오히려 다른 사람 눈치를 보며 보이지도 않는 옷을 칭찬하기에 바빴습니다.

"마마! 정말 멋진 옷입니다."

"으흠! 어서 행차 준비를 하도록 해라!"

이번 행차 때 임금님이 신기한 옷을 입는다는 소문이 온 도시에 퍼졌습니다. 거리에는 수많은 사람들이 임금님의 옷을 구경하기 위해 모여들었어요. 임금님은 팬티만 입고 씩씩하게 걸었습니다. 모인 사람들이 거짓으로 임금님의 옷을 칭찬하고 있을 때 한 아이가 깔깔대며 외쳤습니다.

"하하! 임금님이 팬티만 입었네?"

그러자 다른 아이들이 함께 외쳤습니다.

"벌거벗은 임금님이다!"

임금님 얼굴이 벌겋게 달아올랐습니다.

'내가 너무 어리석었어.'

성으로 돌아온 임금님은 후회를 하고는 그 뒤부터 다시는 사치를 하지 않았답니다.

안데르센(1805~1875)
덴마크의 동화작가. 《미운 오리 새끼》 《인어 공주》

POINT 어떤 행동이 사치스러운 것일까요?

작가
라퐁텐

바보 철학자의 멍청한 이야기

장르
세계 동화

세상에서 가장 똑똑하다고 생각하는 철학자가 있었습니다. 철학자는 좀 더 세상을 알기 위해 여행을 떠났습니다. 철학자가 어느 마을에 도착했을 때 사람들이 몰려 있었습니다. 가까이 가보니 어떤 이의 이야기를 마을 사람들이 귀 기울여 듣고 있었습니다. 철학자는 옆에 있는 사람에게 물었습니다.

"저 사람이 누구입니까?"

"현명하고 지혜로운 성자랍니다."

"이 나라의 왕보다도 더 많은 사랑을 받을 거요."

"신과도 대화를 한다고 해요."

마을 사람들이 줄곧 존경의 얼굴로 대답을 했습니다.

철학자는 성자를 따라갔습니다.

"성자님, 무엇이든 배우고 싶습니다."

성자는 고개를 끄덕이며 철학자를 허름한 집으로 데리고 들어갔습니다. 성자는 검소하고 소박하게 지내며 자신의 삶에 만족하며 살았습니다.

"성자님, 집에서 하시는 일이 무엇인지요?"

대답 대신 정원을 가꾸는 성자의 모습을 보고 정원에 신경을 많이 쓴다고 여겼습니다. 철학자는 제자가 되겠다고 결심하고 스승을 옆에서 지켜보았습니다. 그러나 성자는 보여주기만 할 뿐 가르치지 않았습니다.

성자는 외출 할 일이 없으면 온 종일 정원만 가꾸었습니다. 너무 자란 가지나 쓸데없이 자란 나뭇가지를 잘라주었습니다. 철학자는 나무를 망치지 않을까 생각되어 성자에게 물었습니다.

"스승님, 나무를 그냥 두시지 왜 낫으로 나무를 자르십니까? 나무를 못 쓰게 되지 않을까요?"

"나무를 망치는 게 아니라 나무에게 필요 없는 부분을 잘라 주는 것이니라."

철학자는 이해할 수 없었습니다. 성자는 필요 없는 가지를 잘라주어야 더 큰 이익이 돌아온다고 덧붙였습니다.

'이런, 성자에게 더 배울 것이 없겠어. 고향으로 다시 돌아가자!'

고향으로 돌아온 철학자의 정원에 많은 나무들이 있었습니다. 철학자는 낫을 들고 나뭇가지를 잘라냈습니다. 그러나 철학자는 어떤 나뭇가지를 베어야 하는지 몰라 닥치는 대로 잘랐습니다. 과일이 열리는 가지도 베고, 아름다운 나무를 볼품없이 만들어버리기도 했습니다.

시간이 흐르며 철학자의 정원은 볼품없이 변해갔습니다. 그래도 철학자는 가지를 잘라대기만 했습니다. 심지어 친구들에게까지 가지를 자르라고 가르쳤습니다. 세월이 흘러 철학자의 집뿐만 아니라 온 동네 사람들의 정원이 모두 망가져갔습니다. 성자에게서 정말로 배워야 할 것은 배우지 않고, 엉뚱한 것만 배웠기 때문입니다.

라퐁텐(1621~1695)
프랑스의 시인, 동화 작가. 《개와 당나귀》《곰과 정원사》

POINT 바보 철학자가 성자에게 정말로 배워야 할 것은 무엇이었을까요?

작가
미상

빨간 요술 보자기

장르
세계 옛날이야기
(필리핀)

어느 마을에 안드레라는 착한 청년이 살았습니다. 안드레는 늙고 병든 어머니와 단둘이 살았는데 근근이 끼니만 때울 정도로 가난했습니다. 어머니는 눈만 뜨면 배고프다고 야단이었습니다. "어머니, 조금만 참으세요. 금방 가서 쌀 사올게요."

날이 밝으면 안드레는 부랴부랴 쌀을 사러 가야 했습니다. 주머니 속에 언제나 딱 하루치 쌀값밖에 없었습니다.

어느 날 안드레가 숲을 지나려는데 웬 남자가 칼을 빼 들고 작은 뱀 한 마리를 죽이려는 게 아니겠어요? 안드레는 벌벌 떨고 있는 뱀이 불쌍해서 남자에게 쌀 살 돈을 몽땅 내주면서 뱀을 살려달라고 부탁했어요.

"허! 별 이상한 사람을 보겠군."

남자가 돈을 받아들고 떠나자 뱀이 말했습니다.

"친절한 아저씨, 정말 고마워요. 은혜를 갚고 싶은데 저와 함께 저희 집에 가지 않을래요?"

그래서 안드레는 작은 뱀을 따라 뱀이 우글거리는 굴로 가게 되었습니다. 서늘한 굴 안으로 들어가자 무시무시하게 생긴 대장 뱀이 빨간 혀를 날름거리며 다가왔습니다. 작은 뱀이 재빨리 대장 뱀에게 조금 전에 있었던 일을 이야기하자, 대장 뱀은 고맙다며 '요술 보자기'를 선물로 주었습니다.

안드레는 뱀들에게 작별 인사를 하고는 서둘러 발걸음을 재촉하는데 작은 오두막이 보였습니다. 작은 오두막에는 아주머니 혼자 있었는데 왠지 심술궂어 보였습니다. 아주머니는 안드레에게 있는 요술 보자기가 탐이 나서 이렇게 꼬드겼습니다.

"젊은이, 나한테 말만 하면 어디든지 날아가 못된 녀석들을 혼내주는 요술 돌멩이가 있는데 요술 보자기와 바꾸지 않겠나?"

하는 수 없이 안드레는 요술 돌멩이를 들고 또 길을 떠났습니다. 그런데 이번에는 며칠을 굶었는지 뼈만 앙상하게 남아 있는 할머니와 맞닥뜨렸습니다.

"할머니에게 음식을 차려드리려면 요술 보자기가 필요해. 요술 돌멩이들아! 아주머니한테 가서 요술 보자기를 찾아오너라!"

그러자 돌멩이들이 번개같이 날아서 요술 보자기를 가져왔습니다. 안드레가 요술 보자기를 찾아와서 할머니를 위해 멋진 식사를 차려드리자, 할머니가 웬 지팡이 두 개를 안드레에게 내밀었습니다.

"젊은이, 정말 고맙네. 이건 주인을 괴롭히는 녀석들을 혼내주는 요술 지팡이라네. 이제 나는 너무 늙어서 이 지팡이가 소용없으니 자네가 가져가 요긴하게 쓰게나."

이렇게 해서 안드레는 요술 보자기와 요술 돌멩이, 요술 지팡이까지 얻게 되었습니다. 집에서 아들을 기다리던 어머니는 무사히 돌아온 아들을 보고 너무 기뻐서 그동안 앓던 병까지 다 나았지 뭐예요. 그 후 안드레는 이 세 가지로 이웃을 도우며 어머니와 행복하게 살았답니다.

POINT 요술 보자기, 요술 돌멩이, 요술 지팡이 중에 한 가지만 가질 수 있다면 어떤 것을 선택하고 싶나요?

작가
미상

우리 형제, 우리 마을

장르
전래 동요

우리 형제

우물가엔 나무 형제
하늘에는 별이 형제
우리 집엔 나와 언니

우말가엔 나무 형제
하늘에는 별이 형제
우리 집엔 나와 언니

우리 마을

저 달 봤나 나도 봤다
저 해 봤나 나도 봤다
저 구름 봤나 나도 봤다
저 물 봤나 나도 봤다

저 달 봤나 나도 봤다
저 해 봤나 나도 봤다
저 구름 봤나 나도 봤다
저 물 봤나 나도 봤다

작가
쥘 베르

15소년 표류기

장르
세계 명작

엄청난 파도와 거센 비바람에 휩쓸려 배가 기우뚱했습니다. 돛대는 이미 부러졌고 선실 안에도 물이 차오르기 시작했습니다. 선실 안에 있는 소년들은 서로 부둥켜안은 채 꼬박 밤을 새야 했습니다.

"육지가 보인다!"

소년들의 얼굴이 기쁨으로 환해졌습니다. 항구를 떠나온 지 20여 일만에 낯선 육지에 발을 디딘 것입니다. 해변에는 사람의 흔적이라고는 보이지 않았습니다. 모래사장을 둘러싼 나무와 수풀, 바다로 흐르는 강이 전부였습니다. 소년들은 당분간 모래 언덕에 처박힌 배 안에서 지내기로 했습니다. 문제는 식량이었습니다. 배에 실려 있는 식량은 아무리 아껴 먹어도 두 달 정도밖에 버틸 수 없었습니다. 어린 동생들은 바닷가에 나가 물고기와 조개 등을 잡고 새알도 주워 왔습니다. 큰 아이들은 엽총과 탄약 같은 무기와 살림살이, 도구 등을 조사해서 개수와 양을 적어 놓았습니다.

"도대체 이곳은 어디일까?"

아이들 중에 뽑힌 네 명의 정찰대는 탐험을 떠났다가 거의 부서진 낡은 보트와 동굴을 발견했습니다. 놀랍게도 동굴에는 살림 도구들이 있었습니다. 뿐만 아니라 동굴 밖 나무 밑에서는 해골과 뼛조각도 찾아냈습니다. "앗! 지도다!"

그런데 사면이 모두 바다로 표시된 지도를 보자 모두들 시무룩해졌습니다. 이곳이 섬이라는 사실에는 충격을 받았지만 그나마 겨울 동안 지낼 동굴을 찾은 것은 다행이었습니다. 소년들은 꼬박 나흘에 거쳐 큰 뗏목을 만든 다음, 필요한 물건들을 동굴로 옮겼습니다. 드디어 동굴 생활이 시작되었고 소년들은 그들만의 대통령을 뽑았습니다. 그리고 일과표를 만들어 규칙적으로 공부와 운동을 하고 각자 맡은 일도 열심히 했습니다. 함정을 파서 동물을 잡았으며 바다표범 기름으로 동굴을 밝혔습니다. 주로 큰 소년들이 새와 짐승을 사냥하고 땔감을 준비했고, 나이 어린 소년들은 가축우리를 돌보고 먹을 만한 산나물을 따 왔습니다.

어느덧 해가 바뀌었습니다. 아이들의 생활은 차츰 나아졌지만 앞날에 대한 두려움과 부모님에 대한 그리움은 여전했습니다. 또한 무서운 짐승이 공격해 올 때도 있었지만 슬기롭게 이겨냈으며 지나가는 배에 신호를 보내기 위해 커다란 연을 만들기도 했습니다.

그러던 어느 날 어느 나무 아래 중년 부인이 쓰러져 있는 게 아니겠어요? 아이들의 보살핌으로 기운을 차린 부인은 놀라운 이야기를 들려주었습니다. 아주머니가 탄 배에서 악당 선원들이 선장과 승객을 죽이고 배를 빼앗았는데 폭풍우로 배가 암초에 부딪치는 바람에 이 섬까지 흘러오게 된 거라고 했습니다. 아이들은 악당들이 찾아올까봐 동굴 입구에 문을 만들고 밤마다 보초를 섰습니다. 그리고 소년들은 부인과 착한 항해사와 힘을 합쳐 악당들을 물리쳤습니다. 아이들은 항해사를 도와서 한 달 동안 배를 고쳤습니다. 그리고 마침내 15명의 소년들은 집으로 돌아오게 되었습니다. 2년 여 만에 죽은 줄만 알았던 아이들이 돌아오자 가족들의 기쁨은 말로 표현할 수 없었답니다.

쥘 베른(1828~1905)
프랑스의 소설가. SF소설의 선구자
《기구를 타고 5주일》《20세기 파리》

POINT 어떻게 해서 15명의 소년들은 건강한 모습으로 다시 집에 돌아올 수 있었을까요?

작가
미상

백 냥짜리 나무 그늘

장르
전래 동화

옛날 어느 마을에 욕심쟁이 할아버지가 살았습니다. 할아버지네 집 앞에는 커다란 느티나무 한 그루가 있었는데 그늘에 누워 있으면 무척 시원했답니다.

어느 뜨거운 여름날, 한 마을에 사는 총각이 밭일을 하고 오다가 그 느티나무 밑에서 걸음을 멈췄습니다.

'아. 여기에서 잠깐 땀이라도 식히고 가야겠다.'

총각이 그늘에 앉아 쉬고 있을 때였습니다. 갑자기 욕심쟁이 할아버지가 나타나더니, "남의 나무 그늘에서 더위를 피하려면 돈을 내야 하네." 라고 말하는 것이었습니다.

"할아버지, 나무 그늘에도 주인이 있나요?"

총각은 깜짝 놀라 물었습니다.

"당연하지. 이 나무는 우리 할아버지의 할아버지가 심은 거고, 이 나무 주위가 다 내 땅이란 말이다. 그러니 돈을 내지 않을 거면 어서 내 그늘에서 나가!"

총각은 억울한 마음에 곰곰이 생각하다가 꾀를 하나 냈습니다.

"그럼 이 시원한 그늘을 제게 파시는 건 어떠신지요?"

총각의 말에 할아버지는 귀가 번쩍 뜨였습니다. 그러자 할아버지는 내심 좋아하며 열 냥을 받고 그늘을 팔았습니다.

"오늘은 아침부터 푹푹 찌는구나!"

하루는 할아버지가 혼잣말을 하며 밖으로 나왔다가 이상한 광경을 보았습니다. 느티나무 아래에서 총각이 마을 사람들한테 엽전을 받고 있는 게 아니겠습니까? 종일 지켜보니 사람들이 나무 아래 머물다 갈 때마다 총각한테 꼬박꼬박 엽전 한 닢씩을 건네주었습니다.

"하하, 저 녀석 보게. 나한테 나무 그늘을 사서 장사를 하네!" 할아버지는 배가 아파 견딜 수가 없었답니다. 사실 할아버지에게 건네준 열 냥은 이웃들에게 꾸어 마련한 돈이었습니다. 그래서 빚을 갚기 위한 방편으로 총각이 이웃들과 짜고 하는 일이었던 것입니다. 하지만 아무것도 모르는 할아버지는 냉큼 돈을 챙겨서는 총각에게 갔습니다.

"자, 여기 있다. 열 냥. 이 돈 다시 받고 내 그늘 내놔."

"지금 소인에게 열 냥이라고 하셨습니까? 장사가 이리 잘 되는데, 열 냥이 아니라 백 냥을 준다고 하셔도 되팔지 않을 것입니다."

"이런 날강도 같으니라고! 너는 열 냥에 샀으면서 지금 나더러 백 냥을 내라는 말이냐?"

할아버지는 길길이 뛰면서 욕까지 하고는 집으로 돌아갔습니다. 하지만 여름 내내 집 앞에 나가 느티나무를 볼 때마다 배가 아파서 참을 수가 없었습니다.

'할 수 없군. 백 냥을 주고라도 저 그늘을 도로 사야겠어.' 이렇게 결심한 할아버지는 눈을 질끈 감고 총각에게 백 냥을 건네주었습니다. 하지만 할아버지가 그늘을 되사들인 다음부터 돈을 내고 쉬는 사람은커녕 개미 새끼 한 마리 얼씬거리지 않았다고 합니다.

POINT 욕심쟁이 할아버지처럼 더운 여름에 혼자서 시원한 곳을 독차지하려는 사람을 보면 어떻게 할까요?

작가
알퐁스 도데

마지막 수업

장르
세계 명작

"프란츠! 오늘은 그렇게 서두를 필요 없어!"
마을 게시판 앞에서 누군가 소리쳤어요. 대장장이 바시테르 아저씨였습니다. 그때만 해도 아저씨가 나를 놀리는 말인 줄만 알았어요.
그런데 여느 때 같으면 시끌벅적한 교실이 오늘따라 조용하기만 했어요. 눈을 질끈 감고 교실 안으로 들어가는데 아멜 선생님의 목소리가 들렸어요.
"프란츠, 어서 네 자리에 가서 앉아라. 하마터면 너를 빼놓고 수업을 시작할 뻔했구나."
나는 어리둥절해서 내 자리로 가서 앉았습니다. 선생님이 혼내지 않는 것도, 아이들이 전혀 떠들지 않는 것도 이상했지만 여느 때와 다른 것이 또 있었습니다. 교실 뒤쪽의 의자에 마을 어른들이 빼곡하게 와서 앉아 있는 게 아니겠어요?
"여러분! 오늘이 제가 프랑스어로 가르치는 마지막 수업입니다. 내일부터 프로이센 어로만 가르치라는 명령이 떨어졌기 때문입니다."
양복을 단정하게 입은 선생님이 말씀하셨어요. 나는 몹시 당황스럽고 후회스러웠습니다.
'아직 프랑스 말을 제대로 쓸 줄도 모르는데 마지막 수업이라고? 이럴 줄 알았으면 열심히 공부하는 건데…….'
그때 선생님이 내 이름을 불렀어요.
"자, 프란츠! 어제 내준 숙제를 한번 읽어볼래?"
나는 그만 얼굴이 발개지고 말았어요. 숙제를 깜빡 잊고 안 해온 거예요.
"자리에 앉아라, 프란츠."
선생님은 교실에 있는 아이들과 마을 어른들을 둘러보며 말씀하셨습니다.
"여러분, 우리말을 가르칠 시간이 많을 줄 알았는데, 오늘이 마지막 수업이 되고 말았네요. 비록 지금은 프로이센 군에게 나라를 빼앗겼지만, 우리말만 굳게 지킨다면 프랑스어는 우리의 가슴 속에 영원히 살아 있을 것입니다."
나는 고개를 숙인 채 선생님 말씀을 귀담아 들었어요. 그리고 그 어느 때보다도 열심히 수업을 들었습니다. 쓰기 시간에, 선생님은 손수 써오신 글씨본도 한 장씩 나눠주셨는데 왠지 그 글씨를 보자 가슴이 뭉클해졌습니다.
그리고 마지막으로 선생님은 모두에게 '바베비보부'라는 알파벳 노래를 시키셨습니다. 교실 뒤에 있던 할아버지까지 다 같이 따라 불렀습니다.
교회에서 12시를 알리는 종이 울렸습니다. 그와 동시에 훈련에서 돌아오는 프로이센 병사들의 나팔 소리가 울려 퍼졌어요. 선생님은 차마 말로 하지 못하고 칠판에 커다랗게 '프랑스 만세'라고 썼습니다.
'이제 수업은 끝났습니다. 다들 집으로 돌아가십시오.'
선생님 말에도 사람들은 한동안 자리에서 꼼짝도 하지 않았어요. 나중에 교실을 빠져나오며 나는 선생님을 돌아보았습니다. '프랑스 만세'라는 글씨 옆에 선생님이 쓸쓸하게 서 있었어요. 순간 나는 이 마지막 수업을 영원히 잊지 못할 거라는 생각이 들었습니다.

알퐁스 도데(1840~1897)
프랑스의 소설가
《월요 이야기》에 수록된 작품이며, 가장 많은 사랑을 받았다.

POINT 우리나라도 프랑스처럼 나라를 빼앗긴 적이 있을까요?

작가
이솝

고양이 목에 방울 달기

장르
세계 동화

어느 날 온 마을의 쥐들이 심각한 얼굴로 회의를 했습니다. 며칠째 잠을 설친 쥐들이 앞 다투어 이야기를 꺼냈습니다.

"요즘 새로 이사 온 고양이에게 우리 쥐들이 계속 잡아먹히고 있다는 것 아십니까?"

"맞아요. 벌써 수십 마리라지요."

"정말 큰일입니다. 불안해서 마음 편히 지낼 수가 없습니다."

"이렇게 가다가는 우리 쥐들이 모조리 죽고 말 것입니다. 우리 해결 방법을 찾아야 해요."

쥐들은 머리를 굴리며 고양이에게 잡아먹히지 않을 방법을 생각했습니다. 이렇다 할 좋은 방법이 떠오르지 않았습니다.

그때 구석에서 잠자코 있던 쥐가 말을 꺼냈습니다.

"이건 어떨까요? 우리 쥐들이 한꺼번에 고양이를 공격하는 거예요."

"절대 좋은 방법이 아닙니다. 그 녀석의 발톱과 이빨을 우리가 감당할 수 없어요. 우리는 시작하자마자 모두 죽고 말 겁니다."

쥐들은 맞는 말이라며 고개를 끄덕였습니다. 다시 고민하기 시작했습니다.

이번에는 가장 꾀가 많은 쥐가 앞으로 나섰습니다.

"그럼 고양이 목에 방울을 달면 어떨까요? 그렇게 하면 고양이가 움직일 때마다 딸랑거리게 될 거예요. 우린 방울 소리로 고양이가 나타난 걸 알겠지요. 그때마다 안전한 곳으로 도망치면 되고요. 더는 고양이에게 잡혀가는 일은 없을 거예요. 어때요?"

"오라. 그런 좋은 방법이 있었네요. 이제 편안히 살 수 있겠어요."

쥐들은 환호성을 지르며 펄쩍펄쩍 뛰었습니다. 모든 문제가 해결되었다고 잔치를 벌이자는 쥐들도 있었습니다.

그때 맨 뒷자리에서 조용히 앉아만 있던 늙은 쥐가 말했습니다.

"참 훌륭한 생각입니다. 그렇게만 된다면 참으로 행복한 날을 보낼 수 있겠지요. 그럼 누가 고양이 목에 방울을 달겠습니까?"

늙은 쥐의 말에 모두 잠잠해졌습니다.

"방법을 제안한 쥐가 해야 하는 거 아닌가요?"

쥐들이 모두 꾀를 낸 쥐를 바라보았습니다.

"방법을 생각해보자고 했지, 해결사로 누가 좋은지에 대한 회의는 아니었습니다. 그럼 지금부터 누가 하면 좋을지 더 회의를 하는 게 좋겠습니다."

꾀 많은 쥐가 대꾸를 했습니다. 그러자 쥐들이 서로 흘끔거리며 눈치만 살폈습니다.

시간은 계속 흘러갔지만 선뜩 나서는 쥐가 없었습니다. 쥐들은 하나둘 자리를 뜨기 시작했습니다.

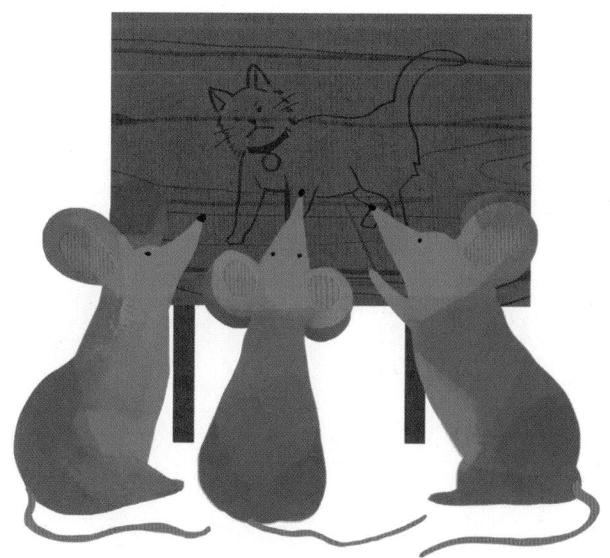

이솝
본명은 아이소포스. 기원전 6세기 고대 그리스 우화 작가

POINT 고양이 목에 방울 달기란 말이 무슨 뜻인지 말해볼까요?

작가
루시 모드 몽고메리

빨간머리 앤 1

장르
세계 명작

초록 지붕에 사는 매슈 커스버트가 마차를 몰고 가는 것을 레이첼 린드 부인이 보았습니다. 당장 초록 지붕으로 가서 매슈의 동생 마릴라를 만났습니다.

"마릴라, 매슈가 어디를 가는 건가요?"

"고아원에서 매슈를 도울 수 있는 열 살 정도의 남자아이를 데리러 가요."

"아이를 들인다고요? 잘된 일인지 모르겠네요."

한편 마차를 몰고 역에 도착한 매슈의 눈에 여자 아이가 보였습니다. "여자 아이가 아니라 남자 아이인데."

매슈가 다가가자 조그맣고 하얀 얼굴을 한 여자 아이가 벌떡 일어나 말했습니다. "안녕하세요? 매슈 커스버트 아저씨죠? 저는 아무도 없길래 오늘은 저기 양벚나무 위에 올라가 잠을 자야겠다고 생각했어요."

"그, 그래. 우선은 마차에 타렴."

"저는 가족을 가져본 적이 없어요. 고아원에서 산 기억은 너무 싫었거든요."

초록 지붕 집으로 가는 동안 여자 아이는 끊임없이 말을 했습니다. 매슈는 중간 중간 대꾸를 하며 여자 아이의 말을 들었습니다. 마차가 눈처럼 새하얗고 꽃들로 뒤덮인 길을 지날 때였습니다. "우와, 정말 아름다워요. 이 길을 '새하얀 기쁨의 길'로 부르겠어요."

연못에도 '반짝이는 호수'라고 이름을 붙여 주었습니다. 드디어 초록 지붕 집이 눈에 들어왔습니다.

마차가 도착하자 마릴라가 황급히 밖으로 나왔습니다. 빨간 머리 여자 아이를 본 마릴라가 깜짝 놀랐습니다. "오빠, 여자 아이잖아요?"

"그게, 역에서 기다리는 건 이 아이였어. 어디서부터 잘못됐는지는 모르겠다."

두 사람의 대화를 듣고 있던 아이가 울음을 터뜨렸습니다. "제가 아니었군요. 아무도 나를 원할 리가 없어요. 조금 전까지 세상이 다 아름다웠는데."

마릴라는 자신을 앤 셜리로 소개한 여자 아이를 데리고 이층으로 올라가 잠자리를 봐주었습니다.

다음 날, 마릴라는 앤을 데리고 스펜서 부인의 집에 갔습니다. 이야기가 끝나자 스펜서 부인이 해결책을 내놓았습니다. "이 아이는 블루엣 부인 댁에 보내면 되겠어요. 그 댁에서 여자 아이를 찾고 있었으니까요."

마릴라는 인정머리 없기로 소문난 블루엣 부인 집이라는 말에 마음이 편치 않았습니다. 때마침 들어온 블루엣 부인에게 상황을 이야기하자 블루엣 부인이 당장 앤을 데려가겠다고 말했습니다.

"저기, 이 아이를 데리고 있지 않기로 한 게 아니라 상황을 알기 위해서 온 거예요. 만일 이 아이를 보내야겠다고 마음먹게 되면 내일 밤까지 보낼게요."

마릴라는 앤을 데리고 서둘러 초록 지붕 집으로 돌아왔습니다. 매슈와 상의한 마릴라는 앤에게 초록 지붕 집에서 같이 살기로 했다고 전했습니다.

"오, 꿈이면 깨지 말았으면 좋겠어요."

앤은 이층 자기 방으로 올라가 둘러보았습니다. 어제보다 더 따뜻하게 느껴졌습니다.

루시 모드 몽고메리(1785~1863)
캐나다의 소설가. 《에이번리의 앤》 《과수원 세레나데》

POINT 빨간머리 앤처럼 주변에 있는 집이나 길에 이름을 붙여 볼까요?

작가
루시 모드 몽고메리

빨간머리 앤 2

장르
세계 명작

어느 날 린드 부인이 찾아와 앤의 생김새를 지적하자 앤은 버럭 소리를 지르며 이층으로 올라갔습니다. 마릴라는 린드 부인의 태도에도 문제가 있 었습니다고 말하고 앤에게 린드 부인에게 사과하라고 했습니다. 그러나 앤은 방에서 나오지 않고 버텼습니다. 보다 못한 매슈가 타이르자 앤은 린드 부인에게 무릎까지 꿇고 사과했습니다.

앤이 다이애나를 처음 만났습니다. 검은 머리카락에 붉은 빰을 가진 어여쁜 아이였습니다.

“다이애나, 나의 영원한 친구가 되어줄래?”

“그래, 나도 널 만나서 좋아.”

앤과 다이애나는 서로 손을 맞잡고 진실할 것을 맹세했습니다. 앤과 다이애나는 하루 종일 붙어 다니며 소꿉놀이도 하고 책도 읽었습니다. 학교에 다니게 된 앤은 마릴라의 걱정과 달리 학교생활을 무척 잘했습니다. 어느 날 장난이 심한 길버트가 앤의 머리끝을 잡고 말했습니다. “홍당무! 홍당무!”

앤은 길버트를 쏘아보며 석판을 길버트 머리 위로 내리쳤습니다. 이 모습을 본 필립스 선생님이 앤을 나무랐습니다. 그 뒤로 앤은 길버트와 눈도 마주치지 않았습니다. 그런 앤의 마음도 모르고 필립스 선생님은 늦게 들어온 앤에게 길버트 옆에 앉으라고 말했습니다. 집으로 돌아온 앤이 학교에 다니지 않겠다고 하자 마릴라와 매슈는 앤의 결정에 따랐습니다.

마릴라는 앤에게 다이애나와 집에서 놀아도 좋다며 외출을 했습니다. 찬장에 만들어 놓은 딸기 주스도 마시라고 하자 앤은 더 없이 행복했습니다. 다이애나를 초대한 앤은 학교 이야기를 들으며 시간가는 줄 몰랐습니다. 그러다가 딸기 주스를 다이애나에게 건넸습니다. 앤은 나중에 먹는다며 다이애나에게만 먹였습니다. 그런데 세 잔을 마신 다이애나가 갑자기 일어났습니다. “앤, 갑자기 머리가 무거워. 나 집에 갈래.”

앤은 집에 가겠다는 다이애나에게 섭섭했지만 집까지 데려다 주었습니다. 그리고 며칠 뒤에 앤은 울면서 집으로 뛰어 들어왔습니다.

“어쩌면 좋아요. 다이애나 엄마가 저한테 무척 화가 나셨대요. 제가 다이애나에게 술을 먹였다고 말이에요. 앞으로 다이애나와 놀지 말라고 하셨나 봐요.”

앤이 다이애나에게 딸기 주스를 줬다고 하자, 마릴라는 딸기 주스가 아닌 포도주라는 것을 알았습니다. 마릴라가 다이애나 엄마를 설득했지만 소용없었습니다.

추운 겨울밤, 매슈와 앤이 난롯가에서 이야기를 나누는데 다이애나가 헐레벌떡 찾아왔습니다. “앤, 내 동생 미니 메이가 열이 심해. 부모님이 외출하셨는데 일해주는 메리 조 언니도 어찌해야 하는지 모른대.”

매슈가 의사를 부르러 간 사이 앤은 다이애나 집으로 뛰어가 미니 메이에게 토근즙을 갈아 먹여 가래를 뱉게 한 뒤 열을 내리게 했습니다. 새벽 세 시가 넘어서야 매슈가 의사와 함께 도착했습니다. 의사는 앤의 응급조치로 미니 메이의 열이 내렸다며 칭찬했습니다. 그 뒤 다이애나 엄마는 오해를 풀었고, 다이애나와 앤에게 친하게 지내라고 했습니다.

POINT 앤과 다이애나처럼 단짝 친구가 있나요?

작가
루시 모드
몽고메리

빨간머리 앤 3

장르
세계 명작

봄이 오고 앤은 다시 학교에 다녔습니다. 방과 후에 앤은 다이애나에게 제니와 루비까지 불러 조각배 타기 연극을 하자고 제안했습니다.

"조각배에 누워 죽은 시늉을 하는 거야."

모두 앤을 추천하자 앤은 조각배에 올라타 검은 숄을 덮고 죽은 듯이 누웠습니다. 그런데 앤이 탄 배 밑바닥에 구멍이 나서 점점 물이 차올랐습니다. 앤은 가까스로 다리 기둥을 붙잡고 매달렸습니다.

"하느님, 제발 도와주세요!"

그때 조각배를 탄 길버트가 앤을 발견해서 구해주었습니다. 길버트는 앤을 놀린 일에 대해 사과했습니다. 그러나 앤은 여전히 친구가 될 수 없다며 쌀쌀맞게 대했습니다.

앤은 퀸스 입학시험 준비반에 들어가 공부를 했습니다. 길버트를 비롯해서 성적이 우수한 학생들이 모였습니다. 앤은 길버트를 이겨서 좋은 성적으로 퀸스 학교에 입학하고 싶었습니다.

시험이 끝나고 몇 주가 지난 어느 날 다이애나가 신문을 들고 앤의 집으로 달려왔습니다.

"앤, 축하해! 합격이야, 그것도 일등이라고!"

다이애나와 앤, 매슈와 마릴라는 무척 기뻐했습니다. 마릴라는 앤을 꼭 끌어안았습니다.

앤은 퀸스 학교에서 이 년 동안의 공부를 일 년 동안 끝내고 교사 자격증을 받았습니다. 졸업 후 레이먼드 대학에 진학하기로 결정했습니다.

얼마 지나지 않아 매슈가 심장마비로 세상을 떠났습니다. 장례식을 치루고 마릴라가 앤에게 말했습니다.

"앤, 이제 초록 지붕 집을 팔아야겠어. 혼자서 살기에는 너무 크거든." 앤은 눈을 동그랗게 뜨며 말했습니다. "저도 있잖아요. 저랑 같이 살면 되는데 왜 혼자예요?"

"앤, 장학금까지 받았는데 레이먼드 대학에 가야지."

"아니요. 저는 대학보다 여기서 아주머니와 사는 게 더 소중해요. 매슈 아저씨에게 약속했어요. 마릴라 아주머니를 지켜드리겠다고 말이에요."

마릴라는 감격한 얼굴로 눈물을 흘렸습니다. 앤은 대학 진학을 포기하고 선생님이 되기로 했습니다.

며칠 뒤, 앤은 매슈의 묘지를 다녀오다 길버트를 만났습니다. 그러고는 용기를 내서 입을 열었습니다.

"길버트, 나를 위해 에이번리 학교 선생님을 양보했다고 들었어. 고마워."

"널 도울 수 있어서 다행이야. 날 용서하고 친구가 되어 주는 거야?" 길버트가 앤에게 손을 내밀었습니다.

"사실, 조각배로 날 구해준 날 벌써 용서했어."

길버트와 앤은 오랫동안 서로의 눈빛을 바라보았습니다. 그날 밤 앤은 창가에 앉아 은은한 향기가 실려 오는 바람을 느꼈습니다.

'초록 지붕 집은 나에게 희망과 상상력을 주었어. 꿈을 꾸지 않았다면 이렇게 행복하지 않았을 거야.' 앤은 하늘을 올려다보며 나지막이 속삭였습니다.

POINT 앤은 왜 대학에 가지 않고 초록 지붕 집에서 살기로 했을까요?

작가
방정환

4월 그믐날 밤

장르
국내외 명저자 작품

사람들이 모두 잠자는 밤중이었습니다. 절간에서 밤에 치는 종 소리도 그친 지 오래 된 깊은 밤이었습니다. 높은 하늘에는 별만이 반짝반짝 아무 소리도 없는 고요한 밤중이었습니다. 이렇게 밤이 깊은 때 잠자지 않고 마당에 나와 있는 사람은 나 하나밖에 없는 것 같았습니다. 참말 내가 알기에는 나 하나밖에 자지 않는 사람이 없었습니다.

시계도 안 보았습니다. 아마 자정 때는 되었을 것입니다. 어두운 마당에 가만히 앉아 별들을 쳐다보고 있노라니까 별을 볼수록 세상은 더욱 고요하였습니다. 어디서인지 어린 아기의 숨소리보다도 가늘게 속살속살하는 소리가 들렸습니다. 누가 들어서는 큰일날 듯한 가늘디가는 소리였습니다. 어디서 나는가 하고 나는 귀를 기울이고 찾다가 내가 공연히 그랬는가 보다고 생각도 하였습니다. 그러나 그 속살거리는 작은 소리는 또 들렸습니다. 가만히 듣노라니까 그것은 담 밑 풀밭에서 나는 소리였습니다.

고요하고 평화롭게 5월 초 초하루의 새 세상이 열리어 가는 것이었습니다. 새벽 네 시쯤 되었습니다. 날이 채 밝기도 전에 벌써 종달새가 하늘에 높이 떠서 은방울을 흔들기 시작했습니다. 꽃들이 그 소리를 듣고 문을 달각 열고 빵끗 웃었습니다. 참새가 벌써 큰 북을 짊어지고 왔습니다. 제비들이 길다란 피리를 가지고 왔습니다. 주섬주섬 모두 모여들어서 각각 자리 위층 아래층에서 꽃들이 손님을 맞아들이기에 바빴습니다.

아침 해 돋을 때가 되어 무도복을 가뜬히 입은 나비들이 떼를 지어 왔습니다. 그러는 중에 갑자기 판이 더 화려해졌습니다. 목을 앓는다던 꾀꼬리도 노랜 새 옷을 화려하게 차려입고 인력거에 실려 당도하였습니다. 꾀꼬리가 온 것을 보고 모두들 어찌나 기뻐하는지 몰랐습니다. 일 년 중에도 제일 선명한 햇빛이 이 즐거운 잔치터를 비추기 시작했습니다. 버들잎, 잔디풀은 물에 갓 씻어낸 것처럼 새파랬습니다. 5월 초하루! 거룩한 햇빛이 비치기 시작하는 것을 보고 복사나무 가지 위 꽃그늘에서 온갖 새들이 일제히 5월 노래를 부르기 시작했습니다. 그러니까 거기에 맞춰서 나비들이 춤을 너울너울 추기 시작합니다. 모든 것이 즐거움을 이기지 못하고 덩실덩실 춤을 추었습니다. 잔디풀, 버들잎까지 우쭐우쭐하였습니다. 즐거운 봄이었습니다. 유별나게 햇빛 좋은 아침에 사람들이 모여들면서

"아이구, 복사꽃이 어느 틈에 저렇게 활짝 피었나!"

"아이구, 이게 웬 나비들이야!"

"이제 아주 봄이 익었는걸!" 하고 기쁜 낯으로 이야기하면서 보고 들어섰습니다. 5월 초 하루는 참말 새 세상이 열리는 첫날이었습니다.

방정환(1899~1931)
아동문학의 선구자. 한국 최초 순수아동 잡지 《어린이》, 대표작 《사랑의 선물》 《소파전집》

POINT 그믐날, 초하루, 보름 등 날을 세는 이름을 더 알아볼까요?

May
5

5.1.

작가
미상

닭 쫓던 개 지붕만 쳐다본다

장르
교과서에 실린 전래 동화

옛날 어느 마을의 농부가 황소와 수탉, 개를 한 마리씩 키우고 있었습니다. 농부가 밭에 나가자 외양간에서 여물을 먹던 황소가 느릿한 목소리로 말했습니다.
"수탉아, 물어볼 게 있는데 이리 와 주렴."
수탉은 얼른 소에게 가서 무슨 말인지 물었습니다.
"나는 말이야. 너도 알다시피 날마다 밭에서 일하고 짐을 나르잖아. 그런데도 콩깍지나 짚만 먹어."
"그래서요? 뭐가 궁금한지 빨리 물어봐 주세요."
수탉은 소에게 빨리 말하라며 재촉을 했습니다.
"알았어. 빨리 말할게. 그런데 너는 힘든 일도 하지 않고 마당에서 놀기만 하고 주는 쌀알만 넙죽넙죽 받아먹잖아. 왜 그런지 궁금해서 말이야."
수탉은 고개를 들며 콧방귀를 꼈습니다.
"정말 그걸 모르세요? 저는 황소님보다 몇 배나 중요한 일을 하니까요."
"나보다 중요한 일을 한다고?"
"그럼요. 매일 아침 날이 밝았다고 알리잖아요. 이것보다 중요한 일이 어디 있겠어요?"
황소와 수탉의 대화를 듣던 개가 끼어들었습니다.
"듣자 듣자 하니 기가 막히는군. 황소님이 얼마나 힘든 일을 하는지 몰라? 나 또한 밤새 이 집을 지키지만 얻어먹는 게 고작 사람들이 먹다 남은 음식이라고. 정말 네가 하는 일이 가장 중요해?"
개는 투덜거리며 수탉을 향해 짖어 댔습니다. 그러나 수탉은 굴하지 않고 대꾸했습니다.
"시간을 맞춰서 울기 위해 나는 항상 긴장을 하고 있다고. '새벽마다 '꼬끼오' 하고 우는 소리는 날이 밝았으니 일어나라는 뜻이 담겨 있는 거야. 알겠어?"
"잘난 체하기는. 내가 짖는 '멍멍' 소리에도 뜻이 있는 거야."
개의 말에 수탉이 우습다는 듯이 쳐다봤습니다.
"도대체 무슨 뜻인데?"
"'멍멍' 소리에는 '멍텅구리'라는 뜻이 있지."
개가 으스댔지만 수탉은 되레 깔깔 웃었습니다.
"뭐라고? 자기보고 멍텅구리라고 하는 거야? 진짜 우습다."
개는 화가 나서 수탉에게 으르렁거렸습니다. 그러나 수탉은 웃음을 그치지 않았습니다. 그러자 개는 더는 참을 수가 없어서 수탉의 볏을 향해 덤벼들었습니다. 수탉은 깜짝 놀라 지붕 위로 푸드덕 날아올랐습니다. 그러고는 개를 내려다보며 약을 올리기 시작했습니다. 개는 지붕 위를 쳐다보며 쉴 새 없이 짖었습니다. 하도 짖어서 개의 입이 길게 나와 버렸습니다. 황소도 수탉의 말에 화가 나서 발을 쿵쿵 구르다가 발굽이 두 갈래로 갈라지고 말았습니다.
닭의 볏이 들쑥날쑥한 것은 이때 개에게 물려서이며 개의 입이 길어지고, 황소의 발굽이 갈라진 것도 모두 이때부터입니다. 또한 너무 이루고 싶은데 실패로 돌아가서 속상하다는 속담인 '닭 쫓던 개 지붕만 쳐다본다.'라는 말도 생겨났습니다.

POINT "닭 쫓던 개 지붕만 쳐다본다"는 속담의 뜻이 무엇일까요?

작가
안데르센

백조의 왕자

장르
세계 동화

엘리자 공주는 열한 명의 오빠들과 행복하게 살고 있었습니다. 그런데 마음씨 고약한 마녀가 그 모습을 보고는 심통이 나서 오빠들에게 마법을 걸었습니다.
"자, 이제 너희들은 아무 말도 할 수 없을 거야. 어서 저 멀리 날아가 버려라!"
왕자들은 낮 동안에는 열한 마리의 백조로 지내게 되었습니다. "오빠들, 나도 데라고 가줘"
엘리자는 울면서 날아가는 오빠들을 바라보았습니다. 엘리자는 슬픈 마음으로 성을 빠져 나와 숲속을 헤매다 오두막집 한 채를 발견했습니다. 엘리자가 문을 열고 들어가자 백조로 변한 오빠들이 있었습니다. 엘리자와 오빠들은 얼싸안고 기쁨의 눈물을 흘렸습니다.
"우리는 해가 뜨면 다시 백조로 변하지만, 저녁이 되면 인간의 모습으로 돌아온단다. 이 마법을 풀기 위해서는 엉겅퀴 실로 뜬 스웨터를 입어야 해. 단 그 옷이 다 완성되는 동안, 절대로 말을 하면 안 된대."
이 말을 들은 엘리자는 가시투성이 엉겅퀴를 잔뜩 뜯어와 옷을 만들기 시작했어요. 날카로운 엉컹퀴 가시에 찔려 엘리자 손에서 피가 흐르자 막내 오빠가 눈물을 흘렸습니다. 그런데 오빠의 눈물이 엘리자의 손에 떨어지자 상처가 말끔하게 나았습니다.
그러던 어느 날 이웃 나라의 젊은 왕이 사냥을 나왔다가 오두막집에 있는 엘리자를 보았습니다. 왕은 숲속에 홀로 있는 엘리자가 걱정되어 그녀를 성으로 데려갔습니다. 왕은 아름다운 엘리자를 점점 좋아하게 되었지만, 엘리자는 날마다 스웨터만 떴습니다.
며칠 뒤 엉겅퀴 실이 다 떨어지자, 엘리자는 밤에 몰래 성 밖으로 나갔습니다. 엉겅퀴 풀은 무덤가에 주로 모여 있었습니다. 그러자 나라 안에는 이상한 소문이 돌기 시작했습니다.
"저 여인은 마녀가 틀림없어요!"
엘리자는 마녀라는 누명을 쓰고, 감옥에 갇혔습니다. 재판을 받은 후에는 죽게 될 상황에 놓였습니다. 그러나 엘리자는 감옥 안에서도 묵묵히 스웨터만 짰습니다. 마침내 엘리자를 죽이기 위해 주위에 나무를 쌓고 막 불을 지피려는 순간, 어디선가 새하얀 백조들이 날아왔습니다. 엘리자가 그동안 엉겅퀴 실로 만든 열한 벌의 옷을 하늘로 휙 던져주자 백조들은 순식간에 늠름한 왕자의 모습으로 돌아왔습니다. 그러나 막내 왕자만은 한쪽 팔에 백조 날개를 달고 있었습니다. 엘리자에게 그 부분을 완성할 시간이 없었기 때문이었습니다. "이제 나는 말을 할 수 있게 되었어. 폐하! 저에게는 아무런 죄가 없습니다." 엘리자는 떨리는 목소리로 그동안의 일을 모두 얘기했습니다.
"제 동생은 마녀가 아닙니다. 마법에 걸린 오빠들을 구하려고 엉경퀴 스웨터를 뜬 거예요. 스웨터를 다 뜨기 전에 말을 하면 마법을 풀 수 없었거든요."
백성들은 박수를 쳤고 왕은 엘리자를 따뜻하게 안아주었습니다. 엘리자와 왕을 둘러싼 화려한 행렬은 모두의 축복을 받으며 궁전으로 돌아왔답니다.

안데르센(1805~1875)
덴마크의 동화작가. 《미운 오리 새끼》《인어 공주》

POINT 날카로운 가시가 많은 엉겅퀴가 어떻게 생겼는지 식물도감을 찾아볼까요?

작가
미상

금강산 포수

장르
전래 동화

아주 먼 옛날에 금강산에는 호랑이들이 많이 살았습니다. 호랑이는 마을로 내려와 가축을 잡아먹고 사람들을 못살게 굴었습니다. 그러자 한 포수가 호랑이를 잡겠다며 금강산으로 들어갔습니다. 그는 날아가는 새를 쏘아 땅에 떨어뜨릴 정도로 명사수였답니다. 하지만 포수는 끝내 돌아오지 않았고 포수가 떠날 때 갓난 아기였던 아들은 늠름한 청년으로 자라났습니다. 스무 살이 되자, 아들이 어머니를 조르기 시작했습니다.

"어머니, 이제 저는 총도 잘 쏘고 지혜도 두루 갖췄으니 금강산에 가도록 허락해 주십시오. 반드시 호랑이를 잡아 아버지의 원수를 갚겠습니다."

아들은 어머니의 허락을 받아 마침내 금강산으로 향했습니다. 그렇게 총을 들고서 일만 이천 봉을 헤매고 다닐 때였습니다. 약초꾼 하나를 만났는데 자세히 보니 그는 사람으로 둔갑한 호랑이였습니다. 입 속에 숨겨진 크고 날카로운 호랑이 이빨을 보자마자 아들은 총을 쏘았습니다. 그와 동시에 약초꾼은 사라지고 피를 흘리며 쓰러져 있는 호랑이가 모습을 드러냈습니다. 어깨를 으쓱대고 있는데 이번에는 몸집이 어마어마하게 큰 호랑이가 나타났습니다.

"어흥!"

이번에도 똑같이 총을 쏘았지만 그 호랑이는 꿈쩍도 하지 않았습니다.

"탕! 탕! 탕!"

총알이 다 떨어지자 호랑이가 달려들어 그만 아들을 덥석 삼켜버렸습니다. 순식간에 커다란 호랑이 배 속에 들어간 아들은 정신을 바짝 차리려고 애썼습니다.

'어떡하면 여기서 살아서 나갈 수 있을까?'

호랑이 배 속은 어두운 굴속처럼 캄캄했지만 시간이 지나자 조금씩 주위가 보이기 시작했습니다. 사람이나 동물로 보이는 뼈들이 여기저기 흩어져 있었고 그 사이로 녹이 슨 총 한 자루도 보였습니다. 혹시나 하고 봤더니 아버지 이름이 새겨 있는 총이었습니다.

'아, 바로 이 호랑이였구나! 아버지 원수를 갚지도 못하고 이게 뭐람?'

아들이 분해서 씩씩대고 있을 때였습니다. 어디선가 신음소리가 들려서 보니 어여쁜 아가씨가 넓은 배 속 한구석에 쓰러져 있었습니다.

"아가씨! 정신 차리세요!" 아들이 아가씨를 흔들어 깨우는데 주머니에서 무언가 툭 떨어졌습니다.

'아, 칼이 있었지!'

아들은 쓱싹쓱싹 호랑이 뱃가죽을 자른 다음, 아가씨를 데리고 호랑이 배 속에서 경중 뛰쳐나왔습니다. 그런 다음, 호랑이 가죽을 들고 금강산을 나왔는데 알고 보니 그 아가씨는 한양에 사는 정승의 딸이었습니다.

"내 딸의 생명을 구해 주었으니, 자네는 하늘이 내린 내 딸의 남편감일세!"

정승은 무척 기뻐하며 포수의 아들을 사위로 삼았답니다. 아들은 호랑이 가죽을 볼 때마다 아버지를 생각하고 또 금강산을 떠올렸답니다.

POINT 호랑이나 사자처럼 사람을 공격하는 동물을 말해볼까요?

작가
이반
투르게네프

아버지와 아들

장르
세계 명작

1859년 러시아 지주이자 귀족인 니콜라이 페트로비치는 아들을 기다리고 있었습니다. 아들인 아르카디는 페데르부르크에서 공부를 마치고 돌아오는 길이었습니다. 니콜라이와 아르카디는 만나자마자 서로를 뜨겁게 끌어안았습니다.

"보고 싶었다. 정말 보고 싶었어!"

"저도요! 참, 아버지께 소개할 친구가 있어요."

아르카디는 아버지에게 대학 친구인 바자로프를 소개해 주었고 바자로프는 아르카디의 집에 함께 머물렀습니다. 그런데 얼마 지나지 않아 바자로프는 아르카디의 큰아버지 파벨과 사사건건 부딪쳤습니다. "너무 건방지고 날 조금도 존경하지 않아. 나쁜 녀석!"

파벨은 자신에게 항상 말대꾸를 하는 바자로프를 미워했습니다. 이렇듯 전통과 관습을 지키려고 하는 파벨과 새로운 사상을 주장하는 바자로프의 갈등은 좀처럼 좁혀지지 않습니다.

그러던 어느 날 바자로프는 파티에서 우연히 매력적인 과부인 오딘초바와 알게 되었습니다. 그녀는 죽은 남편이 남긴 재산과 더불어 미모가 뛰어나 사교계에서 꽤나 알려진 인물이었습니다. 평소에 사랑의 감정에 대해 믿지 않던 바자로프는 오딘초바 부인에게 사랑을 느끼게 되자 몹시 당황스러웠습니다.

"아르카디! 오늘 떠나야 할 것 같네. 집에 가야겠어."

바자로프는 아르카디와 함께 서둘러 자신의 집으로 돌아갔습니다. 바자로프의 부모님은 아들과 아들의 친구를 따뜻하게 맞아주었지만 바자로프는 금방 싫증이 났습니다. "여긴 우물 안 개구리 같은 생활이야. 이런 시골에서 행복을 찾을 게 뭐가 있나?"

바자로프는 이렇게 말하고는 다시 삼 일만에 집을 떠나고 말았습니다. 아르카디의 집으로 다시 들어와 얼마 지나지 않았을 때, 바자로프와 큰아버지 파벨은 사소한 일로 결투를 벌이게 되었습니다. 파벨이 먼저 넓적다리에 총을 맞고 쓰러졌지만 다행히 생명에는 아무런 지장이 없었습니다. 바자로프는 아르카디에게 큰아버지와 결투를 벌였던 일을 전하고는 그곳을 떠나겠다고 말했습니다. "아르카디, 잘 있게. 난 자네와 많이 다르다네. 나는 귀족의 도련님 대신 함께 싸울 수 있는 사람이 필요해! 사랑이니, 결혼이니 하는 건 왠지 시시하게 느껴져서 말이야."

"바자로프! 난 자네를 좋아하지만 자네처럼 되기는 힘들 것 같네. 난 오딘초바 부인의 동생, 카샤와 곧 결혼할 걸세!"

바자로프와 아르카디는 서로 끌어안고 이별의 인사를 나누었습니다. 자신의 집으로 돌아간 바자로프는 전염병에 걸려 생사를 헤매게 되었습니다. 죽음의 그림자가 드리워질 무렵, 그는 오딘초바 부인을 찾았고 희미해가는 의식 속에서 그녀에 대한 사랑을 고백했습니다. 바자로프가 죽고 6개월 뒤, 아르카디는 카샤와 결혼해서 한 집안의 가장이 되었습니다. 그 후로 아버지 니콜라이를 도와 농장 경영자가 되었습니다.

"음, 바자로프에게 다녀와야겠구나, 가엾은 친구!"

아르카디는 오랜만에 바자로프의 무덤을 찾아갔습니다. 외로이 누워 있는 바자로프를 생각하니 옛 추억에 눈물이 핑 돌았습니다.

이반 투르게네프(1818~1883)
러시아의 소설가. 《첫사랑》 《아버지와 아들》

POINT 바자로프는 큰아버지 파벨과 왜 자꾸만 부딪쳤을까요?

작가
방정환

어린이 찬미

장르
국내외 명저자 작품

어린이가 잠을 잔다. 내 무릎 위에 편안히 누워서 잠을 달게 자고 있다. 볕 좋은 첫 여름 조용한 오후다. 고요하다는 고요한 것을 모두 모아서, 그중 고요한 것만을 골라 가진 것이 어린이의 자는 얼굴이다.

평화라는 평화 중에 그중 훌륭한 평화만을 골라 가진 것이 어린이의 자는 얼굴이다. 아니, 그래도 나는 이 고요한 자는 얼굴을 잘 말하지 못하였다. 이 세상의 고요하다는 고요한 것은 모두 이 얼굴에서 우러나는 것 같고, 이 세상의 평화라는 평화는 모두 이 얼굴에서 우러나는 듯싶게, 어린이의 잠자는 얼굴은 고요하고 평화롭다.

하루라도 삼천 가지 마음, 지저분한 세상에서 우리의 맑고도 착하던 마음을 얼마나 쉽게 굽어 가리려고 하느냐? 그러나 때로 은방울을 흔들면서, 참됨이 있으라고 일깨워 주고 지시해 주는 어린이의 소리와 행동은 우리에게 큰 구제의 길이 되는 것이다.

우리가 피곤한 몸으로 일에 절망하고 늘어질 때, 어둠에 빛나는 광명의 빛같이 우리 가슴에 한 줄기 빛을 던지고, 새로운 원기와 위안을 주는 것도 어린이만이 가진 존귀한 힘이다. 어린이는 슬픔을 모른다. 근심을 모른다. 그리고 음울한 것을 싫어한다. 어느 때 보아도 유쾌하고 마음 편하게 논다. 아무 데를 건드려도 한없이 갖은 기쁨과 행복이 쏟아져 나온다. 기쁨으로 살고, 기쁨으로 놀고 기쁨으로 커 간다. 뻗어 나가는 힘! 뛰노는 생명의 힘! 그것이 어린이다. 온 인류의 진화와 향상도 여기 있는 것이다. 어린이에게서 기쁨을 빼앗아 어린이 얼굴에다 슬픈 빛을 지어 주는 사람이 있다 하면 그보다 더 불행한 사람이 없을 것이요, 그보다 더 큰 죄인은 없을 것이다.

이런 의미에서 조선 사람처럼 더 불행하고 더 큰 죄인은 없을 것이다. 어린이의 기쁨을 상해 주어서는 못쓴다! 그러할 권리도 없고, 그러할 자격도 없건마는……. 무지한 조선 사람들이 얼마나 많은 어린이들의 얼굴에 슬픈 빛을 지어 주었느냐?

어린이들의 기쁨을 찾아 주어야 한다. 어린이는 아래의 세 가지 세상에서 온통의 것을 미화시킨다. '이야기 세상', '노래의 세상', '그림의 세상', 어린이 나라에 세 가지 예술이 있다. 어린이들은 아무리 엄격한 현실이라도 그것을 이야기로 본다. 그래서 평범한 일도 어린이의 세상에서는 그것이 예술화하여 찬란한 미와 흥미를 더하여 어린이 머릿속에 다시 전개된다.

그래서 항상 이 세상의 모든 것을 아름답게 본다. 어린이들은 또 실제에서 경험하지 못한 일을 아름답게 본다. 어린이들은 또 실제에서 경험하지 못한 일을 이야기 세상에서 훌륭히 경험한다.

위대한 예술을 품고 있는 어린이여! 어떻게도 이렇게 자유로운 행복만을 갖추어 가졌느냐!

어린이는 복되다. 어린이는 복되다. 한이 없는 복을 가진 어린이를 찬미하는 동시에, 나는 어린이 나라에 가깝게 있을 수 있는 것을 얼마든지 감사한다.

방정환(1899~1931)
아동문학의 선구자. 한국 최초 순수아동 잡지 《어린이》 창간.
대표작 《사랑의 선물》 《소파전집》

POINT '어린이'이란 말과 '어린이 날'을 만든 사람은 누구이고 왜 만들었을까요?

작가
미상

양초로 국을 끓여 먹은 사람들

장르
교과서에 실린 전래 동화

서울 구경에 나선 김 서방이 으리으리한 대궐과 커다란 기와집에 입을 다물지 못했습니다. 시장 여기저기를 기웃대던 김 서방의 눈에 흰 가래떡처럼 생긴 것이 주변을 환하게 밝혀주는 것이 보였습니다. 김 서방이 주인에게 묻자 껄껄 웃으며 대답했습니다.
"양초를 모르는 걸 보니 시골 양반이구먼."
주인은 양초에 대해 설명해주었습니다. 김 서방은 마을 사람들에게 줄 양초를 사서 시골로 돌아왔습니다. 김 서방은 서울에서 본 것들을 자랑하느라고 정작 양초에 대한 설명은 쏙 빼먹고 나눠주기만 했습니다.
다음 날 아침, 마을에 사는 남자들은 양초를 들고 정자나무에 모였습니다. 양초를 어디다 쓰는지 몰랐던 남자들은 김 서방이 친척 집에 가느라 집을 비웠다는 말에 훈장을 찾아갔습니다.
"훈장님, 도대체 이 물건은 어디다 쓰는 건지요? 훈장님은 뭐든 다 알지 싶어서 찾아왔습니다."
훈장 역시 처음 보는 물건이라 알 수가 없었습니다. 그런데 사람들이 업신여길까봐 아는 체를 했습니다.
"어허, 이런 무식한 사람들 봤나? 이건 뱅어라는 물고기를 잡아 말린 것이야."
"훈장님, 여기 실같이 뾰족한 건 무엇인지요?"
"그건 주둥이일세." 훈장의 말을 철석같이 믿은 남자들은 어떻게 먹는지 물었습니다.
"서울 사람들은 이것으로 국을 끓여 먹는다네. 큼직하게 썰어서 간장으로 간을 하지. 내 부인에게 끓여오라고 시키겠네." 잠시 뒤 양초 여섯 자루로 훈장의 부인이 촛국 여섯 그릇을 내왔습니다. 그런데 기름이 둥둥 떠 있어서 선뜻 먹지를 못하자 훈장이 한마디 덧붙였습니다. "좋은 국일수록 기름이 많은 법이야. 쇠고깃국도 기름이 많지 않은가?"
훈장과 남자들은 그제야 촛국을 떠먹었습니다.
그런데 남자들과 훈장의 목구멍이 아파왔습니다.

그때 김 서방이 훈장을 찾아오자 훈장은 얼른 한 그릇 먹으라며 국을 내주었습니다. 김 서방은 깜짝 놀랐습니다.
"그건 국을 끓이는 게 아니라 양초라는 물건으로 불을 밝히는 데 쓰는 겁니다."
김 서방의 말에 남자들은 목을 부여잡고 펄쩍펄쩍 뛰었습니다. 김 서방이 양초 사용법을 보여주었습니다. 양초 심지에 불이 붙자 주변이 환해졌습니다.
"불을 삼켰으니 어서 냇물에 들어가서 불을 끄세!"
훈장과 마을 남자들이 냇물로 달려가 풍덩 빠졌습니다. 물 위로 머리만 내밀고 있는 모습을 지나가는 나그네가 보았습니다. 나그네는 소스라치게 놀랐습니다.
"도, 도깨비 아냐? 정신 차리자."
나그네는 도깨비들이 담뱃불을 무서워한다는 말이 떠올라 담뱃대에 불을 붙였습니다. 이를 본 훈장은 허둥거렸습니다.
"저, 저 사람이 우리 배 속의 양초에 불을 붙일 건가 보네. 어서 머리까지 담그게."
훈장과 남자들은 머리까지 냇물에 담갔습니다. 그 모습을 본 나그네는 도깨비는 역시 담뱃불을 무서워한다며 가던 길을 계속 갔습니다.

POINT 양초와 비슷하게 생긴 뱅어는 어떻게 생긴 물고기일까요?

작가
미상

선녀와 나무꾼

장르
교과서에 실린 전래 동화

옛날 어느 마을에 성실하고 착한 나무꾼이 살았습니다. 산속에 혼자 사는 나무꾼은 늘 외로웠습니다. 하루는 나무를 베고 있을 때 사슴 한 마리가 급하게 뛰어왔습니다. "나무꾼님! 저 좀 살려주세요. 사냥꾼이 저를 잡으려고 해요."

나무꾼은 얼른 사슴을 나뭇더미 속으로 숨겨주었습니다. 곧이어 활을 든 사냥꾼이 숨을 헐떡거리며 달려왔습니다. "이쪽으로 오는 사슴 한 마리를 봤소?"

나무꾼은 손가락으로 사슴이 뛰어간 방향을 가리켰습니다. 사냥꾼이 사라지자 사슴이 나왔습니다.

"정말 고맙습니다. 은혜를 갚고 싶은데 혹시 소원이 있다면 말씀해 보세요."

나무꾼은 괜찮다고 손사래를 쳤습니다.

"목숨 값이니 사양 마시고 말씀해 주세요."

"그게. 이런 산속에 살다보니 장가를 가기가 힘들어. 색시를 만나 장가를 가는 게 소원이긴 해."

"나무꾼님. 이 길을 따라 올라가면 작은 호수가 나와요. 보름달이 뜨는 밤이면 하늘에서 선녀들이 내려와 그곳에서 목욕을 해요. 선녀의 옷 하나를 몰래 숨기시면 선녀를 신부로 맞이할 수 있을 거예요."

사슴의 말에 나무꾼은 무척 기뻤습니다.

"한 가지 명심하실 일이 있어요. 아이를 셋 낳기 전까지 선녀 옷을 주시면 안 됩니다."

며칠이 지나 보름달이 떴습니다. 나무꾼은 사슴이 시키는 대로 호수로 갔는데 정말로 선녀들이 목욕을 하고 있었습니다. 나무꾼은 살금살금 기어서 선녀 옷 한 벌을 집어 자신의 옷 안으로 숨겼습니다.

잠시 뒤 목욕을 마친 선녀들이 날개옷을 입고 하늘로 올라갔습니다. 그런데 막내 선녀는 옷을 찾지 못해 주저앉아 눈물을 흘렸습니다. "이를 어째. 날개옷이 없으니 하늘로 올라갈 수 없잖아."

나무꾼은 울고 있는 선녀를 달래서 집으로 데려가 혼인을 했습니다. 나무꾼의 착한 심성에 선녀도 행복하게 결혼생활을 했습니다. 첫째 아이가 태어나고 몇 년 되지 않아 둘째 아이도 태어났습니다. 나무꾼의 집에서는 늘 웃음이 끊이지 않았습니다.

어느 날 나무꾼은 하늘을 보고 울고 있는 선녀를 보았습니다. '나는 이렇게 행복한데 아내는 매일 밤 울고 있구나.' 나무꾼이 선녀를 꼭 안아주었습니다.

"서방님, 저는 행복하지만 저 때문에 부모님이 울고 계실 거라 생각하니 마음이 아프네요."

나무꾼은 아이 셋을 낳기 전까지 옷을 주지 말라던 사슴의 말이 떠올랐습니다. 그러나 아이가 둘이나 있으니 선녀가 떠나지는 않을 거라 생각했습니다. "부인, 당신 옷이 여기 있소. 가서 부모님을 뵙고 오시구려."

나무꾼이 내민 옷을 보자 선녀가 깜짝 놀랐습니다. 나무꾼이 옷을 숨겼다는 것을 알게 된 것입니다.

날개옷을 입은 선녀는 양팔에 아이 한 명씩 낀 채 하늘로 올라갔습니다. 날마다 선녀를 기다렸지만 선녀는 돌아오지 않았습니다. 나무꾼은 경솔했던 행동을 탓하며 평생 하늘만 보며 살았습니다.

POINT 경솔한 행동이란 어떤 행동을 말하는 걸까요?

작가
미상

나막신 장수와 부채 장수를 둔 어머니

장르
교과서에 실린 전래 동화

옛날 어느 마을에 어머니가 두 형제와 함께 살았습니다. 우애가 좋은 형제가 어엿한 청년이 되자 장사를 하러 떠나기로 했습니다. 큰아들은 부채를 만들었고, 작은아들은 나막신을 만들었습니다.

"부채 다 팔아서 돈 많이 벌어 돌아올게요."

"나막신 많이 팔아서 어머니 선물 사갖고 올게요."

두 아들이 집을 떠나자 어머니는 혼자 남았습니다. 어머니는 자나 깨나 두 아들 생각뿐이었습니다.

'부채가 잘 팔리고 있나? 나막신이 안 팔리면 작은아들이 속상할 텐데.'

어머니는 맘 편히 다리 뻗고 잠을 이루지 못했습니다.

계절이 바뀌고 여름이 되자 하늘에서 굵은 빗줄기가 쏟아졌습니다. 어머니는 큰아들 생각에 한숨이 저절로 나왔습니다.

"비야, 비야. 그만 와라. 우리 큰아들 속상하단다. 부채 장수 큰 아들, 부채 안 팔려서 걱정한단다."

며칠이 지나자, 비가 그쳐서 하늘이 맑게 개었습니다. 날씨가 더워지자 어머니의 얼굴도 밝아졌습니다.

"날씨가 무더우니 부채가 잘 팔릴 거야. 큰아들 걱정 없겠어."

하지만 어머니는 또 다시 근심에 가득 찼습니다. 며칠째 햇볕이 내리쬐자 하늘을 원망했습니다.

"하늘아, 햇볕이 이렇게 내리쬐면 우리 작은아들 나막신 장사는 어쩌란 것이냐."

나막신은 비가 올 때 신어서 맑은 날에는 팔기 어려웠습니다. 어머니는 마음이 아팠습니다.

얼마 뒤, 어머니는 장터에서 이웃집 아주머니에게 무슨 걱정이 있냐는 말을 들었습니다.

"우리 작은아들이 나막신을 파는데 이렇게 맑은 날만 계속되면 누가 나막신을 사겠어요. 비가 오면 부채 장사 큰 아들이 걱정되고, 날이 좋으면 나막신 장사 작은아들이 걱정입니다."

어머니 말에 이웃집 아주머니가 웃으며 말했습니다.

"그럼 반대로 생각해 보시면 어때요?"

어머니가 눈을 깜빡이며 바라보았습니다.

"비가 오면 작은아들 나막신이 많이 팔려 좋을 것이고, 날이 개면 큰아들 부채가 많이 팔여 좋을 것이다. 이렇게 말이에요."

이웃집 아주머니의 말에 어머니는 기분이 좋아 집으로 돌아왔습니다. 그러고는 두 아들이 돌아올 날만 기다렸습니다.

다음 날 동구 밖 까치가 울어 대자 어머니가 집 앞을 서성였습니다. 그때 멀리서 두 아들이 어머니를 부르며 달려오는 모습이 보였습니다.

"오냐, 얘들아, 어서 오너라!"

어머니는 두 아들을 얼싸안으며 방으로 들어왔습니다. 두 아들은 장사를 한 돈으로 어머니의 비단 옷과 옥비녀를 사왔습니다.

"얘들아, 너희들이 가장 좋은 선물이란다."

어머니는 눈물을 글썽이며 두 아들을 꼬옥 껴안았습니다.

POINT 어머니의 걱정이 한순간에 기쁨으로 바뀌게 된 이유는 무엇일까요?

작가
미상

새는 새는

장르
전래 동요

새는 새는 남게 자고 쥐는 쥐는 궁게 자고
우리 같은 아이들은 엄마 품에 잠을 잔다

새는 새는 남게 자고 쥐는 쥐는 궁게 자고
우리 같은 아이들은 엄마 품에 잠을 잔다

새는 새는 남게 자고 쥐는 쥐는 궁게 자고
우리 같은 아이들은 엄마 품에 잠을 잔다

작가
미상

하늘을 나는 양탄자

장르
세계 옛날이야기 (아라비안나이트)

옛날 인도에 세 왕자가 살고 있었습니다. 어느 날 왕은 맏아들인 후세인과 둘째 알리, 그리고 막내 아메드를 불렀습니다.

"세상에 나가서 가장 신기한 것을 구해 오는 사람에게 사촌인 누로니할 공주와 결혼을 시켜주겠다. 일 년 동안 가장 값진 보물을 찾아오너라."

맏아들 후세인은 비스너갈이라는 나라로 출발했습니다. 석 달 만에 도착한 비스너갈에서 양탄자를 파는 사람을 만났습니다.

"하늘을 나는 양탄자입니다. 금화 4000닢이면 누구도 가질 수 없는 양탄자를 손에 넣을 수 있습니다."

후세인이 의심하자 사나이가 말했습니다.

"당신이 묵고 있는 곳까지 데려다주겠습니다. 거기에서 돈을 주셔도 좋습니다."

후세인과 사나이가 양탄자를 올라탄 뒤 여관까지 하늘을 날아 도착했습니다. 후세인은 매우 기뻐하며 돈을 지불하고 양탄자를 샀습니다.

한편 둘째 알리는 페르시아의 수도에 도착했습니다. 그곳에서 망원경을 파는 사람을 만났습니다.

"이 요술 망원경은 보고 싶은 것을 볼 수 있습니다. 금화 4000닢입니다."

"겨우 장난감으로 금화 4000닢이 말이 되오?"

"그럼 이걸 들여다보며 보고 싶은 걸 보십시오."

망원경을 들여다본 알리의 눈에 아버지는 왕좌에 앉아 있었고, 누로니할 공주의 모습도 보였습니다. 알리는 냉큼 망원경을 샀습니다.

막내 아메드는 사마르칸트라는 나라의 수도에서 사과를 파는 사람을 만났습니다.

"이 요술 사과를 금화 4000닢에 팝니다. 어떤 병에 걸렸든 이 사과 냄새만 맡으면 씻은 듯이 병이 낫습니다." 아메드는 장사꾼의 말을 믿고 결국 요술 사과를 샀습니다.

세 왕자가 만나 보물을 자랑할 때 둘째가 자신의 망원경이 얼마나 대단한지 들여다보았습니다.

"큰일이다! 누로니할 공주가 병에 걸려 죽게 되었어!"

후세인과 아메드도 망원경을 들여다보곤 깜작 놀랐습니다. 아메드가 안타깝다는 듯이 말했습니다.

"이 사과 냄새만 맡게 한다면 병이 나을 수 있을텐데 말이에요."

후세인은 자신의 양탄자를 타고 궁궐로 돌아가자며 양탄자에 올라탔습니다. 이윽고 궁궐에 도착한 세 왕자는 아픈 공주에게 요술 사과 냄새를 맡게 한 뒤 병을 치료했습니다. 왕은 세 왕자가 가져온 보물을 보며 생각에 잠겼다 입을 열었습니다.

"공주의 병이 나은 건 요술 사과 덕분이고, 병이 있다는 걸 안 건 망원경 때문이다. 그러나 양탄자가 없었다면 여기까지 빨리 오지 못했을 것이다. 그러니 누구의 보물이 가장 귀하다고 말할 수 없구나. 마지막으로 활쏘기를 해서 가장 멀리 쏘는 사람을 공주와 결혼을 시키겠다."

세 왕자가 활쏘기 시합을 했습니다. 맏아들 후세인보다 둘째 알리가 더 멀리 쏘았습니다. 막내인 아메드의 화살은 찾을 수 없는 곳에 떨어져 결국 알리 왕자가 누로니할 공주와 결혼해서 행복하게 살았습니다.

POINT 하늘을 나는 양탄자, 요술 망원경, 요술 사과 중에서 어느 것이 가장 갖고 싶은가요?

작가
미상

은혜 갚은 황새

장르
교과서에 실린 전래 동화

옛날 어느 마을에 인정 많은 할아버지가 살았습니다. 어느 날 밤에 비바람이 심하게 몰아쳐서 할아버지는 날이 밝자마자 기다란 살포를 들고 논으로 갔습니다. 논에는 빗물이 가득했고 벼들이 이리저리 쓰러져 있었습니다. 할아버지는 살포로 논에 괸 물을 빼주고 쓰러진 벼들을 세우며 바쁘게 움직였습니다. 그때 퍼드덕거리는 소리가 들려 할아버지가 하늘을 올려다보았습니다. 커다란 황새 한 마리가 눈물을 주르륵 흘리며 날갯짓을 하는 모습이 보였습니다.

할아버지는 황새를 쫓아갔습니다. 큰 소나무에 늙은 구렁이가 스윽 올라가고 있었습니다. 황새 둥지를 향하는 모습에 할아버지는 깜짝 놀라 살포로 내리칠까 하다가 그만두었습니다. 늙은 구렁이를 함부로 죽이면 큰일을 당한다는 전설 때문이었습니다.

그러나 늙은 구렁이가 큰 입으로 새끼 황새들을 잡아먹으려 하자 할아버지는 새끼 황새를 구하기로 마음먹었습니다. 살포를 들어 있는 힘껏 늙은 구렁이를 찔렀습니다. 그러나 살포 끝이 구렁이의 꼬리에 박혀버렸습니다. 늙은 구렁이는 몸을 떨며 머리를 세우고는 할아버지에게 덤볐습니다. 할아버지는 다행히 살포대로 구렁이 머리를 찔렀습니다. 그러자 늙은 구렁이는 푸르스름한 연기가 되어 하늘로 사라져버렸습니다.

할아버지는 안도의 한숨을 내쉬었습니다.

한편 제 모습으로 변해 동굴로 돌아온 늙은 구렁이는 할아버지를 혼내줄 궁리를 했습니다. 생각한 끝에 미끈미끈한 미꾸라지가 되기로 결심했습니다.

하루는 할아버지네 집에 미꾸라지 장수가 와서 며느리가 미꾸라지로 추어탕을 끓였습니다. 그 안에는 미꾸라지로 변한 늙은 구렁이도 들어 있었습니다.

며느리가 끓여 온 추어탕을 한 숟가락 떠 넣은 할아버지가 픽하고 쓰러졌습니다. 그러더니 몸이 시퍼래지면서 퉁퉁 붓기 시작했습니다. 며느리가 남편에게 말했습니다. "여보, 어서 약을 지어 오세요."

"빨리 의원을 부르는 게 좋겠소."

할아버지 몸이 더 퉁퉁하게 부어오를 때였습니다. 밖에서 퍼드덕퍼드덕 소리를 내며 황새가 날갯짓을 했습니다. "아버님, 황새가 집 주변을 맴도네요."

"얘야, 마당에 멍석을 깔고 나를 눕혀 놓아라."

할아버지를 멍석에 눕히자 황새가 검은 부리로 할아버지 배를 쪼았습니다. 그러자 할아버지가 먹은 음식을 토했습니다. 입에서 미꾸라지 한 마리가 나오자 늙은 구렁이로 변했습니다.

"으악!" 모두들 깜짝 놀라 주저앉았습니다. 늙은 구렁이가 할아버지에게 덤벼들자, 어미 황새는 구렁이의 머리를 새끼 황새는 구렁이의 몸통과 꼬리를 쪼아댔습니다. 늙은 구렁이는 독을 내뿜을 힘이 없어서 마침내 죽고 말았습니다. 할아버지는 황새 머리를 쓰다듬으며 환하게 웃었습니다.

"황새야, 고맙구나! 너희들이 내 목숨을 살렸어."

이 말을 들은 황새들은 집 주위를 한참 돌다가 멀리 날아갔습니다.

POINT 왜 황새와 새끼 황새는 무서운 구렁이와 싸우며 할아버지의 목숨을 구해주었을까요?

작가
미상
(공자의 제자들)

재아의 낮잠버릇

장르
세계 명작
(논어)

재아는 늘어지게 낮잠을 자고 일어나 하품을 했습니다. 너무 나태해졌나 싶었지만 스스로에게 말했습니다. "에이 차차 고치면 되지. 선생님도 사람은 다 잘못을 저지른다고 하셨잖아. 단, 그 잘못을 고치느냐 그렇지 않느냐의 차이라고 말이야."

밖으로 나온 재아는 끝 방에서 나는 공자의 가르침 소리를 들었습니다. 들어가야 할지 말아야 할지 방문 앞에서 망설였습니다.

"누구나 잘못을 저지르며 살아가는 법이야."

재아는 자기가 한 말과 똑같아서 깜짝 놀랐습니다.

"그러나 지나치게 심각하여 실수를 범하거나 침착하지 못해서 실수하는 경우가 있지. 즉 어떤 실수냐에 따라 그의 참된 모습을 알 수 있지."

재아가 방문을 열자 일제히 재아에게 눈길이 쏠렸습니다. 자리에 앉은 재아에게 공자가 어디에 있었는지 묻더니 이내 말을 이었습니다.

"사람의 잘못을 언제까지나 탓하는 것은 좋지 않지. 그러나 내 말은 같은 잘못을 되풀이해도 좋다는 이야기는 아니었다. 재아!"

공자는 다시 왜 늦었는지 물었습니다. "낮잠을 …."

다른 제자들이 웃었지만 공자는 웃지 않았습니다.

"재아, 잘못은 누구나 저지르지. 그걸 또 고치는 것도 사람이야. 고치지 않고 그대로 둔다면 그때는 영 고칠 수가 없어. 그게 큰 잘못이거든."

재아의 마음속에 부끄러움과 양심이 떨리는 소리가 들렸습니다. "나는 재아가 지각한 것에 대해 화를 내는 게 아니야. 너의 마음가짐이 걱정인 거지. 지각한 것에 대해 고치면 된다고 너무 가볍게 생각하는 게 잘못이라는 거야."

재아는 자신을 꿰뚫어보는 공자의 말에 놀랐습니다.

"그러니까 나쁜 버릇은 평생 고쳐지지 않을 거야. 몇 시에 일어나면 수업에 늦지 않을까 꾸물거릴 때 몇 시에 일어나야 한다고 시간을 정하고 일어나야 해. 그래야 생활이 착실해지지."

공자는 모든 제자들을 바라보며 말했습니다.

"사람은 누구나 게을러질 때가 있지. 그러나 게으름은 곧 굳어져서 고칠 수 없어. 사람에게 가장 소중한 건 정열이야. 이 정열이 없으면 원하는 좋은 열매를 맺지 못하지. 또한 아무리 가르쳐도 쓸데없다고 생각하고. 즉, 뜨거운 열의를 가지고 있어야 내가 인도하는 대로 따라갈 수 있어."

공자는 또박또박 말을 이어나갔습니다.

"열성이 중요한 거야. 그것만 있으면 지각도 사소한 잘못이고 낮잠을 자도 마찬가지지."

공자는 빙그레 웃으며 말했습니다.

"물론 내 수업에서 낮잠을 자는 건 곤란해."

모두가 웃음을 터뜨렸습니다.

"재아가 여러분을 대신해서 꾸중을 들은 거야. 마음속에 정열을 잃어서는 안 돼. 타오르는 불을 활활 타게 만들어야 해." 공자는 자리에서 일어났습니다. 재아는 눈물이 쏟아지려는 걸 간신히 참았습니다.

POINT 공자님이 말한 정열은 무엇을 말하는 걸까요?

5.13.

작가

미상

금자동아 옥자동아

장르

전래 자장가
(전라남도 지역)

해금연주곡 듣기

자장 자장 자장가야 우리 애기 잘도 잔다
금자동아 옥자동아 무병장수 부귀동아
금을 주면 너를 살거냐 옥을 주면 너를 살거냐
금자동아 옥자동아 무병장수 부귀동아
부모에게 효자동아 일가친척 화목동아
형제간에 우애동아 동네방네 효심동아
예단같이 곱게 커라

자장 자장 자장가야 우리 애기 잘도 잔다
금자동아 옥자동아 무병장수 부귀동아
금을 주면 너를 살거냐 옥을 주면 너를 살거냐
금자동아 옥자동아 무병장수 부귀동아
부모에게 효자동아 일가친척 화목동아
형제간에 우애동아 동네방네 효심동아
예단같이 곱게 커라

작가
이솝

지혜로운 까마귀

장르
세계 동화

며칠째 비는 내리지 않고 무더운 날이 계속되었습니다. 목이 마른 까마귀 한 마리가 물을 찾아 여기저기 돌아다니고 있었습니다.

가뭄이 들어 시냇물은 이미 말라 버린 지 오래되어 물을 구하기란 하늘의 별 따기였습니다.

"목말라 죽겠네. 물 한 모금만 마시면 살 것 같은데 도대체 어딜 가야 물을 구할 수 있을까?"

까마귀는 타는 목마름에 정신없이 사방을 헤맸습니다. 그러다가 너무 지친 까마귀는 종종종 걸어 다녔습니다.

한참을 걷던 까마귀 눈에 반짝이는 물병이 띄었습니다. 목동이 버리고 간 물병이었습니다.

"어? 호리병이네."

까마귀는 호리병 가까이에 다가갔습니다.

"세상에! 물이 들어 있어."

까마귀는 너무 기뻐서 폴짝폴짝 뛰었습니다. 하지만 호리병의 주둥이가 너무 좁아서 깊이 부리를 넣을 수가 없었습니다.

까마귀는 호리병을 뚫어지게 보기도 하고, 뱅글뱅글 돌기도 했습니다. 호리병을 기울이자니 물이 땅에 쏟아질까봐 이러지도 저러지도 못했습니다.

"이를 어쩌지? 물이 바로 눈앞에 있는데 먹지를 못하다니……."

눈앞에 보이는 물을 마실 수 없자 목이 더 타들어갔습니다.

깊은 슬픔에 빠지려고 할 때였습니다. 까마귀는 무슨 좋은 생각이 난 듯 무릎을 탁 쳤습니다.

바로 주변의 돌멩이를 본 것이었습니다.

"포기하기엔 아직 이르다고."

까마귀는 작은 돌멩이를 하나씩 물고 와 호리병 속에 넣었습니다. 한 개, 두 개, 세 개…….

똑같은 일을 수없이 반복했지만 까마귀는 하나도 힘들지 않았습니다.

마침내 호리병 바닥의 물이 돌멩이 위로 점점 차올랐습니다.

"야호, 이제 됐어."

까마귀는 눈물이 찔끔 나오기까지 했습니다. 그리고 호리병 속으로 부리를 넣어 시원하게 물을 먹었습니다.

"이렇게 맛있는 물은 내 생전 처음이야."

까마귀는 시원하게 날갯짓을 하며 하늘을 날아올랐습니다.

이솝
본명은 아이소포스. 기원전 6세기 고대 그리스 우화 작가

POINT 까마귀가 호리병에 돌멩이를 넣지 않고 물을 마실 수 있는 또 다른 방법이 있을까요?

작가
미상

헬렌켈러

장르
전기

미국 작은 마을에 금빛 머리카락의 파란 눈동자를 가진 여자 아이가 태어났습니다. '빛'이라는 뜻을 가진 헬렌은 부모님의 사랑을 받으며 자랐습니다. 그러던 어느 날이었습니다. 헬렌이 불덩이처럼 뜨거워져 의사 선생님을 불렀습니다. "오래 버티지 못할 것 같습니다. 마음의 준비를 하셔야겠어요."
며칠간 계속되던 열병이 가라앉고 헬렌이 눈을 떴습니다. 그런데 헬렌의 눈에 문제가 생겼습니다. 불빛에도 반응을 하지 않았습니다. 그 뿐만이 아니었습니다. 헬렌은 아무 소리도 듣지 못했습니다. 헬렌은 먹고 싶다는 표현과 자기가 생각한 것을 몸짓으로 보여주었습니다. 점점 거칠어져 마음에 들지 않으면 접시를 던지기도 하고 가위로 옷을 자르기도 했습니다.
헬렌이 여덟 살 무렵 애니 설리번 선생님이 가정교사로 왔습니다. 설리번 선생님 역시 어려운 환경에서 자랐고 한때는 눈까지 보이지 않았던 적이 있었습니다.
다음 날부터 선생님은 헬렌을 가르쳤습니다. 인형을 헬렌에게 건네고는 헬렌의 손바닥에 '인형'이라는 글자를 써주었습니다.

한번은 밥을 먹을 때 헬렌이 손으로 음식을 집어먹자 선생님이 헬렌의 손을 잡았습니다.
"어머니, 아버지, 산책을 하고 오세요." 부모님이 나가자 선생님은 헬렌에게 숟가락을 쥐어주며 음식을 손으로 집어먹지 않도록 했습니다. 몇 번의 실랑이 끝에 헬렌은 고집을 꺾고 숟가락으로 음식을 먹었습니다.
선생님은 계속해서 과자를 먹을 때 헬렌의 손바닥에 '과자'라고 써주고, 물을 마시면 '물'이라고 써주었습니다. 헬렌은 글자를 배우는 재미를 느꼈습니다.
좋은 선생님을 소개받아 말하는 법도 배웠습니다. 쉽지 않은 일이었지만 포기하지 않았습니다.
열여섯 살이 된 헬렌에게 꿈이 생겼습니다. 대학에 가서 공부를 하고 싶었습니다. 헬렌과 설리번 선생님은 어렵게 입학시험 준비를 해서 합격했습니다. 대학에 가서도 쉽지 않았습니다. 헬렌이 공부를 따라가려면 밤낮 없이 공부해도 시간이 모자랐습니다. 헬렌은 점자 책을 읽으며 더 새로운 세상을 만났습니다.
그렇게 시간이 흐르고 헬렌의 이야기가 알려져 책으로 엮어서 세상에 선을 보였습니다. 이야기는 곧 사람들에게 감동과 용기를 가져다주었습니다.
대학 졸업 후 장애인뿐만 아니라 어려운 사람들을 위해 활동했습니다. 헬렌의 노력으로 시각 장애인에 대한 사람들의 생각이 바뀌어갔습니다. 심지어 시각 장애인을 위한 점자 도서관도 세워졌습니다.
헬렌은 '사흘만 볼 수 있다면'이라는 글에서 비장애인들이 늘 보는 것들을 보고 싶다고 썼습니다. 사람들은 그런 헬렌의 이야기를 읽으며 감사할 줄 아는 마음을 배웠습니다.
헬렌은 어려운 난관에도 굴하지 않고 죽을 때까지 자신이 할 수 있는 일을 하며 살았습니다. 그것을 가능하게 한 것은 애니 설리번 선생님의 가르침 때문이었습니다.

POINT 헬렌이 장애를 극복하고 꿈을 이룰 수 있었던 것은 무엇 때문이었을까요?

작가
이솝

곰과 두 친구

장르
세계 동화

어느 마을에 친하게 지내는 두 친구가 살았습니다. 두 친구는 같이 여행을 하며 서로 의지하며 돕자고 약속을 했습니다.
"난 자네가 진정한 친구라고 생각하네."
"나도 마찬가지지. 우리 이 우정 영원히 가지고 가세."
두 친구가 숲을 걸으며 도란도란 이야기를 나누었습니다.
그때 어디선가 사그락사그락 소리가 들렸습니다. 두 친구는 오싹한 기분이 들었습니다.
"이보게나, 이게 무슨 소리인가? 날은 왜 어두컴컴해지는 거지?"
"기분이 영 좋지 않네. 뭔가 튀어나올 것만 같아."
"우리 둘이 있는데 무슨 큰일이야 나겠나. 어떤 어려움이라도 같이 있으면 이겨낼 수 있을 걸세."
"자네 말이 맞네."
두 친구는 서로에게 힘을 주는 말을 건넸습니다. 그러고는 서둘러 발걸음을 재촉했습니다.
그때였습니다. 반대편에서 커다란 곰 한 마리가 나타났습니다.
두 친구는 다리가 얼어붙은 듯 멈추어 섰습니다. 점점 곰이 두 친구를 향해 다가왔습니다.
그러다가 한 친구가 잽싸게 나무 위로 기어 올라갔습니다. 다른 친구가 먼저 올라간 친구 바짓가랑이를 잡았습니다.
"이보게, 손 좀 잡아줘. 나는 나무를 잘 못 타네."
"자네는 다른 나무를 찾아보게. 이러다가 둘 다 잡아먹히고 말 걸세."
나무에 올라간 친구가 다른 친구를 발로 툭 찼습니다. 바닥에 떨어진 친구는 도망칠 겨를이 없었습니다.
그러다가 바닥에 쓰러져 죽은 척을 했습니다. 곰이 죽은 사람은 건드리지 않는다는 말이 생각났기 때문입니다.
곰은 누워 있는 친구에게 다가가 킁킁거리며 냄새를 맡았습니다. 그러고는 귀에 뭐라고 속삭이고는 다른 길로 가버렸습니다.
곰이 멀리 사라지자 나무에 올라갔던 친구가 내려와 가슴을 쓸어내렸습니다. 그러고는 먼지를 털며 일어나는 친구에게 물었습니다.
"친구, 괜찮지? 그런데 아까 나무 위에서 보니까, 곰이 자네에게 뭐라고 이야기를 하는 것 같더군. 도대체 뭐라고 하던가?"
누워 있던 친구가 다른 친구를 빤히 보며 차갑게 말했습니다.
"위험에 빠졌을 때 혼자만 도망가는 친구하고는 가까이 지내지 말라고 하더군."
나무에 올라갔던 친구는 얼굴이 빨개져서 아무 말도 하지 못했습니다.

이솝
본명은 아이소포스. 기원전 6세기 고대 그리스 우화 작가

POINT 나무에 못 올라가서 바닥에 떨어진 친구는 왜 바닥에 쓰러져 죽은 척했을까요?

작가
이솝

황금 알을 낳는 거위

장르
세계 동화

어느 마을에 농사를 지으며 사는 부부가 있었습니다. 부부는 가난하지만 부지런하게 살았습니다.

하루는 남편이 시장에서 거위 한 마리를 사와서 정성껏 키웠습니다. 그런데 며칠 뒤부터 거위가 번쩍이는 황금 알을 하루에 하나씩 낳기 시작했습니다.

"아이고, 기특해라. 거위야, 많이 먹고 알을 쑥쑥 낳으렴."

가난했던 부부는 황금 알을 팔아 점점 부자가 되었습니다. 부지런을 떨지 않아도 맛있는 음식을 먹을 수 있었습니다.

부부는 점점 게을러졌습니다. 농사도 짓지 않고 집에서 놀기만 했습니다.

가진 게 늘어도 감사할 줄 몰랐습니다. 늘어나는 건 집 안의 물건과 욕심이었습니다.

그러던 어느 날 남편이 아내에게 투덜거렸습니다.

"황금 알을 하루에 하나밖에 얻지 못하니, 언제 큰 부자가 되겠어?"

"그러니까요. 알을 낳으려면 한꺼번에 여러 개를 낳으면 좀 좋아요."

부인은 맞장구를 치며 거위를 구박했습니다.

부부는 더 큰 부자가 될 궁리만 잔뜩 했습니다. 그러다 아내가 좋은 생각이 떠올라 남편에게 말했습니다.

"여보, 거위 배 속에 황금 알이 잔뜩 들어 있지 않을까요. 거위를 잡아서 한꺼번에 황금 알을 꺼내는 게 좋겠어요."

남편은 아내의 말을 듣고 무릎을 탁 쳤습니다.

"당신 생각이 맞소. 왜 그 생각을 지금 했을까. 지금 당장 거위의 배를 가릅시다."

부부는 큰 부자가 될 생각에 싱글벙글했습니다.

남편이 날카로운 칼로 거위의 배를 갈랐습니다. 옆에서 지켜보던 아내는 큰 부자가 된 뒤 하고 싶은 일을 머릿속에 떠올렸습니다. 그러나 거위 배 속에는 황금 알은커녕 거위 알조차도 들어 있지 않았습니다.

"이게 어찌 된 일이지?"

부인은 눈만 끔벅이며 다시 거위 배 속을 뒤졌습니다.

"아니야, 이럴 리가 없어. 황금 알이 잔뜩 들어 있어야지."

부부는 서로를 바라보며 아무 말도 하지 못했습니다. 그러다가 남편이 아내에게 버럭 화를 냈습니다.

"이게 다 당신 때문이오! 왜 배를 가르자고 해서 그나마 하루에 한 알씩 얻던 황금 알도 얻지 못하게 됐잖소."

"무슨 말이에요? 말이 떨어지기가 무섭게 날카로운 칼을 가지고 온 게 누구인데요?"

부부는 서로의 잘못이 더 크다며 날마다 싸웠습니다.

이솝
본명은 아이소포스. 기원전 6세기 고대 그리스 우화 작가

POINT 부부는 황금알을 낳는 거위가 생긴 뒤로 더 행복해졌을까요? 불행해졌을까요?

작가
이태준

불쌍한 삼형제

장르
국내외 명저자 작품

이번 토요일에는 학교에서 돌아오는 길로 까치 새끼 꺼내러 가자는 것이 영선이가 며칠 전부터 동무들과 약속해 두었던 일입니다. 그래서 오늘은 세 동무가 영선이네 집에 와서 점심을 같이 먹고 뒷산으로 올라갔습니다. 그들은 이 산등 저 골짜기로 까치 둥지 있는 나무만 찾아다니다가 해가 다 질 녘에야 둥지 있는 나무 하나를 발견하였습니다.

그 나무는 올라가기 좋은 전나무였습니다. 그러므로 그들은 힘들이지 않고 올라갈 수 있기 때문에 서로 올라가려고 하였습니다. 그것은 올라가 보아서 까치 새끼가 세 마리가 넘으면 올라간 사람은 마음대로 더 가질 수가 있기 때문이었습니다. 그들은 나중에 짱게뽕으로 정하였습니다. 문봉이란 아이가 올라가게 되었습니다. 까치 새끼는 마침 세 마리뿐이요, 에미는 먹을 것을 찾으러 나가고 없었습니다.

세 동무는 이제 겨우 날개가 돋치어 푸덕푸덕하고 한 간통씩밖에 날지 못하는 어린 까치를, 놓아 주었다 다시 붙들었다 하면서 집으로 돌아온 것입니다. 그러므로 영선이는 피곤하였습니다.

영선이는 꿈을 꾸었습니다. 무서워서 달아나려고 하였습니다. 그러나 아무리 뛰어도 한자리에서 헤매었습니다. 소리를 지르려고 하였으나 소리도 나지 않았습니다. 어미까치를 만난 것입니다. 무슨 까치가 독수리처럼 크고 사나웠습니다. 영선이가 이리 뛰려면 여기서 막고 저리 뛰려면 저기서 나와서 깨물고 할퀴고 영선이를 잡아먹으려고 덤벼들었습니다. 그러나 영선이는 뛰어도 가지지 않고 소리를 질러도 여전히 나오지 않았습니다. 꼭 죽을 것만 같았습니다.

"얘, 영선아, 영선아."

하시고 어머님께서 흔드시는 바람에 그제야 영선이는, "어머니." 소리를 치고 눈을 떴습니다. 온몸에 진땀이 흘렀습니다.

그 이튿날 아침입니다. 영선이는 일어나는 길로 밖에 나와 보았습니다. 까치 새끼는 간데온데없고 울 밑으로 가며 여기저기 까치 털이 빠져 있었습니다. 영선이는 뒤꼍으로 들어갔습니다. 그리고 굴뚝 뒤에서 입을 야금거리며 잘 먹은 트림을 하면서 나오는 고양이와 마주쳤습니다.

"이놈의 괭이가 잡아먹었구나!" 하고 영선이는 돌멩이를 집었으나, 고양이는 어느 틈에 울타리에 올라가서, "누가 널더러 잡아 오래든." 하는 듯이 야옹거리고 있었습니다. 이 불쌍한 어린 까치는 영선의 것만이 죽은 것이 아닙니다. 문봉이가 가져간 것은 그 이튿날 저녁까지 살기는 하였으나 문봉이가 자는 밤중에 굶어서 죽고 말았습니다. 그리고 다른 동무가 가져간 것도 살지 못하였습니다. 그것은 붙들어 온 그날 저녁으로 아무도 없는 사이에 노끈이 풀어져서 달아나다가 그만 모깃불 놓은 화로에 빠져서 애처롭게도 뜨겁게 타 죽고 말았답니다.

*짱게뽕 : 가위바위보
출처: 『어린이』 1929년 7·8월 합호.

이태준(1904~?)
대표적 단편소설 작가. 《오몽녀》 《해방 전후》

POINT 까치 삼형제를 세 동무가 집으로 가져오지 않았다면 어떻게 되었을까요?

작가
셰익스피어

베니스의 상인

장르
세계 명작

베니스에 안토니오라는 무역 상인이 살았습니다. 그에게는 절친한 친구 바사니오가 있었습니다. 어느 날 바사니오가 안토니오에게 고민을 털어놨습니다. "안토니오, 포셔라는 아가씨와 결혼하고 싶은데 돈이 없으니 걱정이네. 혹 나에게 삼천 두카트만 빌려줄 수 있겠나?" "당연히 빌려주지. 지금은 물건을 사서 가진 돈이 없으니 샤일록에게 빌려보겠네."

샤일록은 잔혹한 고리대금업자였습니다. 안토니오와 바사니오는 샤일록을 찾아가 돈을 빌렸습니다. "빌려드려야죠. 이자는 필요 없습니다. 단, 돈을 갚지 않으면 당신의 가슴살 일 파운드를 떼가는 걸로 합시다."

샤일록은 평소 자기를 무시했던 안토니오가 무척 싫어서 이번 기회로 크게 혼내주자 마음 먹었습니다. 안토니오는 어쩔 수 없는 상황이었으므로, 계약서에 기꺼이 서명을 했습니다.

며칠 뒤, 바사니오는 포셔와 결혼식을 올렸습니다. 그때 하인이 바사니오에게 안토니오의 편지를 전했습니다. 물건을 실은 배들이 사라져 샤일록에게 죽게 되었다는 내용이었습니다.

셰익스피어(1564~1616)
영국이 낳은 세계 최고의 극작가. 《햄릿》《오셀로》《맥베스》《리어왕》 4배 비극, 《한여름밤의 꿈》《십이야》《뜻대로 하세요》《말괄량이 길들이기》《베니스의 상인》 5대 희극

바사니오는 신부 포셔가 준 돈을 가지고 서둘러 베니스로 떠났습니다. 포셔는 사촌인 판사에게 도움을 요청했습니다. 재판이 시작되고 포셔는 사촌이 보내준 판사 옷을 입고 법정에 들어섰습니다. 바사니오조차도 판사 옷을 입고 법정에 들어선 포셔를 알아보지 못했습니다. 포셔가 샤일록에게 물었습니다.

"안토니오에게 자비를 베풀 수는 없습니까?"

"그럴 수는 없습니다. 저는 계약서대로 하겠습니다."

그때 바사니오가 나섰습니다.

"빌린 돈의 세 배로 갚겠습니다. 용서해주십시오."

"그럴 생각 없소." 포셔는 엄숙하게 판결을 내렸습니다. "좋소, 그럼 계약서대로 하시오!" 그 말을 듣고 칼을 들이미는 샤일록에게 포셔가 외쳤습니다.

"잠깐! 계약서대로 살은 떼가시오! 단, 피를 한 방울이라도 가져간다면 샤일록 당신의 재산을 전부 몰수하겠습니다."

포셔의 말에 샤일록이 당황하여 풀 죽은 목소리로 말했습니다. "어떻게 살을 떼면서 피 한 방울을 안 흘릴 수 있단 말입니까? 그냥 돈으로 돌려받겠습니다."

"이미 늦었소, 당신이 먼저 계약서대로 하길 바라지 않았습니까? 이제 보니 당신은 죄 없는 사람의 목숨을 빼앗으려 했군요. 당신 재산을 모두 몰수하겠습니다."

포셔의 판결에 안토니오와 바사니오는 무척 기뻤습니다. 재판이 끝나자마자, 포셔는 서둘러 집에 도착했습니다. 안토니오와 바사니오도 집으로 돌아왔습니다.

"포셔, 기뻐해주시오. 지혜로운 판사님 덕분에 우리가 이렇게 다시 살아왔소."

바사니오의 말에 포셔는 전혀 사정을 모르는 척 시치미를 뗐습니다. 그러나 곧 포셔는 모든 사실을 털어놨습니다. 바사니오는 포셔의 현명함에 절로 고개를 숙였습니다. 세 사람은 밤새도록 이야기를 나누느라 시간가는 줄 몰랐습니다.

POINT 포셔는 샤일록에게 왜 피 한 방울이라도 가져가면 재산을 몰수한다고 했을까요?

작가
그림형제

지빠귀 부리 왕

장르
세계 동화

옛날 어느 나라에 아름다운 공주가 살았습니다. 그런데 공주는 거만하고 콧대가 높았습니다. 공주가 걱정인 왕이 잔치를 열었습니다. 공주는 잔치에 참석한 왕자들의 모습을 보고 흠을 찾아냈습니다.

"어머, 당신의 몸은 꼭 술통 같네요."

"당신 얼굴은 너무 창백해서 유령 같아요."

그때 턱이 굽고 턱수염이 난 왕자가 공주에게 다가왔습니다. 공주는 깔깔 웃으며 말했습니다.

"당신의 턱은 꼭 지빠귀 부리처럼 생겼군요."

이웃나라 왕은 그때부터 '지빠귀 부리 왕'이라는 별명을 얻었습니다. 신랑감을 찾지 못한 왕이 화가 나서 공주에게 말했습니다. "공주야, 그렇게 거만하게 구는 것을 더는 못 보겠다. 이제부터 가장 먼저 궁궐에 오는 거지에게 너를 시집보내겠다!"

왕이 엄하게 말한 며칠 뒤였습니다. 떠돌이 악사에게 왕이 말했습니다. "내 딸과 결혼을 하여라."

공주는 왕에게 잘못을 빌었지만 소용없었습니다. 결혼식을 올린 공주와 떠돌이 악사가 숲 어귀를 지날 때였습니다. "이렇게 아름다운 숲은 누구의 것일까요?"

"지빠귀 부리 왕의 것이지요."

멋진 들판과 화려한 도시도 모두 지빠귀 부리 왕의 것이라는 말을 듣자 공주는 눈물이 났습니다. 이윽고 두 사람은 아주 초라한 오두막에 도착했습니다.

"여기가 우리 집이오."

공주는 오두막에서 허드렛일을 했습니다. 며칠이 지나자 양식까지 떨어졌습니다. 재주가 없는 공주는 시장에서 항아리를 팔기 시작했습니다. 그런데 기마병이 말을 타고 달려들어서 항아리가 모두 깨졌습니다. 이를 안 떠돌이 악사가 공주를 무섭게 타일렀습니다.

"물건을 잘 펼쳐놓고 팔아야지! 안되겠소. 내가 궁궐의 부엌에서 당신을 하녀로 써달라고 부탁했으니 가서 일하시오!"

공주는 궁궐에서 요리사를 도왔습니다. 항상 남은 음식은 주머니에 넣어서 집으로 가져갔습니다.

그러던 어느 날 왕의 결혼식이 열렸습니다. 공주는 연회장 안을 들여다보며 한숨을 쉬었습니다.

"지금처럼 처량하게 된 건 모두 내 거만함 때문이야."

그때 화려한 옷을 입은 왕이 나타나 공주에게 춤을 추자고 했습니다. 바로 지빠귀 부리 왕이었습니다. 공주가 연회장을 달아나려고 할 때 주머니에서 음식이 떨어졌습니다. 그 모습을 본 사람들이 껄껄대며 공주를 비웃었습니다. 얼굴이 빨개진 공주에게 지빠귀 부리 왕이 다정하게 말했습니다.

"두려워마시오. 내가 바로 당신과 결혼한 떠돌이 악사요. 당신의 무례한 성격을 고쳐주기 위해 모두 꾸민 일이오. 나와 결혼해 주시오."

공주는 눈물을 흘리며 청혼을 거절했습니다.

"당신은 이제 달라졌으니 내 신부가 될 자격이 충분하오." 그 말에 공주는 결혼을 승낙하였습니다. 두 사람의 결혼식에 공주의 아버지와 신하들도 뒤늦게 참석하여 행복을 빌어주었답니다.

그림형제(1785~1863)
독일의 언어학자이자 동화 수집가
동생 빌헬름 그림과 함께 그림 형제 동화집을 출판하였다.

POINT 왕은 왜 공주를 떠돌이 악사에게 시집보냈을까요?

작가
로버트 루이스 스티븐슨

지킬박사와 하이드

장르
세계 명작

어터슨과 사촌동생인 엔필드가 산책을 했습니다. 낡은 건물 앞에서 엔필드가 몸서리를 치며 말했습니다. "이 집을 보면 끔찍한 광경이 되살아납니다." 어터슨이 관심을 보이자 엔필드가 계속 이야기했습니다. "어느 겨울 새벽 세 시쯤이었어요. 길모퉁이 양쪽에서 두 사람이 뛰어오는 거예요. 한 명은 키 작은 남자였고, 한 명은 어린 소녀였어요. 둘이 부딪히자, 남자가 쓰러진 소녀를 마구 짓밟았어요. 소녀의 비명에도 남자는 그냥 가버렸고요." "그래서 어떻게 했지?" "달려가서 그 남자를 잡아챘지요. 소녀와 그녀의 가족들에게 위자료를 달라고 했어요. 그랬더니 이 집에 들어가서 합의금 백 파운드를 가지고 나오지 뭡니까. 금화 십 파운드와 은행의 수표 구십 파운드를요. 이상한 건 그 수표에 서명한 이름이 헨리 지킬이었다는 거예요. 그 남자의 이름은 에드워드 하이드였는데 말이죠."

어터슨은 심각한 얼굴로 집으로 돌아왔습니다. 사실 어터슨은 지킬 박사의 친구이자 담당 변호사였거든요. 얼마 전 지킬이 하이드에게 모든 재산을 상속한다고 유언장을 쓰기도 했어요. 어터슨은 지킬이 협박을 받고 있다고 생각했습니다.

그 후, 얼마 지나지 않아 끔찍한 살인 사건이 발생했습니다. 어터슨의 고객인 댄버스 커루 경이 살해된 것입니다. 어터슨에게 커루 경이 보낸 편지를 전하러 온 경찰관은 범인이 하이드라고 말했어요. 어터슨은 지킬에게 무슨 일이 있는지 찾아가서 물었어요. 그러나 지킬은 하이드에 대한 이야기를 하고 싶지 않아 했습니다. 그 뒤 하이드는 어디서도 찾을 수 없었습니다.

그리고 지킬의 친구인 외과 의사 라니언도 갑자기 죽었다는 소식이 들렸습니다. 어터슨이 지킬의 집에 가자 하인인 풀이 조심스럽게 이야기했어요. "지킬 박사님이 문을 잠그고 나오지 않습니다. 그런데 안에 있는 사람은 박사님이 아닌 것 같습니다."

어터슨과 풀은 고민 끝에 문을 부수고 안으로 들어가 보기로 했어요. 서재에는 이미 죽은 하이드가 쓰러져 있었습니다. 어터슨은 서류를 뒤지던 중 자신 앞으로 쓰여 있는 봉투를 발견했어요.

집으로 돌아온 어터슨은 라니언 박사가 남긴 편지를 먼저 읽었습니다. 편지를 읽자 모든 비밀이 풀렸습니다. 지킬 박사가 약을 먹고 하이드로 변신한 것을 목격했다는 내용이었습니다. 어터슨은 숨이 막혀왔습니다. 그러나 꿋꿋이 지킬 박사가 남긴 편지도 마저 읽었습니다.

'나는 내 안의 착한 면과 악한 면을 분리하고 싶었습니다. 실험을 통해 약을 개발했고 나는 하이드로 변신할 수 있었습니다. 그러나 점점 약을 먹지 않아도 하이드가 되었고, 지킬로 돌아오는 게 힘들었습니다. 지금 겨우 지킬로 돌아와 고백의 편지를 씁니다. 마지막으로 나는 죽는 쪽을 선택합니다.'

고백의 편지를 읽고 난 어터슨은 아무 말도 할 수 없었습니다.

로버트 루이스 스티븐슨(1850~1894)
영국의 소설가, 시인. 대표작 《보물섬》

POINT 사람 마음속에는 선한 마음과 악한 마음이 함께 존재해요. 어떤 마음이 더 강할까요?

작가
미상

거울 소동

장르
교과서에 실린 전래 동화

옛날 어느 산골 마을에 어수룩하지만 부모님을 잘 모시는 나무꾼이 살았습니다. 나무꾼은 아버지와 무척 닮아서 누가 아버지고 누가 아들인지 구분하기 어려웠습니다.
그러던 어느 날 나무꾼은 아버지가 돌아가셔서 날마다 산소에 가서 울다가 왔습니다. 아내가 나무꾼에게 장에 가서 바람을 쐬고 오라고 말했습니다.
장터에 나간 나무꾼이 봇짐장수 물건을 구경했습니다. 그때 이상한 그릇 안에서 돌아가신 아버지를 본 나무꾼이 깜짝 놀랐습니다. 나무꾼은 벌떡 일어나 큰절을 올렸습니다.
"아버지! 돌아가신 줄 알았는데 여기 계셨군요."
봇짐장수는 거울을 모르는 촌뜨기라고 여겼습니다.
"하늘이 감동하여 아버님을 보내주셨구려. 다른 사람이 보면 하늘이 화낼 수 있으니 혼자만 보시구려."
봇짐장수는 나무꾼에게 거울을 비싸게 팔았습니다. 집으로 돌아온 나무꾼은 다락방 깊숙한 곳에 거울을 감추어 두고 몰래 아버지를 만났습니다. 그러나 수상하게 여긴 아내가 나무꾼이 없는 틈을 타서 다락방에 올라갔습니다. "도대체 누구하고 만날 이야기하는 거야?" 아내가 거울을 찾아냈습니다.
"누군데 남의 집에 있는 거야?" 아내는 거울을 보며 화를 냈습니다. 거울 안 젊은 여자도 똑같이 주먹을 휘둘렀습니다. 아내는 어머니에게 젊은 여자가 있다고 울먹였습니다. 그러자 어머니가 다락방으로 쫓아갔습니다. 그런데 이번에는 어머니가 더 화를 냈습니다.
"이봐, 할멈! 누군데 남의 집에 있는 거요?"
어머니가 버럭 소리를 지르자 할머니도 똑같이 소리를 질렀습니다. 어머니가 밖으로 나갔습니다.
"얘야, 너는 젊은 여자를 봤다고 했지? 나는 할멈을 봤다. 이 녀석이 이렇게 못된 짓을 하다니."
그때 집으로 돌아온 나무꾼에게 어머니와 아내가 버럭 소리를 질렀습니다.
"다락방에 숨겨둔 여자와 할멈은 누구예요?"
나무꾼은 솔직하게 말해야겠다고 마음먹었습니다.
"다락방에 계신 분은 아버지세요."
아내와 어머니는 믿지 않았습니다. 거울을 모르는 마을 사람들은 효자 집에서 싸움이 벌어져서 쑥덕거렸습니다. 그때 지나가는 나그네가 싸움 이야기를 들었습니다. 나그네는 곧장 나무꾼의 집으로 갔습니다.
"이보게. 내가 자네 아버님을 뵐 수 있겠나?"
나무꾼이 다락방에서 거울을 들고 나왔습니다. 나무꾼이 웃으며 거울을 번쩍 올렸습니다.
"이건 거울이라는 물건으로 앞에 있는 것을 그대로 비춥니다. 자네 아버님과 닮은 자네 얼굴이 비춰서 아버님으로 생각한 거라네."
옆에서 듣던 어머니가 물었습니다.
"젊은 여자는 누구고 할멈은 누구요?"
"젊은 여자는 며느리고, 할멈은 바로 어머님이랍니다." 마을 사람들은 깔깔 웃었습니다. 나무꾼과 아내, 어머니는 얼굴이 빨갛게 변했습니다.

POINT 거울을 처음 본 사람들에게 '거울'에 대해 말해볼까요?

작가
미상

수선화가 된 소년 나르키소스

장르
세계 동화
(그리스 신화)

옛날 옛적 그리스에 강의 신 케피소스와 요정 레이리오페 사이에 아들이 태어났습니다. 이 아이의 이름을 나르키소스라고 지어주었습니다. 나르키소스는 정신을 차릴 수 없을 만큼 무척 예뻤습니다.

어느 날 어머니 레이리오페는 예언자를 찾아가 아들의 앞날을 물었습니다.

"우리 아기가 행복하게 오래 살 수 있나요?"

예언자는 잠깐 생각하더니 대답을 했습니다.

"이 아기는 자기 모습을 모른다면, 오래 살 수 있습니다. 그러니 절대로 자기 모습을 보지 않게 하십시오."

레이리오페는 예언자의 말에 놀랐습니다. 그래서 자기 모습을 바라볼 수 있는 거울뿐만 아니라 그릇이며 잔까지 전부 없애버렸습니다.

자신의 모습을 한 번도 보지 못했지만, 나르키소스는 여전히 예쁘고 단정한 소년으로 자랐습니다. 여자 아이들과 어린 요정들도 나르키소스를 졸졸 따라다녔습니다. 목소리가 예쁜 숲의 요정 에코도 나르키소스를 보고 첫눈에 반했습니다. 에코는 헤라 여신에게 미움을 사서 다른 사람의 끝말만 따라할 수 있었습니다.

에코는 용기를 내어 나르키소스에게 다가갔습니다.

"누군데 날 따라다니는 거예요?"

"예요?"

"이름이 뭐죠?"

"뭐죠?"

나르키소스는 뒷말만 따라하는 에코에게 화가 났습니다. "저리 가시오. 난 말 못하는 아가씨와 놀고 싶지 않으니."

에코는 너무 슬펐습니다.

커다란 슬픔에 에코는 점점 말라갔습니다.

얼마 지나지 않아 에코는 한줌의 재가 되었고, 목소리만이 깊은 산속을 헤매게 되었습니다. 에코의 친구들은 에코가 몹시 불쌍했습니다.

한편, 나르키소스가 얄미워 견딜 수 없었습니다. 그래서 네메시스라는 복수의 여신에게 기도했습니다.

"네메시스 여신님, 나르키소스를 벌주세요. 에코와 똑같이 사랑의 아픔을 겪게 해주세요."

여신은 요정들의 기도를 들어주기 위해 나르키소스를 숲속의 연못으로 데리고 갔습니다. 그리고는 연못에 얼굴을 비추어 주었습니다. 태어나서 자기의 모습을 처음 본 나르키소스는 깜짝 놀랐습니다. 자기 모습이 너무 아름다운 나머지 자신을 사랑하게 되었습니다.

나르키소스는 자신의 아름다운 얼굴을 보기 위해 연못을 떠나지 않았습니다. 연못을 지키다 지쳐버린 나르키소스는 그만 쓰러지고 말았습니다.

얼마 뒤, 나르키소스가 쓰러진 자리에서 한 송이 수선화가 피어났습니다. 수선화는 물가에 피어서 물에 비친 자기 모습을 보며 행복해했습니다. 그렇게 해서 자기 모습을 너무 좋아하는 사람을 두고 '나르키소스 같은 사람'이라고 부르게 되었답니다.

POINT 왕자병과 공주병에 걸린 친구를 만나면 어떤 생각이 드나요?

작가
미상

월계수 나무가 된 요정 다프네

장르
세계 동화
(그리스 신화)

옛날 그리스 신들 중에 활을 잘 쏘는 신이 둘 있었습니다. 그 중 한 신은 아폴론이었고 다른 한 신은 에로스라는 아기 신이었습니다. 귀여운 아기 신 에로스는 날개 달린 천사의 모습을 했어요. 게다가 화살통을 메고 여기저기 다니며 화살을 쏘아 대곤 했습니다.

어느 날 아폴론이 에로스를 보고 장난스럽게 놀렸습니다.

"꼬마야, 아기 신에게 활과 화살은 어울리지 않아. 나처럼 힘세고 건강한 어른들이나 가지고 다니는 거야."

아기 신 에로스는 무척 화가 났습니다. 그래서 꼬마라고 무시하는 아폴론을 골탕 먹이기로 결심했습니다.

에로스는 높은 산 위로 올라가서 세상을 내려다보았습니다. 그러고는 어깨에 멘 화살통에서 두 개의 화살을 뽑았습니다. 하나는 금으로 만든 사랑의 화살이었고, 또 하나는 납으로 된 미움의 화살이었습니다.

에로스는 금 화살을 아폴론에게 쏘았습니다. 그리고 납 화살은 숲속에 사는 요정 다프네를 맞추었습니다. 다프네는 말괄량이이면서 아주아주 예뻤습니다.

화살을 맞은 아폴론은 숲에서 다프네를 보자마자 사랑에 빠졌습니다. 그러나 다프네는 아폴론이 소름 끼치도록 싫었습니다. 그래서 아폴론이 다가오자 도망치기 시작했습니다. 바람보다 더 빨리 뛰었습니다.

"다프네, 제발 도망가지 말아요. 저는 당신을 사랑해요. 내 사랑을 받아주세요."

다프네는 있는 힘껏 뛰었지만 아폴론이 점점 다가오고 있었습니다. 아폴론의 손이 다프네의 몸에 닿으려고 할 때였습니다. 다프네는 뜀박질을 멈추고 강의 신인 아버지 페네이오스에게 간절히 기도했습니다.

"아버지, 위대한 강의 신이시여, 저는 아폴론이 싫어요. 저를 숨기지 못하실 거면 차라리 나무가 되게 해 주세요."

기도가 끝나자마자 아름다운 요정 다프네의 모습이 변하기 시작했습니다. 탐스러운 머리카락은 나뭇잎이 되고, 팔은 가지로 변했습니다. 힘차게 달리던 두 다리는 뿌리가 되어버렸습니다 요정 다프네는 아름다운 나무 월계수가 되었습니다.

아폴론은 월계수로 변한 다프네를 끌어안고 무척 슬퍼했습니다. 눈물을 흘리며 아폴론이 말했습니다.

"다프네, 당신은 내 여인이 되진 않았지만 내 소중한 나무요. 내가 영원히 지키리다."

아폴론은 이 월계수 나무를 끝까지 사랑했습니다. 지금도 마라톤에서 우승한 사람의 머리에 월계관을 씌워주는 것은 요정 다프네를 기억하기 위해서라고 합니다.

POINT 마라톤에서 우승한 사람에게 월계관을 씌워주는 이유가 무엇일까요?

작가
이솝

생쥐와 개구리

장르
세계 동화

들에 사는 생쥐와 연못에 사는 개구리가 만나 친구가 되었습니다.

"생쥐야, 잘 지냈니?"

"그래, 개구리야. 오랜만이다."

생쥐와 개구리는 반갑게 인사를 했습니다. 생쥐가 개구리에게 말했습니다.

"오늘은 들판에 가서 놀까? 거기에는 옥수수가 많거든."

"좋아. 가자."

생쥐와 개구리는 들판에서 자란 옥수수를 마음껏 나누어 먹었습니다. 그런데 생쥐는 늘 물속에서 자유롭게 헤엄치는 개구리가 무척 부러웠습니다.

"개구리야, 너는 물속을 볼 수 있어서 좋겠다. 물속에는 신기한 게 많지?"

"생쥐야, 물속 구경을 시켜줄게. 지금 놀러 가자."

"정말이야?"

생쥐는 손뼉을 치며 좋아했지만 한편으로는 걱정이 되었습니다.

"난 헤엄을 못 쳐. 물에 빠지면 어떻게 하지?"

"걱정 마. 내가 있잖아. 그럼 이렇게 하자."

개구리는 생쥐의 다리와 자신의 다리 하나를 끈으로 묶었습니다.

"이제 물에 빠질 일은 없을 거야. 나만 따라 와."

생쥐는 고개를 끄덕이며 개구리를 따라 연못으로 들어갔습니다. 개구리는 물속에서 신나게 헤엄치며 돌아다녔습니다. 물풀 사이에서 팔짝팔짝 뛰어다니기도 했습니다. 생쥐가 묶여 있다는 것은 까맣게 잊고 말입니다.

생쥐는 물속 구경은커녕 숨이 막혀 자꾸 버둥거렸습니다. 발에 묶인 끈 때문에 물 밖으로 나가지도 못했습니다. 결국 생쥐는 물을 잔뜩 먹고 물속에서 죽고 말았습니다.

"생쥐야, 어때? 물속에는 신기한 게 많지?"

생쥐의 대답을 기다린 개구리는 그제야 뒤를 돌아봤습니다.

"어, 어!"

생쥐의 몸이 물 위로 둥둥 떠올랐습니다.

그때였습니다. 연못을 지나가던 독수리가 죽은 생쥐를 보았습니다. 개구리가 생쥐에게 다가가기도 전에 무서운 속도로 연못을 향해 내려와 생쥐의 몸을 낚아챘습니다. 그 바람에 생쥐의 다리와 묶여 있던 개구리도 딸려 올라갔습니다.

그날 밤, 생쥐를 배려할 줄 몰랐던 개구리는 죽은 생쥐와 함께 독수리의 먹이가 되었습니다. 덕분에 독수리만 배가 부르게 식사를 했습니다.

이솝
본명은 아이소포스. 기원전 6세기 고대 그리스 우화 작가

POINT 나의 입장이나 상황만 생각하고 행동해서 친구를 힘들게 한 적은 없나요?

5.26.

작가
미상

어허 둥둥 내 손자야

장르
전래 자장가
(전라남도 지역)

해금연주곡 듣기

자장 자장 자장 자장 우리 애기 잘도 잔다
눈이 커서 잊어분 것은 잘 찾것다 자장 자장
귀가 커서 말소리는 잘 듣겄다 자장 자장
코가 커서 냄새는 잘 맡겄다 자장 자장
입이 커서 상추쌈은 잘 하겄다 자장 자장
손이 커서 주는 것은 잘 받겄다 자장 자장
발이 커서 넘어지는 안 하겄다 자장 자장
우리 애기 잘도 잔다 어디 갔다가 인지 왔는가
맹전 갔다가 인제 왔는가
선달네 콩밭에 갔다가 인제 왔는가
어허 둥둥 내 손자야 제절밑에 엎질놈아
붕어지사 지낼놈아 생에 뒤에 딸릴놈아
금을 준들 너를 사랴 옥을 준들 너를 사랴
어허 둥둥 내 손자

작가
케네스 그레이엄

새벽의 피리소리

장르
세계 명작

"두더지야, 큰일 났어! 아기 수달이 또 없어졌나봐."
물쥐가 강가에 있는 두더지에게 와서 말했습니다.
"포틀리 녀석 말이야? 그 녀석은 모험심이 많아서 툭하면 없어지곤 하잖아. 동물들이 녀석을 보면 다시 데려다 주겠지."
그러자 물쥐가 고개를 저으며 말했습니다.
"아냐. 이번에는 벌써 며칠째 소식이 없대. 포틀리는 헤엄도 잘 못 치는데다 강둑에는 덫도 많잖아. 엄마 수달은 너무 걱정이 돼서 여울가에 홀로 앉아 꼼짝도 않고 있나 봐."
물쥐와 두더지는 밤새도록 애를 태우고 있을 수달을 생각하자 몹시 가슴이 아팠습니다. 그래서 두 친구는 보트를 타고 강으로 가서 직접 아기 수달을 찾아보기로 했습니다. 둥근 달이 서서히 지면서 새벽이 되자 어디선가 아름답고 신비로운 피리 소리가 들려왔습니다.
"노를 저어, 두더지야!"
물쥐가 피리 소리에 취하여 외쳤습니다. 그들은 꽃이

케네스 그레이엄(1859~1932)
영국의 대표 작가. 이 작품은 실제로 작가가 시력이 약한 가엾은 아들에게 들려주던 이야기를 엮은 것이다.

만발한 섬 언저리에 배를 대고 올라갔습니다. 피리를 불고 있는 이는 숲을 다스리는 신, 파우누스였습니다. 상냥하면서도 익살스런 눈동자와 부리부리한 매부리코, 딱 벌어진 가슴팍과 팬파이프를 들고 있는 손. 그리고 그의 털복숭이 다리 사이에서 자고 있는 아기 수달의 모습이 보였습니다.
물쥐와 두더지는 넋을 잃고 지켜보다가 숲의 신을 향해 공손하게 인사를 했습니다. 그리고 다시 눈을 뜨자 숲의 신은 바람처럼 사라져버렸고, 물쥐와 두더지는 방금 본 것을 모조리 잊고 말았습니다.
"앗, 녀석이 여기 있잖아."
아기 수달 포틀리는 기쁜 듯이 끽끽대며 일어나서는 뱅글뱅글 맴돌더니 급기야 풀밭에 주저앉아 서럽게 울었습니다. 물쥐와 두더지는 재빨리 달려가 어린 포틀리를 달래주고는 얼른 보트에 태우고 부지런히 노를 저었습니다.
이윽고 물쥐와 두더지는 여울 근처에서 포틀리를 내려주었습니다. 아기 수달이 아장아장 걸어오는 모습을 보고, 엄마 수달이 벌떡 일어나 육지 꽃버들을 헤치며 껑충껑충 뛰어왔습니다.
두더지는 다시 배를 타고 가면서 말했습니다.
"이상해. 꼭 지난 밤에 무슨 일을 겪은 것 같아."
"나도 그래. 저 갈대숲에서 금방이라도 아름다운 노래가 들릴 것만 같아."
물쥐가 나른하게 중얼거렸습니다.
'숲의 동물들아, 내가 너희를 보호하리라. 그러니 너희는 어제의 슬픔과 두려움을 모두 잊고 유쾌하고 행복하게 지내거라.'
고요히 햇살이 비치는 강물 위에는 물쥐와 두더지를 태운 배가 두둥실 떠 있었습니다. 곤히 잠든 물쥐와 두더지의 얼굴에는 더없이 행복한 미소가 떠올랐습니다.

POINT 숲을 다스리는 신의 이름은 무엇이었나요?

작가
미상

소가 된 게으름뱅이

장르
교과서에 실린 전래 동화

옛날 산골 마을에 먹쇠라는 게으름뱅이가 살았습니다. 조상들이 부지런해서 넓은 땅을 가지고 있었지만 먹쇠는 일하는 걸 무척 싫어했습니다. 게다가 공부하는 것도 심부름 하는 것도 귀찮았습니다. 누군가 말을 걸지 않으면 하루 종일 먹고 자기만 했습니다.

아침 일찍 일어난 어머니가 먹쇠를 불렀습니다.

"먹쇠야, 어서 일어나. 해가 벌써 중천에 떴다."

"싫어요. 난 더 잘래요."

어머니가 호통을 치는 바람에 먹쇠는 겨우 일어났습니다. 그런 먹쇠에게 어머니는 소의 고삐를 쥐어주었습니다.

"나가서 소 꼴 좀 먹이고 와."

먹쇠는 어기적거리며 밖으로 나갔습니다. 머릿속으로 놀고먹으며 살 수 있는 방법만 궁리했습니다. 소를 풀어놓고 그늘에 앉아 쉬던 먹쇠는 풀을 뜯어 먹는 소를 바라보았습니다.

"저 소처럼 되면 좋겠다. 일도 안 하고 얼마나 좋아."

지나가던 할아버지가 먹쇠의 말에 귀를 기울였습니다.

"정말 저 소가 부러우냐?"

먹쇠는 고개를 끄덕이며 할아버지가 들고 있는 소 모양의 탈에 눈길을 주었습니다. 할아버지는 신기해 하는 먹쇠에게 탈을 건넸습니다. 먹쇠는 탈을 받자마자 얼른 써 보았습니다. 그때 마른하늘에 천둥 번개가 쳤습니다. 눈 깜짝 할 사이에 먹쇠는 소가 되었습니다.

음매라고 울부짖는 먹쇠에게 할아버지가 말했습니다.

"네가 그토록 원하던 소가 됐느니라. 어서 장터로 갈까?"

할아버지는 황소가 된 먹쇠를 소 시장으로 끌고 갔습니다. 먹쇠는 있는 힘껏 울부짖었습니다. 사람들이 그런 먹쇠에게 몰려들었습니다.

"이놈 소리 한번 크네. 일 잘하게 생겼다. 이놈을 내게 파시오."

할아버지는 돈을 받으며 당부했습니다.

"조심할 것이 하나 있소. 이 소에게 무를 주면 바로 죽는다는 걸 명심하시오."

할아버지는 먹쇠에게 게으름이 어떤 일을 가져오는지 경험해보라고 말하며 떠났습니다.

먹쇠를 사간 주인은 먹쇠에게 하루 종일 밭을 갈게 하며 힘들게 일을 시켰습니다. 그 시각, 먹쇠의 어머니는 아들을 찾아 여기저기 다녔습니다.

먹쇠는 어머니가 보고 싶어 눈물을 흘렸습니다.

"내가 게을러서 벌을 받는구나. 음매."

그때 무 밭을 본 먹쇠가 결심을 했습니다.

"그래 할아버지가 무를 먹으면 내가 죽는다고 했지."

먹쇠는 사람으로 태어나면 게으르지 않겠다고 다짐을 하고 무를 씹어 먹었습니다. 그런데 먹쇠는 죽지 않고 도로 사람이 되었습니다.

집으로 온 먹쇠는 사람이 된 기회를 놓치지 않기 위해 날마다 부지런히 일을 하며 공부했습니다.

POINT 게으름을 피우면 왜 안 되는지 말해볼까요?

작가
샤를 페로

푸른 수염

장르
세계 동화

옛날에 부자 남자가 살고 있었습니다. 여자들은 그 남자의 얼굴에 난 푸른 수염 때문에 두려워했습니다. 푸른 수염은 이웃에 사는 두 딸 중 한 명과 결혼하고 싶었지만 모두 거절당했습니다. 두 딸은 푸른 수염의 모습도 싫었고, 푸른 수염이 결혼했던 여자들이 모두 사라졌다는 것을 알았습니다.

그러던 어느 날 푸른 수염은 이웃집 모녀와 친한 이웃들을 별장에 초대해 일주일 동안 연회를 베풀었습니다. 즐거운 시간을 보낸 뒤 이웃집 둘째 딸이 푸른 수염과 결혼하기로 마음먹었습니다. 결혼식을 올리고 한 달이 지났을 때 푸른 수염이 집을 비우게 됐습니다.

"이 열쇠 꾸러미를 맡아 주시오. 단, 이 작은 열쇠는 지하 골방 열쇠이니 절대로 그곳만은 열지 마시오. 내 말을 듣지 않으면 당신에게 큰 화가 생길 것이오."

아내는 지하 골방이 몹시 궁금했습니다. 며칠을 고민한 끝에 아내는 지하실로 내려가서 떨리는 손으로 골방의 문을 열고 들어갔습니다. 그 순간 아내는 공포에 떨었습니다. 바닥에는 붉은 피가 엉켜 붙어 있었고 벽에는 여자들의 시체가 세워져 있었습니다. 푸른 수염이 결혼했던 여자들이 분명했습니다.

아내는 서둘러 골방을 빠져나와 방으로 돌아왔습니다. 그런데 피가 묻은 골방 열쇠가 아무리 닦아도 지워지지 않았습니다. 그날 밤 푸른 수염이 집으로 돌아왔습니다. 다음날, 아내는 골방 열쇠를 뺀 나머지 열쇠 꾸러미를 푸른 수염에게 건네주었습니다.

"지하실 골방 열쇠는 어디 갔소?"

푸른 수염이 호통을 치자 아내가 열쇠를 건넸습니다.

"왜 열쇠에 피가 묻어 있지?"

아내는 제대로 대답을 하지 못했습니다. "골방에 들어갔군. 이제 당신도 그 여자들처럼 돼야겠어!"

아내가 울면서 매달렸지만 푸른 수염은 냉정했습니다. "제가 꼭 죽어야 한다면 기도할 시간을 주세요."

푸른 수염이 십오 분을 주겠다고 하자 아내는 방으로 올라가 언니를 불렀습니다.

"언니, 탑 위에 올라가서 남동생들이 오는지 봐줘. 동생들이 보이면 빨리 오라고 신호를 보내!"

언니는 탑 위에 올라갔습니다. 아내는 언니에게 여러 번 물었지만 동생들의 모습은 보이지 않았습니다.

"어서 내려오지 못해! 내가 올라간다고!"

아내는 마지막으로 언니에게 동생들이 오냐고 물었습니다. "두 명의 말 탄 기사가 달려오고 있어. 내가 신호를 보낼게."

아내는 푸른 수염의 재촉에 결국 아래층으로 내려갔습니다. "당신은 이제 죽을 때가 됐어!"

푸른 수염이 커다란 칼로 목을 베려고 할 때였습니다. 문을 부수고 두 명의 기사가 푸른 수염을 창으로 찔러 죽였습니다. 모든 재산은 아내에게 돌아갔습니다. 아내는 재산의 일부를 언니와 동생들에게 나눠줬고 나머지는 착하고 정직한 신사와 결혼하는데 썼습니다.

샤를 페로(1628~1703)
동화라는 새로운 문학 장르의 기초를 다진 프랑스 작가

POINT 푸른 수염의 남자는 아내에게 모든 방의 열쇠 꾸러미를 주었으면서 왜 지하 골방에만 못 들어가게 했을까요?

작가
엘레나 호그만 포터

사랑의 폴리애나

장르
세계 명작

폴리애나는 부모님이 돌아가신 뒤, 이모네 집에서 살게 되었습니다. 이모인 미스 폴리 해링턴은 차갑고 냉정한 사람이었습니다. 크고 넓은 저택에 살면서도 조카에겐 좁고 구석진 다락방을 내주었습니다. 처음에는 좁고 초라한 다락방을 보고 울었지만 해링턴 가에서 일하는 낸시가 올라오자 이내 눈물을 닦고 이렇게 말했습니다.

"창밖을 보니 아주 멋진 경치가 보이네요. 폴리 이모가 이 방을 내게 주셔서 정말 기뻐요."

폴리애나는 창문 옆 커다란 나무를 타고 무더운 방을 탈출해서 낸시에게 '기쁨 놀이'에 대해 들려주었어요.

"무엇이든 기뻐하는 놀이인데 난 그 놀이가 참 좋아요. 기뻐하기가 어려우면 어려울수록 기뻐할 이유를 찾아냈을 때 느끼는 보람도 크거든요."

낸시는 폴리애나가 무척 사랑스러운 아가씨라고 생각했어요. 언제나 밝고 긍정적인 폴리애나에게 폴리 이모도 차츰 마음의 문을 열게 되었습니다. 폴리애나는 길에 버려진 새끼고양이와 개를 데려와서 키우기도 했습니다. 하지만 폴리 이모가 더 이상 참고 있을 수 없는 일도 있었습니다. 이번에는 허름한 옷차림의 고아 소년을 데리고 온 것입니다. 하지만 폴리 이모가 '지미' 라는 이름의 그 소년을 허락해 주지 않자 폴리애나는 다른 집을 찾아보기로 했습니다.

엘레나 호그만 포터(1868~1920)
미국의 소설가

하루는 폴리애나가 펜들턴 숲을 산책하다가 펜들턴 씨가 쓰러져 있는 것을 발견했습니다. 펜들턴 씨는 큰 저택에 혼자 살면서 이웃사람들과 전혀 왕래가 없는 사람이었습니다. 폴리애나가 의사를 불러와 다리가 부러진 펜들턴 씨를 도와주자 이 괴팍한 노신사도 폴리애나를 좋아하게 되었습니다. 그런데 알고 보니 펜들턴 씨는 폴리애나의 어머니를 사랑했는데 어머니가 목사였던 아버지와 멀리 떠나 버리자 마음의 문을 닫고 살게 된 거라고 했습니다. 펜들턴 씨는 폴리애나를 자신의 딸로 삼으려고 했지만, 폴리애나는 폴리 이모를 떠날 수 없다면서 대신 지미를 소개시켜 주었습니다.

그러던 어느 날 폴리애나는 학교에서 돌아오는 길에 그만 교통사고를 당하고 말았습니다. 앞으로 두 다리로 걷지 못하게 될 거라는 말에 마을 사람들 모두가 안타까워했습니다. 하지만 그 와중에도 폴리애나는 작은 일에도 기뻐하며 슬픔을 이겨냈습니다. 그 가운데 펜들턴 씨와 지미는 무엇보다도 가장 큰 기쁨을 준 사람들이었습니다. 지미는 좋은 집에서 다정한 펜들턴 씨의 사랑의 받으며 점점 더 훌륭한 소년이 되어 가고 있었습니다.

무엇보다 '기쁨 놀이'로 변화된 사람은 폴리 이모였습니다. 폴리 이모는 폴리애나를 정성껏 돌봐주었습니다. 그리고 한때 연인이었던 의사 칠턴에게 폴리애나를 소개했는데, 그의 도움으로 폴리애나는 조금씩 걷게 되었습니다. 칠턴 선생님과 폴리 이모는 폴리애나의 병실에서 결혼식을 올리게 되었고, 폴리애나의 '기쁨 놀이' 덕에 모두가 기쁘게 살게 되었답니다.

POINT 폴리애나처럼 가족, 친구들과 기쁨 놀이를 해볼까요?

작가
미상

요술 항아리

장르
교과서에 실린
전래 동화

옛날 어느 마을에 가난한 농부가 열심히 돈을 모아 욕심쟁이 영감의 밭을 사서 농사를 지었습니다. 그러던 어느 날 밭에서 자갈을 고르다가 항아리가 묻혀 있는 걸 발견했습니다. 농부는 조심조심 땅을 파서 항아리를 꺼냈습니다. 항아리는 어른 한 사람이 들어갈 만큼 꽤 컸습니다. '멀쩡한 항아리를 공짜로 얻었으니 마누라가 좋아하겠네.'

농부는 항아리에 괭이를 넣고 조심해서 집으로 가지고 왔습니다. "웬 항아리를 들고 오세요?"

"밭을 갈다 보니 항아리가 있지 뭐요. 물독으로 쓰면 좋겠지."

농부의 아내가 항아리 안을 들여다보자 괭이가 있었습니다. "맞다. 내가 괭이를 넣어놨지."

농부가 괭이를 꺼내자 항아리 안에 괭이 하나가 또 들어 있었습니다. 괭이를 꺼내도 또 괭이가 있자 농부는 어리둥절했습니다. "여보, 우리 엽전을 넣어 볼까요?" 아내의 말에 농부는 허리춤에서 엽전 하나를 꺼내 항아리 안에 넣었다 꺼냈습니다. 이번에는 꺼내고 또 꺼내도 엽전이 계속 나왔습니다.

"여보, 이 항아리는 보통 항아리가 아닌가 봐요. 요술 항아리가 분명해요."

농부네 마당에는 엽전이 가득했습니다.

농부가 부자가 되었다는 소식을 욕심쟁이 영감도 들었습니다. 배가 아픈 영감은 농부를 찾아갔습니다.

"여보게, 그 항아리가 어디에 묻혀 있었지?"

"저 산비탈 밭에서 나왔는데요."

순진한 농부의 말에 욕심쟁이 영감이 이때다 싶어 대꾸했습니다.

"그 밭의 원래 주인은 누구인가?"

"그거야, 영감님 것이었지만. 내가 샀으니 내 밭이죠."

"무슨 소리인가? 그 밭이 내 것이었으니 그 항아리도 내 것이지." "그건 억지십니다. 내 밭에 묻힌 항아리이니 내 항아리이지요."

"이 사람 안 되겠네. 그 항아리는 우리 조상님이 묻어 놓은 게 틀림없다니까."

욕심쟁이 영감과 농부는 결국 원님을 찾아가서 판결을 받기로 했습니다. 그런데 원님은 욕심이 많은 사람이었습니다. '저런 항아리를 내가 가져야 되겠는데. 방법이 있을 텐데.'

원님은 생각을 해봐야 한다며 항아리를 놓고 가라고 말했습니다. 욕심쟁이 영감과 농부는 어쩔 수 없이 집으로 돌아갔습니다. 원님은 항아리를 대청마루로 옮겨 놓았습니다.

그날 밤, 원님의 아버지가 밖으로 나와 커다란 항아리를 보았습니다. 항아리가 궁금한 원님의 아버지는 안을 들여다보다가 그만 거꾸로 처박히고 말았습니다.

"얘들아, 날 꺼내 다오!"

아버지의 소리에 밖으로 나온 원님은 얼른 아버지를 꺼냈습니다. 그런데 아버지를 꺼내고 또 꺼내도 또 다른 아버지가 계속 나왔습니다. 수많은 원님의 아버지는 서로 싸우다가 항아리를 밀쳐버렸습니다. 대청에서 떨어진 항아리는 그만 산산조각이 나버렸습니다.

POINT 만일 요술 항아리가 생긴다면 그 안에 제일 먼저 무엇을 넣고 싶을까요?

June
6

작가
미야자와 겐지

첼로 켜는 고슈

장르
국내외 명저자 작품

고슈는 다시 첼로를 들고 연주를 시작했습니다. 그러자 뻐꾸기는 몹시 기뻐하며 '뻐꾹 뻐꾹 뻐꾹' 하고 끼어들었습니다. 마치 죽어도 좋다는 듯 온힘을 다해 끝도 없이 울어댔습니다. 고슈는 화가 치밀어서 "뻐꾹아! 이제 볼일이 끝났으면 그만 돌아가!" 하고 말했습니다.

"제발 다시 한 번만 연주해주세요. 당신 솜씨가 좋긴 하지만 조금 틀렸답니다."

"뭐라고? 네가 날 가르치겠다는 거야? 어서 돌아가!"

"제발 딱 한 번만 더 부탁드립니다." 뻐꾸기는 거듭 고개를 숙였습니다.

"그러면 이번이 마지막이다."

고슈가 첼로의 활을 잡자, 뻐꾸기는 '뻐꾹' 하고 숨을 한 번 쉬고는, "그럼 되도록 길게 해주세요." 하더니, 다시 한 번 고개를 조아렸습니다.

"정말 못 말리는 녀석이군."

고수는 쓴웃음을 지으며 첼로를 켜기 시작했습니다. 그러자 뻐꾸기는 다시 진지하게 몸을 숙이고는 죽을 힘을 다해 울어댔습니다. "뻐꾹 뻐꾹 뻐꾹." 처음엔 화가 났지만 계속해서 연주하다 보니 어쩐지 새의 음이 진짜 도레미 소리와 똑같다는 생각이 들었습니다. 시간이 지날수록 오히려 뻐꾸기의 소리가 더 맞는 것 같았습니다.

"이런! 이렇게 멍청한 짓을 하다간 나까지 새가 되겠어!" 고슈는 갑자기 연주를 뚝 그쳤습니다. 그러자 뻐꾸기는 머리를 세차게 얻어맞은 듯 비틀거리더니, 다시 전과 같은 소리를 내었습니다.

"뻐꾹 뻐꾹 뻐꾹 뻐 뻐 뻐 뻐 뻐." 그러고는 원망스러운 듯이 고슈를 쳐다보며 따졌습니다.

"왜 그만두는 거예요? 우리 뻐꾸기들은 아무리 오기가 없다고 해도 목에서 피가 나올 때까지 소리치는데요."

"뭐야, 건방지게! 이렇게 어리석은 짓을 언제까지 하라는 거냐? 이제 이 방에서 나가! 벌써 날이 새고 있잖아." 하고 고슈는 창을 가리켰습니다.

"오늘 밤은 좀 이상하군." 그렇게 생각했을 때, 지휘자가 일어서더니 말했습니다.

"고슈 군, 정말 잘했어. 여기서 모두들 진지하게 들었다네. 불과 며칠 사이에 이렇게 솜씨가 늘 수 있다니! 그것 보게. 마음만 먹으면 얼마든지 해낼 수 있지 않은가?"

단원들도 모두 일어나 칭찬해 주었습니다.

"그래. 이것도 다 몸이 건강한 덕분이야. 보통 사람이라면 죽었을 거야."

고슈는 밤늦게 자기 집으로 돌아왔습니다. 그러고는 물을 또 벌컥벌컥 마셨습니다. 그런 다음 창을 열고 언젠가 뻐꾸기가 날아간 먼 하늘을 바라보며 말했습니다.

"뻐꾹아, 그때는 정말 미안했어. 나는 화가 난 게 아니었다고."

미야자와 겐지(1896~1933)
일본의 동화작가, 시인
대표작 《바람의 마타사부로》 《은하철도의 밤》

POINT 고슈가 뻐꾸기와 함께 첼로 연주를 한 것처럼 다른 새 또는 동물의 소리와 함께 어우러지는 악기를 더 생각해볼까요?

작가
그림형제

행복한 한스

장르
세계 동화

옛날에 한스라는 부지런한 사람이 살았습니다. 한스가 일한 지 칠년 만에 고향으로 돌아가겠다고 하자 주인이 커다란 금덩이 하나를 주었습니다. 무거운 금덩이를 이고 가던 한스 옆에 말을 탄 남자가 지나갔습니다. "말 위에 앉아서 가면 얼마나 편할까. 이 금덩이도 무겁지 않고 말이야."

한스의 말에 남자는 눈을 번쩍이며 말을 멈췄습니다.

"그럼 내 말과 당신의 보따리를 바꾸는 건 어떻소?"

남자는 한스의 눈치를 살폈지만 한스는 얼른 보따리를 주었습니다. 말에 올라탄 한스가 말 엉덩이를 여러 번 차자 쏜살같이 달렸습니다. 결국 한스는 말에서 떨어져 도랑에 빠졌습니다. 그때 맞은편에서 농부가 소를 몰고 왔습니다.

"제멋대로인 말보다 농부 아저씨는 소가 있어서 좋겠어요. 소한테 우유도 얻을 수 있으니 말이에요."

"허허, 그럼 내 소와 당신의 말을 바꿉시다."

한스는 무척 기뻐서 얼른 말고삐를 건네주었습니다. 농부는 서둘러 말을 타고 떠났습니다.

한참을 걷던 한스가 목이 말라 소젖을 짰습니다. 그러나 젖이 나오기는커녕 소의 뒷발로 걷어차이고 말았습니다. 그때 새끼 돼지를 끌고 나온 푸줏간 주인이 한스에게 말했습니다. "이 소는 너무 늙어서 젖이 나오지 않을 거요. 고기로나 먹을까."

"저는 소고기를 별로 좋아하지 않아요. 돼지고기는 소시지도 만들 수 있는데 말이죠."

"그럼 당신의 소와 내 돼지를 바꿉시다."

한스는 망설임 없이 얼른 돼지와 소를 바꿨습니다. 푸줏간 주인은 소를 데리고 얼른 사라져버렸습니다.

돼지를 끌고 가던 한스가 흰 오리를 옆구리에 끼고 가던 소년을 만났습니다. 한스의 이야기를 듣던 소년이 말했습니다. "아저씨, 이 오리는 엄청 토실해요. 열 사람도 먹을 수 있어요. 그런데 아저씨의 돼지는 마을 촌장님 댁에서 없어진 딱 그 돼지 같아요. 아저씨가 도둑으로 누명을 쓸지도 몰라요."

"이런, 이 일을 어쩌면 좋지?"

"제가 손해를 보긴 하지만 제 오리와 아저씨 돼지를 바꾸시면 돼지를 숨겨놓을게요."

소년의 말에 한스는 얼른 돼지를 건네주었습니다. 오리를 품에 안고 길을 가던 한스가 칼을 가는 아저씨를 만났습니다. "아저씨, 칼 가는 솜씨가 좋으시네요. 저도 할 수 있을까요?"

"그럼 할 수 있지. 이 돌만 있으면 칼 가는 건 문제도 아니야. 어때 오리와 바꾸겠니?"

한스는 기쁜 마음으로 오리를 주고 돌을 받았습니다. 그러고는 무거운 돌을 들고 가다 우물에 풍덩 빠뜨리고 말았습니다. "하느님, 무거운 돌을 더 들지 않게 해 주셔서 감사합니다."

한스는 하늘을 향해 두 팔을 벌렸습니다. "나는 세상에서 가장 행복한 사람이야!" 한스는 새털처럼 가벼운 마음으로 어머니가 사는 집으로 달려갔습니다.

그림형제(1785~1863)
독일의 언어학자, 동화 수집가
동생 빌헬름 그림과 함께 그림 형제 동화집을 출판하였다.

POINT 한스는 말도 소도 오리도 이제 갖고 있지 않은데 왜 행복하다고 했을까요?

작가
미상

꾀보 박 서방

장르
전래 동화

옛날 어느 마을에 박 서방이 살고 있었습니다. 박 서방은 꾀가 많고 짓궂은 사람이었습니다.
한번은 개울에 나가 있는데 한 양반이 점잖은 걸음걸이로 다가왔습니다.
'어라? 구두쇠 영감이잖아?'
머리에는 갓을 쓰고 도포 차림을 한 양반이 걱정스러운 표정으로 중얼거렸습니다.
"간밤에 내린 비로 물이 불어나서 큰일이구만, 어떻게 저 깊은 물을 건넌담?"
그는 몹시 인색한 데다 거만하기로 소문난 양반이었습니다. 박 서방이 짐짓 모른 척하고 그물을 내리는데 양반이 부르는 소리가 들렸습니다.
"여보게! 박 서방!"
박 서방이 돌아보자 양반은 거드름을 잔뜩 피우며 박 서방에게 물었습니다.
"날 업고 개울을 건너 줄 수 있겠나?"
"삯은 얼마나 주시렵니까?"
"한 냥 주지."
"한 냥이라고요? 물이 깊고 폭도 넓어서 만만치가 않아요. 그러니 족히 두 냥은 주셔야 합니다."
양반이 마지못해 알겠다고 하자 박 서방은 그제야 양반을 업고 개울 속으로 들어갔습니다. 조금 가다가 박 서방은 양반을 골탕 먹일 생각으로 뒤뚱거렸습니다.
"이 사람아! 조심 좀 하게!"
양반은 행여나 도포가 젖을세라 겁에 질린 목소리로 말했습니다. 개울을 반쯤 건넜을 때, 갑자기 박 서방이 멈춰 섰습니다.
"나리, 여기서 그만 내리시지요."
"뭐야? 지금 이 비단 옷을 적셔 가며 이 개울을 건너란 말인가?"
양반이 화가 나서 길길이 뛰는데도 박 서방은 낯빛 하나 변하지 않은 채 말했습니다.
"방금 제가 걸어놓은 그물에 잉어가 잡힌 것 같거든요. 장에 내다 팔면 아무리 못 받아도 닷 냥은 받을 텐데, 그러니 어서 가서 잉어를 잡아야겠습니다."
박 서방이 일부러 손에 힘을 풀자 양반이 당황해서 소리를 질렀습니다.
"어이쿠! 잠, 잠시만! 내가 삯을 더 줄 테니 어서 건너기나 해!"
"그러면 얼마를 더 주실지 정확하게 말씀해 주십시오."
"음, 두 냥에다 두 냥을 더 주지."
"그럼 네 냥을 주시겠다는 말씀이네요. 전 그냥 닷 냥짜리 잉어나 잡으러 가야겠습니다."
박 서방이 등에 업힌 양반을 내려놓으려 하자 양반은 다급하게 소리를 질렀습니다.
"알겠네! 내 닷 냥을 줄 테니 어서 가세!"
그제야 박 서방은 못 이기는 척 다시 개울을 건너기 시작했습니다. 그리고 반대편 개울가에 닿자마자 구두쇠 양반에게 닷 냥을 받아 챙기고는 유유히 사라졌다고 합니다.

POINT 꾀보 박 서방은 어떻게 구두쇠 영감에게 닷 냥이나 받을 수 있었을까요?

작가
미상

다자구 할머니

장르
교과서에 실린 전래 동화

옛날 어느 산속에 '대나무 고개'라고 불리는 험한 길이 있었습니다. 사람들은 이 고개를 넘는 걸 무척 두려워했습니다. 산적들이 들끓어서 돈과 물건을 빼앗기 때문이었습니다. 사람들은 고을 원님에게 찾아가 하소연을 늘어놓았습니다.

"어제 대나무 고개를 넘다가 산적을 만났습니다."

"제가 가진 전부를 빼앗기고 겨우 도망쳤습니다."

화가 난 원님은 군사를 풀어 잡으러 갔지만 그때마다 산적들이 꽁꽁 숨어서 찾을 수가 없었습니다.

그러던 어느 날 백발의 할머니가 찾아와 원님에게 귀엣말로 속닥거렸습니다. 말이 다 끝나자 원님의 얼굴이 활짝 폈습니다. 할머니는 원님에게 고개를 끄덕이고는 곧장 대나무 고개로 갔습니다. 커다란 바위에 오른 할머니가 소리 높여 외쳤습니다.

"다자구야! 들자구야!"

온 산이 쩌렁쩌렁 울렸습니다. 그 소리를 들은 산적 두목이 할머니를 잡아오라고 명령했습니다. 부하들이 할머니를 끌고 왔습니다.

"할머니, 왜 그리 소리를 지르시는 거요?"

할머니가 눈물을 글썽이며 대답했습니다.

"내 큰아들 다자구와 작은아들 들자구가 사라졌다오. 그 애들이 이 산에 왔다고 해서 말이오."

"그런 사람은 없었으니 어서 내려가시오."

산적 두목의 말에 할머니는 내려갈 수 없다고 고집을 부렸습니다. 골똘히 생각하던 두목이 할머니에게 밥을 하며 아들을 찾으라고 말했습니다. 그때부터 할머니는 밥을 하며 산적들과 같이 살았습니다. 밥이 맛있다고 산적들이 좋아했습니다.

할머니는 가끔가다가 밤이 되면 바위에 올라 소리를 질렀습니다.

"들자구야! 들자구야!"

산적들은 왜 큰아들은 부르지 않고 작은아들 들자구만 부르냐고 물었습니다. 할머니는 작은 아들이 더 눈에 밟힌다고 대답했습니다. 사실 들자구는 산적들이 잠들지 않았다는 뜻으로 원님에게 보내는 신호였습니다.

며칠 뒤, 산적 두목의 생일이었습니다. 산적들은 할머니에게 두목의 생일을 준비하라며 미리 담아둔 술까지 꺼냈습니다. 할머니는 생일상을 푸짐하게 차렸습니다. 산적들은 아침부터 배불리 먹고는 노래하고 춤을 추었습니다. 코가 비뚤어지도록 술을 마셔대서 밤에는 모두 곯아 떨어졌습니다. 할머니는 얼른 큰 바위에 올라가 큰 수리루 외쳤습니다.

"다자구야! 다자구야!"

할머니의 고함 소리를 원님이 듣고 군사들에게 명령했습니다. "때가 왔다. 어서 가서 산적을 잡아라!"

군사들이 산적 소굴을 덮쳐서 줄줄이 산적을 잡았습니다. 포승줄에 묶인 산적들은 원님 앞에 끌려가 빌었습니다. 그런데 원님이 할머니를 찾았지만 어디에도 없었습니다. 원님은 대나무 고개를 보며 중얼거렸습니다. "할머니는 산신령이 분명하다."

그 뒤로 원님은 할머니를 위해 산신당을 짓고 제사를 지내줬습니다. 또한 산신당은 다자구 할머니라는 별칭으로도 불렸답니다.

POINT '들자구, 다자구'처럼 친구나 가족끼리만 통하는 신호를 만들어볼까요?

작가
미상

마법에 걸린 거인

장르
세계 옛날이야기
(포르투칼)

옛날 옛적 어느 마을에 홀어머니를 모시고 사는 아들 셋이 있었습니다. 어느 날 큰아들은 어머니의 고생을 보다 못해 돈을 벌기 위해 집을 떠났습니다. 그러다 요술을 부리는 한 남자를 만났는데, 그는 자기가 시키는 대로 하면 돈을 주겠다고 했습니다. 그래서 아들은 요술쟁이를 따라 커다란 포대와 말, 그밖에도 여러 가지 짐을 챙겨서 길을 나섰습니다. 꼬박 하룻밤을 걷고 또 걸어 산꼭대기에 다다랐을 때, 요술쟁이에게서 뜻밖의 말을 들었습니다.

"이제 네가 타고 온 말을 이 총으로 쏘아라! 말을 안 쏘면 내가 널 쏘겠다!"

그러면서 아들에게 총까지 겨누자, 아들은 하는 수 없이 말을 죽여야 했습니다.

"말의 배를 가른 다음, 배 속으로 들어가! 그리고 그 안에서 이 책을 읽어라!"

아들은 겁에 질린 나머지 책을 받아 읽기 시작했습니다. 그러자 어디선가 보석들이 우르르 쏟아지더니 수십 개 포대에 담아도 남을 만큼 그득그득 쌓였습니다. 요술쟁이가 보석이 든 포대만 챙겨 유유히 사라지자, 큰아들은 산속에 홀로 남게 되었습니다. 그러다 이상하게 생긴 풀을 발견하고 그 풀의 뿌리를 잡아당기자 커다란 구멍이 나타났습니다. 신기하게도 구멍 안에는 대문이 나 있었고, 그 문을 열어젖히자 전혀 다른 세상이 펼쳐졌습니다. 화려한 궁전과 맛있는 음식들, 그리고 보석들로 가득찬 방까지! 그 속으로 들어가 구경을 하던 아들은 구석진 방에서 어마어마하게 큰 거인과 맞닥뜨렸습니다.

"누가 널 이리로 보냈느냐?"

거인은 큰아들을 보자 버럭 고함을 질렀습니다. 큰아들이 깜짝 놀라 요술쟁이와의 일을 털어놓자 거인이 한숨을 푹 쉬면서 말했습니다.

"너도 그 요술쟁이에게 당했구나. 나도 원래 이웃 나라의 왕이었는데 요술쟁이의 마법에 걸려 여기 갇히게 되었단다. 너에게 부탁 한 가지만 하자꾸나."

큰아들은 거인의 부탁대로 궁궐 연못가에 있는 비둘기 세 마리를 잡아왔습니다. 그런데 손에 들어오는 순간, 모두 아름다운 공주로 변하는 게 아니겠어요? 큰아들이 서둘러 세 공주를 거인에게 데려가자 거인은 뛸 듯이 기뻐했습니다.

"오, 내 딸들아!"

이렇게 해서 큰아들은 왕과 공주의 마법을 풀어주고 땅 속 궁전에서 함께 지내게 되었습니다.

한편, 큰아들이 아무런 소식이 없자 막내가 형을 찾아 나서게 되었습니다. 막내 역시 요술쟁이를 만나 산속으로 가게 되었지만, 이번만큼은 속지 않았습니다. 포대 안에 보석 대신 말의 뼈들을 잔뜩 담아 요술쟁이를 향해 힘껏 던져버린 것입니다. 요술쟁이가 포대 밑에 깔려 죽자 땅 속 궁전이 치솟아 오르더니 막내 아들의 집 앞에 내려앉았습니다. 왕은 이 집 아들들 덕분에 마법에서 풀려났다며 세 아들 모두 세 공주와 결혼을 시켜주었습니다. 그래서 아들 셋은 어머니를 모시고 오래오래 행복하게 살았답니다.

POINT 큰아들은 왜 마법에 걸린 거인의 부탁을 들어주었을까요?

작가
미상

짧아진 바지

장르
교과서에 실린 전래 동화

옛날 어느 마을에 부지런한 부자와 세 아들이 살았습니다. 부자는 일은 하지 않으면서 잠만 자는 세 아들이 걱정이었습니다. 그러던 어느 날 세 아들은 아버지를 서로 잘 모실 수 있다고 자랑했습니다.

"아버지를 잘 모실 수 있는 건 첫째 아들인 나라고. 그러니까 아버지께서 나에게 가장 많은 재산을 물려주실 거야."

"나는 아버지를 위해 무엇이든 할 수 있어. 그러니 아버지의 재산은 내가 많이 가져야지."

첫째와 둘째 아들의 말에 셋째 아들이 나섰습니다.

"형들은 장가가면 색시한테 빠져서 아버지를 잘 모시지 못할걸. 나는 장가들지 않고 아버지와 살 거니까 재산은 내가 가장 많이 물려받아야 해."

부자는 세 아들이 게으르긴 해도 효심이 남다르다고 생각했습니다. 그러나 마을 사람들은 이웃 마을에 사는 농부의 세 아들이 더 효성스럽다고 칭찬했습니다. 농부의 세 아들이 궁금하던 차에 부자는 농부의 저녁 식사에 초대받아 갔습니다. 농부는 안으로 들어가 무릎이 드러난 짧은 바지를 입고 나왔습니다.

"어째서 그렇게 짧은 바지를 입고 계십니까?"

농부는 웃으며 이유를 차분하게 이야기했습니다.

며칠 전에 선물로 받은 옷감으로 바지를 한 벌 해 입었습니다. 그런데 바지가 한 뼘이나 길어 질질 끌려 아들들에게 말했습니다.

"얘들아, 누가 내 바지를 딱 한 뼘만 줄여 다오."

다음날 외출을 다녀온 농부는 바지를 입었습니다. 그런데 바지가 이번에는 너무 짧아 무릎이 다 드러났습니다. 농부가 세 아들을 불러 물었습니다.

"내가 한 뼘만 줄여 달라고 하지 않았느냐? 이렇게 짧게 줄여 놓으면 어찌 입고 나갈 수 있느냐?"

"아버지, 이상합니다. 제가 어젯밤에 딱 한 뼘만 줄여 놓았는걸요."

"형이 어젯밤에 줄여놓았다고? 난 그런 줄도 모르고 오늘 새벽에 일어나 한 뼘 줄여놓았지."

첫째와 둘째 아들의 말에 셋째 아들이 기어 들어가는 소리로 말했습니다.

"이를 어째요. 저는 형님들이 줄여 놓은 줄 모르고 오늘 아침에 한 뼘을 줄여 놓았지 뭐예요."

세 아들이 아버지에게 용서를 청하자 농부는 껄껄 웃었습니다. "괜찮다. 너희가 줄인 이 바지는 나에게 딱 맞는 바지구나!"

농부의 이야기를 들은 부자는 흐뭇한 마음으로 집으로 돌아왔습니다. 그러고는 세 아들의 효심을 시험해 보기로 하고 바지를 들고 세 아들에게 말했습니다.

"이 바지가 나에게 너무 길다. 내일 점심때까지 딱 한 뼘만 줄여주겠느냐?"

부자의 세 아들이 대답했지만 오후가 되어도 바지는 그대로였습니다. 부자는 왜 바지를 줄이지 않았냐고 물었습니다. "아버지, 바지가 그대로예요? 저는 둘째가 줄여 놓을 줄 알았지요."

"그런 일이라면 당연히 막내가 해야 하기에."

"바느질도 서툰 내가 어찌 바지를 줄여? 형들이 했어야지!" 세 아들의 말에 부자는 한숨이 절로 나왔습니다.

POINT 부자의 세 아들과 농부의 세 아들의 다른 점은 무엇일까요?

작가
셀마 라게를뢰프

닐스의 모험

장르
세계 명작

스웨덴의 어느 마을에 장난꾸러기 닐스가 살았습니다. 어느 날 닐스는 작은 요정을 발견하고 잠자리채에 담아 괴롭히다가 그만 마법에 걸려 엄지손가락만큼 작아져버렸어요. 그 모습을 보고, 평소에 닐스에게 괴롭힘을 당했던 닭, 고양이, 소들은 고소하다며 비웃었어요. "우릴 괴롭히던 닐스가 난장이가 됐군!"

작아진 닐스는 신기하게도 동물들이 주고받는 말을 모두 알아들을 수 있었어요. 공격해오는 동물들을 피해 도망치던 닐스는 거위 모텐과 함께 미지의 세계로 모험을 떠나게 되었습니다.

모험을 하던 중, 조용한 호숫가에서 닐스는 여우 스미레가 기러기를 무는 모습을 보게 되었어요. 닐스는 기러기를 어떻게든 구해주기 위해서 여우 스미레의 꼬리를 붙잡고 있는 힘을 다해 떨어뜨리려고 했어요. "나쁜 여우 같으니! 기러기를 놓지 못하겠어!" 꼬리를 꽉 붙잡힌 스미레는 빙빙 돌다가 결국 기러기를 놓치고 말았지요. 평소에 닐스를 못마땅하게 생각했던 기러기 악카도 그제야 닐스를 인정해주었어요.

다시 모험을 떠난 기러기와 닐스는 스몰란드에 도착했어요. 그곳에는 푸뮬레라는 까마귀가 다른 까마귀들에게 비웃음을 당하고 있었어요. 닐스는 너무 안타까워서 괴롭히는 까마귀들을 혼내주고 가여운 푸뮬레를 도와주었어요. 그 후 어느 날 여우 스미레의 잔꾀에 넘어간 까마귀들이 닐스를 위협하려 했어요. 예전에 닐스의 도움을 받았던 푸뮬레는 용기를 내서 까마귀들을 물리치고 닐스를 큰 위험에서 구해주었어요. 그 사건 이후로 푸뮬레는 다른 까마귀들로부터 능력과 용기를 인정받아 새로운 까마귀 대장이 되었어요.

스몰란드에 평화가 찾아오자, 기러기들과 거위 모텐, 닐스는 또다시 새로운 곳으로 떠났어요. 그 사이 거위 모텐은 다정다감한 기러기 둔핀과 약혼도 했어요. 둔핀의 고향에 도착했지만, 둔핀을 시기하는 언니들의 모습은 변함이 없었어요. 못된 언니들은 커다란 독수리를 물리쳐달라고 무리하게 요구했어요. 그러자 모텐이 용감하게 앞장섰지요. 그런데 그 독수리는 기러기들이 악카의 무리라는 소리를 듣고 두말없이 물러났어요. 알고 보니, 그 독수리는 바로 악카가 아기 새일 때부터 돌봐주었던 고르고였어요.

한편 고르고는 사냥꾼에게 잡혀 동물원에 팔려갈 상황에 처했는데요. 닐스가 용기를 내어 고르고를 사냥꾼으로부터 구해주었어요. 그리고 닐스는 고르고에게 닐스의 집이 곧 이사한다는 말을 들었어요. 곧장 닐스는 모텐과 함께 집으로 향했어요. 집에 돌아온 닐스는 마구간의 소 발바닥에 쇠가 박힌 것을 보고, 엄마 아빠가 알아볼 수 있도록 큰 글씨로 쇠가 박혀 있다고 써놓았어요. 다행히 아빠가 글을 발견하고 쇠를 뽑아주었어요. 그러다가 엄마 아빠가 거위 모텐을 발견했는데, 축제 때 거위를 잡아야겠다고 말하는 것이었어요. 순간 너무 걱정이 돼서 닐스가 큰 소리로 말했어요. "엄마 아빠, 제발 모텐을 죽이지 마세요!" 그때였어요. 놀랍게도 닐스는 본래의 모습으로 돌아왔어요.

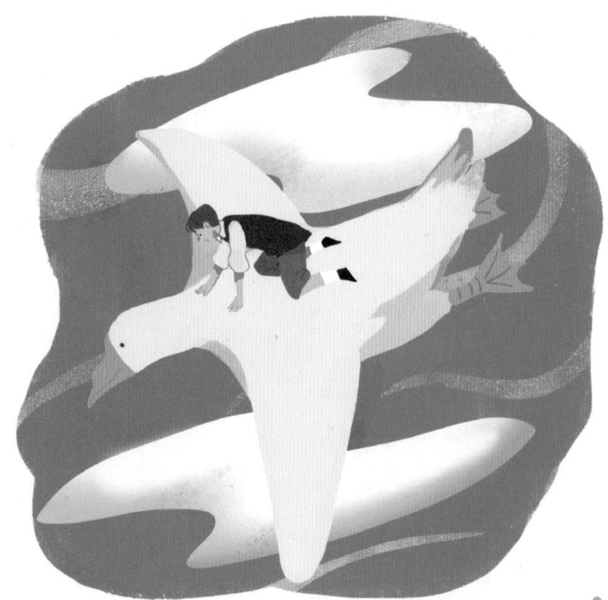

셀마 라게를뢰프(1858~1940)
스웨덴의 여류 소설가. 여성 최초로 노벨문학상 수상.
대표작《닐스의 모험》

POINT 아끼고 보호해주어야 할 동물들에 대해 얘기해볼까요?

작가
미상

우리 집에 왜 왔니?

장르
전래 동요

우리 집에 왜 왔니 왜 왔니 왜 왔니
꽃 찾으러 왔단다 왔단다 왔단다
무슨 꽃을 찾으러 왔느냐 왔느냐
예지 꽃을 찾으러 왔단다 왔단다
가위 바위 보 가위 바위 보
가위 바위 보야

우리 집에 왜 왔니 왜 왔니 왜 왔니
꽃 찾으러 왔단다 왔단다 왔단다
무슨 꽃을 찾으러 왔느냐 왔느냐
예지 꽃을 찾으러 왔단다 왔단다
가위 바위 보 가위 바위 보
가위 바위 보야

6.9.

작가
샤를 페로

잠자는 숲속의 공주

장르
세계 동화

옛날 어느 나라에 아기를 갖고 싶어 하는 왕과 왕비가 살았습니다. 열심히 기도를 한 끝에 예쁜 공주를 낳았습니다. 왕은 온 나라의 요정을 불러 큰 잔치를 벌였습니다.

요정들은 공주가 아름답게 자라기를 바라면서 축복을 내렸습니다. 그러고는 금장식으로 된 테이블에 앉았습니다. 그런데 그때 죽은 줄 알았던 늙은 요정이 나타났습니다.

"나를 이렇게 무시하다니! 가만두지 않겠어!"

늙은 요정이 공주에게 저주를 내렸습니다.

"공주는 물레 바늘에 손가락을 찔려 죽을 것이다!"

잔치에 참석한 모든 사람이 겁에 질렸습니다. 그때 공주에게 축복을 내리지 않았던 요정이 나타났습니다.

"공주는 죽지 않고 깊은 잠에 빠졌다가 멋진 왕자님의 입맞춤으로 깨어날 겁니다."

이 말을 들은 왕은 온 나라의 물레를 모두 없애라고 명령했습니다.

15년의 시간이 흘렀습니다. 공주가 궁전 꼭대기 방에 들어가게 됐습니다. 거기에서 물레를 돌리는 할머니를 만났습니다. 물레를 처음 본 공주는 너무 신기했습니다.

"할머니, 이거 제가 한번 돌려보고 싶어요."

할머니는 단번에 허락을 하며 자리를 내줬습니다. 그런데 공주가 물레를 돌리자마자 바늘에 찔리고 말았습니다. 공주가 바로 깊은 잠에 빠져들자 할머니는 어디론가 사라졌습니다. 그 할머니가 바로 저주를 퍼부었던 늙은 요정이었던 것입니다.

이 소식을 듣고 공주가 죽지 않는다고 말한 요정이 와서 궁전에 있는 모든 사람들도 잠들게 했습니다. 성은 점점 사람들이 볼 수 없을 정도로 가시덤불로 둘러싸였습니다.

그러던 어느 날 이웃나라의 왕자가 잠든 공주에 대한 이야기를 들었습니다.

"내가 공주를 깨워 줘야겠어."

왕자가 궁전으로 들어서자 가시덤불이 걷히며 길이 났습니다. 왕자는 궁전으로 들어가 공주가 자고 있는 금빛으로 꾸며진 방으로 들어갔습니다. 왕자는 아름다운 공주를 보고 한눈에 반했습니다. 떨리는 마음으로 공주에게 다가가 입맞춤을 했습니다. 그 순간 공주가 깨어났고 성 안의 사람들도 눈을 떴습니다.

"당신이 저를 깨워 주신 분이군요."

"그렇소. 나와 결혼해 주겠소?"

왕자는 공주를 데려와 요정들의 축복을 받으며 결혼식을 올렸습니다. 이번에는 어떤 요정도 빼지 않고 모두 초대를 하는 것도 잊지 않았습니다.

샤를 페로(1628~1703)
동화라는 새로운 문학 장르의 기초를 다진 프랑스 작가

POINT 물레는 무엇을 하는 데 사용하는 물건일까요?

작가
파브르

곤충의 드라큐라 사마귀

장르
세계 명작

파브르는 자연에서 사마귀를 관찰하기가 너무 어려워 집에서 기르기로 했습니다. 큰 화분에 흙을 깔고 풀을 심은 다음, 사마귀들이 도망가지 못하게 철망을 덮었습니다. 그런데 문제가 하나 있었습니다. 사마귀들은 살아 있는 먹이만 먹는다는 것입니다. 사마귀가 한두 마리가 아닌지라 먹잇감을 잡는 것도 보통 일이 아니었습니다. 그래서 이웃집 아이들을 불러서 부탁을 했습니다.

"사마귀가 좋아하는 곤충을 내게 갖다 주겠니? 대신 맛있는 간식을 줄게."

아이들은 내 말을 듣자마자 나가서 먹이를 잡아 왔습니다. 아이들이 잡아온 것은 풀무치와 여치, 왕거미, 송장메뚜기 등이었습니다. 나는 이 곤충들을 화분에 넣어 보았습니다.

원래 사마귀는 송장메뚜기처럼 작은 곤충을 즐겨 먹습니다. 그런데 사육장 안에서는 큰 벌레를 주어도 조금도 머뭇거리지 않고 싸움을 시작했습니다. 사마귀는 자기보다 몸집이 큰 풀무치에게도 무섭게 달려들었습니다. 이렇게 자기보다 큰 곤충을 먹어치운 건 주로 암컷입니다. 수컷은 작고 말라서 먹는 곤충도 가늘고 작은 메뚜기뿐이었습니다. 그래서 이번에는 암컷과 수컷을 한 화분 속에 넣고 관찰을 시작했습니다.

수컷 사마귀는 암컷을 보자 세모꼴 얼굴을 살짝 구부리면서 가슴을 뒤로 젖혔습니다. 아마도 마른 수컷에게는 살진 암컷이 멋있게 보이나 봅니다.

수컷은 슬금슬금 암컷에게 다가가더니 갑자기 날개를 펼칩니다. 그러고는 날개를 푸르르 떨기 시작했습니다. 마치 암컷에게 "내 신부가 되어 주세요."라고 말하는 것처럼 보입니다. 암컷은 여전히 꼼짝하지 않습니다. 그렇다고 화를 낸다거나 도망치려고도 하지 않았습니다. 바로 그때 수컷은 커다란 암컷의 몸에 훌쩍 올라탔습니다.

"이제야 겨우 사이가 좋아졌나 봐."

나는 거기까지 보고 화분 앞을 떠났습니다. 그러고 나서 대여섯 시간이 지난 뒤 다시 들여다보고는 깜짝 놀랐습니다.

"앗, 큰일 났다!"

생각지도 못한 일이 벌어졌습니다. 끔찍하게도 암컷 사마귀가 수컷을 잡아먹은 것입니다.

'화분이 좁아서 이런 일이 벌어진 걸까? 넓은 들판이었다면 수컷이 도망칠 수도 있었을 텐데.'

나는 속으로 이렇게 생각했지만 밖에서도 마찬가지였습니다. 놀랍게도 수컷은 애써 도망치려 하지도 않고 기꺼이 먹이가 되어주었습니다. 하지만 이렇듯 모든 수컷이 다 잡아먹히는 것은 아닙니다. 다행히 암컷으로부터 도망치는 수컷도 많이 있었습니다.

파브르(1823~1915)
레지옹 도뇌르 훈장을 수상한 프랑스의 곤충학자. 대표작 《곤충기》

POINT 사마귀가 어떻게 생겼는지 책을 찾아보고 생김새를 그려볼까요?

작가
미상

금덩이보다 소중한 것

장르
교과서에 실린 전래 동화

옛날 어느 산골 마을에 성실하고 효심이 지극한 젊은이가 부모님을 모시고 살았습니다. 그러나 너무 가난하여 일할 거리를 찾던 중 일거리가 많은 한양으로 양반 집 일을 하러 떠났습니다.

삼 년 동안 부지런히 일한 젊은이는 주인 양반에게 품삯으로 주먹 만한 금덩이를 받았습니다.

'이제 곧 부모님을 만날 수 있겠어. 이 돈으로 땅도 사고 색시도 얻어야겠다.'

젊은이는 기쁜 마음으로 고향으로 향했습니다. 날이 저물어 주막에 든 젊은이는 밥을 먹고 잠을 청했습니다. 오랜만에 늦잠을 자고 주막을 나온 젊은이를 주막 주인이 불러 세웠습니다.

"이보시오, 젊은이! 이 금덩이를 두고 가셨소. 어서 받으시오."

주막 주인이 헐레벌떡 뛰어와 금덩이를 건네주었습니다.

"정말로 고맙습니다."

젊은이는 연신 허리를 굽혀 인사를 했습니다.

"별말을 다 하시오. 마땅히 해야 할 일을 한 것인데."

젊은이는 금덩이를 품에 넣고 발걸음을 재촉했습니다. 그런데 얼마가지 않아 강가에 다다랐을 때였습니다. 어린 아이가 강물에 빠져 허우적대며 살려달라고 외쳤습니다. 둑 위에 사람들도 있었지만 물살이 세서 누구도 뛰어들지 못했습니다. 그때 젊은이는 금덩이를 꺼내 높이 들어 보였습니다.

"저 아이를 구해 주시오. 아이를 구하는 사람에게 이 금덩이를 드리겠소!"

그러자 한 남자가 웃옷을 훌훌 벗어던지고 강물로 뛰어들었습니다. 남자는 힘겹게 아이를 구해 나왔습니다. 아이는 잠시 뒤 정신을 차렸습니다.

"고맙소. 자 약속대로 이 금덩이를 주겠소."

그때 강가로 소식을 듣고 아이의 아버지가 달려왔습니다. 물에 빠진 아이는 바로 주막 주인의 아들이었습니다. 이야기를 들은 주막 주인이 젊은이의 손을 꼭 잡았습니다.

"세상에! 본 적도 없는 아이를 살리려고 귀중한 금덩이를 내주시다니!"

주막 주인은 허리를 굽혀 인사하고 또 인사했습니다.

"마땅히 해야 할 일이었을 뿐입니다. 이 세상에 사람 목숨보다 소중한 것은 없으니까요. 그리고 제가 놓고 간 금덩이를 찾아 주셨기에 아이를 구할 수 있었으니 결국 아들을 구한 건 제가 아닙니다."

주막 주인과 젊은이는 하루 동안 소중한 걸 한 번씩 주고받았습니다. 젊은이는 웃으며 고향으로 힘차게 발을 내딛었습니다.

POINT 지금 내가 갖고 있는 것 중에서 제일 소중한 것은 무엇일까요?

작가
미상

임금님 귀는 당나귀 귀

장르
전래 동화

옛날 옛적에 귀가 아주아주 큰 임금님이 있었습니다. 임금님은 큰 귀가 부끄러워서 늘 두건을 쓰고 다녔습니다. 그래서 아무도 임금님 귀를 본 사람이 없었습니다. 신하들과 궁녀들은 물론이고 심지어 왕비까지도 그 사실을 몰랐습니다. 하지만 임금님이 머리를 감거나 상투를 틀 때에는 두건을 벗을 수밖에 없습니다.

그래서 임금님은 상투 트는 사람이 다녀가면 쥐도 새도 모르게 죽여버렸습니다. 언젠가부터 임금님의 상투를 틀기 위해 대궐에 들어간 사람들이 모두 죽어 나온다는 소문이 퍼졌습니다. 끔찍한 소문이 돌자, 백성들은 대궐에 불려갈까 봐 모두 겁을 먹었습니다.

한번은 어떤 사람이 불러 갔는데 이 남자가 유심히 보니 임금님의 귀가 얼마나 큰지 당나귀만 했습니다. 게다가 임금님은 그런 큰 귀를 몹시 창피해하는 것 같았습니다.

'이런, 나도 죽겠구나!'

사내는 임금님의 상투를 다 틀고 나서 말했습니다.

"제게는 늙은 어머니가 계시는데 어머니에게는 저밖에 없습니다. 제발 어머니와 마지막으로 작별 인사만 하고 돌아올 수 있게 해주십시오."

하도 조르는 바람에 임금님은 할 수 없이 허락해 주었습니다.

"단, 내 귀가 당나귀 귀만 하다는 말을 절대 입 밖에 내지 마라."

사내는 굳게 약속하고 어머니 집으로 향했습니다. 가는 길에 날이 저물어서, 깊은 산 속 고목나무 밑에서 밤을 새우게 되었습니다. 가슴이 답답하고 입이 근질대던 차에 사내는 나무에 대고 큰소리로 외쳤습니다.

"우리 임금님 귀는 당나귀 귀다!"

그러고는 잠깐 눈을 붙였다가 날이 밝자 그곳을 떠났습니다. 그런데 그다음에 이상한 일이 일어났습니다.

바람이 불자 고목나무에 파인 홈통에서 "우리 임금님 귀는 당나귀 귀다!" 하는 소리가 나지 않겠어요? 그 소리는 바람을 타고 퍼져나가 나무들도 죄다 "우리 임금님 귀는 당나귀 귀다!" 하고 웅얼거렸습니다.

그러자 산에 올라온 나무꾼들이 그 소리를 듣게 되었고 급기야 온 나라에 알려지게 되었습니다.

"우리 임금님 귀가 당나귀 귀라고?"

"맞아, 나라를 잘 다스리기 위해 사람들 말을 귀담아듣다 보니 그렇게 커진 거래."

임금님은 귀가 너무 커서 늘 창피하게 여겼는데 백성들은 오히려 우러러보고 더욱 존경하게 되었습니다.

얼마 뒤, 상투를 틀어주었던 사내가 대궐로 다시 들어왔습니다.

'숲에서 그 말을 하는 게 아니었어. 이제 꼼짝없이 죽게 생겼구나.'

사내는 어머니에게 작별 인사까지 하고 왔는데 이게 웬일일까요? 임금님은 기분이 무척 좋아 보였고 사내를 죽이는 대신에 두둑이 큰 상까지 내려주었답니다.

POINT 당나귀 귀가 얼마나 큰지 알아볼까요?

작가
오승은

서유기 1

장르
세계 명작

아주 먼 옛날, 동쪽에 화과산 섬이 있었습니다. 어느 날 섬 꼭대기에 있던 바위가 갈라지면서 돌로 된 커다란 알에서 돌원숭이 한 마리가 태어났습니다.

폭포 아래가 궁금한 돌원숭이는 '수렴동' 마을을 발견하고 미후왕이 되었습니다. 미후왕은 죽지 않는 비법을 배워오겠다며 보리조사를 찾아갔습니다. 미후왕은 보리조사의 제자가 되었고 손오공이라는 이름을 받았습니다. 손오공은 3년 동안 72가지의 변화술법을 깨쳤습니다. 손오공은 보리조사와 이별을 고하고 '근두운'을 타고 화과산으로 돌아왔습니다.

손오공은 원숭이들을 괴롭힌 혼세마왕을 찾아가 자신의 털을 뽑아 변하라고 외쳤습니다. 그러자 원숭이 300마리가 나타났습니다. 바로 '신외신법'을 썼던 것입니다. 결국 혼세마왕은 죽고 말았습니다.

손오공은 무기를 찾던 중 용왕을 찾아갔습니다. 그러나 용왕이 가져온 무기가 너무 가벼워 마음에 들지 않았습니다. "옛날 우왕께서 쓰시던 여의봉이 있소만. 너무 무거워서 끌 수도 없습니다."

여의봉을 본 손오공이 작고 가늘어지라고 하자 말하는 대로 됐습니다. 손오공은 갑옷까지 요구하며 용왕들의 신발, 갑옷, 봉황의 날개로 된 자금관까지 가져갔습니다. 용왕은 옥황 상제에게 사실을 고했습니다.

하늘나라 신하들은 손오공에게 일을 맡기자고 했습니다. 높은 벼슬을 요구한 손오공에게 복숭아나무를 관리하는 일을 맡겼습니다. 9000년 만에 열리는 복숭아를 먹으면 영원히 산다는 소리를 들은 손오공은 부하를 따돌리고 열매를 실컷 따 먹었습니다. 그러고는 잔치가 벌어지는 곳에서 불로장생약인 금단을 먹은 뒤, 땅으로 내려와 은신법으로 몸을 숨겼습니다.

한편 옥황 상제는 엉망이 된 하늘나라를 보고 화가 났습니다. 손오공을 잡으러 사대천왕 일행과 관음보살의 말대로 이랑진군도 보냈지만 소용없었습니다. 이를 지켜본 태상노군이 팔찌를 던졌습니다. 팔찌를 맞은 손오공이 비틀거렸습니다. 이때 이랑진군 부하들이 손오공을 잡아왔고, 옥황 상제가 명령했습니다.

"저 못된 원숭이를 없애버려라!"

그러나 손오공은 죽지 않았습니다. 태상노군이 말했습니다. "저 원숭이는 불사신입니다. 영원히 살 수 있는 것들을 먹었으니까요."

옥황 상제의 부탁으로 서방의 석가 여래가 왔습니다. 석가 여래는 손오공에게 원하는 것을 물었습니다.

"나는 영원히 죽지 않는다. 하늘나라를 차지하고 싶다."

석가 여래는 내기를 했습니다. 자신의 손바닥에서 빠져나가면 옥황 상제 자리를 준다고 말했습니다. 손오공은 빠져나갔다고 착각했지만 여전히 석가 여래의 손바닥이었습니다. 손오공이 달아나려 하자 석가 여래가 '오행산' 아래에 손오공을 가두었습니다. 잔치에 참석한 석가 여래가 말했습니다.

"나는 1만 5,140권의 불경을 가지고 있습니다. 동쪽에 있는 당나라에 가서 불경을 가지러 올 사람을 찾아오겠습니까?" 이 말에 관음보살이 나섰고 석가 여래는 다섯 개의 보물을 건네주었습니다.

오승은(1500~1582)
중국의 문학자. 대표작 《우현지서》 《사양산인촌고》

POINT '뛰어봤자 부처님 손바닥'이라는 속담이 있어요. 무슨 뜻일까요?

작가
오승은

서유기 2

장르
세계 명작

길을 떠난 관음보살과 혜안행자는 큰 강에서 요괴를 만났습니다. 혜안행자가 야단을 쳤습니다.
"불경을 가지러 올 사람을 찾으러 동쪽으로 가는 중인데 어찌 방해를 하는가?" 요괴는 관음보살 앞에 엎드렸습니다. 요괴는 하늘에서 쫓겨났다고 말했습니다.
"네가 불경을 가지러 올 사람의 제자가 된다면 하늘나라로 되돌아가게 해주겠다." 관음보살은 요괴에게 '사오정'이라는 법명을 지어준 뒤 떠났습니다. 이번에는 다른 요괴가 나타났습니다. 관음보살이 연꽃을 몽둥이로 바꿔 요괴의 머리를 내리쳤습니다.
"하늘나라에서 술에 취해 실수해서 쫓겨났습니다. 암퇘지의 배 속에서 흉측하게 태어났습니다."
관음보살은 불경을 가지러 오는 사람과 천축으로 가면 하늘나라로 돌아가게 해주겠다며 '저오능'이라는 법명을 지어주었습니다. 용에게는 불경을 가지러 가는 사람을 만나면 백마로 변하라고 말했습니다.
관음보살과 혜안행자가 오행산을 지날 때였습니다.
"관음보살님! 저 좀 풀어 주세요. 석가 여래 때문에 500년을 갇혀 지냈습니다."
관음보살은 불경을 가지러 가는 사람을 기다려 제자가 되라며 풀어주었습니다.
드디어 당나라 장안에 도착한 관음보살과 혜안행자는 현장 법사를 만났습니다. 현장 법사가 불경을 가지러 가겠다고 나서자 태종은 백마 한 필과 시중드는 사람 두 명과 '삼장'이라는 최고의 칭호를 내렸습니다. 삼장법사 일행은 국경을 넘어 계속 서쪽으로 걸었습니다. 그때 호랑이 요괴와 들소 요괴, 곰 요괴를 만나 시중꾼 두 명이 잡아 먹혔습니다. 노인의 도움으로 삼장법사는 구출되었습니다.
오행산을 지나다가 삼장법사는 손오공을 만나 같이 길을 떠났습니다. 손오공이 도둑을 만나 죽이자 삼장법사가 나무랐습니다.
"그럼 혼자 천축까지 가시든지요!"
손오공이 사라지자 한 노인이 나타나 삼장법사에게 손오공이 오면 금고리를 씌우고 '긴고주'라 외우라고 알려주었습니다. 손오공이 돌아오자 금고리를 쓰게 한 뒤, '긴고주'라고 외쳤습니다. 그러자 손오공이 비명을 질렀습니다.
길을 가던 삼장법사와 손오공이 괴물을 만나자 불경을 가지러 간다고 말했습니다. 괴물은 창을 던지고 무릎을 꿇었습니다. '저오능'이라는 법명을 받았던 괴물이었습니다. 삼장법사는 '팔계'라는 별명을 지어주었습니다. 폭이 넓은 강에서 다른 요괴를 만났지만 손오공과 저팔계가 관음보살에게 도움을 청했습니다. 혜안행자가 강물로 내려와 외쳤습니다.
"사오정, 불경을 가지러 가시는 분이 여기에 계신다."
사오정은 제자가 되어 '사화상'이라는 별명도 받았습니다. 손오공이 요괴를 죽였지만 저팔계는 손오공이 거짓을 고한다고 말했습니다. 삼장법사가 '긴고주' 주문을 외웠습니다.
"사람을 너무 쉽게 죽이는구나! 오늘로서 파문이다. 내 앞에 나타나지 말라." 몇 번의 실랑이가 계속되자 삼장법사는 '파문장'을 써서 손오공에게 건넸고 결국 손오공은 화과산으로 떠나버렸습니다.

POINT 삼장법사는 왜 손오공 머리에 금고리를 씌우고 '긴고주' 주문을 외웠을까요?

작가
오승은

서유기 3

장르
세계 명작

사오정과 저팔계는 삼장법사와 함께 계속 서쪽으로 떠났습니다. 삼장법사가 저팔계에게 말했습니다.
"배가 고프구나. 먹을 것을 구해 오겠느냐?"
먹을 것을 구하러 간 저팔계는 산속에서 잠이 들었습니다. 사오정이 저팔계를 찾으러 갔을 때 삼장법사는 절을 발견했습니다. 그러나 요괴가 삼장법사를 잡아 가두었습니다. "나는 당나라에서 천축으로 불경을 가지러 가는 사람이오."
한편 사오정이 저팔계를 깨워 돌아왔지만 삼장법사가 없었습니다. 절에 도착한 저팔계와 사오정은 요괴와 싸움을 시작했습니다. 그사이 여자가 삼장법사에게 다가와 자기도 요괴에게 잡혀와 아이까지 낳아 살고 있다고 했습니다. 자신의 나라 보상국을 지나게 되면 부모님께 전해달라고 편지를 건넸습니다. 그러고는 삼장법사를 뒷문으로 빠져 나가게 도와줬습니다.
삼장법사는 보상국의 왕을 만나 공주의 편지를 건넸고 왕은 요괴를 무찌르기 위해 군대를 보냈습니다. 요괴는 아내를 의심했지만 사오정이 공주의 초상을 먼저 보았다고 둘러댔습니다. 요괴는 보상국으로 가서 미남으로 변장하고 왕을 만났습니다. 그러고는 삼장법사를 호랑이로 변하게 하여 공주를 태우고 달아난 나쁜 놈이라고 말했습니다. 결국 삼장법사는 철창 안에 갇혔습니다.
한편 삼장법사가 갇혔다는 말을 전해들은 용은 요괴를 상대로 싸움을 벌였습니다. 결국 용은 요괴를 이기지 못했습니다. 이것을 안 저팔계는 화과산에 가서 손오공을 만났습니다.
"돌아가서 전해라. 내 생각은 이제 하지 마시라고."
저팔계는 화가 나서 손오공을 욕했습니다. 그러나 삼장법사의 어려운 사정에 손오공이 화과산을 떠나 삼장법사를 구하러 갔습니다. 먼저 손오공은 사오정을 구하고 요괴를 만나 싸웠지만 승부가 쉽게 나지 않았습니다. 결국 손오공이 하늘나라에 도움을 청해 그를 붙잡아 하늘나라로 끌고 갔습니다. 손오공은 삼장법사를 구해냈습니다. 삼장법사도 손오공에게 미안한 마음을 가졌고 저팔계는 손오공에게 사과를 했습니다. 이렇게 삼장법사 일행은 보상국을 떠나 다시 서쪽으로 향했습니다.
일행은 온갖 요괴와 고난을 겪었습니다. 영취산 꼭대기에 올라 뇌음사에 도착했습니다. 마침내 대웅전의 석가 여래를 만났습니다. 석가 여래는 무척 기뻐했습니다. 삼장법사는 석가 여래 앞에 엎드렸습니다.
"대당국 황제의 명으로 불경을 받고자 왔습니다."
불경 5,048권을 받은 일행은 반을 말에 싣고, 반은 저팔계와 사오정이 짊어졌습니다. 삼장법사 일행은 석가 여래에게 감사 인사를 하고 당나라로 향했습니다.
한편 태종은 14년 만에 돌아온 삼장법사 일행을 맞아 잔치를 베풀었습니다. 당나라에 불경을 전한 삼장법사 일행은 8일 만에 석가 여래 앞에 돌아갔습니다. 석가 여래는 모두의 공이 크다며 치하했습니다.
손오공이 삼장법사를 큰 소리로 불렀습니다.
"이제 불제자가 되었는데 고리 좀 벗겨주세요."
"좋다. 머리를 만져 보거라." 손오공의 머리에 있던 고리는 온데간데없이 사라져버렸습니다.

POINT 서유기는 중국 명나라 때 오승은(吳承恩)이라는 사람이 쓴 장편소설입니다. 다른 이야기도 찾아서 읽어보세요.

6.16.

작가
미상

재주 많은 삼 형제

장르
교과서에 실린
전래 동화

옛날 어느 마을에 마음씨 고운 부부가 아들 셋과 함께 살았습니다. 첫째는 언제나밝은눈이, 둘째는 한손으로가뿐이, 셋째는 맞아도간질이였습니다.

언제나밝은눈이는 멀리 숨어 있는 것도 볼 수 있는 재주가 있었습니다. 한손으로가뿐이는 왼손이 큼직해서 아무리 무거운 것도 번쩍번쩍 잘 들었습니다. 맞아도간질이는 온몸이 울뚝불뚝해서 아무리 세게 때리고 무엇으로 맞아도 간질거린다고 웃기만 했습니다.

하루는 이웃집 아주머니가 언제나밝은눈이에게 씨앗 주머니가 없어졌다고 하소연을 했습니다. 언제나밝은눈이가 주변을 둘러보더니 말했습니다. "뒷마당에 있는 감나무 주위를 보세요. 강아지가 물고 갔네요."

이번에는 배나무집 아저씨가 울상이 된 모습을 한손으로가뿐이가 보았습니다. 수레가 논두렁에 빠져 있었습니다. 한손으로가뿐이는 수레를 번쩍 들어 빼주었습니다.

삼거리집 꼬마가 헐레벌떡 뛰어와 이웃 마을 싸움패들이 마을 아이들을 괴롭힌다는 말을 했습니다. 맞아도간질이가 달려가 싸움패들 앞을 막았습니다. 싸움패들이 마구 때려도 웃기만 하자 싸움패들이 되레 겁이 나서 도망가 버렸습니다.

삼형제를 칭찬하던 마을 사람들을 수군수군 흉보는 사람이 있었으니 바로 욕심꾸러기 사또였습니다. 사또는 온몸에 욕심으로 가득 찼습니다.

어느 해 마을에 가뭄이 들어 곡식은 말라 죽고 가축들이 픽픽 쓰러졌습니다. 사람들은 풀뿌리를 캐어 먹고 나무껍질까지 벗겨 먹었습니다. 어느 날 산꼭대기에 올라간 언제나밝은눈이가 눈이 더 커졌습니다. "관청 곳간에 쌀가마니가 가득 쌓였어."

언제나밝은눈이는 내려와서 두 동생에게 소곤거리며 이야기를 했습니다. 그날 밤, 달이 구름에 가려 깜깜한 틈을 타서 한손으로가뿐이는 관청 담을 훌쩍 뛰어넘었습니다. 때마침 곳간을 지키는 나졸들도 꾸벅꾸벅 졸고 있었습니다. 그사이 한손으로가뿐이는 곳간을 들락거리면서 쌀가마니를 모두 옮겼습니다. 그러고는 마을 사람들의 집에 골고루 나누어주었습니다.

한편 관청에서는 쌀가마가 모두 없어졌다며 소동이 벌어졌습니다. 사또는 버럭 화를 내며 쌀가마니를 훔친 놈들을 잡아들이라고 호통을 쳤습니다.

이방은 집집마다 뒤져서 쌀이 나온 집의 사람들을 줄줄이 관청으로 끌고 갔습니다. 그때 맞아도간질이가 관청으로 들어섰습니다. "쌀가마니를 훔친 건 나요! 그러니 나에게 벌주시고 죄 없는 사람들은 풀어 주시오."

"저런 고얀 놈 같으니!"

사또는 부르르 떨며 맞아도간질이의 볼기를 치라고 명령했습니다. 그러나 맞아도간질이는 볼기를 맞아도 방글방글 웃기만 할뿐 아프다는 말을 하지 않았습니다. "아이, 시원하다. 아이, 시원하다."

화가 난 사또는 쇠몽둥이를 들고 맞아도간질이의 볼기짝에 내리쳤습니다. 여전히 맞아도간질이는 웃고만 있었습니다. 되레 사또가 헉헉대며 주저앉았습니다.

언제나밝은눈이와 한손으로가뿐이가 마을 사람들을 모두 풀어주었고 그 뒤로도 삼형제는 좋은 일을 많이 하며 행복하게 살았습니다. 욕심꾸러기 사또는 수많은 잘못이 드러나자 몰래 마을을 떠났습니다.

POINT 형제가 힘을 합치면 힘들고 어려운 일도 거뜬하게 이뤄낼 수 있답니다.

작가
안데르센

엄지공주

장르
세계 동화

옛날 옛날에 아이를 무척이나 갖고 싶어 하는 부인이 살고 있었습니다. 그래서 늙은 마녀에게 꽃씨를 하나 사서 자그마한 화분에 심었습니다. 그랬더니 곧바로 싹이 나오더니 예쁘고 큼지막한 꽃 한 송이가 쑥쑥 자라났습니다.

"정말 예쁜 꽃이네!" 부인이 말하는 순간, 닫힌 꽃봉오리에서 아름다운 꽃이 피어나더니 꽃잎 속에서 작은 아이가 나타났습니다. 아이는 참 예쁘고 사랑스러웠습니다. 그리고 엄지손가락보다도 작아서 '엄지공주'라고 불리게 되었습니다.

어느 날 밤, 엄지공주가 호두 껍데기 침대에 누워 있는데, 못생긴 두꺼비 한 마리가 창문으로 기어들어왔습니다. "참 예쁘구나. 우리 아들 색싯감으로 딱인걸!" 흉측한 두꺼비는 엄지공주가 자고 있는 호두 껍데기를 냉큼 집어 들고는 진흙탕으로 데리고 갔습니다.

이른 아침에 잠에서 깨어난 엄지공주는 사방을 둘러보고는 울음을 터뜨렸습니다.

"일어났니? 여기 있는 이 아이가 내 아들인데 너와 결혼하게 될 거다."

늙은 두꺼비 옆에는 아들 두꺼비가 있었는데 "꼬악, 꼬악, 꾸악!"이라는 말밖에는 하지 못했습니다. 엄지공주가 푸른 연잎 위에 오도카니 앉아 울고 있는데 작은 물고기들이 연잎 줄기로 모여 들었습니다. 물고기들이 이빨로 줄기를 물어뜯자 연잎은 엄지공주를 태운 채 머나먼 곳으로 떠내려가기 시작했습니다.

안데르센(1805~1875)
덴마크의 동화작가. 《미운 오리 새끼》 《인어 공주》

그런데 그때, 커다란 풍뎅이 한 마리가 날아오더니 눈 깜짝할 사이에 엄지공주를 발톱으로 움켜쥐었습니다.

"다리가 두 개밖에 없네. 더듬이도 없고 너무 못생겼어!"

풍뎅이 친구들은 엄지공주를 보고는 이렇게 수군거렸습니다. 풍뎅이와 친구들이 가버리자 엄지공주는 다시 외톨이가 되었습니다. 추운 겨울이 되고 엄지공주는 숲속을 헤매다가 들쥐네 집으로 갔습니다.

"불쌍한 꼬마구나. 내 따뜻한 집에 와서 좀 쉬려무나."

들쥐 할머니는 엄지공주를 따뜻하게 맞아주었고 맛있는 음식도 내주었습니다. 해질 무렵이 되자 이웃에 사는 두더지 아저씨가 놀러왔습니다. 그런데 두더지 아저씨는 엄지공주에게 한눈에 반해서 그녀를 땅속에 있는 자기 집으로 초대했습니다.

두더지 굴로 가는 통로에는 날개를 다친 제비 한 마리가 있었습니다. 엄지공주는 너무나 가여워서 제비를 정성껏 돌봐주었습니다. 얼마 뒤, 다시 건강해진 제비는 푸른 하늘로 날아갔고 두더지 아저씨는 엄지공주에게 청혼을 했습니다. "어쩌면 좋아! 햇빛도 없는 컴컴한 굴 속에서 살아야 하다니!"

엄지공주가 아름다운 해님에게 작별 인사를 하고 있을 때였습니다. "공주님 어서 제 등에 올라타세요!"

제비가 다시 돌아오더니 함께 더운 나라로 가자고 말했습니다. 제비는 엄지공주를 태우고 더운 나라 왕자님에게로 날아갔습니다. 엄지공주처럼 작고 잘생긴 왕자님은 엄지공주를 반갑게 맞아주었고 둘이는 행복한 나날을 보냈답니다.

POINT 왜 '엄지공주'라고 이름이 붙여졌을까요?

작가
미상

거미가 된 아라크네

장르
세계 동화
(그리스 신화)

옛날에 아라크네라는 소녀가 살았습니다. 베를 짜는 솜씨가 뛰어나서 요정들도 앞 다투어 칭찬을 했습니다. 온 나라 사람들이 베 짜는 모습을 보기 위해 아라크네에게 달려갔습니다.

"정말 대단하지 않아? 금실, 은실이랑 온갖 색실로 멋진 그림까지 새겼네!"

아라크네의 솜씨에 모두 놀랐습니다.

"아테나 여신에게 배운 게 아닐까?" 아라크네는 이 말을 듣고 무척 화가 났습니다.

"아니에요! 타고난 실력이 좋아서예요. 아테나 여신보다 제가 훨씬 잘 짠다고요!"

사람들은 어깨를 으쓱했습니다. 사실 아테나 여신은 제우스의 딸이면서 지혜와 전쟁, 베짜기의 신입니다. 그런데 아라크네는 겸손할 줄 모르고 되레 아테나 여신에게 도전을 한 것이었습니다.

아테나 여신이 아라크네가 한 말을 듣고 교만한 마음을 고쳐주려고 생각했습니다. 그래서 머리가 하얀 할머니로 변장을 해서 아라크네의 집으로 찾아갔어요.

"아라크네 아가씨, 잘난 체하면 안 됩니다. 게다가 여신보다 잘 한다니, 그런 말을 하면 안 돼요."

아라크네는 할머니에게 성을 내며 말했습니다.

"할머니, 걱정 마세요. 저는 최고랍니다. 아테나 여신이 와도 전 자신 있는 걸요."

아테나 여신은 화가 나서 할머니 변장을 풀고 본래의 모습으로 돌아왔습니다. 그런데 아라크네는 전혀 떨지 않았어요.

"그래, 그렇게 네 실력이 대단하다니, 어디 내기를 해볼까?"

아테나 여신과 아라크네는 베 짜기 시합을 했습니다. 갖가지 색실을 써서 그림까지 넣었습니다. 아테나 여신은 버릇없는 사람을 벌주는 신들의 모습이 담긴 그림이었습니다. 아라크네는 부끄러운 짓을 하는 신들의 모습이 담긴 그림을 넣었습니다.

아테나 여신은 아라크네가 짠 천을 보고 불같이 화를 냈습니다. 신들을 놀리는 그림인데다가 심지어 솜씨까지 너무 좋았거든요.

아테나는 아라크네가 짠 천을 찢어버렸습니다. 그러고는 나무 조각으로 아라크네를 때렸니다.

그제야 아라크네는 자기가 겸손하지 못했다는 것을 깨달았습니다. 부끄러워서 어둡고 구석진 곳으로 가서 반성했습니다.

구석에서 오들오들 떠는 아라크네에게 아테나 여신이 말했습니다.

"실에 매달려 사는 걸 좋아하니 거미가 되어라! 어둡고 구석진 곳에서 실에 매달려 영원히 천을 짜며 살아라."

아테나 여신은 아라크네를 거미로 만들었습니다. 지금도 아라크네는 구석진 곳에서 거미줄을 아주 촘촘히 만들고 있답니다.

POINT 아테나 여신은 아라크네를 왜 거미로 만들었나요?

작가
라퐁텐

개와 당나귀

장르
세계 동화

어느 마을에 덩치가 큰 당나귀와 작은 개가 한 집에 살고 있었습니다. 당나귀는 개의 도움을 받지 않아도 잘 살 수 있다고 생각했습니다. 그래서 개와 친하게 지내지 않았습니다.

그러던 어느 날 주인은 당나귀의 등에 잔뜩 짐을 싣고 개와 함께 시골로 떠났습니다.

'무거운 짐을 짊어질 수 있는 건 나밖에 없지. 개는 도움 되는 게 하나도 없어.'

당나귀는 개에게 눈길조차 주지 않고 걸었습니다. 그러다가 주인이 다리가 아파서 풀이 잔뜩 난 목장에서 쉬기로 했습니다.

"천천히 가도 되니 좀 쉬어 볼까."

주인이 나무 밑동에서 쉬고 있다가 그만 잠이 들고 말았습니다. 당나귀는 주인이 잠들자 연한 풀을 아주 맛있게 뜯어먹었습니다.

'풀이 참 맛있네. 실컷 먹어둬야 다시 걸을 수 있겠지.'

당나귀의 모습에 개도 몹시 배가 고팠습니다. 그래서 당나귀에게 말했습니다.

"여보게, 친구. 자네 먹는 걸 보니 나도 배고프다네. 자네 등에 내 먹이가 있으니 몸을 좀 숙여주겠나?"

당나귀는 들은 체도 하지 않고 계속 풀만 먹었습니다.

'풀 뜯어 먹을 시간도 모자란다고. 미안하지만 그건 네 사정이야.'

당나귀는 몸을 홱 돌리며 풀만 뜯어먹었습니다. 개는 계속 먹이를 꺼낼 수 있게 해달라고 당나귀에게 사정했습니다.

"이봐. 주인이 곧 일어날 테니 그때까지 기다리라고."

"그러지 말고 좀 도와 줘. 배가 고프다고."

"싫어! 주인이 일어날 때까지 기다리라고!"

당나귀는 더는 말을 섞지 않겠다며 완전히 몸을 돌렸습니다. 그때 늑대가 나타나 당나귀 쪽으로 슬금슬금 다가왔습니다. 당나귀는 그것도 모르고 계속해서 풀만 뜯어먹었습니다. 늑대가 바로 옆에 온 뒤에야 알아차렸습니다.

"이봐, 친구. 저 늑대를 어찌 해봐!"

개는 아주 침착하게 말했습니다.

"당나귀야, 주인이 일어날 때까지 기다리지 그래. 주인이 눈을 뜨면 바로 늑대를 쫓아 줄 걸. 그러니까 늑대를 피해 도망 다녀봐. 늑대가 물면 너도 물고 말이야. 네 힘센 뒷발로 걷어차든지. 너는 덩치가 커서 늑대 정도는 물리칠 수 있을 거야."

개가 말하기가 무섭게 늑대가 당나귀에게 달려들었습니다. 당나귀는 소리도 치지 못하고 잡아먹혀 버렸습니다. 개는 혼자서 중얼거렸습니다.

"이봐, 안됐네. 그러게 이웃이나 친구를 도울 줄 알아야지. 자네가 나를 도왔다면 나도 자네를 도왔을 거야. 욕심이 과하면 끝이 좋지 않은 거야. 그 욕심이 자네를 죽게 만든 거지."

라퐁텐(1621~1695)
프랑스의 시인, 동화 작가. 《개와 당나귀》 《곰과 정원사》

POINT 당나귀가 개에게 잘못한 행동은 무엇일까요?

작가
방정환

만년 셔츠

장르
국내외 명저자 작품

○○고등 보통 학교(초등학교) 1년급(1학년)의 을조(2조) 창남이는 반 중에 제일 인기 좋은 쾌활한 소년이었습니다. 성이 한가요, 이름이 창남이었는데 안창남(우리나라 최초의 비행사 이름) 씨와 같다고 학생들은 모두 그를 보고 비행가 비행가 하고 부르는데 사실상 그는 비행가같이 시원스럽고 유쾌한 성질을 가진 소년이었습니다. 모자가 해졌어도 새 것을 사지 않고 양복바지가 해져서 궁둥이에 조각조각을 붙이고 다니는 것을 보면 집안이 구차한 것도 같지만 그렇다고 단 한 번이라도 근심하는 빛이 있거나 남의 것을 부러워하는 눈치가 없었습니다.

죽기보다 싫어도 체조 선생의 명령인지라 온 반 학생이 일제히 검은 양복 저고리를 벗고 셔츠만 입은 채로 섰고 선생까지 벗었는데 다만 한 사람 창남이만 벗지를 않고 있었습니다.

"한창남! 왜 웃옷을 안 벗니?"

창남이의 얼굴은 폭 수그러지면서 빨개졌습니다. 그가 이러는 모습은 참말 처음이었습니다. 한참 동안 멈칫멈칫하다가 고개를 들고, "선생님, 만년 셔츠도 좋습니까?"

"무엇? 만년 셔츠? 만년 셔츠가 무어야?"

"매, 매, 맨몸 말씀입니다."

성난 체조 선생은 당장에 후려갈길 듯이 그의 앞으로 뚜벅뚜벅 걸어가면서, "벗어랏!" 호령하였습니다. 창남이는 양복저고리를 벗었습니다. 그는 셔츠도 적삼도 아무것도 안 입은 벌거숭이 맨몸이었습니다. 선생은 깜짝 놀래고 학생들은 깔깔 웃었습니다.

"한창남! 왜 셔츠를 안 입었니?"

"없어서 못 입었습니다." 그때 선생의 무섭던 눈에 눈물이 돌았습니다. 학생들의 웃음도 갑자기 없어졌습니다. 가난! 고생! 아아, 창남이 집은 그렇게 몹시 구차하였던가… 모두 생각하였습니다. "창남아, 정말 셔츠가 없니?" 눈물을 씻고 다정히 묻는 소리에 "오늘하고 내일만 없습니다. 모래는 인천서 형님이 올라와서 사줍니다."

"음! 그럼 웃옷을 다시 입어라!"

체조 선생은 다시 물러서서 큰 소리로 "한창남은 오늘은 웃옷을 입고 해도 용서한다. 그리고 학생 제군에게 특별히 할 말이 있으니 제군은 다 한창남 군같이 용감한 사람이 되란 말이다. 누구든지 셔츠가 없으면 추운 것은 둘째요, 첫째 부끄러워서 결석이 되더라도 학교에 오지 못할 것이다. 그런데 오늘같이 제일 추운 날 한창남 군은 셔츠 없이 맨몸으로, 즉 그 만년 셔츠로 학교에 왔단 말이다. 여기 섰는 제군 중에는 셔츠를 둘씩 포개 입은 사람도 있을 것이요, 재킷에 외투까지 입고 온 사람이 있지 않은가…. 물론 맨몸으로 오는 것이 예의는 아니야. 그러나 그 용기와 의기가 좋단 말이다. 한창남 군의 의기는 일등이다. 제군도 다 의기를 배우란 말이야."

만년 셔츠! 비행가란 말도 없어지고, 그날부터 만년 셔츠라는 말이 온 학교 안에 퍼져서 만년 셔츠라고만 부르게 되었습니다.

방정환(1899~1931)
아동문학의 선구자. 한국 최초 순수아동 잡지 《어린이》 창간, 대표작 《사랑의 선물》 《소파전집》

POINT 선생님은 창남이를 왜 용감하고 의기 있는 사람이라고 말했을까요?

작가
미상

내기 장기

장르
전래 동화

옛날 옛적에 마을을 다스리는 일보다 내기 장기를 더 좋아하는 사또가 있었습니다. 내기 장기에서 사또를 이긴 사람은 아무도 없었는데 행여나 곤장이라도 맞을까 봐 모두들 일부러 져주었기 때문이었습니다.

사또는 내기 장기를 뒀다 하면 이기니까 재미가 없었습니다. 그래서 종종 "솔개를 잡아오너라. 아니다. 호랑이를 잡아오너라." 하면서 억지를 부리기도 했습니다. 이제 백성들은 사또가 내기 장기를 두자고 하면 이런 핑계 저런 핑계를 대면서 슬슬 피했습니다.

하는 수 없이 사또는 상대를 직접 찾아 나섰다가 나무를 한 짐 지고 오는 나무꾼과 마주쳤습니다.

"여보게. 무거운 나뭇짐은 내려놓고 쉬면서 나하고 장기 한 판 두세. 자네가 이기면 자네가 원하는 것을 줄 테니, 자네도 내가 이기면 내가 원하는 걸 줘야 하네. 알았나?"

"네. 사또 나리." 깊은 산골에 살고 있는 나무꾼은 사또의 내기 버릇을 알지 못했기 때문에 순순히 응했습니다. 나무꾼이 지자 사또가 또 다시 억지를 부리기 시작했습니다.

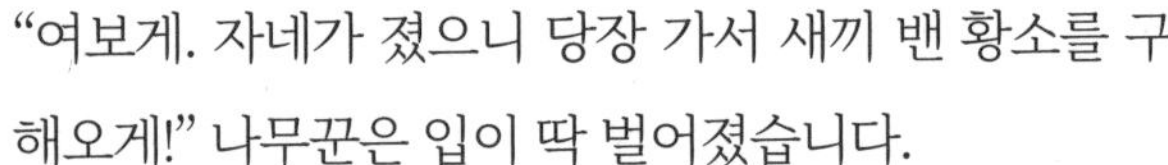

"여보게. 자네가 졌으니 당장 가서 새끼 밴 황소를 구해오게!" 나무꾼은 입이 딱 벌어졌습니다.

"새끼 밴 황소를 구해 오지 않으면 돈이라도 가져오고 그도 저도 없으면 감옥에 가야 할 걸세!"

집으로 돌아온 나무꾼은 이불을 푹 뒤집어쓴 채 끙끙 앓았습니다.

'아이고, 후회막심이구나, 어쩌자고 사또와 내기 장기를 두었단 말인가'

그러자 아들이 아버지를 보면서 말했습니다.

"아버님, 어디 편찮으세요?"

아들이 계속해서 묻자 나무꾼은 결국 억울한 사정을 털어놓았습니다. 그러자 아들은 무언가 곰곰이 생각하더니 무릎을 탁 치며 말했습니다.

"아버님, 제게 좋은 생각이 있습니다. 아버님은 걱정 마시고 가만 누워 계세요."

아들은 먼저 새끼를 꼰 다음, 새끼줄에 고추와 숯을 쑥쑥 꽂아 금줄을 만들었습니다. 금줄은 아기를 낳았다는 표시로 거는 줄인데 포졸들이 오기 전에 방문에 쳐 놓았답니다. 이윽고 사또가 보낸 포졸들이 집으로 들이닥쳤습니다.

"얘야, 네 아버지한테 새끼 밴 황소를 가지러 왔다고 전해라."

"금줄을 보셔서 아시겠지만 제 아버님은 지금 아기를 낳고 계십니다."

"네 이놈! 어떻게 남자가 아기를 낳는단 말이냐?"

포졸들이 불같이 화를 내며 묻는데도 아들은 천연덕스럽게 대답했습니다. "그럼 수소인 황소는 어떻게 새끼를 밸 수 있겠습니까?"

이를 전해들은 사또는 워낙 맞는 말이라 아무런 대꾸도 할 수가 없었습니다. 망신을 톡톡히 당한 사또는 그 후로는 내기 장기를 멀리하고 마을을 돌보기 시작했답니다.

POINT 만약에 내가 아들이었다면, 어떤 방법으로 아버지를 도왔을까요?

작가
미상

여우 누이

장르
교과서에 실린 전래 동화

옛날 어느 마을에 아들 셋 있는 부자 부부가 딸을 얻기 위해 삼신할미에게 빌었습니다. 정성이 통했는지 토실토실하고 하얀 얼굴을 가진 딸이 태어났습니다.

그런데 딸이 여섯 살 되던 해에 집안에 자꾸 이상한 일이 벌어졌습니다. 자고 일어나면 가축이 한 마리씩 죽어 있었습니다. 아버지는 큰 아들을 불러 밤새 지켜보라고 했습니다.

졸음을 쫓으며 지켜보던 큰 아들이 누이가 외양간에 들어가는 걸 보았습니다. 그런데 누이가 소의 간을 쑥 꺼내 씹어 먹는 걸 보고 깜짝 놀랐습니다.

날이 밝자, 큰 아들은 본대로 아버지에게 고했습니다.

"어린 누이를 시기하는구나! 당장 이 집을 나가거라!"

아버지는 큰 아들을 쫓아내고 둘째 아들을 불러 망을 보게 했습니다. 그런데 둘째 아들도 한밤에 누이가 말의 간을 씹어 먹는 모습을 보았습니다. 날이 밝자, 둘째 아들이 본대로 아버지에게 고했지만 쫓겨나고 말았습니다. 아버지는 셋째 아들을 불러 망을 보게 했습니다. 셋째 아들도 한밤에 누이가 나와 돼지우리로 들어가 간을 쑥 빼먹는 모습을 보았습니다. 셋째 아들도 아버지에게 고했지만 집에서 쫓겨났습니다.

쫓겨난 셋째 아들이 고갯마루를 넘다 아이들이 거북 목을 줄에 메달아 질질 끌고 가는 모습을 보았습니다. 셋째 아들은 안쓰러워 거북을 사서 바다에 풀어주었습니다. 셋째 아들이 모래밭을 걷고 있는데 갑자기 바다가 두 갈래로 벌어졌습니다. 그 사이로 흰말을 탄 사람이 나타나 셋째를 용궁으로 데려갔습니다.

"아까 풀어 주신 거북이 접니다. 저는 용왕의 딸입니다." 셋째 아들은 용궁에서 용왕의 딸과 혼인하여 행복하게 살았습니다. 그러나 얼마 뒤, 집을 그리워하는 셋째를 보고 부인이 말했습니다.

"집에 다녀오시지요. 혹 위험한 순간이 생기면 이걸 하나씩 던지세요." 부인은 흰 병, 파란 병, 빨간 병을 하나씩 주고 흰말까지 내주었습니다.

고향집은 이미 쑥대밭으로 변해 있었습니다. 마당에 여기저기 허연 뼈만 잔뜩 쌓여 있었습니다. 그때 누이가 나타나 셋째를 맞았습니다. "오라버니, 어디 갔다 왔어요? 내가 밥상 차려올게요."

누이는 셋째 손목의 끈을 자기 손목과 연결한 채 부엌으로 갔습니다. 셋째는 얼른 끈을 풀어 문고리에 묶은 다음에 흰말을 타고 달아났습니다. 그 소리에 누이가 뛰쳐나와 세 번 재주를 넘더니 하얀 여우로 변신하고 쫓았습니다.

"오라버니 한 끼, 말 한 끼인데 놓칠 수 없지."

하얀 여우가 거의 다가오자 셋째는 흰 병을 던졌습니다. 흰 병이 깨지면서 온 사방이 가시덤불 숲이 되었습니다. 그러나 하얀 여우는 덤불을 빠져나와 다시 셋째를 쫓았습니다. 셋째는 파란 병을 던졌습니다. 파란 병이 깨지자, 사방은 시퍼런 물바다로 변했습니다. 하얀 여우가 허우적거렸지만 헤엄쳐 나와 다시 셋째를 쫓았습니다. 셋째는 마지막으로 빨간 병을 냅다 던졌습니다. 빨간 병이 깨지자, 사방이 시뻘건 불바다가 되었습니다. 하얀 여우는 그 자리를 벗어나지 못하고 그대로 타 죽고 말았습니다. 셋째는 가슴을 쓸어내리며 용궁으로 돌아가서 부인과 행복하게 살았습니다.

POINT 아버지는 왜 세 명의 아들이 말한 사실을 믿지 않았을까요?

작가
라퐁텐

비둘기 형제

장르
세계 동화

무척 사이가 좋은 비둘기 형제가 살고 있었습니다. 그러던 어느 날이었습니다.

"형, 이 숲을 벗어나서 한 번도 가보지 못한 곳으로 여행을 떠나고 싶어. 형도 같이 가자."

"아우야, 세상이 얼마나 무서운데. 집을 떠나면 어디에서 잘 거고, 식사를 어떻게 해결할 거니? 여행은 그만큼 위험한 거야. 그리고 이제 겨울이 다가올 텐데 떠나더라도 봄에 떠나는 게 어떻겠니?"

동생이 들은 척도 하지 않자, 형이 다시 말했습니다.

"떠나기 전에 계획을 잘 세우렴. 독수리나 매를 만나거나, 폭풍우를 만날 수도 있거든. 또 사람들이 쳐놓은 올가미도 많아. 아니다, 그러니까 그만 둬라."

동생은 막무가내로 떠나겠다고 고집을 부렸습니다.

"형 생각은 안 하는구나! 네가 무작정 떠나면 난 네 걱정에 먹지도 자지도 못할 텐데. 비가 오거나 날씨가 추워지면 너를 생각하느라 몹시 슬플 거야."

"형, 걱정하지 마. 일주일이면 될 거야. 다녀와서 겪었던 이야기를 다 해줄게. 세상을 배우고 올게."

결국 동생 비둘기는 신나게 여행을 떠났습니다. 그런데 여행을 시작한 지 얼마 되지 않아 비구름이 몰려와 흠뻑 비에 젖었습니다. 나뭇가지에 앉아 덜덜 떨던 동생은 해가 다시 뜨자 몸을 말렸습니다.

"배고프다. 며칠을 굶었더니 이제는 뭘 먹어야겠어."

동생 비둘기가 주변을 살폈습니다. 그때 보리가 뿌려진 밭이 보여서 재빨리 날아가 보리를 쪼아 먹었습니다. "걸렸다!"

사람이 소리쳤습니다. 보리씨는 새들을 올가미에 걸려들게 하기 위해 뿌려놓은 미끼였습니다. 비둘기는 안간힘을 써서 겨우 빠져나왔습니다. 그러다가 날개를 다치고 말았습니다.

있는 힘을 다해 날아오른 동생 비둘기 앞에 솔개 한 마리가 무서운 속도로 다가왔습니다.

"이제 끝이구나!"

그 순간 구름 속에서 독수리 한 마리가 나타나 솔개와 싸우기 시작했습니다. 비둘기는 그 틈에 도망을 쳐서 나무 위에 앉았습니다. 비둘기가 쉬는 것도 잠시, 한 소년이 새총을 쏘아 비둘기를 맞췄습니다. 다행히 비둘기는 나무에서 떨어지지 않았습니다.

"형의 말대로 아무 생각 없이 여행을 시작한 것 같아. 계획을 잘 세웠어야 하는데 말이야."

동생 비둘기는 몸과 마음이 지쳐서 집으로 돌아왔습니다. 형에게 크게 혼날 거라 생각했습니다.

"아우야, 그동안 고생했지? 네가 얼마나 힘들었는지 알겠구나!"

"형, 미안해. 형의 말을 잘 들었어야 했는데."

"이렇게 돌아왔으니 됐어. 멀리 떠나야 세상을 보는 건 아니야. 여기서도 새로운 걸 경험을 할 수 있어."

동생 비둘기는 눈물을 뚝뚝 흘렸습니다. 형의 따뜻한 말에 그동안 힘들었던 일이 눈 녹듯 사라졌습니다.

라퐁텐(1621~1695)
프랑스의 시인, 동화 작가. 《개와 당나귀》 《곰과 정원사》

POINT 동생 비둘기는 형 비둘기의 말을 듣지 않고 여행을 떠났습니다. 내가 만약 동생 비둘기였다면 어떻게 했을까요?

작가
미상

세상에서 가장 높은 고개

장르
전래 동화

옛날에 나라를 아주 잘 다스리는 임금이 살고 있었습니다. 어질고 현명한 임금 때문에 집집마다 창고에 곡식들이 그득그득했습니다. 임금은 방방곡곡에 서당을 세워 백성들에게 글을 가르치게 했습니다. 그뿐만 아니라 자신의 마음을 가르치고 서로 도우며 살아가는 방법을 배우도록 했습니다. 덕분에 그 나라의 감옥은 언제나 텅 비어 있었답니다.

임금에게는 혼기가 찬 왕자님이 있었는데 지혜로운 며느리를 들이고 싶어 했습니다.

'왕자가 내 뒤를 이어 임금이 되면, 옆에서 도와줄 짝이 필요해. 그러니 용모가 아름다운 처자보다 현명한 여인이 더 나을 거야.'

임금은 이렇게 결심하고는 왕자비 후보들을 직접 만났습니다.

"몇 가지 질문을 할 터이니 잘 듣고 답해주길 바란다. 알겠느냐?"

"네. 전하."

임금의 말에 왕자비 후보들이 대답했습니다.

"자, 그럼 첫 번째 질문이다. 이 세상의 수없이 많은 꽃 중에서 우리에게 가장 많은 도움을 주는 꽃은 무엇이냐?"

임금이 묻자 김 대감의 딸이 나섰습니다.

"배꽃이옵니다. 제사상에 쓸 배를 열리게 해주니까요." 그 말에 임금은 가만히 고개를 저었습니다. 그러자 이번에는 이 대감의 딸이 대답했습니다.

"연꽃이 아닐까요? 연꽃을 볼 때마다 생각을 깊이 하게 되니, 참으로 훌륭한 꽃인 듯합니다."

이번에도 임금은 고개를 가로저었습니다.

"제 생각에는 우리에게 가장 도움이 되는 꽃은 목화인 것 같습니다. 매서운 바람을 막아주는 따듯한 솜을 얻을 수 있으니까요."

박 대감 딸의 대답이 끝나기가 무섭게 임금의 낯빛이 환해졌습니다. 임금은 고개를 끄덕이며 말했습니다.

"그래. 네 말이 맞다. 물론 배꽃과 연꽃도 귀한 꽃이지만 겨울을 앞둔 지금, 목화에서 얻은 솜으로 따뜻한 옷을 지어 입으니, 이 얼마나 도움을 주는 꽃이더냐? 자, 그럼 두 번째 질문도 맞춰 보거라. 이 나라에서 가장 높은 고개는 무엇인 줄 아느냐?"

임금의 물음에 박 대감의 딸은 한동안 곰곰이 생각하더니 말했습니다.

"우리나라에는 굽이굽이 높은 고개들이 많습니다만, 그 어떤 고개보다 높고 넘기 어려운 고개는 보릿고개입니다."

그러자 임금은 무릎을 탁 치면서 환하게 웃었습니다.

"오, 참으로 지혜롭구나. 봄이 되면 먹을 것이 다 떨어지고 보리는 아직 여물지도 않아 백성들이 가장 어려운 때이지. 그러니 가장 높고 넘기 어려운 고개는 보릿고개가 맞도다."

그리하여 박 대감의 딸은 왕자와 혼인을 했습니다. 그리고 백성들이 살기 편한 나라, 보릿고개가 없는 나라가 되도록 평생 도왔다고 합니다.

POINT '보릿고개'란 말은 무슨 뜻이고, 언제부터 사용한 말일까요?

작가
미상

호랑이와 두꺼비의 내기

장르
교과서에 실린
전래 동화

옛날 옛날에 호랑이와 두꺼비가 살았습니다. 호랑이는 욕심이 많고 성질이 무척 급했습니다. 그러나 두꺼비는 지혜롭고 느긋한 성격을 지녔습니다.

그러던 어느 날 호랑이가 쩝쩝거리며 말했습니다.

"맛있는 음식이 먹고 싶은데 뭐 없을까?"

"그럼 시루떡 해먹을까?"

두꺼비가 호랑이에게 말했습니다.

"그거 좋은 생각이다. 시루떡 해먹자."

"그럼 각자 쌀가루 한 바가지씩 가져오자. 시루는 우리 집에 있으니까 내가 가져올게."

두꺼비는 먼저 폴짝폴짝 집으로 뛰어갔습니다. 호랑이도 어슬렁거리며 집으로 갔습니다.

잠시 뒤, 다시 만난 호랑이와 두꺼비는 시루에 떡가루를 넣고 불을 지폈습니다. 호랑이는 확실히 해야겠다는 생각에 먼저 다짐을 받았습니다.

"떡도 똑같이 나누어 먹는 거야. 두꺼비 네가 시루 가져왔다고 더 먹기 없다."

"물론이지."

떡시루에서 모락모락 김이 피어오르며 맛있는 냄새가 풍겨 나왔습니다. 호랑이와 두꺼비는 꿀꺽 침을 삼키며 기다렸습니다.

'저 떡을 나 혼자 먹고 싶은데 좋은 방법 없을까?'

호랑이는 속으로 생각했습니다.

"떡이 다 됐어. 우리 얼른 나누어 먹자."

갑자기 호랑이가 두꺼비 앞을 막아섰습니다.

"두꺼비야, 우리 내기를 해서 이긴 쪽이 떡을 다 먹자. 어때?"

"내기? 너 혼자 떡을 먹고 싶은 거지?"

"아니야. 떡을 더 재미있게 먹으면 좋겠어서. 있지, 떡시루를 산꼭대기에 가지고 올라가서 산 아래로 굴리는 거야. 그래서 먼저 쫓아가서 떡시루를 잡는 쪽이 이기는 거야."

호랑이에게 질게 뻔했지만 결국 두꺼비는 호랑이에게 말했습니다.

"좋아, 내기를 하자."

호랑이와 두꺼비는 떡시루를 들고 산꼭대기에 올라가 힘껏 떡시루를 굴렸습니다. 호랑이는 떡시루를 굴리자마자 날쌔게 내달렸습니다. 그런데 떡시루가 굴러가면서 떡이 조금씩 밖으로 흘러나왔습니다. 그 모습을 보지 못한 호랑이는 계속 달렸고 두꺼비는 실실 웃었습니다.

"쯧쯧, 어리석은 호랑이 같으니라고. 제 꾀에 제가 넘어갔어. 너는 산 아래에서 빈 떡시루나 받아 봐라. 나는 여기서 천천히 떡을 먹을 테니."

두꺼비는 산길을 쉬엄쉬엄 내려가며 떨어진 떡을 맛있게 먹었습니다.

POINT "제 꾀에 제가 넘어간다"라는 속담의 뜻은 무엇일까요?

작가
미상

둥개둥개둥개야, 개미

장르
전래 동요

둥개둥개둥개야

둥개둥개둥개야 두둥 둥개 둥개야
날아가는 학선아 구름 밑에 신선아
얼음 밑에 수달피 썩은 나무에 부엉이
둥개둥개둥개야 두둥 둥개 둥개야

둥날아가는 학선아 구름 밑에 신선아
얼음 밑에 수달피 썩은 나무에 부엉이
둥개둥개둥개야 두둥 둥개 둥개야
둥개둥개둥개야 두둥 둥개 둥개야

개미

개미야 개미야 왕개미 등개미
니 둥개 타고 내 둥개 타고
이파리 동동 꽃잎에 동동
코딱지 구멍에 들어가자

개미야 개미야 왕개미 등개미
니 둥개 타고 내 둥개 타고
이파리 동동 꽃잎에 동동
코딱지 구멍에 들어가자

작가
러디어드 키플링

고양이는 왜 늘 혼자 다닐까?

장르
세계 명작

까마득한 옛날, 숲에서 자란 동물들은 무척 사나웠습니다. 어느 날 동굴에 사는 여자가 마법의 노래를 불러 동물들을 불러 모았습니다. 개는 고양이에게 같이 가자고 했지만 고양이는 싫다고 했습니다. 고양이는 늘 혼자 다니고 늘 제멋대로였거든요.

"이 맛있는 냄새가 뭔가요?"

개가 묻자 여자는 모닥불에 구운 양의 뼈다귀를 던져 주었습니다. 세상에! 그건 여태껏 먹어본 그 어느 것보다도 맛있었습니다. 여자는 낮에는 사냥을 돕고 밤중에 동굴을 지켜주면 뼈다귀도 주고 사람과 가장 친한 동물이 되게 해준다고 말했습니다.

"저런, 저렇게 멍청한 개를 봤나."

고양이는 절레절레 머리를 흔들고는 홀로 숲으로 되돌아갔습니다. 이렇게 해서 여자가 마법의 노래를 부를 때마다 말과 소도 모두 홀리듯이 여자에게 가서 하인이 되었습니다.

러디어드 키플링(1865~1936)
영국의 소설가, 시인, 동화작가. 대표작 《정글북》

"내가 칭찬을 하면 동굴로 들어오너라. 내가 너를 세 번 칭찬하게 되면 너에게 따뜻한 우유를 주지. 동굴과 장막과 모닥불, 우유 단지야, 나의 말을 기억하렴."

여자는 고양이에게도 이렇게 말했습니다. 그리고 얼마 되지 않아 아기가 태어났는데 너무 시끄럽게 우는 거예요. 고양이가 꼬리로 아기의 코를 간질이자 아기가 까르르 웃음을 터뜨렸습니다. 그러자 동굴의 장막이 여자의 말을 기억하고 바닥으로 뚝 떨어졌습니다.

고양이는 의기양양하게 여자에게 말했습니다.

"나는 제멋대로 혼자 다니는 고양이지만 오늘은 따뜻한 동굴에서 자고 싶습니다."

시간이 지나 아기는 울다가도 고양이만 보면 울음을 그쳤습니다. 여자는 한 번 더 고양이를 칭찬했습니다.

"고양이 너는 참 영리한 동물이구나."

여자의 칭찬을 기억한 모닥불이 활활 타올랐습니다. 고양이는 따뜻한 모닥불 앞에 앉았습니다. 여자는 더 이상 고양이를 칭찬하지 않으려고 했어요. 하지만 고양이가 여자가 끔찍하게도 싫어하는 생쥐를 잡았습니다. 그 순간 여자의 세 번째 약속, 즉 우유 단지가 쩍 갈라졌습니다.

세 번이나 칭찬을 받은 고양이는 우유를 맛있게 먹었습니다. 화가 난 여자는 고양이에게 말했습니다.

"남편과 개가 돌아오면 너를 내쫓을 거야."

"남자와 개는 무시하면 돼요."

마침 동굴 안으로 들어오던 남자가 고양이의 말을 들었고 남자는 고양이에게 동굴 안에 있을 때는 생쥐를 잡아야 하고 생쥐를 잡지 못하면 때려줄 것이며 절대 제멋대로 하지 못한다고 으름장을 놓았습니다. 거기다 개도 고양이를 보고 으르렁거렸습니다.

그때부터 고양이와 개는 서로 으르렁거렸습니다. 고양이는 남자와의 약속대로 생쥐를 잡았고 지금도 밤이 되면 제멋대로 혼자 돌아다닌답니다.

POINT 여자는 왜 고양이를 동굴에서 내쫓으려고 했을까요?

작가
미상

망주석 재판

장르
교과서에 실린
전래 동화

옛날에 비단 장수 왕 서방이 비단을 팔러 길을 나섰습니다. 너무 더워서 무덤 옆 그늘에서 잠시 쉬었다가 가려고 누웠습니다. 왕 서방이 깜빡 잠이 들었다가 눈을 떴습니다. 그런데 바로 옆에 두었던 비단이 감쪽같이 사라져버렸습니다.

"내 비단! 어디 갔을까? 난 이제 망했네, 망했어!"

왕 서방이 주저앉아 울고 있는 모습을 보고 지나가던 나그네가 안타까워 말을 건넸습니다.

"원님을 찾아가 보구려. 명석하기로 소문난 분이랍디다."

왕 서방이 원님에게 자초지종을 고하자 원님은 눈을 굴리며 생각에 잠겼습니다. 그러더니 벌떡 일어나 왕 서방에게 말했습니다.

"네가 잠들었다는 무덤가에 가보자."

원님이 비단장수와 길을 나서자 마을 사람들도 따라 나섰습니다. 명석한 원님의 판결이 무척 궁금했습니다. 그런데 무덤가에 도착한 원님이 다짜고짜 망주석에게 호통을 쳤습니다.

"네 이놈! 누가 비단을 훔쳐갔는지 봤겠지? 누군지 당장 고하거라!"

마을 사람들은 돌덩이 망주석에게 화를 내는 원님이 바보라고 생각했습니다. 원님은 나졸들에게 망주석을 관아로 데려가 사실을 이야기할 때까지 매를 치라고 명령했습니다.

나졸은 어리둥절했지만 망주석을 끌고 관아에 도착했습니다. 눕혀놓은 망주석에게 매를 들었습니다.

"하나요! 둘이요! 셋이요!"

이 모습을 본 마을 사람들이 하나둘씩 키득거리며 웃었습니다. 그러자 원님이 마을 사람들에게 화를 냈습니다.

"죄인을 심문하는데 웃는 사람이 있다니! 여봐라. 저 놈들을 옥에 가둬라!"

마을 사람들은 잘못했다며 원님에게 싹싹 빌었습니다. 그러자 원님이 헛기침을 하며 말했습니다.

"그럼 벌금으로 비단 한 필씩을 내도록 하라."

마을 사람들은 옥에 갇히는 것보다 비단 한 필이 낫다고 생각했습니다. 그러고는 곧장 비단 한 필씩을 사서 관아 마당에 쌓았습니다. 이 모습을 본 원님이 왕 서방에게 물었습니다.

"이 중에 네 비단이 있느냐?"

"있습니다. 이것하고 저것하고 제 비단이 틀림없습니다."

왕 서방은 무척 기뻤습니다. 원님은 비단을 판 아랫마을 비단 장수를 불러 옥에 가두었습니다. 그러고는 나머지 비단은 모두 마을 사람들에게 돌려주었습니다.

"역시 명석한 원님이시라니까!"

마을 사람들은 감탄을 하며 원님이 있어서 굉장히 든든하다고 생각했습니다.

POINT 명석한 원님은 왜 망주석에게 호통을 치며 화를 냈을까요?

작가
대니얼 디포

로빈슨 크루소

장르
세계 명작

나는 로빈슨 크루소이며 1632년에 태어났습니다. 바다를 항해하는 게 꿈이었어요. 그러던 어느 날 항해를 시작했다가 거센 바람을 만나 돌아왔습니다. 한번은 해적도 만났어요. 섬에 끌려가 노예 생활을 하다가 지나가는 배로 탈출했습니다.

농사도 지어보았지만 꿈을 접을 수 없었습니다. 결국 배를 타고 바다로 나갔습니다. 이번에는 멋진 항해를 할 수 있겠다 싶었으나 폭풍우를 만났어요. 거친 파도에 떠밀려 육지에 닿았고 그 섬은 무인도였습니다.

다음날, 바위까지 밀려온 배로 뗏목을 타고 가서 필요한 물건을 챙겨 나왔습니다. 섬에서 살아갈 준비를 시작했어요. 집을 지으며 틈틈이 사냥을 했습니다. 굵은 나무 십자가를 만들어 섬에 온 날짜를 새기며 달력을 만들었어요. 외롭고 힘들었습니다. 그러다 배에서 가져온 보리 낟알에서 싹이 났어요.

"오, 보리로 빵을 만들 수 있겠군. 하느님 감사합니다."

섬 생활에 적응해 가는데 몇 년이 흘렀습니다. 그 즈음 앵무새 떼를 발견했어요. 그중 한 마리에게 말을 가르칠 요량으로 데려온 앵무새가 바로 폴이에요. 폴에게 힘들게 말을 가르치자 '로빈슨 크루소'라고 불렀습니다. 사람의 목소리는 아니었지만 무척 기뻤어요. 내 머리는 사자보다 더 길었고 피부는 점점 까매졌습니다.

그러던 어느 날 모래밭에 발자국이 찍혀 있었습니다. 사람의 뼈도 흩어져 있고요. 야만인들이라는 생각에 무척 불안했습니다. 그런데 또 다시 야만인이 섬에 나타났어요. 이번에는 포로로 보이는 두 사내를 앞세우고 말이에요. 그중 포로 한 명이 도망쳤고, 나는 개머리판으로 야만인을 때려잡아 포로를 구해줬어요. 그 사내와 나는 함께 살았습니다. 사내의 이름을 프라이데이로 불렀어요. 우리는 금요일에 만났거든요.

시간이 한참 지난 어느 날이었습니다. 작은 보트에 세 남자가 꽁꽁 묶인 채 섬에 도착했어요. 나는 도착한 선원들이 자리를 뜬 사이에 묶여 있는 세 남자에게 다가가서 말했어요.

"놀라지 마세요. 제가 당신들을 도울 수 있을 겁니다."

그러자, 세 남자 중 한 남자가 말했어요.

"저는 저 배의 선장인데 부선장이 반란을 일으켜 저를 죽이려고 합니다."

나는 선장의 말을 믿고 두 가지 약속을 받아냈어요.

"이 섬에서는 내 말을 따라야 해요. 또 하나는 프라이데이와 나를 영국까지 태워주세요."

나는 프라이데이와 힘을 모아 반란을 일으킨 부선장과 선원들을 한 명씩 해치웠습니다. 그렇게 꿈에 그리던 영국으로 떠나게 된 나는 이루 말할 수 없이 기뻤어요. 기념으로 가지고 온 건 염소 가죽으로 만든 모자와 우산, 앵무새 폴이었습니다. 섬에 도착한 지 27년 2개월 19일만이었어요. 비록 부모님은 이미 돌아가셨지만 후회하지는 않습니다. 모험을 펼치며 살 기회가 주어지면 나는 또 떠날 테니까요.

대니얼 디포(1660~1731)
영국의 저명한 저널리스트, 소설가. 60세 가까운 나이에 처음 쓴 작품이며, 《로빈슨 크루소》는 발표되자마자 작가에게 큰 명성을 안겨주었다.

POINT 아무리 어렵고 힘든 일이 있어도 이겨내려면 무엇이 필요할까요?

작가
라퐁텐

구두 수선공과 은행가

장르
세계 동화

어느 마을에 가난한 구두 수선공이 살았습니다. 열심히 일했지만 저축은커녕 먹고 살기 바빴습니다. 그런데도 늘 노래를 불렀습니다. 구두를 수선할 때도, 집에 있을 때도 흥얼거렸습니다.

구두 수선공의 옆집에는 부자 은행가가 살았습니다. 은행가는 큰 집에서 좋은 옷에 맛있는 음식을 먹었습니다. 그러나 은행가는 노래는커녕 잠을 푹 자지 못했습니다. 사업 생각 때문에 걱정이 많았고 은행 경영 때문에 고민이 많았습니다. 항상 밤늦게까지 일하고 새벽에 눈을 붙이곤 했습니다. 은행가는 옆집의 구두 수선공의 노랫소리를 듣는 경우가 많았습니다. 은행가는 구두 수선공이 궁금해서 집으로 초대했습니다.

"저한테 할 말이 있으세요?"

"당신은 일 년에 돈을 아주 많이 버나요?"

"글쎄요. 계산한 적이 없어서요. 하루 벌고 하루 쓰기 때문이에요. 돈을 모으지는 않아요. 그렇게 살면 일 년도 살고, 십 년도 살아요. 어쩌면 죽을 때가지 살 수도 있겠네요."

"하루에 얼마나 버는데요?"

"그날그날 다르지요. 구두 수선하는 사람이 많으면 비싼 과일을 먹을 때도 있죠. 그렇지 못하면 겨우 밥만 먹고요. 그래서 사람들이 쉬는 날이 걱정이긴 해요. 구두 맡기는 사람이 없으니까요."

은행가는 솔직한 구두 수선공의 말에 고개를 끄덕였습니다. 그러고는 한 가지 제안을 했습니다.

"내가 당신의 걱정을 덜어줘도 될까요?"

구두 수선공이 고개를 갸우뚱거렸습니다.

"공휴일에 당신이 더 즐거울 수 있도록 내가 돈을 주리다."

은행가는 구두 수선공에게 돈을 건넸습니다. 구두 수선공은 돈을 받아 집으로 돌아왔습니다. 그러나 돈뭉치를 넣어둘 곳이 마땅치 않았습니다. 궁리 끝에 구멍이 난 벽에 넣어뒀습니다.

구두 수선공은 돈 걱정에 깊이 잠들지 못했습니다. 누가 훔쳐갈까 봐 걱정이 되었습니다. 다음 날도 구두 수선공은 돈 생각에 일이 손에 잡히지 않았습니다. 노래 부를 생각도 나지 않았습니다. 돈 걱정에 입이 바싹바싹 타 들어갔습니다. 구두 수선공은 집 안에 돈을 둔 이후 일도 못하고 잠도 못자고 머리까지 아파서 어지러웠습니다. 고양이 발자국 소리만 나도 깜짝 놀랐습니다. "모든 것이 다 돈 때문이야. 이렇게 살다가는 내가 못 살겠다."

구두 수선공은 큰 결심을 하고 은행가의 집을 찾아갔습니다. 은행가가 구두 수선공에게 물었습니다.

"왜 그렇게 얼굴색이 안 좋소?"

"이거 드리겠습니다."

구두 수선공은 은행가에게 받은 돈을 다시 돌려주었습니다. "이 돈 때문에 너무 힘듭니다. 노래 부를 마음의 여유까지 사라졌습니다. 그러니 다시 받으세요."

구두 수선공은 도망치듯 은행가의 집을 나왔습니다. 그러고는 다시 즐거운 노래를 흥얼거리며 길을 걸었습니다.

라퐁텐(1621~1695)
프랑스의 시인, 동화 작가. 《개와 당나귀》 《곰과 정원사》

POINT 구두 수선공에게 행복은 무엇이었을까요?

July
7

작가
미상

개구리 먹고 눈먼 부엉이

장르
전래 동화

어려서부터 똑똑하기로 소문난 선비가 살고 있었습니다. 그런데 과거 시험을 보는 족족 떨어졌습니다. 당시에는 뇌물을 바칠 수 없으면 높은 층 자제라도 되어야 급제를 할 수 있었거든요. 과거 시험에 떨어진 선비는 세상이 한탄스러웠습니다.

어느 날 밤, 임금님이 민심을 살피기 위해 허름한 옷을 입고 궁궐 밖으로 나왔습니다. 임금님은 한 마을을 지나다가 선비가 한탄하는 소리를 들었습니다.

"아아, 개구리 때문에 부엉이가 눈이 멀었구나!"

임금님은 아무리 생각해도 그 뜻을 알 수가 없었습니다. 그래서 말소리가 흘러나오는 집으로 가서 물었습니다.

"지나가던 사람인데, 선비께서 하도 이상한 말씀을 하는지라, 개구리 때문에 부엉이가 눈이 멀었다는 것이 대체 무슨 뜻이오?"

"그건 사실 내가 지어낸 우화라오. 큰 나무에 꾀꼬리와 황새, 그리고 부엉이가 둥지를 틀고 살았는데 하루는 꾀꼬리와 황새가 노래자랑 시합을 하기로 했습니다. 그런데 황새가 가만히 생각해 보니 자기가 꾀꼬리한테 이기는 건 애당초 글렀단 말입니다. 꾀꼬리는 목청이 좋아서 간드러지게 뽑아내지만 자기는 기껏해야 '꺽' 하고 마는데 상대가 되겠습니까? 황새는 꾀꼬리를 이겨보겠다고 심판을 보는 부엉이한테 개구리를 잡아다 뇌물을 바쳤답니다. 그러자 결국 시합에서 뇌물을 먹은 부엉이는 황새의 손을 들어주었고 그 순간, 부엉이 눈이 멀게 되었다는 이야기라오."

임금님은 그 우화가 주는 뜻을 눈치 채고는 가만히 고개를 끄덕였습니다.

"혹시나 해서 묻는 건데 황새와 부엉이를 없앨 수 있는 방도도 알고 있소?"

"제대로 된 과거 시험을 치러서 실력 있는 인재를 뽑아야지요. 도둑질도 해본 놈이 하는 것입니다. 뇌물 주고 벼슬 산 놈이 어디 가겠습니까? 그 벼슬을 무기로 다시 뇌물 받는 놈이 되겠지요."

선비의 말을 들은 임금님은 깊이 깨달은 바가 있었습니다.

"이 세상 어딘가, 눈 뜬 부엉이가 있을지도 모르니, 별과는 꼭 보도록 하시오."

궁궐로 돌아온 임금님은 별과를 본다는 방을 내걸게 했습니다. 그리고 며칠 뒤, 별과 시험장에는 시제가 붙었는데 다음과 같았습니다.

'개구리 때문에 눈이 먼 부엉이'

선비는 그때서야 며칠 전 밤에 만난 사람이 임금임을 알게 되었습니다. 그는 자신이 만든 우화이므로 일필휘지로 시험지를 써 내려갔고 마침내 장원 급제까지 하게 되었습니다. 벼슬길에 오른 선비는 임금님을 도와 뇌물을 주고받는 썩은 정치를 없애는데 큰 공을 세웠다고 합니다.

POINT '개구리 먹고 눈 먼 부엉이'와 '개구리 먹고 눈 뜬 부엉이'는 각각 어떤 사람을 말하는 걸까요?

작가
그림형제

개구리 왕자

장르
세계 동화

오랜 옛날 어느 나라의 임금님에게 세 딸이 있었습니다. 그중에서 막내 공주가 가장 아름다웠습니다. 막내 공주는 숲속에 있는 맑은 샘에서 공놀이를 하며 놀았습니다. 그러던 어느 날 가지고 놀던 황금공이 샘에 빠져버렸습니다. 막내 공주가 울음을 터뜨리자 샘에서 못생긴 개구리가 툭 튀어나왔습니다.
"공주님, 무슨 일로 우시나요?"
"내 황금공이 물속에 빠져버렸어."
"걱정 마세요. 제가 도와드릴게요. 그런데 황금공을 찾아오면 저와 친구가 되어 주시겠어요?"
"그래, 좋아. 친구는 얼마든지 해줄게."
"친구가 되면 함께 놀고, 식사도 공주님 옆에서 하고, 공주님의 잔에 있는 물을 같이 마시고, 밤엔 공주님의 침대에서 같이 자게 해주신다고 약속해요."
공주는 기가 막혔지만 속마음과 달리 약속을 했습니다. 신이 나서 물속으로 들어간 개구리가 황금공을 입에 물고 나타났습니다. 공주는 황금공을 받자마자 재빨리 궁궐 쪽으로 달아났습니다. 개구리가 같이 가자고 외쳤지만 공주는 뒤도 돌아보지 않았습니다.
다음 날 아침, 막내 공주가 음식을 먹고 있을 때 밖에서 막내 공주를 부르는 소리가 들렸습니다. 문을 연 막내 공주의 눈앞에 개구리가 있었습니다. 임금님이 물었습니다. "도대체 누군데 그렇게 놀라니?"
막내 공주는 개구리와 약속한 일들을 털어놨습니다.
"약속은 무슨 일이 있어도 지켜야 한다. 네가 원하는 걸 얻었다고 스스로 약속을 깨면 안 돼. 어서 개구리를 안으로 들여라."
결국 개구리는 막내 공주 옆 의자에 앉았습니다. 개구리는 공주 옆에서 음식을 맛있게 먹었습니다. 음식을 배불리 먹은 개구리가 막내 공주에게 말했습니다.
"배가 불러서 이제 졸려요. 공주님, 저를 공주님의 침대로 데려가 주세요."
"그건 안 돼! 당장 여기서 나가!"
공주는 소리를 지르며 펑펑 울었습니다.
"당장 개구리를 네 침대로 데리고 가거라."
임금님의 말에 막내 공주는 하는 수 없이 개구리를 집어 들고 방으로 갔습니다. 하지만 도저히 침대에 둘 수 없었습니다. 그래서 방 한 구석에다 내려놓고 막내 공주 혼자 침대로 올라갔습니다.
"공주님, 저도 공주님의 침대에서 자게 해주셔야죠."
"저리 가란 말이야. 난 네가 징그럽다고!"
막내 공주가 개구리를 집어 던졌습니다. 그 순간, 신기한 일이 벌어졌습니다. 개구리가 멋진 왕자의 모습으로 변한 것입니다. "공주님, 전 이웃 나라의 왕자예요. 못된 마녀가 마법을 걸어 흉측한 개구리로 만들어버렸어요. 그런데 이 나라에서 가장 아름다운 공주만이 그 마법을 풀 수 있다는 거예요."
"미안해요. 저를 용서해 주세요."
"아니에요. 저라도 그랬을 거예요. 공주님은 저를 마법에서 풀어주었어요." 두 사람은 서로의 마음을 이해하고 결혼식을 올렸습니다. 결혼식 다음 날, 왕자와 공주는 황금마차를 타고 떠났습니다. 두 사람은 왕자의 나라에서 오래오래 행복하게 살았습니다.

그림형제(1785~1863)
독일의 언어학자, 동화 수집가
동생 빌헬름 그림과 함께 그림 형제 동화집을 출판하였다.

POINT 임금님은 왜 개구리를 궁궐 안으로 들어오게 했을까요?

작가
어니스트 톰슨 시턴

고아가 된 워브 1_회색곰 워브

장르
세계 명작

리틀 피니 꼭대기에 엄마 곰과 네 마리 아기 곰이 살고 있었습니다. 엄마는 귀여운 아기 곰들에게 먹이 구하는 법, 사냥하는 방법 등을 가르쳐주었습니다. 그렇지만 산꼭대기에는 먹을 것이 별로 없었습니다. 엄마는 아기 곰들을 데리고 '그레이블' 언덕으로 소풍을 갔습니다. 그레이블은 산과 강이 있고 언덕에서 보면 목장도 보이는 아름다운 곳이었습니다. 그곳에는 먹을 것이 참 많았습니다. 언덕 아래에는 소 떼들이 한가롭게 풀을 뜯고 있었습니다. 그런데 검은 수소 한 마리가 날카로운 뿔을 흔들며 아기 곰들을 향해 달려들었습니다. "위험해! 납작 엎드려!"

엄마는 수소를 향해 달려들더니 무쇠 같은 주먹으로 수소를 내리쳤습니다. 수소의 등에 올라타 옆구리도 할퀴었습니다. 수소는 너무 아파 비명을 지르며 내달렸습니다. 마침 소 떼의 주인인 피켓 중령이 소들을 살피러 나왔다가 상처 입은 소를 발견했습니다.

"저렇게 상처를 입히다니! 저건 회색 곰 짓이야. 가만둘 수 없어." 피켓 중령은 더 지체하지 않고 말을 몰고 가서 어미와 아기 곰들을 향해 총을 쏘았습니다.

"얘들아, 어서 도망쳐!"

다급하게 소리치던 엄마는 그만 몸을 가누지 못한 채 풀썩 쓰러졌습니다. 와브는 넋을 잃고 엄마와 형제들 곁을 맴돌았습니다. 피켓 중령이 와브를 향해 총부리를 겨누고 있었습니다. 갑자기 와브는 도망쳐야 된다고 생각했습니다. 그 순간 피켓 중령의 총에서 다시 총알이 튀어나왔습니다. "탕!"

와브는 뒷발이 떨어져 나가는 듯 아팠습니다. 피가 흐르는 뒷발을 절룩이며 힘껏 숲을 향해 달렸습니다.

"엄마, 엄마!"

와브만 살아남은 채 엄마를 불렀습니다.

'이곳에서 엄마를 당해낼 상대는 아무도 없단다.'

문득 엄마의 말이 떠올랐습니다.

"엄마는 거짓말쟁이야. 으앙!"

와브는 눈물을 흘리며 산 속으로 도망쳤습니다. 밤이 되자 춥고 배가 고팠습니다. 낯선 동물의 발자국 소리가 들리면 재빨리 나무 위로 올라갔습니다. 코요테 무리가 와브를 따라오며 무섭게 짖어댔습니다.

"엄마!" 와브가 소리치면 코요테들이 깜짝 놀라 도망쳤습니다.

"이크, 어미 곰이 어딘가에 있나 봐. 얼른 도망치자."

"코요테, 저 녀석들은 정말 싫어. 덤빌 테면 덤벼. 이제 도망치지 않아."

와브가 눈을 부라리며 앞발을 들자 코요테들은 꼬리를 감추고 쩔쩔 맸습니다. 그러자 와브는 자신이 생겼습니다. 도망치는 코요테들의 모습은 정말 꼴불견이었습니다.

'그래, 앞으로는 맞서 싸울 거야.'

와브는 이제 더 이상 겁쟁이가 아니었습니다. 편안하게 잠잘 수 있는 둥지를 마련하고는 자신만의 보금자리에 들어가 겨울잠을 잤습니다.

어니스트 톰슨 시턴(1860~1946)
영국의 작가, 동물학자, 동물문학가, 박물학자, 화가

POINT 아기 곰 와브는 엄마 곰이 없는데도 왜 "엄마" 하고 소리쳤을까요?

작가
어니스트 톰슨 시턴

고아가 된 워브 2_내가 왕이야

장르
세계 명작

"어서 일어나!"
봄바람이 와브의 겨울잠을 깨웠습니다. 덩치가 커지고 힘도 세진 와브는 자기 땅을 점점 넓혀 나갔습니다. 숨어 있던 덫에 걸려도 놀라지 않았습니다. 덫에서 발을 빼내는 방법을 알아냈기 때문입니다. 와브는 골짜기마다 닥치는 대로 '여긴 내 땅'이라는 표시를 해두었습니다. 표시에는 와브의 털이 묻어 있었습니다.

"와브잖아? 최고의 사냥꾼이군."
그 표시를 보고 인디언 사냥꾼이 와브를 뒤쫓기 시작했습니다. 흰곰이라는 뜻의 '와브'라는 이름도 원래 그 인디언이 지어준 이름이었습니다. 와브는 엄마를 죽인 화약 냄새가 싫어서 줄기차게 피해 다녔지만 사냥꾼이 쏜 총에 어깨를 다치고 말았습니다. 혀로 핥아서 스스로 상처를 치료하며 와브는 결심했습니다.
"이제는 도저히 참을 수 없어."
와브는 바위 뒤에 숨어서 인디언 사냥꾼이 가까이 다가오기를 조용히 기다렸습니다. 그가 근처에 왔을 때 벌떡 일어나 팔을 휘두르자 사냥꾼은 비명을 지를 새도 없이 공처럼 날아갔습니다.
'조용히 지내기 위해서는 덤벼드는 것과 싸워야 한다.'
와브는 이제 겁나는 것이 없었습니다. 특히 엄마와 동생들 목숨을 빼앗은 쇠붙이와 사람 냄새를 맡으면 화를 참지 못했습니다.
"아무도 나를 당하지 못해. 나에게 덤비면 용서하지 않을 거야!"
이제 메팃시 골짜기는 완전히 와브의 땅이 되었고 와브가 소리를 지르면 모두 도망치기에 바빴습니다. 와브가 사람이 지은 통나무집까지 부숴 버리자 인간들마저 메팃시 골짜기 근처를 피해 다녔습니다.
어느 날 와브는 김이 모락모락 피어오르는 웅덩이를 발견하고 조심스럽게 발을 담가 보았습니다. 그러자 아팠던 곳이 거짓말처럼 나았습니다. 그곳은 아픈 곳을 낫게 해주는 유황 온천이었습니다.
"굉장한 곳인걸? 여기도 내 땅으로 삼아야겠어."
세월이 흘러 워브도 많이 늙었습니다. 눈이 침침하고 겁도 많아졌습니다. 그러던 중에 자신보다 더 높은 곳에 표시를 한 곰을 발견하게 되었습니다.
"나는 너보다 몸집이 커. 힘도 더 세다고."
표시는 그렇게 말하는 것만 같았습니다.
"이렇게 힘이 없는데 싸우면 지겠지. 피하는 게 좋겠어."
와브는 절룩거리며 온천을 떠났습니다. 긴 여행 끝에 누군가 자신을 부르는 것만 같았습니다.
"여기야, 어서 오너라!"
와브가 힘없이 눈을 뜨고 바라보자 희미하게 무언가가 보였습니다. 엄마 같기도 하고 형제 곰들처럼 보이기도 했습니다. 와브는 엄마와 형제들의 이름을 차례로 부르며 점점 깊은 잠 속으로 빠져들었습니다.

POINT 곰은 "여기는 내 땅이야"라는 영역 표시를 어떻게 하는 걸까요?

작가
이태준

몰라쟁이 엄마

장르
국내외 명저자 작품

어떤 날 아침 노마는 참새 소리를 들었습니다. 그리고 엄마한테 물어봤습니다.
"엄마?"
"왜!"
"참새두 엄마가 있을까?"
"있구말구."
"엄마 새는 새끼보다 더 왕샐까?"
"그럼 더 크단다. 왕새란다."
"그래두 참새들은 죄다 똑같던데 어떻게 저의 엄만지 남의 엄만지 아나?"
"몰-라."
"참새들은 새끼라두 죄다 똑같은데, 어떻게 제 새낀지 남의 새낀지 아나?"
"몰-라."

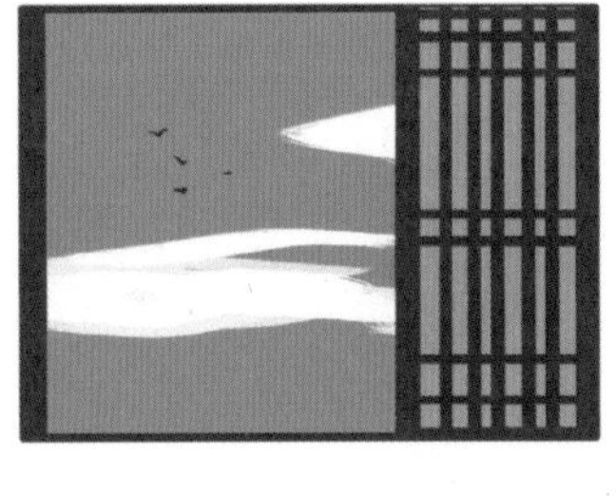

"엄마?"
"왜!"
"참새두 할아버지가 있을까?"
"그럼!"
"할아버지는 수염이 났게?"
"아-니."
"그럼 어떻게 할아버진지 아나?"
"몰-라."
"아이, 제-기, 모두 모르나. 그럼 엄마? 이건 알아야 해. 뭐……?"
"무어?"
"저-어-, 참새도 기집애새끼하구 사내새끼하구 있지?"
"있구말구."
"그럼 참새두 사내새끼는 머리를 나처럼 빡빡 깎우-?"
"아-니."
"그럼 사내새낀지 기집애새낀지 어떻게 알우?"
"몰-라."
"이런! 엄마는 몰-라쟁이인가, 죄다 모르게… 그럼 엄마, 나 왜떡 사줘야 해… 그것두 모르면서…."

노마는 떼를 부리기 시작했습니다.

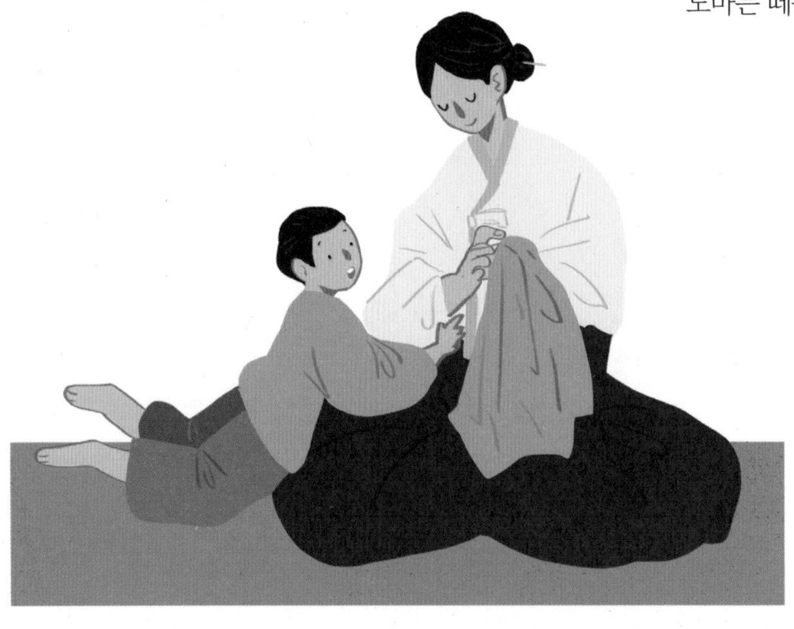

*왜떡 : 밀가루나 쌀가루를 반죽하여 얇게 늘여서 구운 과자.
출처: 「어린이」 1931년 2월호

이태준(1904~?)
단편소설 작가. 대표작 《오몽녀》 《해방 전후》

POINT 노마는 참 궁금한 게 많은 아이죠. 노마처럼 엄마에게 궁금한 것을 물어볼까요?

작가
미상

반대로만 하는 아들

장르
교과서에 실린 전래 동화

옛날 어느 마을에 농부와 아들이 살았습니다. 농부는 아내를 하늘나라에 보내고 혼자서 아들을 키우며 열심히 살았지만 항상 얼굴이 어두웠습니다. 아들이 어디가 아픈 것도 아니면서 어느 순간부터 아버지의 말에 반대로만 행동을 하기 시작했습니다.
동쪽으로 가라면 서쪽으로 가고, 우물을 길어 오라면 강물을 길어왔습니다.
"얘야, 어째서 반대로만 하는 거냐? 무슨 문제라도 있는 게야?"
농부가 하도 답답해서 아들에게 물었습니다.
"아무 문제 없어요."
농부는 땅이 꺼져라 한숨을 쉬었습니다. 아들의 못된 버릇을 어떻게 고칠지 고민이었습니다.
하루는 농부가 밭에서 일하다가 아들에게 시원한 물 한 그릇을 떠오라고 시켰습니다. 그런데 아들이 떠온 물은 뜨거운 물이었습니다.
"이놈아, 찬물을 가져오라고 하지 않았느냐?"
"그냥 뜨거운 물, 드세요."
이 모습을 본 농부 친구가 넌지시 귓속말을 했습니다.
"자네, 머리를 쓰게. 아들이 반대로 행동하면 당초에 자네가 반대로 말하면 되지 않은가?"
농부는 무릎을 탁 치며 대꾸했습니다.
"내가 왜 그 생각을 못했을까. 시험해 봐야겠네."
농부는 아들을 불러 단단한 땅을 파야 하는데 삽은 적당하지 않으니 곡괭이를 가져오라고 시켰습니다. 잠시 뒤, 아들은 농부에게 삽을 가져다주었습니다. 농부는 씽긋 웃었습니다.
그 뒤부터 농부는 원하는 일이 있으면 아들에게 반대로 말했습니다. 그랬더니 아들 때문에 화가 나거나 답답한 일이 없었습니다.
그러던 어느 날 강 건너 잔칫집에 다녀오던 농부와 아들이 소나기를 만났습니다.
갑작스런 소나기가 멈추자 강물이 그 사이에 부쩍 불어났습니다.
"우리 조금만 기다렸다가 건너가자."
농부의 말에 아들은 강물로 앞장섰습니다.
"괜찮아요. 이 정도는 건널 수 있어요. 제가 먼저 건너갈 테니 천천히 오세요."
농부는 아들을 말렸지만 소용없어서 자신이 앞장섰습니다.
"그럼, 내가 먼저 건널 테니 내 뒤를 따라오너라."
농부는 다리에 힘을 주고 강물을 무사히 건넜습니다. 그러고는 아들에게 소리쳤습니다.
"물살이 세게 이는 곳은 바닥이 깊다. 그러니 피해서 건너거라."
아들은 첨벙거리며 강물을 건너다가 물살이 세게 이는 곳을 만났습니다. 그 순간 아버지는 반대로 말하는 것을 깜빡했다는 것을 깨달았습니다.
물살이 세게 이는 곳에 아들이 발을 내딛자마자 거센 물살에 휩쓸려 강물 속으로 사라지고 말았습니다.

POINT 반대로만 하는 아들처럼 평소에 엄마 아빠가 시키는 일에 반대로 행동한 적이 있나요?

작가
미상

견우와 직녀

장르
교과서에 실린 전래 동화

아주 먼 옛날, 하늘나라에 사는 옥황상제에게 마음씨 곱고 얼굴도 예쁜 직녀라는 딸이 있었습니다. 직녀는 손재주가 좋아 베를 짜서 사람들에게 옷도 지어주었습니다.

그러던 어느 날이었습니다. 직녀는 견우라는 청년을 보고 얼굴이 붉어지고 가슴이 두근거렸습니다. 견우는 부지런하게 농사를 지으며 열심히 살았습니다. 견우도 첫눈에 직녀에게 반해 사랑에 빠졌습니다.

옥황상제가 직녀를 보며 말했습니다.

"직녀도 나이가 들었으니 혼인할 때가 됐지. 어디 좋은 신랑감을 찾아야겠구나!"

직녀는 견우를 데려와 옥황상제에게 인사시켰습니다. 옥황상제도 견우가 썩 마음에 들어 결혼을 허락했습니다.

그런데 견우와 직녀는 결혼하고 난 뒤 일은 제쳐두고 날마다 놀러 다니느라 정신이 없었습니다. 직녀가 옷을 만들지 않아 사람들은 헌 옷을 입어야 했고, 농사를 짓지 않은 견우 때문에 사람들은 곡식이 떨어져 굶는 날이 늘었습니다. 결국 견우와 직녀는 옥황상제의 눈 밖에 났습니다.

"너희들의 모습에 참을 수가 없구나. 내가 벌을 내릴 것이니라."

옥황상제는 견우를 동쪽 끝으로 보냈고 직녀를 반대쪽인 서쪽 끝으로 쫓아 따로 지내게 했습니다.

견우와 직녀는 뜻하지 않게 떨어지게 되어 무척 슬펐습니다. 옥황상제에게 눈물을 보이며 잘못했다고 빌고 또 빌었습니다. 옥황상제는 하는 수 없이 일 년에 딱 하루인 칠석날 밤에 얼굴을 볼 수 있게 해주었습니다. 바로 음력으로 7월 7일이 칠석날입니다. 그때도 견우와 직녀는 은하수를 사이에 두고 겨우 얼굴만 볼 수 있었습니다.

정말로 헤어진 견우와 직녀는 서로를 그리워하며 지냈습니다. 견우는 날마다 서쪽 하늘만 바라보고, 직녀는 동쪽 하늘만 바라보며 칠석날만 기다렸습니다.

드디어 칠석날 밤이 되었습니다. 밤하늘의 별들도 견우와 직녀가 만나기를 기다렸다는 듯이 하나둘씩 모여들었습니다. 별이 빛을 내며 말했습니다.

"오늘이 견우님과 직녀님이 만나는 날이잖아. 서로가 얼굴을 볼 수 있게 환하게 비춰주자."

밤하늘의 별들이 모이자 아름다운 은하수가 되었습니다. 그 빛은 견우와 직녀의 얼굴을 밝게 비췄습니다. 견우와 직녀는 서로의 얼굴을 보자 눈물을 흘렸습니다.

"이렇게 기다려서 하루 만났는데 견우님의 손도 잡지 못하다니."

두 사람은 안타까워서 눈물만 흘렸습니다. 얼마나 많이 흘렸던지, 인간 세상에 홍수까지 났습니다. 결국 땅에 있는 곡식과 가축들이 물에 잠겨 사람들이 힘들어했습니다.

이를 본 짐승들은 견우와 직녀를 만나게 해주기로 결정했습니다. 까치와 까마귀는 은하수에 모여 자신들의 몸을 잇대어 다리를 만들었습니다.

얼굴만 겨우 보았던 견우와 직녀는 까치와 까마귀의 도움으로 은하수를 건너 만날 수 있었습니다. 서로의 손을 잡은 두 사람은 기뻐서 어찌할 바를 몰랐습니다. 이때 까치와 까마귀가 만든 다리 이름이 바로 오작교라고 합니다.

POINT 옥황상제는 왜 견우와 직녀에게 벌을 내렸을까요?

작가
루이스 캐럴

이상한 나라의 앨리스

장르
세계 명작

어느 무더운 여름날 오후, 앨리스는 시원한 나무 그늘에 앉아 언니가 읽어 주는 이야기를 듣고 있었습니다. 그때 어디선가 양복 조끼를 입은 토끼 한 마리가 뛰어왔습니다. 흰 토끼는 주머니에서 시계를 꺼내서 보더니 "이런, 이런! 늦겠는걸!" 하고 중얼거리기까지 했습니다. 호기심에 토끼를 쫓아 굴속으로 들어가자 천장이 낮고 긴 방이 나타났습니다. 방 안에는 탁자가 놓여 있고 탁자 위에는 작은 황금 열쇠가 있었습니다. 앨리스는 열쇠에 맞는 문을 겨우 찾아 열었습니다. 하지만 문이 너무 작아 머리조차 내밀 수 없는 것이 문제였습니다. 그래서 '나를 마셔요.'라고 적힌 작은 병을 찾아 병 안에 든 주스를 마셨더니 키가 25센티미터로 줄어들었습니다. 그런데 문 앞에 가서 보니 이번에는 황금 열쇠를 두고 왔지 뭐예요? 하는 수 없이 탁자 밑에 있는 건포도 케이크를 먹었는데 순식간에 몸이 커지더니 머리가 천장에 부딪치고 말았습니다.

앨리스가 울고 있는데 아까 만났던 흰 토끼가 다시 나타났습니다. 토끼는 앨리스를 보더니 깜짝 놀라서는 장갑과 부채를 버리고 달아났습니다. 방 안이 더워 마침 그 부채로 부채질을 하자 몸이 다시 작아졌습니다.

"겨우 살았네!"

말이 끝나자마자 발이 미끄러져 소금물에 첨벙 빠지고 말았습니다. 그것은 앨리스의 눈물로 만들어진 웅덩이였습니다. 어느덧 웅덩이에는 기묘하게 생긴 동물들로 가득 찼습니다. 앨리스는 동물들과 함께 물가로 나왔습니다. 엘리스는 숲속에서 파란 애벌레를 만나 버섯을 먹고는 다시 원래의 크기대로 돌아왔습니다.

얼마 뒤, 앨리스는 나무 밑에서 모자 장수와 산토끼, 겨울잠 쥐의 파티를 보았습니다. 엘리스는 그들이 무례하게 구는 걸 더 이상 참을 수가 없었습니다. 그래서 버섯을 먹고 키를 더 줄인 다음, 아름다운 정원으로 들어갔습니다. 그곳은 바로 여왕의 정원이었습니다. 그런데 카드 정원사들이 하얀 장미에 빨간 페인트를 칠하고 있는 게 아니겠어요? 앨리스가 궁금해서 이유를 묻자, 실수로 하얀 장미를 심었는데 여왕님이 눈치 채면 목이 달아나고 말 거라고 했습니다.

"여왕 폐하다, 여왕 폐하!"

그 순간 병정 하나가 소리쳤습니다. 여왕은 흰 토끼와 병정들을 거느리고 나타났습니다. 그들의 말대로 여왕은 자기 마음에 들지 않으면 무조건 목을 베라는 명령을 내렸습니다. 앨리스는 어쩌다 법정까지 가게 되었는데 그곳에는 여왕을 비롯하여 카드 병정들이 모여 있었습니다. 여왕이 앨리스의 목을 베라고 소리를 지르자 카드들이 앨리스에게 덤벼들었습니다. 앨리스가 카드를 쳐내려는 순간, 자신이 언니의 무릎을 베고 있다는 걸 깨달았습니다. "앨리스, 그만 일어나!"

언니가 말했습니다. 앨리스는 언니에게 이상한 꿈 이야기를 들려주었습니다.

"정말 희한한 꿈이네. 이제 그만 집에 가자."

앨리스는 언니와 함께 집으로 향했습니다.

루이스 캐럴(1832~1898)
영국 동화 작가. 아동문학의 대표적인 작가

POINT 앨리스처럼 '이상한 꿈'을 꾼 적이 있나요? 꿈 이야기를 주위 사람들에게 이야기해볼까요?

7.9.

작가
미상

아버지와 세 딸

장르
전래 동화

옛날 어느 마을에 세 딸을 둔 아버지가 살고 있었습니다. 혼기가 찬 딸들이 차례로 시집을 가고 아버지는 홀로 남게 되었습니다.

'소식이 없는 것은 다들 무사히 잘 있다는 뜻이겠지? 그래도 궁금해서 견딜 수가 없구먼.'

아버지는 딸들이 보고 싶은 마음에 길을 나섰습니다. 큰딸은 건넛마을 기와집에 많은 종을 부리며 남부럽지 않게 살고 있었습니다.

"아버지, 어쩐 일로 오셨습니까?"

큰딸이 시큰둥하게 물었습니다. 아버지를 보고도 별로 반가워하는 기색이 아니었습니다.

"네가 보고 싶어서 왔지, 왜 왔겠니?"

아버지는 서운한 마음을 꾹꾹 누르며 말했습니다.

"아버지가 오신 건 반가운 일이나 보다시피 군식구들이 많아서요. 입이 많아 대접할 것도 마땅치 않네요."

아버지는 그 길로 돌아서 나오며 가슴을 쳤습니다.

'둘째 딸은 저러지 않겠지?'

둘째 딸네로 향하는 발걸음이 몹시 무거워 보였습니다. 둘째 네도 남부럽지 않게 잘 사는 편이었습니다. 마침 둘째 딸은 팥죽을 쑤고 있었습니다. 팥죽을 보자 아버지는 저도 모르게 침이 꿀꺽 넘어갔습니다. 그런데 둘째 딸은 아버지더러 사위가 올 때까지 기다려야 한다며 버릇없이 말했습니다.

"그만 갈 테니, 네 남편이나 실컷 먹이도록 해라."

아버지는 이번에도 가슴을 치며 돌아서야 했습니다. 마지막으로 향한 곳은 막내딸이 시집 간 마을이었습니다. 막내딸은 셋 중에서 가장 가난했지만 아버지를 보자마자 버선발로 뛰어나왔습니다.

"누추한 곳까지 찾아오시느라 시장하시지요? 비록 보리밥에 짠지밖에 없지만 어서 드세요."

아버지는 막내딸이 정성껏 차린 밥상을 보자 눈물이 왈칵 쏟아졌습니다.

다시 집으로 돌아간 아버지는 종을 시켜서는 자신이 죽었다며 세 딸에게 거짓으로 알렸습니다. 그 소식을 들은 딸들은 부리나케 친정으로 달려왔습니다. 첫째와 둘째는 억지로 우는 척했지만, 막내딸은 슬피 울고 또 울었답니다.

"아버지, 보리밥밖에 못해드렸는데, 이렇게 가시다니요? 부디 저를 용서하세요."

그 말을 들은 첫째는 소고기국을 드렸다고 꾸며내자 옆에 있던 둘째가 이에 질세라 자신은 팥죽을 정성껏 대접했노라고 거짓말을 했습니다.

"아버지를 그렇게 잘 모셨다니, 언니들은 후회가 없겠네요. 나는 어쩌면 좋지요?"

막내딸이 대성통곡을 할 때였습니다. 갑자기 죽은 줄 알았던 아버지가 벌떡 일어나더니 버럭 소리를 질렀습니다.

"뭐야? 소고기 국을 끓여 주고 팥죽을 쑤어 주었다고?"

깜짝 놀란 첫째와 둘째는 걸음아 날 살려라 하고 도망을 치고 말았습니다. 그렇게 해서 아버지는 재산을 막내한테만 나눠 주고 나머지 두 딸에게는 한 푼도 주지 않았답니다.

POINT 부모님을 기쁘게 해드리려면 어떻게 해야 할까요?

작가
마크 트웨인

톰 소여의 모험

장르
세계 명작

미시시피 강가에 있는 세인트 피터즈버그 마을에 개구쟁이 톰 소여가 살았습니다. 부모님이 돌아가셨지만 폴리 이모와 함께 씩씩하게 지냈습니다. 어느 날 톰은 학교에 다니지 않은 허크의 말에 흥미를 느꼈습니다.

"있지, 악마가 죽은 사람의 혼을 빼앗아 갈 때 죽은 고양이를 던지면 사마귀가 떼진대."

"허크, 그게 정말이라면 묘지에 가보자."

공동묘지에 간 톰과 허크는 숨어서 귀신이 나타나기를 기다렸습니다. 그런데 어둠 속에서 포터 할아버지와 인디언 조, 그리고 의사 로빈슨이 다가왔습니다. 그들은 무덤을 파헤친 뒤 시체를 꺼내 손수레에 실었습니다. 그때 포터 할아버지가 의사 로빈슨에게 돈을 더 달라고 으름장을 놓았습니다. 의사는 포터 할아버지를 묘비로 내려쳐 기절시켰습니다. 그 순간, 인디언 조가 포터 할아버지의 칼로 의사의 가슴을 찔러 죽였습니다. 잠시 뒤, 포터 할아버지가 깨어나자 인디언 조는 포터 할아버지가 의사를 죽였다고 말했습니다.

다음 날, 경찰이 포터 할아버지를 체포해갔습니다. 이 사실을 모두 알고 있는 톰과 허크는 앞으로 나서지 않았습니다. 톰은 밤마다 무서운 꿈을 꾸었습니다. 너무 괴로워서 허크와 친구 조 하퍼와 함께 뗏목을 만들어 무인섬에 도착했습니다.

며칠 뒤 교회에서는 톰, 허크, 조 하퍼의 장례식이 진행되었습니다. 아이들을 찾지 못하자 모두 죽었다고 여겼던 것입니다. 그때 교회 문을 열고 아이들이 들어서자 모두 다 기뻐했습니다.

시간이 흘러 포터 할아버지의 재판날이 되자 변호사가 톰을 증인으로 불렀습니다. 톰은 떨리는 마음을 진정시키고 입을 열었습니다. "저기 있는 인디언 조가 칼을 들어서 로빈슨을 찔렀습니다."

톰의 말이 끝나기가 무섭게 인디언 조가 유리창을 깨고 달아났습니다. 포터 할아버지가 풀려나고 심심해진 톰은 허크와 유령이 나온다는 집으로 갔습니다. 그런데 인디언 조가 어떤 남자와 함께 금돈이 가득한 상자를 들여다본 뒤 가지고 나갔습니다.

토요일 아침, 아이들은 소풍을 갔습니다. 동굴에서 길을 잃은 톰과 베키가 인디언 조를 발견했습니다. 다행히 인디언 조는 톰과 베키를 보지 못했습니다. 밖으로 나온 아이들을 본 마을 어른들은 아이들이 길을 잃지 않도록 동굴 입구를 막기로 정했습니다. 얼마 후, 인디언 조가 생각난 톰이 어른들에게 말했습니다.

"동굴 속에 인디언 조가 있었어요."

어른들이 달려갔을 때는 이미 인디언 조가 굶어 죽은 뒤였습니다. 톰과 허크는 인디언 조의 보물을 찾아 자루에 옮겨 담았습니다. 마을로 돌아왔을 때 어른들은 허크를 혼자 둘 수 없다는 이야기를 하고 있었습니다. 더글라스 부인이 허크를 기르겠다고 했습니다.

부자가 된 허크는 그 뒤로 교회도 다니고 책도 읽어야 하고 몸도 깨끗이 씻어야 했습니다. 그래서 몰래 집을 나와버렸습니다.

"톰, 난 부자가 되고 싶지 않아." 톰은 여전히 온갖 장난을 치면서 재미난 일을 찾아다녔습니다.

마크 트웨인(1835~1910)
미국의 소설가.
《캘리베러스의 명물 도약 개구리》《철부지의 해외 여행기》

POINT 부자가 된 허크는 왜 "부자가 되고 싶지 않아" 하면서 집을 나왔을까요?

작가
미상

흥부와 놀부

장르
교과서에 실린 전래 동화

옛날 어느 마을에 흥부와 놀부 형제가 살았습니다. 욕심 많고 부자인 형, 놀부는 부모의 재산까지 모두 갖고 동생을 내쫓았습니다. 그래도 흥부는 형을 원망하지 않았습니다. 하지만 자식 열두 명이 걱정이었습니다. 흥부는 배고프다는 자식들을 위해 그릇을 들고 놀부 집으로 찾아갔습니다. 때마침 밥 짓는 냄새가 흥부의 코를 간질였습니다. "형수님. 저 왔어요. 아이들이 굶고 있는데 밥 한 그릇만 주세요."
놀부 부인은 밥을 푸던 주걱으로 냅다 흥부의 뺨을 때렸습니다.
"어디 내 밥을 축 내려고! 에이 이거나 먹어라!"
흥부는 뺨에 붙은 밥알을 떼먹으며 화는커녕 되레 다른 뺨을 내밀었습니다. "형수님, 정말 고맙습니다. 이쪽도 때려주세요. 밥알을 많이 붙여서요."
흥부는 놀부 부인에게 쫓겨나 집으로 돌아와 눈물을 흘렸습니다. 그때 흥부는 제비 둥지에서 떨어져 다리가 부러진 제비 새끼를 보았습니다.
"아이고, 아기 제비야. 얼마나 아팠느냐."
이 모습을 본 흥부네 가족은 제비를 치료하고 다시 둥지에 올려주었습니다. 겨울이 되어 남쪽으로 떠났던 제비가 봄이 되어 돌아왔습니다. 입에는 박씨 하나를 물고 있었습니다. "제비가 물고 온 박씨를 심어볼까? 가을이 되면 박을 따서 맛있는 음식을 해먹자."
아이들과 흥부는 박씨를 심고 정성스레 키웠습니다. 이윽고 박이 익어 흥부네 가족은 커다란 박을 갈랐습니다. 그때 '펑' 소리와 함께 박에서 쌀이 쏟아졌습니다. 흥부 가족은 너무 기뻐서 얼싸안았습니다. 두 번째 박에서는 온갖 보석과 돈이 나왔습니다.
"여보, 우리 이제 부자가 됐소!"
"이 정도면 우리 마을 사람들까지 배불리 먹고도 남겠소." 세 번째 박에서는 하인들이 우르르 나와 일을 시켜달라고 말했습니다.

놀부가 부자가 된 흥부 소식을 듣게 되었습니다. 놀부는 부인과 함께 제비집에 올라가 제비 새끼 한 마리를 골라 바닥에 떨어뜨렸습니다. 제비 새끼 다리가 똑 부러졌습니다.
"제비야, 어쩌다 이리 됐어. 내 얼른 치료해주마."
놀부는 제비를 치료하고 다시 둥지에 올려주었습니다. 봄이 찾아오자 제비가 돌아왔습니다. 놀부에게도 박씨를 물어다 주었습니다. 놀부 부부는 박씨를 심고 키웠습니다. 박이 익자 놀부 부부는 박을 탔습니다. 첫 번째 박이 쩍 벌어지자 도둑놈이 우르르 나와 놀부의 재산을 훔쳐 달아났습니다.
"여보, 나머지 박을 타봅시다."
놀부와 부인은 두 번째 박에서 나온 똥물을 온통 뒤집어썼습니다. 혹시나 하는 마음에 세 번째 박을 탔습니다. 금은보화를 기대했지만 이번에는 도깨비들이 나왔습니다. 도깨비들은 놀부와 부인을 실컷 패주고 사라졌습니다. "아이고, 놀부 죽네."
"여보, 우린 이제 거지가 됐다고요!"
놀부와 놀부 부인은 여기저기 떠돌다가 흥부 집에 찾아갔습니다. 흥부는 자기를 문전박대한 형과 형수를 따뜻하게 맞아주며 함께 살았습니다.

POINT 흥부와 놀부처럼 박씨를 심으면 큰 박이 열리는데요. 잘 익은 박은 어떻게 사용할까요?

작가
미상

꼭두각시와 목 도령

장르
교과서에 실린 전래 동화

옛날 어느 산골마을에 마음은 착하지만 못생긴 꼭두각시가 아버지와 살고 있었습니다. 어느 날 목 도령과의 혼담이 들어왔지만 혼인 날짜가 오지 않았습니다. 그 사이 아버지마저 세상을 떠났습니다. 외로운 꼭두각시는 목 도령을 찾아 나섰습니다. 산을 넘는 중에 날이 저물어 허름한 오두막에 묵기로 했습니다. 안에서 꾸부정한 노인이 나오자 하룻밤만 재워달라고 말했습니다. 방으로 들어간 꼭두각시는 한쪽 구석에 쪼그리고 앉았습니다.

"혹시 이 근처에 목 도령네가 어디인지 아세요?"

"우리 아들이 목 도령인데 무슨 일이시오?"

꼭두각시는 얼른 일어나 큰 절을 올렸습니다.

"제가 꼭두각시예요. 아드님과 혼인하기로 한 그 처녀입니다."

"이런, 살림 밑천을 마련하지 못해 혼인 날짜를 잡지 못했는데 네가 왔구나."

때마침 들어온 목 도령의 얼굴은 움푹 파인 자국이 많았고 팔 다리도 성치 않았습니다. 등까지 굽었지만 꼭두각시는 그런 목 도령이 가여웠습니다.

다음 날 두 사람은 혼례를 치르고 부지런히 일을 했습니다. 점점 집안 살림이 늘었지만 욕심 많은 원님이 세금이라며 빼앗아갔습니다. 그 바람에 목 도령의 늙은 아버지는 세상을 떠났습니다.

꼭두각시와 목 도령은 깊은 산골로 떠났습니다. 하루는 산 속 외딴집에서 묵었습니다. 머리가 하얀 꼬부랑 할머니는 두 사람의 사연을 듣고 안타까워했습니다.

"길 가다 배가 고프면 이 파란 나물을 먹고, 목이 마르면 이 조롱박에 든 물을 마시구려."

다음 날 길을 나선 두 사람은 배가 고파서 새파란 나물을 우물우물 씹었습니다. 그런데 온몸에서 힘이 솟았고 팔 다리를 못 쓰던 목 도령이 멀쩡한 사람이 되었습니다. 얼마 후 목이 마른 두 사람은 조롱박의 물을 조금 마셨습니다. 그런데 물을 마시자마자 졸음이 쏟아졌습니다. 잠에서 깬 두 사람의 몸은 무척 가벼웠습니다. 그리고 널찍한 풀밭에 농사를 지으며 오순도순 살았습니다. 그런데 하루는 밭에서 아주 오래된 호리병이 나와 처마 밑에 매달아두었습니다.

며칠 뒤 지나가던 스님에게 목 도령 내외는 정성껏 밥을 대접했습니다. 밥을 먹고 난 스님이 처마 밑에 호리병을 보고 어디서 났냐고 묻자 밭에서 주웠다고 대답했습니다.

"혹시 새파란 나물과 붉은 물을 마신 적이 있소?"

"네, 그걸 어찌 아시는지요?"

"그걸 준 할머니가 바로 관음보살님입니다. 나물은 힘이 솟는 약초이며, 붉은 물은 눈이 맑아지는 약수로 그 둘을 먹은 사람만 호리병이 보인답니다. 저 호리병을 거꾸로 들고 갖고 싶은 걸 말해 보시구려."

스님은 가버리고 두 사람은 호리병을 거꾸로 들고 말했습니다. "호리병아, 쌀을 조금 얻고 싶구나."

그러자 병 속에서 하얀 쌀이 쏟아졌습니다. 꼭두각시와 목 도령은 보물을 여러 사람들과 함께 쓰기로 하고 이 마을 저 마을을 돌아다니면서 가난한 사람들에게 이것저것을 나누어주었습니다. 두 사람이 다녀간 마을은 가난한 사람들이 없었습니다.

POINT 꼭두각시와 목 도령에게는 어떻게 호리병이 보였을까요?

작가
미상

호키포키, 옆에 옆에

장르
전래 동요

호키포키

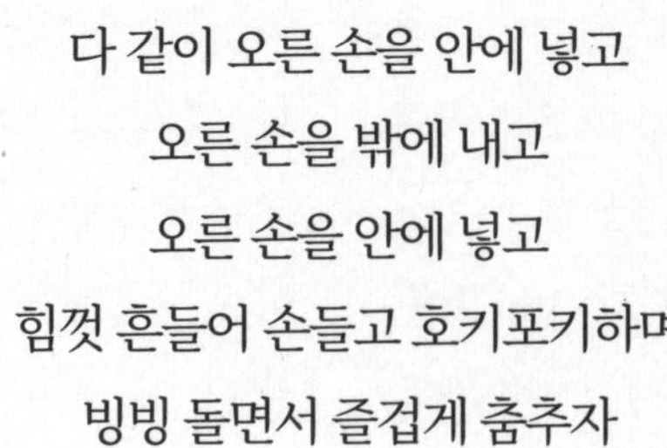

다 같이 오른 손을 안에 넣고
오른 손을 밖에 내고
오른 손을 안에 넣고
힘껏 흔들어 손들고 호키포키하며
빙빙 돌면서 즐겁게 춤추자

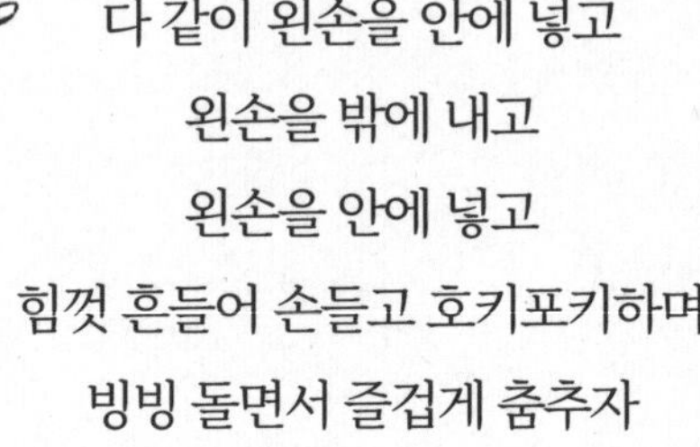

다 같이 왼손을 안에 넣고
왼손을 밖에 내고
왼손을 안에 넣고
힘껏 흔들어 손들고 호키포키하며
빙빙 돌면서 즐겁게 춤추자
호키포키
호키포키
호키포키
신나게 춤추자

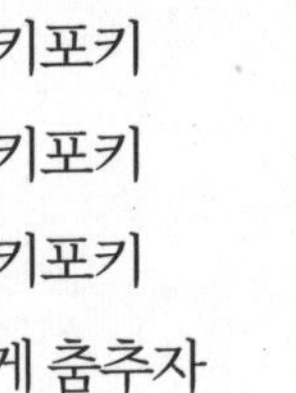

옆에 옆에

옆에 옆에 옆에 옆으로
위로 아래로 위로 아래로

옆에 옆에 옆에 빵 돌아 짝짝
위로 아래로 위로 아래로

옆에 옆에 옆에 춤을 춥시다
위로 아래로 위로 아래로

작가
라퐁텐

원숭이와 왕관

장르
세계 명작

동물 나라에 사자 왕이 죽었습니다. 동물들은 새로운 왕을 뽑기 위해 한자리에 모였습니다.

"여러분, 오늘은 우리의 왕을 뽑는 날입니다."

할아버지 두루미 말에 어떤 식으로 왕을 뽑을지 의견을 모았습니다. 그때 왕관을 지키던 용이 말했습니다.

"이 왕관이 꼭 맞는 동물을 왕으로 뽑으면 어떨까요?"

동물들이 찬성하자 할아버지 두루미가 말했습니다.

"그럼, 이 왕관이 머리에 맞을 거라고 생각하는 동물은 나와 주세요."

왕이 되고 싶은 동물들이 우르르 나왔습니다. 그러고는 차례대로 왕관을 써보았습니다. "다람쥐와 토끼, 뱀에게는 왕관이 큽니다. 왕이 될 수 없습니다."

두루미의 말에 곰과 코끼리가 앞으로 나섰습니다.

"곰과 코끼리는 머리가 너무 크군요. 왕관이 아예 들어가지 않습니다."

이어서 사슴과 당나귀가 나와 왕관을 써봤습니다. 그러나 사슴은 뿔에서 걸렸고, 당나귀는 귀 때문에 들어가지 않았습니다. "이제 마지막인가요? 원숭이 나와서 왕관을 써보세요."

라퐁텐(1621~1695)
프랑스의 시인, 동화 작가. 《개와 당나귀》 《곰과 정원사》

원숭이도 역시 왕관이 머리에 맞지 않았습니다. 하지만 원숭이는 꼭 왕이 되고 싶었습니다. 그래서 재주를 부리기로 했습니다.

원숭이는 왕관을 팔에 걸고 돌리고, 어깨에 걸고 빙글빙글 돌렸습니다. 동물들이 환호하자 이번에는 왕관을 한쪽 다리에 걸고 한쪽 발로 춤까지 추었습니다. 왕관을 공중에 던졌다가 받기도 했습니다. 이 모습에 많은 동물들이 원숭이를 왕으로 뽑자고 말했습니다.

"여러분, 우리 중에는 왕관이 머리에 맞는 동물이 없소. 해서 재주가 많은 원숭이를 왕으로 추대하는 것이 어떻소?"

동물들이 만장일치로 손뼉을 쳤습니다. 그런데 이 의견에 불만을 가진 동물이 있었습니다. 바로 여우였습니다. '흥, 잔재주로 왕이 되는 게 말이 돼? 원숭이를 골탕 먹여야겠군!'

어느 날 여우가 원숭이 왕에게 말했습니다.

"폐하, 제가 얼마 전 보물이 있는 곳을 알아두었습니다." "뭐, 보물이라고?"

"네. 동물 나라의 보물은 왕의 것이니 그 보물을 바치겠나이다." 원숭이 왕은 여우를 따라 보물이 있는 곳으로 따라갔습니다. 왕이 되면 돈이 필요한데 마침 잘 되었다고 생각했습니다.

"폐하, 바로 저기 있습니다."

여우가 가리킨 곳의 커다란 상자 위에 돈 뭉치가 있었습니다. 앞뒤 재지 않고 바로 달려간 원숭이가 돈을 집는 순간이었습니다. 덜커덕하며 쇠문이 닫혀버렸습니다. 원숭이가 덫에 갇히고 말았습니다.

"바보 같은 원숭이 같으니! 왕이라면 덫이 있는지 없는지 살펴야 할 거 아니야! 우리 동물들을 보살피려면 말이지. 어리석은 주제에 감히 동물의 왕이 되겠다고 하다니. 한심하군." 원숭이는 얼굴이 빨개졌습니다. 동물들은 새 왕을 뽑자며 모여들었습니다.

POINT 여우는 왜 원숭이를 골탕 먹여서 왕을 못하게 했을까요?

작가
미상

김 서방한테 속은 도깨비

장르
전래 동화

옛날 어느 마을에 김 서방이라는 부지런한 농부가 살았습니다. 그런데 김 서방네 뒷산에는 심술쟁이 도깨비도 살고 있었습니다. 도깨비는 언제나 사람을 골탕 먹일 일만 찾아다녔습니다.

하루는 산에서 내려오다가 김 서방이 논에서 일하는 모습을 보았습니다. 종일 자갈을 힘겹게 골라내는 모습을 훔쳐보면서 도깨비는 씨익 웃었습니다.

다음 날 김 서방은 논에 일을 하러 나왔다가 깜짝 놀라고 말았습니다. 간밤에 도깨비가 논에 자갈을 잔뜩 쌓아서 자갈 산을 만들어 놓았거든요.

'아니, 이게 어찌된 일이지? 도깨비짓인가? 좋아, 누가 이기나 두고 보라지.'

김 서방은 곰곰이 생각하다가 좋은 꾀를 하나 냈습니다. 그리고 도깨비가 들을 수 있도록 일부러 크게 말했습니다.

"하하! 올해 우리 집 농사가 아주 잘 되겠군. 누가 이렇게 거름으로 가장 좋은 자갈들을 잔뜩 가져다주었지? 만약 쇠똥이나 말똥이었으면 벼들이 다 죽었을지도 몰라."

그 말을 들은 도깨비는 화가 나서 뿌드득뿌드득 이를 갈았습니다.

'아차, 내가 잘못 생각했구나.'

해가 지고 밤이 되자 도깨비는 기다렸다는 듯 뒷산에서 내려왔습니다. 그리고 밤새도록 논에 있던 자갈을 몽땅 치우고는 그 자리에 대신 쇠똥과 말똥을 채워 놓았습니다.

날이 새고 도깨비는 나무 뒤에 숨어서 김 서방이 나오기만 기다렸답니다.

"아니, 이게 어찌된 일이야?"

아침 일찍 논에 나온 김 서방은 엄청 놀라는 척을 했습니다. 그리고 큰 소리로 또 말했습니다.

"누가 이 몹쓸 똥을 내 논에 가져다 둔 거야? 이거 정말 큰일 났네!"

"좋았어! 김 서방을 보기 좋게 골탕 먹였다."

크게 걱정하는 김 서방을 보면서 도깨비는 기뻐서 펄쩍펄쩍 뛰었습니다. 사실 김 서방은 속으로 웃고 있었습니다.

'안 그래도 농사가 잘 안 돼 걱정이 많았는데 잘 됐군, 잘 됐어!'

왜냐하면 쇠똥과 말똥은 농사지을 때 좋은 거름이 되는데 똥들이 산더미처럼 쌓여 있었기 때문이지요. 그래서 김 서방은 그해 벼들이 잘 자라 곡식을 아주 많이 거두었습니다.

그것도 모르고 도깨비는 해마다 거름 줄 때가 되면 논에 똥을 산더미처럼 쌓아 두었습니다. 덕분에 김 서방네 논은 매년 벼들이 잘 자랐고 더욱 부자가 될 수 있었답니다.

POINT 김 서방은 왜 쇠똥이나 말똥이 논에 쌓여 있으면 벼들이 다 죽는다고 했을까요?

작가
미상

은혜 갚은 꿩

장르
교과서에 실린
전래 동화

옛날 어느 마을에 한 젊은이가 과거를 보러 길을 떠났습니다. 글공부도 잘하지만 활도 잘 쏘는 젊은이는 어깨에 화살통을 메고 길을 나섰습니다. 호랑이와 산적이 나온다는 적악산을 지나야 했기 때문입니다.

젊은이가 적악산에 이르렀을 때 꿩의 다급한 울음소리가 들렸습니다. 젊은이가 뛰어간 곳에서 꿩 한 마리가 나무 밑동을 오르락내리락 하는 모습이 보였습니다. 더 가까이 가보자 커다란 구렁이 한 마리가 혀를 날름거리며 꿩과 알을 잡아먹으려고 했습니다. 젊은이는 재빨리 활을 쏘았습니다. 구렁이가 활에 맞아 나무에서 떨어졌습니다.

다시 길을 걷던 젊은이가 산이 저물어 산속을 헤매었습니다. 그러다가 반짝이는 불빛을 발견했습니다.

"이런 깊은 산 속에 집이 있구나!"

아주 작은 초가집이 나타나 문을 두드렸습니다.

"지나가는 나그네인데 하룻밤만 신세지게 해주십시오."

안에서 나온 여인은 잠시 생각하다가 빈 방으로 젊은이를 안내했습니다. 방으로 들자 여인이 저녁밥을 내왔습니다. 배가 몹시 고팠던 젊은이는 허겁지겁 먹더니 깜빡 잠이 들었습니다. 그런데 숨이 막혀와 번쩍 눈을 떴습니다. 커다란 구렁이가 젊은이의 몸을 칭칭 감고 있었습니다.

"네가 내 남편을 죽였지? 그 원수를 갚아주마."

"난 그런 일 없소."

"낮에 죽인 구렁이가 내 남편이다!"

젊은이는 깜짝 놀라 꿩을 구하려고 했을 뿐이라며 미안하다고 말했습니다. 그러고는 살려달라고 빌고 또 빌었습니다. 구렁이가 젊은이를 무섭게 내려다보았습니다.

"그럼, 날이 밝기 전에 저 뒷산 빈 절에 있는 종이 세 번 울리면 살려주지."

구렁이의 말에 젊은이는 온몸에 힘이 풀렸습니다. 빈 절에서 종소리가 나는 일은 없을 거라고 생각했습니다. 날이 서서히 밝아오자 젊은이는 눈물을 흘렸습니다. '과거도 보지 못하고 나는 이대로 죽는구나!'

바로 그때 '뎅, 뎅, 뎅' 하며 작지만 종소리가 세 번 울렸습니다. 구렁이도 잠깐 몸을 움찔했지만 젊은이를 풀어주었습니다.

"하늘이 네 편이구나! 약속은 약속이니 너를 살려주겠다."

구렁이가 어디론가 사라지자 젊은이는 뒷산으로 뛰어올라갔습니다. 도대체 누가 종을 쳤는지 궁금했습니다. 그런데 종 밑에는 피투성이가 된 채 죽은 꿩 한 마리가 있었습니다.

"나를 살리려고 네가 죽었구나!"

젊은이는 꿩을 고이 묻어 주고 과거를 보러 갔습니다. 이때부터 적악산을 치악산으로 불렀습니다. 치악산의 '치'는 꿩이라는 뜻입니다.

POINT 치악산은 어디에 있을까요? 다른 전설도 찾아보고 함께 이야기해볼까요?

작가
미상

약삭빠른 여우

장르
세계 옛날이야기
(영국)

옛날에 아주 약삭빠른 여우가 있었습니다. 어느 날 여우는 벌을 잡아 자루에 넣고 길을 떠났어요. 곧장 어떤 집으로 가 "똑똑" 문을 두드리자, 아가씨가 나왔습니다.
"안녕하세요? 아가씨, 볼일을 보고 올 동안 잠시 이 자루를 맡겨도 될까요? 절대 열어보지는 마시고요."
여우가 총총 사라지자, 아가씨는 자루 속에 든 게 궁금해서 살짝 자루를 열어보았어요. 그러자 벌이 "왱!" 하고 튀어나와 밖으로 날아갔습니다. 마침 마당에 있던 수탉이 이걸 보고는 날름 벌을 삼켜버렸지 뭐예요.
"자루는 어디 있나요?"
얼마 뒤 여우가 돌아와서 묻자, 아가씨가 있었던 일을 말했어요.
"그럼 할 수 없군요. 벌 대신 수탉이라도 주세요."
여우는 수탉을 자루에 넣고 다시 길을 떠났습니다. 그리고 이번에도 한 아주머니가 살고 있는 집으로 갔습니다. 여우가 자루를 맡기고 잠시 자리를 비우자 아주머니도 궁금한 것을 참지 못하고 자루를 열어보았습니다. 그러자 수탉이 퍼드덕대며 튀어나와서는 마당을 돌아다니기 시작했어요. 그러자 때마침 마당에 있던 돼지가 꿀꿀대며 수탉을 울타리 밖으로 쫓아버렸습니다.
얼마 뒤 여우가 돌아와 묻자, 아주머니가 자초지종을 설명했습니다.
"할 수 없군요. 수탉 대신 돼지라도 주세요."
여우는 돼지를 자루에 넣고 다시 길을 떠났습니다. "똑똑" 문을 두드리니 머리가 하얀 할머니가 나왔어요. 여우가 자루를 맡기고 가버리자, 할머니도 자루 속을 열어보았어요. 그와 동시에 돼지 한 마리가 튀어나오더니 이리저리 뛰어다녔어요. 손자가 막대기를 들고 돼지를 쫓아다니자 돼지가 화들짝 놀라 멀리 도망치고 말았습니다.
"자루는 어디에 있나요?"
돌아온 여우가 묻자, 할머니가 쩔쩔 매며 그간 있었던 일을 털어놓았어요.
"하는 수 없군요. 돼지 대신에 손자라도 데려가야죠."
여우는 손자를 자루에 넣고, 다시 길을 떠났습니다.
보따리를 질질 끌고 가다가 한 집에 이르렀습니다. 그 집에는 아주머니와 아이들 그리고 검정 사냥개가 살고 있었어요. 여우가 자루를 맡기고 떠나자마자 아이들이 말했어요.
"엄마, 빵 먹어도 돼요?"
그러자 자루 안에 있던 손자도 덩달아 외쳤습니다.
"아주머니, 저도 먹어도 돼요?"
아주머니가 깜짝 놀라 자루를 열자, 남자 아이가 튀어나왔습니다. 아주머니는 아이의 이야기를 듣고 나서, 아이 대신 사냥개를 자루에 넣었습니다. 얼마 뒤 여우가 돌아와 보니 자루가 불룩한 게 전과 같아 보였습니다. 여우는 인사를 하고는 다시 길을 떠났어요.
"슬슬 배가 고픈걸. 잠시 쉬면서 맛있는 식사를 해볼까?"
여우가 자루를 풀자, 사나운 사냥개가 튀어나와 여우를 꽉 물어버렸습니다.

POINT 약삭빠른 여우는 왜 자꾸만 자루를 사람들에게 맡겼을까요?

작가
미상

설문대할망

장르
교과서에 실린
전래 동화

아주 먼 옛날에 설문대할망이 살았습니다. 설문대할망은 덩치가 커서 바닷물이 겨우 할머니 무릎까지밖에 오지 않았습니다.

"다리가 쑤시는 걸 보니 비가 오려나. 아니 그런데 이 섬에는 앉을 의자 하나 없네."

설문대할망은 제주도에 의자로 쓸 수 있는 산을 만들기로 작정했습니다. "으샤! 조금 있으면 편히 쉴 수 있는 산이 만들어지겠구나!"

할머니는 폭이 넓은 치마폭에 흙을 퍼 담아 제주도의 중앙에 쌓았습니다. 몇 번을 반복하자 흙이 쌓여 높은 산이 만들어졌습니다. 바로 제주도에 유명한 한라산입니다. "음. 꼭대기가 너무 뾰족해서 엉덩이가 찔리겠군. 에잇!"

할머니는 산꼭대기의 흙을 조금씩 퍼내고 앉았습니다. 엉덩이에 딱 맞았습니다. 이후 비가 내려 움푹 파인 자리에 물이 고이자 호수가 만들어졌습니다. 그곳이 한라산 꼭대기의 백록담입니다.

"아이고. 옷이 너무 더러워졌네."

할머니는 궁리 끝에 제주도 사람들을 불렀습니다.

"명주천으로 새 옷 한 벌 지어주겠느냐? 내 그렇게만 해준다면 너희들을 위해 육지를 편하게 드나들 수 있는 다리를 놓아주겠다."

제주도 사람들은 반갑기도 했지만 한편으로는 고민스러웠습니다. 할망의 덩치가 커도 보통 큰 게 아니기 때문에 그만한 명주를 구하는 게 쉽지 않기 때문이었습니다. 명주는 바로 누에에서 뽑은 가늘고 고운 실로 만든 옷감입니다.

"고민할 게 뭐가 있소. 우리 힘을 합쳐서 해봅시다."

한 사람이 자신 있게 나섰습니다.

"좋아요. 우리 마을 사람들은 할망의 저고리를 만들게요." 다른 사람도 거들었습니다.

"좋아요. 좋아. 우리는 할망 저고리의 옷고름을 만들어 볼게요."

또 다른 마을 사람이 말했습니다.

"음. 그렇다면 우리는 할망의 치마를 만들어보지요."

"할망의 치마는 엄청 클 테니 우리 마을에서 거들겠습니다."

제주도 사람들은 힘을 모아 날마다 할망의 옷을 만들었습니다. 그런데 옷을 만들 명주를 구하기가 어려웠습니다. 할망의 옷을 제대로 만들려면 명주 100통이 필요했습니다. 사람들은 제주도 이곳저곳을 다 뒤져서 명주를 모으기 시작했습니다.

"이를 어쩐담. 약속한 날은 다 되어 가는데 명주가 모자라 마무리할 수 없게 되었으니."

명주 99통을 모아 지은 할망의 옷은 미완성이었습니다. 사람들은 안타까운 얼굴로 할망에게 그동안 만든 옷을 들고 갔습니다.

"너희의 정성은 모르는 바 아니나 약속은 약속이니 나는 그만 떠나야겠다."

할망은 짓다가 만 옷을 그대로 남겨둔 채 바닷물을 걸어 떠났습니다. 그 뒤 할망의 소식은 어디에서도 들리지 않았습니다.

POINT 만약에 사람들이 명주 100통을 모아서 설문대할망의 옷을 만들어드렸다면 어떻게 달라졌을까요?

작가
프랜시스 버넷

소공녀

장르
세계 명작

세라는 태어나자마자 어머니를 여의고 런던의 기숙사 학교에서 공부하게 되었습니다. 첫 수업 시간, 세라는 자기 또래의 한 아이에게 자꾸만 눈길이 갔습니다. 그 아이의 이름은 '아멘가드'였는데 똑똑하지는 않았지만 착해 보였습니다. 세라는 외톨이인 아멘가드를 자기 방으로 초대해서 인형 '에밀리'도 소개시켜주며 친구가 되었습니다.

시간이 흐르자 아이들은 점점 세라를 좋아하게 되었습니다. 그날도 세라는 아이들에게 둘러싸인 채 이야기를 들려주고 있었습니다. 그런데 어린 하녀 베키가 몰래 엿듣고 있는 게 아니겠어요? 세라는 그 사실을 알아채고서 목소리를 높였지만 다른 친구가 베키를 쫓아내고 말았습니다. 하지만 세라가 베키에게 따로 이야기를 들려주겠다고 하자 베키는 무척 기뻐했습니다. 세월이 흘러, 인도에 있는 아빠에게서 다이아몬드 광산을 개발하게 되었다는 편지가 날아왔습니다.

"이제 세라는 어마어마한 부자가 되겠네!"

아이들은 세라를 부러워했고, 이 학교의 교장인 민친 선생님은 세라를 마치 공주처럼 위하는 척했습니다. 세라의 열한 번째 생일날, 민친 선생님은 세라를 위해 생일 파티를 열어주었습니다. 그때 세라 아빠의 대리인이 선생님을 찾아와 크루 대위가 사업에 실패하여 돌아가셨다고 전했습니다. 그 말을 들은 민친 선생님은 생일 파티를 중지시키고 세라에게 검은 옷을 입도록 했습니다. 아빠의 소식을 전해 들은 세라는 에밀리를 끌어안은 채 울부짖었습니다.

"넌 이제 거지가 된 거야. 너를 그냥 여기에 있도록 해줄 테니 앞으로는 베키처럼 일해야 돼."

세라는 간신히 울음을 삼키며 고개를 끄덕였습니다. 그렇게 해서 세라의 다락방 생활이 시작되었습니다. 종일 궂은일과 심부름을 도맡아 하고 밤에는 쥐들이 찍찍대는 방에서 잠을 자야 했습니다. 아이들은 민친 선생님의 명령으로 세라를 모른 척했습니다. 그렇다고 친구가 아주 없는 것은 아니었습니다. 베키는 세라의 일을 늘 거들어주었고 아멘가드도 몰래 찾아오곤 했습니다. 세라는 밤늦게 공부도 하면서 아무리 힘든 일도 꿋꿋하게 이겨나갔습니다.

그러던 어느 날 이웃집에 부잣집 인도 신사가 이사를 왔습니다. 그런데 알고 보니 그 인도 신사가 바로 아빠의 친구 캐리스퍼드 씨였습니다. 그는 자신 때문에 세라의 아빠가 전 재산을 날리게 되자 무척 괴로워하다가 병까지 얻게 되었습니다. 뒤늦게 광산에서 다이아몬드가 쏟아져 나오자 친구의 딸 세라를 찾는데 모든 것을 바치기로 했다는 것입니다.

세라와 베키가 옆집에 가서 살게 되자 민친 선생님이 찾아왔습니다. 세라를 다시 학교에 보내달라고 매달렸지만 소용 없었습니다. 아멘가드는 너무 기쁜 나머지 친구들에게 세라 이야기를 들려주었습니다.

"세라가 공주님이 되었어. 진짜로!"

프랜시스 버넷(1849~1924)
미국의 작가. 대표작 《소공자》 《비밀의 화원》

POINT 친구가 힘들어 하거나 어려운 일을 겪었을 때는 어떻게 해야 할까요?

작가
방정환

느티나무 신세 이야기

장르
국내외 명저자 작품

저는 느티나무올시다. 사랑하는 도련님, 아가씨님! 날이 차차 더워 오니까 공부하시기가 대단히 어려우시지요. 아이고, 땀이 뻘뻘 나십니다 그려! 자아, 그 자리를 요 그늘 밑으로 끌어당기시고 둘러앉으십시오. 오늘은 날도 유난히 덥고 하니 공부를 좀 쉬시고 내 신세 이야기나 할 테니 좀 들어 보십시오.

저는 아버지가 어떻게 되고 어머니가 어떻게 되고 또 우리 조상들이 어떻게 되었다는 그런 내력은 도무지 모릅니다. 내력을 모르니까 나무 중에서도 상놈이라 할지 모르지만 모르는 거야 모른다고 하지 별수 있습니까.

그리고 생년 월일도 자세한 것은 도무지 모르지만 어쨌든 육백 살은 못 되었어도 오백 살은 확실히 넘은 것 같은데, 그도 무엇으로 아는가 하면 내가 채 열 살 될락 말락 한 어린 시절이었는데, 어느 해 팔 월인가 동리 늙은이들이 동리 앞에 나와서 하는 말이 "이 장군이 군사를 돌려서 최영 장군을 죽이고 상감님을 쫓아내고 임금이 되었다지. 나라가 이렇게 망할 수가 있나." 하며 그중에는 눈물을 흘리며 울기까지 하는 이가 있는 것을 본 것만은 기억이 아슴푸레하니 그게 지금으로 생각하니까 고려가 망하고 이 태조께서 새로 나라를 세우던 해인 모양인데 그러니까 오백 년 넘은 것만은 확실하지요.

그러나 어느 해 어느 달 어느 시에 내가 어떻게 해서 이 세상에 생겨났는지는 물론 모릅니다. 다만 내가 거의 육백 년 동안이나 이렇게 오래 살아왔으니까 그동안에 보고 들은 이야기만 다 하여도 책으로 몇 천 권이 될는지 모르지만 그 이야기야 길고 지루해서 내가 다 할 수도 없고 여러분들도 싫증이 나서 졸음이 올 것이니 되겠습니까. 그러니까 내 앞 가까운 곳에서 생긴 일이나 대강대강 이야기하지요.

내가 맨 처음 땅 속에 꾹 처박혀 있다가 어느 해 봄인지 훗훗한 기운이 내 옆에서 돌며 땅이 말랑말랑해지기에 이것이 이상하다 하고 그렇지 않아도 갑갑하던 김에 머리를 쑥 내어 놓고 보니 참으로 시원도 하거니와 세상이 어떻게나 신기한지, 나는 그만 소리를 꽥 지르고 싶었으나 암만 해도 소리는 안 나왔습니다.

그래 세상에 나오면서부터 한 해 두 해 외로이 외로이 커나는데 좋은 꽃이 피지 않으니 누가 나를 곁눈으로나 거들떠보겠습니까.

거의 육백 년이나 살았으니 그간의 풍상이야 얼마나 많았겠습니까. 난리도 여러 번 치르고 전쟁도 여러 번 겪어서 죄 없는 몸이 탄알도 여러 번 맞았소이다.

앞으로인들 또 무슨 일이 생길지 알 수 있습니까. 기쁜 일이 생길지 슬픈 일이 생길지, 하여간 여러분들이나 튼튼한 몸으로 잘 자라서 모든 좋은 일을 많이 하십시오. 너무 지루할 것 같습니다. 그만 그치지요. 땀이나 좀 식었습니까?

방정환(1899~1931)
아동문학의 선구자. 한국 최초 순수아동 잡지 《어린이》 창간,
대표작 《사랑의 선물》 《소파전집》

POINT 오백년 된 느티나무를 본 적 있나요? 느티나무가 어떻게 생겼는지 자료를 찾아볼까요?

작가
미상

후안과 호랑이

장르
세계 옛날이야기
(베네수엘라)

깊은 산골에 후안이라는 남자가 살고 있었어요. 하루는 집에 돌아와 보니 당나귀가 보이지 않았어요. 그런데 이게 웬일이에요? 나무 아래 당나귀의 뼈들이 보이고 근처에 수많은 호랑이의 발자국이 나 있었습니다. 후안은 화가 나서 나뭇가지를 하나 꺾어 들고는 호랑이를 찾아 나섰어요.

"마음 좋은 후안 아저씨! 왜 그렇게 기분이 안 좋아 보이세요?"

길바닥에 누워 있는 작은 덩굴이 말을 걸었어요.

"못된 호랑이가 우리 당나귀를 잡아먹었거든. 그래서 지금 호랑이를 잡으러 가는 길이야."

"뭐라고요? 그렇다면 저를 데려가세요. 저는 그 호랑이를 잘 알거든요."

그 말에 후안은 작은 덩굴과 함께 길을 떠났습니다. 한참을 가다가 이번에는 길바닥에 떨어진 작은 양파를 만났어요. "후안 아저씨, 어디를 가세요?"

"못된 호랑이를 잡으러 가. 호랑이가 내 당나귀를 잡아먹었거든."

"저도 데려가세요. 작고 힘은 없지만 제가 도울 일이 있을 거예요."

그렇게 해서 후안과 작은 덩굴과 작은 양파는 같이 호랑이를 찾으러 갔어요. 그리고 드디어 호랑이 굴에 이르렀습니다. 굴 앞에는 모닥불이 모락모락 피어오르고, 불 위에는 냄비가 걸려 있었습니다. 가까이 가서 보니 냄비 속에는 고깃국이 보글보글 끓고 있었어요.

"일단 저는 여기 굴 앞에 숨어 있을게요."

작은 덩굴이 말했습니다.

"그럼 난 저 고깃국 속으로!"

작은 양파가 외치자, 마지막으로 후안이 말했습니다.

"좋아! 그렇다면 난 장작더미 뒤에 숨어 있을게."

얼마 뒤, 늙은 호랑이 한 마리가 어슬렁어슬렁 나타났습니다. 호랑이는 보글보글 끓고 있는 국을 보면서 입맛을 다셨어요.

"아, 맛있는 냄새! 어디 한번 맛을 좀 볼까?"

그러자 국 안에 있던 양파가 노래를 부르기 시작했어요. "콜록콜록, 캑캑! 쿨럭쿨럭, 캑캑! 오, 오, 오!"

"조용히 하라니까, 안 그러면 굴 밖으로 던져버릴 거야." 그래도 양파는 아랑곳하지 않고, 계속 '콜록콜록 송'을 불렀습니다. "콜록콜록, 쿨룩쿨룩! 우리는 못된 호랑이를 잡으러 왔지!"

호랑이는 더 이상 참지 못하고, 앞발로 냄비를 차버렸어요. 그러자 냄비에 있던 국이 쏟아지면서 사방으로 튀었습니다. 그 순간 작은 양파는 냄비에서 튀어나와 호랑이의 눈을 세차게 때려버렸어요.

"앗, 뜨거워!"

호랑이는 눈이 아파서 펄쩍펄쩍 뛰었어요. 작은 덩굴은 그 순간을 놓치지 않고 호랑이의 발을 걸었어요. 호랑이가 "꽈당!" 하고 쓰러지자, 후안이 잽싸게 뛰어나와 막대기로 사정없이 때렸습니다. 이렇게 해서 후안과 작은 덩굴과 작은 양파는 힘을 모아 호랑이를 잡을 수 있었습니다.

POINT 힘세고 무서운 호랑이를 후안은 어떻게 잡을 수 있었을까요?

작가
쥘 베른

해저 2만리

장르
세계 명작

1866년, 바다에 정체를 알 수 없는 괴물이 나타났다는 소문이 퍼졌습니다. 해양학자 아로낙스 박사는 신문에 그 괴물이 외뿔고래일 것이라는 기사를 실었습니다. 곧 아로낙스를 비롯한 많은 사람들이 고래를 잡기 위해 링컨호를 타고 떠났습니다. 링컨호에는 무시무시한 무기들이 가득했지만 괴물의 공격 앞에서는 속수무책이었습니다. 괴물의 거센 물줄기를 맞고 바다에 빠진 아로낙스 박사는 그만 정신을 잃고 말았습니다.

잠시 뒤 누군가 부르는 소리에 눈을 뜨자 그의 하인 콩세유와 고래잡이인 네드 랜드의 모습이 보였습니다. 알고 보니 링컨호를 공격한 것은 괴물이 아니라 거대한 잠수함, 노틸러스호였습니다. 결국 그들은 괴물을 잡으러 왔다가 괴물 속에 갇힌 꼴이 된 것입니다. 하는 수 없이 박사 일행은 노틸러스호에 머물게 되고 네모 선장을 만나게 되었습니다. 노틸러스호는 바다를 자유롭게 항해하는 최신식 잠수함으로 식당과 서재뿐 아니라 미술품이 걸린 화려한 객실까지 갖추고 있었습니다.

그들은 네모 선장의 초대로 잠수복과 헬멧을 착용한 채 바다 속을 걷기도 하고 바다 깊은 곳에 있는 크레스포 섬의 숲에서 사냥을 하다가 상어를 만나기도 했습니다. 어느 날에는 낯선 섬에 들렀다가 원주민들의 공격을 받았는데 황급히 잠수함 안으로 몸을 피해 무사할 수 있었습니다.

어느 날 밤, 박사 일행에게 몰래 음식에 수면제를 타서 먹이고는 그들을 일찍 재웠는데 나중에 일어나보니 부하 한 명이 심한 부상을 입은 채 신음하고 있었습니다. 박사는 간밤에 네모 선장에게 일어난 일이 무척 궁금했지만 끝내 알아낼 수가 없었습니다. 그런데 나중에 알고 보니 네모 선장이 해저에 있는 보물들을 꺼내서 육지 사람들에게 보내주는 것이었습니다.

계속 남쪽으로 향하던 노틸러스호는 이윽고 남극점에 도착하게 되었고 네모 선장은 'N'자가 새겨진 깃발을 꺼내 들고 말했습니다.

"1868년 3월 21일, 바로 오늘 우리가 처음으로 남극점을 정복했습니다."

다섯 달 반 동안 그들은 노틸러스호를 타고 14,000 해리를 여행해서 마침내 남극점까지 정복하게 된 것입니다. 하지만 이내 커다란 빙산에 부딪혀 얼음 사이에 갇혔다가 겨우 빠져나오기도 하고 대왕오징어의 공격을 받으면서 죽을 고비를 넘기기도 합니다.

그러던 어느 날 노틸러스호가 전투함의 공격을 받자 네모 선장은 몹시 화를 내며 전투함을 침몰시켰습니다. 이를 본 아로낙스 박사 일행은 도망치기로 하고 보트를 띄우려는 순간, 잠수함은 거대한 소용돌이에 휘말리고 말았습니다. 박사 일행은 겨우 보트를 타고 탈출에 성공했지만 노틸러스호는 무시무시한 소용돌이에 휘말린 채 빙글빙글 돌고 있었습니다. 네모 선장은 모든 걸 끝내고 싶어서 일부러 잠수함을 이곳까지 끌고 온 것일까요? 과연 노틸러스호는 어떻게 되었을까요? 훗날 아로낙스 박사는 그렇게 열 달 동안, 네모 선장과 함께한 해저 여행을 떠올리며 모험담을 완성했습니다.

쥘 베른(1828~1905)
프랑스의 소설가. SF소설의 선구자.
대표작 《기구를 타고 5주일》 《20세기 파리》

POINT 네모 선장이 노틸러스호를 타고 도착한 남극점은 어디에 있을까요?

작가
미상

어리석은 호랑이

장르
세계 옛날이야기
(타이)

옛날 어느 숲속에 심술 사나운 호랑이가 있었답니다. 숲속의 동물들은 닥치는 대로 죽이는 호랑이 때문에 한시도 마음 편한 날이 없었지요.

하루는 동물들이 모여 회의를 하고는 호랑이를 찾아갔습니다. 그리고 일주일에 한 마리씩 동물을 갖다 바칠 테니 닥치는 대로 죽이는 것을 멈춰달라고 부탁을 했어요.

"좋아! 대신 꼬박꼬박, 시간을 어겨서는 안 돼."

호랑이 말에 동물들은 다시 모여서 제비뽑기를 했어요. 그런데 어린 송아지가 첫 번째로 뽑힌 게 아니겠어요? 송아지는 태어난 지 얼마 되지도 않아 죽는다고 생각하자 너무 억울했어요.

"아, 어쩌면 좋아!"

송아지는 호랑이 굴로 끌려가다 자기도 모르게 이렇게 외쳤습니다. 그런데 송아지 말이 끝나기가 무섭게 건너편에서도 똑같은 소리가 들려왔습니다.

"아, 어쩌면 좋아!"

그건 골짜기에서 울려 퍼지는 메아리 소리였습니다. 그때 송아지의 머릿속에 반짝 떠오르는 것이 있었어요. "옳지, 그렇게 하면 호랑이를 없앨 수 있을 거야."

송아지는 마음을 굳세게 먹고 다시 호랑이 굴을 향해 걸어갔습니다.

"뭐야? 왜 이렇게 늦게 오는 거야."

"이곳으로 오는 길에 무시무시한 호랑이를 만났지 뭐예요." 송아지는 가쁜 숨을 몰아쉬는 척하며 이렇게 말했어요.

"뭐라고? 도대체 어디 사는 놈이냐?"

"바로 저기 골짜기 건너편이에요."

그러자 호랑이가 냅다 골짜기로 달려 나가 소리쳤어요. "어이! 썩 나오지 못하겠느냐?"

그러자 건너편에서도 "어이! 썩 나오지 못하겠느냐?" 하고 메아리 소리가 울려 퍼지자, 호랑이는 약이 바짝 올랐습니다.

그래서 "저런 괘씸한 놈, 가만 두지 않겠다!" 하고 소리쳤더니, 이번에도 똑같이 답하는 게 아니겠어요?

"당장 골짜기를 건너가 그놈을 없애버려야겠어. 그런데 그놈은 이 깊고 넓은 골짜기를 어떻게 건너갔지?"

호랑이는 흥분해서 송아지에게 물었습니다.

"한걸음에 훌쩍 뛰어넘던 걸요. 아주 쉬워 보였어요."

"그렇단 말이지. 그놈이 했다면 못할 것도 없지."

호랑이는 골짜기까지 펄쩍펄쩍 달려가서는 망설이지도 않고 훌쩍 뛰어올랐습니다. 하지만 건너편 골짜기까지는 너무 먼 거리였어요. 어리석은 호랑이는 건너편 땅에 닿기도 전에 아래로 떨어져 죽고 말았습니다.

"호랑이가 죽었어요! 못된 호랑이가 깊은 골짜기에 떨어져 죽었어요!"

송아지가 숲으로 달려가 이 사실을 알리자, 동물들은 환호성을 질렀습니다. 그 후로 숲속에는 평화가 찾아왔고 동물들은 서로서로 행복하게 잘 살았답니다.

POINT 호랑이를 깊은 골짜기에 떨어지게 한 그놈은 누구일까요?

작가
오스카 와일드

저만 알던 거인

장르
세계 명작

봄이면 나무에서 아름다운 꽃이 피고 가을이면 크고 탐스러운 열매들이 주렁주렁 열리는 정원이 있었습니다. 새들과 나비가 날아다니는 그곳에서 아이들은 언제나 행복하게 뛰어놀았습니다.

그러던 어느 날 평화로운 정원의 주인이 돌아왔습니다. 그는 마음씨가 고약한 거인으로 멀리 떠나 있다가 7년 7개월 하고도 7일 만에 돌아오는 길이었답니다. 거인은 자기 정원에서 아이들이 놀고 있는 것을 보고 몹시 화가 났어요.

"이 못된 녀석들아, 남의 정원에서 뭐하는 짓들이야! 썩 나가지 못해!"

거인이 고함을 지르자, 아이들은 깜짝 놀라서 후닥닥 달아났어요. 아이들이 모두 나간 뒤, 거인은 정원 주위에 높다란 담을 쌓고 아래 내용을 적은 팻말까지 세워 두었어요. '들어오면 가만 두지 않겠음.'

무시무시한 팻말을 보고 아이들을 발걸음을 돌려야 했습니다. 그러자 싱그러운 초록은 제 빛깔을 잃어버리고 정원을 날아다니던 새와 나비도 모두 담장 너머로 날아가 버렸습니다. 그리고 욕심꾸러기 거인의 정원에 추운 겨울이 닥쳐왔습니다. 정원은 하얀 눈과 서리로 뒤덮였고 차디찬 북풍이 으르렁대며 모든 것을 얼려버렸습니다. 이듬해 봄이 와도 거인의 정원은 여전히 겨울이었습니다.

"아이들이 없는 그 정원으로는 찾아가고 싶지 않아."

꽃과 나무들이 땅 속에서 중얼거렸습니다. "아이들이 없으니까, 깨어나서 꽃을 피우고 싶지 않아."

새들도 저렇게 지저귀며 먼 곳에만 머물렀습니다.

"왜 이렇게 봄이 늦을까?"

저만 아는 거인은 하염없이 봄을 기다리며 쓸쓸한 세월을 보내야 했습니다. 그러는 동안, 거인의 머리와 수염도 허옇게 변해 갔습니다.

어느 날 아침, 거인은 어디선가 들려오는 새 소리에 놀라서 정원을 내다보았어요. 놀랍게도, 담벼락에 난 작은 구멍으로 아이들이 하나둘 기어 나오더니 나무 위로 올라가는 게 아니겠어요? 나무 위에서 즐겁게 놀고 있는 아이들의 머리 위로 실로 오랜만에 환한 햇살이 비추기 시작했어요. '저 아이는 어째서 울고 있지? 저런, 혼자서는 나무에 올라가지 못하나 보군'

거인은 구석에서 훌쩍대는 아이를 발견하고 집 밖으로 나갔습니다. 거인이 조심스럽게 다가가 꼬마를 나뭇가지 위에 올려주자 아이들이 말했어요.

"저것 봐! 이젠 거인도 예전처럼 마음씨가 고약하지 않은가봐."

그러자 거인이 빙긋이 웃으며 말했습니다.

"얘들아, 이제 이곳은 너희들의 정원이란다."

거인이 커다란 도끼로 높은 담을 쿵쿵 부숴버리자 나무에는 다시 꽃이 피어나고 새들도 날아와 지지배배 노래를 부르기 시작했어요. 그리고 어디선가 아이들만이 맡을 수 있는 향기가 났습니다. 그것은 바로 거인의 마음에서 나는 향기였습니다.

오스카 와일드(1854~1900)
아일랜드 극작가
장편소설 《도리언 그레이의 초상》, 단편소설 《석류나무집》

POINT 자신만 알던 거인의 마음이 왜 변화되었을까요?

작가
이솝

제 꾀에 넘어간 당나귀

장르
세계 동화

당나귀에 짐을 싣고 이 마을 저 마을로 물건을 팔러 다니는 장사꾼이 있었습니다. 당나귀는 무거운 짐을 잔뜩 싣는 장사꾼에게 늘 불만이 많았습니다.

하루는 장사꾼이 당나귀 등에 소금을 잔뜩 싣고 길을 떠났습니다. 당나귀는 땀을 뻘뻘 흘리며 걸었습니다.

산을 넘고 들판을 지나 강을 건너기 시작했습니다.

그런데 강 한가운데에서 당나귀가 멈추는가 싶더니 발을 헛디뎌 물에 빠지고 말았습니다.

“아이고, 이를 어째. 조심성 없는 당나귀 같으니라고! 비싼 소금이 물에 녹았으니 내일 다시 사야 하잖아!”

장사꾼이 당나귀에게 버럭 화를 냈습니다.

그 순간 당나귀는 등짐이 가벼워져 놀라기도 했지만 무척 기뻤습니다.

‘옳아. 물에 빠지면 짐이 가벼워지는구나. 계속 이렇게 해야겠다.’

다음 날에 장사꾼이 다시 소금을 사서 길을 떠났습니다. 그런데 당나귀가 미끄러지는 척하면서 강에 주저앉아 버렸습니다.

“아니, 이놈의 당나귀가 다리에 병이 났나? 왜 자꾸 미끄러지는 거야?”

장사꾼이 당나귀를 살펴보았지만 아무렇지 않았습니다. 그제야 장사꾼은 당나귀가 일부러 물에 빠졌다는 것을 눈치 챘습니다.

‘당나귀가 잔꾀를 부리잖아. 어디 혼 좀 나 봐라.’

장사꾼은 당나귀를 끌고 다시 시장에 갔습니다. 그러나 이번에는 소금이 아니라 솜을 잔뜩 사서 당나귀 등에 실었습니다.

‘오호! 이번에는 가볍네. 그래도 강에 빠지면 더 가벼워지겠지. 신난다.’

당나귀는 강에 들어서자마자 냉큼 주저앉았습니다. 그런데 이게 어찌된 일일까요? 당나귀가 일어서려고 해도 뜻대로 되지 않았습니다. 등에 진 짐이 엄청 무거워서 다리가 덜덜 떨렸습니다.

‘왜 이러지? 물속에 빠졌는데 갑자기 짐이 더 무거워졌어.’

물에 빠진 솜이 몇 배나 무거워진다는 것을 당나귀는 전혀 몰랐습니다. 당나귀는 계속해서 일어나려고 버둥거렸습니다.

“요놈의 당나귀! 네 잔꾀가 언제까지 나에게 통할 줄 알았지? 어림없는 소리! 물먹은 솜을 지고 어디 한번 죽어라 걸어보렴.”

꾀를 부리던 당나귀는 울상이 되었습니다. 장사꾼은 고소하다는 듯 당나귀의 엉덩이를 철썩 때렸습니다.

이솝
본명은 아이소포스. 기원전 6세기 고대 그리스 우화 작가

POINT 물에 젖으면 가벼워지는 것과 무거워지는 것을 더 생각해볼까요?

작가
미상

대문놀이

장르
전래 동요

문지기 문지기 문 열어라 열쇠 없어 못 열겠네
어떤 대문에 들어갈까 동대문에 들어가
문지기 문지기 문 열어라 열쇠 없어 못 열겠네
어떤 대문에 들어갈까 서대문에 들어가
문지기 문지기 문 열어라 열쇠 없어 못 열겠네
어떤 대문에 들어갈까 남대문에 들어가
문지기 문지기 문 열어라 열쇠 없어 못 열겠네
어떤 대문에 들어갈까 북대문에 들어가
문지기 문지기 문 열어라 열쇠 없어 못 열겠네
문지기 문지기 문 열어라 덜커덩 떵 열렸다

작가
미상

그 거북이 바로 날세

장르
교과서에 실린
전래 동화

옛날 옛날에 한 스님이 영암산을 걷고 또 걷고 있었습니다. 스님은 너무 목이 말랐습니다.

"저기 샘이로군. 땀도 나고 힘들었는데 물을 마시면서 좀 쉬어가야겠다."

샘물을 마신 스님의 눈에 감나무가 보였습니다.

"가을도 아닌데 저리 먹음직스러운 감이 열리다니."

배가 고팠던 스님은 감나무의 한 가지에서 감을 따 먹었습니다. 감이 맛있자 스님은 다른 가지의 감을 따려다가 그만 샘물에 풍덩 빠져버렸습니다. 그런데 스님은 보이지 않고 일 년이 지나갔습니다.

영암산 일대에 비가 내리지 않아 논밭이 갈라지고 사람들이 물을 찾아다녔습니다.

"어째서 영암산 샘물은 마르지 않는 것일까? 여기까지 왔으니 이 샘물을 퍼 담아 논에 가져갑시다."

"좋은 생각이오. 우리 힘을 합쳐서 그렇게 하자고요."

마을 사람들은 물동이와 그릇을 들고 샘에 갔습니다.

"정말 샘물이 넉넉하군요. 이제 물을 퍼 나릅시다."

얼마 지나지 않아 한 사람이 크게 외쳤습니다.

"거북이, 샘물에 있어요!"

정말로 엄청 큰 거북이 샘물에 있었습니다.

"거북은 보양식이라고 하던데."

김씨 아저씨 말에 마을 사람들이 서로 도와 거북을 잡았습니다. 마을 사람들은 다 같이 거북을 잡아먹기로 하고 떡보에게 거북을 맡겼습니다. 떡보는 엄청 큰 거북을 집으로 가져와 물통에 넣었습니다.

그날 밤, 떡보의 꿈에 스님이 나타났습니다. 스님이 신비스러운 목소리로 떡보에게 말을 걸었습니다.

"이보게, 떡보. 물통에 든 거북을 놓아주게나. 샘물에 빠져 죽은 내가 거북으로 태어난 거라네. 용궁에 있다가 잠시 물 위로 갔다가 잡힌 걸세. 제발 놓아주게. 이렇게 부탁하네."

"스님, 그게 제 마음대로 할 수 있지 않습니다."

"만약에 거북을 놓아주지 않으면 마을에 더 큰일이 생길 걸세."

스님이 마지막 말을 남기고 사라지자 떡보가 꿈에서 깼습니다.

"마을 사람들이 알면 난리 날 텐데. 어쩌지."

툇마루에 앉아 걱정하던 떡보 집에 김씨 아저씨가 찾아왔습니다. "떡보, 뭐하나? 거북을 꺼내 오게나. 마을 사람들이 다 같이 먹자고 하네."

떡보가 마을 사람들에게 꿈 이야기를 들려주었지만 아무도 들으려고 하지 않았습니다. 떡보는 집으로 와서 거북을 둘러멘 채 샘으로 달렸습니다. 마을 사람들이 떡보를 쫓아갔습니다. 떡보는 잡히려는 순간에 거북을 샘에 던졌습니다. 바로 그때 먹구름이 몰려오더니 장대비가 퍼붓기 시작했습니다.

"비다, 비야! 그렇게 기다렸던 비다!"

마을 사람들은 그제야 큰일이 날 뻔했다며 신이 나서 마을로 내려왔습니다. 그 해 마을은 풍년이 들었습니다. 그 뒤로 마을 사람들은 용궁에 갔던 거북이 나온 샘이라며 그 샘을 '용궁샘'이라고 불렀습니다.

POINT 영암산은 어디에 있는 산일까요? 용궁샘도 그대로 있을까요?

7.28.

작가
미상

누가 흉내 대장일까?

장르
전래 동화

깊고 깊은 산속에 흉내를 아주 잘 내는 도깨비가 살고 있었습니다. 봄이 되고 가난한 부부가 산속으로 이사를 왔습니다. 오랫동안 사람이 살지 않은 집은 낡고 허름했지만 살 곳이 없는 그들은 어쩔 수 없이 짐을 풀었습니다.

이사 온 바로 그날 밤, 남편이 부인에게 말했습니다.

"여보, 날씨가 좀 쌀쌀하지?"

그러자 어디선가 똑같이 말하는 소리가 들려왔습니다.

"여보, 날씨가 좀 쌀쌀하지?"

부인이 화들짝 놀라 소리쳤습니다.

"여보, 밖에 누, 누가 있나 봐요!"

"여보, 밖에 누, 누가 있나 봐요!."

목소리는 물론이고 심지어 더듬대는 것도 똑같았습니다. 부부는 오싹 소름이 끼쳐서 얼어붙은 듯 움쩍도 못했습니다.

"쉿! 소리 내지 말고 가만히 있어 봐."

가만가만 들어 보니 말장난 같은 소리는 천장에서 나는 것 같았습니다. 부부는 쏜살같이 마을로 내려가 건장한 사내를 데리고 왔습니다.

"도깨비야, 썩 물러가라!"

한데 도깨비는 남자의 말까지도 따라 하는 게 아니겠습니까?

"도깨비야, 썩 물러가라!"

남자는 부부에게 "흉내 대장 도깨비로군. 여보게, 저런 도깨비 앞에서는 입을 꾹 다물고 있는 게 최선일세." 라고 말하더니 이번에는 목소리를 낮춰 귀엣말로 속삭였습니다. 그러자 남편과 부인이 위를 쳐다보며 킥킥대며 웃었습니다. 입을 막아도 웃음소리가 배실배실 새어 나왔습니다.

'저 사람들이 뭔 얘길 나누는 거지?'

천장에서 그 모습을 지켜보던 도깨비는 무척 궁금했

습니다. 박 서방이 돌아가자 농부와 아내는 며칠 동안 아무 말도 하지 않았습니다. 천장에 숨어 있던 도깨비는 심심하고 따분해서 견딜 수가 없었습니다.

"여보게, 여보게!"

입이 근질근질한 도깨비가 참다못해 남편을 불렀습니다.

'그래, 바로 이때다.'

부부는 눈짓을 주고받은 뒤, 도깨비와 똑같이 말했습니다.

"여보게, 여보게!"

"여보게, 여보게."

남편과 아내가 종일 도깨비 흉내를 내자 이번에는 도깨비가 혀를 내둘렀습니다.

'이거 안 되겠는걸. 내 흉내를 더 내기 전에 도망쳐야겠다!'

그렇게 생각한 도깨비는 지붕을 뚫고 올라가서는 다른 산으로 옮겨갔습니다. 그 후로는 근처에 얼씬도 하지 않았고, 부부는 새로 고친 집에서 행복하게 살았답니다.

POINT 누가 흉내 대장일까요? 가족과 함께 흉내 내기 놀이를 해볼까요?

작가
미상

멸치의 꿈

장르
교과서에 실린 전래 동화

아주 먼 옛날 남해 바다에 부자 멸치 영감이 살았습니다. 멸치 영감은 으리으리한 집에서 가자미, 꼴뚜기, 갈치, 고등어 등을 하인으로 두었습니다. 그러던 어느 날 낮잠을 자던 멸치 영감이 꿈을 꾸었습니다. 꿈 내용이 궁금하던 멸치 영감은 가자미를 불렀습니다.

"지금 당장 동해 바다로 가서 꿈 풀이를 잘하는 낙지님을 모셔 오너라."

가자미는 쉬지 않고 헤엄쳐서 낙지를 데려왔습니다. 멸치 영감은 낙지를 보자 한달음에 달려 나왔습니다.

"낙지님, 어서 오세요. 먼 길 오시느라 힘드셨죠."

멸치 영감은 심부름을 한 가자미는 거들떠보지도 않고 낙지를 위해 푸짐하게 음식을 차렸습니다. 낙지는 배불리 먹은 뒤 멸치 영감의 꿈 이야기를 들었습니다.

"제가 꿈에서 날아다니다가 땅으로 곤두박질치는 겁니다. 이제 죽었다 싶었는데 누군가 나를 싣고 어디론가 가지 뭡니까. 그러더니 느닷없이 하얀 눈이 내리고 내 몸은 추웠다 더웠다를 반복하는 겁니다. 도대체 이 꿈이 무슨 뜻입니까?"

멸치 영감의 꿈을 듣고 나자 낙지가 탁자를 쳤습니다.

"좋은 꿈을 꾸셨습니다. 하늘을 나는 건 멸치님이 용이 되는 꿈일 거고 땅으로 내려왔다는 것은 용이 된 멸치님이 비를 내리기 위해 땅으로 내려왔다는 것입니다. 비가 오게 하려면 바닷물을 퍼 올려야 하잖습니까."

"그렇군요. 그렇다면 나를 싣고 어디론가 가는 건 무슨 뜻일까요?"

"아마 구름일 겁니다. 용이 되신 멸치님이 구름을 탄다는 뜻이지요."

낙지의 말에 멸치 영감은 히죽거리며 웃었습니다.

"너무 명쾌하게 풀이해주셔서 답답했던 속이 시원해집니다. 하얀 눈은 무슨 뜻이며 몸이 추웠다 더웠다 한 이유는 뭘까요?"

"날씨가 추워지면 비가 눈으로 바뀌는 것일 테고, 용은 사계절을 다스리니 겨울에는 춥고 여름에는 더운 것을 말합니다."

"완벽하게 궁금증이 풀렸군요." 멸치 영감은 너무 좋아서 낙지를 위해 잔치를 열고 선물까지 주었습니다. 수고했다는 말도 듣지 못한 가자미는 속이 상해서 다음 날 멸치 영감에게 꿈 풀이가 잘못됐다고 말했습니다. "할아버지에게 꿈 풀이 하는 법을 배웠습니다."

멸치 영감이 해보라는 말에 가자미는 침을 꿀꺽 삼키고 시작했습니다.

"우선 하늘을 날다가 땅으로 곤두박질치는 것은 주인님이 어부의 그물에 걸려 어부가 그물에서 떼어 배에 올려놓는 것을 뜻합니다. 결국 주인님을 싣고 가는 누군가는 어부를 말합니다. 또한 주인님을 구워먹으려고 석쇠에 올려놓고 소금을 뿌리니 흰 눈이 내리는 것이었고 사람들이 불을 땐다고 부채질을 하니 몸이 추워졌다 더웠다 하는 것입니다."

"뭐, 뭐시라? 이런 고얀 놈 같으니라고!" 멸치 영감은 화가 머리끝까지 나서 가자미의 얼굴을 때렸습니다. 이때 너무 세게 때려서 가자미의 눈이 오른쪽으로 몰리게 되었습니다. 가자미의 비명 소리에 꼴뚜기는 겁이 나서 자기 눈을 빼어 꽁무니에 찼고, 갈치는 몰려든 다른 물고기들에게 밟혀 납작해졌습니다.

POINT 나에게 도움 되는 충고를 해주는 사람의 말을 무시한 적은 없나요?

작가
미상

소금 장수와 기름 장수

장르
교과서에 실린 전래 동화

옛날 깊은 산속에 몸집이 커다란 호랑이가 살았습니다. 매우 사나워서 마을 사람들은 이 호랑이를 무척 무서워했습니다.

그러던 어느 날 이웃 마을에서 사는 소금 장수가 산을 지나고 있을 때 호랑이가 튀어나왔습니다.

"어흥!"

"사, 사람 살려!"

"배가 고팠는데 아주 큰 먹잇감이군. 어흥!"

호랑이는 순식간에 소금 장수를 끌꺽 삼켰습니다. 몸집이 큰 탓인지 얼마 되지 않아 호랑이는 또 배가 고팠습니다. 그때 기름 장수가 산길에 들어섰습니다.

"오늘은 배가 무척 부르겠군. 어흥!"

호랑이는 기름 장수도 꿀꺽 삼켰습니다. 먼저 들어간 소금 장수가 물었습니다.

"댁은 누구시오?"

"난 기름 장수요. 이렇게 잡아먹히다니."

"나 역시 마찬가지요. 이곳을 어찌 빠져나갈지 심히 걱정이오."

그때 잠든 호랑이의 코 고는 소리로 배 속이 크게 울렸습니다.

"호랑이가 자는가 보오. 이 틈을 타서 빠져나가야 하는데 말이오."

"어두워서 어디가 어딘지 보이지를 않으니."

"잠시만 기다리시오."

기름 장수가 자신의 짐에서 기름을 꺼내 등잔불을 켰습니다. 점점 배 속이 뜨거워지자 호랑이가 벌떡 일어나 펄쩍펄쩍 뛰었습니다. 그러자 등잔불이 엎어지면서 불이 번졌습니다.

"앗, 뜨거워! 호랑이 살려!"

배 속이 뜨거운 호랑이가 입을 벌려 소리를 질렀습니다. 바로 그때 두 사람은 호랑이의 목구멍이 보이자 얼른 몸을 던져 밖으로 빠져나왔습니다.

호랑이는 호숫가를 발견하고 쏜살같이 달려가 물을 삼켰습니다. 그 모습을 지켜보던 소금 장수와 기름 장수가 호랑이에게 밧줄을 던졌습니다. 호랑이가 온몸으로 저항해서 쉽게 잡히지 않았습니다. 그때 소금 장수가 얼른 호랑이 눈에 소금을 뿌렸습니다.

"앗, 따가워! 호랑이 살려!"

소금이 눈에 들어가자 호랑이는 눈을 제대로 뜰 수 없었습니다. 두 사람은 얼른 호랑이 다리를 묶어 나무에 매달았습니다. 기름 장수와 소금 장수는 힘을 합쳐서 호랑이를 잡았습니다.

산으로 내려온 두 사람은 마을 사람들에게 호랑이를 잡았다고 말했습니다. 마을 사람들은 모두 기뻐하며 소금 장수와 기름 장수에게 맛있는 밥을 대접해주었습니다.

POINT 소금 장수와 기름 장수는 어떻게 무서운 호랑이를 잡을 수 있었나요?

작가
미상

장화홍련

장르
전래 동화

평안도 철산 땅에 배무용이라는 양반이 살았습니다. 고을에서는 '배 좌수'라고 불리었는데 그에게는 '장화'와 '홍련'이라는 두 딸이 있었습니다.
"하늘에서 선녀들이 내려온 것처럼 곱구나."
장화와 홍련은 자랄수록 장미처럼 아름답고 연꽃처럼 고와졌습니다. 그러던 어느 날 배좌수의 부인인 장씨 부인이 덜컥 병을 얻어 죽고 말았습니다.
세월이 흘러 배 좌수는 대를 이을 자식을 생각해서 새 부인을 구했습니다. 새 부인 허씨가 아들 삼형제를 줄줄이 낳자 배 좌수는 뛸 듯이 기뻐했습니다. 사실 허씨는 장화와 홍련에게는 못된 계모였습니다.
한번은 장화와 홍련이 울면서 아버지에게 속마음을 털어놓자 배 좌수가 허씨를 불러 타일렀습니다. 하지만 허씨는 장화와 홍련이 시집갈 나이가 되기 전에 죽이려고 음모를 꾸몄습니다.
"저것들이 시집갈 때 쉽게 재물을 내줄 수는 없지."
허씨는 꾀를 내어 장화가 아기를 가졌다고 거짓말을 했습니다. 배 좌수는 허씨의 간사한 꾀에 깜박 넘어가서는 부인의 뜻대로 하겠다고 말했습니다.
허씨는 큰아들 장쇠를 시켜 장화를 깊은 연못가로 데려가도록 했습니다.
"우리 배씨 가문을 더럽힌 누이를 어찌 살려두겠소? 빨리 물속으로 들어가시오."
장쇠의 말에 장화는 하늘을 향해 외쳤습니다.
"내 목숨은 아깝지 않으나 더러운 누명을 쓴 것이 분합니다."
장화는 울면서 물속으로 뛰어들었습니다. 순간 큰 호랑이가 나타나 장쇠의 두 귀와 한쪽 팔과 한쪽 다리를 베어 먹고는 바람처럼 없어졌습니다. 심하게 다친 장쇠를 하인이 데려오자 허씨는 펄펄 뛰었습니다.
한편 홍련은 언니가 죽었다는 소식을 듣고 연못으로 갔습니다.
"언니, 나도 따라갈래."
홍련은 망설임 없이 물속으로 풍덩 뛰어들었습니다. 그 후 철산 고을에서는 괴이한 일들이 일어났습니다. 새 원님들이 마을에 오자마자 연이어 목숨을 잃자 나라에서는 고심 끝에 정동호라는 씩씩한 무관을 내려 보냈습니다.
무관이 새 원님으로 온 날 밤이었습니다. 장화와 홍련의 영혼이 원님 앞에 나타났습니다.
"누구냐? 이 깊은 밤에 여긴 왜 찾아왔느냐?"
"저희의 누명을 벗겨 주세요."
자매의 억울한 사연을 들은 원님은 눈시울이 붉어졌습니다.
"걱정 말거라. 내가 너희들의 억울함을 풀어주마."
원님은 몹시 노여워하면서 배 좌수와 허씨를 불러들였습니다. 배 좌수는 벌벌 떨면서 뉘우쳤지만 뻔뻔한 허씨는 변명을 늘어놓기에 바빴습니다. 결국 허씨는 큰 벌을 받아 죽고 아들 장쇠도 제 어미 곁을 떠나갔습니다. 그 뒤 원님은 불쌍한 자매를 연못에서 꺼내어 햇볕이 잘 드는 땅에 묻어주었다고 합니다.

POINT 억울한 누명을 쓴 사람은 죽어서도 한이 된다고 합니다. 누명은 무엇일까요?

August
8

작가
그림형제

백설 공주

장르
세계 동화

어느 왕국에 눈처럼 하얀 살결을 가진 예쁜 아기가 태어났는데, '백설 공주'라 불렀습니다. 아기가 태어나고 얼마 되지 않아 왕비가 세상을 떠나 새 왕비가 들어왔습니다. 새 왕비는 얼굴은 예뻤지만 마음씨가 고약했습니다. 그런 새 왕비는 신비한 거울을 갖고 있었습니다. 늘 거울 앞에 서서 이렇게 물었습니다.

"거울아, 거울아, 이 세상에서 누가 가장 예쁘지?"

"물론 왕비님이 가장 예쁘십니다."

새 왕비는 진실만을 말하는 거울이기에 무척 흐뭇했습니다. 그러던 백설 공주가 열다섯 살이 되던 때였습니다. 신비한 거울의 대답이 달라졌습니다. "왕비님도 아름답지만 백설 공주가 백배 천배 예쁩니다."

새 왕비는 무척 화가 나서 사냥꾼을 불러 백설 공주를 숲에 데려가 없애버리라고 명령했습니다. 사냥꾼은 백설 공주와 숲에 갔지만 도저히 죽일 수 없어서 백설 공주를 놓아주었습니다.

백설 공주는 멀리 달아나다 작은 오두막을 발견했습니다. 집 안에 사람은 없고 똑같은 물건이 일곱 개였습니다. 여기저기 둘러보던 백설 공주는 접시에 담겨 있는 빵을 조금씩 떼어먹고 침대에서 잠이 들었습니다.

어두워지자 일곱 명의 난쟁이들이 오두막으로 돌아왔습니다. 물건들이 흐트러지고 누군가 침대에서 자고 있는 모습을 보자 깜짝 놀랐습니다. 눈을 뜬 백설 공주는 새 왕비가 죽이려 한다고 말하자 일곱 난쟁이들은 같이 살자며 백설 공주를 위로했습니다.

한편 새 왕비는 백설 공주가 살아 있다는 사실을 알고 독이 든 사과를 들고 오두막을 찾아갔습니다. 할머니로 변장을 한 새 왕비를 전혀 알아볼 수 없었습니다.

"예쁜 아가씨, 사과 좀 맛보세요. 아주 맛있답니다."

"어머, 내가 좋아하는 사과네. 그런데 문을 열어 주지 말랬는데……."

"무슨 독이라도 들었을까 봐요? 그럼 나도 한번 먹어보겠소." 새 왕비가 푸른 쪽을 베어 먹자 안심이 된 백설 공주는 빨간 쪽을 한 입 베어 물었습니다. 그러나 그만 정신을 잃고 쓰러졌습니다.

그날 저녁, 난쟁이들은 죽은 백설 공주를 보고 무척 슬퍼했습니다. 그때 지나가던 왕자가 유리관에 누워 있는 백설 공주를 보고 첫눈에 반했습니다. 백설 공주에 대한 이야기를 전해들은 왕자는 백설 공주를 자기가 데려가겠다고 말했습니다. 그러고는 유리관을 옮기려고 했습니다. 유리관을 든 신하 한 명이 나무에 걸려 넘어질 뻔했습니다. 그 바람에 백설 공주의 목에 걸린 독 사과가 빠져나와 눈을 떴습니다.

"여기가 어디인가요?"

"예쁜 공주님, 저는 이웃 나라 왕자입니다. 저와 결혼해 주십시오." 백설 공주도 첫눈에 왕자가 마음에 들어 결혼하기로 했습니다.

새 왕비는 백설 공주가 살아 있다는 말을 듣고 몹시 화가 났습니다. 그래서 마술 칼을 들고 백설 공주의 결혼식으로 향했습니다. 그러나 새 왕비가 마술 칼을 휘두르며 빗자루로 날아오를 때 번개에 칼끝이 부딪혀 결국 타 죽고 말았습니다.

그림형제(1785~1863)
독일의 언어학자, 동화 수집가

POINT 왕비는 왜 거울에게 "이 세상에서 누가 가장 예쁘지?" 하고 계속 물었을까요?

작가
미상

누가 떡을 먹을까?

장르
교과서에 실린
전래 동화

옛날 옛날 어느 마을에 유별난 아이 셋이 살았습니다. 한 아이는 맨날 머리를 박박 긁어서 박박이라고 불렸고, 또 한 아이는 흘러내리는 콧물을 훔치는데 정신없어서 코흘리개라고 불리었습니다. 나머지 한 아이는 눈을 자꾸 비벼서 눈비빔이라고 했습니다.

박박이는 늘 헝클어진 머리속으로 손가락을 집어넣어 박박 긁어댔습니다. 그때마다 어른들은 눈살을 찌푸리며 나무랐습니다.

"녀석아, 제발 머리 좀 감고 그만 긁어라."

"머리를 뭐 하러 감아요? 박박 긁으면 시원한데요."

코흘리개는 누런 코가 흘러내리면 소매 자락으로 쓱 훔쳤습니다. 그래서 늘 소맷부리는 콧물이 말라 반질반질했습니다. 눈비빔이는 잠잘 때만 빼고는 연신 눈을 비볐습니다.

하루는 박박이와 코흘리개, 눈비빔이가 나무 그늘에서 놀고 있는데 이웃집 할머니가 떡 한 그릇을 가져다 주었습니다. 세 아이는 서로 먹겠다고 달려들었습니다. 그때 박박이가 손을 들어 올리며 큰 소리로 외쳤습니다.

"잠깐만 기다려!"

코흘리개와 눈비빔이가 입을 삐죽이며 박박이를 쳐다보았습니다. 박박이는 머리를 박박 긁어대며 말했습니다.

"우리, 이 떡을 나눠먹지 말고 내기를 해서 이긴 사람이 다 먹기로 하자."

"무슨 내기를 해?"

눈비빔이가 눈을 비벼대며 물었습니다.

"지금부터 코를 훔치거나 머리를 긁거나 눈을 비비는 걸 가장 오래 참는 사람이 이 떡을 다 먹는 거야. 어때?"

코흘리개와 눈비빔이가 코를 훔치고 눈을 비비며 찬성했습니다.

"자, 그럼 시작!"

박박이의 시작 소리에 모두 자기의 버릇을 하지 않으려고 애를 썼습니다. 박박이는 머리가 긁고 싶어 미칠 지경이었고, 코흘리개는 코가 나와 대롱대롱 매달렸는데도 닦지 않았습니다. 눈비빔이는 눈을 비비고 싶어서 주먹을 꽉 쥐었습니다.

시간이 꽤 흘렀지만 모두 참아내었습니다. 그때 박박이가 견딜 수 없어서 꾀를 내었습니다.

"얘들아, 며칠 전에 내가 산에 올라갔다가 커다란 사슴을 봤거든. 글쎄, 뿔이 여기도 나고 저기도 났더라."

박박이는 말을 하며 가려운 머리를 슬쩍슬쩍 긁었습니다. 그러자 코흘리개가 맞장구를 쳤습니다.

"내가 사슴을 봤다면 활을 이렇게 쏴서 잡았을 거야."

코흘리개는 활을 쏘는 시늉을 하며 슬쩍 소매로 코를 닦았습니다. 이때 눈비빔이가 손을 내저으며 눈을 비볐습니다.

"안 돼, 사슴을 잡으면 안 돼."

세 아이는 밤늦도록 떡 그릇을 앞에 두고 서로 눈치를 보며 자기의 버릇을 참았습니다.

POINT 내가 참을 수 없는 버릇은 무엇일까요?

작가
미상

호랑이와 곶감

장르
전래 동화

깊은 산속에 겨울이 찾아왔습니다. 함박눈까지 펑펑 내리자 사냥감을 찾는 일이 더 어려워졌습니다.

"어흥! 배고파라, 어디 먹을 것 좀 없나?"

배고픔을 참지 못한 호랑이가 어슬렁어슬렁 산을 내려갔습니다. 그때 저 멀리 외딴집에서 어린아이 울음소리가 들렸습니다.

'옳거니! 저 집엔 먹을 것이 있을지 몰라."

호랑이는 외딴집 불빛을 향해 살금살금 다가갔습니다.

"저기 문 밖에 호랑이 왔네. 뚝!"

그 말을 듣고 호랑이 눈이 휘둥그레졌습니다.

"어라? 내가 온 걸 어떻게 알았지?"

호랑이는 방문 앞에 우뚝 서서 귀 기울여 들어보았습니다. 그런데 아이는 호랑이가 왔다는 말에도 울음을 그치지 않았습니다. 어찌나 악을 쓰고 큰 소리로 울어대는지 귀청이 떨어져 나갈 것만 같았습니다.

"아이고, 무서워! 자꾸 울면 호랑이한테 던져 줄 테다. 얼른 뚝!"

호랑이는 그 말에 귀가 번쩍 뜨였습니다. 그래서 아예 입을 떡 벌리고는 귀를 쫑긋 세웠습니다.

"호랑이가 밖에서 엿듣고 있다니까? 어흥! 하고 달려들지도 몰라. 뚝!"

"으앙!"

"너, 정말 계속 울래? 아이고, 할 수 없네. 우리 아기 곶감 주랴? 곶감 줄 테니 뚝!"

곶감이라는 말에 아이가 언제 그랬냐는 듯 울음을 뚝 그쳤습니다.

'뭐? 곶감이라고? 나보다 더 무서운 놈인가?'

호랑이는 갑자기 겁이 덜컥 나서 슬금슬금 뒷걸음질을 쳤습니다. 그때 마침 소도둑이 담을 넘다가 마당에 있는 호랑이를 보았습니다.

'어라? 마침 소 한 마리가 마당에 있네.'

소도둑은 담 위에서 훌쩍 뛰어내렸습니다.

"옳지 잡았다! 요놈의 소!"

호랑이는 깜짝 놀랐습니다.

'아이쿠, 이게 뭐야? 곶감이 나타났구나! 호랑이 살려!"

호랑이는 소리를 지르며 달아났습니다. 그런데 곶감이란 놈은 아무리 빨리 달려도 끈질기게 붙어 있었습니다.

'곶감이란 놈은 정말 독하고 무섭구나!'

한편 소도둑은 뒤늦게 자기가 호랑이 등에 탄 사실을 깨닫고 깜짝 놀랐습니다.

"아이쿠, 이게 뭐야? 호랑이잖아!'

호랑이는 곶감을 떨어뜨리려고 더욱 빨리 달렸습니다.

'아이고, 큰일 났다!'

소도둑도 더욱 바짝 매달렸습니다. 그렇게 호랑이와 도둑은 산을 넘고 들판을 지나 밤이 새도록 계속 달리기만 했답니다.

POINT 아이는 호랑이가 밖에 왔다는 말에는 울음을 그치지 않았는데, 왜 곶감 준다는 말에는 울음을 그쳤을까요?

작가
이솝

은혜 갚은 생쥐

장르
세계 동화

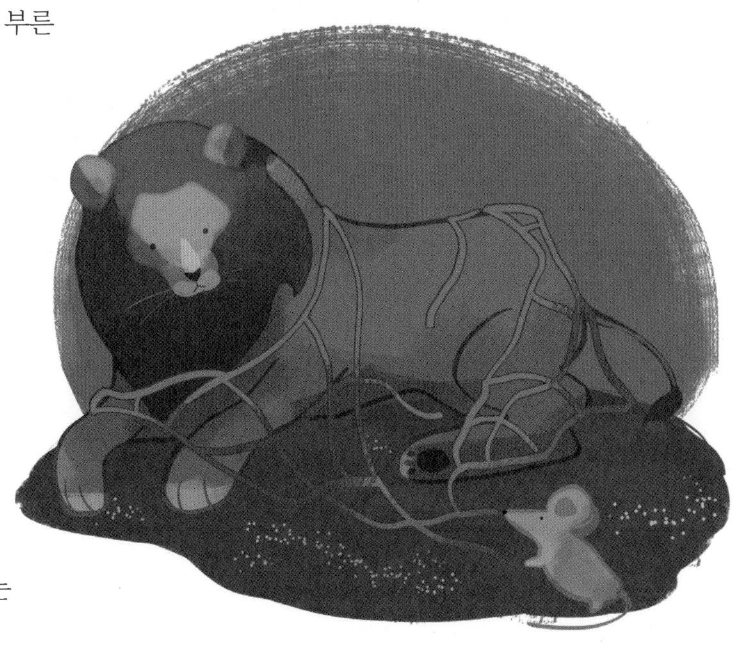

머리 위로 햇살이 쏟아지는 날이었습니다. 배가 부른 사자가 한가롭게 낮잠을 자고 있었습니다.
그때 작은 생쥐 한 마리가 이리저리 돌아다니다가 사자의 발을 밟고 말았습니다. 사자는 눈을 번쩍 뜨고는 생쥐의 발을 꽉 붙잡았습니다.
"겁이 없는 녀석이로군. 감히 잠자는 사자를 깨우고 말이야."
생쥐는 온몸을 바들거리며 떨었습니다. 커다란 눈을 끔뻑이며 사자에게 빌었습니다.
"사자님, 한 번만 용서해 주세요. 평소에 여기서 잘 놀았거든요. 사자님이 여기 계실 거라고는 꿈에도 몰랐어요."
"어림없어. 숲속의 왕을 건드렸으니 그 대가를 받아야지!"
사자가 입을 벌려 생쥐를 먹으려고 했습니다. 다급해진 생쥐가 크게 소리 질렀습니다.
"사자님, 살려만 주신다면 이 은혜는 꼭 갚겠습니다."
생쥐가 닭똥 같은 눈물을 뚝뚝 흘렸습니다.
"너처럼 쪼그만 생쥐가 은혜를 갚겠다고? 하하하. 오늘은 배가 불러서 살려주는 것이니 다음부터는 사자를 피해 다니거라."
사자는 생쥐의 말이 우스웠지만 당당하다는 생각에 생쥐를 살려주었습니다.
그러던 어느 날이었습니다. 먹잇감을 찾아 숲속을 돌아다니던 사자가 사냥꾼이 쳐둔 그물에 걸렸습니다.
"사자 살려! 사자 살려!"
사자는 큰 소리로 외쳤습니다. 그물에서 빠져나오려고 하면 할수록 그물에 더 엉키고 말았습니다.
"이제 꼼짝 없이 죽는구나!"
사자는 다시 한 번 살려달라는 소리를 질렀습니다. 그때 숲을 지나가던 생쥐가 사자의 울부짖는 소리를 들었습니다.
"어? 저 소리는 그때 그 사자님의 목소리인데. 무슨 일이 생긴 게 틀림없어."
생쥐는 잽싸게 사자가 외치는 곳으로 달려갔습니다.
"사자님! 어쩌다 그물에 걸리셨어요? 걱정 마세요. 제가 구해드릴 테니."
생쥐는 날카로운 앞니로 그물을 자르기 시작했습니다. 시간이 걸리긴 했어도 사자는 그물에서 겨우 풀려났습니다.
"생쥐야, 고맙구나!"
"사자님, 지난번에 저한테 쪼그맣다고 하셨지만 저 같은 생쥐도 필요할 때가 있지요?"
"그래, 미안하구나! 함부로 작다고 이야기해서."
"네, 그리고 저는 사자님에게 은혜를 갚은 겁니다."
사자는 고개를 끄덕이며 진심으로 생쥐에게 고맙다고 말했습니다.

이솝
본명은 아이소포스. 기원전 6세기 고대 그리스 우화 작가

POINT 사자를 구한 작은 생쥐처럼 도움을 주는 일에는 몸집이 크고 작고가 전혀 중요하지 않습니다.

작가
미상

영리한 잭

장르
세계 옛날이야기
(바하마)

옛날 어느 나라에 큰 근심거리가 있었답니다. 커다란 구렁이가 나타나서 닥치는 대로 사람들을 죽였거든요. 수많은 군사들은 물론이고 심지어 그 나라의 왕도 구렁이와 싸우다가 목숨을 잃고 말았습니다.

홀로 남은 여왕은 고민 끝에 그 나라에서 가장 지혜롭다는 잭을 불러들여 말했습니다.

"오, 영리한 잭! 네가 구렁이를 없애다오."

그래서 잭은 굵은 밧줄로 올가미를 만들고는, 구렁이를 잡으러 길을 떠났습니다.

"안녕, 구렁이야!"

잭이 반갑게 인사하자, 구렁이도 아는 체를 했습니다.

"안녕, 잭!"

"여기 오다가 아주 우스운 이야기를 들었어."

"무슨 얘기?"

"이 섬에 사는 바보들이 그러는데, 너는 너무 멍청해서 올가미 속에 절대로 들어가지 못할 거래. 그러면서 자기들끼리 내기까지 하더라고."

"뭐? 나더러 멍청하다고? 내가 할 수 있다는 걸 지금 당장이라도 보여줄까?"

구렁이는 길길이 뛰다가 보란 듯이 올가미 속으로 미끄러져 들어갔어요. 잭은 "이때다!" 하고 힘껏 밧줄을 잡아당겼고 구렁이는 올가미에 걸린 채 대롱대롱 매달리게 되었습니다. 곧 군사들이 몰려와 구렁이를 죽였고, 이 사실을 알게 된 여왕은 크게 기뻐했습니다.

"수고했다. 잭. 그런데 한 가지 더 해결해 줘야 할 일이 생겼어. 요즘 참새들이 많아져 곡식을 다 쪼아 먹는 바람에 남아나는 게 없단다. 이번에 참새들만 없애주면 내 딸과 결혼을 시켜주마."

잭은 곧 무지무지하게 커다란 바구니를 만들어서는 밭으로 갔습니다. 여왕의 말대로 논밭에 참새들이 너무 많아서 사람들이 다 굶어죽을 지경이었습니다.

"안녕, 참새들아!"

"안녕, 잭!"

"여기 오다가 참 웃기는 이야기를 들었어."

"그게 뭔데?"

"이 섬에 사는 바보들이 그러는데 너희들이 아무리 많다고 해도 이 바구니를 다 채우지는 못할 거래."

그러자 참새들이 저마다 짹짹대며 소리쳤습니다.

"뭐라고? 우리가 바구니를 다 채우지 못한다고? 그럼 당장 보여주지."

참새들은 바구니 안으로 후루룩 날아 들어가서는 빼곡하게 앉았습니다. 바구니에 참새들이 다 들어가자 잭은 얼른 바구니 뚜껑을 닫았습니다. 그러고는 여왕을 찾아가 말했습니다.

"여왕님, 참새들이 모두 여기 있습니다. 이제 마음대로 하십시오!"

여왕은 아주 기뻐하며 말했답니다. "잭, 너는 듣던 대로 참 지혜롭구나! 내 딸과 결혼을 해도 좋다!"

이렇게 해서 영리한 잭은 공주와 결혼하여 행복하게 살았답니다.

POINT 잭은 구렁이와 참새를 어떻게 잡을 수 있었을까요?

작가
이상

황소와 도깨비

장르
국내외
명저자 작품

“돌쇠 아저씨의 황소는 참 훌륭한 소입니다. 그 황소 배 속을 꼭 두 달 동안만 저에게 빌려주십시오. 더두 싫습니다. 꼭 두 달입니다. 두 달만 지나면 날두 따뜻해지구 또 상처두 나을 테구 하니깐 그때는 제 맘대루 돌아다닐 수 있습니다. 그동안만 이 황소 배 속에서 살두룩 해주십시오. 절대루 거짓말 아닙니다. 거짓말을 해서 아저씨를 속이기는커녕, 지가 이 소 배 속에 들어가 있는 동안은 이 소를 지금버덤(예전 표기법) 열 갑절이나 기운이 세게 해드리겠습니다. 그러니 제발 이번 한 번만 살려주십시오.”

이 말을 듣고 돌쇠는 말문이 막히고 말았습니다. 귀엽고 소중한 황소 배 속에다 도깨비 새끼를 넣고 다닐 수는 없는 일입니다. 그렇다고 그것을 거절하면 도깨비 새끼는 필경 얼어 죽거나 굶어 죽고 말 것입니다. 아무리 도깨비라기로 그렇게 되는 것을 그대로 둘 수도 없고 또 소의 힘을 지금보다 열 배나 강하게 해준다니 그리 해로운 일은 아닙니다.

생각다 못해서 돌쇠는 소의 등을 두드리며, “어떡하면 좋겠니?” 하고 물어 보니까 소는 그 말귀를 알아들었는지 고개를 끄덕끄덕합니다.

“그럼 너 허구 싶은 대로 해라. 그렇지만 꼭 두 달 동안만이다.”

돌쇠는 도깨비 새끼를 보고 이렇게 다짐했습니다. 도깨비 새끼는 좋아라고 펄펄 뛰면서 백 번 치사하고 깡창 뛰어서 황소 배 속으로 들어가고 말았습니다.

돌쇠는 껄껄 웃고 다시 소를 몰기 시작했습니다. 그랬더니 참 놀라운 일입니다. 아까보다 열 배나 소는 걸음이 빨라져서 도저히 따라갈 수가 없었습니다. 할 수 없이 소 등에 올라탔더니 소는 연방 딸랑딸랑 방울 소리를 내며 순식간에 마을까지 뛰어 돌아왔습니다.

그때입니다. 돌쇠가 하품하는 것을 본 황소도 따라서 길다란 하품을 하기 시작했습니다. “옳다. 됐다.”

그것을 본 돌쇠가 껑청 뛰어 일어나며 좋아라고 손뼉을 칠 때입니다. 벌린 황소 입으로 살이 퉁퉁히 찐 도깨비 새끼가 깡창 뛰어나왔습니다.

“돌쇠 아저씨, 참 오랫동안 고맙습니다. 아저씨 덕택에 이렇게 살까지 쪘으니 아저씨 은혜가 참 백골 난망입니다. 그 대신 아저씨 소가 지금보다 백 갑절이나 기운이 세게 해드리겠습니다.”

도깨비 새끼는 돌쇠 앞에 엎드려 이렇게 말하고 나서 넙죽 절을 하더니, 상처가 나은 꼬리를 저으며 두어 번 재주를 넘었습니다. 그러고 나서 어디로인지 없어지고 말았습니다. 그때서야 돌쇠는 겨우 정신을 차렸습니다. 입때껏 일이 꿈인지 정말인지 잠깐 동안은 분간할 수 없었습니다. 그러다가 고개를 들어 홀쭉해진 황소의 배를 바라보고 처음으로 모든 것을 깨닫고, “하하하하.” 큰 소리를 내어 웃었습니다. 그리고 귀여워 죽겠다는 듯이 황소의 등을 쓰다듬었습니다.

이상(1910~1937)
시인 겸 소설가. 대표작 《날개》

POINT 돌쇠는 도깨비 새끼와 서로 도움을 주었는데요. 누군가에게 도움을 주거나 받은 적이 있나요?

작가
미상

캥거루의 털 색깔

장르
세계 옛날이야기
(오스트레일리아)

처음에는 캥거루의 털이 눈처럼 희고 환했다는 사실을 알고 있나요? 그 시절, 사이좋은 캥거루 형제가 살았는데 둘 다 하얀 털을 지니고 있었습니다.

어느 날 형 캥거루가 동생 캥거루에게 말했습니다.

"아휴, 심심해. 아우야, 뭐 재미있는 일 없을까?"

그러자 동생 캥거루가 말했습니다.

"우리 높이뛰기 할까? 누가 더 높이 뛰나 내기하면 재미있잖아."

"그래, 좋아. 너부터 먼저 해봐."

동생 캥거루는 크게 숨을 한번 들이쉬고는 힘껏 뛰어올랐습니다.

"하나, 둘, 셋, 파앙!"

그런데 너무 높이 오르는 바람에 회색 구름 위로 껑충 뛰어올랐습니다. 회색 구름은 얼굴을 잔뜩 찌푸리며 몸을 탈탈 털었습니다.

"앗! 미안해요. 제가 너무 높이 뛰었나 봐요. 금방 내려갈게요."

그런데 이를 어쩌지요? 아래를 내려다보니 까마득한 게 아무것도 보이지 않았습니다. 동생 캥거루는 핑그르르 어지러워 두 눈을 꼭 감았습니다. 그 모습을 보고 구름이 온몸을 흔들며 까르르 웃음을 터뜨렸답니다. 구름이 흰 자락을 너풀너풀 늘려주는 바람에 동생 캥거루는 무사히 땅으로 내려왔습니다.

"휴우, 살았다."

곧 형 캥거루가 껑충껑충 뛰어오며 소리쳤습니다.

"야, 너 정말 멋지더라. 어, 그런데 이게 뭐야? 네 몸이 온통 회색이잖아."

동생 캥거루는 연못을 달려가 몸을 비춰 보았습니다. 동생은 자신의 모습을 보고 깜짝 놀라서 물속에 풍덩 들어가 목욕을 했습니다. 하지만 아무리 씻어도 몸에 달라붙은 구름의 회색 가루는 지워지지 않았습니다.

동생이 훌쩍훌쩍 울음을 터뜨리자, 친구들이 몰려와 위로해주었습니다.

"울지 마. 회색도 괜찮은데?"

형 캥거루도 동생을 토닥이며 말했습니다.

"정말이야. 회색이 훨씬 멋있어."

그날 밤이었습니다. 형은 몰래 일어나 밤새도록 점프 연습을 했습니다. 사실은 자신도 동생처럼 회색빛 캥거루로 변신하고 싶었거든요. 하지만 아무리 있는 힘껏 뛰어올라도 구름에는 닿지 않았습니다.

"흑흑. 난 안 되나 봐."

날이 새자, 동생 캥거루가 다가와 말했습니다.

"힘을 내. 형도 할 수 있어."

그 말에 형 캥거루는 마지막으로 젖 먹던 힘을 다해 뛰어올랐습니다.

"하나, 둘, 셋, 파앙!"

마침 해님이 기지개를 켜며 떠오르다가 형 캥거루와 마주쳤습니다. 형의 긴 꼬리가 해님의 코를 간질이자 해님은 참지 못하고 웃음을 터뜨렸어요. 그 순간 햇살 줄기들이 해님에게서 튀어나와 형 캥거루 몸을 붉게 물들였습니다. 그리고 그 뒤부터 캥거루들은 서로 더 높이 뛰는 연습을 하게 되었고, 지금처럼 회색 아니면 빨간색 털을 지니게 되었답니다.

POINT 캥거루를 직접 보면 털 색깔이 회색이나 빨간색인지 잘 살펴보아요.

8.8.

작가
미상

주인을 살린 개

장르
교과서에 실린 전래 동화

옛날 어느 마을에 김씨 성을 가진 할아버지가 흰둥이라는 개 한 마리와 살았습니다. 할아버지는 개를 아끼고 사랑해서 어디를 가든지 꼭 데리고 다녔습니다. 개는 할아버지를 무척 잘 따랐고 할아버지 옆을 떠나지 않았습니다.

"흰둥아, 네가 옆에 있어서 난 참 좋다."

할아버지는 환하게 웃으며 흰둥이의 머리를 쓰다듬었습니다. "멍멍!"

흰둥이도 할아버지의 말에 대답하듯이 짖었습니다.

할아버지는 나무 밑에서 쉬었다 간다며 누웠습니다. 그러나 그대로 잠이 들었습니다. 날이 어두워지자 흰둥이가 컹컹거리며 할아버지 몸을 건드려 깨웠습니다.

"아이고, 벌써 이렇게 됐나. 알았다. 이제 집으로 가자."

할아버지와 흰둥이는 집으로 나란히 걸어갔습니다.

할아버지가 앞마당을 쓸고 있는데 앞집 사는 최씨 할아버지가 들어왔습니다.

"내 이러고 있을 줄 알았지. 이럴 시간 없어. 다들 기다리고 있으니 준비하고 가세."

"어딜 가자는 게야?"

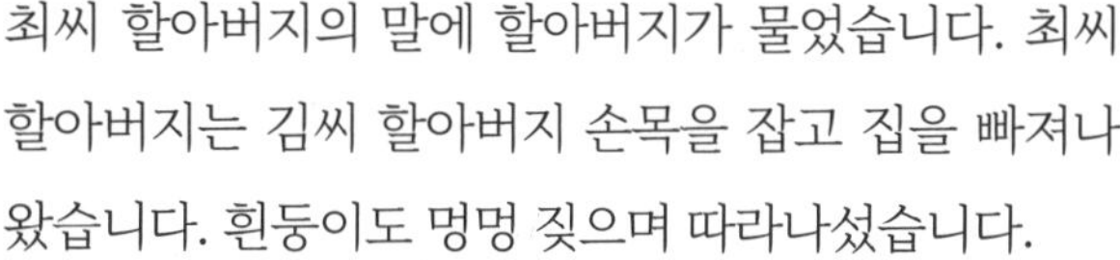

최씨 할아버지의 말에 할아버지가 물었습니다. 최씨 할아버지는 김씨 할아버지 손목을 잡고 집을 빠져나왔습니다. 흰둥이도 멍멍 짖으며 따라나섰습니다.

"흰둥아, 이웃 마을 박 노인 집에 간다. 그 집에서 잔치를 벌이니 축하해 줘야지."

잔치 집은 이미 사람들로 가득 찼습니다. 할아버지도 즐거운 마음으로 음식과 술을 마셨습니다.

"술 맛이 좋구만!"

"그렇지. 허허, 참말 맛좋네."

흰둥이도 한쪽에서 잔치 음식을 받아먹었습니다. 꼬리를 살랑살랑 흔들며 할아버지 옆을 지켰습니다.

시간이 흘러 해가 지자 할아버지가 서둘러 집으로 향했습니다. 아쉬움을 뒤로 하고 흰둥이와 앞서거니 뒤서거니 하면서 걸었습니다.

"오늘은 술을 너무 마신 모양이야. 머리가 핑핑 돌고 다리가 후들거리네. 흰둥아, 여기서 쉬었다 가자."

할아버지는 바닥에 벌러덩 누워 그대로 잠들어버렸습니다. 그런데 그때 어디선가 불길이 일어나 할아버지 쪽으로 번지고 있었습니다. 흰둥이는 할아버지를 깨우려고 컹컹 짖어댔지만 소용이 없었습니다. 흰둥이는 다급한 마음에 냇가로 가서 온몸에 물을 묻혀서 할아버지 근처 풀밭 위를 뒹굴며 물을 적셨습니다.

불길이 꺼졌지만 흰둥이는 그만 숨을 거두고 말았습니다. 뒤늦게 깨어난 할아버지는 자기 주변에는 불길이 오지 않은 걸 보고 흰둥이가 자신을 살렸다는 것을 알아차렸습니다.

"아이고, 흰둥아. 나를 살리고 네가 죽었구나!"

할아버지는 눈물을 펑펑 흘리며 흰둥이를 좋은 곳에 묻어주었습니다. 그러고는 자기 지팡이를 무덤 앞에 꽂아두었습니다. 그 지팡이가 커다란 나무로 자랐습니다. 사람들은 그 나무를 오수라고 불렀습니다.

POINT 사람들은 왜 나무 이름을 '오수'라고 지었을까요?

작가
미상

주머니 속 이야기 귀신

장르
전래 동화

옛날에 이야기를 아주 좋아하는 아이가 있었습니다. 그런데 이야기를 듣는 것만 좋아하고 남에게 들려 준 적은 없었습니다. 더군다나 종이에 적어 주머니에 넣고서 꽁꽁 묶어 두기까지 하니 이야기가 새 나갈 틈이 없었지요.

여러 해가 흘러 아이는 어느덧 장가갈 나이가 되었습니다. 혼인 전날 밤, 머슴 하나가 군불을 때는데 방 안에서 여럿이 이야기하는 소리가 들려왔습니다. 머슴이 고개를 갸웃대며 방문을 열어 보니 그 소리는 벽장 쪽에서 들리고 있었습니다.

"아이고, 답답해서 살 수가 없네. 여보게, 내일 도령이 고개를 넘어 장가간다는데, 나는 상한 과일이 되어 배를 살살 아프게 하겠네."

"좋은 생각이이야. 당최 우리를 풀어줄 생각을 하지 않으니, 우리가 혼을 내 주자고! 혹시 사과를 따 먹지 않고 그냥 가면 난 옹달샘 흐린 물이 되어 녀석을 기다리겠네."

"그 물도 떠먹지 않으면 어쩌려고? 난 먼저 신부 집에 가서 바늘방석이 되어 기다리겠네. 아마 살짝 앉기만 해도 엉덩이가… 하하하!"

이야기들이 와글와글 떠드는 소리에 머슴은 가슴이 철렁 내려앉았습니다.

'큰일이네, 저 요상한 것들이 우리 도련님 혼꾸멍을 내주려고 벼르고 있잖아?'

다음 날 아침, 도령은 말을 타고 머슴은 옆에서 고삐를 꽉 붙잡은 채 길을 떠났습니다. 한참 가다 보니 사과나무에 잘 익은 사과가 주렁주렁 달려 있었습니다.

"참 먹음직스럽게 생겼구나, 저 사과를 따 오너라."

도령이 군침을 꿀꺽 삼키며 말했습니다.

"도련님, 중요한 일을 앞두고 길가에 있는 저런 것을 드시면 안 됩니다."

머슴은 얼른 말고삐를 당겨 사과나무를 지나쳤습니다. 또 가다보니 이번에는 옹달샘이 보였습니다.

"말을 멈춰라. 목이 마르구나. 시원한 샘물 한 바가지 떠 오너라."

"저런 물을 마시고 행여나 배탈이라도 나시면 어쩌려고요?"

머슴이 말고삐를 당겨 후딱 지나쳐버리자 도령은 섭섭한 생각이 들었습니다.

새 신부 집에 도착해서 방에 들어서자, 어른들이 도령에게 방석을 내주었습니다. 도령이 큰절을 올리고 앉으려는 순간, 갑자기 머슴이 도령을 확 떠밀어버렸습니다. "네 이 놈! 지금 이게 무슨 짓이냐?"

그제야 머슴은 바늘이 잔뜩 꽂힌 방석을 보여주며 그동안의 일을 모두 말했습니다.

"고맙다. 어서 집에 가서 이야기가 맘껏 돌아다니게 풀어 줘야겠어."

도령은 급하게 집으로 돌아와 벽장에서 이야기 주머니를 꺼냈습니다. 주머니를 활짝 풀어 헤치자 이야기들은 기다렸다는 듯 와글와글 뛰쳐나와 훨훨 날아갔다고 합니다.

POINT 재밌는 이야기는 여러 사람들과 함께 나눠야 더 좋은가 봅니다.

작가
미상

매롱이 소리

장르
전래 동요

매롱 매애롱 맴매롱 순달래 모실래
니가 어디서 자랐노 저 산중에 자고 났네
산중에는 골도 길다 바다에는 물도 많다
산중에는 나무도 많다 강변에는 돌도 많다
매롱 매롱 맴매롱 매롱 매애롱 맴매롱

매롱 매애롱 맴매롱 순달래 모실래
니가 어디서 자랐노 저 산중에 자고 났네
산중에는 골도 길다 바다에는 물도 많다
산중에는 나무도 많다 강변에는 돌도 많다
매롱 매롱 맴매롱 매롱 매애롱 맴매롱

작가
미상

토끼가 하늘나라로 날아가다

장르
세계 옛날이야기
(아메리카)

어느 날 토끼가 길을 가다가 나무 열매를 발견했습니다. 토끼는 눈알을 또르르 굴리며 맛있게 열매를 먹었습니다.

"토끼님, 무엇을 그렇게 맛있게 드세요?"

커다란 몸집의 말똥가리가 토끼에게 물었어요.

"이 열매 좀 보세요. 얼마나 달고 맛있는지 몰라요."

그러자 말똥가리는 흠흠 헛기침을 하더니 말했습니다. "아무리 달고 맛있다 해도 하늘나라의 열매하고는 비교도 안 되지요."

"하늘나라의 열매라니요? 그게 무슨 말이에요?"

"지금 하늘나라에서는 잔치가 열리고 있거든요. 그곳에는 언제나 달콤한 열매들이 가득하답니다. 마침 그곳에 가는 길인데 함께 가실래요?"

"정말이에요? 저도 갈 수 있나요?"

"그럼요. 제 등에 올라타기만 하면 되는걸요."

"아휴, 고마워라. 그럼 잠깐만 기다리세요. 제가 얼른 가서 기타를 가져올게요. 잔치에는 원래 음악이 있어야 하잖아요?"

토끼가 깡충거리며 기타를 들고 뛰어오자 말똥가리가 물었어요.

"얼른 제 등에 타세요. 제 몸을 꼭 붙잡으시고요. 자, 이제 날아오릅니다."

말똥가리는 토끼를 골려줄 생각에, 절로 신이 났습니다. "자, 이제부터 시작이다!"

하늘 높이 날아오르자 말똥가리가 소리쳤습니다.

"네? 지금 뭐라고 하셨어요?"

토끼가 물었지만 말똥가리는 아무런 대꾸도 없이 빙글빙글 날기 시작했어요. 위로 붕 하고 올라갔다가 아래로 곤두박질 치며 정신없이 날아다녔습니다. 토끼는 말똥가리 등에서 떨어지지 않으려고 안간힘을 썼지만 너무나 어지러웠어요.

"그만! 그만하라고요! 대체 왜 이렇게 나는 거예요?"

"하늘나라에 가기가 어디 쉬운 일인가요?"

"제발 그만해요. 어지러워 죽겠어요."

"하하, 조금만 기다리세요. 이제 하늘나라가 눈앞에 와 있으니까요."

말똥가리는 아까보다도 더 빠르게 팽그르르 돌았습니다. 순간 토끼는 더 이상 참지 못하고 메고 있던 기타로 말똥가리의 머리를 힘껏 내리쳤습니다. 그런데 어찌나 세게 내리쳤던지, 말똥가리 머리가 기타 구멍 속으로 쏙 들어가버렸지 뭐예요. 말똥가리가 정신을 잃은 채 아래로 떨어지는 사이, 토끼는 말똥가리의 날개를 쫙 펴서 무사히 땅으로 내려왔습니다.

얼마 뒤 말똥가리가 깨어나자, 토끼가 말했습니다.

"흥, 하늘나라에 있는 당신 친구들에게 기타를 벗겨달라고 하시지. 이건 나를 골탕 먹인 벌이야."

말똥가리는 기타에서 머리를 빼내려고 무척이나 애를 썼어요. 마침내 머리가 구멍에서 쑥 빠져나갔는데 그만 목에 있던 털이 한 움큼이나 빠지고 말았답니다. 말똥가리의 목에 털이 없는 건 바로 이런 일 때문이래요.

POINT 말똥가리 새는 어떻게 생겼을까요? 진짜 목에 털이 없는지 확인해보세요.

작가
로버트 루이스 스티븐슨

보물섬

장르
세계 명작

나는 짐 호킨스입니다. 어느 날 우리 여인숙에 궤짝을 짊어진 한 남자가 묵었습니다. 한쪽 뺨의 칼자국과 거친 목소리가 예사롭지 않았습니다.

"꼬마야, 날 선장이라고 불러. 그리고 매달 금화 한 닢을 줄 테니 외다리 선원을 보면 얼른 알려줘."

선장은 늘 럼주를 마셨고 어느 날부터인가 숙박비를 내지 않았습니다. 몇 달 뒤 선장은 낯선 남자와 실랑이를 벌이다 그만 고꾸라져 죽고 말았습니다.

엄마는 궤짝을 열어 밀린 숙박비를 꺼냈습니다. 나는 꾸러미 하나를 주머니에 넣었습니다. 그때 험상궂은 사람들이 몰려와 엄마와 나는 몸을 숨겼습니다.

나는 꾸러미를 트렐로니 씨 집에 있는 리브시 선생을 찾아가 보여주었습니다. 그건 바로 해적 플린트 선장이 남긴 보물 지도였습니다.

트렐로니 씨가 배를 구해서, 우리는 보물을 찾기로 했습니다. 선원 중에 외다리 요리사 존 실버는 썩 마음에 들지 않았습니다.

우리는 스몰렛 선장에게 선원들을 조심하라는 충고를 듣고 히스파니올라호에 몸을 실었습니다.

배가 출항한 지 몇 달이 지난 어느 날 나는 갑판에 있는 사과 통 옆에서 수상한 이야기를 들었습니다.

"내가 말이야. 플린트 선장과 같이 항해했었잖아. 이즈리얼, 여기 딕스도 같이 하기로 했네."

"실버, 언제 배를 차지할 거요?"

"지도가 손에 들어오면 바로."

나는 이 사실을 트렐로니 씨랑 리브시 선생과 스몰렛 선장에게 말했습니다. 우리는 당분간 모른 척하자고 작전을 짰습니다.

해골섬에 가까워지자 스몰렛 선장은 존 실버와 일부 선원을 먼저 보냈습니다. 나도 몰래 보트에 탔습니다. 그 사이 해적들에게 모두 들통이 나버려 트렐로니 씨랑 리브시 선생과 스몰렛 선장은 오두막을 요새로 삼고 해적들과 맞섰습니다.

나는 섬에 내리자마자 도망쳤습니다. 그러다가 부자라고 말하는 벤 건을 만났습니다. 그는 플린트 선장과 일을 하다가 섬에 버려져서 삼 년을 살았다고 말했습니다.

내가 요새로 숨어들었을 때는 트렐로니 씨나 리브시 선생이 없었습니다. 다음 날 리브시 선생이 다친 해적을 치료해주겠다며 돌아왔습니다. 그러고는 보물 지도를 존 실버에게 순순히 주었습니다.

존 실버와 해적들은 신나서 보물을 찾아 나섰습니다. 그러나 아무리 파도 보물이 나오지 않았습니다.

"존 실버가 우릴 속였다! 저 자도 죽이고, 저 꼬마 녀석도 죽이자!"

그때 트렐로니 씨 일행이 나타나 해적들로부터 존 실버와 나를 구해주었습니다.

우리는 벤 건이 이미 숨겨놓은 보물을 히스파니올라호에 모두 실었습니다. 마침내 우리는 영국의 항구를 향해 출발했습니다.

로버트 루이스 스티븐슨(1850~1894)
영국의 소설가, 시인. 대표작 《보물섬》

POINT 만약에 보물 지도를 발견했다면, 보물을 찾으러 떠날 건가요?

작가
샤를 페로

어리석은 소원

장르
세계 동화

아주 오랜 옛날에 가난한 나무꾼이 살았습니다. 나무꾼은 힘들게 일해도 생활이 좋아지지 않아서 투덜거리곤 했습니다.

"아이고 내 신세야. 날마다 일하는데 난 늘 가난하네. 신은 나 같은 사람의 기도는 들어주지 않는 게 분명해."

나무꾼의 말이 끝나기가 무섭게 번갯불을 든 제우스 신이 나타났습니다. 나무꾼은 두려움에 떨며 땅에 엎드렸습니다.

"신이시여, 용서해 주세요. 다시는 불평하지 않겠습니다."

그러자 제우스 신이 말했습니다.

"두려워하지 마라. 내 너를 불쌍히 여겨서 네가 처음으로 말한 소원 세 가지를 들어주마. 그러니 잘 생각해서 말하여라."

제우스 신이 사라지고 나무꾼은 신이 나서 집으로 돌아왔습니다. 나무꾼은 아내에게 세 가지 소원 이야기를 들려주었습니다.

"여보, 우리 잘 생각해서 내일 소원을 말해요."

샤를 페로(1628~1703)
동화라는 새로운 문학 장르의 기초를 다진 프랑스 작가

나무꾼은 아내의 말에 고개를 끄덕였습니다. 그러고는 포도주를 한 잔씩 마시며 기분을 만끽했습니다. 불가에 앉은 나무꾼의 배에서 꼬르륵 소리가 났습니다.

"배가 고픈데 맛있는 소시지가 있으면 좋겠는걸."

나무꾼의 말이 끝나자마자 기다란 소시지들이 후드득 쏟아져 나왔습니다. 이 모습에 놀란 아내는 남편의 소원 때문이라는 걸 알고 화를 냈습니다.

"아니, 보석도, 황금도 아닌 고작 소시지라니!"

"이건 내가 생각 없이 한 말이라고. 실수한 것뿐이야."

"정말 당신은 멍청하다고요!"

아내의 거침없는 말에 나무꾼도 화가 머리끝까지 났습니다. 나무꾼은 참지 못하고 아내에게 버럭 소리를 질렀습니다.

"에잇! 막돼먹은 여자 같으니라고. 코에 소시지나 달려버려라!"

나무꾼이 말하자마자 이번에는 아내의 코에 긴 소시지가 붙어버렸습니다. 남편은 그 모습을 멍하게 바라보았습니다. 이제 두 번째 소원을 말했으니 마지막 소원 하나만 남았습니다.

나무꾼은 신중하게 소원 하나를 말하기로 결정했습니다. 그러고는 혼자서 중얼거렸습니다.

"왕만큼 대단한 것도 없지. 그런데 내 옆에 코에 소시지를 단 왕비가 있다면 끔찍하겠지."

나무꾼은 마음의 결정을 하고 마지막 소원을 말했습니다.

"아내 코에서 소시지를 떼 주세요!"

말이 끝나기가 무섭게 기다란 소시지가 아내 코에서 툭 떨어져버렸습니다. 아내는 두 손을 번쩍 올리며 무척 기뻐했습니다.

비록 왕이 되지도 금은보화도 얻지 못했지만, 소시지를 얻은 나무꾼은 아내와 사이좋게 잘 살았습니다.

POINT 간절히 원하는 세 가지 소원을 말해볼까요?

작가
미상

꼭꼭 숨어라

장르
전래 동요

꼭꼭 숨어라 꼭꼭 숨어라
텃밭에도 안된다
상추 씨앗 밟는다
꽃밭에도 안된다
꽃 모종을 밟는다
울타리도 안된다
호박순을 밟는다

꼭꼭 숨어라 꼭꼭 숨어라
종종머리 찾았네
장독대에 숨었네
까까머리 찾았네
방앗간에 숨었네
빨간 댕기 찾았네
기둥 뒤에 숨었네

작가
미상

젊어지는 샘물

장르
교과서에 실린 전래 동화

옛날 한 마을에 가난하지만 마음씨 고운 착한 할아버지와 할머니가 살았습니다. 그 옆집에는 심술궂고 욕심 많은 영감이 혼자 살았습니다. 욕심쟁이 영감은 자기 것은 남한테 주지 않으면서 남한테 좋은 것이 생기면 빼앗으려고 했습니다. 마을 사람들은 욕심쟁이 영감을 무척 싫어했지만 착한 할아버지 할머니는 욕심쟁이 영감에게 잘 해주었습니다. 맛있는 음식을 나눠주고, 땔감도 주며 늘 걱정했습니다.

그러던 어느 날 착한 할아버지가 나무를 하러 산에 갔다가 늦게까지 돌아오지 않았습니다. 할머니는 너무 걱정이 되어 옆집 욕심쟁이 영감을 찾아갔습니다.

"우리 집 영감이 산에서 오지 않네요. 무슨 일이 생긴 게 분명하니, 좀 찾아봐 줘요." 욕심쟁이 영감이 얼굴을 찌푸리며 할머니에게 대꾸했습니다. "싫소. 이 밤에 산에 어찌 간단 말이오? 귀찮으니 어서 가시오!"

할머니는 간절하게 한 번 더 부탁했습니다.

"좀 도와줘요. 내 청을 할 사람이 여기밖에 없네요."

할머니의 사정에도 욕심쟁이 영감은 화만 내며 소리를 질렀습니다. "아, 귀찮다는데 왜 그리 들러붙소? 나까지 길을 잃으면 댁이 책임질 거요?"

할머니는 하는 수 없이 집으로 돌아왔습니다. 그때 산길에서 오는 할아버지 모습이 보였습니다. 할머니는 할아버지에게 냉큼 달려갔습니다. "아이고, 영감. 왜 이렇게 늦으셨소? 내 얼마나 걱정했는지 아시오?"

그런데 할아버지 얼굴을 본 할머니가 깜짝 놀랐습니다. 할아버지 얼굴에 주름하나도 없고, 새하얗던 흰머리가 까맣게 변해 있었습니다.

"여보, 왜 이리 젊어지셨소?"

"나도 모르겠소. 산에 처음 보는 옹달샘이 보여서 목이 마르던 차에 마셨다가 잠깐 잠이 들었소. 지금 깨서 돌아오는 길이라오." 할아버지는 얼굴뿐만 아니라 목소리까지 청년으로 변했습니다.

다음날 새벽같이 할아버지와 할머니는 산속에 있던 샘물을 찾으러 나섰습니다. 할아버지는 할머니도 젊어지기를 바랐습니다.

샘물을 찾은 할아버지는 할머니에게 샘물을 떠서 주었습니다. 물을 마신 할머니는 졸음이 몰려와 잠이 들었습니다. 얼마 뒤, 한숨 자고 일어난 할머니 역시 주름이 사라지고 머리카락도 새카맣게 변했습니다.

착한 할아버지와 할머니는 젊은 사람이 되어 더 열심히 일하는 젊은 내외가 되었습니다.

한편 이 얘기를 들은 욕심쟁이 영감은 산속으로 들어가 할아버지가 말한 샘물을 마셨습니다. 해가 져도 욕심쟁이 영감이 오지 않자 마음 착한 젊은 내외가 산으로 올라갔습니다. "여보, 옆집 영감이 어디 있을까요?" 그때 바위틈에서 애기 울음소리가 들렸습니다. 커다란 옷 안에 아기가 놓여 있었습니다. 바로 욕심쟁이 영감이었습니다. 젊어지려고 샘물을 너무 많이 마셔서 갓난아기로 돌아간 것이었습니다.

"여보, 집에 어린애가 있으면 했는데 우리가 키웁시다." 마음씨 고운 착한 부부는 아기를 안고 집으로 돌아왔습니다.

POINT 젊어지는 샘물이 있다면, 누구에게 마시게 해주고 싶나요?

작가
미상

구렁덩덩 새 선비

장르
전래 동화

옛날옛날에 나이 지긋한 할머니가 구렁이 한 마리를 낳았습니다. 할머니는 구렁이를 집 안에 둘 수 없어서 뒤곁에 두었습니다. 그래도 구렁이는 무럭무럭 자라났습니다. 하루는 구렁이가 할머니에게 말했습니다.

"어머니, 저를 정승 댁 딸에게 장가보내 주세요."

"누가 구렁이한테 딸을 주겠니? 그런 말은 입 밖에 내지도 마라."

"제 말 안 들어주면, 어머니 배 속으로 도로 들어갈 거예요."

할머니는 할 수 없이 정승 댁으로 찾아갔습니다. 정승에게는 딸 셋이 있었는데 첫째와 둘째는 얘기를 듣자마자 기겁을 했습니다. 하지만 막내딸은 자기가 구렁덩덩 새 선비에게 시집을 가겠다며 순순히 고개를 끄덕였습니다.

그렇게 해서 구렁이는 정승 댁 막내딸과 혼인하게 되었습니다. 밤이 깊어 둘만 남자, 구렁이 신랑이 색시에게 물을 한 솥 끓여달라고 했습니다. 구렁이는 끓는 물로 목욕을 하더니 허물을 벗고 어느새 잘생긴 새 선비가 되었습니다. 색시는 기뻐서 어쩔 줄 몰랐습니다. 구렁덩덩 새 선비와 색시는 행복하게 살았습니다. 그러던 어느 날 구렁덩덩 새 선비가 말했습니다.

"이 구렁이 허물을 잘 간수하시오. 만약 허물을 태우거나 잃어버리면 우리는 영영 헤어지게 될 것이오."

새 선비는 신신당부를 하고는 과거 시험을 보러 떠났습니다. 그런데 며칠 뒤, 언니들은 집에 와서 구렁이 허물을 보고는 징그럽다며 화롯불에 던져버렸습니다. 그러자 선비는 다시는 돌아오지 않았고 막내딸은 구렁덩덩 새 선비를 찾아 길을 떠났습니다.

"구렁덩덩 새신랑님! 훌러덩 허물 태우고 걸음 동동 새신랑 찾으러 가요."

막내딸은 그렇게 또 삼 년을 찾아 헤매다가 청천벽력 같은 소식을 들었습니다. 구렁덩덩 새신랑이 혼례를 올리게 되었다는 것입니다. 셋째 딸은 서둘러 그 집을 찾아가 하룻밤만 재워 달라며 사정을 했습니다.

이윽고 밤중이 되자 새신랑이 마당으로 나왔습니다.

"서방님께서 잘 간수하라 하던 허물을 언니들이 훌렁 태워버렸습니다. 허물을 지키지 못한 제 잘못입니다. 이제 어쩌면 좋아요?"

막내딸은 눈물을 흘리면서 말했습니다. 그러자 구렁덩덩 새 선비는 여기까지 찾아온 셋째 딸을 버릴 수 없으니, 이 집의 딸과 셋째 딸을 두고 시험을 치러서 혼사를 결정하겠다고 했습니다.

"색시들은 저기 십 리 밖에 있는 샘에서 물을 길어 오도록 하시오!"

새신랑이 묵던 집안의 어른들은 혼례를 치를 집에 불쑥 찾아온 막내딸이 너무나도 미웠습니다. 그래서 딸에게는 백자와 꽃당혜를 주고, 고깔 쓴 여인에게는 옹기 물동이와 굽 높은 나막신을 던져 주었습니다. 그런데 촐랑촐랑 걷던 주인집 딸이 그만 넘어져 백자를 깨버리고 말았습니다. 가만가만 뒤따라오던 셋째 딸은 물도 한 방울 안 흘리고 옹기 물동이도 깨지 않았습니다. 그렇게 하여 구렁덩덩 새 선비는 다시 셋째 딸과 새로이 인연을 맺게 되었답니다.

POINT 막내딸은 왜 구렁덩덩 새 선비에게 시집을 갔을까요?

작가
미상

최초의 여자, 판도라

장르
세계 동화
(그리스 신화)

제우스는 우주의 임금님 신답지 않게 샘과 욕심이 많았습니다. 그래서 프로메테우스가 인간에게 불을 준 것이 못마땅했습니다. 제우스는 인간에게 벌을 주고 싶어서 늘 고민했습니다. "맞았어! 그게 있었군."

제우스는 아들인 불의 신 헤파이스토스를 찾아갔습니다. 헤파이스토스는 뛰어난 예술가로 세상의 온갖 멋지고 훌륭한 물건들을 모두 만들었습니다. 대장간에서 땀을 흘리며 일하고 있는 헤파이스토스에게 제우스가 말했습니다.

"헤파이스토스야, 진흙으로 빚은 예쁜 사람을 하나 만들어라. 세상의 인간 말고, 아주 훌륭한 인간을 말이다." 제우스는 인류 최초의 여자를 만들라고 부탁했습니다. 헤파이스토스는 아버지의 명령에 따라 아름다운 여자를 만들었습니다. 그리고는 제우스에게 데려갔습니다.

제우스는 신들에게 최초의 여자에게 온갖 선물을 해 주라고 명령했습니다. 신들은 아름다운 목소리며 말솜씨, 노래 솜씨, 춤 솜씨까지 모두 주었습니다. 그래서 최초의 여자는 온갖 선물이라는 뜻의 '판도라'라는 이름을 갖게 되었습니다. 판도라는 점점 더 멋지게 변해갔습니다.

처음부터 불을 가진 인간을 골탕 먹이려고 했던 제우스는 판도라에게 뚜껑이 달린 상자 하나를 선물했습니다. 그러면서 당부의 말도 했습니다. "판도라야, 이 선물을 잘 간직하렴. 그러나 절대 열어 보아서는 안 된단다." 판도라는 공손하게 "네, 알겠습니다." 하고 대답했습니다.

그 후 제우스는 판도라를 에피메테우스에게 데려다주었습니다. 형 프로메테우스가 제우스가 주는 선물은 아무 것도 받지 말라고 했지만, 성질이 급한 동생 에피메테우스는 까맣게 잊었습니다. 그래서 판도라를 보자마자 냉큼 결혼을 했습니다.

에피메테우스의 부인이 된 판도라는 늘 제우스가 준 상자가 궁금했습니다. '저 상자 안에 뭐가 들어 있을까? 왜 제우스는 열어 보지 말라고 한 거지?' 판도라는 견딜 수 없을 만큼 궁금해서, 결국 상자를 열어보기로 결심했습니다. '딱 한번 보는 건데 어때.' 상자 앞에 선 판도라는 상자를 열고 말았습니다. 그러자 시커먼 구름이 피어올랐습니다.

구름 안에는 여태까지 세상에 없던 온갖 나쁜 일들이 들어 있었습니다. 병, 가난, 배고픔, 질투, 복수, 미움, 근심, 걱정……. 판도라의 상자에서 빠져나온 온통 나쁜 일들은 세상으로 금방 퍼져나갔습니다. 깜짝 놀란 판도라는 허둥거리며 뚜껑을 닫았습니다. 그러나 이미 한발 늦었습니다. 모든 재앙들이 빠져나간 뒤였으니까요. 다만, 맨 아래에 있던 느림보 '희망'만이 상자에 갇혀 있었습니다.

그때부터 인간들은 온갖 불행과 고통을 겪으며 살았습니다. 그렇지만 판도라의 상자 바닥에 있는 희망을 잃지는 않았습니다.

POINT 판도라의 상자에 희망마저 남아 있지 않았다면, 지금 우리는 어떻게 되었을까요?

작가
파브르

매미는 여름에 제일 건강한 곤충

장르
세계 명작

뜨거운 햇볕이 내리쬐는 여름 오후, 식물들은 더위에 지쳐 축 늘어지고 곤충들은 한 방울의 이슬이라도 얻기 위해 바쁘게 돌아다닙니다. 하지만 나무 위의 매미는 그럴 필요가 없습니다.

'자, 어디 한번 마셔 볼까?'

매미는 바늘 모양의 주둥이로 나무에 구멍에 뚫기만 하면 되거든요. 바늘 안쪽은 아주 가느다란 빨대로 되어 있습니다. 그 빨대를 통해 나무즙을 빨아먹는 것입니다. 매미가 뚫어 놓은 구멍에서 달고 시원한 즙이 흘러나오자 온갖 곤충들이 모여듭니다. 벌, 파리, 하늘소, 풍뎅이, 개미 등 여러 곤충들이 와서는

'매미야, 조금이라도 나눠주렴.'

하고 공손하게 부탁을 합니다. 그러나 몇 차례 맛을 보고 나면 곤충들은 차츰 뻔뻔스러워집니다. 개미와 파리는 즙이 나오는 곳으로 좀 더 가까이 다가가려고 매미의 배 아래로 숨어들기도 하지요. 그러면 마음씨 좋은 매미는 일부러 다리를 쭉 펴고 몸을 들어 올리면서 길을 내준답니다.

이젠 모두 매미 주위로 몰려들어 야단법석이 났습니다. 어떤 녀석은 아예 주인을 쫓아내고 그곳을 차지하려고 합니다. 그중에서 가장 극성맞은 녀석이 바로 개미입니다. 어떤 개미는 매미 날개를 입에 물고 잡아당기거나 뒷다리를 물어뜯습니다. 심지어 매미의 주둥이를 물어뜯으며 나뭇가지에서 떼어내려고 합니다.

"매미를 그만 괴롭히고 내버려 둬."

나는 개미들에게 이렇게 말하고 싶었습니다. 매미는 더 이상 견디다 못하고 이 뻔뻔스러운 무리에게 오줌을 휙 갈기고 떠나버립니다. 남은 곤충들은 신이 나서 매미의 자리를 차지해 버립니다. 하지만 빨대가 없어졌기 때문에 즙은 차츰 줄어들다가 더 이상 나오지 않습니다.

매미들은 5주에서 6주 동안 열심히 노래를 부르다가 여름이 끝날 무렵, 생을 마치게 됩니다. 매미가 땅에 떨어져 죽으면 개미 떼가 이를 발견하고 한꺼번에 달려듭니다. 개미들은 아직 숨이 끊어지지 않은 매미를 갈기갈기 찢은 다음, 집으로 가지고 갑니다.

자, 여러분도 보셨다시피 이렇게 먹이를 나누어 달라고 하는 것은 매미가 아니랍니다. 사실은 매미가 개미에게 마실 것을 나누어 줍니다. 아니, 개미가 빼앗아 먹는다고 하는 편이 맞을 것입니다. 그러므로 나, 파브르는 여러분에게 이 글을 통해 한 가지 사실을 꼭 알려주고 싶습니다. 바로 매미는 게으름뱅이 곤충이 아니라는 것을 말입니다.

파브르(1823~1915)
레지옹 도뇌르 훈장을 수상한 프랑스의 곤충학자
대표작 《곤충기》

POINT 판도라의 상자에 희망마저 남아 있지 않았다면, 지금 우리가 살고 있는 세상은 어떻게 되었을까요?

작가
생택쥐베리

야간 비행

장르
세계 명작

우편 비행기를 조종하는 조종사 파비앵은 오늘도 남극에서 부에노스아이레스까지 야간 비행을 했습니다. 비행을 하는 파비앵은 목동이 양떼를 몰고 이동하는 것처럼 이 도시에서 다른 도시로 비행을 합니다.

부에노스아이레스에서 조종사들을 기다리는 본부장 리비에르는 엄격하고 냉철한 사람이었습니다. 원칙과 규칙을 지켜야만 비행사의 생명을 지켜내고 우편 비행의 미래를 보장할 수 있다고 생각했습니다. 불안한 마음을 내색하지 않고 냉정하게 업무에 임했습니다.

리비에르의 부하이자 감독관인 로비노는 리비에르의 지시를 따르지만 때로는 조종사인 펠르랭에게 힘겨움을 이야기했습니다. 그러나 리비에르는 로비노에게 공사를 구분하라고 했습니다. “로비노, 당신이 명령 내릴 사람은 사랑하되 사랑한다는 말은 하지 마시오.” 리비에르 역시 고독을 느끼지만 누구에게도 말하지 않았습니다. 어느 날 리비에르는 아르헨티나 최초의 비행기를 조립하며 20년 이상 정비공으로 일한 로블레를 해고하려고 했습니다.

“당신은 정비 불량을 내었소. 규정상 어쩔 수 없소.”

“지사장님, 저는 평생을 이 일을 해봤습니다. 제가 그동안 일한 건 절대 우습지 않습니다.”

리비에르는 떨리는 손을 잡고 사정을 하는 로블레에게 더 말을 하지 않았습니다.

‘실수는 인간이 하는 것이니 실수를 잘라내기 위해서는 인간을 자를 수밖에 없다.’

로블레가 나가고 리비에르는 늙은 정비사를 해고하지 않겠다고 했을 때의 표정을 떠올렸습니다. 그러나 이 길을 선택했을 때 반대하는 사람들만 많았기에 리비에르는 냉정할 수밖에 없었습니다.

한편, 조종사인 파비앵은 야간 비행을 위해 집을 나섰습니다. 그러나 파비앵은 비행 중 폭풍과 뇌우를 만나 통신이 단절되며 고립되었습니다.

이를 안 리비에르는 파비앵과 소통을 기다렸으나 상황이 점점 나빠졌습니다. 파비앵의 아내는 남편의 안부를 묻기 위해 전화를 걸었지만 리비에르 역시 좋은 소식을 전하지 못했습니다.

조종석에서 마지막 조명탄을 던진 파비앵은 바다 한가운데라는 것을 알고 좌절했습니다. 이제 남은 연료로는 고작 30분간 비행할 수 있었습니다. 파비앵은 어깨와 손이 마비된 상태에서 몇 개의 별을 향해 비행기를 끌어올렸습니다.

지상에 있는 사람들은 파비앵과의 연락이 완전히 두절된 상태에서 아무 말도 할 수 없었습니다. 리비에르를 따라 사무실로 들어간 로비노는 그의 표정을 살폈지만 리비에르는 결코 패배자의 얼굴이 아니었습니다. “로비노, 파타고니아 노선의 우편 비행이 상당히 연착될 것이라고 전신을 보내시오.”

“알겠습니다. 지사장님.”

로비노가 나가고 리비에르는 생각에 잠겼습니다. 승리인지 패배인지는 의미가 없었습니다. 지금 리비에르는 생명을 초월해 또 다른 의미를 만들어가고 있었습니다. 이제 곧 파티고니아 노선은 재개될 것입니다.

생텍쥐베리(1900~1944)
프랑스의 소설가. 《어린왕자》 《인간의 대지》

POINT 조종사 파비앵은 왜 남극에서 부에노스아이레스까지 야간 비행을 했나요?

8.20.

작가
미상

솥 안에 들어간 거인

장르
교과서에 실린 전래 동화

옛날 어느 산골에 아버지와 아들이 오순도순 살았습니다. 아버지가 나무를 하러 가면 아들은 집에 남아 집안일을 하며 맛있는 저녁밥도 지어놓았습니다. 그러던 어느 날 아버지가 새벽까지 돌아오지 않자 아들이 산으로 올라갔습니다. "아버지, 아버지! 어디 계세요? 제 목소리 들리시나요?"
아들이 목이 터져라 외쳤지만 아버지를 찾을 수 없었습니다. 실망한 아들이 나무 아래에 철썩 주저앉아 눈물을 흘렸습니다. 그때 안개가 몽실몽실 피어오르더니 하얀 수염을 한 할아버지가 나타났습니다.
"나는 이 산의 산신령이다. 네 아버지는 못된 거인에게 붙잡혀갔느니라. 그 거인은 사람을 잡아다가 땅 속의 보물을 파내게 한 뒤 힘이 약해지면 바로 잡아먹는단다. 아버지를 구하고 싶으면 벼룩 한 말, 빈대 한 말, 바늘 한 말을 구해서 거인의 집으로 가거라."
아들이 엎드려 절을 올리자 산신령은 연기처럼 사라졌습니다. 아들은 얼른 나무 한 짐을 팔아 바늘 한 말을 샀습니다. 물론 벼룩과 빈대도 잔뜩 모았습니다.
아들은 자루 세 개를 짊어지고 산으로 올라갔습니다. 온 산을 다닌 끝에 커다란 집이 나타났습니다. 그때 땅이 울리는 소리와 함께 거인이 나타나 광 앞에 우뚝 섰습니다. 아들은 얼른 기둥 뒤에서 거인을 지켜보았습니다. "내 저녁거리들이 잘 있군. 지금은 피곤하니 한숨 자고 잡아먹어야겠다."
거인이 침을 흘리며 말하고는 방으로 들어가 잠들었습니다. 아들은 이때다 싶어서 벼룩 한 말을 방 안에 풀어 넣었습니다. 그러고는 얼른 마루 밑에 숨었습니다. "앗 따가워! 앗 따가워! 벼룩이 왜 이렇게 많은 거야? 잠을 잘 수가 없잖아!"
거인은 툴툴대며 마루로 나와 벌러덩 누워 코를 골았습니다. 아들은 또 이때다 싶어서 빈대 한 말을 풀었습니다. 그러고는 나무 뒤에 숨었습니다.
"으악 가려워! 으악 가려워! 빈대가 바글거려 잠을 잘 수가 없잖아!"
거인이 온몸을 벅벅 긁으며 숲으로 들어갔습니다. 그러고는 큰 나무 아래에 벌렁 드러누워 금방 코를 골았습니다. 코를 골 때마다 나뭇가지가 흔들거렸습니다. 아들은 나무 위로 올라가 바늘 한 말을 와르르 쏟아부었습니다. "아이고, 아파! 아이고, 아파! 하늘에서 바늘이 내리네!"
거인은 후다닥 집으로 들어가 여기저기 쉴 곳을 찾았습니다. 부엌으로 들어간 거인이 가마솥을 보았습니다. "여기가 좋겠네. 이제야 잠 좀 잘 수 있겠다."
거인은 중얼중얼 주문을 외우더니 가마솥으로 쏙 들어가 버렸습니다. 아들은 재빨리 큰 바윗돌로 솥뚜껑을 눌러버리고 아궁이에 불을 지폈습니다.
"으아악, 뜨거워! 으아악, 뜨거워!"
거인이 솥뚜껑을 밀어내려 했지만 소용없었습니다. 잠시 후 가마솥 안이 조용해졌습니다. 아들은 얼른 광으로 뛰어가 갇혀 있는 아버지와 사람들을 구해냈습니다. "아버지, 제가 거인을 물리쳤어요!"
아버지와 아들은 서로 부둥켜안았습니다. 사람들과 보물을 똑같이 나눈 뒤 아버지와 아들은 집으로 돌아갔습니다.

POINT 못된 거인은 벼룩과 빈대, 바늘을 피해 가마솥으로 들어갔는데요. 벼룩과 빈대가 요즘에도 있을까요?

작가
미상

무궁화 꽃 이야기

장르
전래 동화

고려 제 16대 예종왕 때 일입니다. 임금에게는 참으로 아끼는 신하 셋이 있었습니다. 그래서 임금은 세 사람에게 똑같이 참판 벼슬을 내려주었습니다. 하지만 신하들은 임금에게 더 잘 보이려고 싸우기 일쑤였습니다. 셋 중에 한 사람, 구 참판만은 그렇지 않았는데 어질고 선한 구 참판은 다른 사람의 이야기를 할 때면,

"그 친구를 욕하면 내 얼굴에 침 뱉기요, 그러니 제발 서로를 헐뜯지 않도록 하시오."

하면서 자리를 뜨고는 했습니다.

그러는 사이, 다른 두 참판은 구 참판을 궁궐에서 쫓아내기로 짜고서는 없는 죄를 뒤집어 씌웠습니다.

"마마, 구 참판이 반역을 꾸미고 있는 게 틀림없습니다."

임금은 두 참판의 속임수에 넘어가 구 참판을 귀양 보내기로 했습니다.

"참으로 믿을 수 없는 일이로다. 충성스러운 구 참판이 임금인 나를 쫓아내려 했다니…."

구 참판이 떠나는 날, 마침내 예종왕은 참판 둘이서 짜고 꾸민 짓이라는 사실을 알게 되었습니다.

"한번 내린 왕명은 죽어서도 따라야 하는 법. 그러하오니 어서 저를 귀양 보내소서."

구 참판의 간곡한 부탁에 임금도 어쩔 수가 없었습니다. 귀양지에 도착한 구 참판은 예종 임금이 있는 개성 쪽을 향해 절부터 올렸습니다.

"마마, 부디 만수무강하시옵소서."

구 참판이 전라도로 귀양을 떠나자 집안도 엉망이 되었습니다. 구 참판의 부인은 종이 되어 끌려갔고, 자식들도 뿔뿔이 흩어져 소식을 알 수 없었습니다. 그럼에도 불구하고 구 참판은 임금을 원망하지 않았습니다.

"대감마님, 뭐라도 좀 잡수셔야지요? 이런다고 누가 알아주기라고 한답니까?"

이를 본 하인들이 계속 음식을 권했지만 구 참판은 눈 하나 꿈쩍하지 않았습니다.

그러던 어느 날 구 참판은 숨을 거두고 말았습니다. 하인들은 그를 양지 바른 곳에 정성껏 묻어 주었는데 이듬해, 무덤가에 이름 모를 꽃들이 피어났습니다.

그 꽃이 바로 우리나라 국화인 무궁화랍니다. 꽃 속에 있는 붉은 무늬가 임금에 대한 충성심을 상징한다면 하얀 꽃잎이 의미하는 것은 무엇일까요? 그것은 구 참판이 죄가 없다는 것을 알리기 위해 꽃잎이 하얗게, 때로는 보랏빛으로 피었다고 합니다.

무궁화의 꽃말은 '일편단심', '영원'과 '섬세한 아름다움'입니다. 1896년, 애국가 후렴 부분에 '무궁화 삼천리 화려강산'이라는 가사를 넣으면서 나라꽃이 되었다고 합니다.

POINT 우리나라의 국화를 왜 '무궁화'로 정했을까요?

작가
미상

저승에 있는 곳간

장르
교과서에 실린 전래 동화

옛날 전라도 영암 고을의 젊은 원님이 갑자기 죽었습니다. 이방이 애타게 불러도 원님은 눈을 뜨지 않았습니다. 할 일이 많이 남은 원님이 저승사자를 따라 길을 가던 중에 용암을 보았습니다.

'이 길은 저승 가는 길인가 보구나. 내가 정말 죽었어.'

마침내 원님은 염라대왕 앞에 서서 머리를 조아렸습니다. "네가 경상도 상주 마을 원님이냐?"

"아닙니다. 저는 전라도 영암에 삽니다."

염라대왕이 깜짝 놀라 저승사자에게 당장 데려다주라며 호통을 쳤습니다. 원님을 데려다 주던 저승사자는 심술이 가득 찬 얼굴로 원님에게 말했습니다.

"사람은 누구나 저승에 곳간이 있소. 나중에 죽어서 먹을 쌀을 두는 곳이오. 물론 이승에서 착한 일을 한 만큼 채워지지만. 내 당신을 이승에 데려다주니 당신의 저승 곳간에서 쌀 삼백 석만 내놓고 가시오."

원님은 기가 막혔지만 이승으로 가려면 어쩔 수가 없어서 승낙했습니다. 그러나 원님의 저승 곳간은 텅텅 비어 있었습니다.

"허허, 저승에서는 빈털터리로 살겠군."

저승사자가 얼굴을 찌푸리자 원님은 무척 부끄러웠습니다. "우선 덕진 아가씨 곳간에서 삼백 석을 빌리시오. 그런 다음 돌아가서 갚으시오."

"누군지도 모르는데……."

"당신이 머무는 고을 주막에 있는 아가씨로 착한 일을 많이 해서 이 곳간이 철철 넘치고 있소. 아참, 이 사실은 절대 비밀이오."

원님이 약속을 한 뒤 저승 문을 나서자, 죽은 원님이 번쩍 눈을 떴습니다. 원님이 살아나자 온 마을에 잔치가 벌어졌습니다. 원님은 고을을 잘 다스려야겠다고 마음먹었습니다. 그런 원님은 덕진 아가씨에게 쌀을 빌린 일이 떠올랐습니다. 강 건너 주막에 산다는 덕진 아가씨를 만나러 원님은 거지 옷을 입고 찾아갔습니다. 원님은 일부러 덕진 아가씨 주막이 아닌 그 옆집 주막으로 들어갔습니다.

"여기, 막걸리 한 사발만 얻어 먹읍시다!"

주인 아주머니가 원님을 쫓아내자 덕진 아가씨가 주막으로 데려왔습니다. 그러고는 원님에게 막걸리를 대접했습니다. "이보우, 내 어머니가 편찮으신데 약 살 돈 좀 빌려주겠소?"

원님의 말에 덕진 아가씨는 돈을 내주었습니다.

"어머니 때문에 마음이 아프시겠습니다. 이 돈은 천천히 갚으셔도 됩니다."

원님은 덕진 아가씨의 저승 곳간이 왜 그렇게 가득 찼는지 알았습니다. 원님은 그 즉시 관가로 돌아가 쌀을 한가득 실고 덕진 아가씨 주막으로 돌아왔습니다.

"내가 아가씨에게 빌린 쌀을 돌려주는 겁니다. 아가씨의 착한 마음이 하늘을 감동시켰소."

원님이 쌀을 내려놓고 돌아가자 덕진 아가씨는 쌀을 어디에 쓸지 고민했습니다.

'그래, 쌀을 팔아 다리를 놓아야겠다.'

덕진 아가씨는 그렇게 영암 고을 사람들을 위해 다리를 놓았습니다. 그 다리를 '덕진 다리'로 부르며 사람들은 지금도 오가고 있습니다.

POINT 덕진 아가씨의 저승 곳간은 왜 가득 찼을까요?

작가
셰익스피어

한여름밤의 꿈

장르
세계 명작

옛날 그리스 아테네에 라이샌드를 사랑한 허미아라는 아가씨가 살았습니다. 그러나 아버지의 반대에 부딪혔습니다.
"너는 귀족인 디미트리어스와 결혼해라!"
"싫어요. 그는 내 친구 헬레나를 사랑했으면서 지금은 헬레나를 차버렸어요."
허미아는 자신이 아테네의 법에 따라 사형에 처해질 것을 알고 라이샌드와 도망가기로 했습니다.
한편 요정의 왕 오베론은 여왕 티타니아가 훔친 인간의 아이를 키우겠다고 여왕과 싸웠습니다. 숲에서 허미아와 라이샌드가 만나기로 했을 때 오베론과 티타니아는 또 말다툼을 했어요. 화가 많이 난 오베론이 꼬마 요정 퍽을 불렀어요.
"헛된 사랑이라고 부르는 꽃을 따 와라. 꽃 즙을 잠든 티타니아의 눈꺼풀에 바르면 티타니아가 맨 먼저 본 사람이 누구든 사랑하게 될 거야. 난 그 아이를 주기 전에 마법을 풀어주지 않을 테다."
퍽이 꽃을 찾으러 간 사이 오베론 왕은 무시당하는 헬레나를 보았어요. 그래서 퍽이 가져온 꽃 즙을 거만한 청년에게 바르라고 했어요. 그러고 나서 오베론은 티타니아의 눈꺼풀에 사랑의 묘약을 떨어뜨렸습니다.
그러나 퍽은 라이샌드의 잠든 눈에 즙을 발랐습니다. 라이샌드가 당연히 거만한 청년이라고 생각했거든요. 라이샌드가 눈을 떴을 때 처음 본 사람은 허미아가 아닌 헬레나였습니다. 느닷없는 라이샌드의 사랑 고백에 화가 난 헬레나는 달아났어요.

그러는 사이 허미아를 찾지 못한 디미트리어스는 숲에서 잠이 들었습니다. 오베론 왕은 퍽이 실수한 사실을 알아채고 디미트리어스의 눈에 즙을 발랐습니다. 잠에서 깬 디미트리어스는 자신을 보고 있는 헬레나를 보았어요. 디미트리어스도 헬레나에게 고백했어요. 그때 헬레나를 쫓아온 라이샌드가 헬레나에게 사랑한다고 말했습니다. 헬레나는 두 사람이 자기를 놀리는 거라고 생각했어요.
이 모습을 본 오베론 왕이 퍽에게 두 사람 모두 잠들게 하라고 했습니다.
한편 티타니아 여왕이 계속 잠에서 깨지 않았습니다. 오베론 왕은 숲에서 잠든 연극 광대의 머리에 당나귀 탈을 씌워 여왕에게 보냈어요. 티타니아 여왕은 광대를 보자마자 사랑에 빠졌어요. 광대가 잠이 들자 오베론 왕이 티타니아에게 다가가 말했습니다.
"세상에, 당나귀와 사랑에 빠지다니. 나에게 아이를 주시오!"
티타니아가 승낙하자 오베론 왕이 꽃즙을 티타니아의 눈에 뿌렸어요. 그러자 티타니아가 정신을 차렸습니다. 퍽이 두 남자와 아가씨들을 한데 모이게 했어요. 물론 왕이 준 해독제를 라이샌드의 눈에 뿌려주었고요. 다시 허미아에 대한 사랑도 돌아왔어요.
허미아와 라이샌드는 자신들에게 벌어진 일이 꿈인지 진짜인지 헛갈렸어요. 헬레나도 디미트리어스의 사랑을 받아들였습니다. 허미아와 헬레나는 더욱 진실한 친구가 되었습니다.

POINT 좋아하는 친구가 있는데, 부모님이 만나지 말라고 하면 어떻게 해야 할까요?

작가
미상

여우야 여우야 뭐하니?

장르
전래 동요

여우야 여우야 뭐하니?
잠잔다
잠꾸러기

여우야 여우야 뭐하니?
세수한다
멋쟁이

여우야 여우야 뭐하니?
밥 먹는다
무슨 반찬
개구리 반찬

죽었니 살았니?
살았다!

작가
라퐁텐

행운의 여신

장르
세계 동화

옛날 어느 나라에 수완이 좋은 장사꾼이 살았습니다. 장사꾼은 여러 나라를 돌아다니며 물건을 사고팔았습니다. 장사꾼은 행운의 여신의 도움을 받아 큰 부자가 되었습니다. 폭풍우 속에서도 배가 부서지지 않고 버틸 수 있었습니다. 그런데 장사꾼은 행운의 여신이 아니라 자기가 행운을 타고 났기 때문이라고 생각했습니다.

장사꾼과 달리 친구들은 어려운 일을 잘 헤쳐 나가면 늘 행운의 여신에게 감사의 기도를 올렸습니다.

장사꾼은 그런 친구들을 이해할 수가 없었습니다. 여전히 물건을 아주 싸게 사서 비쌀 때 팔아 큰돈을 챙기는 일에만 힘을 썼습니다. 그렇게 장사꾼의 금고에는 금화가 쌓여갔습니다.

'난 행운의 사나이야. 장사 수완이 이렇게 좋아서야.'

사람들은 장사꾼에게 물었습니다.

"당신은 어떻게 그런 행운을 가졌나요?"

"내 능력이 좋아서죠. 누구의 도움이 아닌 내가 노력하고 물건을 잘 고르는 눈이 있어서입니다. 그렇게 하니 돈은 저절로 따라오는 거고요."

장사꾼은 당연한 걸 묻는다는 식으로 고개를 뻣뻣이 들었습니다.

장사꾼은 부자가 될수록 점점 돈벌이를 우습게 보고 교만해졌습니다. 어떤 일이든 신중하지 않았습니다. 그래서인지 질 나쁜 물건도 팔았고 해적을 만나 물건을 빼앗기는 일도 생겼습니다.

"어, 왜 이렇게 내 마음대로 되지 않는 거야?"

화가 난 장사꾼은 돈을 마구 쓰며 사람들을 괴롭혔습니다. 사람들은 점점 장사꾼의 인심이 사나워졌다며 가까이하지 않았습니다. 결국 장사꾼은 전 재산을 걸고 투자한 사업이 망해서 거지가 되었습니다.

그 모습을 보고 친구가 물었습니다.

"자네 왜 이렇게 된 건가?"

"운명이겠지. 불행의 신이 내 옆에서 나를 괴롭히는 게 아닐까?"

장사꾼은 자신의 탓이 아니라 신 때문이라고 말했습니다. 옆에 있던 친구가 한마디 거들었습니다.

"이보게, 자네는 잘 나갈 때는 행운의 여신 때문이라고 말한 적이 없으면서 일이 잘못되니 신 탓을 하고 있군."

"뭐라고?"

"행운의 여신을 모른 척 했으면 잘못됐을 때도 신을 원망하지 말게나. 좀 현명하게 살라고."

친구의 충고에 장사꾼은 크게 고개를 끄덕였습니다. 감사할 줄 몰랐던 자신이 원망스러웠습니다.

라퐁텐(1621~1695)
프랑스의 시인, 동화 작가. 《개와 당나귀》 《곰과 정원사》

POINT 장사꾼과 친구들의 다른 점은 무엇일까요?

작가
미야자와 겐지

도토리와 산고양이

장르
국내외
명저자 작품

"시끄러워! 여기가 어딘 줄 알아? 조용히 해. 조용히 하라고!" 마부가 채찍을 들자 도토리들이 조용해졌습니다. "재판이 오늘로 사흘째인데 적당히 싸우고 화해를 하는 게 어때?" 산고양이가 수염을 꼬며 말하자 다시 도토리들이 소리쳤습니다.

"안 됩니다. 누가 뭐래도 머리가 뾰족한 것이 제일 위대해요."

"아닙니다. 틀렸어요! 둥근 것이 위대하다고요."

"그렇지 않아. 뭐니 뭐니 해도 큰 게 제일이라고!"

와글와글 시끌시끌. 또다시 뭐가 뭔지 알 수 없게 되었을 때 산고양이가 꽥 소리를 질렀습니다.

"닥쳐라! 시끄럽다! 이곳을 어디라고 생각하는 게냐? 조용히 하지 못해!"

마부가 채찍을 휘둘렀고 산고양이는 수염을 빳빳하게 꼬았습니다.

"이제 사흘이나 지났으니 그만 싸우고 화해를 하는 편이 어떤가?"

"안 돼요. 머리가 뾰족한 것이…."

다시 시끄러워지려고 하자 산고양이가 소리쳤습니다.

"대체 여기가 어딘지 알고 이렇게 떠드는 거야?" 마부가 채찍을 들자 도토리들은 다시 조용해졌습니다.

"보시는 바와 같습니다. 어떻게 하면 되겠습니까?"

산고양이가 이치로에게 나지막이 묻자 이치로가 미소 지으며 말했습니다.

"그렇다면 이렇게 말해 보는 건 어떨까요? 이 중에서 제일 어리석고, 엉망진창이고, 전혀 돼 먹지 않은 자가 가장 훌륭하다고 말이에요. 사실 내가 설교 시간에 들은 얘기랍니다."

산고양이는 흡족하게 고개를 끄덕였습니다. 그러고는 점잖게 비단옷의 앞자락을 열어 황금빛 전포를 조금 내보이더니 도토리들에게 외쳤습니다.

"지금부터 내 명령을 잘 듣도록 해라! 이 중에서 제일 어리석고, 엉망진창이고, 전혀 돼먹지 않았고, 머리통이 찌부러진 놈이 가장 위대하다."

도토리들은 입을 다물고 쥐 죽은 듯이 조용해졌습니다. 그제 산고양이는 검은 비단옷을 벗고 이마의 땀을 훔치면서 이치로의 손을 잡았습니다. 마부도 신이 나서 가죽 채찍을 대여섯 번 휘둘렀습니다.

"정말 고맙습니다. 이렇게 힘들고 엉망진창인 재판을 짧은 시간에 해결해주셨어요. 그러니 부디 이제부터 우리 재판소의 명예 판사가 되어주십시오. 앞으로도 엽서가 날아가면 꼭 와주시기 바랍니다. 그때마다 사례는 꼭 하도록 하겠습니다."

산고양이가 말했습니다.

"알겠습니다. 하지만 사례 같은 건 필요 없어요."

"아니지요. 내 체면도 있으니 사례는 받아 주셔야 합니다. 그리고 이제부터 엽서에 '카네타 이치로 님'이라고 쓰고, 이쪽을 재판소라고 쓰려는데 괜찮겠습니까?"

"네. 괜찮습니다."

이치로가 대답했습니다.

미야자와 겐지(1896~1933)
일본의 동화작가, 시인
대표작 《바람의 마타사부로》 《은하철도의 밤》

POINT 산고양이는 왜 제일 어리석고 엉망진창이고 머리통이 찌부러진 도토리가 가장 위대하다고 했을까요?

작가
나쓰메 소세키

도련님

장르
세계 명작

나는 어려서부터 단순하고 성격이 급했습니다. 어느 날 친척에게 선물 받은 외제 칼을 친구하게 자랑했습니다. 친구는 칼이 둔할 거라며 의심했습니다.

"무슨 소리야? 뭐든 자를 수 있다고!"

"그럼 손가락도?" 나는 앞뒤 재지 않고 엄지손가락을 그었습니다. 다행히 큰 상처는 나지 않았습니다. 엄마는 나를 골칫덩어리로 생각했지만 너무 일찍 돌아가셔서 후회도 했습니다. 아버지는 나만 보면 고개를 휘휘 저었습니다. 우리 집에서 유일하게 나를 믿어줬던 사람은 가정부 할멈인 기요였습니다.

아버지마저 돌아가시고 형은 다른 도시로 떠나버렸습니다. 나는 물리 전문학교에 들어가 겨우 졸업장을 받았습니다. 학장의 권유로 도쿄를 떠나 시코쿠에 있는 중학교 수학 교사로 가게 되었습니다.

교장 선생님은 너구리로, 빨간 셔츠를 주로 입는 교감 선생님은 빨간 셔츠로, 얼굴이 노란 영어 선생님은 끝물로, 나와 같은 수학 선생님은 산바람으로, 늘 알랑방귀를 끼는 미술 선생님은 알랑방귀로 부른다며 기요에게 편지를 보냈습니다.

첫 수업을 마치고 나오는데 한 녀석이 문제를 내밀었지만 모르는 문제였습니다. 학생들이 비웃었습니다.

"선생님도 못 푸는 문제가 있어. 문제 잘 푸는 선생이 여기 월급 40엔을 받고 왔겠냐!"

산바람이 소개해준 하숙집은 골동품 가게를 했습니다. 늘 자기가 들어오면 골동품 하나씩 가져와서 돈은 천천히 줘도 된다며 사기를 권했습니다.

하루는 국숫집에서 튀김국수 네 그릇을 먹고 나왔더니 다음 날 학생들이 칠판에 '튀김 국수 네 그릇'이라며 놀려댔습니다. 단고를 사먹은 날 다음날에도 학생들은 나를 놀림거리로 삼았습니다.

결국 빨간 셔츠는 모범을 위해 국수도 단고도 사먹지 말라는 말을 했습니다. 숙직 날은 학생들이 메뚜기를 잔뜩 잡아다 이불 속에 집어넣기도 하고 위층에서 계속 쿵쾅대어 잠을 잘 수 없게 만들었습니다.

하숙집을 소개했던 산바람과 오해를 풀고 하숙집을 옮겼습니다. 주인은 빨간 셔츠가 끝물의 여자 친구를 빼앗으려 한다고 전했습니다. 마돈나라고 불리는 끝물의 여자 친구도 점점 빨간 셔츠에게 마음이 기울었다는 것입니다.

끝물이 갑작스럽게 학교를 옮기는 것도 빨간 셔츠의 계략이었습니다. 산바람과 나는 빨간 셔츠를 혼내 주어야겠다고 마음먹었습니다. 그러던 중 빨간 셔츠는 산바람에게 사표를 내라고 했고, 산바람은 사표를 내고 빨간 셔츠의 뒤를 밟았습니다. 결국 기생하고 여관에서 나오는 장면을 목격했습니다. 그 옆에 알랑방귀도 있었습니다. 나는 알랑방귀와 빨간 셔츠를 혼내주고 학교에 사표를 내고 도쿄로 돌아왔습니다. 기요를 찾아가서 만났습니다. "도련님! 어서 오세요. 보고 싶었습니다."

그 후 나는 철도 회사의 기수로 취직해서 기요와 살았습니다. 세월이 흘러 기요가 세상을 떠나자 유언대로 절에 묻어주고 가끔 찾아갔습니다.

나쓰메 소세키(1867~1916)
일본의 소설가. 대표작 《나는 고양이로소이다》

POINT 너구리, 빨간 셔츠, 끝물, 산바람, 알랑방귀처럼 그 사람의 특징에 맞게 별명을 지어볼까요?

작가
미상

효녀 심청

장르
전래 동화

옛날 어느 마을에 심청이란 아이가 앞을 보지 못하는 아버지와 단 둘이 살았습니다. 청이 아버지인 심 봉사는 집안 살림이 넉넉하지는 않았지만 하나뿐인 딸을 정성껏 키웠습니다. 그러던 어느 날 심 봉사가 그만 발을 헛디뎌 냇물에 풍덩 빠졌습니다. 그때 마침 지나가던 스님이 심 봉사를 구해 주었습니다.

"우리 절에 공양미로 삼백 석을 바치면 눈을 뜨실 겁니다."

그 말에 심 봉사는 덜컥 약속을 하고 집에 왔지만 무척 걱정이 되었습니다.

"아버지, 무슨 고민 있으세요?"

청이가 묻자 심 봉사는 낮에 있었던 일을 털어놓았습니다. 청이는 아버지 눈을 뜰 수 있게 돕고 싶었지만 가난한 형편에 어림도 없는 일이었습니다.

그러던 어느 날 청나라 상인들이 인당수에 빠질 처녀에게 쌀 삼백 석을 준다는 소문이 돌았습니다. 뱃사람들은 예로부터 바다를 건너 돌아가는 길에 산 사람을 제물로 바치면 무사할 수 있다고 믿었기 때문입니다. 청이는 얼른 상인들에게 달려가 쌀 삼백 석을 받고 제물이 되기로 했습니다. 뒤늦게 이 사실을 알게 된 심 봉사는 뒤쫓아 갔지만 심청이는 이미 배를 타고 떠난 뒤였습니다.

심청이를 태운 배가 바다 한가운데를 향해 갈 무렵이었습니다. 순간 파도가 거세어지고 비바람이 몰아쳤습니다.

"우리 아버지 눈을 꼭 뜨게 해 주세요."

심청이는 눈물을 흘리며 깊은 바닷속으로 풍덩 뛰어들었습니다. 그때 용왕도 청이의 기도를 들었습니다.

"어허, 눈먼 제 아버지를 위한 효성이 참으로 기특한지고."

용왕은 심청이를 커다란 연꽃 속에 숨겨 지상으로 올려 보냈습니다. 그런데 심청이가 들어 있던 연꽃이 올라온 곳은 마침 임금님이 계신 궁궐이었습니다.

"오, 이렇게 크고 아름다운 연꽃은 처음 보는구나!"

임금님이 연꽃을 어루만지자 꽃잎이 활짝 열리더니 꽃 속에서 청이가 나왔습니다. 청이의 이야기를 들은 임금님은 하늘이 보내 준 사람이라 여기고 혼인을 올리기로 했습니다. 청이는 팔방으로 아버지를 찾다가 임금한테 부탁해 잔치를 열도록 했습니다.

그 소식은 온 나라에 퍼졌고 장님들이 모두 대궐로 모여들었습니다. 잔치가 거의 끝날 때쯤 초라한 모습을 한 심 봉사가 나타났습니다. 청이는 너무 반가워 단숨에 달려가 아버지 손을 꼭 잡았습니다.

"아버지, 저예요. 제가 청이에요."

"뭐, 청이라고? 어디 보자!"

두 사람은 서로 감싸 안으며 기쁨의 눈물을 흘렸습니다.

"어, 보인다. 청아, 네 얼굴이 보여!"

딸의 효심으로 눈을 뜬 심 봉사는 심청이와 함께 궁궐에서 오래오래 행복하게 살았습니다.

POINT 심청이는 왜 무서운 바닷속으로 풍덩 뛰어들었을까요?

작가
미상

달걀 열두 개로 한 축하

장르
교과서에 실린 전래 동화

옛날 옛날 어느 마을에 가난한 선비가 살았습니다. 어느 날 선비는 어릴 적 서당 친구에게 편지를 한 통 받았습니다.
편지를 받은 선비는 한숨을 푹 내쉬었습니다. 옆에서 바느질 하던 아내가 선비에게 물었습니다.
"무슨 사연이기에 한숨까지 내쉬세요?"
"강원에 사는 친구 아들이 결혼을 한다는군."
선비는 자기 일처럼 기뻤지만 한편으로는 고민이 되었습니다. 차려입을 옷 한 벌이 변변치 않았을 뿐만 아니라 축하 선물도 마땅치가 않았습니다.
고민하던 선비가 아내에게 말했습니다.
"우리가 치는 닭의 알을 모아 선물로 보내야겠소."
암탉도 아니고 알을 선물한다는 것이 초라하기 짝이 없었지만 선비에게는 그것도 컸습니다. 달걀을 하루하루 챙겨서 열두 개를 모았습니다.
선비는 달걀을 짚으로 잘 엮어서 축하 편지와 함께 강원도에 사는 친구에게 보냈습니다.
한편 달걀과 축하 편지를 받은 친구는 의아한 마음이 들었습니다.
'큰 행사에 오지는 않고 달걀과 편지라니.'
친구는 선비의 정성어린 편지를 읽고 나자 무척 감동을 받았습니다.
"자네 맏아들이 혼인한다니 정말 기쁘네. 직접
축하해줘야 하나 내 형편이 여의치 않아 마음을
담아 보내네."
선비는 축시까지 덧붙여 보냈습니다.

달걀처럼 둥글게 살아가소서.
달걀 속처럼 알차게 생활하소서.
달걀 열두 개처럼 열두 달 행복하소서.
달걀을 품어 병아리가 나오듯 예쁜 자식
낳아 번창하소서.
달걀 겉은 희고 속은 노랗듯이 백옥과 황금처럼 귀한
부부 되소서.

선비의 편지와 축시를 다 읽은 친구는 선비가 가난 때문에 걸음을 하지 못했다는 것을 짐작했습니다. 친구는 아들 내외를 불러 달걀과 편지를 건네주었습니다.
"내 친구가 보낸 혼인 축하 선물이다. 그 어떤 선물보다 값진 것이니 잘 읽어 보도록 해라."
친구는 곧장 선비에게 답장을 보냈습니다.
"내 평생 이렇게 훌륭한 선물은 처음 받아 보네. 정말 고맙네."
선비는 친구의 편지를 받고 달걀 열두 개로 마음이 통했다고 기뻐했습니다. 그 이후에도 선비와 친구의 우정은 계속 이어졌습니다.

POINT 가난한 선비가 친구에게 보낸 달걀과 편지처럼 진심이 담긴 선물은 어떤 것일까요?

작가
라퐁텐

세 가지 소원

장르
세계 동화

옛날에는 요정들과 사람들이 함께 살았습니다. 사람들은 집안일을 할 때 그릇도 깨뜨리고, 물건을 망가뜨리지만 요정은 실수하지 않았습니다. 인도의 갠지스 강 근처에서 제법 부자로 사는 부부 이야기입니다. 물론 부부의 집에도 요정이 살았습니다. 요정 중에서도 척척 일을 해내는 착한 하인 요정이 있었습니다.

요정의 특기는 꽃이 피거나 나무가 자라면 아름답게 정원을 가꾸는 일입니다. 주인 부부는 이 요정을 무척 좋아했습니다. 그런데 친구 요정들이 이 요정을 질투했습니다. "너만 주인한테 잘하면 되니?"

"네가 이 집에 남아 있는 한 우리는 언젠가 망신을 당할지도 몰라."

친구 요정들은 계속해서 이 요정의 일을 방해했습니다. 청소할 때 빗자루를 감추는 등 못된 짓을 많이 했습니다. 요정이 깊은 고민에 빠졌습니다.

'내가 있으면 주인 부부가 힘들어지겠는걸. 얼른 이곳을 떠나야겠다.'

이 요정은 주인 부부를 찾아갔습니다.

"이곳을 떠날까 해요."

"왜? 무슨 일인데?"

요정은 말하기 곤란하다며 무조건 떠나야 한다고 대답했습니다. 주인 부부는 무척 아쉬워했습니다.

"일주일 안에 떠날 거예요. 떠나기 전에 세 가지 소원을 말씀하시면 들어드리고 떠날게요."

요정의 말에 주인 부부가 깊이 생각한 뒤 말했습니다.

"부자가 되면 좋겠어. 지금도 괜찮지만 더 부자가 되면 행복하지 싶어." 요정이 고개를 끄덕이자 주인 부부 집이 바뀌었습니다. 금고에는 금화로 철철 넘치고, 창고에는 음식으로 가득했습니다.

그런데 주인 부부는 불안해지기 시작했습니다. 재산을 지키는 것도 문제였고, 재산이 얼마나 되는지 세기도 힘들었습니다. 그리고 날마다 도둑 걱정으로 잠을 이룰 수 없었습니다.

남편이 슬픈 얼굴로 아내에게 말했습니다. "이렇게 가다간 병들어 죽겠소. 차라리 옛날이 낫지 싶소."

"맞아요. 저도 그래요."

"요정이 세 가지 소원을 들어준다니 두 번째 소원을 들어 달라고 합시다."

"원래대로 재산을 돌려달라고 해요. 그게 행복하겠어요."

부부 말대로 요정이 두 번째 소원을 들어 주었습니다.

"휴우, 이렇게 좋은 것을. 욕심을 부리면 안 돼요."

"맞아요. 가난한 사람이 훨씬 행복하네요. 이렇게 마음이 편하다니. 우리 앞으로 이렇게 살아요."

부부가 밝은 얼굴로 이야기를 나눌 때 요정이 다가왔습니다.

"저는 떠나야겠어요. 마지막 소원을 말해 주세요."

주인 부부는 한 목소리로 말했습니다.

"지금보다 현명했으면 해. 현명한 사람이야말로 어리석은 행동을 하지 않을 거야."

라퐁텐(1621~1695)
프랑스의 시인, 동화 작가. 《개와 당나귀》 《공과 정원사》

POINT 부부는 왜 마지막 소원으로 현명한 사람이 되게 해달라고 했을까요?

작가
요한나 슈피리

알프스 소녀 하이디

장르
세계 명작

알프스 산꼭대기에 있는 오두막집에서 가장 마음에 드는 곳은 다락방이었어요. 다락방에 있는 창으로 밖을 보면 계곡 멀리까지 보였습니다. 하이디는 양치기 페터와도 친구가 되었습니다. 하루는 페터네 집에 놀러갔다가 페터네 할머니가 앞을 볼 수 없다는 것을 알게 되었습니다. 그래서 겨울 내내 할머니를 찾아가 말벗이 되어주었습니다. 무뚝뚝한 할아버지도 페터네 집의 문짝을 고쳐 주기도 했습니다. 그렇게 하이디는 모두에게 없어서는 안 되는 사랑스러운 아이였습니다. 그러던 어느 날 데테 이모가 찾아오더니 하이디를 데려가겠다고 말했습니다.

"제가 일하고 있는 집주인의 먼 친척인데 말동무가 될 아이를 찾는다고 하네요. 그 부잣집에 딸이 있는데 몸이 너무 약해서 학교에도 못 가고 집에만 있나 봐요."

결국 데테 이모는 가기 싫어하는 하이디를 데리고 프랑크푸르트에 있는 제제만 씨 집으로 갔습니다. 그곳에는 클라라라는 외동딸이 있었습니다. 클라라는 몸이 약해서 휠체어에 앉은 채로 움직여야 했습니다. 클라라는 하이디가 마음에 들었습니다. 조용하고 지루하던 하루하루가 하이디가 온 후로 시끌벅적하고 재미있어졌거든요.

요한나 슈피리(1827~1901)
세계적인 스위스의 아동문학가

하지만 도시에 온 하이디는 알프스가 그리워서 밥도 거의 먹지 못했고 날이 갈수록 몸이 약해졌습니다. 잠을 자려고 누워도 고향 생각뿐이었습니다.

"할아버지, 할아버지…."

하이디는 할아버지와 알프스의 풍경을 그리며 눈물을 흘렸습니다. 아무도 모르게 알프스를 그리워하던 하이디가 몽유병까지 걸리게 되자 제제만 씨는 하는 수 없이 하이디를 고향으로 돌려보내기로 했습니다.

하이디가 돌아오자 할아버지와 페터네 식구들 모두가 하이디를 반겼습니다. 할아버지는 산이 춥다면서 하이디를 데리고 겨울 동안 마을로 내려와 지냈습니다. 맑은 공기를 쐬자 하이디는 다시 건강해졌습니다. 반대로 클라라는 하이디를 보낸 뒤, 쓸쓸한 날들을 보내고 있었습니다. 그래서 하이디에게 편지를 보냈습니다. 하이디는 편지가 올 때마다 무척 기뻤습니다. 그리고 유월이 되자 클라라가 하이디를 만나기 위해 알프스로 왔습니다.

두 사람은 아름다운 풍경을 보면서 놀았습니다. 하이디는 꽃을 한아름 꺾어다 클라라에게 주었습니다. 염소젖과 치즈도 맛있게 먹고 오두막 창가에서 별을 보다 잠이 들었습니다. 그런데 페터가 사이좋은 둘의 모습에 그만 심술이 나서는 클라라의 휠체어를 골짜기로 밀어버렸습니다. 하는 수 없이 클라라는 할아버지와 함께 날마다 걷는 연습을 했습니다. 그리고 얼마 뒤 드디어 클라라가 걸을 수 있게 되었습니다. 며칠 뒤, 제제만 씨가 클라라를 보러 왔습니다. 건강한 소녀가 두 발로 걸어오는 모습에 제제만 씨는 깜짝 놀랐습니다.

"아버지, 저 클라라예요." 제제만 씨는 눈물을 흘리며 기뻐했습니다. 하이디는 함박웃음을 지으며 고운 목소리로 노래를 불렀습니다. 하이디의 노랫소리가 바람을 타고 알프스의 산골짜기로 퍼져 나갔습니다.

POINT 몸이 약했던 클라라가 어떻게 휠체어 없이 걸을 수 있을 정도로 건강해졌을까요?

September
9

작가
샤를 페로

요정

장르
세계 동화

옛날에 두 딸을 둔 과부가 살았습니다. 과부는 자신을 쏙 빼닮은 첫째만 예뻐하고 아버지를 닮아 상냥하고 정직한 둘째는 힘든 일만 시켰습니다. 어느 날 둘째가 집에서 먼 우물에서 물을 긷고 있었습니다. 그때 초라하기 짝이 없는 여인이 다가왔습니다.

"아가씨, 목이 마른데 이 불쌍한 늙은이에게 물 좀 주시구려."

"그러세요. 잠시만요."

둘째는 항아리를 닦은 뒤에 가장 깨끗한 곳의 물을 퍼서 여인에게 건네주었습니다. 그러고는 여인이 물을 마시기 편하게 항아리를 받쳐 주었습니다.

"아가씨는 얼굴도 예쁜데 마음까지 곱구려. 내 아가씨의 친절에 대한 답례로 선물 하나 주겠소. 아가씨가 말할 때마다 입에서 꽃과 보석이 나오게 될 것이오."

여인은 이 말을 하고나서 사라져버렸습니다. 사실 여인은 요정으로 둘째의 마음씨를 시험해 보려고 나타났던 것입니다. 집으로 돌아온 둘째에게 과부가 늦었다며 나무랐습니다. "죄송해요. 어머니."

놀랍게도 둘째가 말을 하자 입에서 장미 두 송이와 진주 두 알, 다이아몬드 두 알이 튀어나왔습니다.

샤를 페로(1628~1703)
동화라는 새로운 문학 장르의 기초를 다진 프랑스 작가

"내가 지금 뭘 본 거야? 아가야, 네 입에서 진주랑 다이아몬드가 나오다니 어떻게 된 일이지?"

과부가 둘째에게 다정하게 물었습니다. 둘째가 우물에서의 일들을 이야기할 때도 계속해서 꽃과 보석이 나왔습니다.

"세상에나! 네 언니도 우물로 보내야겠다. 첫째야, 너도 둘째처럼 우물에 가서 물을 길어 오너라. 꼭 초라한 옷을 입은 여인에게 물을 떠줘야 한다."

첫째는 투덜대면서 은주전자를 들고 우물로 갔습니다. 우물에 도착하자 화려한 옷을 입은 귀부인이 다가와 물을 달라고 말했습니다.

"당신한테 물이나 떠주려고 여기 온 줄 알아요? 여기 주전자가 있으니 알아서 떠 마시든지 말든지 하세요!"

"이런. 아가씨는 참으로 예의가 없군. 내 아가씨에게 선물을 하나 하지. 앞으로 말할 때마다 입에서 뱀과 두꺼비가 튀어나올 것이오."

둘째가 만난 여인은 바로 첫째에게 선물을 준 요정이었습니다. 집으로 돌아온 첫째에게 과부가 물었습니다. 첫째가 말을 시작하자 입에서 두꺼비와 뱀이 튀어나왔습니다.

"이게 뭐야? 세상에나. 이게 다 저 둘째 때문이야!"

과부는 화가 나서 둘째를 쫓아냈습니다. 숲속을 헤매다 쓰러진 둘째에게 사냥하던 왕자가 나타났습니다.

"왜 이런 깊은 숲속에 혼자 있는 건가요?"

"그게, 제 어머니가 저를 쫓아내셨어요."

둘째가 말할 때마다 입에서 진주와 다이아몬드가 쏟아져 나왔습니다. 둘째의 사연을 들은 왕자는 아름다운 마음씨를 가진 둘째를 사랑하게 되었습니다. 궁전으로 돌아간 왕자는 둘째와 결혼식을 올리고 행복하게 살았습니다. 첫째는 사람들의 눈총과 어머니의 외면으로 숲속을 헤매다가 결국 죽고 말았습니다.

POINT 요정은 왜 둘째 딸의 입에서는 꽃과 보석을, 첫째 딸의 입에서는 뱀과 두꺼비가 나오게 했을까요?

작가
미상

밥 안 먹는 색시

장르
전래 동화

옛날에 구두쇠 영감이 느지막한 나이에 색시를 얻었습니다. 색시는 얼굴은 고왔지만 입이 함지박만 한 여자였습니다. 입이 커서 그런지 밥도 아주 많이 먹었답니다.
"저렇게 먹다가는 곡식이 금방 다 없어지겠네. 어디 얼마나 많이 먹나 한번 보자."
한번은 영감이 나가면서 색시에게 말했습니다.
"농부들과 같이 먹을 것이니 밥을 많이 짓도록 하게."
그 말을 들은 색시는 커다란 가마솥 그득 밥을 지었습니다. 그런데 새참을 머리에 이고 간 곳에는 영감 혼자 앉아 있었습니다.
"오늘은 나랑 임자랑 둘이 먹어야 하겠네."
남자 말이 떨어지기가 무섭게 색시는 순식간에 그 많은 밥을 뚝딱 비웠습니다.
'아이고! 저 여자 때문에 내 재물이 다 축나겠네!'
그렇게 생각한 영감은 그날 밤, 입이 큰 색시를 쥐도 새도 모르게 죽여버렸습니다.
시간이 흘러 욕심 많은 영감은 다시 색시를 얻었는데 이번에는 입이 아주 작은 여자였습니다. 새색시는 접시에 밥알 세 알을 담고 한 알씩 개미구멍만 한 입 속에 집어넣어 쫄쫄 빨아먹었습니다.
"아유, 배부르네. 배불러."
그런 새색시를 보면서 영감의 입은 헤벌쭉 벌어졌습니다.
"얼마 안 가 곳간이 가득 차겠네."
영감은 곳간 문을 열고 쌀가마들을 보았습니다. 그런데 이상하게도 쌀이 얼마 없었습니다.
"이럴 수가! 누가 내 쌀을 훔쳐갔나? 내일은 어디 가지 말고 숨어서 지켜봐야겠다."
다음 날 영감은 집을 나섰다가 다시 돌아와서는 몰래 숨어서 지켜보았습니다. 잠시 뒤, 새색시가 곳간으로 들어가더니 쌀 한 가마니를 번쩍 들고 나오는 게 아니겠어요.
색시는 다시 부엌으로 가더니 그 많은 쌀을 다 씻어서는 커다란 가마솥에 쏟아 붓고 아궁이에 불을 활활 지폈습니다. 이윽고 밥이 다 되자 색시는 곳간 문을 훌떡 벗겨 마당에 척 깔아 놓고 그 위에서 갓 지은 밥을 뚤뚤 뭉치기 시작했습니다. 그 많은 밥으로 하나씩 주먹밥을 만들어 문짝 위에 죽 늘어놓고는 입맛을 짭짭 다셨습니다.
그 다음에는 색시가 머리를 툭툭 쳐서 머리카락을 뒤로 훌렁 넘겼습니다. 머리 꼭대기에 커다란 입이 스윽 나타났습니다. 색시가 주먹밥을 머리 위로 풍덩풍덩 던져 넣었습니다. 그러자 커다란 입이 풍덩풍덩 다 먹어버렸습니다.
"맛있다, 맛있어!"
욕심 많은 영감은 그 모습을 보고는 곳간도 집도 다 버리고 다리야 날 살려라 하고 멀리멀리 도망갔습니다.

POINT 많이 먹는 사람은 입이 크고, 적게 먹는 사람은 입이 작을까요?

작가
진 웹스터

키다리 아저씨

장르
세계 명작

고아를 대학에 보내주신 고마운 아저씨에게

솔직히 말하자면 전혀 모르는 분께 편지를 쓰려니 무엇을 써야 할지 모르겠어요. 사실 저는 아저씨에 대해 아는 게 별로 없어요. 키가 크다. 무지무지하게 부자다. 아저씨가 키가 크다는 사실은 절대 변하지 않을 테니까 '키다리 아저씨'라고 부르겠어요. 기분 나쁘신 건 아니죠? 이 이름은 아저씨와 저만의 비밀이에요. 고아원 원장님께는 절대 말씀드리지 말아주세요. 저는 고아원에서 자랄 때 늘 배가 고팠어요. 남이 입던 옷을 입고 학교에 갔을 때에는 놀림거리가 되기도 했었지요. 고등학교를 마칠 무렵, 저의 글 솜씨를 눈여겨본 후원자 한 분이 졸업할 때까지 저를 도와주겠다고 했을 때 저는 믿을 수가 없었어요. '매달 한 번씩 편지를 써 보낼 것' 그리고 답장은 기대하지 말 것'이라는 조건이 붙긴 했지만 저는 날이 갈수록 얼굴도 모르는 후원자 분이 궁금해지네요.

제루샤 애벗으로부터

진 웹스터(1876~1916)
미국의 아동문학가. 대표작《패티의 대학 시절》

꿈 많은 소녀 주디는 부푼 가슴을 안고 대학 생활을 시작했습니다. 그리고 약속대로 키다리 아저씨에게 행복한 대학 생활을 편지로 써서 보냈습니다. 언젠가부터 고아원 원장님이 지어준 이름이 마음에 들지 않는다며 주디 애벗이라고 이름을 바꿔서 보냈습니다. 주디는 아주 사소한 것까지 편지에 쓰면서 점점 자신을 대학에 보내준 분이 누구인지 궁금해지기 시작했습니다. 그래서 이름이 무엇인지, 언제 한번 만날 수 있는지 물었지만 답장은 한 번도 오지 않았습니다.
그러는 동안, 주디는 친구의 삼촌 저비스 도련님과도 알게 되었습니다. 저비스 씨는 줄리아의 삼촌인데 대학 졸업 무렵, 열심히 공부하고 노력한 그녀는 마침내 작가의 꿈을 이루게 되었습니다. 주디는 소설을 쓰고 받은 돈을 키다리 아저씨에게 보내며 은혜를 갚을 수 있어서 정말 기쁘다고 썼습니다.
그러던 어느 날 저비스 도련님이 주디에게 청혼을 해왔습니다. 주디 역시 저비스 도련님을 사랑하고 있었지만 고아인 자신의 처지 때문에 거절을 했습니다. 솔직한 마음을 편지에 적어 키다리 아저씨에게 보냈는데 처음으로 집에 놀러오라는 답장이 왔습니다. 꿈에 그리던 아저씨를 만나게 되는 것이 너무나도 기쁜 나머지 주디는 서둘러 아저씨네 집을 찾아갔습니다. 그런데 바로 그곳에 앉아 있는 사람은 바로 저비스 도련님이었습니다.
"사랑하는 꼬마 아가씨 주디, 내가 키다리 아저씨라는 걸 정말 몰랐어?"
주디는 마침내 자신을 대학에 다니게 해준 사람이 저비스 씨라는 것을 알게 되었습니다. 그리고 반갑고 벅찬 마음을 담아 처음으로 연애편지라는 것을 써 보았어요. 바로 '키다리 아저씨'라고 하지 않고 '사랑하는 저비스 씨이자 키다리 아저씨에게'라고 말입니다.

POINT 누군가를 돕기 위해 몰래 후원을 하거나 기부하는 것에 대해 어떻게 생각하나요?

작가
미상

어리석은 돼지

장르
교과서에 실린 전래 동화

옛날 어느 마을에 할머니가 개와 돼지를 기르며 살았습니다. 할머니는 개와 돼지를 가족처럼 아끼며 예뻐했습니다.

할머니가 외출했다 돌아오면 개는 꼬리를 살랑살랑 흔들며 할머니를 반겼습니다. 돼지는 할머니가 주는 먹이를 남김없이 잘 먹어서 토실토실 살이 쪘습니다.

할머니는 개와 돼지를 똑같이 사랑하고 정성을 기울였습니다. 그러나 돼지는 마음속으로 불만이 많았습니다. 할머니가 돼지보다 개를 더 귀여워한다고 여겼습니다. 개는 마당에서 신나게 뛰어놀지만 자기는 항상 우리에 갇혀 지내야 하는 게 싫었습니다.

어느 날 할머니가 외출한 사이에 돼지가 개에게 퉁명스럽게 물었습니다.

"할머니가 왜 나보다 너를 더 예뻐하시지?"

돼지의 말에 개는 우쭐대며 대꾸했습니다.

"이런. 그걸 정말 몰라서 묻니? 나는 말이야, 밤새 도둑이 드는지 안 드는지 집을 지키잖아. 그런데 너는 주는 밥만 먹고 잠만 자잖아."

"그렇단 말이지. 그럼 나도 오늘부터 밤에 잠을 자지 않고 집을 지켜야겠어."

개는 한심하다는 듯 고개를 절레절레 흔들었습니다.

"네가 집을 지키다니 어처구니가 없다."

"나라고 못할 것 같아? 내가 하면 너보다 더 잘 할 수 있다고!"

돼지는 자신 있는 표정으로 말했습니다.

그날 밤부터 돼지는 초저녁부터 꿀꿀 대기 시작했습니다. 그런데 한밤중이 되자 눈꺼풀이 저절로 감기기 시작했습니다.

"안 돼. 자면 안 돼. 개처럼 집을 지키면 할머니가 나를 더 예뻐해 주실 거야. 그러니까 참자."

돼지는 졸린 눈을 억지로 비비며 꿀꿀 울었습니다. 할머니는 난데없는 돼지의 울음소리 때문에 잠을 이루지 못했습니다.

'돼지가 어디 아픈가 보네. 내일 날이 밝는 대로 침을 좀 놔줘야겠다.'

다음날 해가 뜨자마자 할머니는 침놓는 사람을 불러와 돼지에게 침을 놓았습니다.

'거봐. 내가 집을 지키니까 할머니가 침도 놔주잖아. 나를 보는 할머니의 눈빛이 더 사랑스러워졌어. 오늘도 잠을 자지 말아야지.'

돼지는 한밤중이 되어도 잠을 자지 않고 울었습니다.

"꿀꿀꿀, 꿀꿀꿀, 꿀꿀꿀."

돼지 울음소리는 점점 할머니의 얼굴을 찌푸리게 만들었습니다.

'저 돼지가 왜 저럴까? 안하던 짓을 하네.'

돼지는 날마다 꿀꿀 울었습니다. 할머니는 돼지 때문에 내리 며칠을 잠을 자지 못해서 짜증이 났습니다.

'안 되겠어. 이러다가 내가 잠을 못자서 병이 날거야. 저 돼지를 장에 파는 수밖에 없어.'

할머니는 아침이 되자마자, 돼지를 우리에서 꺼내서 장터에 나가 팔아버렸습니다.

POINT 혹시 선생님이나 부모님이 나보다 친구나 동생을 더 예뻐한다고 생각한 적이 있나요?

작가
라퐁텐

올빼미와 독수리

장르
세계 동화

숲속에 사는 올빼미와 독수리는 사이가 좋지 않았습니다. 늘 먹이 때문에 싸우고, 자신들의 영역을 두고도 다투었습니다. 그러던 어느 날 올빼미와 독수리가 화해를 하려고 만났습니다.

"올빼미야, 우리 사이좋게 지내자! 싸우는 건 너무 힘든 일이야."

"좋아, 독수리야. 우리 맹세하자."

독수리와 올빼미는 서로에게 맹세를 했습니다.

"한 가지 약속 해줘. 서로의 새끼들은 어떤 일이 있어도 잡아먹지 않겠다고 말이야."

올빼미 제안에 독수리도 찬성했습니다.

"독수리야, 너는 내 새끼들의 생김새를 아니?"

"모르지. 새끼들을 본 적이 없거든."

올빼미는 독수리가 새끼들을 몰라보고 잡아먹을까봐 고민에 빠졌습니다. 그런 올빼미에게 독수리가 말했습니다. "이렇게 하자. 네 새끼들이 어찌 생겼는지 나한테 보여주거나 그려서 보여주는 거야. 나는 절대로 너의 새끼들을 잡아먹지 않을 거니까. 네 새끼들을 알아볼 수 있게 해주면 되잖아."

"좋아. 그럼 설명을 해줄게. 내 새끼들은 아주 귀엽고 세상에서 가장 잘 생겼고, 어떤 새보다 깔끔하단다. 이 정도면 내 새끼들을 구별할 수 있을 거야. 꼭 기억해."

"기억할게. 귀엽고, 잘생기고, 깔끔하다. 이런 새들은 절대로 잡아먹지 않을게."

독수리는 몇 번의 다짐을 했습니다. 얼마 뒤, 올빼미가 알을 낳아서 여러 마리의 새끼가 태어났습니다.

어느 날 저녁이었습니다. 독수리와 올빼미가 사냥을 나섰습니다. 먹이를 구하지 못한 독수리가 썩은 나무의 구멍까지 들여다보았습니다. 새끼 새들을 발견한 독수리가 입맛을 다셨습니다.

'귀엽지도 않고, 잘 생기지도 않았고, 지저분한 것으로 보아 올빼미 새끼는 아니네. 아휴, 얼른 먹자.'

독수리는 잽싸게 새끼 새들을 잡아먹었습니다.

한참 뒤, 먹이를 찾아 나섰던 올빼미가 돌아와 깜짝 놀랐습니다. "앗! 내 새끼들이 모조리 없어졌어! 이건 분명 독수리가 한 짓일 거야. 내 새끼들을 잡아먹지 않는다고 맹세까지 해 놓고."

화가 난 올빼미가 눈물을 뚝뚝 흘리며 기도했습니다.

"신이시여! 독수리를 벌하여 주세요! 내 새끼들을 독수리가 모두 먹어치웠습니다."

그때 어디선가 굵은 목소리가 들려왔습니다.

"여봐라! 그건 독수리의 잘못이 아니다. 바로 네 잘못이니라. 너 때문에 새끼들이 죽었느니라."

"그게 무슨 말씀이십니까?"

"어리석은 올빼미야. 네가 새끼들을 설명할 때 귀엽고, 잘생기고, 깔끔하다고 하지 않았느냐? 그건 바로 너의 맹목적인 사랑이니라. 독수리에게 새끼들의 모습을 잘못 가르쳐 주었기 때문이야. 독수리는 너를 배신한 것이 아니라 너와의 맹세를 지키려고 애썼다."

올빼미는 어미의 진정한 사랑이 무엇인지 뒤늦게 깨달았습니다.

라퐁텐(1621~1695)
프랑스의 시인, 동화 작가. 《개와 당나귀》 《곰과 정원사》

POINT 올빼미가 독수리에게 새끼들에 대해 어떻게 얘기했으면 잡아먹히지 않았을까요?

작가
미상

지혜로운 이방의 아들

장르
교과서에 실린
전래 동화

옛날 어느 고을에 심술이 덕지덕지 붙어 있는 사또가 부임을 했습니다. 고을 사람들을 이유 없이 잡아다가 곤장을 치기도 하고, 관가의 나졸들까지 골탕 먹이는 일을 즐겼습니다. 그러던 어느 날 심술 사나운 사또가 이방을 불러 말했습니다.

"여보게, 내가 통 밥맛이 없어. 고을을 다스리는 사또가 기력을 잃으면 되겠나?"

"안 되죠, 암요, 안 되고 말구요."

이방이 사또의 바위를 맞추자 사또는 말을 이어갔습니다. "그렇지? 내 입맛을 돌리기에 산딸기가 딱일 것 같은데. 그러니 산딸기를 구해 오게나."

사또의 말에 이방은 입술이 바짝 말랐습니다. 한 겨울에 산딸기를 구할 수 없었기 때문입니다.

"사또, 정말로 산딸기 말입니까?"

"그래, 산딸기. 새콤달콤한 산딸기를 먹으면 입맛이 돌아올 것 같거든."

이방은 눈앞이 캄캄해졌습니다. 산딸기를 구할 수 없다고 하면 갖은 이유로 곤장을 치거나 벌을 내릴 게 뻔했습니다. 집으로 돌아온 이방은 머리를 싸매고 자리에 누웠습니다.

"한 겨울에 어디서 산딸기를 구해 온단 말이야?"

이방의 앓는 소리에 아들이 걱정스러워 물었습니다.

"아버지, 무슨 걱정이 있으신지요?"

이방은 아들까지 걱정할까 봐 대답하지 않았습니다. 아들이 다시 묻자 하는 수 없이 이방이 이야기를 했습니다. "사또가 산딸기를 구해 오라는구나. 이 겨울에 어디서 산딸기를 구하겠느냐."

"아버지, 걱정 마십시오. 제가 해결해 보겠습니다."

아들이 자신만만하게 말하자 이방은 두 눈이 커지며 손사래를 쳤습니다.

"이 겨울에 무슨 재주로 산딸기를 구한단 말이냐. 그냥 곤장 몇 대 맞고 끝나면 된다."

"내일 제가 아버지 대신 사또를 만나겠습니다."

다음 날 아들은 사또를 찾아갔습니다.

"이방은 어디가고 네가 여기를 왔느냐?"

사또는 빈손인 이방의 아들을 보자 짜증이 났습니다.

"제 아버지는 어제 산딸기를 구하러 가셨다가 뱀에게 물려 자리에 누우셨습니다. 그래서 그 사실을 알리려고 제가 왔습니다."

사또는 이방의 아들이 거짓말을 한다고 생각했습니다. 겨울에 뱀이 나왔다는 말을 들어본 적이 없었기 때문입니다. "이런, 고얀 놈 봤나? 한 겨울에 뱀이 어디에 있다고 그런 거짓말을 하느냐?"

"뱀이 없으면 산딸기도 없지요. 산딸기를 구하러 갔던 분이 끙끙 앓고 계시니 뱀에 물리신 게 아니겠습니까."

사또는 아무 말도 할 수 없었습니다. "정말로 산딸기를 구하러 산에 갔다는 것이냐?"

"그렇습니다."

"좋다. 산딸기는 없던 일로 할 터이니 이방에게 빨리 일어나라고 전하거라."

사또는 이방 아들의 말에 얼굴이 빨개졌습니다.

POINT 산딸기는 어느 계절에 구할 수 있을까요? 봄, 여름, 가을, 겨울에 구할 수 있는 과일을 얘기해볼까요?

작가
막심 고리키

어머니

장르
세계 명작

공장 노동자였던 아버지가 일찍 세상을 떠났습니다. 파벨은 아버지처럼 어머니에게 소리를 지르는 자신을 발견했습니다. 그러던 어느 날부터 파벨은 어머니에게 예의를 갖추었고 집에 오면 책을 읽는데 시간을 보냈습니다. 어머니는 파벨에게 무슨 책을 읽는지 물었습니다.

"어머니, 전 사실 금지된 책을 읽고 있어요. 노동자들에 대한 이야기지요. 저는 진실을 알고 싶거든요."

어머니는 엄청난 일을 시작한 아들이 걱정스러웠습니다. 그 뒤로 파벨의 집에 공장에 다니는 동료들의 모임이 잦았습니다. 어머니는 그저 아들을 위해 기도하는 일밖에 별도리가 없었습니다.

우크라이나에서 온 안드레이는 부잣집 딸이었으며 집에서 쫓겨난 나타샤, 공장 사람들은 하나같이 인상이 선했습니다. 어머니는 맨발인 나타샤의 발이 마음에 걸려 털양말을 손수 짜서 신겨주었습니다. 나타샤는 그런 어머니에게 말했습니다.

"노동자들은 가난하지만 부자보다 더 따뜻해요."

그 즈음 모임 사람들은 신문을 만들어 공장의 문제점을 비판했습니다. 공장은 난리가 났고, 헌병이 파벨의 집에 들이닥쳐 안드레이와 파벨을 잡아갔습니다. 어머니는 화가 치밀어 올랐습니다.

막심 고리키(1868~1936)
러시아의 문학 작가. 《밤 주막》《나의 대학》

어머니는 동료들을 도와 공장에 들어가 음식을 팔며 신문을 나눠주는 일을 했지만, 두렵지 않았습니다.

파벨이 풀려나고 공장 사장은 해충과 병원균들이 들끓는 공장 뒤편 소택지를 말리는 일을 시작했습니다. 거기에 묻혀 있는 이탄을 채취하면 큰돈을 벌 거라는 것이었습니다. 그런데 소택지 말리는 비용을 공장 노동자 임금에서 일부 떼겠다고 했습니다. 파벨은 신문 1면에 이 문제를 제기했고 노동자들은 분노했습니다. 파벨은 파업하자고 했지만 반대하는 이들도 있었습니다. 그날 밤 헌병들이 들이닥쳐 파벨을 잡아갔습니다.

파벨이 집으로 돌아오고 노동자의 날에 행진을 했습니다. 깃발을 높이 든 파벨은 크게 외쳤습니다.

"노동자 만세!" 거리의 끝에 군인들이 행진을 막아서고 있었습니다. 결국 파벨과 많은 시위대는 잡혀갔습니다. 시간이 흘러 모임도 서서히 안정을 찾아갔습니다. 어머니는 이 도시에서 저 도시를 다니며 금서나 신문을 전달하며 지냈습니다. 파벨의 재판일에 파벨이 일어나 말했습니다. "우리는 폭도가 아니라 사회를 변화시켜야 할 의무만 있었을 뿐입니다."

결국 파벨은 시베리아 유형을 받았습니다.

어머니는 비밀 인쇄소에 파벨의 연설문을 전달하는 일을 했습니다. 기차역에서 첩자에 의해 도둑으로 몰렸지만 어머니는 연설문을 뿌리며 외쳤습니다.

"제 아들은 진실을 알렸다는 이유로 벌을 받았습니다. 평생을 바쳐 일을 해도 얻는 건 가난과 배고픔, 질병뿐입니다."

헌병이 어머니를 붙잡으려고 하자 군중들이 어머니를 에워쌌습니다. 그러나 헌병은 어머니를 때리며 쓰러뜨렸습니다. 어머니의 눈에서 불꽃이 타올랐습니다.

"많은 피를 흘려도 진실은 죽지 않는다!"

POINT 파벨과 어머니가 사람들에게 말하고 싶었던 진실은 무엇일까요?

작가

미상

물소가 된 이슬 공주

장르

세계 옛날이야기 (말레이시아)

옛날 어느 임금에게 '이슬'이라는 아름다운 공주가 있었어요. 얼마나 예쁘고 우아한지 결혼하겠다고 찾아온 왕자들의 줄이 궁궐 밖까지 늘어설 정도였습니다. 이 왕자들 중에는 마음씨 고약한 마술 왕자도 있었는데, 마술 왕자는 이슬 공주가 청혼을 거절하자 못된 마음을 품었습니다.

"감히 내 청혼을 거절해? 어디 맛 좀 봐라!"

마술 왕자는 그 자리에서 마술을 걸어 궁궐도 다 없애고 이슬 공주는 물소로 만들어버렸습니다.

하루는 이슬 공주가 하도 목이 말라 어떤 연못 물을 마셨더니 배가 불러오는 게 아니겠어요? 그러더니 열 달 뒤에는 딸 셋을 낳게 되었어요. 이름을 '연못, 직녀, 심성'이라 짓고 정성을 다해 키웠습니다. 딸들은 엄마를 닮아 눈부시게 아름답게 자라났어요. 이웃 나라의 세 왕자가 사냥을 나왔다가 딸들을 보게 되었습니다. 세 왕자는 세 아가씨에게 차례로 청혼을 했어요. 각각 쌍을 이룬 왕자들은 궁궐에서 성대한 결혼식을 올렸답니다.

한편 딸들을 잃은 이슬 공주는 가슴이 미어지는 것만 같았습니다. 그래서 미친 듯이 딸들을 찾아 헤매다 첫째 딸이 사는 궁궐에 다다랐어요.

"여보, 궐 밖에 서 있는 물소가 당신 어머니인 것 같은데 가서 모셔 와야 하지 않겠소?"

그러자 첫째 딸이 발끈하며 소리쳤어요.

"그 물소가 어째서 제 어머니라는 거예요? 제 어머니는 물소가 아니라고요. 다시는 나타나지 못하도록 심한 매질을 해서 쫓아버리세요."

이슬 공주는 온몸에 흠씬 매를 맞고 쫓겨났습니다. 이번엔 둘째 딸이 사는 궁궐에 도착했습니다. 그러나 둘째 딸 역시 이슬 공주를 매몰차게 쫓아내 버렸어요. 이슬 공주는 절뚝거리며 겨우 막내딸이 살고 있는 궁궐 앞에 도착했습니다.

"연못아, 직녀야, 심성아! 내려와 이 꽃송이를 받으렴!" 이슬 공주는 있는 힘을 다해 구슬프게 노래를 불렀어요. 그 노래를 듣자마자 막내딸과 사위가 뛰어나왔습니다. 심성이와 그의 남편은 물소를 궁궐로 모셔와 정성껏 보살폈습니다. 지극한 보살핌에도 불구하고, 이슬 공주는 그만 세상을 뜨고 말았습니다.

"어머니! 어머니!" 막내딸은 어머니를 잃은 슬픔에 몇 날 며칠을 슬피 울었습니다. 그러다 깜빡 잠이 들었는데 한 노파가 나타나 죽은 어머니를 다시 살릴 수 있는 방법을 알려주는 게 아니겠어요?

막내딸은 잠에서 깨어나자마자 꿈에서 노파가 시킨 대로 했더니, 거짓말처럼 물소가 아름다운 이슬 공주의 모습으로 되살아났습니다.

"내 딸아!" 이슬 공주는 막내딸을 꼭 안고 뜨거운 눈물을 흘렸습니다. 첫째와 둘째 딸도 어머니를 만나겠다며 부리나케 달려왔습니다.

어머니는 세 딸의 손바닥에 똑같이 볍씨를 나눠주며 손가락으로 찧어서 볍씨의 껍질을 벗기는 사람만이 진정한 딸이라고 말했습니다. 그런데 오로지 막내딸만 딱 한 번 만에 볍씨의 껍질을 벗겨냈습니다. 그리하여 막내딸은 오랫동안 어머니와 함께 행복하게 살았답니다.

POINT 첫째와 둘째 딸은 왜 자신을 찾아온 어머니를 쫓아버렸을까요?

작가
미상

누구 나이가 가장 많을까?

장르
교과서에 실린 전래 동화

옛날 옛날에 노루와 토끼, 두꺼비가 한 마을에 살았습니다. 하루는 셋이 나무 그늘에 앉아 있는데 이웃마을에 다녀온 여우가 음식을 주고 갔습니다. 셋은 침을 꿀꺽 삼키며 입맛을 다셨습니다.

"정말 맛있어 보이는군! 내가 몸집이 크니 먼저 먹어야겠다."

노루가 가장 먼저 음식 앞에 다가가 말했습니다. 그때 토끼가 긴 수염을 쓰다듬으며 낮은 목소리로 끼어들었습니다.

"몸집만 크다고 다 어른은 아니지. 자고로 어른이라면 이렇게 수염이 있어야 하는 거야."

"무슨 말이야? 주름살 하나 없는 어른이 세상에 어디 있어? 그러니 주름이 가장 많은 내가 어른이라고."

토끼의 말에 두꺼비가 지지 않고 대꾸했습니다.

"내가 어른이라니까!"

"말도 안 돼! 어른은 나라고!"

"큰일이야. 어른도 몰라보고."

셋은 저마다 한마디씩 하며 음식을 혼자서 차지하려고 달려들었습니다.

"잠깐! 우리 이러지 말고 공정하게 따져보자고. 누구 나이가 가장 많은지 말이야. 그래서 나이가 가장 많은 친구가 음식을 먹기로 하세."

노루가 헐떡거리며 소리쳤습니다. 토끼와 두꺼비도 손뼉을 치며 찬성했습니다. 먼저 노루가 나서서 나이 자랑을 늘어놓았습니다.

"너희들은 아마 모를 거야. 하늘과 땅이 생겼을 때 나도 함께 태어났다는 사실을 말이지. 내가 태어났을 때는 밤하늘에 달 하나밖에 없었거든. 그래서 내가 날마다 별을 박아서 지금처럼 별 하늘이 된 거야."

"맞아. 너는 하늘에 별을 박는 일을 열심히 했지. 날마다 사다리에 올라가 별을 박았으니까. 그런데 그거 알아? 그 사다리를 내가 아주 오래전에 심은 나무로 만들었다는 사실을 말이야. 어때? 그러니 내가 더 나이가 많지?"

토끼가 말하자 노루의 두 뺨이 빨개졌습니다. 그런데 갑자기 두꺼비가 눈물을 흘리기 시작했습니다.

"왜 그러니? 두껍아!"

눈이 휘둥그레진 노루와 토끼가 두꺼비를 봤습니다. 두꺼비는 울먹거리며 떨리는 목소리로 말했습니다.

"너희들 말을 듣고 있으려니 죽은 손자가 생각난다."

"손자가 왜 죽었는데?"

노루가 궁금해 하며 대답을 재촉했습니다.

"토끼가 나무를 심을 때 내 손자도 나무를 심었지. 그 나무가 자라자 손자는 나무를 베어 망치를 만들었어. 그리고 그 망치로 하늘에 별을 박다가 떨어져서 그만……. 엉엉."

두꺼비는 눈물을 계속 흘렸습니다. 노루와 토끼는 한숨을 푹 내쉴 뿐 아무 말도 하지 않았습니다.

"말이 없는 걸 보니 내가 가장 나이가 많은 걸 아는구나. 그럼 이 음식은 내가 먹으면 되지?"

두꺼비가 떡을 잡아 크게 한입 베어 오물거리며 맛있게 먹었습니다.

POINT 왜 두꺼비가 노루와 토끼보다 나이가 많은 걸까요?

작가
하워드 파일

로빈후드의 모험

장르
세계 명작

1190년 영국의 사자왕 리처드가 십자군 원정을 떠난 뒤의 일입니다. 그 사이 동생인 포악한 존 왕자가 나라를 다스리게 되었습니다. 존 왕자가 노팅엄 영주와 짜고 나라를 어지럽히자 백성들은 리처드 왕이 돌아오기만을 기다렸습니다.

부유한 영주의 아들인 로빈후드는 억울하게 맞고 있는 농부를 구해주다가 도망자 신세가 되고 말았습니다. 그러자 로빈은 셔우드 숲으로 들어가 가난한 이들과 함께 살기로 마음먹었습니다.

로빈은 '리틀 존'이라는 거인과 친구가 되었고 뚱뚱하고 사람 좋은 태크 신부도 맞아들였습니다. 그리고 부자들의 재산만 빼앗아 가난한 사람들에게 나누어 주도록 했습니다. 그리고 그렇게 얻은 재물들은 모두 가난한 사람들에게 나누어 주었습니다. 시간이 지나자 로빈의 활약은 온 영국 땅에 널리 알려졌습니다.

하지만 로빈은 종종 슬픔에 잠겼습니다. 어린 시절부터 사랑해온 아름다운 마리안을 만날 수 없었기 때문입니다. 존 왕자는 로빈이 마리안을 사랑한다는 것을 알고는 한 가지 꾀를 냈습니다. 영국 최고의 명사수를 가리는 활쏘기 대회를 노팅엄에서 열기로 한 것이었습니다. 대회 우승자에게는 마리안이 황금 화살을 수여하기로 했습니다. 로빈은 농부로 변장해 대회에 참가했습니다.

로빈은 승승장구하며 마침내 결승에 올랐습니다. 결승에서 기스본의 가이와 맞붙는데 가이는 이백 걸음 떨어진 과녁 한 가운데를 정확하게 맞췄습니다. 그런데 로빈의 화살은 빠르게 날아가 과녁에 꽂힌 가이의 화살마저 두 동강 내고 말았습니다. 마침내 로빈은 최후의 승자가 되었고 마리안이 손수 건네주는 황금 화살을 받게 되었습니다. 하지만 경비병들이 곧 들이닥쳐 그를 붙잡았습니다. 마리안은 존 왕자를 증오하며 사랑하는 로빈을 구하기 위해 온갖 노력을 다했습니다. 그녀는 로빈이 교수형 당할 날짜와 시간을 알아내어 로빈의 친구들에게 몰래 알려 주었습니다. 태크 신부를 비롯한 친구들은 힘을 합쳐 사형 당하기 직전, 아슬아슬하게 로빈을 구출해냈습니다.

한편 리처드 왕은 수도사로 변장한 채 셔우드 숲으로 들어갔습니다. 그리고 로빈이 죄 없는 사람들에게서는 절대로 재물을 빼앗지 않는다는 것을 두 눈으로 보게 되었습니다. 리처드 왕이 나타나자 로빈과 친구들은 기뻐하며 왕에게 충성을 맹세했습니다.

그리고 존 왕자의 대관식이 열리는 날, 리처드 왕은 로빈의 무리와 함께 노팅엄으로 갔습니다. 그들은 신부로 변장해 성당 안으로 들어갔습니다. 그리고 대주교가 그의 머리에 왕관을 씌우려는 순간, 진짜 왕이 나타나자 기사들이 일제히 무릎을 꿇었습니다. 리처드 왕은 자비를 베풀어 반역자인 동생과 영주를 영국 땅에서 추방하는 것으로 그쳤습니다.

"로빈후드를 노팅어 영주이자 헌팅턴 공작으로 명하노라!" 로빈후드는 더 이상 바랄 것이 없었습니다. 사랑하는 마리안도 함께 있었으니까요.

하워드 파일(1853~1911)
미국의 삽화가. 대표작《후추와 소금》《환상의 시계》

POINT 리처드 왕은 왜 로빈후드를 노팅어 영주이자 헌팅턴 공작으로 명했을까요?

작가
현덕

고양이

장르
국내외 명저자 작품

살살 앵두나무 밑으로 노마는 갑니다. 노마 다음에 똘똘이가 노마처럼 살살 앵두나무 밑으로 갑니다. 똘똘이 다음에 영이가 살살 똘똘이처럼 갑니다. 그리고 노마는 고양이처럼 등을 꼬부리고 살살 발소리 없이 갑니다. 아까 여기 앵두나무 밑으로 고양이 한 마리가 이렇게 살살 갔던 것입니다. 검정 도둑 고양입니다.

아옹아옹 아옹아옹
아옹아옹 아옹아옹

노마는 고양이 모양을 하고 고양이 목소리를 하고 그리고 고양이 가던 데를 갑니다. 그러니까 어쩐지 노마는 고양이처럼 되는 것 같은 생각이 들었습니다. 똘똘이도 그랬습니다. 영이도 그랬습니다.

아옹아옹 아옹아옹
아옹아옹 아옹아옹

노마는 고양이 모양을 하고 고양이 목소리를 하고, 그리고 고양이 가던 데를 갑니다. 그러니까, 어쩐지 노마는 고양이처럼 되는 것 같은 생각이 들었습니다. 똘똘이도 그랬습니다. 영이도 그랬습니다.

아옹아옹 아옹아옹
아옹아옹 아옹아옹

노마는 고양이처럼 사람이 다니지 않는 데로만 갑니다. 마루 밑으로 해서 담 밑을 돌아 살살 뒤꼍으로 갑니다. 그러니까 노마는 아주 고양이가 되었습니다. 똘똘이도 노마대로 되었습니다. 영이도 그대로 되었습니다.

아옹아옹 아옹아옹
아옹아옹 아옹아옹

이번에는 노마는 닭을 노립니다. 마당귀에서 모이를 찾고 있는 흰 닭 뒤로 살금살금 가까이 가서 후닥닥 덤비니까, 푸드득 날아 닭은 장독간께로 달아납니다. 그대로 노마는 따라갑니다. 똘똘이도 그럽니다. 영이도 그럽니다. 닭은 더욱 놀라 지붕 위로 피해 달아납니다. 그리고 닭은 지붕 위에서 아래를 내려다보고 꼬댁, 꼬댁, 꼬댁. 노마, 똘똘이, 영이는 마당에서 이를 쳐다보고 아옹 아옹, 고양이처럼 지붕 위까지 쫓아 올라가지 못하는 것이 노마는 큰 한입니다.

그러나 노마는 아주 마음이 기쁩니다. 노마는 고양이니까 아무 장난을 하든 어머니께 꾸중을 들을 염려는 조금도 없습니다. 왜 그러냐 하면 혹 어머니에게 들킨대도 고양이처럼 달아나면 고만, 그걸로 인해 노마가 이전처럼 매를 맞거나 할 리는 없으니까요. 노마는 고양이처럼 부엌으로 들어옵니다. 그리고 선반 위에 얹힌 북어 한 마리를 물어 내옵니다. 고양이란 놈은 이런 걸 곧잘 물어가니까요. 그리고 노마, 똘똘이, 영이 조루루 둘러앉아 입으로 북북 뜯어 나눠 먹습니다.

그걸 어머니가 방에서 나오다 보고 놀랍니다.

"쟤들이 뭘 해?"

그리고 그것이 북어인 줄 알자 더욱 놀랍니다.

"이따 저녁 찌개 헐 부개(북어)를. 노마 요녀석 허는 장난이."

하고 마루를 구르며 쫓아 내려옵니다. 노마는 정말 고양이인양 후닥닥 뒷문으로 달아나며 아옹 아옹…….

현덕(1909~?)
북한의 소설가, 아동문학가. 소설 《남생이》, 동화집 《토끼 삼형제》

POINT 노마와 친구들처럼 고양이, 닭의 흉내 내기 놀이를 해볼까요?

작가
미상

세상에서 가장 소중한 약속

장르
전래 동화

어느 마을에 병든 어머니와 아들이 살았습니다. 어느 날 어머니가 핏기 하나 없는 얼굴로 힘없이 말했습니다. "얘야, 갑자기 잉어찜이 먹고 싶구나!"
아들은 어머니 말을 듣자마자 강으로 갔습니다.
'강물이 꽁꽁 얼어서 구멍을 내기도 힘들겠어.'
아들은 두껍게 언 얼음을 파서 겨우 구멍을 내고는 구멍 밑으로 낚싯줄을 내렸습니다. 눈보라가 몰아치는 추위 속에서 손도 얼고 발도 얼었지만 어머니를 생각하며 기다리고 또 기다렸답니다. 저녁 무렵, 낚싯줄이 팽팽해지자 아들은 얼른 낚싯줄을 끌어올렸습니다.
"묵직한 걸 보니 엄청 큰 잉어인가 보다!"
그런데 잡고 보니 어른 손바닥만 한 자라였습니다. 아들은 자라를 들고 집으로 돌아왔습니다.
"난 자라는 생각 없다. 잉어찜이 먹고 싶구나."
어머니 말에 아들은 하는 수 없이 자라를 물항아리에 넣어두고 다시 강으로 향했습니다. 쌩쌩 부는 밤바람에 코끝이 시려왔습니다. 다행히 얼마 지나지 않아 잉어 한 마리를 낚아 올릴 수 있었습니다.
아들은 집에 오자마자 어머니에게 잡은 잉어를 보여드리고 요리를 하기 위해 부엌으로 들어갔습니다. 그런데 거기에 온갖 산해진미로 가득한 밥상이 떡하니 있는 게 아니겠습니까? 다음 날에도, 그 다음 날에도 마찬가지였습니다. 하루는 몰래 숨어 지켜보니 놀랍게도 한 아가씨가 물항아리에서 나오더니 밥상을 뚝딱뚝딱 차렸습니다.
아들은 더 이상 참지 못하고 뛰쳐나가 아가씨에게 꾸벅 인사를 했습니다. 둘이는 마음도 잘 맞아 한 지붕 아래 어머니를 돌보면서 살게 되었답니다.
그러던 어느 날 아가씨가 난데없이 아들에게 백 일만 떨어져 있어달라며 간곡하게 말했습니다.
"뜬금없이 그게 무슨 말이오?"
"서방님, 저를 사랑하신다면 이유는 묻지 말아 주세요."
아들은 어쩔 수 없이 허락을 한 뒤, 어머니와 함께 산 너머 이웃 마을로 갔습니다. 하루가 가고 열흘이 지나자 아들은 아내가 무척 보고 싶었습니다. 그래서 백일을 미처 채우지 못하고 몰래 집으로 가 보았습니다.
그런데 집 안에는 아내의 모습은 보이지 않고 커다란 용과 작은 용 일곱 마리가 뒤엉켜 있는 게 아니겠습니까? 더 놀라운 것은 큰 용 한 마리가 아들을 보고는 순식간에 아내의 모습으로 돌아온 것이었습니다.
"어째서 약속을 어기신 겁니까? 원래 저는 용왕님의 딸이에요. 저 일곱 마리 용을 낳아 사람으로 만들려면 백 일이 걸리는데… 우리는 인연이 아니었나 봅니다."
아내는 구슬프게 흐느끼더니 어딘가로 사라지고 말았습니다. 그러자 갓 태어난 용들도 더 이상 숨을 쉬지 않았습니다. 아들은 땅을 칠 노릇이었지만 자신의 잘못을 뉘우치며 일곱 마리의 용들을 무덤에 묻어 주었습니다. 그 뒤, 사람들은 어린 용들이 묻힌 일곱 개의 무덤을 '용자칠총'이라고 불렀다고 합니다.

POINT 일곱 마리 용들의 무덤 '용자칠총'이 실제로 어디에 있는지 찾아볼까요?

작가
미상

하늘과 땅의 싸움

장르
세계 옛날이야기
(나이지리아)

지금은 하늘과 땅이 멀리 떨어져 있지만, 옛날에는 그렇지 않았대요. 그때만 해도 하늘과 땅은 가까이에서 서로 이야기도 나누며 다정하게 지냈답니다.

어느 날 하늘과 땅이 함께 사냥을 갔습니다. 둘은 사냥거리를 찾아다니다가 날이 저물 때쯤이야 겨우 들쥐 한 마리를 잡을 수 있었습니다. 들쥐가 맛있게 노릇노릇 구워지자 땅이 말했어요.

"내가 너보다 먼저 생겼으니까 맛은 내가 먼저 봐야 해."

"무슨 말이야? 난 네가 생기기 훨씬 전부터 있었어. 그러니까 내가 먼저 맛봐야 한다고!"

하늘이 박박 우기자, 땅이 그만 하늘의 뺨을 후려치고 말았습니다. 그러자 하늘은 길길이 뛰면서 다시는 땅과 만나지 않겠다며 멀리 떠나버렸답니다.

그리고 그 뒤부터 땅에는 단 한 방울의 비도 내리지 않았습니다. 땅 위의 것들이 다 말라버리자 숲속의 동물들은 모여서 회의를 했습니다.

"이러다간 우리 모두 죽게 될 거예요. 그 전에 대표를 뽑아 하늘에게 보내는 게 어떻겠습니까?"

"옳소! 하늘과 땅이 싸우게 된 건 들쥐 때문이니까 들쥐를 선물하자고요."

그런데 하늘로 가는 대표를 뽑는 게 여간 어려운 일이 아니었어요. 힘이 좋은 새들도 하늘에 닿기도 전에 그만 기운이 빠져 다시 돌아오기 일쑤였거든요. 그때 독수리가 빨간 벼슬을 자랑하며 나섰습니다.

"내가 한번 해볼게."

"뭐야? 게으르고 말썽만 부리는 네가 하겠다고?"

동물들은 땅을 치며 웃음을 터뜨렸어요. 하지만 동물의 왕 사자가 나서서 허락을 하자 독수리는 들쥐를 물고 하늘로 날아올랐습니다.

그리고 오랜 시간을 날아간 끝에 독수리는 마침내 하늘과 만날 수 있었습니다. 하늘은 자초지종을 다 듣고 나자 자루를 하나 주었습니다.

"이 자루를 가져가. 여기에는 조금만 뿌려도 비를 내리는 마술 가루가 들어 있어. 땅에 도착할 때까지 절대 열어보면 안 돼."

"네, 그렇게 할게요."

대답은 이렇게 했지만 독수리는 마술 가루가 어떻게 생겼는지 몹시 궁금했습니다. 그래서 땅으로 내려가다 말고 자루를 열어보았어요. 그 순간 바람이 휘몰아치면서 가루가 사방으로 흩어져버리는 게 아니겠어요?

그와 동시에 온 세상이 깜깜해지면서 비가 퍼붓고 거센 폭풍이 몰려오더니 나무와 집들을 날려버렸습니다. 폭풍이 가라앉자 살아남은 동물들이 하나둘 숲으로 돌아왔습니다.

"대체 어떻게 된 일이야?"

동물들이 다그치자, 독수리는 어쩔 수 없이 사실대로 털어놓았어요. 화가 난 동물들은 우르르 몰려들어 독수리의 머리를 쥐어박고 잡히는 대로 뜯어버렸어요. 그 바람에 독수리는 멋진 벼슬도 다 망가지고 대머리 독수리가 되어버렸습니다.

또한 독수리는 그때부터 숲속 주위를 빙빙 돌면서 동물들이 남긴 찌꺼기를 먹으며 살아가게 되었답니다.

POINT 독수리가 하늘이 시킨 대로 땅에 도착할 때까지 마술 가루 자루를 열어보지 않았다면 어떻게 됐을까요?

작가
미야자와 겐지

주문이 많은 음식점

장르
국내외 명저자 작품

두 신사는 울기 시작했습니다. 그러자 문 안에서 누군가가 속삭이듯이 말하기 시작했습니다. "안 되겠어. 벌써 눈치 챘어. 소금을 문지르지 않은 것 같은데."
"당연하지. 왕초가 쓸데없는 짓을 했기 때문이야. 거기에다 '여러 가지 주문이 많아서 귀찮으셨지요? 미안합니다.'라고 얼빠진 글을 써놓았잖아." "아무래도 좋아. 어차피 우리한테는 뼈다귀 하나 나눠주지 않을 테니까."
"그건 그래. 하지만 만약에 녀석들이 들어오지 않으면 그건 우리 책임이야."
"한번 불러볼까? 여보세요. 손님들. 접시도 씻어 놓았고 채소도 벌써 소금에 잘 절여 두었습니다. 남은 건 여러분과 채소를 잘 섞어 새하얀 접시 위에 올려놓는 일뿐입니다."
"손님들, 오세요. 아, 샐러드가 마음에 안 드시나요? 그러면 지금부터 불을 피워 튀김으로 만들어드릴까요? 어쨌든 어서 오세요."
두 신사는 너무 놀라서 얼굴이 마치 꾸깃꾸깃한 종잇조각처럼 된 채 서로 얼굴을 마주보고 바들바들 떨면서 소리도 못 내고 울었습니다. 안쪽에서는 후후후 웃는 소리와 함께 이렇게 말하는 소리가 들렸습니다.
"오세요, 오세요. 그렇게 울면 애써 바른 크림이 흘러내리지 않습니까. 헤이, 이제 다 되어 갑니다. 자, 빨리 오세요."
"어서 오세요. 왕초가 벌써 냅킨을 두르고 나이프를 들고, 입맛을 다시면서 손님들을 기다리고 계십니다."
두 사람은 울고, 울고, 울고 또 울었습니다.
그때 뒤에서 갑자기 '멍멍, 으르렁!' 하는 소리가 나더니, 그 북극곰 같은 사냥개 두 마리가 문을 박차고 방 안으로 뛰어들었습니다. 그러자 열쇠 구멍 속 눈알은 순식간에 홀연히 사라졌습니다. 개들이 으르렁거리며 한동안 방 안을 맴돌았다가 다시 "컹!" 하고 크게 짖더니 쏜살같이 다음 문으로 뛰어들었습니다. 문은 쿵하고 열렸고 개들은 빨려 들 듯 그 속으로 뛰어들었습니다. 그 문 저쪽 시커먼 어둠 속에서는 '야옹! 으르렁! 크르렁!' 하는 소리가 나더니 부스럭거리는 소리가 작게 났습니다. 그러자 방은 연기처럼 사라지고 두 신사는 추위에 덜덜 떨면서 풀숲에 서 있었습니다. 
주위를 둘러보니 외투와 구두는 저쪽 가지에 매달려 있고, 지갑, 넥타이핀은 이쪽 나무 밑에 널려 있었습니다. 바람이 휘몰아쳐서 풀은 와삭와삭, 나뭇잎은 우수수, 나무는 쾅쾅 하고 요란하게 울렸습니다. 개들이 헐떡거리며 돌아왔고 뒤에서 "나리! 나리!" 하고 부르는 사람이 있었습니다. 두 신사는 갑자기 기운이 나서 "어이! 이보게! 여기야, 빨리 오게!" 하고 외쳤습니다. 짚으로 만든 모자를 쓴 사냥꾼이 수풀을 바스락바스락 가르며 다가왔습니다. 두 신사는 겨우 마음이 놓였습니다. 그리고 사냥꾼이 들고 온 떡을 먹고 도중에 산새를 10엔어치 사서 도시로 돌아왔습니다. 하지만 한번 종잇조각처럼 구겨진 두 사람의 얼굴은 도시에 와서도 그리고 목욕을 해도 다시 원래대로 돌아오지 않았답니다.

미야자와 겐지(1896~1933)
일본의 동화작가, 시인
대표작 《바람의 마타사부로》 《은하철도의 밤》

POINT 두 신사는 왜 얼굴이 휴지처럼 구겨졌을까요?

작가
미상

도깨비 빤스

장르
전래 동요

도깨비 빤스는 튼튼해요
질기고도 튼튼해요
호랑이 가죽으로 만들었어요
2000년을 입어도 까딱없어요

도깨비 빤스는 더러워요
냄새나고 더러워요
호랑이 가죽으로 만들었어요
2000년 동안이나 안 빨았어요.

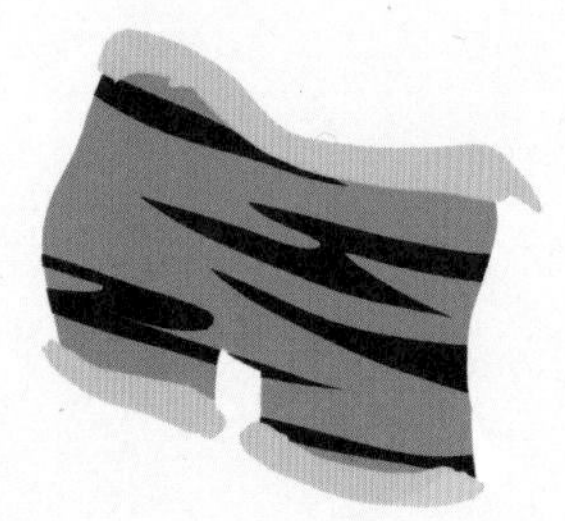

작가
그림형제

황금 알을 낳는 거위

장르
세계 동화

옛날 어느 마을에 아들 셋이 살았습니다. 그중에서 막내는 너무 착하고 어수룩하여 바보라는 소리를 들었습니다. 어느 날 나무를 하러 가는 첫째에게 어머니는 맛있는 빵과 잘 익은 포도주를 싸주었습니다. 첫째는 숲에서 만난 난쟁이가 음식을 나눠달라는 말에 싫다고 쏘아붙였습니다. 그러고는 나무를 베려는 순간 도끼에 한쪽 팔을 다쳤습니다.

둘째 아들이 나무를 하러 가자 어머니가 똑같은 빵과 포도주를 주었습니다. 둘째도 숲에서 만난 회색 난쟁이에게 음식을 나눠주지 않았습니다. 그러고는 나무를 베려는 순간 도끼가 미끄러져 다리를 다쳤습니다.

아버지는 아무것도 할 줄 모른다며 막내가 가는 건 말렸습니다. 결국 어머니는 못마땅한 얼굴로 오래된 빵과 쓰디쓴 술을 싸주었습니다. 숲에 간 막내에게 회색 난쟁이가 나타나 먹을 것을 나눠달라고 말했습니다.

"나눠드릴 수는 있으나 오래되어 맛이 없고 쓰디쓴 술뿐입니다." 막내가 음식을 꺼내는 순간 맛있는 빵과 술로 변해 두 사람은 맛있게 음식을 먹었습니다.

"선물을 주겠소. 저쪽에 늙은 굴참나무 한 그루가 있을 것이오. 그 나무를 베면 큰 행운이 찾아올 겁니다."

굴참나무 밑동에서 황금으로 된 거위 한 마리가 나왔습니다. 집으로 가는 길에 막내는 딸이 셋 있는 여관에 들었습니다. 막내가 자리를 비우자 첫째 딸이 황금 거위의 날개를 움켜잡았습니다. 그 순간 손이 거위 몸에서 떨어지지 않았습니다. 둘째 딸도 셋째 딸도 깃털에 손을 데려 할 때 줄줄이 달라붙어버렸습니다.

다음 날 아침, 막내는 황금 거위를 안고 집으로 떠났습니다. 세 딸도 줄줄이 황금 거위에 붙어 따라갈 수밖에 없었습니다. 이 모습을 본 신부님과 종치는 아이, 농부 두 사람도 손을 대자 달라 붙어버렸습니다. 얼마 지나지 않아 웃지 않는 공주가 사는 성을 지나게 되었습니다. 왕은 공주를 웃게 하는 사람을 사위로 삼기로 했습니다. 그런 공주가 줄줄이 걷는 사람들을 보고 배꼽을 잡고 웃었습니다. 막내는 임금님 앞에 가서 말했습니다. "제가 공주님을 웃게 해드렸으니 결혼하게 해주세요."

임금님은 보잘것없는 막내가 마음에 들지 않았습니다. "창고에 가득한 술을 하룻밤에 다 마실 수 있는 사람을 데려오면 공주와 결혼을 시켜주지."

고민에 빠진 막내는 목이 마른 난쟁이를 데려와 술을 모두 마시게 했습니다. 임금님은 여전히 막내가 마음에 들지 않았습니다.

"주방에 쌓여 있는 빵을 다 먹어치울 수 있는 사람을 데려온다면 결혼을 시켜주마."

막내는 난쟁이를 또 데려와 많은 빵을 모두 먹게 했습니다. 여전히 막내가 마음에 들지 않던 임금님이 마지막 조건을 말했습니다. "땅에서도 물에서도 다닐 수 있는 배를 가져오면 공주와 결혼을 시켜주겠다."

숲으로 간 막내에게 난쟁이가 배를 주었습니다. 배를 본 임금님은 결국 공주를 막내와 결혼시켰습니다. 막내는 임금님이 세상을 떠난 뒤에도 왕국을 잘 다스리며 행복하게 살았습니다.

그림형제(1785~1863)
독일의 언어학자, 동화 수집가
동생 빌헬름 그림과 함께 그림 형제 동화집을 출판하였다.

POINT 어떻게 막내에게 큰 행운이 찾아왔을까요?

작가
미상

독장수 구구

장르
교과서에 실린
전래 동화

옛날 어느 마을에 게으른 아들과 늙은 어머니가 살았습니다. 어머니는 허리가 휘게 일을 하는데도 아들은 늘 낮잠을 자고 일을 하지 않았습니다. 그런 아들을 보다 못한 어머니가 한 마디 했습니다.

"남의 집 일이라도 하지 그러느냐? 그럼 품삯도 받고 좋지 않으냐?"

"종일 일해도 쥐꼬리만 한 삯을 받는데 뭐 하러 일해요?"

"쥐꼬리만 한 품삯이라도 받으면 좋겠다."

어머니는 답답해서 가슴을 쳤지만 아들은 콧방귀만 꼈습니다.

그러던 어느 날 어머니가 병으로 앓아누워 끼닛거리가 없었습니다. 게으른 아들은 하는 수 없이 일자리를 구하러 집을 나섰습니다. 장날에 맞춰 장꾼들이 장터에 모였습니다. 아들은 독을 쌓아 놓고 파는 장사꾼에게 물었습니다.

"독 장사가 잘 되나요?"

"당연히 잘 되지. 집집마다 독 없는 집을 봤는가?"

장사꾼은 껄껄 웃으며 말했습니다.

"에이, 집집마다 독이 있는데 누가 사요?"

"이 사람, 하나만 알고 둘은 모르는군. 아이들이 장난치다 독을 깨먹지 않소. 그러니 독이 팔릴 수밖에."

아들은 이거다 싶어서 무릎을 쳤습니다. 큰 독 가격을 묻자 열 냥이라는 말을 들었습니다.

'그럼, 열 냥에 사서 내가 스무 냥에 팔면 독 하나에 열 냥이 남네. 괜찮은 장사군.'

아들은 신이 나서 집으로 돌아가 어머니가 숨겨놓은 열 냥과 이웃에게 스무 냥을 꾸어 독을 세 개 샀습니다. 그러고는 지게에 독을 지고 팔러 길을 떠났습니다. 그런데 좋은 독이 있다고 아무리 외쳐도 독을 산다는 사람이 없었습니다. 아들은 개구쟁이들이 많은 마을로 가기 위해 산길로 접어들었습니다. 허리가 끊어질 것처럼 아프고 등에서 땀이 줄줄 흘렀습니다.

'안 되겠어. 저 나무 밑에서 쉬었다 가자.'

아들은 독 지게를 벗어 지겟작대기로 잘 괴어 놓았습니다. 그러고는 얼른 나무 그늘 밑에 벌렁 누웠습니다. 팔베개를 한 아들은 이 생각 저 생각을 했습니다.

'독 세 개를 팔면 예순 냥이 되지. 그럼 빚을 갚고 독 네 개를 사서 팔면 여든 냥이 되는 거네. 계속해서 팔다보면 나는 금방 부자가 되겠다.'

머릿속으로 독 값을 계산한 아들은 엄청 기뻤습니다.

'그 많은 돈으로 뭘 할까? 좋아. 기와집도 사고 실컷 놀아야겠군.'

아들은 헛기침을 하며 자리에서 일어났습니다. 그때였습니다. 지게가 기우뚱하더니 독 세 개가 바닥에 떨어져 모두 다 깨져버렸습니다.

"이를 어째! 독이 깨졌으니 이제 장사밑천을 무엇으로 하고 언제 부자가 되나?"

아들은 울상을 하며 멍하니 깨진 독만 바라보았습니다. 이렇게 쓸데없이 미리 셈하고 궁리만 하는 것을 이르러 '독장수 구구'라고 한답니다.

POINT 아들이 독을 팔아서 부자가 되려면 어떻게 해야 했을까요?

작가
펠릭스 잘텐

아기 사슴 밤비

장르
세계 명작

오늘 숲속에 아기 사슴 한 마리가 태어났습니다. 엄마 사슴은 아기 사슴의 이름을 '밤비'라고 지었습니다. 며칠 뒤 밤비는 산책을 나갔습니다. "밤비야, 안녕!"
"만나서 반가워, 밤비야!" 여기서 불쑥 저기서 불쑥 숲속 동물들이 고개를 내밀고 밤비에게 인사를 건넸습니다.
"안녕! 난 콩콩이라고 해!"
토끼 한 마리가 콩콩콩 뛰어와 인사했습니다. 밤비는 콩콩이와 금세 친구가 되었습니다. 둘이서 꽃향기를 맡고 있는데 어디선가 고약한 냄새가 풍겼습니다.
"어휴, 이게 무슨 냄새야!" 밤비와 콩콩이가 코를 막고 있는데 스컹크가 어슬렁어슬렁 다가왔습니다.
"미안해! 내가 또 방귀를 뀌었어. 내 별명은 '뿡뿡이' 인데 고약한 냄새 때문에 친구가 없어."
밤비는 스컹크에게 좋은 냄새가 나는 '꽃'이라는 이름을 선물해 주었습니다. 그러자 스컹크는 너무 기뻐서 펄쩍펄쩍 뛰었답니다.
다음 날 밤비는 엄마랑 초원으로 나갔다가 작은 연못을 발견했습니다. 그러다가 연못 속에 비친 자기 모습을 보고 깜짝 놀라 뒷걸음질쳤습니다. 다른 사슴 한 마리가 이 모습을 보고 깔깔거리며 웃었습니다.
"안녕, 난 펠린이야!" 펠린은 연못 속 사슴이 밤비라는 사실도 말해주었습니다.
어느덧 숲속에도 겨울이 찾아왔습니다. 하늘에서 송이송이 하얀 꽃잎이 떨어지자 엄마는 그것이 '눈'이라고 말해주었습니다. 밤비는 콩콩이와 눈을 맞으며 얼어붙은 연못에서 미끄럼을 탔습니다. 하지만 겨울이 워낙 길어서 먹이가 차츰 떨어졌습니다. 그래서 밤비는 엄마를 따라 먹을 것을 찾으러 다녔습니다.
그런데 어디선가 사람의 발자국 소리가 들리더니 사냥꾼들이 나타났습니다. "밤비야, 얼른 도망쳐!"
밤비가 놀라서 덤불 속으로 뛰어든 순간, 무시무시한 총소리가 들렸습니다. 그 뒤로 밤비는 엄마를 영영 볼 수가 없었습니다. 밤비는 어두운 숲속에 홀로 남아 서글프게 울었습니다. 그렇게 가슴 아픈 겨울이 지나고 봄이 찾아왔습니다. 새싹이 자라듯 밤비의 머리에도 작은 뿔이 돋아났습니다. 밤비는 아름다운 암사슴으로 자란 펠린을 다시 만나게 되었습니다. 하지만 그들의 행복은 얼마 가지 못했습니다. 또다시 숲속에 사냥꾼들과 사냥개들이 나타났거든요. 동물들은 있는 힘을 다해 도망쳤습니다. 그런데 그만 펠린이 넘어졌고 이를 놓칠세라 사냥개들이 으르렁거리며 몰려왔어요. 밤비는 온 힘을 다해 사냥개들과 맞서 싸웠습니다. 겨우 사냥개들을 물리친 순간, 사냥꾼의 천막에서 불길이 솟구쳤습니다.
"밤비야, 어서 일어나!" 펠린이 쓰러진 밤비를 일으켜서 숲으로 도망쳤습니다. 숲은 새까맣게 불타버렸지만 시간이 흘러 다시 나무들이 자라기 시작했어요. 동물들은 다시 보금자리를 만들었고 밤비와 펠린도 마찬가지였습니다. 얼마 후 둘의 보금자리에서 아기 사슴이 태어났습니다. 따뜻한 햇살이 축복이라도 하듯 밤비네 가족을 환하게 비춰주었습니다.

펠릭스 잘텐(1869~1945)
오스트리아의 소설가. 《플로렌스의 개》 《울리는 종》

POINT 하늘에서 떨어지는 송이송이 하얀 꽃잎을 엄마 사슴은 밤비에게 뭐라고 알려주었을까요?

작가
미상

말하는 감자

장르
세계 옛날이야기
(서아프리카)

옛날에 한 농부가 자기 집 마당에서 감자를 캐려는데 감자 한 알이 소리쳤어요.
"흥! 그동안 무성한 잡초들도 뽑아주지 않고는 이제 와서 캐 가려고?"
농부가 깜짝 놀라 뒤돌아보니, 암소 한 마리가 서 있었습니다. "방금 네가 말한 거냐?"
농부가 묻자, 암소 대신 옆에 있던 개가 말했습니다.
"당신에게 말한 건 암소가 아니라 감자라고! 그러니 감자를 한 알도 가져가지 마!"
농부는 기가 막혔어요. 버릇없는 개를 때려주려고 야자나무 가지를 꺾는데 이번에는 가지가 소리를 지르는 게 아니겠어요? 농부는 얼떨결에 가지를 내던지자 가지가 "이봐, 살살 내려놓으라고." 하고 말했습니다. 농부가 가지를 주워서 돌 위에 올려놓으니 돌이 "내 위에 아무것도 놓지 마!" 하고 소리쳤습니다. 그제야 농부는 와락 겁이 나서 "사람 살려!" 소리치며 집 밖을 뛰쳐나갔습니다.
농부는 마을로 향하던 중에 그물을 이고 가는 어부를 만났습니다.
"어딜 그리 급히 가시오?"
어부가 묻자, 농부가 마른 침을 삼키며 마당에서 있었던 이야기를 들려주었습니다.
"에잇, 그게 그렇게도 무서웠나요?"
어부가 대수롭지 않게 말하자, 갑자기 들고 있던 그물이 입을 열었습니다.
"그래서 돌 위에 있던 가지는 치웠나?"
어부는 비명을 지르며 그물을 내팽개치고는 농부와 함께 도망을 쳤답니다. 한참을 뛰어가다 이번에는 옷감을 이고 가는 사람을 만났습니다.
"어딜 그리 서둘러 가시오?"
그가 묻자, 농부와 어부는 또다시 자초지종을 말했습니다. 옷감을 들고 있던 사람이 심드렁하자 갑자기 옷감이 입을 열었습니다.
"정말 그럴까? 그런 일을 당하면 당신도 달아나기 바쁠 텐데."
그 사람 역시 깜짝 놀라서는 옷감을 내팽개치고 도망치기 바빴습니다. 어느 강을 지나는데 마침 강가에서 목욕을 하고 있던 사람이 또 물었습니다. 셋이서 그간 있었던 일을 쭉 늘어놓자, 목욕하던 사람이 말했습니다. "그 정도 일로 달아난다고요? 별로 놀랄 일도 아닌 걸요."
그와 동시에 강이 쩌렁쩌렁 말했습니다.
"당신이 그런 일을 당해도 정말 그럴까?"
목욕하던 사람은 강에서 뛰쳐나와 벌거벗은 채 달아났습니다. 이렇게 해서 농부와 어부, 옷감을 이고 가던 사람은 다함께 추장에게 갔습니다. 추장에게 모든 일을 털어놓자, 추장이 호통을 쳤습니다.
"무슨 바보 같은 소린가? 쓸데없는 이야기로 마을을 시끄럽게 하지 말고 어서 집으로 돌아가게나."
네 사람이 돌아가자, 추장이 앉아 있던 의자가 중얼거렸습니다.
"정말 근사하지? 한 번 상상해봐. 감자가 말하는 모습을 말이야!"

POINT 내 주변에 있는 사물 또는 장난감들이 말을 한다면 어떤 말을 할지 상상해볼까요?

작가
모리스 르블랑

괴도 뤼팽

장르
세계 명작

억만장자 루돌프 케셀바흐가 호텔방에서 칼에 찔려 죽었습니다. 마르코라는 사람이 케셀바흐의 은행 비밀 상자를 빼갔고 그 안에는 다이아몬드 200개와 봉투 속에 '1미터 75. 왼손 새끼손가락 절단' 그리고 'Apoon'이라는 글자가 적혀 있었습니다. 구렐 형사가 케셀바흐 셔츠에서 아르센 뤼팽의 명함을 발견했습니다. 잠시 뒤 르노르망 경찰국장이 도착했습니다. 담배 케이스에 L과 M이라는 머리글자를 발견했던 청소 직원도 숨진 채 발견됐습니다.

한편, 세르닌 공작이 제라르 보프레의 목숨을 구해줬습니다. 대신 죽은 피에르 르딕의 신분으로 주느비에브 양과 결혼하고 왼손 새끼손가락을 자르고 얼굴에 흉터를 남기는 조건이었습니다. 결국 청년은 피에르 르딕이 되었습니다. 뤼팽이 가짜 편지를 보내서 마르코가 감옥에서 탈옥했습니다. 르노르망이 케셀바흐의 친구 스타인벡에게 담배 케이스를 보여주자 울부짖으며 시간을 달라며 사라졌습니다. 경찰청에 세르닌이 뤼팽이라는 투서가 들어왔습니다. 그 시각 케셀바흐의 친구라는 아르텐하임을 찾아간 세르닌은 경찰에 쫓겼고, 아르텐하임은 죽기 직전에 경찰에게 세르닌이 르노르망이라고 말했습니다. 결국 뤼팽은 잡혔지만 천장에서 스타인벡을 찾아냈습니다.

감옥에 갇힌 뤼팽을 찾아온 스타인벡은 과거 이야기를 들려주었습니다. 피에르 르딕의 아버지인 헤르만 3세가 죽기 전에 부인에게 '8, 1, 3'과 'Apoon'이라는 글자를 남겼다며 비밀문서를 푸는 실마리라고 주었습니다. 비밀문서는 베르덴츠의 낡은 성에 있다고 덧붙였습니다.

샤를마뉴 황제의 유산을 손아귀에 넣으려는 독재 군주와 폐하가 뤼팽을 찾아왔습니다. 뤼팽이 비밀문서가 베르덴츠 성에 있다고 말하자 수갑을 채운 채 성으로 향했습니다.

하루의 말미를 얻은 뤼팽은 암호를 풀어나갔습니다. 약속된 시간이 2시간이 남았을 무렵 뤼팽은 괘종시계를 들여다보았습니다. 그리고 괘종시계의 숫자 8, 1, 3 위에 찍힌 점을 눌렀습니다. 그러자 뿔 달린 사슴 장식이 떨어지며 작은 상자가 나왔지만 아무것도 들어 있지 않았습니다. 뤼팽은 황제에게 Apoon은 Napoleon의 약자라는 이야기를 했습니다.

부하 두드빌이 뤼팽에게 그동안 조사해온 걸 들려주었습니다. 아르텐하임의 부모는 자식이 셋 있으며 둘째가 루리 드 마를라이히라고 말했습니다. 그러나 레스토랑에는 레옹 마시에라는 사람이 있었습니다. 결국 머리글자 L.M이 같았습니다.

레옹 마시에가 범인이라고 확신한 뤼팽은 케셀바흐 부인이 피에르 르딕과 사랑하는 관계임을 목격했습니다. 그때 깨진 거울에서 L.M이라는 머리글자를 발견했습니다. 여러 가지 조각을 맞춰본 뤼팽은 진짜 범인은 케셀바흐 부인이라는 걸 깨달았습니다. 결혼 전, 케셀바흐 부인의 이름이 '루리 드 마를라이히'였던 것입니다. 부인이 헤르만이 남긴 모든 영지를 가로채려고 사람들을 죽였던 것입니다. 떠나려는 뤼팽에게 유모는 주느비에브가 딸이냐고 물었습니다. 뤼팽은 눈물을 흘리며 고개를 끄덕인 뒤 홀연히 떠났습니다.

모리스 르블랑(1864~1941)
프랑스의 추리 소설가
대표작《속이 빈 바늘》《녹색 눈의 아가씨》

POINT 괴로 뤼팽처럼 추리를 잘 하려면 어떻게 해야 할까요?

작가
미상

지혜로운 어린 사또

장르
교과서에 실린 전래 동화

옛날에 열다섯 살인 소년이 과거에 장원으로 급제를 했습니다. 사람들은 모두 감탄을 하며 한마디씩 했습니다. "어릴 때부터 책을 좋아해서 어른도 읽기 힘든 책을 여러 번 봤다고 하네."

"그뿐인가? 부모님과 어른들을 공경하는 마음도 남다르다고 하는군."

"큰 인물이 될 게 분명하다고. 암 그렇고말고."

소년은 대궐에서 일을 시작한 뒤 몇 년 후에 어느 고을에 사또가 되었습니다. 고을 사람들은 어린 사또를 반기며 좋아했지만 이방과 아전들은 불만이 많았습니다. 사또가 어렸기 때문입니다.

사또가 부임한 다음 날, 아전들을 불렀지만 고개를 빳빳이 들고 인사를 제대로 하지 않았습니다. 사또의 묻는 말에도 시큰둥하게 대답했습니다.

사또는 자신을 얕본다는 생각에 버릇을 고쳐놓기로 마음먹었습니다. 그러고는 이방에게 석수장이를 데려오라고 했습니다. 이방이 마지못해 석수장이를 데려오자 사또는 석수장이를 방으로 불렀습니다.

"돌로 갓을 만들 수 있느냐? 없느냐?"

사또가 비밀스럽게 속삭이듯 말하자 석수장이는 만들 수 있다고 말했습니다. 그러고는 보름 후에 돌갓 여섯 개를 만들어 사또에게 가져다주었습니다. 사또는 아전들을 불러 모았습니다.

"내가 부임한 지 여러 날이 지났지만 누구 하나 제대로 인사를 하지 않더구나! 해서 갓이 가벼워 그런 것 같아 내가 돌갓을 준비했느니라. 이걸 쓰고 다니지 않으면 곤장 50대다!"

사또가 불같이 호령하자 아전들은 마지못해 돌갓을 썼습니다. 돌갓이 너무 무거워 아전들은 저절로 무릎을 꿇고 눈물을 흘렸습니다.

"사또, 저희가 잘못했으니 한 번만 용서해주십시오."

사또가 용서해주자 아전들은 며칠 동안 사또를 깍듯이 대했습니다. 그러나 며칠 지나지 않아 겨우 인사만 할 뿐 사또를 무시했습니다. 사또는 버릇을 고치겠다고 마음먹었습니다. 그러던 어느 날 사또는 아전들과 수수밭을 지나갔습니다.

"이방, 수수는 몇 해 동안 자라느냐?"

"아이고 사또, 수수는 한 해만 사는 식물인 걸 모르십니까?"

이방이 무시하는 말투로 대꾸하자 아전들이 키득거리며 웃었습니다. 사또는 태연하게 수숫대 여섯 포기를 꺾이지 않게 뽑으라고 명령했습니다. 그러고는 호령을 했습니다. "이 수숫대 한 포기씩 자신의 옷소매 속에 넣으시오. 단, 꺾이면 안 되오. 소매 밖으로 보여서도 안 되오. 만약 명령을 어길 시에는 큰 벌을 내릴 것이니 그렇게 아시오!"

사또의 말에 아전들은 각자 수숫대를 옷소매 속에 넣었습니다. 그러나 반도 들어가지 않았습니다.

"왜 못하는 거냐? 18년 동안 자란 나는 마음대로 하면서 채 1년도 자라지 못한 수숫대는 옷소매에 넣지도 못하다니!" 그때서야 아전들은 땅바닥에 엎드려 죽을 죄를 지었다며 용서를 구했습니다. 사또는 너그러운 마음으로 믿어보겠다고 말했습니다. 이 일이 있은 후부터 어린 사또를 무시하는 일은 없었습니다.

POINT 나이가 어리다고, 또는 다른 이유로 나를 무시하는 사람을 어떻게 대할지 생각해볼까요?

작가
미상

트로이의 목마

장르
세계 동화
(그리스 신화)

그리스와 트로이라는 나라는 10년 동안이나 전쟁을 했습니다. 전쟁의 시작은 트로이 왕자 파리스가 황금 사과를 여신들 중 한 명에게만 주어서였습니다. 사과에는 '가장 아름다운 여신에게'라는 말이 쓰여 있었어요. 그 사과를 받은 여신이 바로 아프로디테였습니다.

아프로디테는 무척 기뻤어요. 그래서 파리스 왕자를 세상에서 가장 아름다운 여자와 결혼을 시켜주기로 했어요. 그 상대는 그리스의 왕비인 헬레네였습니다.

파리스 왕자는 헬레네와 도망을 갔습니다. 왕비를 도둑맞은 그리스 사람들은 화가 치밀어 올랐어요. 결국 그리스 사람들은 트로이로 쳐들어갔습니다.

그렇게 시작된 전쟁이 10년이 되어도 끝이 나지 않았습니다. 신들까지 전쟁에 가세했기 때문입니다.

전쟁이 10년째 접어들었을 때였습니다. 그리스 군의 장수 아킬레우스가 죽자 그리스 연합군의 오디세우스가 멋진 계획을 세웠어요.

'일단 굳게 닫힌 트로이 성 안으로 들어가야 해. 커다란 말을 만들자. 그 안에 군인들이 들어갈 수 있게 하는 거야.'

오디세우스의 지시에 따라 아주 커다란 말을 완성했습니다. 오디세우스는 가장 용감한 사람을 뽑아서 말 안에 들어가게 했어요. 오디세우스뿐만 아니라 왕비를 빼앗긴 메넬라우스 왕도 들어갔고요.

다음 날 아침, 트로이 사람들이 성 밖을 보고 깜짝 놀랐습니다. 그리스 군인이 하나도 없고 나무로 만든 커다란 말만 덩그러니 서 있었으니까요.

트로이 사람들은 환성을 지르며 덩실덩실 춤을 추었습니다.

"그리스 군이 물러갔다! 전쟁에서 이겼다!"

트로이 사람들은 그리스 군사들이 스스로 물러났다고 생각했습니다. 커다란 목마는 아테나 신전에 바치는 선물이라고 여겼어요.

"저 목마를 성안으로 끌고 가서 신전에 바칩시다!"

그러나 목마를 성 안으로 들여보내는 일을 반대하는 사람이 딱 한 명 있었습니다. 바로 점쟁이 라오콘이었습니다.

라오콘의 반대가 거세짐에 따라 목마에 탔던 사람들은 오들오들 떨었습니다. 그런데 예상하지 못한 일이 벌어졌어요. 바다에서 나온 커다란 뱀이 라오콘을 감아 죽여버렸던 거예요. 트로이 사람들이 외쳤습니다.

"라오콘이 천벌을 받은 겁니다! 자, 말을 성 안으로 끌고 갑시다!"

트로이 사람들은 목마를 밀어서 성 안으로 끌고 들어갔습니다. 그러고는 그날 밤 전쟁에서 승리한 기쁨에 마음껏 먹고 마시며 술에 취했습니다.

사람들이 잠에 곯아떨어지자 그리스 장수들은 몰래 목마 밖으로 나왔습니다. 그러고는 성문을 열어 밖에서 기다리고 있던 병사들을 불러들였습니다.

그리스 병사들은 트로이 병사들을 모두 무찌르고 도시에 불을 질렀습니다. 10년 동안이나 버티던 트로이 성은 그렇게 오디세우스의 꾀에 넘어가 정복당하고 말았습니다.

POINT 그리스와 트로이는 왜 10년 동안이나 전쟁을 했을까요?

작가
미상

꼬마야 꼬마야

장르
전래 동요

똑똑 누구십니까
꼬마입니다.
들어오세요
꼬마야 꼬마야 뒤로 돌아라
꼬마야 꼬마야 땅을 짚어라
꼬마야 꼬마야 한 발을 들어라
꼬마야 꼬마야 잘 가거라

똑똑 누구십니까
꼬마입니다.
들어오세요
꼬마야 꼬마야 뒤로 돌아라
꼬마야 꼬마야 땅을 짚어라
꼬마야 꼬마야 한 발을 들어라
꼬마야 꼬마야 잘 가거라

작가
미상

온달 장군과 평강공주

장르
전래 동화

옛날 평원왕이라는 임금이 고구려를 다스릴 때의 이야기입니다. 온달은 평양성 밖에서 눈 먼 어머니와 함께 살고 있었습니다. 집안은 가난하고 먹을 게 없어서 동냥해온 밥으로 홀어머니와 끼니를 때워야 했습니다. 마음씨 착한 효자였지만 몸집이 엄청나게 크고 늘 헤벌쭉 웃고 다녀서 사람들은 그를 '바보 온달'이라고 불렀답니다.

임금에게는 평강이라는 딸이 있었는데 평강 공주는 어릴 때부터 울보였습니다. 공주가 울 때마다 임금은 이렇게 말했습니다.

"이런 울보를 과연 누구한테 시집을 보낼까? 옳지, 바보 온달한테 시집보내야겠다."

시간이 흐르고 흘러 평강 공주가 시집갈 나이가 되었습니다. 그런데 공주는 훌륭한 신랑감을 다 마다 하고는 바보 온달과 결혼하겠다며 고집을 부렸습니다.

"아바마마, 저더러 온달의 색시가 되라고 하지 않으셨는지요? 나라를 다스리는 임금님께서 그렇게 쉽게 말을 바꿀 수는 없습니다."

화가 난 임금은 평강 공주를 궁궐에서 내쫓아버렸습니다. 평강 공주는 물어 물어 온달의 집으로 찾아가서는 온달의 어머니에게 말했습니다.

"어머니, 저를 며느리로 받아주세요."

평강 공주는 조르고 졸라 겨우 어머니의 허락을 얻어 온달과 혼인을 하게 되었습니다. 평강 공주가 온달에게 자신이 손수 지은 옷을 입히자 바보의 모습은 사라지고 한결 말끔하고 환해졌습니다. 또한 공주는 가져온 보물을 팔아 집과 논밭을 사고 온달에게 글공부를 시키고 무술도 익히도록 했답니다.

그러던 어느 날 평강 공주가 온달에게 말했습니다.

"지금부터 무예를 배우셔야 합니다. 오늘 장에 가서 말을 사 오세요. 살찌고 좋은 말을 사지 마시고, 궁궐에서 내다 파는 여윈 말을 사 오세요. 아셨죠?"

온달이 공주가 시키는 대로 여윈 말을 사오자 공주는 그 말을 정성껏 보살폈습니다. 말은 곧 살이 찌고 튼튼해졌고 온달의 말 타기, 무술 실력도 날이 갈수록 쑥쑥 늘었습니다.

몇 년이 지난 어느 해 봄, 사냥 대회가 열렸습니다. 고구려에서는 해마다 봄이 되면 사냥 대회를 열고 그날 잡은 산돼지, 사슴으로 하늘에 제사를 지냈는데 온달도 사냥 대회에 나갔습니다. 그날, 온달은 남보다 앞서서 말을 타고 달렸고 마침내 사냥 대회 최고의 사냥꾼으로 뽑혀 임금 앞으로 나갔습니다. 평원왕은 그가 바로 바보 온달이라는 걸 알고는 무척 기뻐했습니다.

얼마 뒤, 중국 후주의 무제 군사가 쳐들어오자 임금은 군사를 거느리고 전쟁터로 나갔습니다. 그 전쟁에서 온달은 적과 싸워서 큰 공을 세웠고 높은 벼슬도 얻게 되었습니다. 임금은 평강 공주에게 용서를 빌고는 멋진 혼례 잔치도 열어 주었습니다. 세월이 흘러 평원왕이 죽고 공주의 오빠인 새 임금이 나라를 다스리게 되었습니다.

"여보, 신라에게 빼앗긴 한강 북쪽 땅을 되찾지 못하면 돌아오지 않겠소. 돌아올 때까지 건강하시오."

온달은 굳게 맹세를 하고 떠났지만 신라군과 싸우다 그만 화살에 맞아 세상을 떠나고 말았습니다. 온 나라 백성들이 공주와 함께 슬퍼했답니다.

POINT 바보 온달이 어떻게 나라의 큰 공을 세우는 장군이 되었나요?

작가
미상

은혜 갚은 호랑이

장르
교과서에 실린 전래 동화

옛날 어느 산골 마을에 의술뿐만 아니라 인품까지 훌륭한 의원이 살았습니다. 하루는 거지가 찾아와 배가 아프다며 의원을 뵙게 해달라고 사정했습니다. 그러나 하인들은 못마땅한 얼굴로 대했습니다.
"치료비는 있는가?"
"그게, 없습니다. 그러나 너무 아파서 그러니 의원님을 한 번만 뵙게 해주세요."
거지가 애원을 했지만 하인들은 딴청을 부렸습니다. 밖에서 요란한 소리를 들은 의원이 무슨 일이냐고 물었습니다. "그게 거지가 배가 아프다며 의원님을 뵙게 해달라고 합니다."
순간 의원이 큰 기침을 하자 하인들이 움찔했습니다.
"이런, 아무리 거지라도 아프면 의원을 볼 수 있는 것이다. 어서 안으로 들여라."
의원의 불호령에 하인이 얼른 거지를 데리고 들어왔습니다. 방에 들어선 거지에게서 고약한 냄새가 났지만 의원은 신경 쓰지 않고 맥을 짚었습니다.
"오랫동안 먹지 못하다가 갑자기 음식을 먹어서 탈이 났구나!" 의원이 거지에게 침을 놓고 약을 먹이자 금방 나았습니다. 의원을 찾는 환자는 날로 늘어났지만 의원은 부자와 가난한 사람을 가리지 않고 신분을 가리지도 않았습니다.
그러던 어느 날 밤 의원은 잠이 오지 않아 마당을 거닐었습니다. 고요한 밤에 대문을 긁는 소리가 들렸습니다. "거기 누구요?"
문을 연 의원은 깜짝 놀라 주저앉을 뻔했습니다.
새끼 호랑이가 눈앞에서 의원을 바라보고 있었습니다. 새끼 호랑이가 간절한 눈으로 의원 앞에 넙죽 엎드려 머리를 조아렸습니다.
"의원님, 제 어머니를 살려주십시오. 목에 굵은 뼈가 걸려 먹지를 못합니다. 제발 저와 같이 동굴에 가서 목에 박힌 뼈 좀 빼주십시오."
의원은 정신을 차리고 새끼 호랑이에게 말했습니다.
"잠시 기다려라. 내 침과 약을 들고 나올 테니."
의원이 나오자 새끼 호랑이는 의원이 탈 수 있게 등을 낮춰주었습니다. 의원이 올라타자 새끼 호랑이는 날래게 달렸습니다.
이윽고 동굴에 다다르자 커다란 어미 호랑이가 입을 벌리고 괴로워하고 있었습니다. 의원은 뼈를 빼주면 잡아먹힐지도 모른다는 생각이 스쳤습니다. 그러나 새끼 호랑이가 제 어미를 생각하는 마음이 갸륵하여 뼈를 빼주고 상처 난 곳을 치료해주었습니다.
"의원님, 정말 고맙습니다. 이 은혜를 꼭 갚겠습니다."
어미 호랑이와 새끼 호랑이는 몇 번이나 머리를 조아렸습니다. 의원은 새끼 호랑이의 등을 타고 집으로 돌아왔습니다.
다음 날 아침, 하인이 다급한 목소리로 의원을 불렀습니다. 밖으로 나가자 마당에 커다란 멧돼지 한 마리가 놓여 있었습니다.
"대문 밖에 이렇게 멧돼지가 놓여 있었습니다."
멧돼지를 살피던 의원은 호랑이 이빨 자국을 발견했습니다. 의원은 환한 미소를 지었습니다. 그 뒤에도 가끔 의원의 집 앞에는 산짐승들이 놓여 있었습니다.

POINT 의원은 왜 부자나 가난한 사람, 호랑이 등 동물을 가리지 않고 치료해주었나요?

작가
러디어드 키플링

나비가 발을 구르면 무슨 일이 생길까?

장르
세계 명작

이것은 이 세상에서 가장 지혜로운 군주였던 '술래이만 빈 다우드'에 대한 이야기입니다. 술래이만 빈 다우드는 바로 다윗 왕의 아들 솔로몬 왕의 본래 이름이에요.

솔로몬 왕은 아주 지혜로운 분이었고 세상 모든 소리를 귀담아 들을 수 있었습니다. 게다가 손가락에 끼고 있는 반지로 땅속의 정령들, 하늘의 요정들, 그리고 천국에 사는 대천사까지 불러낼 수 있었답니다.

솔로몬 왕에게는 아름답고 현명한 발키스 여왕을 빼고도 999명의 왕비들이 있었습니다. 그런데 왕비들은 서로 만나기만 하면 싸우고 왕에게 우르르 몰려가 말다툼을 벌였습니다. 하지만 발키스 여왕만큼은 결코 싸우는 일이 없었습니다.

어느 날 솔로몬 왕은 숲에 갔다가 나비 한 쌍이 싸우는 소리를 들었습니다.

"내가 발만 한 번 구르면 이 황금궁전과 정원이 눈 깜짝할 사이에 사라진다는 걸 모르오?"

신랑 나비는 신부 나비에게 허풍을 떨고 있었습니다. 왕은 그 말을 듣고 껄껄 웃음을 터뜨렸습니다. 옆에서 이 광경을 지켜보던 발키스 여왕은 문득 좋은 생각이 떠올랐습니다.

"작은 나비야, 너는 네 남편이 방금 한 말을 믿느냐?"

발키스 여왕이 신부 나비에게 물었습니다.

"저 말을 어떻게 믿을 수가 있겠어요? 하지만 제가 그 말을 믿는 척해서 남편이 기뻐한다면 그냥 그걸로 좋은 일 아닌가요?" 신부 나비의 대답에 발키스 여왕은 부드러운 미소를 지었습니다.

"왕이시여! 아내가 저에게 발을 한 번 굴러 보라고 합니다. 제가 그럴 수 없다는 사실을 알고 계시지요? 아내가 저를 비웃지 않도록 제가 발을 구를 때 저를 좀 도와주세요."

신랑 나비가 왕에게 하소연을 하자 왕은 순전히 신랑 나비를 위해 반지를 돌렸습니다.

"마침내 왕께서 오래 전에 했어야 할 일을 이제야 결심하셨구나! 싸우기 좋아하는 왕비들이 얼마나 기겁할까?"

발키스 여왕의 말이 끝나기가 무섭게 신랑 나비가 보란 듯이 발을 굴렀습니다. 그러자 정령들은 요란한 천둥소리와 함께 황금궁전과 정원을 하늘 높이 던져버렸습니다. 왕이 시키는 대로 신랑 나비가 다시 한 번 발을 구르자 거대한 정령들은 궁전과 정원을 다시 원래의 자리에 사뿐히 내려놓았습니다. 순간 한바탕 소동이 벌어졌습니다. 999명의 왕비들이 겁에 질린 채 쏟아져 나왔거든요.

"너무 걱정하지 말아요. 왕비님들! 신랑 나비의 하소연을 듣고 왕께서 하신 일이랍니다."

발키스 여왕이 왕비들에게 말했습니다. 그러자 왕비들은 일제히 충격에 빠졌습니다.

'나비 한 쌍 때문에 그렇게 엄청난 일이 일어났다면 왕을 괴롭힌 우리에게는 도대체 어떤 일이 벌어질까?'

999명의 왕비들은 두 손으로 입을 막은 채 가만가만 궁전으로 돌아갔고 그 뒤부터 서로 다투지 않고 사이좋게 지냈다고 합니다.

러디어드 키플링(1865~1936)
영국의 소설가, 시인. 《정글북》 등의 동화작가로 알려져 있다.

POINT 솔로몬 왕의 본래 이름은 무엇이었나요?

작가
이솝

개미와 비둘기

장르
세계 동화

햇빛이 내리쬐는 무더운 날이었습니다. 더위에 지친 개미가 냇가로 내려갔습니다. 목을 내밀고 물을 먹으려다 그만 미끄러져서 물에 빠지고 말았습니다. 물살에 휩쓸려 떠내려가는 개미가 있는 힘껏 소리를 질렀습니다.

"악! 개미 살려! 개미 살려!"

개미는 떠내려가지 않으려고 허우적거렸지만 물살이 너무 셌습니다.

"제발 살려주세요!"

개미는 입으로도 외치고 마음으로도 기도했습니다.

그때 나무 위에서 개미를 지켜보던 비둘기가 갑자기 날아올랐습니다. 그러고는 나뭇잎 하나를 따서 개미에게 던져주었습니다.

"개미야, 나뭇잎을 잡아!"

개미는 온 힘을 다해 나뭇잎 위로 기어 올라갔습니다. 나뭇잎이 냇물가로 닿자 개미가 안도의 한숨을 내쉬었습니다.

"휴우, 살았다. 비둘기 아저씨 정말 고마워요. 목숨을 구해주셨어요."

개미는 비둘기를 보며 말했습니다.

"다행이다. 다음부터는 항상 조심하고."

"그럴게요. 비둘기 아저씨, 이 은혜 잊지 않을게요."

개미는 비둘기에게 몇 번씩 고개 숙여 인사했습니다.

며칠 뒤, 비둘기가 나뭇가지에 앉아 풍경을 바라보며 쉬고 있었습니다.

산과 나무가 너무 예뻐서 감탄을 하는데 사냥꾼이 슬금슬금 비둘기를 향해 다가왔습니다.

비둘기는 사냥꾼을 보지 못했습니다. 사냥꾼이 비둘기를 향해 사냥총을 겨누었습니다.

그 모습을 지나가던 개미가 보고 깜짝 놀랐습니다. 개미는 재빨리 사냥꾼에게 기어갔습니다. 그러고는 온몸의 힘을 실어 사냥꾼의 발을 꽉 물었습니다.

"으악! 따가워!"

사냥꾼이 비명을 지르며 그대로 주저앉았습니다. 그 바람에 엉뚱한 곳으로 총을 쏘고 말았습니다.

총소리에 놀란 비둘기는 황급히 하늘로 날아올라 목숨을 구할 수 있었습니다.

빠르게 날아가는 비둘기를 보며 개미는 흐뭇해 했습니다.

'비둘기 아저씨에게 은혜를 갚아서 다행이야.'

개미는 행복한 마음을 안고 먹이를 찾아 다시 길을 나섰습니다.

이솝
본명은 아이소포스. 기원전 6세기 고대 그리스 우화 작가

POINT 퀴리 부인은 어떻게 해서 여성 최초로 노벨물리학상과 노벨화학상을 받았을까요?

작가
방정환

방귀 출신 최 덜렁

장르
국내외 명저자 작품

여러 백 년 전 이야기로 퍽 우스운 재미있는 이야기를 하나 하지요. 그때 서울 잿골 김 대신 댁 사랑에 최 덜렁이라는 사람이 있었습니다. 진짜 이름은 따로 있지만 성질이 수선스러워서 어찌나 덜렁대는지, 모르는 다른 대신 집에서도 "최 덜렁, 최 덜렁." 하게 되어 그의 얼굴은 몰라도 이름은 모르는 사람이 없을 지경이었습니다. 너무 수선스럽게 덜렁대므로 하려던 일은 다 잊어버리고, 당치도 않은 딴 일을 하여 실수가 많았습니다. 그러나 때때로 능청스런 꾀를 잘 내므로 늘 덜렁으로 실수한 일도 능청으로 덮어버렸습니다.

하루는 김 대신의 부탁을 받아 가지고 안동 서 판서 댁에 가게 되었는데 타고난 천성이라 대문을 바로 보고 들어가지를 않아서 서 판서 옆집의 이 대신 댁으로 쑥 들어갔습니다.

꼭 서 판서 댁인 줄만 알고 덜렁 최 선생이 그 집 하인 보고 대감 계시냐 한즉, 사랑으로 안내하여 앉힌 뒤에 잠시 후 점잖은 사람이 의관을 하고 나왔습니다.

"나는 잿골 김 대신 대감 댁에서 온 사람이올시다. 주인대감을 좀 뵈오려고……."

방정환(1899~1931)
아동문학의 선구자. 한국 최초 순수아동 잡지《어린이》창간
대표작《사랑의 선물》《소파전집》

"예. 저는 이 댁 이 대신 댁에 있는 권영우라는 사람이올시다. 뵈옵기가 늦었습니다. 대감께서는 지금 잠깐 안에 계십니다. 잠깐만 기다리시지요."

덜렁 선생이 이 대신 집이라는 말을 듣고 깜짝 놀랐습니다. 이거 큰일났구나 하고 그제야 후회하였으나 별수없이 큰 변을 당하게 되었습니다. 이만저만한 사람도 아니고 이 대신을 만나자고 해놓았으니, 공연히 희롱한 것처럼 되어 당장에 큰 탈이 내릴 것은 당연한 일이었습니다.

"자아, 후의의 환대를 감사히 받고 갑니다. 여러분 편안히 계십시오."

인사를 마치고 간신히 기둥을 붙잡고 일어나기는 났으나, 억지로 힘들여 일어나는 통에 구린내 나는 소리가 거침없이 '뿡' 하고 나왔습니다.

편안히 가시라 하면서 따라 일어서던 문객들은 그만 허리가 아프게 우스운 것을 억지로 참느라고 손으로 입을 틀어막고 낄낄거리는데 덜렁 선생은 시치미 딱 떼고 "왜들 웃으십니까? 여러분은 혹시 내가 방귀라도 뀐 줄 알고 그러십니까?" 하고 나서 발바닥으로 마룻바닥을 몹시 문질러 뻑뻑 소리를 내고서는 "이것 보시오. 마룻바닥에서 나는 소리올시다……. 정말 방귀란 것은 이런 것이랍니다." 하고 여러 사람에게로 궁둥이를 삐죽 내밀고 아까부터 잔뜩 참고 있던 방귀를 속이 시원하게 뀌었습니다.

"하하하하, 변변치 않은 것을 알려드리느라고 실례하였습니다. 편안히 계십시오."

해놓고는 어이가 없어 입만 딱 벌리고 섰는 문객들을 돌아보지도 않고 휘적휘적 가버렸습니다.

그 후 이 대신이 그 말을 듣고, 남자답고 재미있는 사람이라 하여 자기 관할 아래에 상당히 좋은 벼슬을 시켰습니다. 그 후로 덜렁 선생은 항상 말하기를 "입신출세하는 것은 방귀 같다."고 하더랍니다.

POINT "입신출세하는 것은 방귀 같다"란 말은 무슨 뜻일까요?

작가
미상

서당에서 쫓겨난 바보 아들

장르
교과서에 실린 전래 동화

옛날에 부지런하고 근면한 농부가 살았습니다. 농부는 열심히 일한 덕분에 집 한 채와 조그마한 땅을 가졌습니다. 그런데 늘 바보 아들 때문에 걱정이었습니다. 아들은 키도 크고 훤칠했지만 엉뚱하고 무엇 하나 배우는데도 남들보다 몇 배의 시간이 걸렸습니다.

어느 날 농부는 서당에서 글공부를 하는 아이들을 보며 몹시 부러워했습니다.

'서당에서 저리 공부하는 아들을 보면 좋으련만.'

집으로 돌아온 농부는 아들을 불러 말했습니다.

"네가 벌써 열두 살이니 글공부를 해야 하지 않겠느냐?"

"아버지, 제가 글을 어떻게 배워요? 말도 안 돼요."

아들이 자신 없는 표정으로 말하자 농부는 용기를 주었습니다.

"글공부는 어려운 게 아니다. 그저 서당 훈장님의 말씀만 따라 하면 되느니라."

"정말로 훈장님의 말씀만 따라 하는 거예요?"

농부가 고개를 끄덕이자 아들은 바로 아버지 뒤를 따라 서당에 갔습니다. 훈장은 아들에게 점잖게 말했습니다.

"하늘 천, 해보아라."

아들은 잠시 머뭇거리면서 아버지의 말을 떠올렸습니다. 그러고는 미소를 지으며 말했습니다.

"하늘 천, 해보아라."

훈장이 잠시 감았던 눈을 번쩍 뜨며 말했습니다.

"하늘 천만 하라니까."

"하늘 천만 하라니까."

농부의 아들이 훈장의 말을 똑같이 따라했더니 훈장이 화가 나서 목소리를 높였습니다.

"하늘 천만 하라고 말하지 않았느냐?"

"하늘 천만 하라고 말하지 않았느냐?"

아들도 목소리를 높여 따라했습니다. 훈장은 농부의 아들이 장난을 친다고 생각하며 버럭 화를 냈습니다.

"이놈, 지금 장난을 하는 것이냐? 썩 나가거라!"

"이놈, 지금 장난을 하는 것이냐? 썩 나가거라!"

훈장은 이마를 짚더니 이내 일어나 밖으로 나왔습니다. 밖에서 이 모습을 본 농부는 훈장의 얼굴을 똑바로 보지 못했습니다. 그러고는 아들을 데리고 나와 집으로 돌아왔습니다.

"아버지, 왜 벌써 온 거예요?"

아들은 이해할 수 없다는 얼굴로 물었습니다.

"아이고, 이놈아. 너는 어찌 이리 어리석은 게냐?"

"아버지, 저는 어리석지 않아요. 아버지 말씀대로 했을 뿐이에요."

아들은 무엇을 잘못했는지 몰라 어리둥절했습니다.

"아이고, 내가 속이 시커멓게 탄다."

농부는 아들 얼굴 한 번 보고 먼 산 한 번 보기를 수차례 반복했습니다.

POINT 어떻게 해야 바보 아들이 서당 훈장님에게 글공부를 제대로 배울 수 있을까요?

작가
쥘 르나르

홍당무

장르
세계 명작

프랑스의 작은 시골 마을에 '홍당무'라고 불리는 소년이 살았습니다. '홍당무'는 빨간 머리카락과 주근깨가 가득한 얼굴 때문에 생긴 별명입니다. 홍당무는 순수하고 착한 아이였지만 엄마인 르픽 부인은 늘 부려먹기만 하고 칭찬 한 마디 해주지 않았습니다.

어느 날 밤 르픽 부인은 홍당무에게 닭장 문을 닫고 오라고 시켰습니다. 형과 누나가 가기 싫다고 하자 이번에도 홍당무에게 심부름을 시킨 것입니다. 홍당무가 추위와 두려움을 꾹 참고 다녀왔더니 엄마는 당연하다는 듯 말했습니다.

"홍당무야, 앞으로는 매일 밤 네가 닭장의 문을 닫도록 해라."

이처럼 르픽 부인은 모든 심부름을 형과 홍당무에게만 시켰습니다. 하지만 홍당무는 어머니를 미워하지 않았습니다. 그런데 르픽 부인은 홍당무가 이불에 오줌을 쌌다고 수프에 오줌을 조금 섞어서 주었습니다. 홍당무는 그것도 모르고 수프를 먹고 나중에서야 알게 되었지만 자주 있는 일이라 아무렇지도 않았습니다. 심지어 르픽 부인은 홍당무가 곡괭이를 들고 일을 하다가 머리를 다쳐도 관심조차 가지지 않았습니다. 형과 누나마저 자신을 놀려대고 괴롭히자 홍당무는 점점 더 집이 싫어졌습니다.

어느 날 르픽 부인은 홍당무에게 방앗간에 가서 버터 한 덩이만 사오라고 시켰습니다.

"싫어요, 엄마."

식사 준비를 하던 르픽 부인이 깜짝 놀라 홍당무를 돌아보았습니다. "지금 무슨 소리를 하는 거냐? 누가 시키는 일인데 감히! 당장 다녀오지 못해!"

홍당무가 르픽 부인의 말을 거절한 것은 처음 있는 일이었습니다. 르픽 부인은 너무 당황한 나머지 홍당무를 때리는 것조차 잊었습니다. 차가운 눈빛으로 쏘아보는 것도, 주먹을 휘두르며 홍당무를 위협하는 것조차 말입니다. "말세다, 말세야! 어디 아버지와 아들이 잘 해결해 봐요."

르픽 부인이 휙 돌아서서 나갔습니다. 아빠는 홍당무를 데리고 밖으로 나가 말없이 오솔길을 걸었습니다.

"아무도 나를 사랑하지 않아요. 그리고 이젠 엄마가 나를 사랑하지 않는 것처럼 나도 엄마를 사랑하지 않기로 했어요!"

홍당무는 처음으로 아빠에게 솔직하게 자신의 속마음을 털어놓았습니다. 무조건 가족들에게 잘 보이기 위해 애쓰던 모습과는 사뭇 다른 모습이었습니다. 그런데 아빠가 뜻밖의 말을 꺼내놓았습니다.

"나는 네 엄마를 사랑하는 줄 아니?"

홍당무는 깜짝 놀라 아빠를 보았습니다. 아빠도 엄마한테 불만을 품고 있었다니! 아빠도 자신과 같은 고민을 하고 있었던 것입니다. 아빠의 비밀을 알게 되자 가슴이 벅차올랐습니다. 홍당무는 멀리 떠날 생각을 접고는 어둠 속에 웅크린 집을 향해 다시 걸어갔습니다.

쥘 르나르(1864~1910)
프랑스의 소설가. 《포도밭의 포도재배자》 《박물지》

POINT 엄마가 자신을 사랑하지 않는다면서 집을 멀리 떠나고 싶었던 홍당무는 왜 다시 집으로 들어갔을까요?

October
10

작가
미상

개구리 바위

장르
교과서에 실린
전래 동화

아주 먼 옛날 금강산 자락에 깊은 우물이 하나 있었습니다. 맑은 우물 안에는 태어난 뒤 단 한 번도 우물 밖으로 나가보지 못한 개구리 형제들이 살고 있었습니다. 개구리 형제들이 볼 수 있는 세상은 우물 위로 보이는 세상이 전부였습니다.

그러던 어느 날 개구리 형제들이 살고 있는 우물에 까마귀 한 마리가 날아와 목을 축였습니다. 그러고는 개구리들에게 부드럽고 온화하게 말을 건넸습니다.

"개구리들아, 너희는 우물 안에서만 지내는 게 답답하지 않니? 우물 밖에는 멋진 세상이 있고 아름다운 풍경이 눈앞에 펼쳐져 있어."

개구리들은 어리둥절해 하며 정말로 세상이 아름답냐고 되물었습니다.

"그럼. 내가 지금 금강산을 타고 여기에 온 거잖아. 너희가 사는 이 금강산이 내가 본 곳 중에서 가장 아름다워. 지금은 산에 온통 단풍이 들어서 울긋불긋하단다. 이 금강산은 계절마다 그 풍경이 달라지지. 너희들이 보면 정신을 잃을지도 몰라."

까마귀의 말에 개구리 형제들은 머릿속으로 그려보았지만 전혀 감이 오지 않았습니다. 개구리 형제들은 까마귀에게 부탁했습니다.

"우리를 위해 우물 밖의 풍경을 보여줄래?"

까마귀는 개구리 형제 모두는 불가능하다고 말하며 대표를 뽑으면 금강산을 보여주겠다고 말했습니다. 개구리 형제들은 머리를 맞대고 의논한 끝에 큰 형을 뽑았습니다. 첫째 개구리가 굳게 다짐하며 동생 개구리들에게 말했습니다. "내가 잘 보고 와서 구경한 것들을 전부 이야기해줄게."

까마귀 등에 탄 첫째 개구리는 손을 흔들었습니다. 까마귀는 날개를 퍼덕이며 날아올랐습니다. 금강산을 한 바퀴 돈 까마귀는 첫째 개구리를 구룡연 골짜기에 내려주었습니다. 우물 밖 세상을 본 첫째 개구리는 아름다운 경치에 정신을 잃을 정도였습니다.

첫째 개구리는 발로 걸어 금강산의 모습을 보려고 옥녀봉에 기어올랐습니다. 가도 가도 끝이 없고 숨이 턱까지 타올랐지만 힘을 내었습니다.

"내가 본 것을 동생들에게 이야기해주어야 해. 그러니까 힘내자!"

마침내 첫째 개구리는 옥녀봉 중턱에 도착했습니다. 송골송골 맺힌 땀을 닦고 펼쳐진 풍경을 내려다보았습니다. 그 순간, 첫째 개구리는 눈이 휘둥그레지고 숨이 멎는 듯했습니다.

깎아지른 절벽과 울긋불긋한 단풍, 고고한 소나무와 거칠게 떨어지는 폭포수, 그 위의 무지개는 환상적이었습니다.

"정말 이런 세상이 있다니. 이걸 못 봤으면 어쩔 뻔했어."

첫째 개구리는 풍경에 빠져 발길이 떨어지지 않았습니다. 동생 개구리들에게 돌아가야 한다는 생각도 잊은 지 오래였습니다. 하루가 지나고 이틀이 지나고 시간이 흐르는 사이, 첫째 개구리는 그대로 그 자리에서 굳어버려 바위가 되고 말았습니다. 바로 이 바위가 금강산 구룡포 골짜기에 있는 개구리 바위입니다.

POINT 큰 형 개구리가 바위가 될 정도로 아름다운 풍경에 빠진 금강산은 어디에 있을까요?

작가
샤를 페로

신데렐라

장르
세계 동화

옛날 어느 마을에 귀족부부가 예쁜 딸 하나를 낳고 살았습니다. 어머니가 세상을 떠나자, 아버지는 새어머니를 맞이했습니다. 새어머니가 데려온 두 딸은 새어머니를 쏙 빼닮아 고약하고 못됐습니다.
새어머니와 언니들은 막내에게 온갖 궂은일을 시키며 구박했습니다.
"얘야, 마룻바닥을 닦고 내 방을 청소해라!"
"내 드레스를 빠는 것도 잊지 마!"
새어머니와 언니들은 막내를 '신데렐라'라고 불렀습니다. 이는 '재투성이 아가씨'라는 뜻이었습니다.
어느 날 임금님의 무도회가 열렸습니다. 새어머니와 언니들은 무도회 참석 준비로 날마다 바빴습니다.
드디어 무도회가 열리는 날이었습니다. 새어머니와 언니들이 궁전으로 떠나자 신데렐라는 마차가 사라질 때가지 바라보았습니다.
"나도 무도회에 갈 수만 있다면……."
신데렐라가 훌쩍 거리며 눈물을 흘렸습니다. 바로 그 때 어디선가 요정이 나타나 신데렐라에게 말을 걸었습니다.
"울지 말거라. 내 너를 무도회에 보내줄 테니."
요정은 커다란 호박으로 반짝이는 마차를 만들고, 쥐덫에 잡힌 쥐들을 말로 바꾸었습니다. 뚱뚱한 쥐 한 마리는 마부로, 도마뱀은 시종으로 변신시켰습니다.
"이제 다 됐다. 어서 무도회에 가거라."
신데렐라는 자기 옷을 보며 슬프게 말했습니다.
"이런 옷으로는 무도회에 들어가지도 못해요."
요정은 빙그레 웃더니 다시 요술 지팡이로 신데렐라를 톡 건드렸습니다. 그러자 신데렐라 옷이 눈부시게 화려한 드레스로 바뀌었습니다. 게다가 요정은 유리 구두를 신데렐라에게 주었습니다.
"신데렐라야, 이 모든 것은 자정이 지나면 사라진단다. 그러니 그 전에 돌아오너라."

신데렐라는 호박마차를 타고 궁전으로 떠났습니다.
신데렐라가 무도회에 들어서자 사람들이 한마디씩 했습니다.
"세상에 저런 아름다운 미모를 봤나."
"어느 나라 공주인가 봐."
왕자도 신데렐라의 모습에 반했습니다. 왕자와 신데렐라가 춤을 추는 사이 자정을 알리는 종이 쳤습니다.
신데렐라는 깜짝 놀라 서둘러 무도회장을 빠져나갔습니다. 허겁지겁 뛰느라 유리 구두 한 짝이 벗겨진지도 몰랐습니다. 왕자가 유리 구두를 주워들었습니다.
왕자는 유리 구두의 주인을 찾기 시작했습니다. 신하들이 신데렐라 집에도 찾아왔습니다. 언니들이 유리 구두를 신겠다고 싸웠지만 둘에게는 너무 작았습니다. 마지막으로 신데렐라가 신자 딱 맞았습니다. 신데렐라는 나머지 유리 구두를 꺼냈습니다. 그때 요정이 신데렐라의 옷을 지팡이로 톡 건드리자 아름다운 옷으로 바뀌었습니다.
"신데렐라, 네가 그 무도회의 아가씨였어!"
새어머니와 언니들이 깜짝 놀랐습니다. 며칠 뒤 신데렐라는 왕자의 청혼을 받아들이고 결혼식을 올렸습니다. 그리고 오랫동안 행복하게 잘 살았습니다.

샤를 페로(1628~1703)
동화라는 새로운 문학 장르의 기초를 다진 프랑스 작가

POINT 새 어머니와 언니들은 막내를 왜 '신데렐라'라고 불렀나요?

작가
미상

서동과 선화공주

장르
전래 동화

옛날 신라에 무척 예쁘고 마음씨 고운 선화 공주가 살고 있었습니다.

"마 사세요. 마요!"

키가 크고 반듯하게 생긴 젊은이가 마를 팔았습니다. 젊은이의 이름은 서동이었는데 서동은 마를 캐는 아이라는 뜻이었어요. 이름처럼 서동은 경주에서 마를 팔았습니다. 마음씨 좋은 서동은 마를 공짜로 나눠 주기도 해서 아이들에게 인기가 많았습니다.

그러던 어느 날 서동이 아이들한테 노래를 가르쳐주었답니다.

"선화 공주님은 남몰래 시집을 가서 밤이면 서동 서방을 찾아간대요."

아이들은 동네방네 쏘다니며 서동이 가르쳐준 노래를 불렀습니다. 노래는 퍼져 나가 경주에서 모르는 사람이 없을 정도가 되었습니다. 노래를 들은 임금은 화가 나서 공주를 궁궐에서 쫓아냈답니다.

서동은 슬피 울며 걷고 있는 공주 뒤를 따라가 넙죽 절을 했습니다.

"공주님, 제가 어디까지라도 모시고 가겠습니다."

공주는 얼굴이 선하게 생긴 서동이 맘에 들어 고개를 끄덕였답니다. 백제 땅이 가까워진 무렵 서동이 선화 공주에게 사실을 털어놓았습니다.

"용서하십시오. 공주님. 제가 백제 사람 서동입니다."

공주는 깜짝 놀랐지만 서동은 볼수록 반듯하고 좋은 사람이었습니다. 선화 공주는 서동에게 시집가기로 결심하고 서동의 오두막으로 갔습니다.

"서방님, 이걸로 새집을 짓고 땅도 사세요."

공주는 왕비가 준 황금을 내놓으며 말했습니다.

"그깟 돌덩이로 무얼 산단 말이오?"

서동은 그때까지 황금을 모르고 있었던 것입니다.

"어마마마께서 주신 황금이랍니다. 아주 귀한 보물이에요."

"참말이오? 내가 마를 캐던 곳에 이런 돌이 잔뜩 있다오."

서동은 부리나케 달려가 황금을 캤습니다. 산처럼 쌓인 누런 금덩이를 보고 공주가 말했습니다.

"이 황금을 신라에도 나눠 드리면 어떨까요?"

"좋소. 일단 용화산에 있는 절로 갑시다. 그 절에 우릴 도와주실 스님이 계신다오."

서동은 황금이 든 주머니를 메고 선화 공주는 아버지와 어머니한테 부칠 편지를 들고 스님에게 부리나케 달려갔답니다. 스님이 신통방통한 재주를 부리자 황금과 공주의 편지가 눈 깜짝할 새 신라 궁궐로 옮겨졌습니다. 진평왕은 크게 기뻐하며 서동과 선화 공주를 아끼게 되었답니다.

서동과 선화 공주는 금을 팔아 가난하고 병든 사람들을 도와주었습니다. 시간이 흘러 서동은 백제의 서른 번째 임금인 무왕이 되었고 선화 공주는 무왕의 왕비가 되었습니다. 그 모든 게 선하고 어진 성품으로 백성들의 마음을 얻은 덕이었습니다.

POINT 선화 공주는 어떻게 서동에게 시집을 가게 되었나요?

작가
미상

네 명의 난장이와 네 가지 소원

장르
세계 옛날이야기
(칠레)

"월요일과 화요일, 수요일, 셋. 월요일과 화요일, 수요일, 셋. 월요일과 화요일, 수요일, 셋."

한 나무꾼이 나무를 하다가 노랫소리를 들었습니다. 자세히 보니 네 명의 난쟁이들이 목청껏 노래를 부르며 빙글빙글 춤을 추고 있었습니다. 그것은 나무꾼도 잘 아는 노래였습니다. 그래서 나무꾼은 신나게 뒤를 이어 불렀습니다.

"목요일과 금요일, 토요일, 셋. 목요일과 금요일, 토요일, 셋. 목요일과 금요일, 토요일, 셋."

그러자 난쟁이들이 나무꾼 주위로 몰려와 나머지 노래를 가르쳐 달라고 졸랐습니다.

"그거야 어렵지 않지요. 목요일과 금요일, 토요일, 여섯. 목요일과 금요일, 토요일, 여섯. 목요일과 금요일, 토요일, 여섯. 처음부터 부르면 이렇게 돼요. 월요일과 화요일, 수요일, 셋. 목요일과 금요일, 토요일, 여섯."

나무꾼의 노래가 끝나자마자 난쟁이들은 깡충깡충 뛰면서 노래를 따라 불렀습니다.

"노래를 가르쳐 주셔서 고맙습니다. 보답으로 호리병을 네 개 드릴게요. 소원이 있으면 이 호리병에 대고 말하세요."

나무꾼은 집에 도착하자마자 호리병을 하나 들고 말했습니다. "호리병아, 호리병아! 금화를 다오."

그 말이 떨어지기가 무섭게 나무꾼은 번쩍이는 금화에 파묻혔답니다. 나무꾼은 금세 부자가 되었어요.

나무꾼의 형도 이 이야기를 전해 듣고 곧장 숲으로 달려갔습니다. 그리고 얼마 뒤, 난쟁이들이 나타나자 동생과 똑같은 방법으로 노래를 가르쳐주고 네 개의 호리병을 얻었답니다. 형은 집에 오자마자 신이 나서 아내에게 호리병들을 보여주었습니다.

"이게 소원을 들어주는 병이라고요? 그럼 내가 먼저 시험해 봐야지. 호리병아! 우리 아기 턱에 수염이 나게 해다오."

그 말이 끝나기가 무섭게 귀여운 아기의 턱에 시커먼 수염이 나기 시작했습니다. "이런 바보 같으니라고! 그런데다 소원을 쓰면 어떡해?"

형은 고래고래 소리를 지르다가 호리병 하나를 붙들고 말했습니다.

"호리병아, 호리병아! 우리 아기 수염을 없애다오."

수염은 곧 사라졌지만 두 개밖에 남지 않은 호리병을 보자 화가 치밀어 올랐습니다.

"호리병아, 호리병아! 우리 마누라 엉덩이에 큼지막한 냄비나 붙여 놓아라!"

그러자 큰 냄비 하나가 아내의 커다란 엉덩이를 향해 날아가더니 착 붙어버렸습니다.

"아이고, 아파라! 어서 떼줘요!"

냄비를 붙인 채 펄쩍펄쩍 뛰는 아내를 보자 애처로운 마음이 들었습니다. 그래서 형은 하나 남은 호리병을 붙잡고 마지막 소원을 빌어야 했습니다.

"호리병아, 호리병아! 내 마누라 엉덩이에서 냄비를 떼어 주거라." 이렇게 해서 소원을 들어주는 호리병들은 모조리 다 사라지고 말았답니다.

POINT 나무꾼이 네 명의 난쟁이에게 가르쳐준 노래를 따라 불러볼까요? 월요일과 화요일, 수요일 셋….

작가
미상

힘 센 농부

장르
교과서에 실린 전래 동화

옛날 어느 마을에 힘이 센 농부가 살았습니다. 농부는 쌀가마니를 번쩍 들 수 있었고, 엄청 높은 나뭇더미도 지게에 지고 달리기까지 했습니다. 누구에게도 뒤지지 않을 힘을 가지고 있었습니다. 마을 사람들은 그런 농부를 보며 늘 감탄하고 부러워했습니다.

"어디서 그런 힘이 나오는지 참으로 좋겠소. 못 드는 게 하나도 없겠소."

농부는 어깨를 으쓱하며 호탕하게 웃었습니다.

하루는 친구가 찾아와 씨름대회에 나가보라고 말했습니다. 농부는 자신만만하게 말했습니다.

"그럴까? 심심했던 차에 내 한번 나가보지."

농부는 씨름대회가 열리는 이웃 마을에 갔습니다. 그리고 너무 쉽게 씨름판에서 일등을 차지했습니다. 농부는 상으로 받은 커다란 황소 한 마리를 끌고 집으로 돌아왔습니다. 마을 사람들은 손뼉을 쳐주며 농부를 기다렸습니다. 농부는 더욱 의기양양해서 한양으로 가서 힘자랑을 해야겠다고 마음먹었습니다.

'내가 전국에서 힘이 제일 세다는 걸 인정받아야겠어.'

한양으로 가는 길에 농부는 나무 밑에서 잠시 쉬며 주먹밥을 먹었습니다. 그런데 말을 탄 선비와 하인 한 명이 지나가는 모습이 보였습니다. 그런데 어디선가 산적들이 나타나 선비를 위협했습니다. 농부는 벌떡 일어나 소나무 한 그루를 뽑아 산적들에게 소리치며 달려갔습니다.

"이놈들! 어디서 행패냐? 썩 물러가거라!"

산적들은 너무 당황해서 산속으로 줄행랑을 쳤습니다. 농부는 소나무를 내려놓은 뒤 의기양양하게 말했습니다.

"선비님, 저를 만나 다행인지 아시오. 제가 보지 못했으면 큰일 날 뻔했소이다."

선비는 말에서 내려 감사의 인사를 했습니다. 하인도 선비를 따라 고맙다는 말을 전했습니다. 그러자 농부가 고개를 빳빳이 들며 말했습니다.

"그렇게 대단한 것도 아닌걸요. 그런데 선비님은 어찌 그리 눈 하나 깜빡하지 않습니까? 뭐, 선비님의 배짱도 대단하시오."

"저야 뭐. 농부님은 산적이 농부님보다 더 힘이 세면 어쩌려고 그랬소?"

"무슨 소리시오? 이 나라에서 내가 가장 힘이 세단 말이오. 한양에서 그걸 곧 알게 될 것이오."

농부의 말에 선비는 길 옆에 있던 커다란 바윗덩어리를 한 손으로 들어 올렸다가 내려놓았습니다.

"농부님도 들어 보시겠습니까?"

농부도 한 손으로 바윗덩어리를 들어 올리려고 했지만 꿈적하지 않았습니다. 얼굴이 빨개진 농부를 뒤로 하고 선비는 말을 타고 길을 나섰습니다. 농부는 선비의 뒷모습을 보고 다시 바윗덩어리를 들어 보려고 낑낑거렸습니다. 그러나 바위는 전혀 움직이지 않았습니다.

POINT "뛰는 놈 위에 나는 놈 있다"라는 속담이 있는데, 무슨 뜻일까요?

작가
미상

어린이 재판관

장르
세계 옛날이야기
(아라비안나이트)

옛날 바그다드에 젊은 장사꾼 알리 코자가 살았습니다. 참배를 하러 메카에 가기 위해 재산을 정리했습니다. 금화 2000닢 중에 반은 자신이 들고 가고, 반은 금화를 넣은 뒤 올리브기름으로 채운 항아리를 친구 노우만에게 맡겼습니다.

7년이 지난 어느 날 노우만의 아내가 말했습니다.

"여보, 올리브기름 먹은 지가 꽤 오래 되었어요. 먹고 싶네요."

노우만은 친구가 맡긴 올리브기름이 생각나서 조금 덜어서 먹자고 했습니다.

"다른 사람 건데 어찌 함부로 먹을 수 있겠어요."

"소식이 없는 걸 보면 죽었을지도 몰라."

아내는 말렸지만 노우만은 광에 가서 올리브기름을 덜었습니다. 맛이 이상하여 조금 더 아래 기름을 덜려고 했을 때 금화가 나왔습니다. 기름을 쏟다가 몽땅 엎질러 버리자 노우만은 금화를 꺼낸 뒤 새 기름을 부었습니다. 그러고는 아내에게 맛이 변했다고 둘러댔습니다. 얼마 지나지 않아 알리 코자가 돌아와 항아리를 찾았지만 금화는 없었습니다.

"노우만, 그동안 도둑이 들었나?"

노우만이 그런 적 없다고 말하자 알리 코자는 사실대로 말을 했습니다. "금화가 있었다니 말도 안 되네. 그럼 내가 돈을 훔쳤다는 건가?"

알리 코자도 화가 나서 재판소에 고발을 했지만 증거가 없었습니다. 알리 코자는 왕에게 하소연했지만 소용이 없었습니다. 어느 날 왕이 거리로 나가 백성을 살필 때였습니다. 어린이들이 알리 코자와 노우만의 재판 놀이를 하고 있었습니다.

재판관 역을 맡은 코라가 올리브기름의 맛을 보라고 상인에게 말했습니다. 상인 역할 아이들은 이 기름은 몇 달 되지 않은 새 기름이라며 7년이 지난 기름 맛이 아니라고 했습니다. 결국 코라는 금화를 가져간 건 노우만이라는 판결을 내렸습니다.

왕은 이틀 뒤 궁궐에서 다시 재판을 열었습니다. 코라를 옆에 앉혔습니다. 그러고는 어린이들이 재판에서 했던 대로 진짜 기름 장수 둘을 불러 알리 코자가 맡긴 기름 맛을 보게 했습니다.

"이 기름은 얼마 되지 않은 새 기름이네요."

어린 재판관 코라가 말했습니다.

"알리 코자가 7년 전에 넣었는데요."

두 기름 장수는 그럴 리가 없다고 말했습니다. 이 말에 어린 재판관은 날카롭게 말했습니다.

"노우만, 그대는 돈을 훔치고 새 기름을 넣었소."

노우만이 우기자 노우만의 아내가 나와 거짓 없이 증언했습니다. 이윽고 왕은 노우만의 집을 뒤져 금화 1000닢을 찾아냈습니다. 왕은 흐뭇한 얼굴로 판결을 내렸습니다. "알리 코자에게 금화를 돌려주고 노우만은 감옥에 가두어라."

왕은 여행에서 돌아온 재판관을 불러 야단을 쳤습니다. "어린 아이도 아는 해결법을 그대는 그냥 넘어갔소. 판결이 올바르게 나야 백성들이 마음 편하게 살 수 있는 나라가 될 것이오." 왕은 어린 재판관 코라에게 상을 내리며 칭찬했습니다.

POINT 어린 아이는 어떻게 금화를 훔친 도둑을 알아냈을까요?

작가
미상

콩쥐팥쥐

장르
전래 동화

옛날 어느 마을에 콩쥐라는 마음씨 착한 여자아이가 살았습니다. 콩쥐 엄마가 갑자기 세상을 떠나자 팥쥐 엄마가 새엄마로 들어왔습니다. 팥쥐 엄마와 팥쥐는 사사건건 콩쥐를 미워하고 구박했습니다.

하루는 팥쥐 엄마가 건넛마을 잔칫집에 팥쥐만 데리고 가면서 말했습니다.

"콩쥐야, 너는 항아리에다 물을 가득 채우고, 짜던 베를 열 필 짜고, 벼도 다 찧어 놓고 오너라."

콩쥐는 잔치에 가고 싶어 부지런히 물을 길어 항아리에 부었습니다. 하지만 항아리가 깨져 있어서 아무리 열심히 해도 소용이 없었습니다. 콩쥐가 너무 속상해서 엉엉 울고 있는데 어디선가 커다란 두꺼비가 나타났습니다.

"콩쥐야, 울지 마. 내가 깨진 곳을 막아 줄게."

두꺼비는 그렇게 말하고는 항아리 속으로 들어갔습니다. 두꺼비가 구멍 위에 떡 버티고 앉자 그제야 콩쥐는 물을 가득 채울 수 있었습니다.

"이제 멍석에 말려놓은 벼를 찧어야겠다!"

하지만 벼 한 섬도 아니고 열 섬이나 찧으려니 무척 힘이 들었습니다. 콩쥐가 훌쩍이고 있는데 어디선가 참새들이 포르릉 날아와 벼 멍석에 앉았습니다. 잠시 뒤 참새들이 날아가고 그곳에는 껍질이 깨끗하게 벗겨진 하얀 쌀만 남았습니다. 알고 보니 참새들이 콩쥐를 도와 벼를 다 찧어준 것입니다.

다음으로 베를 짜는데 또 너무 힘이 들었습니다. 그때 하늘에서 선녀가 내려오더니 눈 깜짝할 사이에 베 열 필을 다 짜주었습니다. 그러고는 콩쥐에게 고운 옷과 예쁜 비단신을 주고는 하늘로 올라갔습니다.

콩쥐는 고운 옷과 비단신을 신고 부리나케 잔칫집으로 달려갔습니다. 그런데 그만 징검다리를 폴짝폴짝 뛰어서 건너다 신발 한 짝이 쑥 벗겨졌습니다. 미처 신을 챙기지도 못하고 잔칫집으로 갔는데 마침 원님 행차가 그곳을 지나가게 되었습니다.

"참으로 고운 비단신이구나! 어서 이 신의 주인을 찾아봐라!"

원님과 신하들은 임자를 찾기 위해 사람이 많이 모인 잔칫집으로 갔습니다.

"비단신 한 짝을 잃어버린 아가씨는 얼른 나오시오!"

이 소리를 듣고 콩쥐가 나가려는데, 새어머니가 쏜살같이 뛰어나와서는,

"콩쥐, 넌 하던 일이나 하지 어딜 나가려고 그래."

하며 콩쥐를 억지로 들여보내고는 얼른 팥쥐를 내보냈습니다.

"어서 신어 봐라, 팥쥐야, 맞니?"

팥쥐가 낑낑대며 신어 보았지만 발이 들어가지도 않았습니다. 원님이 구석에 있던 콩쥐를 불러 비단신을 신겨 보았더니, 딱 맞았습니다.

"아, 꼭 맞네! 비단신 주인을 찾았어!"

그렇게 해서 원님과 결혼하게 된 콩쥐는 오래오래 행복하게 살았답니다.

POINT 콩쥐가 도움이 필요할 때 문제를 해결해준 것은 어떤 동물들이었나요?

작가
휴 로프팅

둘리틀 선생, 동물과 말하는 사람

장르
세계 명작

어느 봄날 이른 아침, 마을 뒤 언덕에서 양쪽 다리를 다친 다람쥐를 발견했습니다. 상처가 심한 다람쥐를 품에 안고 조 할아버지를 찾아갔습니다. 조개잡이인 할아버지는 배는 고칠 수 있지만 다람쥐는 의사 선생님에게 맡겨야 한다고 말했습니다. "이 다람쥐를 고쳐줄 의사는 딱 한 사람뿐이란다. 존 둘리틀 선생님이지."

조 할아버지는 둘리틀 선생님이 동물, 나비, 식물, 바위 등에 대해 잘 아는 박물학자라고 했습니다. 조 할아버지한테 인사를 하고 다람쥐를 안은 채 달려가다가 매튜 할아버지를 만났습니다. 동물 먹이 장수인 매튜 할아버지는 둘리틀 선생님이 여행을 떠난다면서 집으로 안내해 주었습니다.

"둘리틀 선생님은 정말 멋지다니까. 선생님만큼 동물들에 대해 잘 아는 사람은 없을 거야."

"동물들에 대해 어떻게 해서 그렇게 많이 알게 되었대요?" 그러자 매튜 할아버지는 쉰 목소리로 비밀스럽게 말했습니다. "둘리틀 할아버지는 동물들의 말을 하거든." "동물들의 말을요?" 나는 놀라 소리쳤습니다.

"그래, 동물들도 다 자기네 말이 있단다. 어떤 동물들은 다른 놈들보다 말이 많고 또 어떤 동물은 벙어리나 귀머거리처럼 그저 간단한 말만 하지. 하지만 선생님은 새들의 말까지 전부 다 알아듣는단다. 하지만 이건 선생님과 나만의 비밀이야. 왜냐하면 그걸 다른 사람들한테 말했다가는 웃음거리가 될 테니까. 왜 안 그러겠니? 심지어 동물들의 말로 글까지 쓴다니까. 동물들한테 큰 소리로 책도 읽어준단다. 원숭이 말로 역사책도 쓰고, 카나리아 말로 시도 쓰고. 까치들을 위해 재미있는 노래도 지었어. 정말이야. 요즘은 조개 말을 배우느라 한창 바쁘지."

둘리틀 선생님은 집은 마을 끝에 외따로 서 있는 작은 집이었습니다. 집 주위에 커다란 정원이 있었지만 담장이 너무 높아 다른 건 아무것도 보이지 않았어요. 집 앞에 도착하자 개 한 마리가 집에서 달려 내려와 대문에 걸쳐 둔 막대기 사이로 할아버지가 내민 종이봉투들을 물었습니다. 그 개는 보통의 다른 개들처럼 그 자리에서 먹이를 먹지 않고 종이봉투를 입에 물고는 집 안으로 들어가버렸습니다.

"선생님이 아직 안 돌아왔군, 그렇지 않으면 문이 잠겨 있지 않았을 텐데."

"개한테 준 그 종이봉투에는 뭐가 들었어요?"

"아, 그것들은 동물들의 식량이란다. 집 안에는 동물들이 가득하거든, 선생님이 없을 때 내가 그 개한테 주면 개가 그걸 다른 동물들한테 갖다 준단다. 지프는 이제 꽤 늙었어. 그래서 선생님은 집에 지프를 남겨두고 여행을 떠난다고 하더구나."

나는 집으로 돌아와서 지푸라기가 가득 찬 나무 상자 안에 다람쥐를 내려놓았습니다. 최선을 다해 둘리틀 선생님이 돌아올 때까지 혼자서 다람쥐를 보살폈습니다. 매일 그 작은 집에 가서 문이 잠겨 있는지 살펴보았습니다. 때때로 지프가 나를 보러 내려와서 꼬리를 흔들었지만 정원으로 들여보내 주지는 않았습니다.

휴 로프팅(1886~1947)
미국 아동 문학가
대표작 《둘리틀 선생의 항해》 《둘리틀 선생 이야기》

POINT 둘리틀 선생님처럼 과연 사람이 동물의 말을 알아들을 수 있을까요?

작가
이태준

꽃장수

장르
국내외
명저자 작품

한 아기가 꽃분 앞에 서서 어머니더러,

“엄마?”

“왜?”

“꽃장수 용치?”

“왜?”

“이렇게 이쁜 꽃을 만들어냈으니까!”

“어디 꽃장수가 만들었다든. 기르기만 했지.”

“꽃장수가 만들지 않았다면 이 이쁜 꽃을 누가 만들었우?”

“만들긴 누가 만들어…… 씨를 땅에 심으면 땅속에서 싹이 나오고 싹이 자라면 절루 꽃이 되는 거지.”

“절루 펴? 땅에 씨만 묻으문?”

“그럼.”

“땅속에 씨를 묻었더라도 하늘에서 비가 내려서 흙을 눅눅하게 적셔 주어야 하고, 또……”

“또 뭐?”

“또 하늘에서 햇빛이 따뜻이 비춰 주어야 싹이 터져 자라는 거야.”

“그런 걸 난 꽃장수가 모두 만들어내는 줄 알았지…… 그럼 엄마, 저 풀두, 오이두, 호박두, 나무들두 모두 그러우?”

“그럼”

“아유……”

아기는 땅을 한 번 보고 얼굴을 들어 끝없는 하늘을 멍하니 쳐다보았습니다.

출처: 《어린이》 1933년

이태준(1904~?)
단편소설 작가. 대표작 《오몽녀》 《해방 전후》

POINT 아기처럼 화분에 꽃씨를 심고 자라는 과정을 관찰해볼까요?

작가
제임스
매튜 배리

피터 팬과 웬디

장르
세계 명작

"똑똑!" 창문을 두드리는 소리에 웬디는 창밖을 내다보았어요. 그 순간 소년 하나가 밝은 빛과 함께 창문 안으로 포르르 날아드는 게 아니겠어요?

"안녕, 웬디! 나는 피터 팬이야. 얘는 팅커벨, 귀여운 요정이란다. 우리는 꿈의 섬에서 왔어. 어린들이만 모여 사는 섬이지. 거기서는 아무리 세월이 흘러도 어른이 되지 않는단다."

피터 팬은 웬디에게 꿈의 섬으로 함께 가서 아이들의 엄마가 되어 달라고 부탁했습니다. 꿈의 섬에는 인어, 요정, 해적, 인디언, 그리고 사람을 잡아먹는 악어들이 살고 있었어요.

"우리는 날지 못하는데 어떻게 가지?"

"걱정 마. 팅커벨이 도와 줄 거야."

팅커벨은 반짝이는 가루를 꺼내어 웬디와 동생들에게 뿌려 주었어요. 그러자 아이들이 하늘로 날아오르더니 아름다운 꿈의 섬에 도착했어요.

웬디는 꿈의 섬에 사는 아이들에게 좋은 엄마가 되었습니다. 매일 밤 아이들이 잠들 무렵에 모두 모아놓고 재미난 이야기를 들려주었어요. 그러던 어느 날 해적들이 독이 든 케이크를 몰래 가져와 아이들에게 먹이려고 했어요. 하지만 웬디가 눈치를 채고 케이크를 치워버리자 후크 선장은 단단히 화가 났습니다. 후크 선장은 피터 팬과 싸우다가 오른쪽 팔이 잘리고 난 뒤 앙심을 품고 있었거든요. 그래서 웬디와 아이들을 모조리 잡아다가 바다에 빠트리라고 명령을 했습니다.

"웬디를 악어에게 던져라!"

후크 선장이 부하들에게 명령했어요.

"피터 팬! 살려줘요!" 웬디의 비명소리를 듣고 피터 팬이 쏜살같이 날아왔어요. 웬디를 구한 다음, 후크 선장에게 결투를 신청했습니다. 피터 팬은 격하게 싸우다가 후크 선장을 뱃전으로 몰고 가서는 물속으로 통쾌하게 걷어차 버렸답니다. 물속에는 무시무시한 악어가 입을 딱 벌리고 있었거든요. 악어는 기다렸다는 듯 후크 선장을 집어삼켰습니다.

"와아! 드디어 후크 선장이 사라졌다! 이젠 여기서 맘 놓고 살 수 있게 되었어." 아이들은 일제히 환호성을 지르며 기뻐했어요. 아름다운 꿈의 섬에 다시 평화와 행복이 찾아왔습니다. 그런데 웬디는 점차 집에서 자신을 기다리고 있을 엄마가 걱정되었습니다.

"피터 팬, 집에서 엄마가 걱정하고 계실 거야. 그러니 이제 그만 집으로 돌아갈게."

피터 팬은 슬펐지만 고집을 부리지는 않았습니다. 웬디는 대청소를 하는 계절마다 도와주러 오기로 약속을 했거든요. 피터 팬은 해적선에 웬디와 동생들만 태우고 집으로 출발했습니다. 해적선은 순식간에 웬디의 집으로 날아갔습니다.

"피터 팬, 너도 내려. 우리와 함께 여기서 살자."

집에 도착하자 웬디가 말했어요.

"아니야, 나는 꿈의 섬을 떠나서는 살 수 없어. 나는 언제까지나 어린아이로 남고 싶거든." 웬디와 동생들은 해적선을 향해 손을 흔들었습니다. 피터 팬을 태운 해적선은 달빛 속으로 점차 사라졌습니다.

제임스 매튜 배리(1860~1937)
스코틀랜드 극작가, 소설가
《피터 팬》의 모든 저작권을 한 아동병원에 기증했다.

POINT 피터 팬은 꿈의 섬에서 잘 지내고 있을까요?

작가
미상

방귀쟁이 며느리

장르
전래 동화

옛날에 산골 어느 마을의 김 첨지가 며느리를 맞아들이게 되었습니다. 며느리는 얼굴이 달처럼 환하고 마음씨도 착해서 신랑은 물론이고 시댁 식구들의 사랑을 한 몸에 받았습니다.

그런데 세월이 지나면서 며느리의 낯빛이 점점 누렇게 변하고 몸도 자꾸만 말라갔습니다. 시어머니가 걱정이 되어 물었지만 며느리는 사실대로 말할 수가 없었습니다.

"색시, 틀림없이 무슨 걱정이 있는 것 같은데 나한테는 감추지 말고 속 시원하게 말해 보구려."

신랑까지 나서서 묻자 며느리는 더 이상 참을 수가 없어서 얼굴을 붉히며 말했습니다.

"저, 실은 방귀를 마음대로 뀌지 못해 그만 속병이 든 것 같아요."

"뭐라고? 그게 무슨 어려운 일이라고? 이제 어려워 말고 마음껏 뀌도록 하시오."

신랑이 식구들에게 며느리의 속사정을 말해주자 다들 며느리를 도와주겠다고 나섰습니다. 며느리는 조심조심 대청마루 한가운데 나가 섰습니다.

"그럼, 이제 삼 년 묵은 방귀를 뀌겠습니다. 아버님은 대청 문을 잡으시고 어머님은 가마솥 뚜껑을 붙잡고 계세요. 서방님은 지붕 위에 올라가서 지붕이 날아가지 않도록 엎드리셔야 합니다."

모두 준비가 되자 며느리는 기분 좋게 방귀를 뀌었습니다. 그런데 이게 웬일이에요? 대청 문이 시아버지를 매달고 부웅 날아오르고 지붕이 들썩들썩하더니 신랑은 그만 담장 밑으로 떨어지고 말았습니다. 그리고 솥뚜껑이 부뚜막에서 튀어나오는 바람에 시어머니도 다치게 되었답니다.

"며느리 방귀 때문에 집안이 망하겠구나!"

김 첨지는 방귀쟁이 며느리를 친정으로 돌려보내기로 했습니다. 친정으로 가려면 커다란 고개를 여러 개 넘

어야 했는데 며느리는 방귀를 참아가며 겨우 겨우 고개를 넘었습니다. 도중에 커다란 배나무 밑에서 잠깐 쉬고 있는데 비단 장수들이 모여 떠드는 소리가 들렸습니다. "아, 목이 말라 죽겠다. 저 달고 시원한 배 하나만 따 먹었으면!"

"그림의 떡이지, 저 높은 곳에 있는 배를 어떻게 딴담."

그 말을 들은 며느리는 비단 장수들에게 말했습니다.

"배를 잡수고 싶으시면 제가 따 드리겠습니다."

며느리 말에 비단 장수들은 코웃음을 치며 말했습니다. "저 배를 따 준다면 여기 있는 비단을 몽땅 드리리다. 아니, 집에까지 비단을 지어다 드리지요."

그 말을 들은 며느리는 배나무를 향해 참고 있던 방귀를 시원하게 뀌었습니다. 그러자 배나무가 크게 흔들리더니 배가 우르르 떨어졌습니다. 그 광경을 본 비단 장수들은 눈이 휘둥그레졌습니다.

이윽고 친정으로 돌아간 줄 알았던 며느리가 값비싼 비단과 함께 돌아오자 시댁 식구들은 깜짝 놀랐습니다. "이제 보니 몹쓸 방귀는 아니로구나!"

그 후 김 첨지는 동네에서 조금 떨어진 산 밑에 크고 튼튼한 집으로 지어 며느리가 마음 놓고 방귀를 뀔 수 있도록 해주었답니다.

POINT 우리 집, 유치원, 학교, 학원에서 방귀쟁이는 누구일까요?

작가
미상

어깨에 화살이 꽂힌 돌부처

장르
교과서에 실린 전래 동화

옛날 옛날 어느 산에 배나무 한 그루가 있었습니다. 잘 익은 배가 먹음직스럽게 익어 나무에 주렁주렁 열리던 어느 가을날이었습니다.

"이제 슬슬 떠나야겠다. 까륵, 까르륵."

배나무 가지에서 한참을 쉬던 까마귀가 날개짓을 하며 날아올랐습니다. 그런데 까마귀가 날아오르자 배나무 가지가 파르르 떨리더니 배 하나가 아래로 툭 떨어졌습니다. 그때 지나가던 뱀이 머리에 맞았습니다.

"아야, 저 까마귀 녀석, 내 머리에 배를 떨어뜨려! 거기 서라!"

뱀은 독을 모아 까마귀한테 힘껏 내뿜었습니다. 독을 맞은 까마귀는 푸드득거리며 아래로 떨어졌습니다.

"내가 일부러 그런 게 아닌데 뱀독을 맞아 죽다니 정말 억울하다."

까마귀가 저 세상으로 가고 배를 맞고 독까지 뿜었던 뱀도 힘이 빠져 죽었습니다.

수십 년이 지나고 어느 숲속에서 꿩이 알을 품고 있는 모습을 멧돼지가 발견했습니다. 멧돼지는 돌멩이를 찾아 앞발로 꿩을 향해 걷어찼습니다. 돌에 맞은 꿩은 땅에 떨어져 세상을 떠났습니다.

알고 보니 죽은 꿩은 예전에 뱀에게 독을 맞아 죽은 까마귀가 다시 태어난 거였고, 멧돼지는 뱀이 다시 태어난 거였습니다. 지난 일의 원한이 남았던 것입니다.

그때 지나던 사냥꾼이 꿩을 들고 집으로 가서 아내와 음식을 해서 먹었습니다. 아내는 곧 아기를 가져 열 달 뒤에 아들을 낳았습니다.

아들은 아버지처럼 늠름한 사냥꾼이 되었습니다. 그런데 이상하게 멧돼지만 보면 사냥을 하고 싶은 마음이 더 컸습니다.

그러던 어느 날 아들이 커다란 멧돼지를 보았습니다.

"저런, 멧돼지 몸에서 금빛이 난다!"

아들은 화살을 꺼내 활시위를 당겼습니다. 화살은 그대로 멧돼지 몸에 꽂혔습니다. 멧돼지는 화살이 꽂힌 채 달아났습니다. 아들도 멧돼지를 쫓아갔습니다.

그러나 어디에도 멧돼지는 보이지 않았습니다. 그런데 어깨에 화살이 꽂혀 있는 돌부처 하나가 서 있었습니다.

"영차, 으으윽!"

아들이 돌부처를 옮겨보려 했지만 꼼짝하지 않았습니다. 그때서야 아들은 깨달았습니다.

"서로 죽이는 일은 이제 그만두라는 부처님의 뜻인가 보구나!"

아들은 활과 화살을 부러뜨리고 그 자리에 절을 세운 뒤 날마다 기도하면서 살았습니다.

POINT 아들이 화살이 꽂힌 돌부처를 보고 깨달은 점은 무엇이었나요?

작가
미상

가을밤

장르
전래 동요

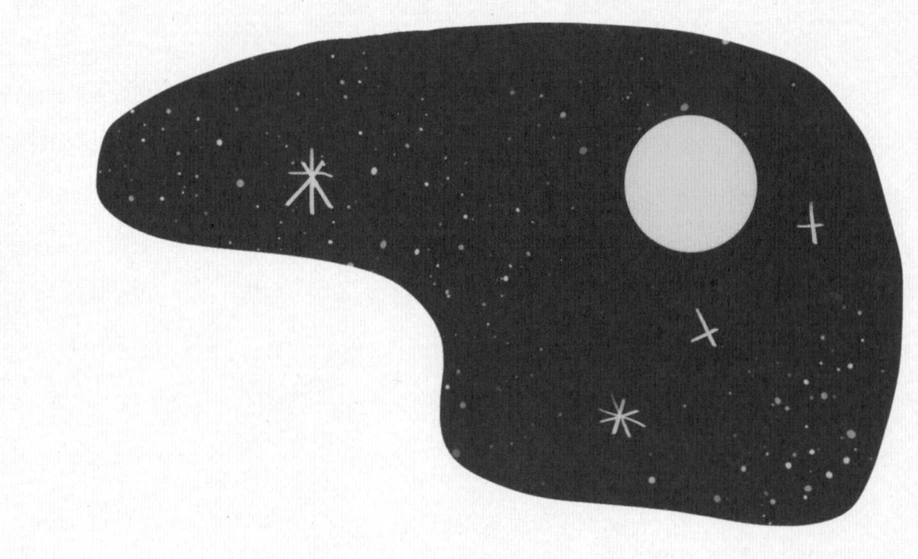

또닥 또닥 또닥 소리
달빛을 타고 들려온다
다듬이 소리 또닥 또닥
가을 밤이 깊어 온다

귀뚤 귀뚤 귀뚤 소리
바람을 타고 들려온다
풀 속에 우는 풀벌레 소리
가을 밤이 깊어 간다

작가
파브르

부지런하고 성실한 먹보, 쇠똥구리

장르
세계 명작

햇볕이 쨍쨍 내리쬐기 전, 수많은 풍뎅이 무리들이 똥 덩어리 주위에 모여듭니다. 큰 것, 작은 것, 여러 가지 모양의 것 등 온갖 종류의 풍뎅이가 모두 열심히 일하고 있습니다.

그때 무언가 갑자기 커다란 소리를 내며 똥 위에 내려앉았습니다. 이번에 온 것은 다른 풍뎅이보다 큰 놈입니다.

몸의 모양은 조금 둥그스름하고 납작합니다. 검은 바탕에 녹색 빛이 감돌고 반들반들 윤기가 흐릅니다. 바로 쇠똥구리입니다. 똥을 좋아하는 풍뎅이들 중에 가장 유명한 놈입니다.

이렇듯 쇠똥구리는 보기 좋은 몸매, 인정이 많고 통통한 모습, 얼굴과 가슴에 달고 있는 기묘한 장식 등으로 인해 사람들에게도 인기가 많습니다.

쇠똥구리의 머리에는 작은 톱니 모양의 다리가 두 개 있습니다. 그 톱니 모양의 다리로 똥을 긁어내기 시작합니다. 그 다리 두 개와 몸통에 있는 네 개의 다리가 서로 잘 협조하여 열심히 똥을 긁어냅니다.

맨 앞의 다리 두 개가 긁어낸 똥을 껴안고는 나머지 네 개의 다리가 있는 곳으로 넘겨줍니다. 그러면 뒤쪽 네 개의 다리는 똥을 껴안고 꾹꾹 눌러댑니다.

그러면 똥은 어떻게 될까요? 처음에는 아주 작은 구슬 모양이 됩니다. 이렇게 똥을 긁어내어 주고받는 일이 이어지다 보면 콩알만 하던 구슬이 어느새 호두만한 크기가 됩니다.

이것은 얼마 안 있어 주먹만큼 커질 것입니다. 실제로 나는 이 먹보가 사과처럼 커다랗게 만드는 것도 본 적이 있습니다.

그렇게 해서 구슬이 다 만들어지면 뒷다리를 쉬지 않고 움직여서 옮기게 됩니다. 좀 더 자세히 설명하자면 쇠똥구리는 물구나무서기를 한 채 뒤를 향해 구슬을 밀어 올립니다. 두 개의 긴 뒷다리로 구슬을 안듯이 하고, 그 뒷다리 끝부분의 날카로운 발톱을 구슬에 찌른 다음 공처럼 굴립니다.

그런 다음 꽤 빠른 속도로 번갈아 땅을 밀어 뒤로 나아갑니다. 뒷다리를 계속 움직이며 구슬을 찌르는 발톱의 위치를 바꾸기 때문에 땅이 울퉁불퉁해도 별문제가 없습니다.

이렇게 아무도 없는 곳으로 옮겨 가는 쇠똥구리 모습이 우스꽝스럽게 느껴진다고요? 하지만 알고 보면 쇠똥구리는 아주 드물게 '엄마 마음'을 가지고 있습니다.

대부분의 곤충들이 애벌레를 돌보지 않는 것에 비해 쇠똥구리는 꿀벌만큼 모성애가 강하다고 합니다. 그래서 마치 우리 어머니들이 주먹밥을 만들어 주듯 똥으로 구슬을 만들어 애벌레에게 주는 거랍니다.

이처럼 애벌레에게 주기 위해 똥을 까다롭게 고르는 것도 모자라 집까지 마련해 주는 쇠똥구리. 그러니 더러운 똥을 좋아한다고 해서 얕잡아 봐서는 안 되는 것이지요.

파브르(1823~1915)
레지옹 도뇌르 훈장을 수상한 프랑스 곤충학자. 대표작 《곤충기》

POINT 쇠똥구리는 왜 콩알만 한 똥을 열심히 굴려서 공처럼 크게 만드는 걸까요?

작가
미상

사람들은 왜 피부색이 다를까?

장르
세계 옛날이야기
(인디언)

아주 오래된 옛날, 인디언들이 사는 곳에 '툰카실라'라는 신이 있었습니다. 어느 날 툰카실라는 세상을 내려다보다 생각했습니다.

'마음에 드는 게 하나도 없군, 새롭게 다시 만들어야겠어.'

툰카실라는 새들과 동물, 곤충, 나무들을 한 쌍씩 상자에 넣은 다음 비구름과 강물과 바다를 불러 말했습니다.

"비구름아, 비를 내려라! 강물아, 흘러넘쳐라! 바다야, 휩쓸어버려라!"

곧 비가 퍼붓기 시작하더니 강물과 바다가 넘쳐흘러 온 세상을 삼켜버렸습니다.

그런데 이를 어쩌지요? 홍수로 온 땅이 물에 잠기고 나중에는 풀 한 포기 심을 흙도 남지 않았답니다. 툰카실라는 상자를 열어 검은 오리를 꺼낸 다음 이렇게 말했습니다.

"검은 오리야, 바다 깊숙이 들어가서 흙 한 덩어리를 가져오너라."

검은 오리는 뒤뚱거리며 바닷속으로 들어갔습니다. 그러고는 한참이 지나서야 얼굴을 내밀었습니다.

"아휴, 바다가 어찌나 깊은지 아무리 내려가도 끝이 보이지 않습니다."

그래서 이번에는 수달을 바닷속으로 보냈답니다. 수달은 힘차게 뛰어들었지만 빈손으로 돌아왔습니다. 다시 비비를 보냈지만 마찬가지였어요.

툰카실라는 마지막으로 거북이를 보냈습니다. 시간이 지나고 마침내 거북이가 바다 위로 모습을 드러냈습니다.

"찾았어요. 드디어 흙을 찾았다고요!"

툰카실라는 거북이가 가져온 흙을 들고 노래를 부르기 시작했습니다.

"흙아, 흙아, 바다를 뒤덮고 강물을 뒤덮어라."

그러자 흙 한 덩어리가 점점 커지면서 넓게 퍼지더니 어느새 드넓은 땅이 생겨났습니다. 툰카실라는 상자 안에 든 새들과 동물, 곤충, 나무들을 꺼내 뿌렸습니다. 그러고는 곧 사람을 만들기 시작했답니다.

먼저 흙으로 사람의 모습을 만든 다음, 화로에 넣고 구웠습니다.

그런데 첫 번째로 꺼낸 사람은 너무 일찍 꺼내는 바람에 아직 덜 익어 하얗게 되었습니다.

"아차! 너무 일찍 꺼냈구나. 하는 수 없지. 이 사람은 백인이라고 불러야겠다."

두 번째로 꺼낸 사람은 너무 오래 구워 새까맣게 타버렸습니다.

"이크! 너무 오래 구웠구나. 하는 수 없지. 이 사람은 흑인이라고 해야지."

마지막 사람을 구울 때 툰카실라는 또 실수를 하지 않으려고 바짝 신경을 썼답니다.

"흠, 이번에는 노릇노릇 알맞게 구워졌군. 이 사람을 인디언이라고 해야겠어."

이렇게 해서 피부색이 달라졌다는 이야기가 지금까지 인디언들 사이에서 전해 내려오고 있답니다.

POINT 백인, 흑인, 인디언으로 피부색이 다른 사람들을 만든 신은 누구인가요?

작가
미상

좋아, 좋아!

장르
세계 옛날이야기
(브라질)

여러분 혹시 '꼬리' 이야기를 아시나요? 토끼는 꼬리가 있는데, 고양이에게는 꼬리가 없던 때가 있었다고 합니다.

'나도 저런 꼬리가 있었으면…….'

고양이는 토끼의 탐스러운 꼬리를 무척이나 부러워했어요. 그러던 어느 날 나무 밑에서 낮잠을 자고 있는 토끼를 보았습니다.

고양이는 살금살금 다가가 토끼의 꼬리를 칼로 싹둑 잘랐습니다. 그러고는 토끼 꼬리를 자기 엉덩이에 갖다 붙였습니다.

"아얏! 그건 내 꼬리잖아!"

토끼가 잠에서 깨어나 소리쳤습니다.

"미안, 나도 모르게 네 꼬리를 잘라버렸지 뭐니, 대신 이 칼을 줄게. 아주 날카롭고 귀한 거라고."

고양이 말에 토끼는 화가 나서 길길이 뛰었습니다. 하지만 이미 잘린 꼬리를 다시 붙일 수도 없는 노릇이었지요. 토끼는 하는 수 없이 칼을 입에 물고 깡충깡충 뛰어갔습니다.

"꼬리 대신 칼. 좋아, 좋아!"

마을을 지날 때였습니다. 할아버지가 마당에서 바구니를 엮다가 토끼를 보았습니다.

"토끼야, 토끼야. 그 칼 좀 빌려주겠니?"

"네. 그러세요."

할아버지는 신이 나서 토끼가 건네준 칼로 대나무를 쩍쩍 쪼개기 시작했습니다. 그런데 너무 세게 내리치는 바람에 칼날이 그만 댕강 부러지고 말았습니다.

"이를 어쩌지. 미안하다. 토끼야, 대신 이 바구니를 줄게."

토끼는 바구니를 입에 물고 깡충깡충 뛰어갔습니다.

"꼬리 대신 칼, 칼 대신 바구니. 좋아, 좋아!"

텃밭을 지날 때였습니다.

할머니가 밭에서 상추를 따다가 토끼를 보았습니다.

"토끼야, 마음씨 착한 토끼야. 상추를 담을 바구니가 없는데 그걸 좀 빌려주겠니?"

"네. 그러세요."

할머니는 신이 나서 상추를 쑥쑥 뽑아 바구니에 꾹꾹 눌러 담았습니다. 그런데 상추를 너무 많이 담는 바람에 바구니 밑이 그만 뻥 뚫리고 말았습니다.

"이를 어쩌지? 대신 싱싱한 상추를 줄게."

할머니가 파릇파릇한 상추를 보자기에 한아름 담아 주었습니다.

토끼는 상추 보따리를 등에 지고 깡충깡충 뛰어갔습니다. 한참을 뛰다 보니 배가 고팠습니다. 보따리를 풀자 향긋한 상추 내음이 코끝을 찔렀습니다. 토끼는 상추를 입 안에 넣고는 오물오물 씹었습니다.

"꼬리 대신 칼, 칼 대신 바구니, 바구니 대신 상추, 좋아, 좋아!"

토끼는 맛있게 상추를 다 먹고 다시 깡충깡충 뛰어갔답니다.

POINT 토끼처럼 하루 종일 무슨 일이든 "좋아, 좋아" 하고 말해볼까요?

작가
미상

두꺼비

장르
전래 동요

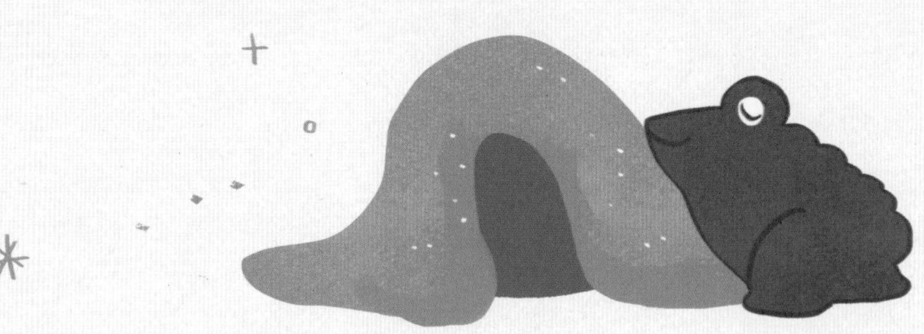

두껍아 두껍아 헌집 줄게 새집 다오
두껍아 두껍아 헌집 줄게 새집 다오
두껍아 두껍아 너희 집 지어 줄게 물 길어 오너라
너희 집 지어 줄게 물 길어 오너라
두꺼비 집을 짓자
꼭꼭 다져서 튼튼하게 짓자
두껍아 두껍아 너희 집 다 지었다
두껍아 두껍아 어서 들어오너라

두껍아 두껍아 헌집 줄게 새집 다오
헌집 줄게 새집 다오
두껍아 두껍아 너희 집 지어 줄게 물 길어 오너라
너희 집 지어 줄게 물 길어 오너라
두꺼비 집을 짓자 두꺼비 집을 짓자
꼭꼭 다져서 튼튼하게 짓자
꼭꼭 다져서 튼튼하게 짓자
두껍아 두껍아
너희 집 다 지었다
두껍아 두껍아
어서 들어오너라

작가
미상

이리와 생쥐의 달리기 시합

장르
세계 옛날이야기
(이집트)

한번은 이리와 생쥐가 힘을 합쳐 양파를 심었답니다. 양파 잎이 쑥쑥 자라자 이리가 생쥐에게 말했어요.

"바야흐로 양파를 거둬들일 때가 되었군. 생쥐! 나는 땅 위에 있는 것만 가질 테니, 땅 속에 있는 것은 네가 가지도록 해."

생쥐는 아무 말 없이 고개를 끄덕였어요.

이리는 식구들을 불러 양파 잎들을 남김없이 베어서는 자기 집 마당으로 옮겼어요. 하지만 하루도 되지 않아 모조리 시들어버리고 말았습니다. 한편, 생쥐도 식구들과 함께 땅 속에 묻혀 있는 양파 알을 캤습니다. 그런데 땅이 어찌나 기름진지 한번 캘 때마다 굵직굵직한 양파들이 쑥쑥 나왔답니다.

"주먹만 한 것이 하나요. 주먹만 한 것이 둘이요……."

생쥐네 가족은 콧노래를 부르며 밤이 새도록 양파를 캤답니다.

생쥐가 양파를 팔아 부자가 되었다는 소문을 듣고 이리는 약이 바짝 올랐어요. 그래서 겨울이 가고 봄이 오기만을 기다렸다가 냉큼 생쥐를 찾아갔습니다. 그러고는 이번에는 양파가 아닌 밀을 심자고 했습니다.

이윽고 밀을 거둘 때가 되자, 또다시 이리가 생쥐에게 말했어요.

"이번에는 반대로 하자! 땅 속에 묻힌 것은 내 꺼, 위로 난 것은 네가 가지는 걸로!"

하지만 이번에도 이리의 생각이 틀리고 말았어요. 뿌리에서는 하나의 낟알도 나오지 않았거든요.

"다시 나눌 수 없다면 달리기 시합을 하자! 저 나무에 먼저 닿는 사람이 낟알을 모두 갖기로 하는 거야!"

이리는 씩씩대며 생쥐에게 말했습니다. 생쥐는 그렇게 하자고 대답하고는 몰래 자기네 가족들에게 말했습니다.

"내가 이리와 나란히 출발선에 서 있으면 너희들 중 한 명은 나무 위에 올라가 있어. 나머지들은 이리의 정신을 쏙 빼놓게 여기저기 흩어져 있으면 돼."

이윽고 달리기 시합이 열렸습니다. 이리가 "시작!" 하고 외치자, 생쥐는 냅다 달리기 시작했습니다. 이리도 열심히 뛰고 또 뛰었습니다. 그런데 참 이상한 일이지요? 한 마리의 생쥐를 따돌리면 금세 생쥐가 앞을 가로막고 다시 따돌렸다 싶으면 어느새 앞서 달리는 통에 도무지 정신을 차릴 수가 없었어요. 이리는 가까스로 생쥐들을 제치고 겨우 나무 둥치에 다다랐습니다.

"내가 이겼다! 이제 낟알은 모두 내 거야."

이리가 기쁨에 겨워 소리치자, 나무 꼭대기에서 낯익은 목소리가 들려왔습니다.

"무슨 말씀이세요? 저는 벌써 꼭대기까지 올라와 있는걸요."

목소리의 주인공은 다름 아닌 생쥐였어요.

"휴우, 생쥐! 네가 이겼어. 낟알은 네 거야."

이리는 할 수 없다는 듯 고개를 숙이며 말했습니다.

POINT 생쥐가 매번 이리를 이긴 이유는 무엇일까요?

작가
미상

원숭이 엉덩이는 왜 빨갈까?

장르
교과서에 실린 전래 동화

따뜻한 가을날, 게와 원숭이가 우연히 만났습니다. 둘이 시간 가는 줄 모르고 수다를 떨다보니 점심때가 훌쩍 지나버렸습니다.
"원숭아, 배고프지 않니? 우리 떡 만들어 먹을래?"
"좋은 생각이다. 게야, 우리 논으로 가자."
논에는 햇빛을 받아 노랗게 익은 벼가 고개를 숙이고 있었습니다. 게는 집게손으로 이삭을 잘랐습니다. 자른 이삭을 원숭이가 절구에 넣고 쿵덕쿵덕 찧었습니다. 어느새 맛있는 떡이 만들어졌습니다.
"진짜 떡이 됐네."
기쁨에 찬 원숭이가 갑자기 떡을 쥐고 달아나버렸습니다. "원숭아, 떡을 다 갖고 가면 어떡해?" 게가 쫓아갔지만, 원숭이는 이미 높은 나무로 올라가버렸습니다.
"음, 맛있어. 이렇게 맛있는 떡을 나눠 먹을 수야 없지."
"헉, 헉."
게는 나무에 올라갈 수 없었습니다.
"원숭아, 함께 만든 떡이니까 나눠 먹어야지."
"게야, 이 떡 정말 맛있어. 어쩜 이렇게 맛이 좋을까?"
원숭이는 게를 바짝 약 올리며 떡을 먹었습니다. 침만 삼키던 게한테 좋은 생각이 떠올랐습니다.
"원숭아, 그거 아니? 어른들이 그러는데 떡은 썩은 나뭇가지에 걸어 놓고 먹으면 더 맛있대."
"그래? 그렇다면 한번 해보지."
원숭이가 떡을 썩은 나뭇가지에 걸었습니다. 바로 그때 바람이 세게 불어서 썩은 나뭇가지가 뚝 부러졌습니다. 그 바람에 떡도 땅에 떨어지고 말았습니다.
"떡이 떨어졌네!"
게는 얼른 떡을 집어 들고 자기 굴 속으로 들어갔습니다. 떡을 빼앗긴 원숭이는 나무에서 내려와 굴 속으로 들어가려고 했습니다. 굴이 좁아 들어갈 수 없자 원숭이가 간사하게 말했습니다.
"게야, 나와 봐. 아까는 내가 장난을 친 거야. 우리 친구니까 사이좋게 나눠 먹자."
"정말 떡 맛있다. 원숭아, 내가 함께 먹자고 사정했을 때는 들은 척도 하지 않고 혼자 먹었잖아."
"너, 그러면 내가 네 굴에다 똥 쌀 거다."
화가 난 원숭이가 엉덩이로 굴 입구를 막았습니다. 입구가 막히자 게는 숨이 막혀 답답했습니다. 원숭이에게 비키라고 했지만 꼼짝도 하지 않았습니다.
"원숭이, 너! 어디 두고 보자."
게는 집게손에 힘을 주고 원숭이 엉덩이를 꽉 집었습니다. "으악, 으악!"
원숭이가 몸부림을 칠수록 게는 집게손에 더 힘을 주었습니다. 그때 원숭이가 있는 힘을 다해 펄쩍 뛰어올랐습니다. 그러자 원숭이 엉덩이 가죽이 쭉 뜯어져버리고 멀리 나동그라졌습니다. 원숭이는 게가 들고 있는 엉덩이 가죽을 보고 펑펑 울었습니다.
그래서 원숭이 엉덩이는 빨간 살만 있고 털이 없습니다. 반면에 게의 발에 난 털은 원숭이 가죽에서 뽑힌 털이 달라붙어서라고 합니다.

POINT "원숭이 엉덩이는 빨개"라는 노래도 있어요. 원숭이를 만나면 꼭 엉덩이를 확인해볼까요.

작가
안데르센

인어공주

장르
세계 동화

깊고 깊은 바닷속에 인어들이 사는 궁전이 있었습니다. 궁전의 임금님에게는 여섯 명의 예쁜 공주님이 있었습니다. 공주들은 열다섯 살이 되어야 바다로 올라갈 수 있었어요. 그중에서도 인간 세상을 가장 그리워하는 건 막내 공주였습니다. 어느덧 시간이 흘러 막내 공주도 드디어 열다섯 살이 되었습니다. 공주는 바깥세상을 구경하러 갔습니다. 바다 한가운데에는 커다란 배가 떠 있었어요. 인어 공주는 배 가까이로 헤엄쳐 갔습니다. 많은 사람들이 환한 불빛 아래서 흥겨운 음악에 맞춰 춤을 추고 있었어요. 인어 공주는 그중에서도 한 남자에게서 눈을 뗄 수가 없었습니다. 그는 잘생긴 얼굴에 멋지게 옷을 차려입은 왕자님이었습니다.

그런데 점점 바람이 세지면서 먹구름이 몰려오기 시작했어요. 이윽고 거대한 파도가 돛대를 부러뜨릴 듯 무섭게 덮쳐왔습니다. 사람들이 비명을 지르며 뛰어다니는 사이, 배가 물 속으로 가라앉기 시작했어요. 순간, 인어 공주는 재빨리 바닷속으로 헤엄쳐 들어가 왕자님을 구해냈습니다. 공주는 왕자님을 끌어안고 육지까지 헤엄쳐 나왔어요. 모래 위에 왕자를 눕히고는 밤새 곁을 지켰습니다. 그런데 아침 해가 떠오를 무렵, 멀리서 사람들의 목소리가 들려왔습니다. 인어 공주는 바위 뒤로 몸을 숨긴 채 한 아가씨가 왕자님을 발견하고 그에게 달려가는 것을 지켜만 봐야 했어요.

공주는 다시 바닷속 궁전으로 돌아왔지만, 왕자님을 잊을 수가 없었습니다. 공주는 망설이다가 용기를 내서 바다 마녀의 집을 찾아갔습니다.

"사람이 되는 약을 지어주마. 단, 네 아름다운 목소리와 바꿀 수만 있다면!"

마녀는 공주가 만약 왕자님과 결혼하지 못한다면 물거품으로 변하게 될 거라고 했습니다.

벙어리가 된 공주는 땅 위에 도착하자 독한 약을 벌컥벌컥 마셨습니다. 갑자기 살을 에는 것처럼 아파오면서 꼬리가 두 다리로 변하기 시작했습니다. 정신을 잃고 쓰러진 공주를 발견한 사람은 다름 아닌 왕자님이었습니다. 왕자님은 인어 공주를 성으로 데리고 가 따뜻하게 보살펴 주었습니다. 하지만 이미 왕자님은 이웃 나라 공주와 결혼식을 올리기로 되어 있었어요. '왕자님을 구해 준 사람은 그 공주님이 아니라 바로 저랍니다.'

인어 공주는 몹시 슬펐지만, 그들의 결혼식을 말없이 지켜봐야만 했습니다. 공주가 뱃머리에서 훌쩍훌쩍 울고 있는데 언니들이 물 위로 모습을 드러냈습니다.

"막내야, 마녀에게 우리들의 머리카락을 주고 이 칼을 받았어. 해가 떠오르기 전에 이 칼로 왕자의 심장을 찌르면 넌 다시 인어로 돌아올 수 있단다."

인어 공주는 언니들이 준 칼을 받기는 했지만, 차마 사랑하는 왕자님을 해칠 수는 없었습니다.

'왕자님, 부디 행복하세요.' 공주는 칼을 멀리 파도 속으로 던져버리고 바닷속으로 뛰어들었습니다. 날이 밝아오자, 인어 공주는 물거품으로 변했고, 마침내 공기 요정들과 함께 하늘로 올라갔답니다.

안데르센(1805~1875)
덴마크의 동화작가. 대표작 《미운 오리 새끼》 《인어 공주》

POINT 내가 인어 공주였다면 어떤 선택을 했을까요?

작가
톨스토이

두 친구

장르
세계 명작

어느 조용한 시골 마을에 호로쇼프와 이아네스키라는 두 친구가 살고 있었습니다. 어려서부터 한 동네에서 자란 두 사람은 친형제처럼 사이가 좋았습니다. 결혼도 비슷한 나이에 했고 똑같이 아들 셋을 낳았습니다.
그러던 어느 날 호로쇼프가 큰 병에 걸려서 몸져눕게 되었습니다. 호로쇼프는 이아네스키에게 자신의 가족들을 부탁하며 재산을 남겨주고는 결국 세상을 떠나고 말았습니다.
"나는 너희들을 내 친자식이라고 생각하고 있단다. 그러니 너희들도 나를 아버지라고 생각하렴."
이아네스키는 호로쇼프의 아들들에게 이렇게 말했습니다. 하지만 시간이 흐르면서 이아네스키의 마음이 조금씩 변하기 시작했습니다. 호로쇼프가 남긴 재산이 탐이 났던 것입니다. 그는 꾀를 내어 호로쇼프의 가족들을 자신의 집에 와서 함께 살게 하고는 호로쇼프의 집을 팔아버리고 그 땅에서 난 곡식도 모두 자기 것으로 만들었어요. 그것도 모자라 원래 있던 하인들을 내보낸 뒤, 호로쇼프의 아들들을 하인 대신 부려먹기 시작했습니다.

레프 톨스토이(1828~1910)
러시아의 대 작가. 대표작 《전쟁과 평화》 《안나 카레니나》

그날부터 호로쇼프 가족은 날마다 일을 해야 했지만, 이아네스키 가족은 손 하나 까닥하지 않았습니다. 호로쇼프의 아내는 낮에는 집안일에 시달리고, 밤에는 혼자서 남몰래 눈물을 흘려야 했답니다.
그러던 어느 날 이아네스키는 이상한 꿈을 꾸었습니다. 자신의 아들 삼 형제가 호로쇼프의 아들 삼 형제에게 혼이 나고 있었습니다. 자신의 큰아들은 호로쇼프의 큰아들이 쏜 총에 맞았고, 둘째 아들은 수갑을 찬 채 끌려가고 있었습니다. 그리고 막내는 거렁뱅이가 된 모습으로 호로쇼프의 막내아들에게 채찍으로 맞고 있었습니다.
"아, 꿈이었구나!" 이아네스키는 몹시 괴로워하다가 잠에서 깨어났습니다. 그러고는 자신의 잘못을 뉘우치게 되었습니다. "오랜 세월 호로쇼프와 친형제처럼 지냈는데…… 내가 잘못했어."
다음날 아침, 이아네스키는 호로쇼프의 가족들에게 그동안 자신이 한 일을 사과했습니다. 그러고는 호로쇼프의 가족에게 새 집을 마련해주고 재산도 모두 돌려주었습니다. 세월이 흘러 노인이 된 이아네스키의 꿈에 호로쇼프가 나타났습니다. 친구 호로쇼프는 천사가 되어 있었습니다.
"이아네스키, 잘 있었나? 그동안 잘 살아줘서 고마워. 하느님도 기뻐하실 거야."
호로쇼프가 온화한 미소를 띠며 말했습니다.
"아니야, 난 자네와 한 약속을 지키지 못했네. 그 생생한 꿈이 아니었다면 지금까지도 못된 짓을 하며 살았을 거야. 하지만 자네가 지금이라도 용서해준다면 편안히 눈감을 수 있을 거야."
이아네스키의 말에 호로쇼프가 온화하게 웃었습니다. 잠시 뒤, 이아네스키는 친구의 손을 잡고 하늘로 올라갔습니다. 잠들어 있는 그의 얼굴은 그 어느 때보다도 평안해 보였답니다.

POINT 이아네스키가 죽을 때까지 자신의 잘못을 반성하지 않고, 욕심을 버리지 않았다면 어떻게 되었을까요?

작가
미상

충선왕과 봉숭아 꽃

장르
전래 동화

고려의 제 26대 충선 임금 때 일입니다. 그 당시 충선왕은 나라의 힘이 약해서 왕위를 빼앗기고 원나라로 끌려가게 되었습니다. 원나라에 도착해서도 충선왕은 나라와 백성들이 걱정되어 잠을 이루지 못했습니다.

그러던 어느 날 충선왕은 이상한 꿈을 꾸었습니다. 가야금을 뜯는 궁녀의 손가락에서 피가 나고 있었습니다. 그런데 가야금 가락을 잘 들어보니, 그 노래는 충선왕이 즐겨 부르던 '청산별곡'이었습니다.

살어리 살어리랏다 청산(靑山)에 살어리랏다
머위랑 달래랑 먹고 청산(靑山)에 살어리랏다
얄리 얄리 얄랑셩 얄라리 얄라

잠에서 깨어난 왕은 고려를 생각하며 눈물을 흘렸습니다. 얼마 뒤, 왕이 혼자서 뜨락을 거닐고 있는데 앞 못 보는 여자가 다른 이의 부축을 받으며 걸어왔습니다. 그런데 그 여자는 이상하게도 열 손가락을 모두 헝겊으로 꽁꽁 싸매고 있었습니다.

"어찌하여 손가락을 다친 것이냐?"

그러자 공녀가 공손하게 머리를 조아리더니 대답했습니다.

"네, 저는 고려에서 이곳 몽고로 끌려온 공녀입니다. 고향 땅이 그리워 날마다 눈이 짓무르도록 울다가 그만 눈이 멀어버렸답니다. 그리고 고려의 노래를 가야금으로 뜯다가 손가락을 다치게 되었습니다."

그 말을 들은 충선왕은 속으로 생각했습니다.

'한낱 공녀도 고려를 저렇게 생각하는데, 하물며 임금인 나는 무엇을 하고 있단 말인가.'

충선왕은 그렇게 탄식하다가 문득 언젠가 꾼 꿈이 생각났습니다. 그래서 충선왕은 그 눈먼 공녀를 다시 찾아가서 부탁했습니다.

"혹시 나를 위해 '청산별곡'이라는 곡조를 가야금으로 뜯어 줄 수 없겠소?"

공녀는 감았던 눈을 뜨고 충선왕을 바라보았습니다.

"아니, 장님이 아니잖소?"

"마마, 제가 장님 행세를 한 까닭은 혹시나 눈을 감고 지내면 고려로 돌려보내 줄까 해서이옵니다."

충선왕은 그 말을 듣고 다시 한 번 감동했습니다. 그러고는 아름다운 가야금 소리를 들으며 무슨 일이 있어도 고려로 돌아가겠다고 결심했습니다.

세월이 흘러서 충선왕은 고려로 다시 돌아와 간신들을 몰아낸 뒤 다시 왕위에 올랐습니다. 왕은 거문고를 뜯었던 공녀를 찾기 위해 신하들을 원나라로 보냈습니다.

하지만 그 공녀는 이미 이 세상 사람이 아니었습니다. 충선왕은 그녀의 넋을 기리며 궁궐 뜰에 봉숭아를 심도록 했습니다. 그리고 해마다 붉게 피어나는 꽃을 보면서 구슬픈 거문고 가락을 떠올렸다고 합니다.

POINT 충선왕이 즐겨 부르던 '청산별곡'에서 청산은 어디를 말하는 걸까요?

작가
세르반테스
(미겔 데 세르반테스)

돈키호테

장르
세계 명작

라만차의 어느 마을에 한 귀족이 살았습니다. 귀족은 온종일 기사 이야기에 너무 빠진 나머지, 자신이 진짜 기사라고 착각을 하게 되었습니다.

그러던 어느 날 악당을 물리치기 위해 녹슨 창과 검, 방패를 가지고 길을 떠났습니다.

"기사에게는 멋진 이름이 필요할 거야. 그래, '돈키호테'가 좋겠어!"

그는 낡은 갑옷과 투구를 꺼내 입고 하나뿐인 늙은 말, 로시난테의 등에 올라탔습니다. 그리고 짝사랑하는 여인에게 사랑의 맹세까지 하고서 길을 떠났습니다.

돈키호테는 한 여관 앞에 다다랐습니다. 하지만 돈키호테의 눈에는 그 여관이 훌륭한 성으로 보였고 여관 주인은 성주로 보였답니다. 돈키호테가 주인 앞에 무릎을 꿇자 주인은 킥킥 웃으며 '당신을 기사로 임명하오.'라고 말했습니다.

정식 기사가 되었다고 착각한 돈키호테는 길에서 만난 상인들에게 창까지 휘두르다가 흠씬 두들겨 맞고 말았습니다. 얼마 뒤, 한 농부가 의식을 잃은 그를 발견하고는 노새에 태워 그의 조카딸에게 데려다 주었습니다. 하지만 몸이 회복되자마자 산초라는 이름의 농부를 구슬려서는 다시 길을 떠났습니다. 비쩍 마른 키다리 돈키호테와 뚱뚱한 땅딸보 산초는 함께 가다가 풍차들을 발견했습니다.

"드디어 첫 번째 시련이 닥쳤도다! 거인 무리가 내게 도전하고 있구나."

돈키호테는 바람처럼 풍차를 향해 달려가더니 공격을 시작했습니다. 하지만 돈키호테는 풍차의 날개에 투구와 등을 맞고 땅바닥으로 곤두박질치고 말았습니다. 그 뒤에도 돈키호테는 지나가는 마차와도 싸우고 양떼들과도 싸웠습니다. 화가 난 양치기들은 돈키호테에게 지팡이를 마구 휘둘렀습니다. 돈키호테는 흠씬 두들겨 맞아 기절하고 말았습니다. 정신이 들자 돈키호테가 산초에게 말했습니다.

"산초! 마을로 가서 내가 멋지게 활약하고 있다는 것을 전해 주게."

산초는 이게 웬 떡이냐 하며 당나귀까지 내버려 둔 채 마을로 가버렸습니다. 산초가 마을에 도착하자 주민들은 그를 부추겨서 돈키호테를 속이기 위한 연극을 꾸몄습니다. 그러니까 돈키호테를 집에 데려올 궁리 끝에 '도로테아 공주 작전'을 꾸며 낸 것입니다.

산초가 도로테아 공주가 위험에 처했다고 거짓말을 하자 돈키호테는 가짜 공주를 산초의 당나귀에 태우고 마을로 향했습니다. 그런데 때마침, 그곳을 지나가던 장례 행렬을 악당으로 착각하고 덤벼들다가 그만 크게 다쳐 정신을 잃고 말았습니다. 덕분에 손쉽게 그를 집으로 데려올 수 있었고 돈키호테는 침대에서 꼼짝 못한 채 지내야 했습니다.

"나는 최고의 기사야. 악당들을 물리치러 떠나야만 해!"

그 뒤, 자나 깨나 들려오는 돈키호테의 고함 소리에 온 동네가 조용할 날이 없었답니다.

세르반테스(미겔 데 세르반테스)(1547~1616)
스페인의 소설가, 극작가. 대표작 《라 갈라테아》 《모범 소설집》

POINT 돈키호테는 자신을 어떤 사람으로 착각하고 행동하는 건가요?

작가
미상

널뛰기, 이 박 저 박

장르
전래 동요

널뛰기

쿵덕쿵 쿵덕쿵 널 뛰는데
사래기 받아서 닭주고
쿵덕쿵 쿵덕쿵 널 뛰는데
왕겨를 받아서 개주고
쿵덕쿵 쿵덕쿵 널 뛰는데
종드래기 옆에 차고
쿵덕쿵 쿵덕쿵 널 뛰는데
하늘의 별 따러 가자

이 박 저 박

이 박 저 박 곤지박 하늘에 올라 조롱박
다 따먹은 난두박 처마 끝에 대롱박
꼬부랑 막대 탁 치니
꼬부랑 꼬부랑 꼬부랑 깽
이 박 저 박 곤지박 하늘에 올라 조롱박
다 따먹은 난두박 처마 끝에 대롱박
꼬부랑 꼬부랑 막대 탁 치니
꼬부랑 꼬부랑 꼬부랑깽

작가
그림형제

라푼첼

장르
세계 동화

옛날 어느 마을에 남편과 아내가 살았습니다. 오랜 기도 끝에 부부에게 아기가 생겼습니다.

아내는 옆집 마녀의 정원에 난 라푼첼이라는 상추를 무척 먹고 싶어 했습니다. 남편은 아내가 야위어가자 한밤중에 마녀의 정원에 들어가 라푼첼을 뽑아왔습니다. 아내는 무척 맛있게 먹었습니다. 그리고 얼마 뒤, 아내는 또 라푼첼 생각이 간절했습니다. 결국 남편이 한밤중에 마녀의 정원에 몰래 들어갔습니다. 그런데 마녀가 남편을 노려보며 서 있었습니다.

"감히 내 정원에서 라푼첼을 훔쳐가?"

"한 번만 용서해 주세요. 제 아내가 아기를 가졌는데 라푼첼을 너무 먹고 싶어 해서요."

"좋아. 그렇다면 원하는 만큼 따가도 좋다. 대신 아기가 태어나면 즉시 나에게 줘야 해!"

남편이 얼떨결에 한 약속 때문에 아기는 태어나자마자 마녀가 데려가버렸습니다. 마녀는 아기의 이름을 '라푼첼'이라고 지어주었습니다. 라푼첼의 머리카락은 황금빛을 띠며 아주 길게 자랐습니다.

마녀는 라푼첼이 열네 살이 되자, 숲속에 있는 높은 탑 꼭대기 방에 가두었습니다. 음식을 가져다 줄 때면 탑 아래에서 큰 소리로 외쳤습니다. "라푼첼, 라푼첼! 어서 네 머리카락을 내려라!" 라푼첼은 길게 땋은 머리카락을 창 아래로 내려 보냈습니다.

그림형제(1785~1863)
독일의 언어학자, 동화 수집가
동생 빌헬름 그림과 함께 그림 형제 동화집을 출판하였다.

어느 날 라푼첼의 노랫소리를 지나가던 젊은 왕자가 들었습니다. 라푼첼을 본 왕자는 올라갈 수가 없어서 안타까웠습니다. 날마다 라푼첼을 보러 오던 왕자가 마녀가 소리치는 모습을 우연히 보게 되었습니다.

다음 날 저녁 왕자는 탑 밑에서 마녀처럼 외쳤습니다.

"라푼첼, 라푼첼! 어서 네 머리카락을 내려라!"

머리카락이 내려오자 왕자는 꼭대기 방으로 들어갔습니다. 왕자를 본 라푼첼이 무척 놀랐지만 두 사람은 금세 사랑에 빠졌습니다. 왕자는 라푼첼을 찾아올 때마다 비단실을 한 타래씩 가져왔습니다.

"라푼첼, 이 실을 땋아서 밧줄을 만들어요. 그래서 함께 내려갑시다."

그러던 어느 날 라푼첼이 마녀와 이야기를 나누다 무심코 말을 꺼냈습니다.

"마녀님이 왕자님보다 훨씬 더 무거워요."

화가 난 마녀는 라푼첼의 머리를 가위로 싹둑 잘라버렸습니다. 그러고는 라푼첼을 사막으로 내쫓아버렸습니다. 그날 밤, 마녀는 라푼첼을 보러온 왕자를 창밖으로 밀어버렸습니다. 아래로 떨어진 왕자는 가시덤불에 두 눈이 찔려 앞을 보지 못했습니다. 왕자는 날마다 라푼첼을 찾아 떠돌아다녔습니다. 몇 해가 지나고 사막까지 오게 된 왕자가 라푼첼의 노랫소리를 들었습니다. 왕자가 다가가자 라푼첼이 깜짝 놀라 달려왔습니다.

"왕자님, 두 눈이 어쩌다가 이렇게 되셨나요?"

라푼첼의 눈물이 왕자의 얼굴을 적셨습니다. 그 순간 왕자의 눈이 다시 환해졌습니다. 두 사람은 왕자가 살던 궁궐로 돌아가 행복하게 살았습니다.

POINT 마녀는 왜 아기 이름을 '라푼첼'이라고 지었나요?

작가
미상

금보다 소중한 형제의 우애

장르
교과서에 실린 전래 동화

옛날 어느 마을에 가난하지만 사이좋은 형제가 살았습니다. 형제는 콩 한 알도 나눠먹으며 서로를 생각했습니다.

그런 형제는 3년 동안 남의 집에서 머슴 생활을 하면서 돈을 모아 고향으로 돌아가려고 했습니다. 배에 올라탄 형제는 따뜻한 눈으로 바라보았습니다. 형이 포근한 목소리로 동생에게 말했습니다.

"아우야, 정말 고생했다."

형의 말에 아우가 쑥스러워했습니다.

"아이, 형님이 더 고생하셨지요. 일도 바쁜데 나까지 챙기느라 얼마나 애쓰셨어요?"

동생이 형의 손을 잡으며 말했습니다. 형과 아우는 서로를 보며 기분 좋게 웃었습니다. 한참 노를 저어 가는데 동생이 화들짝 놀라며 외쳤습니다.

"형님, 저기 보세요."

"왜? 무슨 일인데?"

동생이 고개를 갸우뚱거리며 말했습니다.

"형님, 저기 번쩍이는 게 금덩이처럼 보이지 않나요?"

형은 동생이 가리키는 쪽을 바라보았습니다.

"금덩이, 금덩이라고?"

형이 가늘게 눈을 뜨고 보았습니다. 분명 금덩이였습니다. 금덩이 두 개가 강물 속에서 번쩍번쩍 빛나고 있었습니다. 형제는 힘을 합쳐서 금덩이를 강물에서 꺼내 들었습니다.

"세상에 금덩이를 줍다니. 이런 일이 다 있구나!"

형제는 금덩이를 각자 하나씩 나눠가졌습니다. 그러고는 다시 마을로 배를 저어 갔습니다. 형제는 금덩이를 가진 뒤로는 다정하게 이야기를 주고받지 않고 한마디도 하지 않았습니다.

배가 마을에 닿았을 때 아우가 금덩이를 강에 던져버렸습니다. 형이 화들짝 놀라 동생을 바라 보았습니다.

"아우야, 왜 금덩이를 강물에 던지는 거야?"

"형님, 금을 갖기 전에는 형님 생각이 머릿속에서 떠나지 않았는데 금을 가진 뒤로는 형님 손에 쥔 금 생각으로 가득 찼습니다. 금 때문에 형님을 미워하고 있습니다."

동생이 울먹이며 말을 마치자, 형도 금덩이를 강물로 내던졌습니다.

"맞다. 사실 나도 금덩이를 가지고 나서 마음이 불편하고 불안했다. 저 금덩이는 우리 형제 사이를 금가게 할 것이 불을 보듯 뻔하다. 우리 사이가 나빠지면 금덩이가 아무리 많아도 무슨 소용이 있겠니?"

동생도 고개를 끄덕였습니다. 다시 마음이 홀가분해진 형제는 어깨동무를 하고 집으로 돌아갔습니다.

POINT 형제는 왜 금덩이를 강물에 버렸나요?

작가
미상

꾀쟁이 족제비

장르
세계 옛날이야기
(페르시아)

옛날에 꾀가 많기로 소문난 족제비가 있었습니다. 동물들은 어려운 일이 생기면 족제비를 찾아가 물어보고는 했어요.

하루는 까마귀가 무척 슬픈 낯빛을 하고는 족제비에게 왔습니다.

"얼마 전에 독사 한 마리가 우리 집 근처로 이사를 왔는데 글쎄, 내가 없는 틈을 타서 내 새끼들을 잡아먹었지 뭐야. 그래서 너무 분한 나머지 독사가 잠든 틈을 타서 눈을 다 쪼아버리려고 했다니까!"

까마귀가 부르르 몸을 떨면서 말했어요. 그 말에 족제비가 깜짝 놀라 소리쳤어요.

"안 돼! 그건 너무 위험한 생각이야. 네가 도망치기도 전에 잡아먹히게 될 거야! 힘으로는 절대로 그놈을 당할 수 없어. 이럴 때일수록 머리를 써야 한다고!"

"그럼 어떻게 하면 좋을까?"

"독사를 물리칠 수 있는 상대와 싸움을 붙이는 거야."

"그래? 그럼 고양이한테 가서 부탁해 볼까?"

"고양이는 안 돼. 날카로운 발톱이 있다고 해도 독사를 이길 만큼은 아니거든. 그러지 말고 사람한테 가서 독사가 있는 곳을 알리는 거야."

"사람? 인간을 찾아가라고?"

까마귀가 놀라서 묻자 족제비가 고개를 끄덕이며 말했어요.

"먼저 네가 마을로 가서 비싼 물건을 하나 물고 달아나는 거야. 그걸 본 사람이 너를 쫓아올 테고 너는 독사가 있는 곳에다 그 물건을 떨어뜨리기만 하면 돼. 그럼 그 사람이 독사를 죽이게 될 거야."

까마귀는 족제비의 말이 끝나기가 무섭게 마을을 향해 날아올랐어요. 그러고는 마을 위를 낮게 날면서 값나가는 물건을 살펴보았습니다. 마침 어떤 집의 창문이 열려 있어 들여다보니, 번쩍번쩍 빛나는 물건이 보였습니다. 그것은 꽤 고급스럽게 보이는 비단이었어요. 까마귀는 후다닥 안으로 들어가 비단을 물고 잽싸게 빠져나왔지요.

여자 집주인이 그 광경을 보고 허겁지겁 남편에게 알리자 남편이 일을 하다 말고 까마귀를 쫓았습니다. 그러자 밭에 있던 사람들도 다 같이 곡괭이를 들고 뒤를 따랐어요.

까마귀는 있는 힘을 다해 독사가 있는 포도밭 뒤 언덕 위로 날아갔습니다. 독사를 찾은 다음, 바로 그 머리 위로 비단을 떨어뜨리자 독사는 깜짝 놀라고 말았어요.

"뭐야? 비단이잖아?"

독사가 비단을 몸으로 칭칭 감고 있을 때였습니다. 마을 사람들이 우르르 몰려오더니 독사를 발견하고는 곡괭이로 독사를 공격했어요.

마침내 독사가 죽자, 까마귀는 족제비를 찾아가 고맙다고 말하며 눈물을 흘렸습니다. 이 일이 있은 뒤부터 동물들은 족제비에게 '꾀쟁이'란 별명일 지어 주었답니다.

POINT 독사를 물리칠 수 있었던 족제비의 지혜는 무엇이었나요?

작가
방정환

나비의 꿈

장르
국내외 명저자 작품

나비와 꾀꼬리는 꿈에 본 집을 찾으러 나섰습니다. 그러나 어디 어느 곳에나 그런 집이 있는지 알 수가 있겠습니까. 하는 수 없이 쩔쩔 매다가, 마침 높이 떠서 날아오는 기러기를 불렀습니다. 서늘한 나라를 찾아서 북쪽으로 향하여 먼 길을 가던 기러기가 꾀꼬리가 부르는 소리를 듣고 내려왔습니다.

"남쪽에서 오시는 길에 혹시 불쌍한 남매를 보지 못하였습니까? 우리는 그 집을 찾아가려고 그럽니다."

하고 꿈 이야기를 자세히 하였습니다. 기러기는 그 말을 듣고 "아아, 알고말고요. 착한 남매가 불쌍하게 근심을 하고 있습니다. 어서 가 보십시오. 여기서 저어 남쪽으로 쭈욱 가서 아마 10리는 될 걸요. 여기서 곧장 가면, 그 언덕 있는 곳이 보입니다. 어서 가 보십시오."

나비와 꾀꼬리는 후루루 날아서 방으로 들어갔습니다. 방이라야 좁다란 한 간 방인데, 아홉 살쯤된 어린 사내아이가 마르고 파아란 얼굴에 눈을 감고누워서 잠이 든 것 같기도 하고 죽은 것 같기도 하였습니다.

"민수야, 눈을 떠 보아라. 꾀꼬리와 나비가 왔다."

하면서 소녀는 동생을 부드럽게 흔들어서 깨웠습니다. 꾀꼬리는 목소리를 곱게 내어 재미있고 씩씩하게

"꾀꼴꾀꼴 꾀꼴꼴……."

하고 노래를 정성껏 불렀습니다. 나비는 그 노래에 장단을 맞춰서 재주껏 화려하게 춤을 덩실덩실 추면서 병든 어린이의 자리를 빙빙 돌았습니다 그야말로 세상에서 들을 수 없는 훌륭한 음악이요, 진기한 무도였습니다. 거슴츠레하게 떴던 병든 소년의 두 눈은 점점 크게 떠지고 생기가 나면서 춤추며 돌아다니는 나비를 따르고, 귀는 아름다운 꾀꼬리의 노랫소리를 정성스럽게 듣고 있었습니다.

꾀꼬리와 나비는 열심으로 열심으로 재주와 정성을 다하여 노래를 부르고 춤을 추었습니다. 그러니까 병든 소년의 눈은 점점 광채가 나기 시작하고, 파아란 얼굴에는 붉은 혈기가 점점 돌아오더니, 이윽고는 긴긴 겨울이 지나도록 한 번도 보지 못한 웃음의 빛이 그의 눈에도 입에도 보이기 시작하였습니다.

그것을 보고 꾀꼬리와 나비는 기운껏 피곤할 때까지 노래와 춤을 추었습니다. 그날 밤에는 소년의 따뜻한 마음씀 덕분에 그 집 처마끝 동백나무 그늘에서 자고, 그 이튿날도 방에 들어가서 노래를 부르고 춤을 추고 하였습니다.

어린이의 병은 차츰 나아지고, 기운과 정신이 나날이 새로워졌습니다. 나비와 꾀꼬리는 그 이튿날도, 또 그 이튿날도 쉬지 않고 노래와 춤으로 병든 소년을 위로하였습니다. 이렇게 이레 동안을 지나자, 소년은 아주 쾌하게 병이 나아서 누나의 손을 잡고 동산에도 가고 뜰에도 가서 꾀꼬리와 나비와 재미있게 뛰놀 수 있게 되었습니다.

방정환(1899~1931)
아동문학의 선구자. 한국 최초 순수아동 잡지 《어린이》 창간
대표작 《사랑의 선물》 《소파전집》

POINT 주변에 형편이 많이 어려워서 도움이 필요한 친구나 이웃이 있다면 어떻게 해야 할까요?

작가
라이먼
프랭크 바움

오즈의 마법사 1

장르
세계 명작

도로시는 캔자스의 드넓은 초원에서 헨리 아저씨와 엠 아주머니 그리고 강아지 토토와 함께 살았습니다. 하루는 도로시가 사는 마을에 구름이 잔뜩 몰려오더니 세찬 바람이 불어왔습니다.

"나는 외양간을 보고 갈 테니 먼저 집에 가 있어!"

헨리 아저씨의 말에 도로시는 얼른 들어가 창문을 꼭 닫았습니다. 그와 동시에 회오리바람이 몰아치기 시작했습니다.

"도로시! 어서 지하실로 내려와!"

마루 아래쪽에서 엠 아주머니가 외치는 소리가 들렸습니다. 그런데 도로시가 토토를 안고 내려가려는 순간, 집이 통째로 하늘을 향해 날아오르기 시작했습니다. 집은 바람에 휩싸인 채 빙빙 돌더니 수백 킬로미터나 떨어진 먼 곳으로 날아갔습니다.

"여기가 어디지?" 겨우 정신을 차린 도로시가 어리둥절해하며 밖으로 나왔습니다. 그때 이상한 옷을 입은 남자 세 명과 여자 한 명이 다가왔습니다.

"위대한 마법사님, 먼치킨의 나라에 오신 것을 환영합니다. 그리고 동쪽 나라의 나쁜 마녀를 없애 주셔서 고맙습니다."

뾰족한 모자에 하얀 망토를 입은 여자가 말했습니다.

"마법사라니요? 그리고 저는 아무도 안 죽였어요.

"저기를 보세요. 집 아래 그 마녀가 깔려 있잖아요."

여자는 감사함의 표시로 동쪽 마녀가 신고 있던 은 구두를 선물로 주었습니다. 오즈의 나라에는 동서남북에 각각의 나라가 있고 모두 마녀들이 다스리고 있다고 했습니다. 동쪽과 서쪽 나라에는 특히 나쁜 마녀들이 있는데 그녀들은 먼치킨들을 노예로 부리며 괴롭힌다고 말했습니다.

"걱정 말아요. 다행히 나는 북쪽에 살고 있는 마녀랍니다. 같이 온 이들은 먼치킨들인데 당신에게 무척 고마워하고 있어요." 그 말에 도로시는 비로소 자신의 얘기를 털어놓았습니다.

"저는 살던 곳으로 돌아가야 해요. 제가 길을 찾을 수 있게 도와주시겠어요?"

하지만 착한 마녀와 먼치킨들은 모두 고개를 저었습니다. 사방에 아주 넓은 사막이 있어서 건널 수 없다고 했어요. 그 말에 도로시가 울음을 터뜨리자 북쪽 마녀는 모자를 벗어 돌판으로 변하게 만들었습니다.

"도로시는 에메랄드 시로 가야 한다고 씌어 있네요. 아가씨 이름이 도로시인가요?"

마녀가 돌판에서 새겨진 글씨를 읽었습니다.

"네."

"그럼, 에메랄드 시로 가 봐요. 위대한 마법사 오즈가 도와줄지도 모르니까요. 아주 먼 길이긴 하지만 내가 입맞춤을 해드릴게요. 북쪽 마녀가 입맞춤해준 사람은 아무도 해칠 수 없답니다."

북쪽 마녀가 도로시의 이마가 입을 맞추자 반짝이는 자국이 생겼습니다. 마녀와 먼치킨이 사라지자 도로시는 에메랄드 성을 향해 걷기 시작했습니다.

라이먼 프랭크 바움(1856~1919)
미국의 동화작가

POINT 도로시는 과연 집으로 무사히 돌아갈 수 있을까요?

작가
라이먼 프랭크 바움

오즈의 마법사 2

장르
세계 명작

도로시는 먼저 낡은 구두를 벗고 마녀의 은 구두를 신었습니다. 은 구두는 도로시의 발에 꼭 맞았습니다. 옥수수 밭을 지나는데 들판 한가운데 짚으로 만든 허수아비가 장대에 매달려 있었습니다.

"안녕? 어딜 그리 바쁘게 가니?"

허수아비는 한쪽 눈을 찡긋하며 말했습니다.

"어머, 지금 네가 말을 한 거니?"

도로시가 놀라서 물었습니다. 그러자 허수아비는 고개를 끄덕이며 등에 꽂힌 장대를 뽑아달라고 부탁했습니다. 도로시가 두 팔을 벌려 허수아비를 장대에서 내려 주자 허수아비는 무척 고마워했습니다.

"난 도로시라고 해. 지금 에메랄드 성을 찾아가는 중인데 혹시 가는 길을 알고 있니?"

"아니, 내 머릿속은 짚으로 가득 차서 아무 생각도 할 수 없어."

도로시는 허수아비가 너무 불쌍했습니다.

"그럼 우리랑 함께 오즈의 마법사에게 가서 부탁해 보자."

이렇게 해서 도로시는 토토와 허수아비를 데리고 다시 길을 떠났습니다. 걸음을 재촉하고 있는데 이번엔 양철 나무꾼이 꼼짝도 못하고 서 있는 게 아니겠어요?

"녹이 슬어 한 발짝도 움직일 수가 없어!"

도로시는 양철 나무꾼을 위해 기름을 칠해 주었습니다. 그랬더니 양철 나무꾼이 움직이기 시작했습니다.

"고마워. 그런데 어딜 가는 중이었니?"

"소원을 들어주는 오즈의 마법사를 찾아가고 있어."

"잘 됐네. 그럼 난 오즈에게 심장을 만들어 달라고 하면 되겠다."

양철 나무꾼은 도로시 일행을 따라 나섰습니다. 도로시와 친구들이 어두운 숲에 다다랐을 때였습니다. 갑자기 무서운 사자가 나타나더니 으르렁거렸습니다. 토토가 왈왈 짖자 사자가 입을 쩍 벌리고 덤벼들었습니다. 그러자 도로시는 사자의 콧등을 힘껏 내리치며 말했습니다.

"너처럼 커다란 동물이 이렇게 작은 강아지를 괴롭히면 어떡해!"

"강아지가 너무 무서워서 그랬어. 난 겁쟁이거든."

사자가 울먹이며 말하자 도로시가 다정하게 위로해 주었습니다.

"오즈의 마법사가 네게 용기를 주실 거야."

그 말에 사자는 무척 기뻐하며 도로시와 함께 가기로 했습니다.

도로시와 친구들은 갖가지 위험과 맞서 싸우며 마침내 에메랄드 성에 도착했습니다. 도로시가 성문 옆에 달려 있는 종을 잡아당기자 종소리가 울리며 천천히 문이 열렸습니다. 성문 안으로 들어서니 역시 에메랄드가 수없이 박힌 초록색 방이 나왔습니다. 역시 초록색 옷을 입은 문지기가 도로시 일행을 성 안으로 안내해 주었습니다.

POINT 허수아비나 사자처럼 오즈의 마법사에게 꼭 부탁하고 싶은 소원이 있나요?

작가
라이먼
프랭크 바움

오즈의 마법사 3

장르
세계 명작

도로시와 친구들은 문지기를 따라 에메랄드 시로 들어갔습니다. 거리는 온통 에메랄드로 장식되어 있었습니다. 도시 한가운데 있는 오즈의 궁전에 도착하자 도로시와 친구들은 저마다 자기의 소원을 빌었습니다. 하지만 오즈의 마법사는 보이지 않고 목소리만 들려왔습니다. "서쪽에 있는 나쁜 마녀를 없애고 오면 소원을 들어주마."
그래서 그들은 하는 수 없이 다시 성에서 나와 서쪽 마녀를 찾아가야 했습니다. 뜨거운 태양이 내리쬐는 들판을 종일 걷자 모두들 지치고 말았습니다. 서쪽 나라의 나쁜 마녀는 그 틈을 타서 사나운 늑대와 까마귀들, 벌과 원숭이들을 차례로 보냈습니다. 도로시와 친구들은 힘을 합쳐 그들을 물리쳤지만 날개 달린 원숭이들만은 당할 재간이 없었습니다. 날개 달린 원숭이들은 맨 먼저 양철 나무꾼을 잡아 계곡으로 떨어뜨린 뒤, 허수아비와 사자를 차례대로 붙잡았습니다. 하지만 도로시 이마에 있는 입맞춤 표시 때문에 도로시는 잡을 수 없었습니다. 서쪽 마녀 역시 마찬가지였습니다. 도로시를 해칠 수 없게 되자 도로시를 데려다가 날마다 힘든 일을 시켰는데, 은 구두까지 빼앗으려고 하자 도로시는 더 이상 참을 수가 없었습니다.
"이 나쁜 마녀야, 내 구두를 돌려 줘!"
도로시는 이렇게 소리치며 물동이를 들어 마녀에게 확 끼얹었습니다. 그러자 놀라운 일이 벌어졌습니다. 물에 닿은 서쪽 마녀의 몸이 설탕처럼 녹아내리는 게 아니겠어요?
"만세! 서쪽 마녀를 물리쳤어!"
도로시는 노예생활을 하던 윙키들의 도움을 받아 사자와 양철 나무꾼, 허수아비까지 다시 구해냈습니다. 도로시와 친구들은 다시 오즈의 마법사를 찾아가서 서쪽 마녀를 해치우고 왔노라고 말했습니다.
"오즈의 마법사님, 허수아비에게는 지혜로운 머리를, 양철 나무꾼에게는 심장을, 사자에게는 용기를, 그리고 저와 토토에게는 집으로 가는 길을 알려주세요."
그러자 오즈의 마법사는 허수아비에게는 왕겨로 만든 머리를, 양철 나무꾼에게는 비단으로 만든 심장을, 사자에게는 용기가 생기는 물약을 주었습니다.
"도로시야, 나는 사실 마법사가 아니라 서커스 단원이란다. 너의 집으로 가는 길은 알 수가 없구나. 혹시 남쪽 나라의 착한 마녀는 알고 있지 않을까?"
실망한 도로시와 친구들은 마지막으로 남쪽 나라 마녀를 찾아갔습니다. "네가 신고 있는 은 구두는 이 세상 어디든지 데려다 줄 수 있어. 원하는 곳을 말하면서 구두를 세 번만 바닥에 치면 된단다."
"고맙습니다. 착한 마녀님."
도로시는 허수아비와 양철 나무꾼, 사자와 작별 인사를 하고는 구두를 세 번 바닥에 부딪쳤습니다. 그러자 눈 깜짝할 사이에 강아지 토토와 함께 고향 캔자스로 돌아와 있지 않겠어요? 아저씨와 아주머니는 반갑게 도로시를 맞아 주었고 세 사람은 서로 뜨겁게 포옹을 했답니다.

POINT 오즈의 마법사는 왜 도로시와 친구들에게 서쪽에 있는 나쁜 마녀를 없애고 오라고 했을까요?

November
11

작가
그림형제

브레멘 음악대

장르
세계 동화

한 농부는 세월이 흘러 무거운 짐을 나르지 못하는 당나귀가 몹시 못마땅했습니다. "일도 못하는데 먹이까지 축내고 있어. 얼른 팔아치워야지."

농부의 말에 서글퍼진 당나귀는 한밤중에 도망쳤습니다. 브레멘으로 가서 음악대를 만들기로 한 당나귀가 사냥개를 만났습니다.

"왜 그렇게 거칠게 숨을 몰아쉬니?"

"내가 늙어서 사냥을 못한다고 주인이 날 죽이려고 했어. 그래서 도망쳐 오느라고."

"갈 곳이 없겠구나! 난 지금 브레멘에 가서 음악대를 만들 건데 너도 갈래?"

사냥개는 당장 일어나 당나귀를 따라 나섰습니다. 곧이어 당나귀는 슬픈 얼굴을 한 고양이를 만났습니다.

"고양이야, 왜 그렇게 슬픈 표정이니?"

"주인이 내가 늙어서 쥐를 못 잡는다고 나를 물에 빠뜨려 죽이려 했어. 그래서 무작정 도망쳤어."

"우리랑 같구나! 우리는 지금 브레멘에 가서 음악대를 만들 건데 너도 갈래?" 고양이까지 세 친구는 즐겁게 길을 걸었습니다. 그때 농가의 높은 담 위에서 거칠게 울고 있는 수탉에게 당나귀가 물었습니다.

"너는 왜 그렇게 악을 쓰면서 우는 거니?"

"우리 주인이 내일 손님 접대하는데 나를 잡아서 요리를 한다잖아. 죽기 전에 실컷 울어보려고."

"안됐구나! 우리는 지금 브레멘에 가서 음악대를 만들 건데 너도 갈래?" 수탉까지 모두 네 친구가 되었습니다. 한참을 걷다보니 브레멘이 가까워졌습니다. 숲속에서 잠자리에 들던 중에 수탉이 말했습니다.

"저기에 불빛이 깜빡인다. 분명히 집일 거야. 음식도 있겠지. 우리 가보자." 네 친구들은 빛이 새어나오는 창가에 가까이 다가갔습니다. 키가 큰 당나귀가 안을 들여다보자 말했습니다. "도둑 같아 보이는 사람들이 엄청 많은 음식을 먹고 있어."

네 친구는 도둑을 몰아낼 좋은 방법을 생각했습니다. 가장 먼저 당나귀가 창문턱에 앞발을 딛고, 당나귀 등에 사냥개가 올라타고, 사냥개 위에 고양이가 올라타고, 마지막으로 고양이 머리에 수탉이 올라앉았습니다. 그러고는 제각각 외쳤습니다. 소리에 놀란 도둑들이 유령으로 착각하고 도망쳤습니다. 도둑들을 몰아낸 네 친구는 음식을 먹고 잠자리에 들었습니다.

한편 도망갔던 도둑들의 두목이 집을 살펴보라며 부하를 보냈습니다. 집에 들어선 부하가 성냥을 켤 때였습니다. 고양이가 부하의 얼굴을 할퀴고 사냥개가 다리를 꽉 물었습니다. 문 앞에서 당나귀가 뒷발로 차고 지붕에서 수탉이 울었습니다. 혼이 나간 부하가 두목에게 말했습니다. "긴 손톱을 가지고 있는 마녀가 분명해요. 마녀를 지키는 부하는 힘이 굉장히 셉니다."

두목과 부하들은 너무 무서워 아예 먼 곳으로 떠나버렸습니다. 네 친구는 그 집에서 음악대를 만들어 노래 연습을 했습니다. 이후 브레멘은 도둑이 없는 마을이 되었습니다.

그림형제(1785~1863)
독일의 언어학자, 동화 수집가
동생 빌헬름 그림과 함께 그림 형제 동화집을 출판하였다.

POINT 친구들과 함께 음악대를 만든다면, 어떤 악기를 연주하고 싶나요?

작가
미상

재상의 배나무

장르
교과서에 실린 전래 동화

옛날에 궁에서 임금을 모셨던 선비가 나이가 들어 고향으로 내려와 살았습니다. 그러던 어느 날 제자가 선비를 찾아오자 반갑게 맞아주었습니다. 그때 선비는 뒷마당에 배나무를 심고 있었습니다.

"어서 오게나. 이번에 사또로 나가게 됐다지? 바라건대 현명하고 늘 백성을 살피고 사랑하는 사또가 되게."

제자는 허리를 굽혀 예를 갖췄습니다.

"스승님의 말씀을 가슴에 새기겠습니다. 그런데 무엇을 하고 계십니까?"

"음, 배나무를 심고 있네."

선비는 배나무를 심은 뒤 두 손으로 흙을 꾹꾹 눌렀습니다. 제자는 이제 심어서 언제 배를 따먹을까 하는 생각이 들었습니다. 족히 십 년은 지나야 할 거라고 여겼습니다. 제자는 진심으로 궁금해서 물었습니다.

"배를 따서 드시려면 오래 걸릴 듯한데 어찌 이리 정성껏 심으……."

선비는 제자의 말이 끝나기도 전에 껄껄껄 웃었습니다.

"내가 살아생전에 먹기나 할까 싶은 게로군. 자네 생각대로 내가 심은 배나무에서 딴 배를 먹지 못할지도 모르지. 그러나 내가 먹지 못해도 내 자식이 먹을 수 있고, 이웃이 먹을 수 있고, 또 자네가 먹을 수 있겠지."

"네, 그렇지요."

제자는 대답을 했지만 스승의 뜻을 곧바로 헤아리지 못했습니다.

그렇게 헤어지고 십 년의 세월이 흘렀습니다. 선비를 찾아왔던 제자도 사또에서 더 높은 벼슬에 올랐습니다.

한양으로 가기 전에 선비의 집을 잠시 들렀습니다. 제자는 스승에게 큰 절을 올렸습니다.

"스승님, 그동안 무탈하셨는지요. 자주 찾아뵙지 못하여 죄송합니다."

"아닐세. 백성을 돌보는 자네가 자주 오지 못하는 거는 당연한 거고. 이번에 높은 벼슬에 올랐다고 하니 내 정말 기쁘네."

제자와 스승이 웃음꽃을 피우며 이야기하는 도중에 선비의 부인이 배를 깎아 내왔습니다. 선비가 권하자 제자가 한입 베어 물었습니다.

"배가 참 맛있습니다. 이런 배는 어디서 구하시는지요?"

"자네 기억하나? 십 년 전에 자네가 나를 찾아왔을 때 심었던 배나무. 그 나무가 자라서 이렇게 배를 따게 해줬다네."

"정말입니까?"

제자가 깜짝 놀라 배를 뚫어지게 보았습니다.

"이런 말이 있다네. 농사는 일 년을 내다보고, 나무는 십 년을 보고 심으며, 인재는 백 년을 보고 길러야 한다고 말이야."

제자는 미래를 대비하고 후손을 생각하는 선비에게 다시 한 번 존경의 마음을 가졌습니다.

POINT 재상은 왜 정성을 다해 배나무를 심었나요?

작가
루이자
메이 알코트

작은 아씨들

장르
세계 명작

마치 집안의 네 자매는 크리스마스 선물에 대해 이야기를 했습니다. 큰언니 메그가 동생들을 타일렀습니다. 네 자매는 전쟁터에 나간 아버지를 떠올렸습니다. 그때 외출했던 어머니가 아버지가 보낸 편지를 들고 들어왔습니다. 아버지의 편지에는 딸들에 대한 사랑이 가득했습니다. 크리스마스 아침에 일어난 네 자매는 어머니의 걱정스런 말에 귀를 기울였습니다.

"훔멜 씨 부인이 아이를 낳았어. 그런데 아이 여섯이 굶고 있다는구나!"

네 자매는 서로 눈짓을 하더니 자신들이 먹을 음식을 훔멜 씨 집에 주자고 말했습니다. 눈이 내린 길 위를 네 자매가 조심스럽게 음식을 들고 갔습니다.

그런 네 자매에게 옆집 사는 로렌스 씨는 맛있는 음식을 선물했습니다. 로렌스 씨 성격이 괴팍하다고 여겼지만 새해부터는 잘 지내야겠다고 마음먹었습니다.

둘째 조는 로렌스 씨의 손자 로리와 가깝게 지냈습니다. 그러던 어느 날 조와 메그는 로리와 연극을 보러 가기 위해 집을 나섰습니다. 막내 에이미가 따라가겠다고 했지만 조가 말렸습니다. 에이미는 울음을 터트렸지만 같이 가지 못했습니다.

루이자 메이 알코트(1832~1888)
미국의 소설가. 대표작 《꽃의 우화》 《8명의 사촌들》

며칠 뒤 조는 거실로 달려 나오며 소리쳤습니다.

"에이미! 내 원고 어디다 놨어?"

에이미는 난로만 쑤시며 연신 모른다고 말했습니다.

조가 에이미 어깨를 잡아 일으켰습니다.

"아무리 찾아 봐도 없을 텐데. 이미 태워버렸거든."

조는 얼굴이 노랗게 변하더니 울음을 터뜨렸습니다. 어머니는 조를 위로했지만 조는 에이미를 용서할 수 없다고 말했습니다.

바람이 쌩쌩 불어 조와 로리와 스케이트를 타러 나왔습니다. 에이미가 조의 뒤를 졸졸 따라갔지만 조는 에이미를 본척만척했습니다.

조와 로리가 스케이트를 타려는데 비명 소리가 들렸습니다. 에이미가 물속에 빠져버린 것이었습니다. 놀란 조와 로리는 나뭇가지를 꺾어와 에이미를 간신히 끌어 올렸습니다. 그날 밤, 조는 에이미에게 사과를 했고 그 말을 들은 에이미는 조를 꽉 끌어안았습니다.

따뜻한 봄을 지나 가을이 깊어갈 무렵, 아버지가 아프다는 전보가 왔습니다. 급하게 떠나려는 어머니에게 조는 기다란 머리카락을 자르고 받은 돈을 내밀었습니다. 어머니는 조를 꼭 안고 짧아진 머리카락을 쓰다듬어 주었습니다.

어머니가 계시지 않은 어느 날 베스가 성홍열에 걸렸습니다. 메그와 조가 정성껏 간호했고 성홍열을 앓은 적이 없는 에이미는 마치 할머니 댁으로 보냈습니다. 베스의 열이 내리지 않아 어머니에게 전보를 쳤습니다. 밤이 새도록 메그와 조는 얼음주머니를 올리고 온몸을 닦아주었습니다. 새벽 무렵, 베스의 열이 기적처럼 떨어졌습니다. 그때 한발 먼저 전보를 친 로리 덕분에 어머니가 돌아왔습니다. 또다시 크리스마스가 돌아왔습니다. 네 자매의 집에 커다란 선물이 도착했습니다. 바로 아버지가 돌아온 것이었습니다. 작은 아씨들은 그 어느 때보다 마음이 따뜻했습니다.

POINT 형제끼리 또는 자매, 오누이끼리 사소한 일로 다투었다면 어떻게 해야 할까요?

작가
미상

할미꽃

장르
전래 동화

옛날 깊은 산골에 할머니가 두 손녀를 데리고 살고 있었습니다. 할머니는 부모를 일찍 여읜 손녀들을 돌보기 위해 힘든 일도 마다하지 않았답니다.

어느덧 두 손녀는 곱게 자라 시집을 가야 할 나이가 되었습니다. 할머니는 손녀들에게 신랑을 정해주려고 중매쟁이를 통해 알아보았습니다. 그런데 미모가 뛰어난 언니에게만 훨씬 좋은 자리가 나왔습니다. 그렇게 해서 맏손녀는 건넛마을 부잣집 맏며느리로 시집을 가게 되었습니다.

'가서 꼭 행복하게 잘 살아야 한다.'

혼례를 보고 돌아온 할머니는 그만 자리에 몸져누웠습니다. 어려운 형편에 혼수를 마련해 주느라 이제 할머니에게 남은 것이라고는 밭 몇 두렁이 전부였습니다. '쯧쯧, 저것도 언니처럼 혼처를 구해줘야 하는데, 이젠 남은 것도 별로 없구나.' 할머니는 홀로 남은 손녀를 보면서 한숨을 쉬었습니다.

"할머니, 걱정하지 마세요. 저는 여기서 할머니와 함께 살 거예요."

그 말에 할머니는 펄쩍 뛰면서 여기저기 신랑감을 알아보았습니다. 그렇게 해서 작은손녀는 고개 너머 마을에 사는 산지기한테 시집을 가게 되었습니다. "할머니를 혼자 두고 갈 수는 없어요. 저랑 같이 가요, 네?"

"얘야, 그건 안 될 말이다. 네 시집도 가난한데, 나까지 짐이 되기는 싫구나." 할머니는 그렇게 말했지만 작은손녀가 탄 가마를 지켜보면서 하염없이 눈물을 흘렸습니다. 그런데 시간이 지날수록 혼자 남은 할머니는 손녀들이 보고 싶어 견딜 수가 없었습니다. 그래서 산을 넘고 냇물을 건너 맏손녀를 찾아갔습니다. 손녀딸은 할머니를 보더니 처음에는 반갑게 맞아주었지만 며칠이 지나자 조금씩 달라지기 시작했습니다.

'아, 나를 귀찮아 하는구나!'

할머니는 속으로 눈물을 흘리며 그 집을 나왔습니다.

'그래, 마음씨 고운 작은애한테 가자."

할머니는 차가운 바람을 맞으며 산을 넘기 시작했습니다. 산지기와 혼인한 작은손녀는 산을 두 개나 넘어야 갈 수 있는 곳에 살고 있었습니다. 벌써부터 숨이 차오르고 두 다리가 휘청거렸지만 할머니는 이를 악물고 천천히 올라갔습니다. 그런데 미처 한 고개를 다 넘기도 전에 해가 지고 말았습니다. 힘겹게 고갯마루에 다다르자 저 멀리 작은 불빛이 보였습니다.

"옳지, 저기로구나." 산지기 집 등불이 보이자 할머니는 다시 힘을 내어 걷기 시작했습니다. 하지만 제대로 먹지도 못한 할머니는 발을 헛디뎌 그만 넘어지고 말았습니다. 정신을 차리고 더듬더듬 지팡이를 찾았지만 더 이상 일어설 수가 없었습니다.

"작은애야, 작은애야!" 할머니는 작은손녀를 애처롭게 부르다가 그만 정신을 잃고 말았습니다. 귓가에 들리던 바람 소리도 차츰 잦아들었습니다.

다음 날 아침, 산지기 신랑이 쓰러져 있는 할머니를 발견했습니다. 작은손녀는 슬피 울면서 할머니를 그 자리에 정성껏 묻어 드렸습니다. 봄이 되자 할머니 무덤에서 이름 모를 꽃들이 피어났습니다. 흰 털로 쌓인 꽃이 마치 할머니 허리처럼 구부정하게 피어나자 작은손녀는 그 꽃을 '할미꽃'이라고 불렀답니다.

POINT 할머니 허리처럼 구부정하게 피어 있는 할미꽃은 어디에 가면 볼 수 있을까요?

작가
미상

호랑이의 줄무늬는 어떻게 생겼을까?

장르
세계 옛날이야기
(베트남)

여러분 혹시 알고 있나요? 처음 이 세상이 생겨났을 때, 짐승들도 사람처럼 말을 할 수 있었다는 사실을 말입니다. 특히나 그때의 호랑이는 말도 잘 하는데다 줄무늬 없는 황금색 가죽을 자랑했다고 합니다.

그 시절, 어떤 농부가 물소를 풀어놓고 나무 그늘 아래 누워 낮잠을 자고 있었습니다. 마침 황금빛 호랑이 한 마리가 시냇가를 지나다가 목을 축이고 있는 물소를 보았습니다.

"물소! 아까부터 쭉 지켜봤는데 넌 왜 저렇게 작고 깡마른 사람한테 잡혀 있는 거야? 달아날 생각도 하지 않고 시키는 대로 고분고분 일만 하고 있잖아?"

호랑이가 묻자, 물소가 한숨을 내쉬며 말했습니다.

"호랑이님, 몰랐어요? 사람에게는 무시무시한 게 있어요. '지혜'라고 하는 건데, 그 녀석은 아무리 힘이 센 동물이라고 해도 마음대로 부릴 수 있다고 들었어요."

"뭐? 지혜라고? 그건 어떻게 생겼는데?"

"모르겠어요. 한 번도 본 적은 없지만 분명히 우리 주인에게 있을 거예요."

호랑이는 고개를 갸우뚱거리며 농부에게 다가갔습니다. 농부가 깜짝 놀라 일어나자, 호랑이가 부드럽게 말했습니다.

"무서워하지 마. 진짜 궁금한 게 있어서 그래. 듣자 하니 사람에게는 지혜라는 게 있다고 하던데? 그것만 있으면 힘들여 일하지 않아도 먹고 살 수 있다면서?"

호랑이는 지혜가 어디에 있는지 가르쳐달라며 농부를 졸랐습니다. 농부는 마음을 가라앉히고 무언가 곰곰이 생각하더니 말했습니다.

"좋아! 너에게 지혜를 나눠주도록 하지. 하지만 지금은 줄 수 없어. 집에 두고 왔거든. 여기서 잠깐 기다리고 있으면, 내가 얼른 갖다 줄게. 그런데 말이야. 내가 없는 사이, 네가 우리 물소를 잡아먹을까 봐 걱정이 돼서 발걸음이 떨어지지 않는구나."

농부의 말에 호랑이가 펄쩍 뛰며 말했습니다.

"당신이 귀한 지혜를 가져온다는데 내가 왜 물소를 잡아먹겠어? 그런 일은 절대로 없을 테니까 마음 놓고 다녀오도록 해."

"그래도 말이야. 집에 다녀오는 동안, 안심할 수 있게 내 부탁을 좀 들어주겠니?"

호랑이가 하는 수 없이 고개를 끄덕이자, 농부는 재빨리 호랑이 목에 밧줄을 두른 다음, 커다란 나무에 칭칭 묶었습니다. 그러고는 한달음에 달려가 장작더미를 가져왔습니다. 호랑이에게는 지혜를 가져왔다고 둘러대고는 장작을 쌓아놓고 불을 붙였습니다.

"아이고, 뜨거워! 아이고, 뜨거워!"

큰 나무를 에워싼 장작이 활활 타오르자, 호랑이는 소리를 고래고래 지르며 세차게 온몸을 비틀었습니다. 가까스로 줄을 끊고 달아나긴 했지만, 황금빛 털은 이미 타버린 뒤였습니다. 그리고 밧줄이 타면서 생긴 자국이 남아 그때부터 호랑이 가죽에 검은 줄무늬가 생겼다고 합니다.

POINT 호랑이가 궁금해 했던 '지혜'는 어떤 것인가요?

작가
미상

삼 년 고개

장르
교과서에 실린 전래 동화

옛날 옛날 어느 마을에 '삼 년 고개'라는 길이 있었습니다.

어느 날 할아버지가 장에서 돌아오는 길에 그만 '삼 년 고개'에서 넘어지고 말았습니다. '삼 년 고개'에서 넘어지면 삼 년밖에 살지 못한다는 말이 전해져 와서 할아버지는 한숨을 푹 내쉬었습니다.

"큰일 났네. 이제 삼 년밖에 살지 못하겠구나! 흑흑 흑."

할아버지는 꺽꺽 눈물을 흘렸습니다.

집으로 와서는 자리에 누워 일어나지를 못했습니다.

이 소문은 금세 온 마을에 퍼졌습니다.

"최 영감님이 글쎄 삼 년 고개에서 넘어지셨다는군."

"최 영감님이 삼 년 고개에서 넘어지셔서 병이 들었대."

"최 영감님이 병이 나서 아마 삼 년도 못 사실 거라는데."

이 소문은 영특하기로 소문만 소년 훈이의 귀에도 들어갔습니다. 훈이는 할아버지 댁으로 병문안을 갔습니다.

"할아버지, 삼 년 고개에서 넘어지셨다고 들었어요."

"그래. 난 이제 삼 년 밖에 살지 못할 거야."

훈이의 문안에 할아버지는 상심해서 눈물만 줄줄 흘렸습니다.

"할아버지, 삼 년 고개에서 한 번 더 넘어져보세요."

훈이의 말에 할아버지는 화가 머리끝까지 났습니다. 훈이가 할아버지를 놀리고 있다는 생각이 들었습니다.

"에이 이 녀석아, 오냐오냐 해주었더니 나더러 빨리 죽으라는 소리구나!"

할아버지가 소리를 버럭 질렀지만 훈이는 요동도 없이 자리에 앉아 있었습니다. 훈이는 고개를 저으며 할아버지에게 웃어보였습니다.

"그게 아니에요, 할아버지. 한 번 넘어지면 삼 년밖에 못 살지만 두 번 넘어지면 육 년을 살지 않겠어요. 그러니까 세 번 넘어지면 구 년을 살 수 있잖아요."

훈이의 말에 할아버지는 눈을 동그랗게 뜨며 자리에서 일어나 앉았습니다.

"어허 그렇게 되는구나! 열 번 넘어지면 삼십 년을 살겠구나! 허허허."

할아버지는 냉큼 일어나 삼 년 고개로 달려갔습니다.

그러고는 걷다 넘어지기를 반복했습니다.

"한 번 넘어졌으니 이제 육 년을 살겠구나! 어이쿠, 이제 또 넘어졌으니 구 년을 살겠어."

할아버지는 훈이가 알려 준대로 삼 년 고개에서 여러 번 넘어졌습니다.

정말로 할아버지는 건강하게 오래오래 살았습니다.

그 후로 마을 사람들은 '삼 년 고개'에서 넘어져도 더는 슬퍼하지 않았습니다.

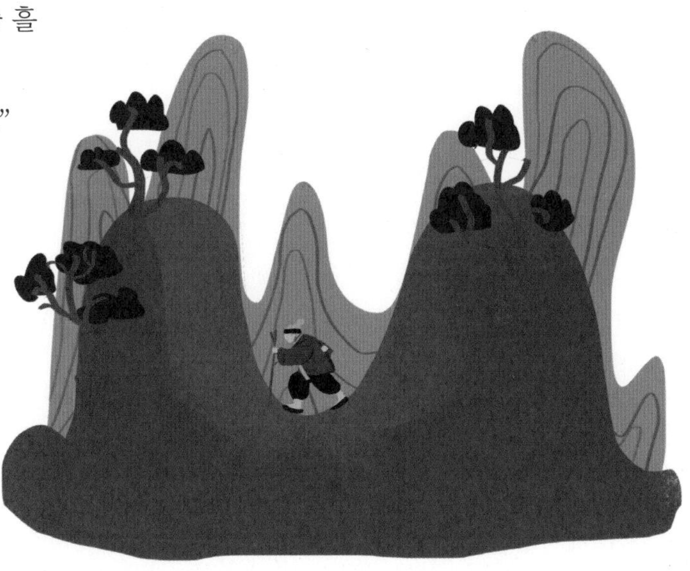

POINT 만일 근처에 삼 년 고개가 있다면, 누구에게 가서 넘어지라고 권하고 싶나요?

작가
미상

퀴리부인

장르
전기

마리아 스클로도프스카는 1867년 11월 7일, 폴란드의 바르샤바에서 5남매의 막내딸로 태어났습니다. 결핵에 걸린 어머니와 뽀뽀 한 번 하지 못하고 자랐으며, 심지어 폴란드는 러시아의 지배를 받았습니다.

그러던 어느 날 큰언니 소피가 장티푸스에 걸려 하늘나라로 떠났고, 겨우 1년이 지났을 때 어머니마저 세상을 떠났습니다. 마리아는 슬픔을 딛고 아버지의 권유로 공립학교에 들어가 1등으로 졸업을 했습니다. 어느 날 브로냐가 식탁에 앉아 계산을 하고 있었습니다. 마리아는 궁금했습니다.

"무슨 계산을 그렇게 하는 거야?"

"파리에 유학 가서 의학을 공부하고 싶은데 돈이 되지 않네." 마리아는 언니를 안타깝게 바라보았습니다.

"언니, 지금 떠나. 언니의 학비는 내가 부쳐줄게. 대신 언니 공부가 끝나면 나를 공부시켜 줘."

마리아의 설득에 결국 브로냐는 프랑스로 유학을 떠났습니다. 마리아가 가정교사로 일을 한 몇 년 뒤 브로냐 언니에게 편지가 왔습니다. 마리아가 파리 소로본 대학에 입학하면 뒷바라지를 할 수 있다는 것이었습니다. 마리아는 고민 끝에 폴란드를 떠나 파리에서 마리라고 불리며 새로운 공부를 했습니다. 마리는 공부에만 집중했습니다. 영양실조로 쓰러지기도 했지만 결국 마리아는 소로본 대학 물리학 학사 시험 1등의 영광을 안고 졸업했습니다.

그런 마리아에게 또 한 번의 갈등의 시간이 찾아왔습니다. 유명한 과학자 피에르 퀴리가 마리에게 청혼을 한 것이었습니다. 여러 번의 거절 끝에 마리는 피에르의 청혼을 받아들이고 파리에 머물렀습니다.

퀴리 부인이 되었지만 마리는 실험과 연구를 놓지 않았습니다. 더 큰 실험실이 필요했던 퀴리 부부는 허름한 창고에서 엄청난 양의 피치블렌드라는 광석을 잘게 부수고 솥에 끓였습니다.

"마리, 라듐이 정말 있을까?"

"있을 거예요. 믿어 보자고요."

그렇게 몇 대의 트럭에 실려 온 광석에서 퀴리 부부는 드디어 라듐을 발견했습니다. 라듐에서 나오는 빛은 딱딱한 금속도 통과하고 어둠도 밝힐 수 있는 물질이었습니다. 두 부부에게 한 회사의 사장이 사업을 하자고 제안했지만 거절했습니다. 공평한 행복을 바랐던 퀴리 부부는 노벨 물리학상을 받았습니다. 퀴리 부인은 과학 분야에서 최초로 노벨상을 받은 여성이 되었습니다. 이후 퀴리 부인은 노벨 화학상도 받았습니다.

얼마 뒤 남편인 피에르가 마차에 치여 죽고 말았습니다. 마리 퀴리는 슬픔에 빠져 있었지만 남편이 맡았던 대학 물리학 수업을 하였습니다. 제1차 세계 대전이 일어났을 때는 라듐이 나쁜 일에 쓰일까 봐 은행에 보관해 놓고 엑스선 장치를 실은 뒤 다친 병사들을 돌보았습니다.

전쟁도 끝나고 폴란드도 독립을 했습니다. 마리 퀴리는 계속된 연구와 실험으로 건강이 좋지 않았습니다. 그럼에도 불구하고 자신의 조국 폴란드에 라듐 연구소가 생겼을 때는 더할 나위 없이 기뻐했습니다. 그러나 건강이 악화된 마리 퀴리는 성장한 두 딸을 남겨두고 조용히 숨을 거두었습니다.

POINT 퀴리 부인은 어떻게 해서 여성 최초로 노벨물리학상과 노벨화학상을 받았을까요?

작가
프랜시스 버넷

비밀의 화원

장르
세계 명작

메리는 인도에서 태어났습니다. 영국의 식민지인 인도의 총독부 관리인 아버지는 늘 바빴고 어머니는 자주 파티를 즐기느라 메리를 돌봐주지 않았습니다.
그러던 중에 인도에 전염병이 돌아서 메리는 하루아침에 고아가 되고 말았습니다. 그래서 인도를 떠나 영국의 요크셔 지방에 살고 있는 고모부 크레이븐 씨 댁에 맡겨지게 되었습니다. 메리는 낯선 집을 둘러보다가 구석에 있는 화원을 발견하게 되었습니다.
"원래 저 화원은 돌아가신 마님이 만든 거래요. 꽃이랑 나무를 무척 좋아하셔서 손수 가꾸신 거라고 들었어요. 그러던 어느날, 마님이 나무 아래 앉아 책을 보시는데 그만 나뭇가지가 부러지는 바람에……."
하녀가 미처 말을 다 끝내기도 전에 어디선가 우는 소리가 들려왔습니다. 하녀는 그냥 바람 소리일 뿐이라고 둘러댔지만 메리는 점점 화원에 대한 호기심이 생겨났습니다.
폭풍우가 몰아친 다음날, 메리는 흙 속에서 화원의 열쇠를 주워서 담쟁이덩굴 속에 숨겨진 문을 찾아 들어갔습니다. 화원 안에는 말라죽은 나무들로 가득 차 있었습니다. 그 뒤부터 메리는 다시 화원을 꾸미기 시작했습니다. 먼저 '비밀의 화원'이라는 이름을 붙인 뒤, 하녀와 하녀의 동생에게 부탁해 꽃씨를 사다 심었습니다. 하녀의 동생 이름은 '디콘'이었는데 디콘은 살아있는 생명을 사랑하는 남자아이였어요. 메리는 디콘과 함께 정원을 돌보며 즐거운 시간을 보냈답니다.
그리고 얼마 뒤, 누가 울음소리를 내는 건지도 알아내게 되었습니다. 바로 고모부의 아들인 '콜린'이었는데 병치레가 잦고 몸이 약해서 매일 침대에서만 지내고 있었던 것입니다. "콜린이 아름다운 화원을 보면 얼마나 좋아할까?" 메리의 말에 디콘이 대답했습니다. "이곳에서 맑은 공기를 맡고 꽃과 나무도 직접 보면 틀림없이 건강해질 텐데."

그래서 둘이는 콜린을 휠체어에 태워 비밀의 화원으로 데리고 갔습니다. "바로 여기야!"
메리가 비밀의 화원 문을 활짝 열고 말하자 콜린은 천천히 주위를 둘러보았습니다. 부드럽고 작은 잎사귀들이 푸릇푸릇하게 피어 있었고 작은 새들의 지저귀는 소리, 꿀벌이 윙윙대는 소리가 기분 좋게 들려왔습니다. "메리! 디콘! 두고 봐. 나는 꼭 건강해질 테니까!"
그 뒤부터 콜린은 자주 비밀의 화원을 찾아 즐거운 시간을 보냈습니다. 그래서 봄과 여름이 지나고 가을이 될 무렵, 마침내 건강한 소년으로 자라날 수 있었답니다. 그 무렵, 집으로 돌아온 크레이븐 씨는 아들을 보고 깜짝 놀랐습니다.
"아니, 얘야, 이게 대체 어떻게 된 일이니?"
"화원이 저를 다시 건강하게 만들어 주었어요. 아빠도 들어와 보세요."
화원 안에는 색색의 온갖 꽃들이 활짝 피어 있었고 콜린도 꽃들처럼 환하게 웃고 있었습니다. 크레이븐 씨와 메리, 디콘은 기쁨에 겨워 콜린의 미소를 오래오래 바라보았답니다.

프랜시스 버넷(1849~1924)
미국의 작가. 《소공자》 《소공녀》

POINT 맑은 공기를 마시며 꽃과 나무를 보면 왜 건강해질까요?

작가
미상

자린고비

장르
전래 동화

옛날에 구두쇠로 유명한 자린고비 영감이 살았습니다. 하루는 자린고비 영감이 굴비 한 마리를 사오자 식구들은 깜짝 놀랐습니다.
"다들 밥 한 번 먹고 굴비를 한 번 보거라."
영감은 밥상 위에 굴비를 매달고 그렇게 말했습니다.
"어떠냐? 굴비를 먹은 것처럼 느껴지지 않느냐?"
식구들은 어처구니가 없었지만, 아버지가 시키는 대로 밥 한 술 먹고, 굴비를 한 번 쳐다보면서 식사를 했습니다. 그런데 자린고비가 밥을 먹다 말고 둘째 아들을 불렀습니다. "둘째야!"
둘째 아들은 도둑질하다가 걸린 것처럼 고개를 푹 숙였습니다.
"내가 굴비를 딱 한 번씩만 쳐다보라고 했는데 왜 그렇게 오랫동안 굴비를 쳐다보는 것이냐?"
"잘못했습니다. 아버지."
자린고비는 잔소리를 늘어놓으며 둘째 녀석을 철들게 하려면 어서 장가를 보내야겠다고 생각했습니다. 그래서 청주에 사는 유명한 구두쇠를 찾아가 서로 인사하고 이야기를 나눴습니다.
'저 구두쇠 영감을 한번 떠 봐야겠다. 만일 성에 차지 않으면 사돈을 맺을 필요가 없지. 헤픈 며느리가 들어오면 집안이 기울게 될 테니.' 큰 며느리도 평양의 유명한 구두쇠 집안의 딸이었거든요.
"허어, 날이 참 덥네요."
자린고비는 들고 간 부챗살을 딱 두 개만 펴서 부채질을 했습니다.
"난 부채가 닳을까 봐 이렇게 부채질을 한다오. 아휴, 시원하다." 그 모습을 본 청주 구두쇠가 부채를 활짝 펼쳤습니다.
'부채를 활짝 펴서 부채질하면 어찌 구두쇠라 할 수 있겠는가. 내 오늘 헛걸음을 했구나.'
자린고비가 청주 구두쇠에게 실망하고 돌아서려는데

청주 구두쇠가 부채 앞에서 고개를 절레절레 흔들었습니다.
"난 부채를 오래 쓰려고 이렇게 부채질을 한다오. 아, 시원하다."
그 모습을 본 자린고비는 바로 청주 구두쇠에게 사돈을 맺자고 했습니다. 그렇게 해서 자린고비의 둘째 아들은 청주 구두쇠 딸과 혼인을 올리게 되었습니다.
드디어 둘째 며느리가 처음 밥상을 차리는 날입니다. 그런데 둘째 며느리의 밥상을 본 자리고비는 깜짝 놀라고 말았습니다. 간장을 종지 가득 담아왔기 때문이지요.
"얘야, 우리는 간장을 종지 바닥이 비칠 만큼 조금만 담아 먹는데, 왜 이렇게 많이 담아 왔느냐?"
"식구가 많고 간장이 적으면 꼭 먹어야겠다는 마음이 듭니다. 그래서 밥 먹을 때 간장을 많이 뜨게 됩니다. 그러면 종지도 닳고, 숟가락도 닳습니다. 이렇게 간장을 많이 떠 놓으면 보기만 해도 입이 짜서, 조금 뜨게 됩니다. 종지 바닥을 긁을 일도 없고요."
"맞다, 네 말이 맞구나!" 둘째 며느리의 대답을 들은 자린고비는 무릎을 치며 좋아했습니다. 그 뒤로도 쭉 자린고비 가족들은 무엇이든 아끼며 살았다고 합니다.

POINT 자린고비 가족처럼 무엇이든 아끼며 살아간다면 어떤 점이 좋고 어떤 점이 나쁠까요?

작가
어니스트 톰슨 시튼

늑대왕 로보의 지혜

장르
세계 명작

1893년 초가을, 나는 로보를 잡기 위해 커럼포에 도착했습니다. 이곳 사람들은 그 잿빛 늑대를 커럼포의 늑대왕 로보라고 불렀어요. 잿빛 털에 커다란 몸집, 오싹한 눈매와 날카로운 이빨, 이 공포의 늑대왕은 다섯 마리의 부하들을 이끌고 다녔는데 그중에는 '블랑카' 라는 암컷 늑대도 있었습니다.

로보가 부하들을 이끌고 소와 양들을 닥치는 대로 죽이고 다니자, 로보의 목에는 제법 큰 현상금이 걸렸습니다. 그래서 나뿐만 아니라 곳곳에서 많은 사냥꾼들이 이곳으로 몰려들었습니다.

나는 먼저 미끼를 만들어 로보 일당이 잘 나타난다는 지역 곳곳에 떨어뜨려 놓았어요. 하지만 이튿날 아침, 그만 입이 쩍 벌어지고 말았어요. 로보는 미끼를 전혀 건드리지도 않은 채 나를 비웃기라도 하듯이 미끼 위에 똥까지 누고 간 게 아니겠어요? 이렇게 놈에게 뒤통수를 얻어맞고 말았지만 동시에 야릇한 존경심이 생겼습니다.

그날 밤, 나는 고요한 어둠 속에 울려 퍼지는 로보의 울음소리를 들었습니다. 내가 묻어 놓은 덫에 로보의 아내, 블랑카가 걸려든 것입니다.

"블랑카!"

내가 다가가자 순백색의 부드러운 털을 가진 늑대 한 마리가 흰 이를 드러내며 울부짖고 있었습니다. 나는 목동과 함께 블랑카의 목에 올가미를 씌우고 산 채로 사로잡으려고 했습니다.

블랑카를 미끼로 쓴다면 로보는 자신의 아내를 찾아 제 발로 찾아오게 될 테니까요. 하지만 블랑카가 하도 거세게 몸부림치는 바람에 그만 올가미에 목이 졸려 죽고 말았습니다.

아내의 죽음을 알게 된 로보는 밤새도록 울부짖다가 복수심에 불타오른 나머지 사냥개를 갈기갈기 찢어죽이고 맙니다. 나는 위기감을 느끼고 녀석이 다니는 길마다 덫을 놓고 그 자리마다 블랑카의 냄새가 배도록 했습니다.

초조한 시간이 흐르고 이틀째 되던 날, 마침내 로보가 걸려들었습니다. 로보는 미친 듯이 반항했지만 피를 많이 흘리고, 기운이 빠진 탓에 힘없이 주저앉고 말았습니다. 나는 사슬에 묶인 로보에게 생고기 덩어리와 물을 주었지만, 로보는 거들떠보지도 않았습니다. 그리고 동녘 하늘이 훤히 밝아오는 새벽에 커럼포를 누비던 늑대왕 로보는 조용히 잠자듯 누워 있었습니다. 나는 싸늘하게 식어가는 그의 시체를, 창고에 있는 블랑카 옆에 놓아주며 마음속으로 빌었습니다.

'커럼포의 늑대왕 로보! 부디 저 하늘에서는 네 사랑하는 아내와 만날 수 있기를!'

그러자 내 머릿속에 골짜기를 누비던 저 당당한 늑대왕의 지난 날이 스치고 지나갔습니다.

어니스트 톰슨 시튼(1860~1946)
영국의 작가, 동물학자, 동물문학가, 박물학자, 화가

POINT 지혜롭고 똑똑했던 늑대왕 로보가 덫에 걸린 이유는 무엇인가요?

작가
미상

단군 신화

장르
교과서에 실린 전래 동화

까마득히 먼 옛날이었습니다. 하늘님에게 '환웅'이라는 아들이 있었습니다. 환웅은 날마다 땅을 내려다보며 인간 세상을 다스리는 꿈을 꾸었습니다. 환웅의 마음을 아는 하늘님이 어느 날 환웅을 불렀습니다.

"아들아, 저 아래 우뚝 솟은 산봉우리와 기름진 땅에 자리를 잡으면 사람들을 행복하게 할 수 있겠구나."

하늘님은 환웅에게 귀한 물건과 하늘 백성 삼천 명을 붙여서 땅으로 내려 보냈습니다. 환웅은 사람들이 풍요롭게 살게 하기 위해 신하들에게 단단히 일렀습니다. "풍백아, 바람을 알맞게 불도록 해라. 우사, 비가 골고루 내리게 하여라. 운사, 구름이 잘 모이고 흩어지게 하여라."

환웅은 신단수 나무가 있는 곳에서 새로운 도시를 만들었습니다. 집을 짓기 시작하자 땅에 살던 사람들도 모여 들었습니다. 이렇게 만든 도시가 '신시'였습니다. 환웅은 신시를 잘 다스리고 사람들에게 농사짓는 법을 가르쳤습니다. 병에 걸린 사람들에게 약을 지어주었고 나쁜 짓을 하면 벌을 받는다는 것도 알려주었습니다.

그러던 어느 날 곰 한 마리와 호랑이 한 마리가 환웅을 찾아와 빌었습니다.

"환웅님, 저희도 사람이 되게 해주세요. 가르침대로 평화롭게 살겠습니다. 제발이요."

환웅은 고민 끝에 신하를 시켜 곰과 호랑이에게 쑥과 마늘을 내밀었습니다.

"쑥 한 묶음과 마늘 스무 톨을 백일 동안 먹으며 동굴 속에서 참아 내 보거라. 그러면 소원대로 사람이 될 것이다."

곰과 호랑이는 곧장 동굴로 들어갔습니다. 호랑이는 오래 참지 못하고 동굴을 뛰쳐나갔습니다. 하지만 곰은 무서움도 이겨내고 외로움도 견뎌내며 백일을 참았습니다. 곰은 자신의 모습을 보고 깜짝 놀랐습니다.

"내가 드디어 사람이 되었어. 환웅님, 고맙습니다."

곰은 어여쁜 처녀로 변했습니다. 환웅은 곰에게 '웅녀'라는 이름을 지어주었습니다.

웅녀는 또 다시 소원이 생겼습니다. 자식을 낳고 싶어 신단수 아래에서 빌었습니다. 그 모습을 본 환웅이 웅녀에게 다가가 넌지시 말했습니다.

"혼인을 하고 자식을 낳으면 될 것이오. 어떻소. 나의 아내가 되어 주겠소?"

웅녀는 고개를 끄덕이며 얼굴을 붉혔습니다. 하늘님의 아들 환웅과 곰 처녀 웅녀는 떠들썩한 혼인잔치를 열었습니다. 오래지 않아 웅녀가 튼튼한 사내아이를 낳았습니다. 환웅은 날마다 싱글벙글 웃었습니다. 아들의 이름을 '단군'이라고 지었습니다.

단군은 무럭무럭 자라 힘도 세고 슬기롭고 용기가 넘치는 청년이 되었습니다. 시간이 흐르면 흐를수록 단군을 따르는 사람도 많아졌습니다. 어른이 된 단군은 더 넓은 땅으로 나아가 나라 이름을 '조선'이라 지었습니다. 이 나라가 우리 겨레의 첫 나라였습니다.

단군은 많은 백성들을 평화롭고 행복하게 다스렸습니다. 이웃하고 있는 여러 부족들이 단군의 백성이 되었습니다. 그렇게 단군은 천오백 년 동안 조선을 다스리다가 깊은 산에 들어가 신선이 되었습니다.

POINT 환웅과 웅녀의 아들 단군이 세운 나라의 이름은 무엇인가요?

작가
미상

호랑이와 나그네

장르
교과서에 실린
전래 동화

옛날에 마음 착한 나그네가 산길을 걷고 있었습니다.
"도와주세요! 이쪽에 커다란 구덩이가 있습니다."
깊은 구덩이 안에 호랑이 한 마리가 빠져 있었습니다.
"나그네님, 저를 꺼내 주세요. 배를 쫄쫄 굶었더니 배도 고프고 죽겠습니다."
나그네가 잡아 먹힐까 봐 구해줄 수 없다고 하자 호랑이가 고개를 저었습니다.
"제가 그런 배은망덕한 짐승은 아닙니다. 절대 그런 짓은 하지 않으니 저를 꺼내 주십시오."
"대신 나를 절대 잡아먹지 않겠다는 약속 잊지 말거라."
"그럼요. 절대 그럴 일은 없습니다."
나그네가 굵은 나무를 찾아 넣어주자 호랑이가 쉽게 구덩이에서 빠져나왔습니다. 그런데 빠져나온 호랑이는 나그네에게 덤볐습니다.
"이런! 목숨을 구해줬더니 약속을 어기는구나!"
호랑이는 구덩이 밖에 나왔으니 약속을 지킬 필요가 없다고 말했습니다. "못된 놈!"
"흥! 제일 못된 건 사람이지. 난 그래도 배고플 때만 사냥하는데 사람들은 한 끼 식사를 위해 좁은 우리에서 동물들을 평생 살게 하잖아. 다 먹지도 못하고 버리기까지 하고 말이야. 누가 더 못된 거야?"
"이런 억지 봤나. 그럼 여기 밤나무한테 물어보자."
밤나무는 나그네에게 차분하게 말했습니다.
"호랑이는 약속을 지키지 않아도 되지. 사람은 밤나무인 내가 좋은 걸 많이 줘도 고마운 줄 모르고 마구 베거든. 호랑이야, 잡아먹어라."
나그네는 털썩 주저앉았습니다. 억울한 나그네는 땅에게 물어보자고 외쳤습니다.
"땅님, 호랑이가 약속을 지키지 않았습니다. 호랑이가 잘못한 거지요?"
"호랑이 잘못은 없어. 내 몸에 구덩이를 파놓은 것도 인간이잖아. 사람들은 나를 날마다 밟고 다니면서 고마움도 모르고 심지어 침도 뱉고, 쓰레기도 버리지. 호랑이야, 잡아먹어라."
나그네는 눈물을 뚝뚝 흘렸습니다. 호랑이가 나그네를 잡아먹으려고 하자 나그네가 다급하게 말을 건넸습니다. "잠깐! 무슨 일이든 삼세번은 해야 하는 것이다. 마지막으로 물어보자!"
나그네가 지나가는 토끼에게 사정을 설명하자 토끼가 고개를 갸우뚱거렸습니다. "아니 호랑이님이 못 빠져나오는 구덩이가 있다는 게 사실입니까?"
호랑이와 나그네는 정말이라며 구덩이 쪽으로 토끼를 데려갔습니다.
"이 정도 구덩이에 호랑이님이 못 빠져나오다니 말도 안 됩니다. 제 눈으로 보면 믿겠습니다만."
토끼의 말에 호랑이는 직접 보여주겠다며 구덩이 안으로 뛰어들었습니다.
"올라가려고 해도 미끄러져서 올라갈 수가 없어."
이때 토기가 나그네에게 나무를 빨리 치우라고 말했습니다. 나그네가 나무를 치우자 호랑이는 속았다는 것을 깨달았습니다. "토끼 이놈! 올라가면 너부터 가만두지 않겠다!" 나그네와 토끼는 구덩이에서 멀리 멀리 달아났습니다.

POINT 밤나무, 땅은 왜 호랑이에게 사람을 잡아먹으라고 했나요?

작가
휴 로프팅

둘리틀 선생, 영어로 노래하는 물고기

장르
세계 명작

마도요호는 꾸준하게 불어오는 바람을 맞으며 얌전히 바다를 나아갔습니다. 때때로 선생님은 작은 색색의 깃발을 돛에 달아 흔들면서 다른 배들과 소식을 주고받았습니다. 또 게들 중 몇 마리를 그물로 건져 올려 '듣기 연습 하는 유리통'에 넣고 조개의 말을 이해할 수 있는지 확인해 보았습니다.

그중에는 이상한 모양의 통통하고 작은 물고기도 있었는데 '실버 피지트'라고 했습니다. 선생님은 게에게 잠깐 귀를 기울여보았으나 아무 소용이 없자 실버 피지트를 통에 넣고 다시 귀를 기울이기 시작했습니다.

"스터빈스! 정말 신기한 일이야! 믿을 수가 없어. 꿈을 꾸고 있는 건 아닌지 모르겠다."

선생님이 떨리는 손가락으로 작고 둥근 물고기가 조용히 헤엄치고 있는 듣기 연습용 유리통을 가리키며 속삭였습니다.

"실버 피지트가 영어로 말해! 게다가 휘파람으로 노래를 불러! 영어 노래를!"

"영어로 말을 한다고요! 휘파람을요? 에이, 설마요."

"사실이란다. 몇 가지 안 되고, 특별한 느낌도 없고, 딱딱 끊어지지만 말이다. 내가 아직 이해 못하는 언어와 섞여 있어. 하지만 영어 단어가 분명해. 내 청력에 문제가 생기지만 않는다면 말이다. 휘파람으로 노래를 불렀어. 너도 한 번 들어보렴. 그리고 네가 들은 걸 전부 말해 보거라. 한 글자도 빼놓지 말고."

나는 옷깃을 풀고 선생님이 서 있던 빈 상자 위에 서서 귀를 물속에 담갔습니다. 한동안 아무런 소리가 들리지 않았습니다. 마침내 물속에서 아주 멀리, 멀리에서 아이들이 노래를 부르는 것 같은 가늘고도 작은 목소리가 들려왔습니다.

"뭐? 뭐라고 해?"

선생님이 떨리는 듯 거친 목소리로 물었습니다.

"좀 이상한 물고기 말 같아요. 아, 잠깐만요! 네, 이제 들려요. '금연', '팝콘과 그림엽서 여기 있습니다.', '이쪽으로 나가시오.', '침을 뱉지 마시오.' 선생님. 정말 이상한 말이에요. 아, 잠깐만요! 이제 휘파람으로 노래를 불러요."

선생님은 연필을 움직이며 재빨리 공책에 받아 적었습니다. "정말 희한한 일이야. 궁금하구나. 실버 피지트가 어디서……."

"또 있어요. 영어가 또 있어요. '커다란 수조는 청소를 해야 한다.' 그게 다예요. 다시 물고기 말을 하고 있어요."

선생님이 이상하다는 듯 얼굴을 찡그리며 중얼거렸습니다. "커다란 수조! 도대체 어디서 배웠을까?"

문득 선생님이 자리에서 일어났습니다.

"알았다! 이 물고기는 수족관에서 도망친 거야. 저런, 배운 말들을 봐라! '그림엽서', 수족관에서는 항상 그림엽서를 팔지. '침을 뱉지 마시오.', '금연', '이쪽으로 나가시오.', 안내원들이 하는 말이지. 그래 맞아. 분명해. 스터빈스. 여기 이 실버 피지트는 잡혔다가 도망쳐 나왔어. 어쩌면, 확실하진 않지만 어쨌든 이 물고기를 통해서 조개와 이야기를 할 수 있을지도 모르겠구나. 정말 대단한 행운이야."

휴 로프팅(1886~1947)
미국 아동 문학가
대표작 《둘리틀 선생의 항해》 《둘리틀 선생 이야기》

POINT 둘리틀 선생님은 실버 피지트 물고기가 왜 수족관에서 도망쳤다고 생각했나요?

작가
미상

말썽꾸러기 파에톤

장르
세계 동화
(그리스 신화)

아주 오랜 옛날에 파에톤이 살았습니다. 신들과 함께 살던 때여서 파에톤은 신을 아버지로 둔 친구들을 부러워했습니다.

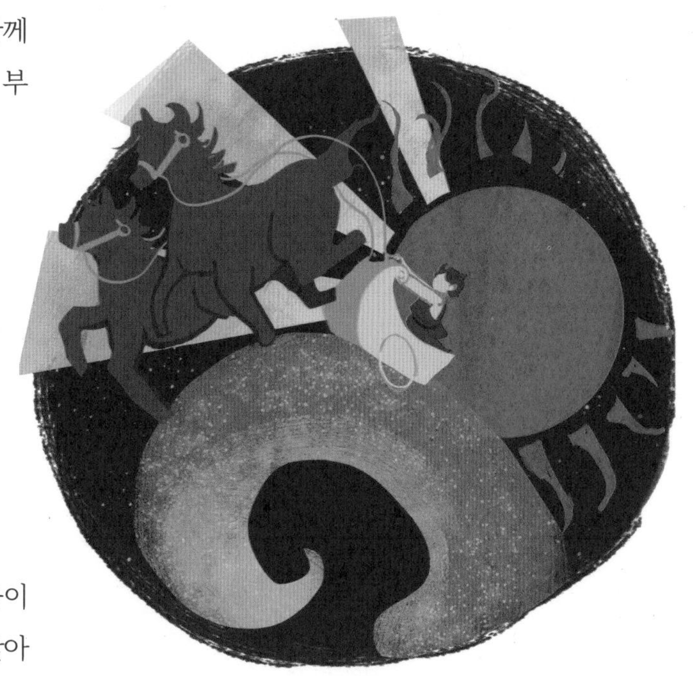

파에톤에게는 에파포스라는 친구가 있었습니다. 늘 아버지 자랑을 늘어놓았어요. 에파포스의 아버지는 신들의 임금님인 제우스였습니다.

파에톤은 친구들에게 자기 아빠는 해님이라고 말했지만 믿지 않았습니다. 파에톤은 시무룩한 얼굴로 엄마에게 달려갔습니다.

"엄마, 해님이 우리 아빠가 맞나요? 친구들이 거짓말이라고 한단 말이에요."

"파에톤, 너는 틀림없이 해님 신 헬리오스의 아들이다. 꼭 확인하고 싶다면 해님이 떠오르는 나라로 찾아가렴."

파에톤은 망설임 없이 해님이 솟아오르는 나라로 떠났습니다. 계속 동쪽으로만 걸었어요.

마침내 인도에 도착한 파에톤은 해님 신의 궁전 앞에 섰습니다. 궁전은 황금과 보석으로 장식되어 있었어요. 문을 열고 들어가자 해님이 먼저 파에톤을 반겨주었습니다.

"제가 당신의 아들이 맞습니까?"

"아들아, 어서 오너라. 나를 믿지 못해 여기까지 왔구나! 내가 네 소원 하나를 들어줄 테니 말해보아라."

아버지의 말에 파에톤은 수레를 바라보았습니다. 해님 수레는 날개가 달린 네 마리의 말이 끄는 마차였어요.

"저에게 하루만 해님 수레를 몰 수 있게 해주세요."

"아들아, 해님 수레를 모는 건 무척 위험하단다. 날마다 타는 나도 가슴이 쿵쿵 뛸 정도지."

해님 신은 파에톤의 마음을 바꿔보려 했지만 말릴 수가 없었습니다.

해님 신이 파에톤을 데리고 수레가 있는 곳으로 갔습니다. 수레는 모두 황금이었습니다.

파에톤이 수레에 앉자 해님 신은 파에톤에게 왕관을 씌워주었습니다. 파에톤은 가슴이 두근거렸어요.

"아들아, 절대로 하늘 길을 벗어나서는 안 된다. 수레를 너무 높게 몰아서도 너무 낮게 몰아서도 안 된다."

파에톤은 수레에 앉아 고삐를 꽉 잡았습니다. 말들이 불길을 뿜으며 하늘로 솟아올랐어요. 그런데 얼마 뒤 말들이 날뛰기 시작했어요. 수레의 무게가 전과 달리 너무 가벼웠기 때문입니다.

겁이 난 파에톤이 고삐를 놓치자 말들이 거세게 날뛰기 시작하며 하늘 길을 오르락내리락했습니다.

올림포스 산 위에서 해님 수레를 본 제우스가 걱정을 하며 무기를 꺼냈습니다. 이대로 두면 땅 위에 있는 것이 모조리 말라버리고 말테니까요.

제우스는 천둥과 번개를 파에톤을 향해 던졌습니다. 수레는 공중에서 흩어졌고 파에톤은 순식간에 땅에 떨어지고 말았습니다. 해님 신은 아들을 잃은 슬픔 때문에 온 세상을 눈물로 덮었습니다.

POINT 그리스 신화에 나오는 다른 신의 이야기도 찾아서 읽어볼까요?

작가
미상

나물 노래, 벌아 벌아 꿀 떠라

장르
전래 동요

나물노래

꼬불꼬불 고사리 이 산 저 산 넘나물
가자가자 갓나무 오자오자 옻나무
말랑말랑 말냉이 잡아뜯어 꽃다지
바귀바귀 씀바귀 매끈매끈 기름나물
배가 아파 배나무 따끔따끔 가시나무

벌아 벌아 꿀 떠라

벌아 벌아 꿀 떠라
연 달래 꽃 줄까
지게 달래 꽃 줄까

벌아 벌아 꿀 떠라
연 달래 꽃 줄까
지게 달래 꽃 줄까

작가
라퐁텐

마부와 마차

장르
세계 동화

마부가 말들에게 채찍질을 하며 소리를 질렀습니다.
"바쁘다, 바빠. 이랴! 어서 가자!"
그러나 마차에 풀이 잔뜩 실려 있어서 말들이 빨리 달릴 수가 없었습니다. 말들이 겨우 움직이더니 그만 멈춰 섰습니다. 마부가 내려서 바퀴를 확인했습니다.
"이런, 진흙탕에 빠졌군."
말들이 안간힘을 써도 좀처럼 빠져나오기가 쉽지 않았습니다.
"멍청한 말들 같으니라고. 이까짓 진흙탕에서 힘도 쓰지 못하다니!"
마부가 몰아치며 말들을 채근했습니다. 그러나 말들의 힘만으로는 부족했습니다. 마부가 주변을 둘러보아도 집 한 채 보이지 않았습니다.
"이 놈의 말아, 좀 움직여 보라고!"
화가 많이 난 마부는 마차 바퀴며 짐을 걷어찼습니다. 마부는 점점 기운이 빠졌습니다. 마침내 마부는 두 손을 모아 기도를 했습니다.
"하느님, 제발 도와주세요. 마차가 진흙탕에 빠져서 꺼낼 수가 없습니다. 힘 센 헤라클레스에게 마차를 꺼낼 수 있게 해주세요."

마부가 진심을 다하여 말했습니다. 그 순간 마부의 기도가 하느님에게 전해졌습니다. 어디선가 굵은 목소리가 들렸습니다.
"마부는 듣거라. 스스로 열심히 노력한 다음에 이 헤라클레스가 도와줄 수 있느니라."
"저도 해보았습니다. 그러나 안 됩니다."
"마차의 바퀴가 왜 빠졌는지 살펴보아라. 그리고 바퀴에 붙어 있는 진흙들을 모두 떼어라. 그런 다음 곡괭이로 돌들을 치우고 파인 곳은 흙으로 메워 보아라."
마부는 시키는 대로 움직였습니다.
"다 했습니다. 이제 어쩌죠?"
"그래, 그럼 이제 내가 나서겠다. 너는 채찍을 들고 마차를 앞으로 끌어라."
마부의 채찍질에 말들이 서서히 움직였습니다. 그 순간 진흙탕에서 마차가 빠져 나왔습니다.
"하느님, 헤라클레스님. 감사합니다. 드디어 마차가 빠져 나왔네요."
"그래 이제 알았느냐? 어떤 어려운 일이 생겨도 스스로 할 수 있는 일을 해놓으면 반드시 하늘이 도울 것이니라."
마부에게는 그날 이후에도 어려운 일이 간혹 생겼습니다. 그러나 예전처럼 무조건 도와달라는 마음을 갖지 않았습니다.
가장 먼저 해야 할 일이 무엇인지 골똘히 생각한 다음 차근차근 풀어나갔습니다. 그 모습을 지켜본 하느님도 흐뭇했습니다.

라퐁텐(1621~1695)
프랑스의 시인, 동화 작가. 대표작 《개와 당나귀》 《곰과 정원사》

POINT 힘든 일이 생기면 무조건 엄마 아빠부터 찾지 말고 어떻게 해야 할까요?

작가
미상

아난시의 흔들모자춤

장르
세계 옛날이야기
(가나)

거미 아난시는 머리카락이 한 올도 없는 대머리랍니다. 하지만 얼마 전까지만 해도 아난시의 머리카락은 수북하고 탐스러웠어요. 아난시 부인의 어머니, 바로 장모님의 장례식이 있기 전까지만 해도 말이에요.

어느 날 아난시의 장모님이 돌아가셨다는 소식에 아난시는 아내를 먼저 친정으로 보냈습니다.

"상갓집에 가면 밥도 제대로 못 먹고 슬퍼하는 시늉만 해야 하잖아. 그러니 미리 배를 채우고 가야겠다."

아난시는 이렇게 중얼거리고는 부엌으로 가서는 눈에 띄는 대로 음식을 먹어댔습니다.

그러고는 처갓집으로 가서 장례를 치루는 내내 음식은커녕 물 한 모금 입에 대지 않았어요.

"뭐라도 좀 먹어요. 장모가 돌아가셨다고 굶을 것까진 없잖아요?"

첫째 날, 조문 온 고슴도치가 말했습니다. 그러자 아난시는 힘없이 대답했습니다.

"장모님이 돌아가셨는데 어떻게 음식이 입에 들어가겠소? 난 일주일쯤 굶을 작정이니 내 걱정은 말고 많이들 드시오."

둘째 날, 조문 온 뱀도, 셋째 날 찾아온 코끼리도 모두 그에게 음식을 권했지만, 아난시는 고개를 흔들 뿐이었어요.

그리고 넷째 날, 아난시는 우연히 콩을 볶는 냄비 옆을 지나게 되었습니다. 구수한 콩 냄새에 더 이상 참을 수 없어서 커다란 국자로 콩을 움푹 떴습니다.

아무도 없는 틈을 타서 재빨리 입에 넣으려는 순간이었어요. 하필이면 저쪽에서 개와 닭과 토끼가 동시에 오는 게 아니겠어요?

아난시는 화들짝 놀라 그만 콩들을 모자 속에 붓고는 덥석 머리 위에 눌러썼답니다. 그러고는 동물들과 아무렇지도 않은 척 인사를 나누었어요.

그런데 모자 안에 든 뜨거운 콩들이 지글거리며 머리카락을 태우기 시작했어요. 아난시는 머리가 너무 뜨거운 나머지, 손으로 툭툭 모자를 치자 동물들이 고개를 갸웃거렸어요.

"우리 마을에서는 이때쯤이면 흔들모자춤을 추는 축제를 열어요. 바로 이렇게 추는 춤 말이에요."

아난시가 세차게 머리를 흔들며 말했습니다. 하지만 콩들은 식을 줄 모르고 오히려 점점 뜨거워졌습니다. 아난시는 더 이상 참지 못하고 팔짝팔짝 뛰며 바깥으로 뛰쳐나갔어요.

그러자 개와 토끼와 닭뿐만 아니라 다른 동물들도 그를 뒤쫓아갔습니다. 흔들모자춤을 추던 아난시가 모자를 집어던지자 아난시의 머리카락에 찰싹 달라붙은 콩들이 드러났습니다.

이 모습을 본 동물들이 큰소리로 웃어대자, 아난시는 부끄러운 나마지 무성한 풀숲으로 몸을 숨겼습니다.

그러고는 날이 어두워질 때까지 기다렸다가 대머리가 된 채 집으로 돌아갔다고 합니다.

POINT 거미 아난시처럼 모든 거미가 대머리일까요?

작가
이솝

까마귀의 멋내기

장르
세계 동화

숲속을 산책하던 숲의 임금님이 산새들의 노랫소리를 들으며 산책을 했습니다. 기분이 좋아진 왕이 혼잣말로 중얼거렸습니다.

"왜 내가 그 생각을 못했을까? 새들의 왕을 정해 주어야겠어. 그러면 훨씬 행복하게 노래를 부르며 살 수 있을 거야."

숲의 임금님이 숲속의 새들을 전부 불렀습니다.

"내가 너희들 중에서 가장 아름다운 새를 뽑아 새들의 왕으로 정할 것이다. 며칠 후 모여라."

그날부터 새들은 깃털을 예쁘게 단장하느라 시간 가는 줄 몰랐습니다.

알록달록한 털을 가진 원앙새가 목을 세우며 말했습니다. "내가 왕이 되는 건 당연하지. 이런 깃털을 가진 새는 본 적이 없다고."

원앙새의 말에 백조가 앞으로 나섰습니다.

"말도 안 되는 소리! 자고로 깃털은 우아함과 아름다움이지."

백조가 날개를 펼치자 공작새가 배를 잡고 웃었습니다. "원앙새의 깃털과 백조의 우아한 날개도 날 따라올 수는 없지."

공작새는 접혀 있는 꼬리를 펼치며 화려함을 뽐냈습니다. "역시 아름다운 새는 공작새야."

새들도 공작새의 모습에 감탄을 했습니다. 한걸음 물러나 있던 비둘기가 호숫가로 가서 몸을 씻었습니다. 그 옆에서 몸을 씻던 까마귀가 깊은 한숨을 쉬었습니다. "난 이게 뭐야? 아무리 씻어도 온몸이 새까맣잖아. 볼품이 없으니 왕이 되진 못할 거야."

까마귀가 아무리 씻어도 까만색이 바뀌지 않았습니다. 그때 까마귀가 눈을 번뜩이며 좋은 생각을 떠올렸습니다. "맞다! 저 새들의 깃털을 모아서 내 몸을 꾸미는 거야."

까마귀는 호숫가에서 떨어진 깃털을 그러모았습니다. 그러고는 밤마다 깃털을 여기저기 달며 아름다운 몸으로 치장을 했습니다.

드디어 숲의 임금님이 새들의 왕을 뽑는 날이 되었습니다. 새들은 자신의 깃털을 한껏 꾸미고 임금님 앞에 나왔습니다. 까마귀도 다른 새들처럼 우아한 걸음걸이로 나타났습니다. 임금님이 새들을 둘러보다가 까마귀를 보며 고개를 끄덕였습니다.

"세상에! 네가 가장 아름답구나! 새들의 왕이 되어라."

"정말요? 제가 정말 왕입니까? 감사합니다."

까마귀는 고개를 빳빳하게 들며 새들 사이를 걸어 다녔습니다. 까마귀가 원앙새 곁을 지날 때였습니다.

"저건 내 깃털인데?"

원앙새의 말에 다른 새들도 까마귀의 깃털을 자세히 살폈습니다. "뭐야? 저건 내 깃털이야!"

새들이 한꺼번에 까마귀에게 달려들어 자신들의 깃털을 떼 갔습니다. 그러자 까마귀는 까만 깃털을 가진 본래의 모습으로 돌아왔습니다. 까마귀는 창피해서 그 자리를 잽싸게 물러났답니다.

이솝
본명은 아이소포스. 기원전 6세기 고대 그리스 우화 작가

POINT 다른 친구의 모습이나 옷이 멋있어서 부러워 했던 적이 있나요?

작가
라퐁텐

어리석은 원숭이

장르
세계 동화

동물 나라에 사자 왕이 죽었습니다. 동물들은 새로운 왕을 뽑기 위해 한자리에 모였습니다.
"여러분, 오늘은 우리의 왕을 뽑는 날입니다."
할아버지 두루미의 말에 어떤 식으로 왕을 뽑을지 의견을 모았습니다. 그때 왕관을 지키던 용이 말했습니다. "이 왕관이 꼭 맞는 동물을 왕으로 뽑으면 어떨까요?"
동물들이 찬성하자 할아버지 두루미가 말했습니다.
"그럼, 이 왕관이 머리에 맞을 거라고 생각하는 동물은 나와 주세요."
왕이 되고 싶은 동물들이 우르르 나왔습니다. 그러고는 차례대로 왕관을 써보았습니다. "다람쥐와 토끼, 뱀에게는 왕관이 큽니다. 왕이 될 수 없습니다."
두루미의 말에 곰과 코끼리가 앞으로 나섰습니다.
"곰과 코끼리는 머리가 너무 크군요. 왕관이 아예 들어가지 않습니다."
이어서 사슴과 당나귀가 나와 왕관을 써봤습니다. 그러나 사슴은 뿔에서 걸렸고, 당나귀는 귀 때문에 들어가지 않았습니다.
"이제 마지막인가요? 원숭이 나와서 왕관을 써보세요." 원숭이도 역시 왕관이 머리에 맞지 않았습니다.

●
라퐁텐(1621~1695)
프랑스의 시인, 동화 작가. 대표작 《개와 당나귀》 《곰과 정원사》

하지만 원숭이는 꼭 왕이 되고 싶었습니다. 그래서 재주를 부리기로 했습니다.
원숭이는 왕관을 팔에 걸고 돌리고, 어깨에 걸고 빙글빙글 돌렸습니다. 동물들이 환호하자 이번에는 왕관을 한쪽 다리에 걸고 한쪽 발로 춤까지 추었습니다. 왕관을 공중에 던졌다가 받기도 했습니다. 이 모습에 많은 동물들이 원숭이를 왕으로 뽑자고 말했습니다.
"여러분, 우리 중에는 왕관이 머리에 맞는 동물이 없소. 해서 재주가 많은 원숭이를 왕으로 추대하는 것이 어떻소?"
동물들이 만장일치로 손뼉을 쳤습니다. 그런데 이 의견에 불만을 가진 동물이 있었습니다. 바로 여우였습니다. '흥, 잔재주로 왕이 되는 게 말이 돼? 원숭이를 골탕 먹여야겠군!'
어느 날 여우가 원숭이 왕에게 말했습니다. "폐하, 제가 얼마 전 보물이 있는 곳을 알아 두었습니다."
"뭐, 보물이라고?"
"네. 동물 나라의 보물은 왕의 것이니 그 보물을 바치겠나이다."
원숭이 왕은 여우를 따라 보물이 있는 곳으로 따라갔습니다. 왕이 되면 돈이 필요한데 마침 잘 되었다고 생각했습니다. "폐하, 바로 저기 있습니다."
여우가 가리킨 곳의 커다란 상자 위에 돈 뭉치가 있었습니다. 앞뒤재지 않고 바로 달려간 원숭이가 돈을 집는 순간이었습니다. 덜커덕하며 쇠문이 닫혀 버렸습니다. 원숭이가 덫에 갇히고 말았습니다.
"바보 같은 원숭이 같으니! 왕이라면 덫이 있는지 없는지 살펴야 할 거 아니야! 우리 동물들을 보살피려면 말이지. 어리석은 주제에 감히 동물의 왕이 되겠다고 하다니. 한심하군."
원숭이는 그만 얼굴이 빨개졌습니다. 그리고 이미 동물들은 새 왕을 뽑자며 모여들었습니다.

POINT 여우는 왜 원숭이가 왕이 될 자격이 안 된다고 생각했을까요?

작가
이솝

개미와 베짱이

장르
세계 동화

햇볕이 쨍쨍 내리쬐는 여름날이었습니다. 개미들이 땀을 뻘뻘 흘리며 부지런히 먹이를 나르고 있었습니다.

"영차, 영차! 서두르자, 영차!"

개미들은 잠시도 쉬지 않고 열심히 일했습니다.

그런데 개미들이 일하는 바로 옆에서 베짱이는 한가로이 노래를 부르고 있었습니다. 베짱이가 혀를 끌끌 차며 개미들에게 말했습니다.

"미련한 개미들 같으니라고. 이 더위에 뭘 그렇게 힘들게 일을 하니? 주변에 먹을 게 많은데. 시원한 곳에서 놀지 말이야."

베짱이의 말에 개미가 흘러내는 땀을 닦아내며 대답했습니다.

"베짱이야, 놀기만 하면 먹이를 구하기 힘든 겨울에는 어떻게 하니? 지금 먹이를 준비해둬야 추운 겨울이 와도 걱정 없단 말이야. 그러니 일하는 수밖에."

"이봐, 개미야. 겨울은 아직 멀었다고. 벌써부터 걱정할 필요는 없지. 너희 개미들은 벌벌 떠는 겁쟁이로구나!"

베짱이는 개미들을 비웃으며 신나게 노래를 불렀습니다. 개미들은 베짱이가 하는 말에 아랑곳하지 않고 계속해서 먹이를 날랐습니다. 베짱이는 여전히 놀고 쉬고 노래하는 게 전부였습니다.

"얼마나 후회하려고 저럴까? 춥고 배고픈 게 얼마나 힘든 일인지 모르나 봐."

개미들은 베짱이의 모습이 걱정되기도 하고 한심하기도 했습니다.

바람이 너무 차가워서 저절로 몸이 움츠러드는 겨울이 왔습니다. 베짱이는 온몸을 덜덜 떨며 먹을 것을 찾아 온 산과 들을 헤매었습니다. 그러나 주위를 아무리 둘러봐도 먹을 것을 쉽게 구하기가 힘들었습니다.

하얗게 눈 덮인 들판 위에 개미들의 집이 보였습니다. 베짱이는 가까이 다가가 안을 들여다보았습니다. 따뜻한 장작불을 켜고 맛있는 음식을 먹는 개미들이 눈에 들어왔습니다.

"저 안은 따뜻하구나! 먹을 것도 많고 말이야. 개미한테 먹을 걸 좀 얻어볼까."

베짱이가 힘없이 개미집 문을 두드렸습니다.

"개미야. 나야, 베짱이. 문 좀 열어줘."

베짱이의 울먹거리는 소리에 개미가 놀라서 문을 열어주었습니다.

"베짱이야! 이 꼴이 뭐니? 어서 안으로 들어와."

개미는 베짱이의 손을 잡고 안으로 안내했습니다. 그러고는 베짱이에게 먹을 것을 주었습니다.

"베짱이야. 우리가 땀을 흘리며 일한 이유를 이제야 알겠니?"

베짱이는 얼굴이 빨개지며 고개를 끄덕였습니다.

"앞을 내다보지 못한 내가 정말 바보였어. 이제부터 나도 열심히 일할게."

이솝
본명은 아이소포스. 기원전 6세기 고대 그리스 우화 작가

POINT 개미들은 왜 더운 여름에 땀을 뻘뻘 흘리며 열심히 일을 했나요?

작가
오 헨리

마지막 잎새

장르
세계 명작

찬바람이 부는 11월, 워싱턴 광장에 사는 존시는 병에 걸려 누워 있었습니다. 존시는 콜록콜록 기침을 하며 유리창 너머로 건너편 벽돌집의 담벼락을 힘없이 바라보았어요.

3층 벽돌집 꼭대기에는 '수'라는 이름의 아가씨도 함께 살고 있었습니다. 존시와 수는 여기서 그림을 그리며 함께 지내는 화가들이었어요. 그러던 어느 날 존시의 병이 점점 심해지자 수는 의사 선생님을 불렀습니다.

"존시는 자기가 곧 죽을 거라고 생각하고 있어요. 지금 존시에게는 살아갈 소망이 필요합니다."

의사가 다녀간 뒤, 낡은 침대 쪽에서 소리가 들렸습니다. "열둘, 열하나, 열, 아홉……."

존시는 창밖을 내다보며 힘없이 무언가의 숫자를 세고 있었습니다.

"여덟, 일곱, 여섯……."

이윽고 숫자를 세는 속도가 조금씩 빨라졌어요.

"존시야, 지금 뭘 세고 있는 거니?"

"저기 담쟁이덩굴 잎새. 어? 이제 다섯 개 남았네. 수야, 저 마지막 잎새까지 떨어지면 난 죽을 거야. 아래로 아래로 떨어지는 잎새들처럼……."

수는 울음을 삼키며 창가로 가서 얼른 커튼을 쳤습니다. "존시, 베어만 영감님께 좀 갔다 올게. 곧 돌아올 테니 좀 쉬고 있어."

아래층에 살고 있는 베어만 영감 역시 가난한 화가였습니다. 수는 영감님을 찾아가서는 존시의 상태를 이야기하며 한참 동안 울었습니다.

다음 날 아침, 잠에서 깬 존시는 창백한 얼굴로 말했습니다. "커튼을 좀 열어줄래? 창밖을 보고 싶어."

존시의 부탁에 수는 무척 당황했습니다. 어젯밤 거센 비바람이 쉴 새 없이 몰아쳤기 때문입니다. 수는 망설이다가 어쩔 수 없이 커튼을 열었습니다. 그런데 이게 어찌된 일일까요? 그토록 세찬 비바람에도 잎새 하나가 남아 있는 게 아니겠어요? 다음 날에도, 그 다음 날에도 마지막 남은 잎새는 담벼락에 매달린 채 떨어지지 않았습니다.

"아!" 존시는 초록빛 잎새를 물끄러미 바라보더니 마침내 용기를 얻었습니다. 그러자 차츰 건강도 좋아지기 시작했습니다.

그런데 얼마 뒤, 아래층 베어만 영감님이 폐렴으로 돌아가셨다는 소식이 들려왔습니다. 수는 영감님이 비를 흠뻑 맞은 채 발견됐다는 말을 듣고는 존시에게 말했습니다.

"존시, 저 잎새 좀 봐. 이상하지 않니? 바람이 불어도 조금도 흔들리지 않아. 베어만 영감님이 너를 위해 그려놓으신 것 같아."

이제야 둘은 베어만 영감님이 비바람이 치던 밤에 무엇을 했는지 알 수 있었습니다. 마지막 잎새, 그것은 존시를 위해 남긴 최고의 작품이었습니다.

오 헨리(1828~1910)
미국 작가. 10년 남짓한 활동 기간 동안 300편 가까운 단편소설을 썼다.

POINT 존시에게 마지막 잎새는 무엇이었을까요?

작가
오스카 와일드

나이팅게일의 빨간 장미

장르
세계 명작

"붉은 장미를 가져오면 나와 춤을 춰주겠다고 했는데, 정원 어디에도 장미가 없네. 단 한 송이 붉은 장미가 없어서 내 인생이 이렇게 비참해지다니!"

젊은 청년이 말했습니다. 새 나이팅게일은 참나무에 둥지를 틀고서 청년이 하는 말을 듣고 있었습니다.

"마침내 진정한 사랑을 하는 사람이 나타났구나."

나이팅게일은 청년의 눈물을 보자 감동한 나머지 밤새 붉은 장미를 찾으러 다녔어요. 어느 정원에서 아름다운 장미 나무를 발견하고는 그 위로 날아가 가지 위에 내려앉았습니다.

"붉은 장미 한 송이만 줘. 그러면 가장 고운 노래를 들려줄게."

나이팅게일은 외쳤습니다. 그러나 나무는 고개를 흔들었습니다.

"단 한 송이면 되는 걸. 무슨 방법이 없을까?"

그러자 나무가 말했습니다.

"넌 달빛 아래서 네 노래로 꽃을 만들어서 네 심장의 피로 그걸 물들여야 해. 내 가시를 네 가슴에 박고 노래해야 하는 거야. 밤새도록 노래해서 마침내 네 가시가 네 심장을 꿰뚫어야 해."

그래서 나이팅게일은 날개를 활짝 펴고 다시 날아올랐습니다. 그러고는 아직도 울고 있는 청년에게로 가서 속삭였습니다.

"내 심장의 피로 당신은 붉은 장미를 갖게 될 거예요. 내가 당신에게 바라는 것은 진정한 사랑을 하기를 바랄 뿐이랍니다."

청년은 무슨 말인지 몰랐지만, 참나무는 새의 말을 알아들었습니다.

"네 노래를 듣고 싶구나. 네가 영영 가버리면 쓸쓸해서 어쩌지?"

참나무의 말에 나이팅게일은 마지막으로 노래를 불렀습니다. 밤이 새도록 나이팅게일은 가슴에 가시를 박고 노래를 불렀습니다. 가시는 점점 더 깊이 박혀 들어갔습니다. 노래가 이어지는 동안 꽃잎이 하나둘 피어나더니 마침내 아름다운 장미가 피어났습니다.

"이것 좀 봐! 이제 장미가 완성되었어."

장미 나무가 외쳤습니다. 하지만 아무런 대답도 들을 수가 없었습니다. 나이팅게일은 이미 숨이 끊어진 채 풀숲에 누워 있었던 것입니다.

다음날, 청년은 창 밖에서 기적의 붉은 장미를 찾아냈습니다. 그는 들뜬 마음으로 장미를 손에 든 채 교수의 딸을 찾아갔습니다. 하지만 그녀는 벌써 다른 이로부터 보석을 선물 받았다면서 가난한 청년이 주는 장미꽃을 거절하는 게 아니겠어요?

"이럴 수가! 당신은 감사할 줄 모르는 여자로군요!"

청년은 화가 나서 장미를 길바닥에 팽개쳤습니다.

"사랑이란 얼마나 어리석은 것이냐!"

청년은 집으로 돌아오면서 혼잣말로 말했습니다. 그러고는 구석방으로 돌아와 먼지 쌓인 두꺼운 철학 책을 꺼내 읽기 시작했답니다.

오스카 와일드(1854~1900)
아일랜드 극작가
장편소설 《도리언 그레이의 초상》, 단편소설 《석류나무집》

POINT 나이팅게일은 왜 그토록 청년의 진정한 사랑을 응원했을까요?

작가
미상

집안이 화목한 비결

장르
교과서에 실린
전래 동화

옛날 어느 마을에 김 서방과 이 서방이 살았습니다. 그런데 김 서방네는 날마다 티격태격 싸움소리만 나는 반면에 이 서방네는 온종일 하하 호호 웃음소리가 났습니다. 고성이 오가고 우당탕 시끄러운 소리가 나면 동네 사람들은 혀를 끌끌 차며 말했습니다.

"김 서방네가 또 시작했군. 시어머니 목소리가 높은 걸 보니 며느리가 잘못한 모양이야."

깔깔 웃는 소리가 온 동네에 퍼질 때는 동네 사람들도 미소를 지으며 말했습니다.

"이 서방네 집이로군. 저 집은 언제나 즐거우니 우리까지 오래 살 것 같아."

그러던 어느 날 김 서방네 소가 남의 옥수수 밭과 감자밭에 들어가 밭을 다 망쳐놓았습니다.

"줄을 얼마나 느슨하게 맸기에, 이런 일이 벌어졌어?"

아버지가 아들에게 소리치자 아들은 제 아내에게 버럭 화를 냈습니다.

"아침에 여물을 잔뜩 먹였으면 소가 더 먹겠다고 했겠어?"

아내는 붉으락푸르락 거리는 얼굴로 시어머니를 보며 씨근거렸습니다.

"어머니는 우물가에 계셨으면서 도망치는 소를 못 보신 거예요?"

시어머니는 남편을 보며 인상을 찌푸렸습니다.

"영감은 소가 풀을 다 뜯어먹었으면 옮겨 매지 그러셨수!"

날마다 식구들이 싸우는 통에 김 서방은 이 서방을 찾아가 속 얘기를 꺼냈습니다.

"자네 식구들은 화목한데 우리 집은 왜 맨날 싸우기만 할까?"

김 서방의 이야기를 듣고 난 이 서방은 자기도 똑같이 소를 풀어 남의 밭에 들어가게 했습니다.

"자네, 왜 그러나? 무슨 말을 들으려고?"

잠시 뒤, 소를 끌고 외양간에 매던 이 서방이 식구들에게 말했습니다.

"제가 소를 단단하게 매놓지 않아 남의 밭에 들어갔네요."

"아니에요. 내가 아침에 여물을 더 든든히 먹였어야 했는데 제 탓이에요."

아내의 말에 시어머니가 며느리를 다독였습니다.

"아가, 내가 나물을 다듬고 있었으면서 소가 없어진 걸 몰랐구나! 내 잘못이다."

시아버지도 옆에서 한마디 했습니다.

"내 탓이다. 소가 먹을 풀이 없으면 다른 곳으로 옮겼어야 했어."

이 서방네 식구들의 오고가는 소리에 김 서방은 무릎을 탁 쳤습니다. 그러고는 집으로 돌아가 문간서부터 큰 소리로 말했습니다.

"아버님, 어머님! 여보! 소가 밭을 망친 건 다 제 탓입니다. 제가 소를 처음부터 잘 묶어놨어야 했어요."

식구들은 처음 듣는 김 서방의 말에 눈만 말똥거렸습니다. 그 뒤 김 서방네 집은 싸우는 일은 줄어들고 웃음꽃이 만발했습니다.

POINT 이 서방네 집안이 화목한 비결은 무엇이었나요?

작가
안데르센

낡은 집

장르
세계 동화

그렇게 크지 않은 도시에 아주 낡고 오래 된 집이 한 채 있었습니다. "와, 정말로 300년이 넘은 집이네?"
"이렇게 오래 된 집이 도시에 남아 있다니, 놀라워요!"
낡은 집 주변의 집들은 모두 지은 지 얼마 안 되는 새 집들이었습니다. 그래서인지 낡은 집은 더없이 볼품없어 보였고 실제로 그 거리에도 전혀 어울리지 않았습니다.
"저 고물 집이 이 도시를 볼썽사납게 만든단 말이야! 헐고 새로 짓든지 할 것이지." 사람들은 낡은 집을 바라보며 늘 이런 말을 나누었습니다.
그런데 한 소년이 달빛 속에 잠긴 그 집을 바라보고 있었습니다. 그러다 소년은 낡은 집에 살고 있는 노인과 눈인사를 하고 친구가 되었습니다.
일요일 아침, 소년은 낡은 집에서 하루에 한 번씩 청소를 하고 가는 남자를 만났습니다.
"아저씨, 이걸 할아버지께 전해 주시겠어요?"
소년이 납으로 만든 장난감 병정을 선물로 건네주었습니다. 이 일로 노인에게 초대를 받은 소년은 부모님의 허락을 받고 낡은 집으로 갔습니다. 집 안에는 오래된 가구들과 초상화, 금방이라도 허물어질 것 같은 발코니가 있었습니다.
"부모님이 그러시는데 할아버지가 아주 외로울 거라고 해요."
소년의 말에 할아버지가 빙그레 웃으며 대답했습니다. "생각보다 그렇게 외롭지는 않아. 오히려 난 지나간 추억들을 생각하며 하루하루 즐겁게 지낸단다. 게다가 너까지 찾아오니 마치 그 시절로 되돌아간 듯 기쁘구나."
그리고 찬바람이 부는 어느 겨울날, 그만 할아버지가 세상을 뜨고 말았습니다. 소년은 관을 실은 마차가 지나갈 때 손으로 입맞춤을 해주었습니다. 곧 낡은 집은 다른 사람에게 팔렸고 봄이 되자 곧 허물어졌습니다.
그 자리에는 멋진 새집이 들어섰습니다.
여러 해가 지나 소년도 어엿한 청년이 되었고 결혼도 했습니다. 어느 날 정원에서 꽃을 심던 아내가 땅속에 묻혀 있던 장난감 병정을 발견했습니다.
"여보, 이것 좀 보세요."
아내가 남편에게 납으로 된 병정을 건네자 남편은 옛날 생각이 나서 미소를 지었습니다.
"이것을 보니 내가 어릴 때 가지고 놀던 병정 인형이 생각나는군!"
청년은 아내에게 낡은 집과 노인, 그리고 장난감 병정에 대한 이야기를 들려주었습니다. 아내는 그 이야기를 듣고 눈물을 흘렸습니다.
"아! 어쩌면 이것이 그때의 납 병정일지도 모르겠네요. 여보, 제가 이 병정 인형을 고이 간직하겠어요."
그러자 병정 인형이 불쑥 끼어들더니 이렇게 말했습니다. "말할 수 없이 외로웠지요. 하지만 누군가에게 잊히지 않는 것, 그리고 추억으로 남는다는 것은 기쁜 일이랍니다."

안데르센(1805~1875)
덴마크의 동화작가. 대표작 《미운 오리 새끼》 《인어 공주》

POINT 할아버지와 병정 인형은 왜 외롭지 않다고 말했나요?

작가
미상

강강술래

장르
전래 동요

강강술래 강강술래
전라도 우수영은 강강술래
우리 장군 대첩지라 강강술래

강강술래 강강술래
장군의 높은 곳은 강강술래
천추 만대 빛날세라 강강술래

* 남서부 지역에서 널리 행해지는 '강강술래'는 풍작과 풍요를 기원하는 풍속의 하나로, 우리 고유의 정서와 말과 리듬이 잘 담겨 있는 무형 문화유산입니다. 주로 음력 8월 한가위에 연행됩니다. 밝은 보름달이 뜬 밤에 수십 명의 마을 처녀들이 모여서 손을 맞잡아 둥그렇게 원을 만들어 돌며, 한 사람이 '강강술래'의 앞부분을 선창하면 뒷소리를 하는 여러 사람이 이어받아 노래를 부르는 놀이입니다.

* 강강술래의 어원은 임진왜란 때 '주위를 경계하라'는 속뜻에서 유래된 말입니다. 기록에 의하면, 임진왜란 때 이순신 장군이 적군을 속이기 위해 강강술래를 이용했습니다. 왜군들에게 우리 병사들이 많다는 것을 보여주기 위하여 계략을 짜냈는데, 전쟁에 직접 참여하지 않은 여인들에게 남자 옷을 입혀 돌게 하여, 병사가 많은 것처럼 보이게 한 것입니다. 젊은 여인부터 할머니, 어린아이까지 참가했습니다. 이순신 장군에 의해 용병술로 활용된 강강술래는 결국 나라를 구하게 되었습니다.

작가
이솝

소중한 유산

장르
세계 동화

어느 마을에 한 평생을 자기 밭에서 농사를 지은 늙은 농부가 살고 있었습니다. 부지런한 농부는 봄, 여름에 열심히 밭을 일구어 가을이 되면 곡식을 거두며 자식 뒷바라지를 했습니다.
농부에게는 두 아들이 있었지만, 농사짓기를 아주 싫어했습니다. 농사는커녕 너무 게으르고 놀기만 좋아했습니다. 농부는 자기가 죽고 나면, 두 아들이 거지가 되는 건 당연하다고 생각했습니다.
"아들들아, 이 아버지에게 일을 좀 배우면 좋겠구나. 그래야 나 없어도 잘 살 수 있지 않겠니?"
농부는 시간이 나면 두 아들을 붙잡고 농사짓는 법을 가르치려 애썼습니다.
"싫어요. 농사보다 재미있는 게 얼마나 많은데요."
두 아들은 빈둥거리며 신나게 놀기 바빴습니다.
그러던 어느 날 농부가 큰 병에 걸려 자리에 눕고 말았습니다. 시름시름 앓던 농부가 두 아들을 불러놓고 말했습니다.

"아들들아, 이 아버지는 오래 못 살 것 같구나. 지금부터 이 아버지가 하는 말을 잘 들어라."
"예, 말씀하세요."
"내가 너희들을 위해서 밭에다 아주 멋진 보물을 숨겨두었단다. 내가 죽은 후에 그 보물을 캐내어 똑같이 나누어 갖도록 하여라."
오래지 않아 농부는 세상을 떠나고 말았습니다.
농부의 장례식을 마치자마자 두 아들은 아버지의 당부대로 밭으로 나가 구석구석 보물을 찾기 시작했습니다.
두 아들은 뜨거운 태양 아래서도 눈을 부릅뜨고 밭을 빈틈없이 파헤쳤습니다. 그러나 보물은 어디에서도 나오지 않았습니다.
"형, 보물이 없는 게 분명해. 아버지가 착각하신 게 틀림없어."
"그러게 말이야. 이제 보물 찾는 건 그만하자."
두 아들은 실망한 얼굴로 잔뜩 뒤엎어진 밭을 바라보았습니다.
"동생아, 기왕에 파 놓은 밭에 씨앗이나 뿌려볼까?"
"그래, 형. 다 파놓았으니 씨앗 심는 건 식은 죽 먹기지."
두 아들은 씨앗을 뿌리고 물도 주며 기다렸습니다.
가을이 되자, 그 밭에는 농부가 지을 때보다 훨씬 더 많은 곡식이 열렸습니다. 두 아들은 곡식을 팔아 돈을 벌기 시작했습니다.
"형, 아버지가 포도밭에 보물을 숨겨두신 게 맞네."
"그렇지. 이 곡식 때문에 부자가 됐으니 말이야."
두 아들은 농부가 묻어 놓은 보물이 무엇인지 그제야 깨달았습니다. 그리고 하늘을 올려다보며 아버지에게 감사함을 전했습니다.

이솝
본명은 아이소포스. 기원전 6세기 고대 그리스 우화 작가

POINT 아버지가 두 아들에게 물려준 소중한 유산은 무엇인가요?

작가
미상

개는 왜 다리를 들고 쉬할까?

장르
교과서에 실린 전래 동화

옛날 옛날 하늘나라에서 닭과 개와 돼지가 한집에 살았습니다. 하루는 구름을 타고 나타난 전령이 닭과 개와 돼지에게 말했습니다.

"옥황상제님이 너희 모두를 부르시니 어서 나를 따르거라!"

"무슨 일이지?"

"그러게 말이야."

돼지가 고개를 갸우뚱하자 닭도 고개를 이리저리 흔들었습니다.

"정말 모르겠다. 일단 가보면 알겠지."

개의 말에 닭과 돼지가 고개를 끄덕였습니다. 그러고는 구름을 타고 옥황상제한테 갔습니다.

"옥황상제님, 닭과 개와 돼지를 데려왔습니다."

"그래, 수고했느니라."

닭과 개와 돼지는 옥황상제에게 인사를 올렸습니다.

"옥황상제님, 안녕하세요. 저희를 보자고 하셨다면서요."

"그래. 지금 곧장 너희 셋은 땅으로 가거라. 가서 사람들을 위해 좋은 일을 하고 1년 뒤에 오너라. 알겠지?"

"네, 분부대로 하겠습니다."

닭과 개와 돼지는 땅으로 내려갔습니다. 각자 흩어져서 사람들을 위해 좋은 일을 하려고 노력했습니다. 그러고는 1년 뒤에 옥황상제 앞에서 다시 만났습니다.

"그래 1년 동안 무슨 좋은 일을 했는지 말해 보거라."

옥황상제의 말에 닭이 가장 먼저 나섰습니다.

"네, 저는 날마다 아침 일찍 일어나 사람들을 깨워 주었습니다. 그 덕분에 사람들이 잠을 설치지 않고 푹 잤습니다."

"그렇구나! 참으로 좋은 일이었다. 너에게 상을 주도록 하마."

다음으로 개가 목소리를 가다듬으며 자신 있게 말했습니다. "옥황상제님, 저는 사람들이 사는 집에서 같이 살았습니다. 밤낮을 가리지 않고 도둑들을 쫓아 주었습니다."

"그것 또한 좋은 일이구나! 너에게도 상을 주도록 하마."

개의 말에 옥황상제는 무척 기뻤습니다. 그런데 닭과 개의 말에 돼지는 한숨만 내쉬었습니다.

"돼지는 왜 한숨을 내쉬는고?"

"저는……."

돼지가 말을 하지 못하자 옥황상제가 다시 말했습니다. "사람들을 위해 무슨 좋은 일을 했는지 말하면 되느니라."

"저, 저는 사람들이 주는 밥만 받아먹고 잠만 자다가 왔습니다. 죄, 죄송합니다."

"뭐라고? 사람들한테 좋은 일을 하라고 했거늘 밥 먹고 잠만 잤다고?" 옥황상제는 버럭 화를 냈습니다.

옥황상제는 게으름을 핀 돼지에게 코를 싹둑 베어내는 벌을 내렸습니다. 그리고 닭에게는 빨간 벼슬을 주고, 다리가 세 개인 개에게는 튼튼한 뒷다리를 하나 더 주었습니다. 그래서 개는 다리가 넷이 되었습니다. 이때부터 개는 상으로 받은 다리를 소중하게 여겨서 뒷다리를 들고 쉬를 했습니다.

POINT 옥황상제의 말대로 따르지 않아서 벌을 받은 것은 어떤 동물인가요?

작가
러디어드 키플링

고래는 왜 작은 물고기밖에 먹지 못할까?

장르
세계 명작

옛날 옛적 바닷속에 고래 한 마리가 살고 있었습니다. 고래는 바다에 사는 것이라면 모두 잡아먹었습니다. 이 고래 때문에 물고기 씨가 말라가자 아주 작은 물고기 한 마리가 꾀를 내었습니다.

"위대하신 고래님, 혹시 사람을 먹어 보신 적이 있나요?"

꼬마 물고기는 고래의 오른쪽 귀에 바짝 붙은 채 물었습니다. "아니, 사람은 맛이 어떤데?"

"아주 맛있답니다. 생긴 건 울퉁불퉁하고 못생겼지만요."

"그럼 몇 마리만 데려와 봐."

"사람은 덩치가 커서 한번 먹을 때 한 마리만 있으면 충분해요."

그래서 고래는 꼬마 물고기가 알려준 대로 사람이 있는 곳으로 헤엄쳐 갔습니다. 아니나 다를까, 그곳에는 뗏목 하나가 둥둥 떠 있었습니다. 그곳에는 난파된 배에서 겨우 탈출한 선원이 앉아 있었는데 파란색 반바지와 멜빵 차림이었어요. 그래서 고래는 입을 쩌억 벌려서 뗏목과 선원, 그리고 선원이 지니고 있던 주머니칼까지 한입에 덥석 넣었습니다. 엄청난 재주와 기막힌 머리를 가진 선원은 고래의 컴컴한 배 속에서 난리법석을 떨었습니다.

"좀 얌전히 있으란 말이야. 너 때문에 내가 딸꾹질을 하잖아."

몹시 속이 거북해진 고래는 선원에게 말했습니다.

"싫어, 절대로 안 나가! 내 고향인 영국으로 데려다 준다면 또 모를까."

선원은 그렇게 대답하고는 그 어느 때보다도 요란스럽게 춤을 추었습니다. 고래는 딸꾹질을 하면서 득달같이 헤엄쳐서 하얀 절벽이 보이는 바닷가에 이르렀습니다.

"윈체스터로 가실 분은 이곳에서 다음 고래로 갈아타시기 바랍니다. 다음에는 피츠버그에 정박합니다."

고래가 말하는 순간, 선원이 입 밖으로 걸어 나왔습니다. 그전에 사실 그는 엄청난 일을 했습니다. 우선 주머니칼을 꺼내어 뗏목을 잘게 잘라 그 나뭇조각들을 십자 모양으로 엮은 다음 멜빵으로 단단히 묶었습니다. 그래서 촘촘한 격자무늬 창살이 만들어지자 그 창살을 질질 끌고 나와 고래의 목구멍에 단단히 찔러 세워 두었어요. 밖으로 나온 선원은 한 번도 들어본 적 없는 노래를 불렀습니다.

"창살을 세워 놓았으니 넌 이제 뭘 먹고 살까?"

선원이 고향으로 돌아가고 고래도 다시 바다로 돌아갔지만 목구멍에 창살이 박힌 그날부터 제대로 삼킬 수가 없게 되었습니다. 그래서 사람은커녕 아주 쬐끄만 물고기만 겨우 먹으며 살게 되었답니다.

한편 꾀 많은 꼬마 물고기는 멀리 달아나 진흙 속에 숨어버렸습니다. 고래가 버럭 화를 낼까 봐 겁이 더럭 났거든요. 선원은 집으로 갈 때 파란색 반바지를 입고 주머니칼도 가지고 갔습니다. 하지만 멜빵은 고래 목구멍의 창살과 함께 영원히 그곳에 남게 되었답니다.

러디어드 키플링(1865~1936)
영국의 소설가, 시인, 동화작가. 대표작 《정글북》

POINT 바다 또는 수족관에서 고래를 보게 되면 실제로 입이 작은지 살펴볼까요?

작가
프랜시스 버넷

소공자

장르
세계 명작

세드릭은 뉴욕의 뒷골목에 살고 있는 소년입니다. 나이는 어렸지만 늘 밝고 씩씩해서 친구들이 많았습니다. 구두닦이 딕과 식료품 가게를 하는 홉스 아저씨와도 친하게 지냈습니다.

어느 날 세드릭은 어머니로부터 놀라운 이야기를 듣게 되었습니다. 세드릭의 친할아버지는 영국의 유명한 도린코트 백작으로 아들 셋을 모두 잃었다고 했습니다. 그래서 막내아들이 낳은 손자, 세드릭이 백작의 자리를 물려받게 되었다는 거예요.

세드릭은 친구들과 아쉬운 작별 인사를 하고 영국으로 가는 배를 탔습니다. 도린코트 성은 영국에서도 손꼽히는 아름다운 성이었습니다.

"백작님, 안녕하세요? 저는 손자 폰틀로이예요. 뵙게 되어 반갑습니다."

늙고 괴팍한 백작은 처음 본 손자가 점점 좋아지기 시작했습니다. 그래서 손자 폰틀로이의 청이라면 무엇이든 들어주었습니다. 가난한 사람들을 도와주고 빈민가의 집들도 새로 지어 주었습니다. 세드릭은 미국에 있는 홉스 아저씨와도 편지를 주고받았습니다. 거기에 어머니가 보고 싶다고 적었는데 백작이 그 편지를 보았습니다.

사실 백작은 어머니를 싫어했습니다. 백작의 아들이라는 걸 알고 결혼한 나쁜 여자라고 생각했거든요. 하지만 사람들이 며느리의 따뜻한 마음씨를 칭찬하는 것을 알게 되자 조금씩 마음이 변하기 시작했습니다.

그러던 어느 날 어떤 여자가 갑자기 나타나서 자신이 도린코트 집안의 맏아들과 결혼했던 사이라고 말했습니다. 두 사람 사이에 사내아이가 하나 있는데 지금 다섯 살인 그 아이가 폰틀로이 백작이 되어야 한다고 우겼습니다.

"할아버지, 전 백작이 되지 않아도 좋아요. 다만 할아버지와 계속 살 수만 있으면 좋겠어요."

그 말을 들은 백작은 펄쩍 뛰었습니다.

"너에게선 아무것도 빼앗아 가지 못해. 넌 백작이 될 수 있어. 내가 꼭 그렇게 해줄 테다!"

이 사건은 곧 유명해졌고 미국에 있는 신문에까지 실렸습니다. 세드릭의 친구인 구두닦이 딕은 우연히 신문에 실린 사진을 보고 깜짝 놀랐습니다. 신문에 난 사진은 형님과 결혼했다가 헤어진 자기 형수였기 때문이었습니다. 딕은 곧 홉스 아저씨와 형님한테 알렸고 영국까지 가서 형수를 만났습니다. 모든 사실이 들통나자 여자는 도망치듯 떠나고 말았습니다.

진실이 밝혀진 뒤, 백작은 며느리 집을 찾아갔습니다.

"세드릭이 폰틀로이 경이 맞습니까?"

어머니가 깜짝 놀라 물었습니다.

"그렇고말고. 폰틀로이, 어머니한테 성으로 언제 들어올 수 있는지 물어보렴."

백작의 말에 세드릭은 너무 기쁜 나머지 어머니를 끌어안았습니다. 이렇게 해서 가짜 폰틀로이 사건도 해결되고 세 사람은 도린코트 성에서 함께 살게 되었답니다.

프랜시스 버넷(1849~1924)
미국 작가. 대표작 《소공녀》 《비밀의 화원》

POINT 거짓말을 하거나 남의 것을 욕심 내면 안 된답니다. 진실은 언젠가는 밝혀지니까요.

작가
미상

오디세우스의 모험

장르
세계 동화
(그리스 신화)

옛날 이타카라는 나라에 오디세우스 왕이 살고 있었습니다. 오디세우스는 그리스 군의 간곡한 요청으로 그리스와 트로이 전쟁에 참전했습니다.

전쟁에서 승리한 오디세우스는 귀한 선물을 받아 돌아가려고 했습니다. 그러나 신들에게 제사를 지내는 중요한 일을 잊고 말았어요. 화가 난 아테나 여신은 바다의 신 포세이돈에게 부탁했어요. 오디세우스가 온갖 모험과 고생을 하게 해달라고 말이에요. 그렇게 해서 오디세우스는 말로 표현하기 힘들 정도로 어려운 항해를 하게 되었습니다.

그중에서도 가장 끔찍한 경험은 키클롭스들의 섬에서 있었습니다. 오디세우스와 부하들은 물과 먹을 것을 얻기 위해 포도주를 들고 외딴 섬에 내렸어요. 그리고 깊은 동굴에서 양과 염소들을 발견했어요. 저녁이 되자 땅이 울릴 만큼 쩌렁쩌렁한 발소리와 함께 괴물 폴리페모스가 나타났어요. 이마 한가운데에 커다란 눈이 하나 밖에 없는 무서운 모습이었습니다.

동굴 안으로 들어온 폴리페모스는 커다란 바위로 입구를 막아버렸습니다. 오디세우스는 자기를 소개했지만, 괴물 폴리페모스는 오디세우스의 부하 두 사람을 날름 집어삼켜버렸습니다.

다음 날 폴리페모스는 또다시 병사 두 사람을 먹어버렸습니다. 폴리페모스가 밖으로 나가자 오디세우스는 부하들과 함께 동굴에서 찾은 나무를 뾰족하게 깎기 시작했어요. 저녁에 돌아온 폴리페모스는 병사 두 사람을 또 집어삼켰고요. 그 모습을 보고 오디세우스가 의젓하게 말했습니다.

"폴리페모스, 이 포도주를 마셔보세요." 폴리페모스는 포도주가 맛있다며 연거푸 세 번이나 들이켰습니다. 혀가 꼬인 폴리페모스는 그제서야 오디세우스에게 이름을 물었습니다.

"아무것도 아냐라고 합니다."

"아무것도 아냐? 이상한 이름도 다 있네."

포도주를 많이 마신 폴리페모스는 금세 코를 골고 잠이 들었습니다. 그때 오디세우스와 부하들은 낮에 만들어놓은 뾰족한 나무를 불에 달구기 시작했어요. 그리고는 폴리페모스의 눈 한가운데에 달궈진 나무를 박아버렸어요. 폴리페모스의 비명 소리에 다른 키클롭스들이 급하게 달려와서 동굴 밖에서 물었어요.

"폴리페모스, 무슨 일인가? 누가 그런 거야? 자네를 괴롭히는 게 누구야?"

"아무것도 아냐! 아무것도 아냐!"

키클롭스 친구들은 그 말을 듣고 아무 일도 없다는 의미인 줄 알고, 그냥 집으로 돌아갔습니다. 폴리페모스는 손을 더듬으며 오디세우스와 부하들을 잡으려고 했어요. 그때 오디세우스와 부하들은 꾀를 내어 양의 배에 거꾸로 매달려 밖으로 무사히 빠져 나갔습니다. 양 등만 더듬던 폴리페모스는 전혀 눈치를 채지 못했거든요.

오디세우스와 부하들은 있는 힘껏 뛰어서 배에 올라탔어요. 멀리서 폴리페모스가 눈을 감싸 쥔 채 씩씩대는 모습이 보였습니다. 그렇게 10년이나 고생을 한 오디세우스는 이타카로 다시 돌아와 행복하게 살았습니다.

POINT 오디세우스가 괴물 폴리페모스를 물리칠 수 있었던 결정적인 방법은 무엇이었을까요?

December
12

작가
이솝

사슴의 뿔

장르
세계 동화

숲속에 커다랗고 아름다운 뿔을 가진 사슴이 살았습니다. 사슴은 친구들에게 자신의 뿔을 뽐내며 으스대었습니다.

"얘들아, 그만 쳐다 봐. 이런 뿔 처음 보니? 멋진 건 알아가지고."

그러던 어느 날 목마른 사슴이 물을 마시러 시냇가에 왔습니다. 긴 목을 뻗어 물을 들이켠 사슴은 물 속에 비친 제 모습을 보며 황홀해했습니다.

"역시, 내 뿔은 언제 봐도 멋져. 이 세상에 나처럼 크고 단단한 뿔을 가진 동물은 어디에도 없을 거야."

활짝 웃던 사슴이 자신의 다리를 내려다보았습니다. 가늘고 보기 흉한 다리가 마음에 들지 않아 한숨을 내쉬었습니다.

"에이! 이 다리는 왜 이렇게 못생겼을까. 볼품없고 비쩍 마르기만 했으니 말이야. 어디 숨길 수도 없고 답답할 노릇이야."

사슴은 다리를 보며 한참을 툴툴대더니 다시 숲속으로 걸어갔습니다.

그때였습니다. 커다란 사자 한 마리가 불쑥 튀어나와 사슴을 향해 달려왔습니다. 화들짝 놀란 사슴은 무작정 초원으로 도망치기 시작했습니다. 사슴의 가늘고 볼품없는 다리는 엄청나게 빨랐습니다.

사자가 열심히 쫓았지만 도저히 따라잡을 수가 없었습니다. 가늘고 나약해 보이는 다리로 열심히 달린 사슴이 사자를 따돌리며 숲속으로 숨어 들어갔습니다. 사슴이 살았다고 마음을 놓았습니다.

그러나 나무가 무성한 숲속은 초원에서처럼 빨리 달릴 수가 없었습니다. 얼마 걷지 않아 사슴의 뿔이 그만 나뭇가지에 걸리고 말았습니다.

나뭇가지에서 뿔을 빼내려고 버둥거릴수록 나뭇가지와 뿔은 더욱 더 엉키기만 했습니다. 사슴을 쫓던 사자가 흔들리는 나뭇가지 소리를 듣고 살금살금 사슴 곁으로 다가왔습니다.

결국 사슴은 뒤따라온 사자에게 꼼짝없이 잡히고 말았습니다.

사슴의 커다란 눈망울에서 눈물이 뚝뚝 떨어졌습니다. 고개를 숙인 사슴이 생각했습니다.

"아, 내가 정말 어리석었어. 보잘 것 없고 볼품없게 여기던 다리는 나를 살렸는데, 내가 정말 자랑스러워하던 뿔이 나의 목숨을 빼앗을 줄이야. 다리야, 내가 정말 미안하다."

이솝
본명은 아이소포스. 기원전 6세기 고대 그리스 우화 작가

POINT 사슴의 뿔과 다리처럼 자신의 모습에서는 어떤 부분이 자랑스럽거나 부끄러운가요?

작가
위다

플랜더스의 개

장르
세계 명작

어느 작은 오두막집에 할아버지와 손자 네로가 살고 있었습니다. 네로와 할아버지는 비록 가난했지만 서로가 있어 행복했습니다. 그러던 어느 날 우유 배달을 마치고 집에 가다가 길에 쓰러진 개를 발견했습니다. 할아버지와 네로는 불쌍한 개, 파트라슈를 집으로 데려와 정성껏 돌봐주었습니다. 그러자 파트라슈는 점점 기운을 차리기 시작했습니다. 며칠 뒤, 건강해진 파트라슈는 네로와 함께 놀기도 하고 할아버지를 도와 우유 수레도 끌었습니다.

그런데 얼마 뒤, 할아버지가 병이 들어 앓아눕게 되었습니다. 그래서 네로가 파트라슈와 함께 수레를 끌고 우유 배달을 하게 되었습니다.

"파트라슈, 힘들지? 난 네가 있어서 참 좋아."

네로는 파트라슈 목을 끌어안고 얼굴을 비볐습니다.

하지만 그런 네로에게도 한 가지 소원이 있었습니다. 바로 마을 성당에 걸려 있는 유명한 화가의 그림을 보는 것이었습니다. 하지만 네로는 돈이 없어서 한 번도 루벤스의 그림을 보지 못했습니다.

"파트라슈, 난 꼭 화가가 될 거야."

네로는 파트라슈에게 속삭였습니다. 네로에게는 자신을 늘 응원해주는 친구 알루아도 있었습니다. 알루아는 방앗간의 주인이자 마을에서 첫째가는 부자인 코제트 아저씨의 외동딸이었습니다.

그런데 빨간 풍차 방앗간에 불이 나자 코제트 아저씨는 네로를 의심했습니다. 그래서 그 후로 네로는 알루아와 다시는 만날 수 없었습니다. 네로의 불행은 여기에서 끝나지 않았습니다. 할아버지가 돌아가시자 집주인은 네로를 집에서 내쫓아버린 것입니다.

"파트라슈, 그래도 우리에겐 희망이 있어. 내가 미술대회에서 우승만 하면 사람들도 날 인정해줄 거야."

하지만 크리스마스날, 다른 그림이 당선작으로 뽑히자 네로는 무척 실망하며 눈물을 흘렸습니다. 힘없이 마을로 돌아오는 길에 파트라슈가 눈 속에서 무언가를 찾아냈습니다.

"아니, 이렇게 많은 돈이!" 자세히 살펴보니 지갑에는 코제트 씨의 이름이 쓰여 있었습니다. 네로는 코제트 씨의 집으로 가서 지갑을 건네주었습니다.

"파트라슈가 이걸 찾았어요. 그러니 파트라슈를 부디 잘 보살펴주세요."

네로가 사라지자 코제트 씨는 자신의 행동을 뉘우쳤습니다. "내가 네로에게 몹쓸 짓을 했구나. 알루아. 날이 밝는 대로 네로를 우리 집에 데려오자꾸나."

알루아는 기뻐서 파트라슈를 끌어안았습니다. 하지만 파트라슈는 문 앞에서 낑낑대며 울기만 했습니다. 마침 문이 열리자 파트라슈는 단숨에 성당으로 달려갔습니다. 다음 날 아침 사람들은 루벤스의 그림 아래에서 네로와 파트라슈를 발견했습니다.

"얼마나 그림이 보고 싶었으면!"

신부님은 이제부터 루벤스의 그림을 천으로 가려 놓지 말라고 했습니다. 소식을 듣고 달려온 코제트 씨가 네로를 끌어안고 잘못했다며 울었습니다. 영원히 잠든 네로의 입가에는 잔잔한 웃음이 어려 있었습니다.

위다(본명: 마리아 루이스 드 라 라메)(1839~1908)
영국의 소설가

POINT 네로는 왜 화가 루벤스의 그림을 그토록 보고 싶어 했을까요?

작가
미상

네 명의 친구들과 복숭아 나무

장르
세계 옛날이야기
(티베트)

옛날에 금계와 토끼, 코끼리, 원숭이, 이렇게 사이좋은 동물 친구들이 살았어요. 어느 날 네 친구는 모여서 맛있는 복숭아 나무를 심기로 했습니다.

"내가 날아가서 복숭아 씨앗을 얻어 올게."

금계가 제일 먼저 말했어요. 금계는 삼십삼 일을 꼬박 날아가 복숭아 씨앗을 물고 왔어요. 그러자 토끼가 땅을 파서 정성껏 씨앗을 심고 원숭이가 때맞춰 그 위에 거름을 주었어요. 그리고 마지막으로 코끼리가 날마다 기다란 코로 물을 뿌려 주었습니다.

나무는 무럭무럭 자라고 자라 마침내 주렁주렁 열매를 맺었어요. 탐스럽게 익은 복숭아를 보자 동물들이 너도나도 욕심을 냈어요. 네 친구는 자기 공이 제일 크다며 서로 더 많이 먹으려고 했습니다.

하지만 토끼는 단 한 개도 따 먹을 수 없었어요. 금계처럼 날 수도 없고 원숭이처럼 나무에 오를 수도 없고 코끼리처럼 기다란 코도 없었기 때문이에요. 그래서 토끼는 달콤한 향기를 맡고도 나무 주위를 맴돌며 발만 동동 굴러야 했습니다.

나무는 계속 자라고 자라더니, 드디어는 코끼리의 코도 닿지 않을 만큼 커버렸습니다. 그러자 코끼리도 토끼처럼 열매를 따 먹을 수 없게 되었어요. 코끼리와 토끼는 한편이 되어 금계와 원숭이에게 따졌습니다.

"어떻게 너희들끼리만 열매를 따 먹을 수 있니? 우리들이 심고 물을 준 걸 벌써 잊은 거야?"

코끼리가 기다란 코를 높이 치켜들고 말했습니다.

"난 여태껏 복숭아 두 개밖에 못 먹었어. 그것도 땅에 떨어진 걸 주워서 말이지!"

토끼도 화가 나서 말했어요. 네 친구는 아옹다옹 싸우다가 지혜롭기로 소문난 할아버지를 찾아가 물어보기로 했습니다. 그런데 할아버지에게 우르르 몰려가서도 서로 자기 공이 제일 컸다며 박박 우겨댔습니다.

"듣고 보니 너희들 모두가 애를 많이 썼구나. 너희들 가운데 하나라도 맡은 일을 하지 않았다면 열매는 열리지 않았을 거야. 그러니 모두가 힘을 모아 나무를 길렀던 기억을 떠올려 보렴. 그때처럼 힘을 합치면 사이좋게 열매를 먹을 수 있을 게다."

이야기를 듣고 나자, 네 친구는 무언가 깨닫는 게 있었어요. 그 뒤부터 동물들은 더 이상 티격태격 싸우지 않고 지혜를 모으기로 했습니다. 식사 때가 되면 맨 먼저 코끼리가 나무 아래로 가 버티고 섰습니다. 그러면 원숭이가 코끼리 위에 올라타고, 토끼는 원숭이 위에 올라타는 거예요. 그런 다음에 금계가 훌쩍 날아올라 복숭아를 따서 토끼에게 주면 토끼는 다시 원숭이에게, 원숭이는 코끼리에게 전해주었어요.

이렇게 해서 네 친구는 힘을 덜 들이고도 많은 열매를 따서 사이좋게 나눠 먹을 수 있었답니다.

POINT 친구들과 사이좋게 힘을 합쳐서 뭔가를 해본 경험과 그때 기분을 얘기해볼까요?

작가
라퐁텐

토끼와 정원사

장르
세계 동화

정원 가꾸기를 무척 좋아하는 정원사가 살았습니다. 아침마다 꽃과 나무에게 인사하는 일로 하루를 시작했습니다. 정원사는 꽃과 나무를 너무 사랑한 나머지 울타리까지 꽃나무로 만들었습니다. 정원사는 부지런해서 농사도 크게 지었습니다. 집 앞에 있는 밭에는 각종 채소들이 먹음직스럽게 자랐습니다.

그런데 어느 해, 정원사에게 골칫거리가 생겼습니다. 바로 채소밭에 토끼가 돌아다녔던 것입니다. 토끼는 시도 때도 없이 채소밭에 들어가 잘 자란 채소들을 먹어치웠습니다. 화가 난 정원사가 토끼를 잡으려고 했지만, 날쌘 토끼를 쉽게 잡을 수 없었습니다. 정원사는 고을을 다스리는 영주에게 하소연했습니다.

"영주님, 못된 토끼 한 마리가 채소밭에 들어와 채소들을 마구 먹어치우고 있습니다."

"어허, 토끼를 잡지 그러느냐?"

"잡으려고 별짓을 다했지만 워낙 꾀가 많은지라 쉽지 않습니다. 덫도 놓아 보고, 올가미도 쳐보았습니다."

"그래봤자 토끼니라. 가서 기다리면 내 잡아 주겠다."

정원사가 돌아간 뒤 영주는 토끼를 잡을 계획을 세웠습니다. 기마병 열 명과 큰 사냥개 일곱 마리를 동원해서 토끼를 잡기로 결정했습니다.

드디어 영주가 오는 날이 되었습니다. 정원사는 점심으로 닭 몇 마리도 잡았고, 소시지도 구웠습니다. 게다가 병사들이 마실 포도주까지 준비했습니다.

영주와 병사들이 도착한 뒤 정원사는 풍성하게 식탁을 차렸습니다.

"저의 걱정을 덜어주기 위해 오셨는데 많이 드십시오."

정원사는 영주랑 병사와 함께 온 말과 사냥개에게도 먹을 것을 잔뜩 주었습니다.

"자, 이게 시작해 보지."

음식을 잔뜩 먹은 영주가 일어서며 말했습니다.

"모두 토끼를 잡아라!"

영주가 외치자 나팔 소리가 울려 퍼졌습니다. 그러자 말을 탄 병사들과 사냥개들이 정원사의 밭으로 뛰어들었습니다. 그러나 토끼는 쉽게 잡히지 않았습니다. 요리조리 잘도 피해 다녔습니다. 병사들과 사냥개는 토끼를 쫓느라 채소밭을 온통 망가뜨렸습니다.

그 모습을 지켜본 정원사의 얼굴이 일그러졌습니다. 토끼가 있을 때보다도 채소밭이 더욱 더 엉망진창이 되어가고 있었습니다. 말과 사냥개들이 짓밟은 밭은 이미 망가져버렸고, 정원사가 가꾼 꽃들도 땅에 떨어져 형태를 알 수가 없었습니다. 정원사는 깊은 한숨을 쉬었습니다.

"토끼 한 마리 잡으려다 농사를 다 망쳐버렸네. 내가 어리석었어. 토끼 한 마리가 수십 년 동안 먹는 양보다 더 큰 피해를 봤으니 재산이 다 날아가버렸구나!"

정원사가 뒤늦게 후회를 했지만 소용없었습니다. 이미 온 밭이 망가진 뒤였기 때문입니다.

라퐁텐(1621~1695)
프랑스의 시인, 동화 작가. 《개와 당나귀》 《곰과 정원사》

POINT 정원사가 토끼로부터 채소밭을 지키려면 어떻게 해야 했을까요?

작가
미상

농사의 여신 데메테르와 겨울 이야기

장르
세계 동화
(그리스 신화)

신들의 나라, 올림포스에 데메테르라는 농사의 여신이 있었습니다. 제우스의 아내로 온갖 곡식을 풍성하게 해주는 신이었습니다. 데메테르는 페르세포네라는 딸 하나를 두었는데요. 딸을 무척 사랑했습니다. 지하 세계의 왕, 하데스도 페르세포네를 보고 단번에 반했습니다.

어느 날 페르세포네가 친구들과 꽃을 꺾으러 나갔습니다. 들판에 핀 수선화 향기에 취해 있던 페르세포네는 친구들과 점점 멀어져서 혼자 남게 되었어요. 그런데 알고 보니 그건 모두 하데스가 짜놓은 계획 때문이었습니다.

마침내 향에 취한 페르세포네가 수선화를 꺾으려 할 때, 갑자기 땅이 갈라지며 저승 마차가 솟아올랐습니다. 마차에 탄 페르세포네는 비명을 질렀지만, 어느 누구도 그 비명 소리를 듣지 못했습니다.

데메테르는 페르세포네가 사라진 것을 알고 온 세상을 돌아다녔습니다. "내 딸 페르세포네야, 어디 있는 거니?" 딸을 찾지 못한 데메테르는 마지막으로 해님 신 헬리오스를 찾아갔습니다. 헬리오스는 데메테르에게 딸에 대한 비밀을 알려주었습니다.

"하데스가 범인입니다. 신들의 임금님 제우스께서도 눈감아 주셨어요." 데메테르는 분노로 몸을 부들부들 떨었습니다. 데메테르는 딸을 감춘 곳을 찾아다니다 엘레우시스라는 곳에 도착했습니다.

그곳에 있는 엘레우시스 사람들은 데메테르 여신에게 신전을 지어 주었습니다. 거기에서 데메테르는 날마다 딸만 그리워할 뿐 농사는 전혀 돌보지 않았습니다.

농사가 제대로 되지 않자 제우스도 조금씩 걱정했습니다. '인간이 모두 굶어 죽겠군. 데메테르의 마음을 되돌려야겠어.'

데메테르는 제우스가 돌아오라고 했지만 고집을 꺾지 않았습니다. 결국 제우스는 아들인 헤르메스 신을 하데스가 있는 지하 세계로 보냈습니다. "하데스 폐하, 제우스 신께서 페르세포네를 빨리 돌려보내라고 하십니다." 하데스는 너무 슬펐습니다. 그러나 제우스의 명령을 따라야만 했습니다. 하데스는 페르세포네를 보내면서 석류를 주었고, 페르세포네는 냉큼 받아먹었습니다.

그 후 엘레우시스 신전에서 데메테르와 페르세포네는 감격적으로 다시 만날 수 있었습니다. 데메테르는 불현듯 딸에게 물었습니다. "하데스가 혹시 너에게 석류를 먹으라고 주지 않았느냐?" "네, 어머니. 그렇게 맛있는 과일이 있는 줄 처음 알았어요." "큰일이구나! 석류를 먹으면 신랑과 절대로 헤어지지 않는 법인데." 데메테르는 딸이 돌아갈까 봐 애를 태웠습니다. 이 사실을 알고 제우스가 판결을 내렸습니다.

"페르세포네는 일 년 열두 달 중에서 딱 네 달만 지하 세계에서 지내고, 나머지는 어머니와 함께 지내라." 데메테르는 판결을 받아들이고 다시 올림포스로 돌아와서 일했습니다. 데메테르는 여덟 달은 일을 했지만, 페르세포네가 없는 네 달은 일을 하지 않았습니다. 그래서 해마다 네 달 동안은 세상에 풀이랑 곡식이 나지 않았습니다. 그때부터 겨울이 시작되었습니다.

POINT 계절에 관한 또 다른 그리스 신화를 찾아볼까요?

작가
아서 코난 도일

너도밤나무집의 비밀

장르
세계 명작

탐정 셜록 홈스와 친구 왓슨이 사는 집에 헌터 양이 찾아왔습니다. "가정교사 자리를 찾던 중에 루캐슬 씨가 큰돈을 주겠다고 했어요. 대신 제 긴 밤색 머리카락을 잘라야 한다는 조건을 제시했어요. 게다가 아내가 원하는 옷도 입어주기를 바랐고요. 썩 내키지 않았지만, 형편이 어려워서 어쩔 수 없이 하겠다고 했어요."

2주일 뒤, 헌터 양은 기이한 이야기를 들려주었습니다. "루캐슬 씨의 부인은 두 번째 부인이었어요. 부인이 낳은 아들이 한 명 있었고, 전처가 낳은 스무 살 난 딸이 있다고 했어요. 제가 그 집에 들어가고 며칠 뒤, 루캐슬 씨와 부인은 저에게 번개 무늬 드레스를 입고 창문을 등지고 앉으라고 했어요. 같은 일이 반복되던 어느 날 저는 창밖의 상황이 너무 수상하고 궁금했어요. 그래서 몰래 숨겨온 거울로 창문 밖을 내다보았어요. 길가에는 어떤 남자가 집 쪽을 바라보고 서 있었어요. 그것을 눈치 챈 루캐슬 부인은 창밖에 이상한 남자가 있다고 소리쳤어요. 루캐슬 씨는 저에게 그 남자를 향해 상냥하게 손을 흔들라고 했고요. 섬뜩하고 수상한 점은 이뿐만이 아니었어요. 사나운 개를 며칠씩 굶주리게 한 뒤, 밤마다 정원에 풀어놓는 점도 그렇고요. 또한 늘 빗장이 걸려 있는 별채가 있었는데, 하루는 열쇠가 그대로 꽂혀 있어서 안으로 들어가 보았죠. 세 개의 문 중에서 하나의 문에만 자물쇠가 채워져 있는 거예요. 바닥 틈으로 안을 들여다보았더니 검은 물체가 왔다 갔다 했어요."

"분명한 건, 헌터 양은 누군가의 대역이라는 겁니다. 오늘 루캐슬 씨 부부가 외출했다 밤늦게 돌아온다니 잘 되었어요. 고용인인 톨러 부인만 밖으로 못 나오게 가둬주면, 그 사이에 우리는 별채를 조사해볼게요."

홈즈의 도움으로 헌터 양은 루캐쓸 씨의 딸이 그 방에 감금되어 있었다는 사실을 알아챘습니다. 루캐슬 씨가 헌터 양을 고용한 목적은 자신의 딸인 앨리스를 대신해서였던 것이었죠. 창밖의 남자는 앨리스를 걱정하던 약혼자였고, 헌터 양에게 창밖의 남자에게 손을 흔들게 한 것은, 그를 안심시키기 위한 것이었습니다. 그때 방으로 들어온 루캐슬 씨는 세 사람이 딸을 탈출시켰다고 믿고, 개를 풀어 공격하게 했습니다. 불행하게도 며칠 동안 굶었던 개는 세 사람이 아닌, 루캐슬 씨를 무섭게 공격했어요. 왓슨은 개에게 총을 쏴서 루캐슬을 구해주었고요.

후에 그 집의 고용인 톨러 부인에게 루캐슬 씨 딸 앨리스에 대한 이야기를 들을 수 있었습니다. 앨리스가 죽은 어머니의 유산으로 연금을 받을 나이가 되었을 때, 아버지 루캐슬은 딸에게 유산을 넘기라고 강요했어요. 그로 인해 앨리스는 뇌염에 걸렸고, 머리카락까지 자르게 되었죠. 뿐만 아니라, 루캐슬 씨는 약혼자로부터 앨리스를 떼어놓기 위해 앨리스를 다락방에 가두고, 그녀를 대신할 헌터 양까지 고용했던 것이었습니다. 홈즈 일행 덕분에 앨리스는 집에서 빠져나와 약혼자와 도망칠 수 있었어요.

아서 코난 도일(1859~1930)
영국의 추리 소설가. 대표작《빨간머리 클럽》《바스커빌의 개》

POINT 루캐슬 씨는 무엇 때문에 딸 앨리스를 다락방에 가두었나요?

작가
그림형제

빨간 모자

장르
세계 동화

옛날 어느 마을에 사랑스러운 소녀가 살았습니다. 할머니는 손녀가 너무 예뻐서 무엇이든 주었습니다. 한번은 할머니가 빨간 비단으로 만든 모자를 선물했습니다. 소녀는 날마다 쓰고 다녔습니다. 그러자 사람들이 '빨간 모자'라는 별명을 붙여주기까지 했습니다.

어느 날 엄마는 빨간 모자에게 심부름을 시켰습니다.

"빨간 모자야, 할머니가 편찮으셔. 네가 이 케이크와 포도주를 가져다 드리렴."

"네, 엄마. 잘 다녀올게요."

"대신 뛰거나 다른 곳에 한 눈 팔면 안 된다. 곧장 할머니 댁으로 가거라."

빨간 모자는 할머니 댁으로 떠났습니다. 숲속에 들어서자 늑대가 빨간 모자를 보며 어디 가는 길인지 물었습니다. "늑대 아저씨, 할머니가 편찮으셔서 이걸 드리러 가요."

"할머니가 어디 사시는데?"

"이 숲 가운데에 커다란 참나무에 둘러싸인 작은 집에서 사세요." 빨간 모자의 말에 늑대는 꾀를 생각해냈습니다. "빨간 모자야. 너는 왜 아름다운 숲을 구경하지 않니? 잠깐 서서 주위를 둘러 봐."

늑대의 말에 빨간 모자는 숲속을 뛰어다니며 꽃을 한 아름 꺾었습니다. 빨간 모자가 정신없이 꽃을 꺾고 있을 때 늑대는 할머니 집으로 달려갔습니다. 그러고는 빨간 모자의 목소리를 흉내냈습니다.

"할머니, 저예요. 빨간 모자예요."

들어오라는 할머니 말에 늑대는 들어서자마자 할머니를 단숨에 삼켜버렸습니다. 그러고는 할머니 옷을 입고 침대에 누워 빨간 모자를 기다렸습니다. 빨간 모자가 커다란 꽃을 안고 할머니 댁에 도착했습니다. 할머니를 본 빨간 모자가 고개를 갸우뚱거렸습니다.

"할머니, 귀가 왜 그렇게 커졌어요?"

"응, 네 말을 잘 들으려고."

"그런데 눈은 왜 그렇게 빨개요?"

"아파서 그렇지."

"할머니 입은 왜 그렇게 커요?"

"그거야 너를 잡아먹기 위해서지!" 늑대가 벌떡 일어나 빨간 모자를 집어 삼켜버렸습니다. 배가 몹시 부른 늑대는 침대에서 잠들었습니다. 그때 지나가던 사냥꾼이 늑대의 코 고는 소리를 들었습니다.

"이상하다. 할머니 집에서 왜 늑대 소리가 나지?"

집으로 들어간 사냥꾼이 늑대를 보고 깜짝 놀랐습니다. 배 속에서 살려달라고 외치는 소리에 사냥꾼이 가위를 가져와 늑대의 배를 갈랐습니다. 그러고는 할머니와 빨간 모자를 꺼냈습니다.

"아저씨, 고맙습니다."

"그래, 늘 늑대를 조심해야 돼."

"제가 딴 짓을 해서 이렇게 된 거예요. 흑흑."

빨간 모자가 숲에서 있었던 일을 얘기하자 할머니가 말했습니다. "빨간 모자야, 이제부터라도 어른들 말씀을 잘 들으렴." 고개를 끄덕이는 빨간 모자를 할머니가 따뜻하게 안아 주었습니다.

그림형제(1785~1863)
독일의 언어학자, 동화 수집가
동생 빌헬름 그림과 함께 그림 형제 동화집을 출판하였다.

POINT 낯선 사람을 만나면 함부로 따라가거나 하면 안 된답니다. 항상 조심 또 조심해요.

작가
이태준

슬퍼하는 나무

장르
국내외 명저자 작품

새 한 마리가 나무에 둥지를 틀고 고운 알을 소복하게 낳아 놓았습니다.

아이 : 이 알을 모두 꺼내 가야지.
새 : 지금은 안 됩니다. 착한 도련님.
며칠만 지나면 까 놓을 테니 그때 와서 새끼들을 가져 가십시오.
아이 : 그럼 그러지.

며칠이 지나 새알은 모두 새 새끼가 되었습니다.

아이 : 하나, 둘, 셋, 넷, 다섯 마리로구나. 허리 춤에 넣고 갈까, 둥지째 떼어 갈까!
새 : 지금은 안 됩니다. 착한 도련님. 며칠만 더 있으면 고운 털이 날 테니
그때 와서 둥지째 가져 가십시오.
아이 : 그럼 그러지.

며칠이 지나 와 보니 새는 한 마리는 없고, 둥지만 달린 나무가 바람에 울고 있었습니다.

아이 : 내가 가져 갈 새 새끼가 다 어디 있니?
나무 : 누가 아니, 나는 너 때문에
좋은 동무 다 잃어버렸다. 너 때문에!

이태준(1904~?)
단편소설 작가. 대표작 《오몽녀》 《해방 전후》

POINT 나무는 왜 아이를 원망하며 슬퍼하는 걸까요?

작가
샤를 페로

엄지동자

장르
세계 동화

옛날에 아들 일곱 명을 둔 나무꾼 부부가 살았습니다. 일곱 살인 막내는 아주 약하고 작아서 엄지동자로 불렸습니다. 엄지동자는 똑똑했습니다.

어느 해 흉년이 들자 나무꾼은 고심 끝에 아이들을 숲에 버리기로 했습니다. 이 말을 엿들은 엄지동자는 아침 일찍 일어나 조약돌을 주워왔습니다. 그러고는 나무를 하러 숲으로 향할 때 조약돌을 하나씩 떨어뜨렸습니다. 얼마 뒤, 부모님이 보이지 않자 아이들이 울기 시작했습니다. "형들, 걱정 말아요. 내가 다시 집으로 데려갈게요. 나만 따라오세요."

엄지동자는 조약돌을 보며 집으로 걸었습니다.

한편, 집으로 돌아온 나무꾼과 아내는 마을 영주에게 오래전 받기로 한 돈을 받아 고기를 배부르게 먹었습니다. 아내가 나무꾼에게 말했습니다.

"남은 음식으로 아이들을 먹일 수 있을 텐데. 숲에서 늑대에게 잡혀 먹은 건 아닐까요?"

밖에서 나는 아이들 소리에 아내는 기뻐했습니다. 그러나 행복은 오래가지 않았습니다. 돈이 떨어지자 나무꾼 부부는 아이들을 다시 버리기로 마음먹었습니다. 엄지동자는 문이 잠겨 조약돌을 줍지 못했습니다.

샤를 페로(1628~1703)
동화라는 새로운 문학 장르의 기초를 다진 프랑스 작가

다음 날 아침 엄지동자는 숲으로 가는 길에 빵 한 조각을 떨어뜨렸지만 새들이 쪼아 먹어 집으로 돌아가지 못했습니다. 숲속을 헤매던 아이들 눈앞에 집 한 채가 보였습니다. 안에서 인상 좋은 여자가 나왔습니다. "이런, 길을 잃었다니! 그런데 이 집은 어린아이들을 잡아먹는 괴물의 집이란다!"

"아주머니가 괴물에게 부탁하면 우리를 살려줄 수도 있을 거예요."

엄지동자의 말에 괴물의 아내는 아이들을 침대 밑에 숨겼습니다. 집으로 돌아온 괴물이 쿵쿵거렸습니다. 그러고는 곧장 침대로 가서 아이들을 찾아냈습니다.

"몰래 숨겼군. 내가 당신도 잡아먹을 수 있다는 걸 몰라? 친구가 올 때 대접하면 되겠어."

괴물이 기다란 칼을 꺼내자 아내가 말렸습니다. 괴물이 아이들을 재우라는 말에 아내는 괴물의 일곱 딸이 잠든 침대 옆에 아이들을 재웠습니다. 엄지동자는 괴물의 딸이 쓴 왕관을 벗기고 남자아이들이 쓴 모자로 바꿔 씌웠습니다. 그런데 한밤중에 괴물이 모자를 쓴 일곱 명의 목을 베어버렸습니다.

다음 날 엄지동자는 형들을 깨워 집을 빠져나왔습니다. 잠에서 깬 아내가 피를 흘리며 죽어 있는 딸들을 보았고 뒤이어 괴물이 끔찍한 광경을 보았습니다.

"한걸음에 이십팔 킬로미터를 가는 장화를 가져오라고! 내 녀석들을 잡고야 말겠어."

도망치는 아이들은 장화 신은 괴물을 보았습니다. 괴물이 쉬는 사이 엄지동자는 괴물의 장화를 신고 괴물의 집에 도착했습니다.

"도둑 무리들이 괴물에게 금과 돈을 주지 않으면 당장 죽일 거래요. 괴물의 재산을 남김없이 받아오래요. 너무 급하다며 이 장화까지 줬어요."

아내는 괴물의 재산을 엄지동자에게 주었고, 엄지동자는 집으로 돌아가 가족과 함께 풍족하게 살았습니다.

POINT 한걸음에 28킬로미터를 갈 수 있는 괴물의 장화가 있다면, 어디에 가고 싶은가요?

작가
러디어드 키플링

낙타 등에는 왜 혹이 있을까?

장르
세계 명작

이번 이야기는 '낙타가 어떻게 해서 커다란 혹을 갖게 되었는가?'에 대한 것입니다.

옛날 옛적 세상이 처음 만들어지고 차츰 동물들이 일을 하기 시작할 무렵, 낙타 한 마리가 있었습니다. 그 낙타는 일하는 것을 무척 싫어했기 때문에 아무도 살지 않는 사막 한가운데서 살았습니다. 정말 못 말리는 게으름뱅이여서, 하루 종일 빈둥거리다가 혹시 누가 말이라도 걸면 '흥!' 하는 것이 전부였습니다.

어느 날 아침, 등에 안장을 얹고 입에 재갈을 쓴 말 한 마리가 낙타를 찾아와서 말했습니다.

"낙타야, 낙타야, 이리 나와서 나처럼 달리지 않을래?"

"흥!"

낙타는 머리를 흔들면서 코웃음을 쳤습니다. 말은 돌아가서 사람에게 낙타의 이야기를 전했습니다. 다음에는 입에 막대기를 문 개가 낙타를 찾아왔습니다.

"낙타야, 낙타야, 이리 나와서 나처럼 입으로 물어 나르지 않을래?"

"흥!"

이번에도 낙타는 코웃음을 쳤습니다. 개는 돌아가서 사람에게 그대로 전했고 그러자 그 다음에는 목에 멍에를 쓴 황소가 찾아와서 낙타에게 말했습니다.

"낙타야, 낙타야, 이리 나와서 나처럼 밭에 쟁기질을 하지 않을래?"

"흥!"

낙타가 대답했습니다. 황소는 돌아가서 사람에게 그대로 이야기했습니다. 그러자 그 사람은 말과 개와 황소를 모두 불러 모으더니 낙타 몫까지 일을 해달라고 부탁했습니다.

이 말을 들은 세 마리의 동물은 무척 화가 났습니다. 동물들은 사막 가장자리에 모여서 회의를 했습니다. 그들은 사막의 모든 것을 지배하는 '드진'이라는 정령에게 낙타의 행동을 일러바쳤습니다. 이 말을 들은 드진은 낙타를 찾아가 매끈한 등에 혹을 만들어버렸습니다.

"등에 이런 흉한 걸 달고 어떻게 일을 해요?"

낙타가 우는 소리를 하자 드진이 말했습니다.

"내가 그것을 만든 것은 다 까닭이 있어서니라. 그동안 빈둥거리며 보낸 시간만큼 먹지도, 마시지도 말고 일만 하거라. 넌 그것 때문에 한참을 먹고 마시지 않아도 살 수 있을 거야. 자, 어서 사막을 떠나 세 마리의 동물을 찾아가거라!"

그렇게 해서 흥흥대고 비웃던 낙타는 몹시 슬퍼하며 사막을 떠나 세 마리의 동물을 찾아갔습니다.

아, 한 가지 더 얘기하자면 원래 낙타 등에 난 것의 이름은 '흥'이었다고 합니다. 하지만 낙타가 너무 딱하다는 생각에서 다들 '흥' 대신 '혹'이라고 부르게 된 거라네요. 하여간 그날부터 지금까지 낙타는 등에 혹을 달고 다니게 되었답니다.

러디어드 키플링(1865~1936)
영국의 소설가, 시인, 동화작가. 대표작 《정글북》

POINT 낙타 등에 왜 혹이 생긴 거였나요?

작가
찰스 디킨스

올리버 트위스트 1

장르
세계 명작

차가운 비가 추적추적 내리는 날이었어요. 보육원에 희미한 아기 울음소리가 들렸습니다.

"이렇게 작고 가냘픈 아이는 처음 봐요."

보육원 사람들은 '올리버 트위스트'라고 이름을 지어 주었습니다.

"올리버! 청소 똑바로 못하겠니? 자꾸 게으름을 부리면 오늘 밥은 없는 줄 알아!"

선생님은 성질이 고약한 사람이었습니다. 툭하면 때리고 먹을 것도 제대로 주지 않았어요. 아홉 살이 되자 올리버는 보육원에서 나와 다른 곳으로 옮겨갔습니다. 하지만 그곳에서도 배가 고픈 건 마찬가지였어요. 어느 날 아이들과 제비뽑기를 해서 식사를 많이 달라는 말을 하기로 했는데 그만 올리버가 뽑히고 말았어요. 올리버는 주방장에게 죽을 더 달라고 했다가 벌을 받고 쫓겨나게 되었습니다.

'여기서 도망가자! 이왕이면 여기서 멀리 떨어진 곳으로 말이야.'

올리버는 추위와 배고픔을 참아가며 일주일을 걸어갔어요. 그리고 아는 사람이 아무도 없는 런던에 도착하게 되었습니다. 그러나 제일 먼저 만난 이는 페이긴의 부하였고 소매치기들의 소굴에서 지내게 됩니다. 어느 날 올리버는 아무 것도 모르고 따라갔다가 그만 다른 소매치기의 죄를 뒤집어쓰고 말았어요. 다행히 목격자가 나타나 풀려나게 되었고, 어느 노신사를 만나 그의 집으로 가게 되었습니다. 노신사 브라운로 씨는 마음씨가 따듯하고 친절한 사람이었어요. 올리버는 노신사의 집에서 처음으로 평온한 나날을 보내게 되었습니다.

하지만 행복은 그리 오래 가지 못했어요. 소매치기 대장 페이긴이 낸시에게 올리버를 끌고 오라고 말했거든요. 그래서 올리버는 다시 소굴로 가게 되었어요. 낸시는 올리버를 다시 도둑들의 소굴로 데려왔다는 사실에 죄책감을 느끼게 되었어요.

한편, 브라운로 씨는 올리버가 사라지자 여기저기 수소문을 하며 올리버를 찾았어요. 그러다 올리버에 대한 나쁜 소문을 듣고 크게 실망하고 말았습니다. 올리버는 자신을 믿고 돌봐준 브라운로 씨를 생각하면서 눈물을 흘려야 했습니다.

그러던 어느 날 올리버는 빌 사이크스라는 남자와 함께 부잣집의 물건을 훔치는 일에 가담하게 되었어요. 담을 넘을 때 올리버가 주저하자 빌은 올리버의 머리에 총까지 갖다 대며 협박을 했습니다. 그렇게 옥신각신하다가 올리버는 그만 총에 맞아 쓰러지고 말았습니다. 빌이 다친 올리버를 버려둔 채 가버리자 부잣집의 주인인 메일리 부인이 올리버를 집으로 데리고 왔습니다. 메일리 부인은 무척이나 자상하고 상냥한 분으로 젊고 아름다운 조카 로즈와 함께 살고 있었어요. 메일리 부인은 로즈와 함께 올리버를 정성껏 간호해 주었습니다. 그리고 마침내 올리버가 낫게 되자 올리버와 안전하게 살기 위해 런던에서 멀리 떨어진 마을로 이사를 가게 되었습니다.

찰스 디킨스(1812~1870)
영국의 국민적 작가
《올리버 트위스트》는 전 세계적으로 사랑받는 독보적인 작품이다.

POINT 주위에 올리버처럼 힘들게 살아가는 친구들이 있지 않을까요?

작가
찰스 디킨스

올리버 트위스트 2

장르
세계 명작

"뭐야? 그 집에 올리버를 두고 왔다고? 어째서 그런 실수를 한 거야!"

한편 이 사실을 알게 된 페이긴은 화를 참지 못하고 닥치는 대로 물건을 발로 차며 소리를 질렀습니다.

페이긴의 부하인 낸시는 우연히 페이긴과 멍크스라는 사람이 대화하는 것을 엿듣게 되었어요. 알고 보니 멍크스는 사실 올리버의 배다른 형이었어요. 막대한 재산을 독차지하기 위해 페이긴에게 돈을 주고 올리버가 죄를 짓도록 부탁을 한 거예요.

낸시는 하이드파크 근처에 있는 한 호텔로 달려갔습니다. 그리고 거기서 로즈 메일리 양을 만났어요.

"저는 페이긴과 멍크스가 나누는 이야기를 몰래 엿듣고 아가씨가 여기에 있다는 것을 알았어요."

"그런데 나를 찾아온 이유가 뭐지요?"

로즈가 낸시에게 물었습니다. 낸시는 두 사람의 대화 내용을 로즈에게 전하며 올리버가 위험에 빠졌다는 것을 알렸습니다.

다음날 올리버는 로즈와 함께 브라운로 씨를 찾아가 그동안에 있었던 일을 다 털어놓고 오해를 풀었습니다. 로즈는 그 자리에서 낸시에게 들었던 이야기를 전하고 따로 의논도 했어요.

페이긴에게 지시를 받은 빌은 결국 낸시를 죽이고 도망을 쳤습니다. 빌은 밤이 되자 그녀의 처참한 모습이 떠올라 잠을 이룰 수가 없었습니다. 결국 빌은 건물 난간에서 떨어져 죽게 되고 감옥에 갇힌 페이긴도 교수형에 처해졌습니다.

그렇다면 멍크스는 어떻게 됐을까요? 브라운로 씨는 멍크스를 찾아내 올리버에게 데리고 왔습니다. 멍크스는 할 수 없다는 듯 올리버에게 모든 이야기를 털어놓았습니다.

"난 너를 범죄자로 만들어야겠다고 생각했어. 그러면 나는 재산을 모두 독차지할 수 있을 테니까."

이야기를 듣고 난 올리버는 얼굴도 모르는 아버지, 그리고 불쌍하게 돌아가신 어머니 생각에 하염없이 눈물을 흘렸습니다.

그때 브라운로 씨가 말했습니다.

"올리버! 네 어머니에게는 어린 여동생이 하나 있었단다. 그 여동생은 어떤 인자한 부인이 길러주셨지. 바로 로즈 양이란다."

"정말이에요? 아, 로즈 이모!"

올리버는 놀라서 브라운로 씨를 쳐다보자 그가 말했습니다.

"그리고 한 가지 더 알려줄 사실이 있는데, 나는 네 아버지의 오랜 친구란다."

브라운로 씨는 올리버를 양아들로 삼은 뒤 로즈와 메일리 부인이 있는 시골로 이사했습니다. 이제야 행복한 삶을 찾게 된 올리버는 진정한 사랑이 무엇인지 알게 되었고 훗날 멋진 청년으로 자라났습니다.

POINT 올리버를 위험에 빠트린 사람은 누구였나요? 왜 그렇게 했나요?

작가
미상

홍 참봉과 도둑

장르
교과서에 실린
전래 동화

옛날에 검소하고 청렴한 홍 선비 집에 도둑이 들었습니다. 도둑은 선비와 아내가 잠든 틈을 타고 까치발로 안방에 들어갔습니다.

도둑은 방 안을 둘러보고 이곳저곳을 뒤졌습니다. 그러나 나오는 건 누빈 옷가지가 전부였습니다. 도둑은 속으로 한숨을 내쉬었습니다.

'안방에는 가져갈 게 하나도 없군. 건넌방으로 가자.'

그러나 건넌방은 살림이 더 적었습니다. 도둑은 너무 실망하여 부엌으로 들어갔습니다. 곡식이 담겨 있어야 할 항아리에는 보리쌀 한 톨도 없었습니다. 도둑은 혀를 끌끌 차며 되레 안타까워했습니다.

'세상에 이렇게 가난한 집이 있나.'

도둑은 홍 선비가 불쌍하여 자기 돈 다섯 냥을 솥 안에 넣고 나왔습니다.

다음 날 아침, 선비의 아내는 솥을 열어 보고 화들짝 놀랐습니다.

"아니, 웬 돈이 솥 안에 들어 있을까?"

아내는 엽전을 들고 활짝 웃으며 선비에게 갔습니다.

"여보, 솥 안에 돈이 들어 있어요. 우리 이 돈으로 보리를 사서 먹으면 어때요?"

"그 돈은 우리의 것이 아니오. 그러니 주인을 찾아줍시다."

홍 선비는 종이를 가져와 다음과 같이 글을 써서 대문에 붙였습니다.

"우리 집에 돈을 두고 간 사람은 돈을 찾아가시오."

점심나절에 도둑이 홍 선비 집을 지나다가 대문에 붙어 있는 종이를 봤습니다. 도둑은 글을 읽을 줄 몰라 지나가는 사람에게 대신 읽어달라고 부탁했습니다.

'세상에, 돈을 찾아가라니. 가난한 사람이 남의 것은 절대 욕심을 내지 않는구나! 도둑질하며 편하게 살려고 했는데. 참으로 부끄럽다.'

도둑은 홍 선비를 만나 자신의 일을 뉘우쳤습니다.

"솥 안의 엽전은 어제 물건을 훔치러 왔다가 사는 게 힘드신 것 같아 놓고 간 돈입니다. 그런데 절대로 남의 돈에 욕심을 내지 않는 선비님의 마음을 알고 뉘우치고 있습니다. 앞으로는 도둑질을 하지 않고 열심히 살겠습니다. 그러니 돈을 받아주십시오."

홍 선비는 도둑이 머리를 조아리자 너그러운 목소리로 말했습니다.

"잘못을 깨달았으니 잘 된 일이오. 하지만 내 것이 아닌데 내가 가질 수는 없으니 이 돈은 가져가시오."

홍 선비는 엽전 다섯 냥을 도둑에게 돌려주었습니다.

다음 날 도둑은 홍 선비 집에 와서 허드렛일을 하기 시작했습니다.

홍 선비는 도둑이 대견하여 글을 가르치고 여러 책을 읽게 했습니다. 그 후로 도둑은 열심히 일하며 남을 도우며 착하게 살았습니다.

POINT 도둑은 홍 선비의 어떤 행동을 보고 자신의 잘못을 뉘우쳤나요?

작가
미상

하나 하면 할머니가

장르
전래 동요

하나하면 할머니가 지팡이 짚는다고 잘잘잘
둘 하면 두부장수 두부를 판다고 잘잘잘
셋 하면 새색시가 거울을 본다고 잘잘잘
넷 하면 냇가에서 빨래를 한다고 잘잘잘
다섯하면 다람쥐가 도토리를 줍는다고 잘잘잘
여섯하면 여학생이 공부를 한다고 잘잘잘
일곱하면 일꾼들이 나무를 벤다고 잘잘잘
여덟하면 엿장수가 호박 엿을 판다고 잘잘잘
아홉하면 아버지가 신문을 본다고 잘잘잘
열하면 열무장수 열무가 왔다고 잘잘잘

작가
오 헨리

크리스마스 선물

장르
세계 명작

몹시 추운 겨울날입니다. 바깥에서는 찬바람이 쌩쌩 불고 있었지만 뉴욕의 어느 집에서는 따뜻한 불빛이 흘러나오고 있었습니다. 그 허름한 이층집에는 어느 젊은 부부가 살고 있었어요. 남편의 이름은 제임스이고, 아내의 이름은 델라, 두 사람은 몹시 가난했지만 더없이 행복하게 살았습니다.

"아, 당신처럼 풍성하고 아름다운 머리카락을 가진 사람이 또 있을까?"

제임스는 아내의 금빛 머릿결을 볼 때마다 이렇게 말했어요. 남편이 그녀의 머릿결을 소중하게 여기듯, 델라는 남편이 갖고 있는 금시계를 무척이나 자랑스러워했습니다. 제임스의 할아버지에게 물려받은 훌륭한 시계였기 때문입니다.

하지만 낡아빠진 시곗줄을 볼 때마다 가슴이 아팠어요. 그래서 돌아오는 크리스마스에는 백금으로 된 시곗줄을 꼭 선물해 주리라 마음을 먹었답니다.

그리고 마침내 크리스마스 아침이 되었습니다. 델라는 제임스가 직장에 간 사이 저금통을 꺼내 그동안 모은 돈을 세어 보았습니다. 그동안 한 푼 두 푼 아껴가며 애지중지 모은 돈이었습니다. 하지만 그동안 모은 보람도 없이 저금통에서 나온 돈은 턱없이 부족했습니다. 델라는 슬프게 울다가 문득 거울에 비친 자신의 모습을 보았습니다. 그녀는 가위를 찾아 떨리는 손으로 머리카락을 싹둑싹둑 자르기 시작했어요. 부드러운 손길로 머리칼을 어루만지던 남편의 손길이 떠오르자 흐르는 눈물을 멈출 수가 없었습니다. 아내는 가발 가게로 가서 머리카락을 판 다음, 시계점으로 갔습니다. 집으로 돌아오는 델라의 손에는 그토록 사고 싶었던 선물과 싸구려 포도주, 빵과 버터가 들려 있었습니다.

"메리 크리스마스!"

저녁이 되자 제임스가 집으로 돌아왔습니다. 제임스는 인사를 하다 말고, 델라의 짧은 머리를 발견하고는 얼어붙은 채 서 있었어요.

"여보, 그런 눈으로 보지 말아요. 오늘은 즐거운 크리스마스잖아요. 당신에게 이 선물을 꼭 주고 싶었단 말이에요."

델라가 남편에게 백금 시곗줄을 내밀자 제임스의 표정이 쓸쓸하고 무겁게 변했습니다. 이윽고 제임스는 천천히 주머니에서 뭔가를 꺼내 델라에게 건넸습니다. 그것은 델라의 풍성했던 머릿결에 잘 어울리는 예쁜 머리빗이었습니다.

"델라, 어쩌면 좋지? 난 당신에게 이 빗을 선물하고 싶어서 방금 금시계를 팔고 오는 길이야."

그 말을 들은 아내는 그만 울음을 터뜨리고 말았습니다. 두 사람은 서로 끌어안고는 탁자 위에 놓인 선물을 바라보았어요. 시계 없는 시곗줄과 머리카락 없는 머리빗. 하지만 그것은 세상에서 가장 아름다운 사랑의 선물이었습니다. 제임스가 델라의 눈물을 닦아주는데 밖에서 소리가 들려왔습니다.

"눈이다! 눈이 온다!"

둘이는 창가로 다가가 밖을 내다보았습니다. 짙은 어둠 속으로 흰 눈이 소복하게 내리는 밤, 소중한 선물과 함께 따뜻한 사랑은 깊어만 갔습니다.

오 헨리(1828~1910)
미국 소설가
10년 남짓한 작가활동 기간 동안 300편 가까운 단편소설을 썼다.

POINT 어떤 선물이 받는 사람의 마음을 참으로 기쁘게 할까요?

작가
안데르센

성냥팔이 소녀

장르
세계 동화

몹시 추운 겨울이었습니다. 눈보라가 몰아치는 거리에서 한 소녀가 성냥을 팔고 있었습니다.

"성냥 사세요! 성냥 사세요!"

하지만 아무도 소녀를 거들떠보지 않았습니다.

"길 건너에서 팔아 볼까?"

성냥팔이 소녀는 지나가는 마차를 피해 길을 건너려다 그만 넘어지고 말았습니다. 그 바람에 소녀는 신발 한 짝을 잃어버리고 말았습니다. 또 나머지 한 짝은 어떤 남자애가 가져가버려서 빨갛게 언 발을 동동 굴러야 했습니다.

밤이 깊어지면서 눈보라가 점점 더 거세어졌습니다. 소녀는 더 이상 걸을 힘도 없어 어느 집 담벼락에 기대앉았습니다.

"너무 추워. 성냥을 켜면 좀 따뜻해질까?"

소녀는 바구니에서 성냥 한 개비를 뽑아 불을 켰습니다. 그러자 작고 빨간 성냥불 속에서 활활 타는 난로가 나타났습니다.

"와, 난로다!"

소녀는 자기도 모르게 손을 뻗었습니다. 그 순간 성냥불은 꺼지고 난로도 사라지고 말았습니다. 소녀는 다시 한 개비를 꺼내 새로 그었습니다. 성냥이 밝게 타오르면서 이번에는 먹음직스러운 음식이 가득 차려진 식탁이 나타났습니다.

"아, 맛있겠다."

하지만 소녀가 빵을 집으려는 순간, 또다시 불이 꺼져버렸습니다. 소녀는 아쉬운 마음에 다시 성냥불을 켰습니다. 환한 불빛과 함께 아름답게 장식된 크리스마스 트리가 나타났습니다. 소녀가 손을 뻗으려고 하자 또다시 모든 것이 사라져버렸습니다.

"이번에는 뭐가 나올까?"

소녀는 서둘러 다른 성냥개비를 벽에 그었습니다. 그러자 사방에 환해지더니 작은 불빛 속에서 할머니가 나타났습니다. 꿈에 그리던 할머니가 나타나자, 소녀는 울먹이며 소리쳤습니다.

"할머니, 보고 싶었어요! 성냥불이 꺼지기 전에 저도 같이 데려가주세요."

그 말이 끝나기가 무섭게 불빛이 흔들리면서 할머니의 모습도 아른거렸습니다. 소녀는 할머니를 붙잡고 싶어서 남은 성냥개비에 몽땅 불을 붙였습니다. 주위가 대낮처럼 환해지면서 할머니의 모습도 또렷하게 보였습니다.

"저도 할머니를 따라 하늘나라에 가고 싶어요."

소녀의 말에 할머니는 환하게 웃으며 소녀의 손을 꼭 잡아 주었습니다. 소녀는 할머니 품에 안긴 채 하늘 높이 올라갔습니다. 이제는 추위도 배고픔도 두려움도 없는 곳으로 두 사람은 그렇게 하느님 곁으로 갔습니다.

다음 날 아침 어느 담벼락 아래 작은 소녀 하나가 입가에 미소를 띤 채 웅크리고 있었습니다. 사람들은 죽은 소녀를 보며, 어젯밤에 도와주지 못한 것을 무척이나 후회했습니다. 그렇지만 아무도 소녀가 할머니와 함께 얼마나 행복한 마음으로 있는지는 알지 못했답니다.

안데르센(1805~1875)
덴마크의 동화작가. 대표작 《미운 오리 새끼》 《인어 공주》

POINT 성냥팔이 소녀처럼 형편이 어려운 친구들에게 도움을 주는 곳이 있는지 알아볼까요?

12.17.

작가
미상

베토벤

장르
전기

루트비히 판 베토벤은 1770년 12월 17일, 독일의 본에서 태어났습니다. 궁궐에서 노래를 부르는 아버지는 베토벤에게 호되게 피아노 연습을 시켰습니다.

어느 날 베토벤이 생각나는 대로 피아노를 치는 모습을 보고 아버지는 화를 냈습니다.

"왜 그런 걸 치지? 악보에 있는 가락만 치라고 했지!"

베토벤은 겁이 나서 속삭이듯 말했습니다.

"아버지, 가락이 아름답지 않으세요?"

옆에 있던 손님은 베토벤의 재능을 알아보며 궁정연주회에 내보자고 했습니다. 베토벤은 기쁜 얼굴로 아픈 어머니에게 달려갔습니다. 어머니는 베토벤을 꼭 안아주었습니다.

베토벤이 궁정에서 연주를 하자 사람들이 모두 자신의 집으로 초대를 했습니다. 그러나 베토벤은 썩 내키지 않았습니다.

어느 날 베토벤이 피아노가 싫어져서 아버지께 대든 적이 있었습니다. 늘 술병을 끼고 살았던 아버지는 베토벤은 때리며 난폭하게 굴었습니다. 어머니의 제안으로 베토벤은 궁정 오르간 연주자를 만났고, 이후 궁정 지휘자 네페 선생님을 만나 작곡을 배우기 시작했습니다. 네페는 베토벤에게 음악을 대하는 자세를 가르치며 책을 많이 읽으라는 조언도 해주었습니다.

기침이 심해진 어머니를 진찰하러 온 의과 대학생 베겔러는 어머니를 정성껏 돌봐주었습니다. 베겔러와 베토벤은 그 뒤 둘도 없는 친구가 되었습니다. 베겔러의 소개로 피아노 선생 자리도 얻을 수 있었습니다.

얼마 뒤, 베토벤은 모차르트에게 음악 작곡하는 법을 배우기 위해 빈으로 떠났습니다. 그러나 모차르트를 딱 한번 보고 다시 독일로 돌아와야 했습니다. 어머니의 상태가 나빠졌기 때문입니다.

어머니가 돌아가신 뒤 베토벤은 독일 궁정에서 일을 시작했습니다. 그리고 다시 빈으로 떠나 하이든의 제자가 되었습니다. 얼마 되지 않아 술만 마셨던 아버지마저 세상을 떠났습니다.

베토벤은 빈에서 음악회가 성공을 거두며 귀족의 딸에게 피아노를 가르쳤습니다. 그런데 베토벤에게 불행한 일이 닥쳤습니다. 귀가 점점 들리지 않게 된 것입니다. 그런 베토벤은 마음에 둔 여인에게 청혼을 하며 자신의 상태를 알렸지만 보기 좋게 차였습니다. 여러 아픔을 겪은 베토벤은 스스로 결심을 했습니다.

'마음으로 음악을 들으면 되지. 그게 더 큰 거야.'

이후 베토벤은 아름다운 곡들을 작곡했습니다. 교향곡 제9번 '합창'을 완성한 뒤 베토벤은 연주회를 열었습니다. 소리를 듣지 못하는 베토벤은 마음으로 들으려고 애를 썼습니다.

음악이 다 끝나자 한 가수가 다가와 베토벤에게 손짓을 했습니다. 뒤를 돌아본 베토벤은 그제야 활짝 웃었습니다. 청중들이 모두 일어나 환호의 박수를 보내고 있었습니다.

조카 카를의 후견인이었던 베토벤은 모든 유산을 조카에게 남기고 건강이 나빠져 결국 쉰일곱 살의 나이로 세상을 떠났습니다. 베토벤이 만든 음악들은 지금도 많은 이들에게 사랑을 받고 있습니다.

POINT 베토벤이 작곡한 아름다운 음악을 찾아보고 가족과 함께 들어볼까요?

작가
미상

뱀이 기어 다니는 이유

장르
세계 옛날이야기
(아프리카)

어느 깊은 숲속에 가난한 사냥꾼이 살고 있었습니다. 그날도 사냥꾼은 사냥감을 찾아 숲속을 헤매고 있었어요. 그런데 덤불 근처에서 이상한 소리가 들려왔어요.

"이게 무슨 소리지?"

사냥꾼은 덤불이 있는 곳으로 가보았습니다. 덤불을 헤치고 보니 깊숙한 구멍 속에 고양이, 쥐 그리고 뱀이 뒤엉켜 있는 게 아니겠어요?

"아니! 어쩌다 너희 셋이 한 곳에 모여 있는 거니?"

사냥꾼이 구멍을 들여다보며 물었어요.

"사냥꾼님. 빨리 우리 좀 꺼내주세요. 구해 주시기만 하면 그 은혜를 반드시 갚을게요."

쥐와 고양이와 뱀이 어찌나 다급하게 조르는지 사냥꾼은 구멍 속으로 서둘러 나뭇가지를 넣었습니다. 그러자 먼저 뱀이 두 다리로 나뭇가지로 잡고 올라왔어요. 그때는 뱀에게도 다리가 있던 시절이었거든요. 뒤를 이어 고양이와 쥐도 무사히 구멍을 빠져나왔습니다.

동물들은 사냥꾼에게 소원을 말해보라고 했어요. 약속한 대로 사냥꾼의 소원을 들어주기 위해서 날마다 금은보화가 가득 든 자루를 가져다주었어요.

"얘들아. 난 이것만으로 충분하니까 그만 가져와."

다음 날 사냥꾼은 도시로 나가 큰 집을 사고 가난한 사람들에게 베풀며 살았습니다. 그러자 온 나라에 사냥꾼의 소문이 퍼졌습니다. 백성들은 '왕관을 쓰지 않은 왕'이라며 사냥꾼을 좋아하게 되었어요. 이 소문을 들은 진짜 왕은 당장 사냥꾼을 잡아들였습니다.

"네 이 놈! 그 많은 재산이 어디에서 났느냐?"

"제가 목숨을 구해준 친구들에게 받은 선물입니다."

"당장 그 친구들을 데려와라. 그렇지 않으면 사흘 뒤에 널 처형할 것이다!"

하지만 사냥꾼은 그 동물 친구들이 어디에 사는지 알 수가 없었어요. 사냥꾼이 감옥에 갇혔다는 소문을 듣고는 뱀은 당장 궁전으로 가서 공주의 다리를 꽉 물어버렸습니다.

공주가 시름시름 죽어가자, 왕은 공주의 병을 고치는 사람에게 왕국의 절반을 주고 결혼도 시켜주겠다고 했어요. 그때 사냥꾼이 뱀이 준 약으로 공주의 병을 고쳐주고는 감옥에서 풀려났습니다. 그리고 마침내 공주와 결혼까지 하게 되었습니다.

이 소식을 들은 뱀은 질투가 났습니다. 사냥꾼 혼자서만 모든 걸 다 누리고 있다는 생각이 들자 배가 아파왔습니다. 그래서 왕에게 찾아가서 그동안의 모든 사실을 털어놓았어요. 그런데 왕이 뱀을 노려보며 호통을 치는 게 아니겠어요?

"사냥꾼과 친구라면서 고자질을 하다니! 친구를 배신한 벌로 저 뱀의 두 다리를 잘라 숲에서 살게 하거라. 다시는 친구를 헐뜯지 못하도록 말이다!"

이것이 바로 뱀이 다리를 잃고 기어 다니게 된 이유였어요. 그때부터 뱀은 걷지도 못하고 평생 배로 기어 다니며 살게 되었다고 합니다.

POINT 친구의 잘못을 다른 사람에게 고자질한 적이 있나요?

작가
미상

나무 신령

장르
교과서에 실린 전래 동화

옛날 옛날에 엄청난 추위로 나라 전체가 꽁꽁 언 적이 있었습니다. 군불을 피워도 방 안은 따뜻하지 않아 말을 할 때마다 입김이 나오고, 방에 둔 물이 얼기까지 했습니다. 날씨가 너무 춥자, 사람들은 땔감이 될 만한 걸 구하려고 온 마을을 뒤지고 다녔습니다.

하루는 땔감을 구하지 못한 청년들이 수백 년 동안 마을 입구에 서 있던 나무를 베려고 했습니다. 그 모습을 보고 노인이 달려와 사정하며 청년들을 말렸습니다.

"이 나무는 우리 마을을 지켜준 고마운 나무네. 그러니 베면 안 되네."

청년들은 목소리를 높여서 강하게 말했습니다.

"할아버지, 사람들이 추위에 얼어 죽는다고요. 그냥 죽게 놔둘 수는 없잖아요!"

"좋아. 그렇다면 차라리 내 집 행랑채를 뜯어가게."

노인의 간절한 눈빛에 청년들은 노인의 행랑채를 뜯어서 집집마다 골고루 나누어주었습니다.

살을 에는 추위가 지나고 봄이 왔습니다. 온 마을은 농사 준비로 정신이 없었습니다. 일손이 부족하면 이웃 마을에서 일꾼들도 와서 머물기도 했습니다. 하지만 노인은 농사를 짓기 힘들었습니다. 행랑채가 사라져서 일꾼들이 머물 곳이 없었기 때문입니다. 노인의 부인은 투덜거렸습니다.

"그러게, 멀쩡한 행랑채는 뜯으라고 해가지고. 우리만 농사를 짓지 못하겠네."

노인은 부인의 타박에도 대꾸하지 못했습니다.

그러던 어느 날 힘이 좋아 보이는 사내가 노인의 집에 왔습니다. 씩씩한 목소리로 노인에게 말했습니다.

"일손이 필요하실 것 같아 왔습니다."

노인은 무척 아쉬워하는 말로 대답했습니다.

"그렇기는 하지만 자네가 머물 방이 없어서 일을 시킬 수가 없네."

"괜찮습니다. 먹는 것만 해결되면 잠잘 곳은 알아서 찾겠습니다."

노인이 고맙다는 말을 하자 사내는 당장 일을 시작했습니다. 아침 일찍부터 저녁 늦게까지 농사란 농사는 죄다 지었습니다. 일꾼 세 사람 몫은 톡톡히 했습니다. 노인과 부인은 사내가 무척 고마워 안방이라도 내주고 싶은 마음이었습니다. 하지만 사내는 일이 끝나면 곧장 사라져버렸습니다. 그리고 다음날 일찍 같은 시간에 나타나 밭일을 시작했습니다.

어느덧 가을이 되어 풍성한 수확을 앞두고 있었습니다. 노인의 곡식도 알차게 익었습니다. 노인은 추수를 끝내자마자 사내의 품삯을 넉넉히 챙겨두었습니다.

"몇 년 만에 풍년일세. 이 모든 것이 자네 덕분이네. 무척 고맙네."

사내는 살며시 웃으며 신비스러운 목소리로 말했습니다.

"저는 나무의 신령입니다. 지난해 추운 겨울, 영감님께서 저를 베지 못하게 지켜주셔서 그 은혜를 갚고자 했던 것입니다."

사내는 말을 마치자마자 연기처럼 노인의 눈앞에서 사라져버렸습니다.

POINT 마을을 지키는 수백 년 된 나무들이 실제로 많답니다. 어디에 그런 나무들이 있는지 찾아볼까요?

작가
모리스 마테를링크

파랑새 1

장르
세계 명작

성탄절 전날 밤, 치르치르와 미치르는 우울한 얼굴로 창밖을 내다보고 있었어요. 오누이네 집은 형편이 어려워 크리스마스 선물을 받을 수 없었거든요. 그때 갑자기 방문이 열리더니 웬 할머니가 들어왔어요.

"나는 요술쟁이 할머니란다. 내 딸이 몹시 아픈데, 파랑새가 있어야만 병이 나을 수 있다는구나. 너희들이 나를 도와서 파랑새를 좀 찾아주지 않겠니?"

"어디로 가면 파랑새를 만날 수 있는데요?"

치르치르가 물었어요. 그러자 할머니는 다이아몬드가 박힌 녹색 모자를 주며 말했습니다.

"그건 나도 몰라. 대신 이 마술 모자를 쓰고 다이아몬드를 두 번 돌리면 다른 세계로 갈 수 있단다. 파랑새를 찾아서 9시까지 꼭 돌아와야 해. 안 그러면 그 세계에 영원히 갇히게 될 테니!"

치르치르와 미치르는 '마술 모자'라는 말에 호기심이 생겼어요. 그래서 얼른 녹색 모자를 쓰고 다이아몬드를 두 번 돌렸지요. 순간 둘이는 꼬부랑 할머니의 말대로 전혀 다른 세계로 가게 되었어요.

제일 먼저 간 곳은 돌아가신 할아버지, 할머니가 살고 있는 '추억의 나라'였어요. 오누이는 두 분을 만나 즐거운 시간을 보내다가 그곳에서 파랑새를 발견했어요.

"할아버지, 할머니, 이제 저희는 돌아가야 해요. 그러니 저 새를 저희에게 주시면 안 되나요?"

뻐꾸기 시계에서 8시 반을 알리는 소리가 들리자 치르치르가 서둘러 말했어요.

"그렇게 하렴. 또 놀려오렴, 너희가 우리를 생각하기만 하면 언제든지 다시 올 수 있단다."

오누이는 두 분께 뽀뽀를 하고 마술 모자의 다이아몬드를 두 번 돌렸어요.

그런데 이게 웬일이에요? 가슴에 안고 있던 파랑새가 시커멓게 죽어 있는 게 아니겠어요? 미치르는 슬퍼서 울기 시작했어요. 그런데 그때 어디선가 아름다운 빛의 요정이 나타나더니 말했어요.

"울지 말고, 밤의 궁전으로 가보세요. 그곳에는 달빛을 마시며 살아가는 파랑새들이 살고 있거든요. 그 꿈의 파랑새들 중에 진짜 파랑새가 있을 거예요."

치르치르와 미치르는 빛의 요정 말을 듣고 밤의 궁전으로 갔어요. 그곳은 밤의 요정이 다스리는 곳으로 수많은 방들이 보였어요. 저 많은 방들 중에 파랑새가 있는 방은 어디일까요? 오누이는 밤의 요정을 따라 방문을 하나하나 열어 보았어요.

"우히히히, 낄낄낄낄!"

첫 번째 방에는 유령들이 가득 차 있었고, 두 번째 방에는 아픈 사람들이 잔뜩 모여 있었습니다. 그리고 세상의 모든 공포들이 있는 세 번째 방과 세상의 모든 수수께끼들로 가득 찬 네 번째 방이 있었습니다.

치르치르와 미치르는 덜덜 떨면서 마지막 방에 이르렀어요.

모리스 마테를링크(1862~1949)
벨기에 작가. 시인, 극작가, 수필가. 1911년 노벨문학상 수상, 《파랑새》는 세계적으로 유명한 희곡이다.

POINT 치르치르와 미치르는 추억의 나라에서 '파랑새'를 찾았는데, 죽고 말았어요. 다시 파랑새를 찾을 수 있을까요?

작가

모리스 마테를링크

파랑새 2

장르

세계 명작

다섯 번째 방에 들어서니 눈이 부시고 어지러웠습니다. 그 방은 꿈의 정원이었어요. 환한 달빛 아래 아름다운 꽃밭 위로 수많은 파랑새들이 이 별에서 저 별로 날아다니고 있었어요. 오누이는 일곱 마리의 파랑새들을 잡아 얼른 새장에 집어넣고 빛의 세계로 발걸음을 재촉했습니다. 하지만 빛의 요정에게 내미는 순간, 새들이 모두 죽어버리는 게 아니겠어요?

"이 새들은 밤의 궁전에서만 살 수 있답니다. 그러니 너무 슬퍼하지 말고 이번에는 행복의 궁전으로 가보세요."

그러고는 아이들을 행복의 궁전으로 데려다 주었답니다. 행복의 궁전에는 세상의 모든 행복이 다 모여 있었습니다. 그리고 무엇보다 소중한 '어머니의 사랑'이라는 행복도 만날 수 있었어요. 하지만 행복의 궁전에서도 파랑새는 찾을 수가 없었습니다.

치르치르와 미치르는 '미래의 나라'에도 가보았어요. 하지만 그곳에서도 파랑새가 보이지 않자 오누이는 그만 울음을 터뜨리고 말았어요.

"울지 마세요. 제가 집으로 데려다 드릴게요. 다이아몬드를 두 번 돌려 보세요."

그 순간 환한 빛이 쏟아지면서 치르치르의 방이 나타났어요. 동시에 빛의 요정은 슬픈 얼굴로 말했어요.

"이제 저는 떠나야 할 시간이에요. 어쩌면 파랑새는 이 세상에 없는지도 몰라요. 하지만 눈부신 햇살 너머, 초롱초롱 빛나는 별빛 너머, 그리고 밝은 마음속에는 있을 거예요."

오누이는 침대로 올라가서 다시 잠이 들었습니다. 아침에 눈을 떴을 때 미치르가 소리쳤어요.

"와! 우리 새가 파랗게 변했어!"

새장 안에는 깃털이 파랗고 아름다운 파랑새가 앉아 있었어요.

"우리가 찾아다녔던 파랑새야. 파랑새는 내내 여기 있었던 거야."

치르치르는 할머니께 얼른 그 새를 드렸어요. 얼마 뒤, 할머니는 머리칼이 눈부시도록 아름다운 여자 아이의 손을 잡고 다시 찾아왔어요.

"얼마나 기쁜지 모르겠구나! 내 딸이 병이 나았어! 파랑새를 보자마자 다시 걷고, 달리고, 춤출 수 있게 되었어!"

치르치르는 깜짝 놀라서 여자 아이를 바라보았어요. 그 아이는 빛의 요정과 생김새가 똑같았거든요. 치르치르는 자기도 모르게 여자 아이에게 다가갔어요.

"새가 마음에 드니?"

여자 아이가 말했어요.

"응, 너무 예뻐. 정말 고마워."

치르치르는 반짝이는 푸른 눈을 보며 말했어요. 그러자 아이는 해맑게 치르치르를 바라보며 생긋 웃었습니다. 그 눈길은 마치 '괜찮아. 네가 얼마나 애썼는지 알아.' 하고 다정하게 속삭이는 것 같았습니다.

POINT 소중한 것은 언제나 우리 곁에 가까이 있는데, 모르고 지나치는 것은 아닐까요.

작가
미상

팥죽 할머니와 호랑이

장르
전래 동화

옛날 어느 산골에 할머니 한 분이 살았는데 밭에다 팥을 아주 많이 심었습니다. 가을이 되고 할머니가 화전밭에 심은 팥을 거두고 있을 때였습니다. 난데없이 커다란 호랑이가 나타나더니 할머니를 잡아먹으려고 했습니다. 할머니가 사정을 하자 호랑이가 말했습니다.

"그러면 팥을 가지고 팥죽을 쑤어 주면 잡아먹지 않겠다. 내 말을 들을 테냐?"

할머니가 알겠다고 하자 호랑이는 다시 오겠다며 숲속으로 사라졌습니다. 집으로 돌아온 할머니는 팥죽을 한 솥 쑤었습니다. 하지만 호랑이한테 곧 잡아먹힐 생각을 하니 너무 억울하고 슬펐습니다.

할머니가 가마솥 앞에서 눈물을 흘리자 달걀이 데굴데굴 굴러오더니 왜 우냐고 물었습니다.

"이 팥죽을 먹고 나면, 호랑이가 잡아먹는대서 울고 있단다."

"나한테 팥죽 한 그릇만 주면, 못 잡아먹게 해줄게요."

그 말을 들은 할머니는 달걀에게 팥죽 한 그릇을 퍼 주었습니다. 달걀은 팥죽을 다 먹고는 아궁이 속으로 쏙 들어갔습니다.

이이서 자라 한 마리가 엉금엉금 기어오더니 팥죽을 얻어먹고 물 항아리 속에 숨었습니다. 다음으로 물찌똥(설사할 때 나오는 물기가 많은 묽은 똥)이 철퍼덕철퍼덕 와서 팥죽을 먹고 부엌 바닥에 납작 엎드렸습니다. 그 다음으로 송곳과 맷돌도 차례로 와서 팥죽을 얻어먹고는 송곳은 꼿꼿이 서고, 맷돌은 문 위에 대롱대롱 매달렸습니다. 마지막으로 지게가 건들건들 오더니 팥죽을 다 먹고는 마당 한구석에 가서 오도카니 서 있었습니다.

밤이 되자, 드디어 호랑이가 찾아왔습니다.

"할멈! 팥죽은 다 쑤어 놓았겠지? 만약 약속을 지키지 않으면 당장 잡아먹을 테야!"

그런데 사방이 깜깜해서 할머니가 잘 보이지 않았습니다. 호랑이가 불씨를 꺼내려고 부엌 아궁이를 뒤적거리는 순간, 갑자기 달걀이 튀어나오더니 호랑이 눈을 탁 때렸습니다.

"아얏!"

호랑이가 눈을 씻으려고 물 항아리에 손을 넣자 자라가 이때다 싶어 손을 꽉 깨물었습니다. 그 바람에 호랑이는 뒤로 주춤거리다 물찌똥에 미끄러져 그만 넘어지고 말았습니다.

그 순간 송곳이 엉덩이를 쿡 찔렀고 그와 동시에 문 위에 매달려 있던 맷돌이 아래로 떨어졌습니다. 호랑이가 맷돌을 맞고 쓰러지자 멍석이 와서 호랑이를 둘둘 만 다음, 지게가 덜렁 들어 호랑이를 강물에 풍덩 던져버리고 말았습니다.

그렇게 해서 할머니는 호랑이한테 잡아먹히지 않고 목숨을 건질 수 있었습니다. 그리고 산골 마을에서 달걀이랑 자라랑 물찌똥이랑 송곳이랑 맷돌이랑 멍석이랑 지게와 잘 살았답니다.

POINT '동지 팥죽'이라는 말이 있답니다. 무슨 뜻인지 알아볼까요?

작가
미상

인절미와 총각김치

장르
전래 동요

여러분 인절미가 시집간대요
콩고물과 팥고물로 화장을 하고
동그란 쟁반 위에 올라 앉아서
시집을 간다네 입속으로 쏙

여러분 총각김치 장가간대요
새빨간 고추물에 목욕을 하고
기다란 나무 위에 올라 앉아서
장가를 간다네 입속으로 쏙

작가
찰스 디킨스

크리스마스 캐롤

장르
세계 명작

오늘은 크리스마스 이브입니다. "쳇! 대체 크리스마스가 뭐라고!" 스크루지는 추운 사무실에 앉아 혼잣말을 중얼거렸습니다. 스크루지는 돈에 지독히 인색하고 정이 없기로 유명한 사람입니다. 그는 혼자서 싸구려 음식만 파는 식당에서 저녁을 먹고는 집으로 돌아왔습니다. 자물쇠를 잠그고 돌아서는데 갑자기 초인종이 울렸습니다. 벨이 울리자 불길한 생각이 들었습니다. 찾아오는 사람이 없어서 지금까지 한 번도 울린 적이 없었기 때문입니다.

"철커덕, 철커덕……."

계단 아래쪽부터 쇠사슬 끌리는 소리가 들렸습니다. 그 소리는 점점 더 가까이, 크게 들리더니 무언가 스크루지가 있는 방의 문을 통과해 그대로 들어왔습니다. 온몸에 쇠사슬을 칭칭 감고 있는 유령이었습니다. 자세히 보니 오늘 장례식을 치른 친구 말리의 유령이었습니다.

"자네, 쇠사슬에는 왜 묶여 있는 건가?"

스크루지는 무서워 덜덜 떨면서 물었어요.

"이건 살아 있을 때 내 스스로 만든 것들이야. 스크루지 자네도 이제 시간이 얼마 남지 않았어. 앞으로 유령 셋이 자네를 찾아올 걸세. 부디 나처럼 뒤늦게 깨닫게 되지 않기를……."

말리의 유령은 안타깝다는 듯 말끝을 흐렸습니다.

그의 말은 사실이었습니다. 곧이어 과거, 현재, 미래의 크리스마스의 유령이 연이어 나타났거든요. 유령들이 그의 모습을 차례로 보여주자 스크루지는 조금씩 달라지기 시작했습니다.

"미래의 유령님, 저는 과거와 현재를 거치면서 많은 것을 깨달았습니다. 당신도 저를 바른 길로 인도해주실 것을 믿습니다."

세 번째 유령은 대답 대신 조용히 스크루지를 공동묘지로 데리고 갔어요.

"애버니저 스크루지!"

스크루지는 묘비에 적힌 이름을 보다가 깜짝 놀랐습니다. 눈을 비비고 다시 봐도 자신의 이름이 맞았습니다.

"유령님! 전 이제 변했어요. 앞으로 노력하면서 전과 다르게 살면 미래를 바꿀 수 있겠지요? 이제는 이웃을 사랑하며 베풀며 살겠습니다. 그러니 제발 그렇다고 말해주세요."

스크루지가 눈물을 흘리며 외치자 유령은 아무 말 없이 바라보더니 소리 없이 사라져버렸습니다.

다음날 스크루지는 자신의 사무실에서 일하는 직원 보브에게 크리스마스 선물로 커다란 칠면조를 보냈습니다. 가난한 보브에게는 다리가 불편한 아들이 있었거든요. 그래서 월급도 올려주고 그 아들의 양아버지가 되기로 약속을 했습니다.

"메리 크리스마스!"

그는 밖으로 나가 마주치는 사람들에게 먼저 인사를 건넸습니다. 그러고는 조카 프레드의 집에 처음으로 가서 조카의 식구들과 저녁식사도 했어요. 이렇게 해서 스크루지는 평생 동안 어려운 사람들에게 온정을 베풀며 친절한 사람이 되었답니다.

찰스 디킨스(1812~1870)
영국의 국민적 작가. '크리스마스 캐럴'은 전 세계인에게 가장 사랑받는 크리스마스 이야기이다.

POINT 욕심을 부려서 다른 사람에 피해를 준 일은 없었는지 생각해볼까요?

작가
에른스트 호프만

호두까기 인형

장르
세계 명작

크리스마스 전날 밤입니다. 마리와 프리츠는 드로셀마이어 아저씨를 기다리고 있었습니다. 아저씨는 크리스마스이브에 늘 선물을 주셨거든요. 프리츠는 장난감 병정들을 선물 받고 신이 났습니다. 마리도 호두까기 인형이 마음에 들었어요. 그런데 프리츠 오빠가 한꺼번에 호두를 넣는 바람에 그만 인형이 망가지고 말았습니다. 마리는 울면서 부서진 호두까기 인형에 붕대를 감고 침대에 눕혔습니다.

열두 시가 되자 어디선가 생쥐 떼가 나타나더니 집안을 난장판으로 만들기 시작했습니다. 그중에는 일곱 개 머리에 번쩍이는 왕관을 쓴 생쥐 왕도 있었습니다.

"사랑하는 친구들이여, 이 위험한 전투를 나와 함께 하겠는가?"

호두까기 인형이 침대에서 튀어나오며 큰소리로 외쳤습니다. 그러자 장난감 병정들이 우렁차게 대답하며 생쥐 떼와 전투를 벌이기 시작했습니다. 그들은 대포를 쏘아대며 용감하게 맞섰지만 금세 생쥐들에게 둘러싸이고 말았습니다. 생쥐 왕이 호두까기 인형을 물어뜯으려는 순간, 마리가 왼쪽 신발을 벗어 생쥐 왕에게 집어 던졌습니다.

에른스트 호프만(1776~1822)
독일의 낭만파 소설가. 《칼로풍의 환상편》 《악마의 묘약》

"불쌍한 내 호두까기 인형! 생쥐왕, 저리 가!"

"와아, 달아나자!"

그 순간 마리는 정신을 잃고 바닥에 쓰러졌습니다. 다음 날 눈을 떴을 때, 마리는 방 안에 누워 있었습니다. 드로셀마이어 아저씨가 호두까기 인형을 고쳐서 갖다 주며 인형에 얽인 이야기를 들려주었습니다. 옛날 어느 왕국에 공주가 생쥐의 저주를 받아 흉측한 모습으로 변했는데 한 청년이 호두를 깨물어 공주에게 주었더니 원래 모습으로 돌아가게 되었답니다. 이에 화가 난 생쥐 대왕이 청년을 호두까기 인형으로 만들었고 진심어린 사랑만이 저주를 풀 수 있다고 했습니다.

그래서 마리는 생쥐 왕이 다시 나타나 협박하자 호두까기 인형을 지키기 위해 순순히 설탕 인형과 과자 인형을 내어주었습니다. 그러고는 호두까기 인형을 닦아주는데 인형의 몸이 따뜻해지면서 말을 건네는 게 아니겠어요? "아가씨, 저에게 칼 한 자루만 구해 주세요. 나머지는 제가 알아서 하겠습니다."

잠시 뒤, 거실에서는 왈가닥달가닥 시끄러운 소리가 들렸고 호두까기 인형이 생쥐 왕의 왕관 일곱 개를 들고 돌아왔어요. 호두까기 인형이 마리가 준 칼로 7개의 머리가 달린 생쥐 대왕을 물리친 거예요.

"사랑하는 마리, 생쥐와의 싸움에서 이긴 기념으로 당신에게 멋진 나라를 구경시켜주고 싶습니다. 자, 내 뒤를 따라오세요."

마리는 호두까기 인형을 따라 신비의 나라로 여행을 떠났습니다. 그 나라에서는 언제나 반짝이는 크리스마스 숲과 아름다운 설탕 과자 성을 볼 수 있었어요. 잠에서 깬 마리는 그곳이 자꾸만 생각났어요. 잠시 뒤, 드로셀마이어 아저씨가 조카를 데리고 찾아왔습니다. 조카는 얼굴이 하얗고 탐스러운 머리를 한 소년이었습니다. 소년이 호두를 까서 마리에게 건네주자 마리는 마치 호두까기 인형이 살아난 듯 기뻐했답니다.

POINT 가장 마음에 들었던 크리스마스 선물은 어떤 것이었나요?

작가
미상

누구의 잘못일까?

장르
세계 옛날이야기
(인도)

어느 날 나무꾼이 개울가에 있는데 갑자기 작은 물고기가 튀어나왔어요. 나무꾼이 놀라서 들고 있던 도끼를 던졌는데 그만 옆에 있던 나무에 "쿵!" 하고 박혔어요. 순간, 나무는 아파서 "아얏!" 소리를 지르며 아직 익지도 않은 열매를 떨어뜨렸습니다. 그런데 하필이면 닭 한 마리가 그 나무 밑을 지나다가 딱딱한 열매에 머리를 맞고 말았어요. 닭은 "누구야?" 하고 울어대다가 근처에 있는 개미집을 부리로 쪼아댔습니다.

그러자 놀란 개미들이 개미집에서 튀어나와 자고 있던 뱀을 물어버렸습니다. 화가 난 뱀은 스르르 일어나 산돼지를 물었고, 산돼지는 씩씩거리며 바나나 나무를 넘어뜨렸습니다.

그러자 바나나나무 위에 있던 박쥐가 깜짝 놀라, 코끼리의 귓속으로 들어가버렸습니다. 코끼리가 간지러워서 이리 뛰고 저리 뛰다 나무꾼의 오두막을 쓰러뜨렸습니다.

나무꾼은 화가 나서 코끼리에게 말했습니다.

"내 집을 망쳐 놓다니, 어서 오두막을 다시 지어 줘."

그러자 코끼리는 박쥐 탓을 했고 박쥐는 산돼지를, 산돼지는 뱀에게 잘못을 돌렸습니다. 나무꾼이 다시 뱀을 찾아가 물어보니 뱀은 개미들의 잘못이라 하고 개미들은 닭의 탓이라 하고 닭은 나무의 잘못이라고 하고 나무는 도끼의 탓이라고 말했어요.

그때 코끼리가 씩씩대며 말했습니다.

"이 모든 일은 물고기 때문에 시작된 거예요. 그러니 물고기에게 벌을 줘야 해요."

동물들은 어떻게 하면 물고기에게 벌을 줄 수 있을까 궁리하기 시작했어요.

"물에 빠뜨려서 숨을 못 쉬게 하는 건 어때요?"

박쥐가 말하자 동물들은 모두 고개를 끄덕였습니다. 하지만 물고기를 깊은 물속에 집어넣자 괴로워하기는커녕 신나게 헤엄을 치는 게 아니겠어요?

"뭐야? 저건 물고기를 혼내는 게 아니잖아!"

코끼리가 소리치며 기다란 코로 연못물을 빨아들였습니다. 연못이 바닥을 드러내자 개구리가 폴짝 뛰어나왔습니다.

"연못물을 다 없애지는 마세요. 다른 방법을 알려드릴게요. 물고기는 뜨거운 물을 제일 싫어한다고요!"

개구리는 이렇게 말하고는 보란 듯이 커다란 솥에 물고기를 집어넣은 다음, 물을 가득 채워 활활 불을 지피기 시작했습니다. 그런데 물을 끓이다 말고 자꾸 뚜껑을 열어대더니 나중에는 엉뚱한 소리를 했습니다.

"앗! 물이 너무 많은가 봐요. 내가 좀 마셔야겠다!"

나중에 동물들은 좀 이상해서 솥 안을 들여다보자 물고기는커녕 물 한 방울도 남아 있지 않는 거예요.

"헤헤, 제 입이 좀 크잖아요? 물을 마시다가 그만 물고기까지 먹어버렸네요!"

그 말에 동물들은 화가 머리끝까지 나서 우르르 달려들어 개구리의 등을 마구 때렸답니다. 그때부터 개구리의 등에 검고 푸른 무늬가 생긴 거라고 합니다.

POINT 과연 물고기 때문에 모든 일이 시작된 것일까요?

작가
미상

볶은 꽃씨와 소년

장르
교과서에 실린
전래 동화

옛날에 인자하고 현명한 임금이 살았습니다. 임금은 늘 백성을 아끼고 사랑했습니다.
그러던 어느 날 임금은 백성들이 정직하게 살아가는지 궁금해서 신하들에게 물었습니다.
"내가 얼마 전에 읽은 책을 보니 정직한 백성이 많은 나라가 살기 좋은 나라가 된다는 걸 알았소. 경들은 내 나라 백성들이 정직하다고 생각하오?"
신하들은 눈치만 살피고 바로 대답을 하지 못했습니다. 그렇지 않다고 말하면 왜 그런지 밤새워 의논할 거라 여겼기 때문입니다.
"임금님, 당연히 백성들은 정직합니다."
나이 많은 신하의 말에 다른 신하들도 덩달아 대답했습니다. 신하들의 말에 임금은 흐뭇하게 웃었습니다.
"내가 내일 대궐 밖으로 나가 살펴보겠소."
다음날 임금은 신하들과 함께 한 마을을 찾았습니다. 임금의 행차에 사람들이 몰려들었고 신하들은 마을 사람들에게 꽃씨를 나누어 주었습니다.
"이 꽃씨를 심어 꽃을 잘 피우는 사람에게 큰 상을 내릴 것이다. 그렇지만 꽃을 피우지 못하면 큰 벌을 내릴 것이니 명심하여라."
마을 사람들은 집으로 돌아가 양지바른 곳에 꽃씨를 심었습니다.

그러나 몇 달이 지나도 꽃씨에서 싹이 나오지 않았습니다. 마을 사람들은 걱정이 되어 한데 모였습니다.
"왜 꽃씨에서 싹이 나지 않지요?"
"그러게요. 큰일이네요. 사흘 뒤에 임금님이 다시 나오신다는데."
"할 수 없습니다. 우리 꽃집에서 꽃을 사다가 심어요."
"그럽시다. 큰 벌을 받을 수는 없으니까."
마을 사람들은 꽃집에서 꽃을 사다가 화단에 심었습니다. 그러나 한 소년은 그대로 집으로 돌아갔습니다.
"벌을 받아도 할 수 없어. 임금님을 속일 수는 없잖아."
사흘 뒤, 임금님이 마을을 살피며 말했습니다.
"그래, 내가 준 꽃씨가 예쁜 꽃을 피웠느냐?"
"그럼요. 아름다운 꽃이 피었답니다."
임금은 이 집 저 집을 다니며 꽃을 살폈습니다. 탐스러운 꽃들이 여러 색을 내며 화단에 폈습니다. 그러나 꽃을 볼수록 임금의 얼굴은 굳어갔습니다. 임금이 마지막 집에 들렀습니다. 바로 소년의 집이었습니다.
"이 집에는 왜 꽃이 없느냐?"
"임금님, 제가 꽃씨를 썩게 한 것 같습니다. 꽃이 피지 않았으니 저에게 큰 벌을 주십시오."
소년이 머리를 조아리며 떨리는 목소리로 말했습니다. 그러나 임금은 껄껄껄 웃었습니다.
"너야말로 정직한 백성이로구나!"
모두가 어안이 벙벙하여 서로를 바라보았습니다. 임금이 너그러운 목소리로 말했습니다.
"내가 준 꽃씨는 사실은 볶은 꽃씨였다. 여기 꽃을 피운 사람들에게 벌을 줘야 마땅하나 이번은 용서하겠다. 그러니 앞으로 정직하게 살기를 바란다. 이 소년에게는 큰 상을 내리겠다."
임금은 소년에게 다가와 등을 다독여주었습니다.

POINT 현명한 임금은 왜 백성들에게 볶은 꽃씨를 나눠주고 꽃을 피우라고 했을까요?

작가
휴 로프팅

둘리틀 선생, 불을 처음 본 사람들

장르
세계 명작

선생님이 긴화살에게 혹시 불이 무엇인지 아는지 그림을 그려 보이며 물었습니다. 긴화살은 화산 꼭대기에서 터져 나오는 것을 본 적이 있다고 말했습니다. 그러나 자신도, 팝시파텔 마을 사람들도 불이 어떻게 만들어지는지 모른다고 했습니다.

그때 한 인디언 어머니가 아이를 안고 오더니 인디언 말로 뭐라고 얘기했습니다. 아이가 아픈데 백인이 치료를 해주었으면 한다고, 긴화살이 우리에게 설명해 주었습니다.

"불! 불이 필요합니다. 여러분 모두에게 불이 필요해요. 따뜻하게 해주지 않으면 이 아이는 폐렴에 걸릴 겁니다."

선생님이 꽁꽁 얼어 있는 아이를 보더니 소리쳤습니다. 배가 난파될 때 가지고 온 성냥이 있긴 했지만 전부 바닷물에 푹 젖어 있었습니다.

"긴화살, 잘 들으세요. 성냥 없이도 불을 피울 수 있는 방법은 여러 가지예요. 첫 번째 방법은 튼튼한 유리와 햇빛을 이용하는 건데 해가 져서 안 될 것 같군요. 또 다른 방법은 부드러운 나무에 딱딱한 나뭇가지로 문질러 대는 것인데… 아이고! 안타깝게도 내일까지 기다려야겠네요. 왜냐하면 나무 말고도 연료로 쓸 낡은 다람쥐 둥지가 필요하거든요. 등불 없이는 이 시간에 숲속에서 다람쥐 둥지를 찾을 수가 없잖아요."

선생님 말에 긴화살은 어둠 속에서도 둥지를 찾을 수 있다고 말했습니다. 어린 인디언 둘이 순식간에 다람쥐 둥지를 찾아오자 선생님은 활을 달라고 해서 줄을 느슨하게 푼 다음, 단단한 나무를 고리에 끼우고 통나무의 부드러운 부분에 대고 문지르기 시작했습니다. 그러자 다람쥐 둥지 안쪽에서 연기가 피어올랐습니다. 선생님은 나한테 계속 입으로 불라고 시키고는 점점 더 빨리 문질렀습니다. 방 안에 연기가 점점 자욱해졌습니다. 마침내 어둠 속에서 갑작스레 불이 붙었습니다. 다람쥐 둥지가 불꽃을 터뜨린 것입니다. 인디언들은 깜짝 놀라 뭐라 중얼거렸습니다. 인디언들은 처음에는 무릎을 꿇고 불을 향해 기도를 올리더니 그다음에는 맨손으로 불을 잡으려고 했습니다. 그래서 우리는 인디언들에게 불을 어떻게 사용해야 하는지 알려주어야만 했습니다. 우리가 나뭇가지에 꽂은 생선을 불 위에 올려놓자, 인디언들은 꽤 놀란 모습으로 코를 킁킁거렸습니다.

어두운 밤하늘 아래 마른 나뭇가지를 가지고 와 마을 한가운데에 엄청나게 큰 모닥불을 피웠습니다. 그러자 인디언들이 불가로 둥그렇게 몰려들었습니다. 선생님은 불을 다루는 방법을 좀 더 가르쳐주었습니다. 선생님은 지붕에 구멍만 만들면 연기를 밖으로 내보낼 수 있어 불을 집 안으로 가지고 갈 수 있다는 것도 설명해주었습니다. 우리는 집집마다 불을 다 들여보내주고서야 그 길고 힘든 하루를 마쳤습니다.

마을 사람들은 다시 따뜻해진 것이 너무나 좋아서, 잠잘 생각이 눈곱만큼도 없는 것 같았습니다. 다음 날 이른 시간까지 인디언들은 둘리틀 선생님이 가져다 준 불에 대해 계속해서 수다 꽃을 피웠습니다.

휴 로프팅(1886~1947)
미국 아동 문학가
《둘리틀 선생의 항해》《둘리틀 선생 이야기》

POINT 세상에서 불을 처음 발견한 사람은 누구일까요?

작가
미상

토끼의 간

장르
전래 동화

아주 먼 옛날 바다 속 용궁에 사는 용왕이 깊은 병에 걸렸습니다. 용하다는 의원이 용왕을 살펴보고는 한숨을 내쉬었습니다.

"음, 용왕님의 병이 매우 깊군요. 육지에 사는 토끼의 간을 먹으면 차도가 있을 텐데……."

그 얘기를 들은 용왕이 간신히 힘을 내어 말했습니다.

"토끼의 간을 구해오는 이에게는 큰 상을 내리겠노라."

용왕의 말을 듣고 신하들은 모두 입을 다물었습니다. 그때 거북이 한 마리가 용감하게 앞으로 나왔습니다.

"제가 가서 토끼의 간을 가져오겠습니다."

거북이의 말에 용왕은 매우 기뻐했습니다. 거북이는 서둘러 토끼를 찾아 육지로 떠났습니다. 토끼 그림을 들고 땀을 뻘뻘 흘리며 돌아다니다 드디어 나무 그늘에서 자고 있는 토끼를 발견했습니다.

"여보시오, 혹시 토 선생이신가요? 나는 용궁에 사는 거북이라고 하는데 용왕님께서 토 선생을 육지 동물 대표로 생일잔치에 초대했습니다."

그 말에 토끼가 눈을 동그랗게 뜨고 물었습니다.

"흠, 나를요? 하지만 이를 어쩌나? 난 육지에 사는 동물이라 바다에 들어갈 수가 없다오."

토끼가 아쉬워하며 말했습니다.

"토 선생, 내 등에 타면 되니 걱정 마시오. 용궁에 가면 맛난 음식에 귀한 보물을 받을 것이오. 우리 용왕님은 그대처럼 귀가 큰 동물들을 좋아해서 높은 벼슬을 내리시거든요."

거북이의 말에 귀가 솔깃해진 토끼는 거북이를 따라 용궁으로 갔습니다. 그런데 이게 웬일이에요? 용궁에 도착하자 포졸들이 달려들어 토끼를 꽁꽁 묶는 게 아니겠어요?

"너한테는 미안한 일이지만 내 병이 심해 너의 간을 좀 먹어야겠다."

용왕의 말에 그제야 거북이에게 속은 것을 알고 이를 갈았습니다.

"용왕님! 소, 소인의 몸에 지금 간이 없사옵니다. 여기로 오기 전에 깊은 산속 바위 위에 간을 감춰 두고 왔거든요."

토끼는 능청스럽게 말하자 용왕은 토끼를 다시 거북이와 함께 육지로 보내기로 했습니다. 그래서 토끼는 다시 거북이의 등에 올라타고는 다시 육지로 돌아왔습니다.

"쯧쯧, 이 미련한 거북이야! 세상에 간을 꺼내 놓고 다니는 동물이 어디 있냐?"

토끼는 숲속으로 깡충깡충 뛰어가며 말했습니다.

"정 억울하면 네 간이라도 꺼내 주든지!"

"뭐, 뭐라고?"

그제야 거북이는 토끼의 꾀에 속은 것을 깨닫고 토끼가 사라진 숲속만 멍하니 바라보았답니다.

POINT 토끼가 똑똑한 걸까요? 거북이가 미련한 걸까요?

작가
미상

송아지를 낳은 염소

장르
세계 옛날이야기
(에티오피아)

표범과 자칼이 함께 사냥을 나갔어요. 표범은 염소를 잡고 자칼은 암소를 잡았습니다. 표범과 자칼은 잡은 동물들을 풀밭에 묶어 놓고 나란히 풀을 뜯게 했어요.
'고놈, 통통하게 살이 올랐구나. 암소가 내 거라면 얼마나 좋을까.'
표범은 암소를 보며 속으로 생각했어요. 그런데 얼마 지나지 않아 자칼의 암소가 송아지까지 낳은 거예요.
"아, 좋은 수가 있다! 암소 대신 송아지라도 가지는 거야."
표범은 갓 태어난 송아지를 끌어다가 염소 옆에 매어 놓았습니다. 그러고는 이 사실을 까맣게 모르는 자칼을 찾아갔어요.
"자칼, 나는 운이 좋은가 봐. 아침에 풀밭에 갔더니, 내 염소가 송아지를 낳았지 뭔가?"
이 말을 들은 자칼은 믿을 수 없다는 듯 풀밭으로 뛰어갔어요.
"아니야, 염소는 송아지를 낳을 수 없어! 내 암소가 낳은 송아지를 네가 훔쳐간 거야."
둘은 말다툼을 벌이다가 다른 동물들에게 물어보기로 했습니다. 그래서 맨 먼저 영양을 찾아갔는데 맹수들이 나타나자 부들부들 몸을 떨었습니다. 영양은 자칼보다도 몸집이 더 크고 성질이 사나운 표범을 더 무서워하는 눈치였어요.
"옛날에는 암소만이 송아지를 낳았지만, 지금은 세상이 많이 달라졌잖아요? 그러니 염소도 송아지를 낳을 수 있을 거예요."
영양은 표범 눈치를 살피며 말했어요.
다음으로 찾아간 하이에나도 마찬가지였어요.
"흠흠, 다른 염소는 절대로 송아지를 낳을 수 없겠지만, 표범님이 기르는 염소라면 가능하지 않을까요?"
하이에나의 말에 자칼이 발끈해서 말했습니다.
"내 참! 다들 이렇게 나오면 비비한테 가서 물어보는 수밖에! 비비는 영리하니까 옳게 말할 거야."
그런데 비비는 물어도 대답도 하지 않고 높은 바위 위로 올라갔어요. 그러더니 돌멩이를 들고는 계속 딴 짓만 하는 게 아니겠어요?
"비비, 뭐하는 거야? 빨리 판결을 내려달라고."
표범이 짜증을 내며 소리치자, 비비가 말했습니다.
"난 식사가 끝나면 이 악기로 음악을 연주한다고요. 그러니 좀 기다리세요."
자세히 보니 비비는 돌멩이를 손가락으로 문지르고 있었어요.
"돌멩이로 음악을 연주한다고? 아이고, 우스워라."
표범이 비웃자, 비비가 말했어요.
"왜 웃죠? 염소도 송아지를 낳는데 돌멩이로 음악을 연주하지 말란 법이 있나요?"
그 말을 듣고 표범은 할 말을 잃었습니다.
"아니야, 틀렸어. 돌로는 음악을 연주할 수 없어."
"마찬가지로 염소는 송아지를 낳을 수 없어."
모두들 이렇게 말하자, 표범은 결국 자칼에게 송아지를 돌려주었다고 합니다.

POINT 한바터면 자칼이 표범에게 송아지를 뺏길 뻔했네요. 자칼은 어떻게 생긴 동물인지 찾아볼까요?

작가
방정환

이상한 실

장르
국내외 명저자 작품

어느 시골 산 밑 동네에 바느질 잘 하고, 수 잘 놓는 어여쁜 처녀가 있는데, 수를 놀 때마다 붉은 실, 노란 실 또는 파란 실, 초록 실을 이로 물어서 툭툭 끊게 되는 것이 자기 생각에도 미안하였습니다.
하루는 아기 버선에 꽃수를 놓고 나서, 남은 실을 이로 물어 끊었는데, 그 실 끝이 혀끝에 매달려서 영영 떨어지지를 않았습니다.
잡아당겨도 소용없고, 질겅질겅 씹어 뱉어도 영영 떨어지지 않고, 그냥 매달려 있고, 가위로 실을 잘라 버려도 하룻밤만 자고 나서 그 이튿날 아침에 보면, 역시 전처럼 또 길다랗게 되어 있었습니다.
이야기를 할 때는 혀끝에 매달린 채 흔들거리고, 밤에 잠을 잘 때도 떨어지지 않고, 밥 먹을 때와 물 먹을 때만 손으로 떼면 떨어지지만 다 먹고 나면 어느 틈에 다시 와서 혀끝에 붙고 붙고 하였습니다.
그래서 차차 자라서 시집을 갈 때가 되었건마는 그것 때문에 가지를 못하고 있었습니다.
처녀가 열여덟 살 되던 해 봄이었습니다.
처녀가 꽃구경도 갈 겸 약물터로 물을 먹으러 가서, 물을 떠 먹으려고 혀 끝에 달린 빨간 실을 떼어서 물터 옆 꽃나무 가지에 걸어놓았습니다.
그랬더니 어디서 날아왔는지, 새파란 어여쁜 새 한 마리가 꽃나무에 와서 앉았다가, 그 새빨간 실을 물고 후르륵 날아가 버렸습니다. 그래서 다시는 그 실이 돌아오지 못하여 처녀는 그 해 늦은 봄에 어여쁜 신랑에게 시집을 갔습니다.

방정환(1899~1931)
아동문학의 선구자. 한국 최초 순수아동 잡지 《어린이》 창간.
대표작 《사랑의 선물》 《소파전집》

POINT 실로 수를 놓거나 뜨개질을 해서 옷도 만들 수 있답니다. 어떤 실들이 있는지 알아볼까요?

찾아보기
가나다순

가

나

사

아

자

차

카

타

파

하

기타

찾아보기

장르별

교과서에 실린 전래 동화

국내외 명저자 작품

세계 동화

세계 동화(그리스 신화)

세계 명작

세계 명작(논어)

세계 옛날이야기

자장가

전기

전래 동요

전래 동화

전래 자장가 해금연주곡 해설

33쪽: 01월 14일 충신동이 효자동이
나의 어머니가 나에게, 내가 내 아이에게 불러주는 한국의 대표 전래 자장가입니다.

44쪽: 01월 25일 슈베르트, 모차르트, 브람스 자장가
세계 유명 음악가 슈베르트, 모차르트, 브람스의 자장가 해금 연주곡입니다.

64쪽: 02월 13일 자장 노래
서양의 작곡 기법과 우리나라 3박이 조화를 이룬 홍난파 작곡의 자장가입니다.

75쪽: 02월 24일 머리 끝에 오는 잠
'강원 머레' 자장가 머리 끝에 오는 잠을 상상하며 재미있게 만들어본 연주곡입니다.

96쪽: 03월 15일 웡이 자랑
휘모리장단의 빠른 자장가를 콩가(Conga)라는 타악기를 활용해 제주 물허벅 소리를 묘사했습니다.

105쪽: 03월 24일 자장 자장 우리 애기
원곡과 충실하게 연주하려고 노력했으나 박자를 알 길 없어 상상해서 만든 연주곡입니다.

127쪽: 04월 14일 우리 애기 잘도 잔다
원곡에 충실한 중중모리의 장단의 자장가입니다.

158쪽: 05월 13일 금자동아 옥자동아
남도의 육자배기토리로 구성된 자장가. 전조와 풀벌레 소리를 넣어 진지함을 재미있게 표현해본 곡입니다.

171쪽: 05월 26일 어허 둥둥 내 손자야
할머니가 불러주시는 손주 사랑가. 할머니의 손주 사랑을 생각하며 곡을 만들었습니다.

자장가 해금연주곡 연주가와 음향디자이너

이태경_해금연주가
아이를 해금 동요로 재웠고, 세상의 모든 아이들에게 해금자장가를 들려주고 싶은 해금(연주)하는 엄마이다. 한국예술종합학교와 숙명여자대학교, 단국대학교 대학원에서 해금으로 박사를 수료하고, 국가무형문화재 제1호 종묘제례악 이수자이다. 전통 문화를 사랑하며 정심정음과 온고지신의 마음으로 연주하는 해금연주가이다. <위대한 사랑(Great Love)>(2019.03) 해금음반을 발표했다.

유태환_피아노 & 음향디자인

소곤소곤 들려주면, 새록새록 꿈꾸는 아이
이야기 365

1판 1쇄 인쇄 2019년 7월 18일
1판 1쇄 발행 2019년 7월 25일

지은이 장지혜, 최이정
그린이 제딧
펴낸이 장선희

펴낸곳 서사원
등록 제2018-000296호

주소 서울시 마포구 월드컵북로400 문화콘텐츠센터 5층 22호
전화 02-898-8778
팩스 02-6008-1673
전자우편 seosawon@naver.com
블로그 blog.naver.com/seosawon
페이스북 @seosawon **인스타그램** @seosawon

마케팅 이정태 **디자인** 이구

ISBN 979-11-965330-8-3 13590

이 도서의 국립중앙도서관 출판예정도서목록(CIP)은 서지정보유통지원시스템 홈페이지(http://seoji.nl.go.kr)와
국가자료종합목록시스템(http://www.nl.go.kr/kolisnet)에서 이용하실 수 있습니다.
(CIP제어번호 : CIP2019021299)